U0896342

中 国 国 家 标 准 汇 编

2009 年修订-33

中国标准出版社　编

中 国 标 准 出 版 社
北　京

图书在版编目（CIP）数据

中国国家标准汇编：2009年修订．33/中国标准出版社编．—北京：中国标准出版社，2010

ISBN 978-7-5066-6028-0

Ⅰ.①中… Ⅱ.①中… Ⅲ.①国家标准-汇编-中国-2009 Ⅳ.①T-652.1

中国版本图书馆CIP数据核字（2010）第166685号

中国标准出版社出版发行
北京复兴门外三里河北街16号
邮政编码:100045

网址 www.spc.net.cn
电话:68523946 68517548
中国标准出版社秦皇岛印刷厂印刷
各地新华书店经销

*

开本 880×1230 1/16 印张 38.25 字数 1 150 千字
2010年10月第一版 2010年10月第一次印刷

*

定价 220.00 元

出 版 说 明

1.《中国国家标准汇编》是一部大型综合性国家标准全集。自1983年起，按国家标准顺序号以精装本、平装本两种装帧形式陆续分册汇编出版。它在一定程度上反映了我国建国以来标准化事业发展的基本情况和主要成就，是各级标准化管理机构，工矿企事业单位，农林牧副渔系统，科研、设计、教学等部门必不可少的工具书。

2.《中国国家标准汇编》收入我国每年正式发布的全部国家标准，分为"制定"卷和"修订"卷两种编辑版本。

"制定"卷收入上一年度我国发布的、新制定的国家标准，顺延前年度标准编号分成若干分册，封面和书脊上注明"20××年制定"字样及分册号，分册号一直连续。各分册中的标准是按照标准编号顺序连续排列的，如有标准顺序号缺号的，除特殊情况注明外，暂为空号。

"修订"卷收入上一年度我国发布的、修订的国家标准，视篇幅分设若干分册，但与"制定"卷分册号无关联，仅在封面和书脊上注明"20××年修订-1，-2，-3，……"字样。"修订"卷各分册中的标准，仍按标准编号顺序排列(但不连续)；如有遗漏的，均在当年最后一分册中补齐。需提请读者注意的是，个别非顺延前年度标准编号的新制定的国家标准没有收入在"制定"卷中，而是收入在"修订"卷中。

读者配套购买《中国国家标准汇编》"制定"卷和"修订"卷则可收齐上一年度我国制定和修订的全部国家标准。

3. 由于读者需求的变化，自1996年起，《中国国家标准汇编》仅出版精装本。

4. 2009年我国制修订国家标准共3158项。本分册为"2009年修订-33"，收入新制修订的国家标准25项。

中国标准出版社

2010年8月

目　　录

ICS 11.140
C 48

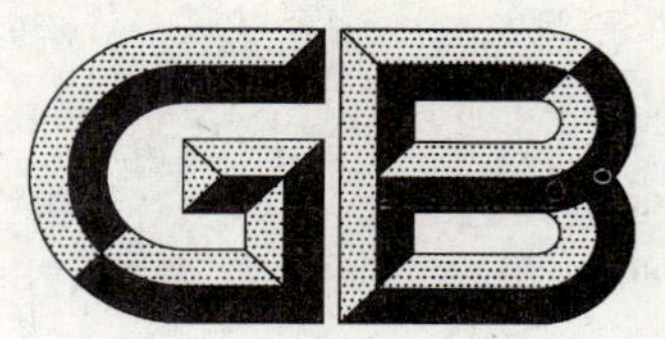

中华人民共和国国家标准

GB 19082—2009
代替 GB 19082—2003

医用一次性防护服技术要求

Technical requirements for single-use protective clothing for medical use

2009-05-06 发布　　2010-03-01 实施

中华人民共和国国家质量监督检验检疫总局
中国国家标准化管理委员会　发布

前言

本标准的4.2、4.3、4.6、4.8、4.10为推荐性，其余为强制性。

本标准代替GB 19082—2003《医用一次性防护服技术要求》。

与GB 19082—2003标准相比，主要变化内容如下：

——修改了标准适用“范围”；

——补充和修订了“规范性引用文件”；

——编辑性修改了术语和定义；

——增加了“静电衰减性能”要求和试验方法；

——依据GB/T 16886.10—2005修订了“皮肤刺激性”技术要求，明确了试验方法；

——环氧乙烷残留量对应试验方法，由GB/T 14233.1—2008中的气相色谱仲裁法代替了原来的GB 15980—1995；

——将本标准规范性附录A修订为ISO 16603:2004对应试验方法，替代了原来的参照方法ASTM F1670:1998；

——补充了背景信息。

本标准的附录A为规范性附录。

本标准由国家食品药品监督管理局提出。

本标准由全国医用临床检验实验室及体外诊断系统标准化技术委员会归口。

本标准起草单位：北京市医疗器械检验所。

本标准主要起草人：岳卫华、苏健、张肖莉、袁秀宏。

本标准所代替标准的历次版本发布情况为：

——GB 19082—2003。

医用一次性防护服技术要求

1 范围

本标准规定了医用一次性防护服的要求、试验方法、标志、使用说明、包装和贮存等内容。

本标准适用于为医务人员在工作时接触具有潜在感染性的患者血液、体液、分泌物、空气中的颗粒物等提供阻隔、防护作用的医用一次性防护服(以下简称防护服)。

2 规范性引用文件

下列文件中的条款通过本标准的引用而成为本标准的条款。凡是注日期的引用文件,其随后所有的修改单(不包括勘误的内容)或修订版均不适用于本标准,然而,鼓励根据本标准达成协议的各方研究是否可使用这些文件的最新版本。凡是不注日期的引用文件,其最新版本适用于本标准。

GB/T 191 包装储运图示标志(GB/T 191—2008,ISO 780:1997,MOD)

GB/T 3923.1—1997 纺织品 织物拉伸性能 第1部分:断裂强力和断裂伸长率的测定 条样法

GB/T 4744—1997 纺织织物 抗渗水性测定 静水压试验(eqv ISO 811:1981)

GB/T 4745—1997 纺织织物 表面抗湿性测定 沾水试验(eqv ISO 4920:1981)

GB/T 5455—1997 纺织品 燃烧性能试验 垂直法

GB/T 5549—1990 表面活性剂 用拉起液膜法测定表面张力

GB/T 12703—1991 纺织品静电测试方法

GB/T 12704—1991 织物透湿量测定方法 透湿杯法

GB/T 14233.1—2008 医用输液、输血、注射器具检验方法 第1部分:化学分析方法

GB/T 14233.2—2005 医用输液、输血、注射器具检验方法 第2部分:生物学试验方法

GB 15979—2002 一次性使用卫生用品卫生标准

GB/T 16886.10—2005 医疗器械生物学评价 第10部分:刺激与迟发型超敏反应试验(ISO 10993-10:2002,IDT)

IST 40.2(01) 无纺布静电衰减标准测试方法

3 术语和定义

下列术语和定义适用于本标准。

3.1

颗粒物 particle

悬浮在空气中的固态、液态或固态与液态混合的颗粒状物质,如微生物、粉尘、烟和雾等。

3.2

过滤效率 filtering efficiency

在规定条件下,防护服对空气中的颗粒物滤除的百分数。

3.3

合成血液 synthetic blood

一种与血液表面张力及黏度相当的、用于试验的合成液体。

3.4

防护服关键部位 protective clothing's critical area

防护服的左右前襟、左右臂及背部位置。

3.5

静电衰减　electrostatic decay

在接地的时候，材料能够消除诱导到材料表面的电荷的能力。

3.6

衰减时间　decay time

诱导的电荷衰减到初始水平的10%所需的时间，以秒为单位。

4　要求

4.1　外观

4.1.1　防护服应干燥、清洁、无霉斑，表面不允许有粘连、裂缝、孔洞等缺陷。

4.1.2　防护服连接部位可采用针缝、粘合或热合等加工方式。针缝的针眼应密封处理，针距每3 cm应为8针～14针，线迹应均匀、平直，不得有跳针。粘合或热合等加工处理后的部位，应平整、密封，无气泡。

4.1.3　装有拉链的防护服拉链不能外露，拉头应能自锁。

4.2　结构

4.2.1　防护服由连帽上衣、裤子组成，可分为连身式结构和分身式结构。连身式和分身式结构分别见图1、图2。

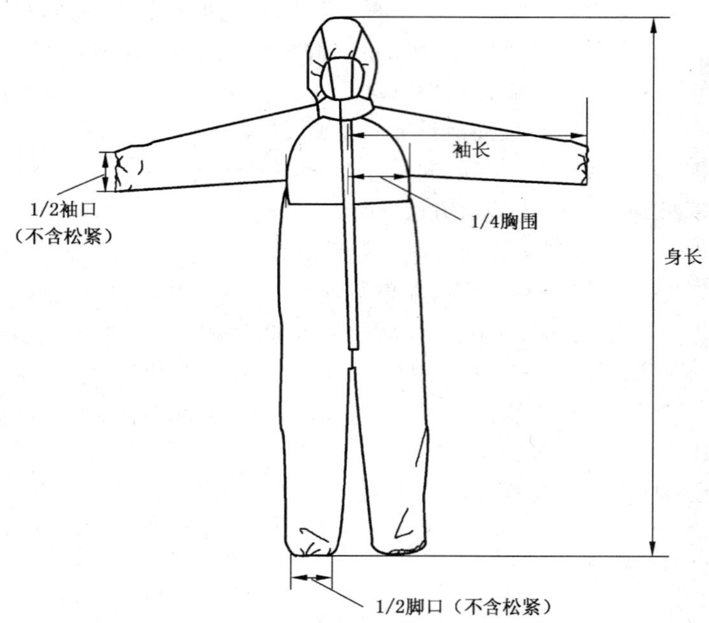

图1　连体式结构防护服

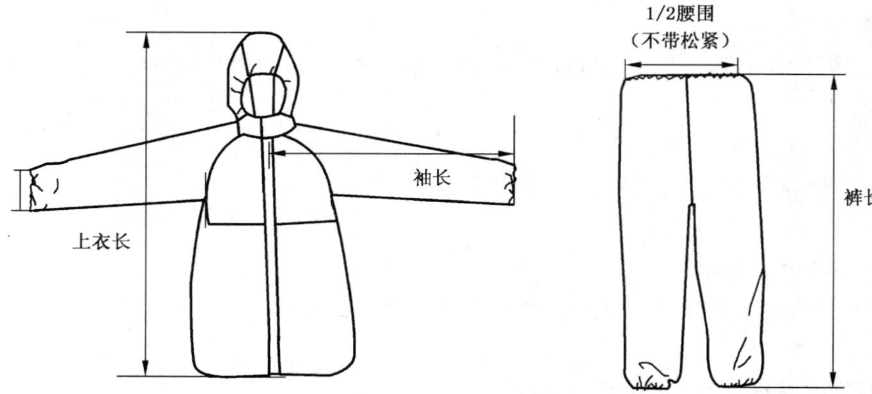

图2　分体式结构防护服

4.2.2 防护服的结构应合理，穿脱方便，结合部位严密。

4.2.3 袖口、脚踝口采用弹性收口，帽子面部收口及腰部采用弹性收口、拉绳收口或搭扣。

4.3 号型规格

防护服号型分为160、165、170、175、180、185，号型规格见表1和表2。

表1 连身式号型规格

单位为厘米

号型	身长	胸围	袖长	袖口	脚口
160	165	120	84	18	24
165	169	125	86	18	24
170	173	130	90	18	24
175	178	135	93	18	24
180	181	140	96	18	24
185	188	145	99	18	24
偏差	±2	±2	±2	±2	±2

表2 分身式号型规格

单位为厘米

号型	上衣长	胸围	裤长	腰围
160	76	120	105	100～105
165	78	125	108	105～110
170	80	130	111	110～115
175	82	135	114	115～120
180	84	140	117	120～125
185	86	145	120	125～130
偏差	±2	±2	±2	±2

4.4 液体阻隔功能

4.4.1 抗渗水性

防护服关键部位静水压应不低于1.67 kPa（17 cm H_2O）。

4.4.2 透湿量

防护服材料透湿量应不小于2 500 g/(m^2·d)。

4.4.3 抗合成血液穿透性

防护服抗合成血液穿透性应不低于表3中2级的要求。

表3 抗合成血液穿透性分级

级别	压强值 kPa
6	20
5	14
4	7
3	3.5
2	1.75
1	0[a]

[a] 表示材料所受的压强仅为试验槽中的合成血液所产生的压强。

4.4.4 表面抗湿性

防护服外侧面沾水等级应不低于3级的要求。

4.5 断裂强力

防护服关键部位材料的断裂强力应不小于45 N。

4.6 断裂伸长率

防护服关键部位材料的断裂伸长率应不小于15%。

4.7 过滤效率

防护服关键部位材料及接缝处对非油性颗粒的过滤效率应不小于70%。

4.8 阻燃性能

具有阻燃性能的防护服应符合下列要求:

a) 损毁长度不大于200 mm;

b) 续燃时间不超过15 s;

c) 阴燃时间不超过10 s。

4.9 抗静电性

防护服的带电量应不大于0.6 μC/件。

4.10 静电衰减性能

防护服材料静电衰减时间不超过0.5 s。

4.11 皮肤刺激性

原发性刺激记分应不超过1。

4.12 微生物指标

4.12.1 防护服应符合GB 15979—2002中微生物指标的要求,见表4。

4.12.2 包装上标志有"灭菌"或"无菌"字样或图示的防护服应无菌。

表4 防护服微生物指标

细菌菌落总数 CFU/g	大肠菌群	绿脓杆菌	金黄色 葡萄球菌	溶血性 链球菌	真菌菌落总数 CFU/g
≤200	不得检出	不得检出	不得检出	不得检出	≤100

4.13 环氧乙烷残留量

经环氧乙烷灭菌的防护服,其环氧乙烷残留量应不超过10 μg/g。

5 试验方法

5.1 外观

5.1.1 目视检查,应符合4.1.1的要求。

5.1.2 目视检查,针距使用通用量具进行测量,应符合4.1.2的要求。

5.1.3 对每件防护服样品的拉锁进行拉合操作5次,测定3件,均应符合4.1.3的要求。

5.2 结构

目视检查,应符合4.2的要求。

5.3 号型规格

使用通用量具,对每种号型的防护服样品进行测量,测定3件,其规格均应符合4.3的要求。

5.4 液体阻隔功能

5.4.1 抗渗水性

由防护服关键部位取样,按照GB/T 4744—1997规定的静水压试验进行,结果应符合4.4.1的要求。

5.4.2 透湿量

防护服材料按照 GB/T 12704—1991 规定的方法 A 吸湿法进行试验，结果应符合 4.4.2 的要求。

5.4.3 抗合成血液穿透性

防护服材料按附录 A 进行试验，结果应符合 4.4.3 的要求。

5.4.4 表面抗湿性

防护服材料外侧面按照 GB/T 4745—1997 规定的沾水试验进行，结果应符合 4.4.4 的要求。

5.5 断裂强力

防护服关键部位材料按照 GB/T 3923.1—1997 规定的条样法进行试验，结果应符合 4.5 的要求。

5.6 断裂伸长率

防护服关键部位材料按照 GB/T 3923.1—1997 规定的条样法进行试验，结果应符合 4.6 的要求。

5.7 过滤效率

最少测试 3 个防护服样品，结果均应符合 4.7 的要求。

应使用在相对湿度为 30%±10%，温度为 25 ℃±5 ℃的环境中的氯化钠气溶胶或类似的固体气溶胶[粒数中值直径（CMD）[1]：0.075 μm±0.020 μm；颗粒分布的几何标准偏差：≤1.86；浓度：≤200 mg/m³] 进行试验。空气流量设定为 15 L/min±2 L/min，气流通过的截面积为 100 cm²。

5.8 阻燃性能

防护服材料按照 GB/T 5455—1997 规定的垂直法进行燃烧性能试验，结果应符合 4.8 的要求。

5.9 抗静电性

按照 GB/T 12703—1991 中 7.2 规定的方法进行试验，结果应符合 4.9 的要求。

5.10 静电衰减性能

5.10.1 测试环境

样品测试前，在相对湿度为 50%±3%，温度为 23 ℃±1 ℃环境下放置 24 h。测试也在这一条件下进行。

5.10.2 取样

在防护服关键部位各取一块规格为 89 mm×(152±6)mm 的样品。取样过程中应注意戴好乳胶或棉织手套，防止样品表面的污染。

5.10.3 测试

按照 IST 40.2(01)的方法，将测试样材安装在至少可产生正负 5 000 V 电压的静电衰减测量仪上，然后给材料加上 5 000 V 的电压，接着测量电荷衰减时间，5 个测试样材的衰减时间均应符合 4.10 的要求。

5.11 皮肤刺激性

5.11.1 浸提介质

0.9%氯化钠注射液。

5.11.2 浸提液制备

在无菌条件下，自防护服裁取 2.5 cm×2.5 cm 样品两块，以 1 mL/cm² 的比例加入浸提介质，置 37 ℃ 下浸提 72 h。同法制备不含被测样品的浸提介质作为阴性对照液。

5.11.3 测试

按照 GB/T 16886.10—2005 中 6.3 规定的方法进行试验，结果应符合 4.11 的要求。

5.12 微生物指标

5.12.1 按照 GB 15979—2002 中附录 B 规定的方法对防护服样品进行试验，结果应符合 4.12.1 的要求。

1） 相当于空气动力学质量中值直径(MMAD)0.24 μm±0.06 μm。

5.12.2　按照 GB/T 14233.2—2005 第 3 章规定的方法进行无菌试验，结果应符合 4.12.2 的要求。

5.13　环氧乙烷残留量

5.13.1　气相色谱仪条件

气相色谱仪应满足以下条件：

a)　氢焰检定器：灵敏度不小于 2×10^{-11} g/s[苯，二硫化碳(CS_2)]。

b)　色谱柱：所用色谱柱应能使试样中杂质和环氧乙烷完全分开，并有一定的耐水性。色谱柱可选用表 5 推荐的条件。

表 5　色谱柱推荐条件

柱长	内径	担体	柱温
1 m～2 m	2 mm～3 mm	GDX-407　80 目～100 目	约 130 ℃
		Porapak q-s　80 目～100 目	约 120 ℃

c)　仪器各部件温度：

——气化室：200 ℃；

——检测室：250 ℃。

d)　气流量：

——N_2：15 mL/min～30 mL/min；

——H_2：30 mL/min；

——空气：300 mL/min。

5.13.2　测试步骤

按照 GB/T 14233.1—2008 9.4 规定的极限浸提法，以水为溶剂进行平行试验，按照 GB/T 14233.1—2008 9.5.2 规定的相对含量法进行测定，结果以算术平均值计算，如一份合格，另一份不合格，不得平均计算，应重新测定。

6　标志、使用说明

6.1　标志

6.1.1　防护服的最小包装上应有下面清楚易认的标志，如果包装是透明的，透过包装也应看到下面的标志：

a)　产品名称；

b)　生产商或供货商的名称和地址；

c)　产品号型规格；

d)　执行标准号；

e)　产品注册号；

f)　如为灭菌产品，应注明灭菌方式；

g)　“一次性使用”或相当字样；

h)　生产日期；

i)　贮存条件及有效期；

j)　“使用前需阅读使用说明”或相当字样。

6.1.2　防护服包装箱上至少应有如下标志：

a)　产品名称；

b)　生产商或供货商的名称和地址；

c)　产品号型规格；

d)　执行标准号；

e) 产品注册号；

f) 包装数量；

g) “一次性使用”或相当字样；

h) 如为灭菌产品，应注明灭菌方式；

i) 生产日期；

j) 贮存条件及有效期；

k) “防晒”，“怕湿”等字样和标志。

6.2 使用说明

6.2.1 使用说明至少应有中文。

6.2.2 使用说明应清楚易懂，可以使用相应图示。

6.2.3 使用说明至少应包括如下内容：

a) 产品名称；

b) 生产商名称、地址、联系方式；

c) 产品用途和使用限制；

d) 执行标准号；

e) 产品注册号；

f) 阻燃性说明；

g) 使用前需进行的检查；

h) 号型规格列表；

i) 使用方法及建议使用时间；

j) 贮存条件及有效期；

k) 所使用的符号和（或）图示的含义；

l) 注意事项。

7 包装和贮存

7.1 包装

7.1.1 外包装储运图示标志应符合 GB/T 191 的要求。

7.1.2 防护服所用的包装应能防止机械损坏和使用前的污染。

7.1.3 防护服的最小包装均应附带一份使用说明和产品检验合格证。

7.2 贮存

按使用说明。

附 录 A
（规范性附录）
抗合成血液穿透性试验方法

A.1 范围

本试验使用合成血液确定在不同试验压强下，防护服对合成血液穿透的抵抗能力。

A.2 方法

在持续施加的压强下以合成血液对防护服材料进行试验。目视检查材料上合成血液是否穿透。

A.3 仪器

试验所需的仪器如下：

a) 如图 A.1 穿透试验槽和图 A.2 所示的试验仪器，宜用不锈钢材料；
b) 正方形金属阻滞筛，应符合下列要求：
   - 开孔率＞50％；
   - 在 14 kPa 下弯曲≤5 mm；
c) 可以提供 14 kPa±1 kPa 气压的气源；
d) 秒表，精度为±1 s；
e) 分析天平，精度为±0.01 g；
f) 可以产生 13.5 N·m 扭矩的夹钳；
g) 表面张力仪。

A.4 合成血液

A.4.1 成分

按照 YY/T 0700—2008 附录 A 的配方制备 1 L 合成血液[1)]：

羧甲基纤维素钠[例如，CMC-Sigma 9004-32-4[2)] 中黏度]	2 g
聚氧乙烯(20)山梨糖醇酐单月桂酸酯{例如，吐温 20 [Fluka 9377[2)]]}	0.04 g
氯化钠（分析纯）	2.4 g
苋菜红染料[例如，Sigma 915-67-3[2)]]	1.0 g
磷酸二氢钾(KH_2PO_4)	1.2 g
磷酸氢二钠(Na_2HPO_4)	4.3 g
蒸馏水或去离子水	加至 1 L

A.4.2 配制方法

将羧甲基纤维素钠溶解在 0.5 L 水中，在磁力搅拌器上混匀 60 min。

在一个小烧杯中称量吐温 20，加入水混匀。

将吐温 20 溶液加到羧甲基纤维素钠溶液中，用蒸馏水将烧杯洗几次加到前溶液中。

将 NaCl 溶解在溶液中。将 KH_2PO_4 和 Na_2HPO_4 溶解在溶液中。

加入 MIT（如使用）和苋菜红染料。

用水将溶液稀释近 1 000 mL。

用磷酸盐缓冲液将合成血液的 pH 调节至 7.3±0.1，定容至 1 000 mL。

---

1) 可在合成血液中加入 2-甲基-4-异噻唑啉-3-酮盐酸盐（MIT）（0.5 g/L）以延长溶液的贮存期。

2) Sigma 9004-32-4，Fluka 9377，Sigma 915-67-3 以及 Fluka 9377 是合适的商用产品举例。给出这一信息是为了方便本标准的使用者，并不代表对该产品的认可。

按照 GB/T 5549—1990 测量合成血液的表面张力，结果应是 0.042 N/m±0.002 N/m。

A.5 试验样品的准备

在每一个防护服样品上随机裁取 3 片 75 mm×75 mm 的试验样品。

在对复合材料或多层材料进行试验时，应将其边缘处封好。保留直径大于 57 mm 的区域用于试验。

A.6 试验步骤

A.6.1 按照图 A.1 所示方式组装试验槽：

a) 将试验槽水平放置在试验台上，将防护服材料正常外表面面向试验槽放入槽内；

b) 将一个垫圈、一个阻滞筛、另外一个垫圈放在试验槽上。放上法兰盖和透明盖，拧紧穿透试验槽；

c) 将穿透试验槽以垂直方向装入试验仪器中，排放阀向下；

d) 将穿透试验槽的镙钉慢慢拧至 13.5 N·m；

e) 关闭排放阀。

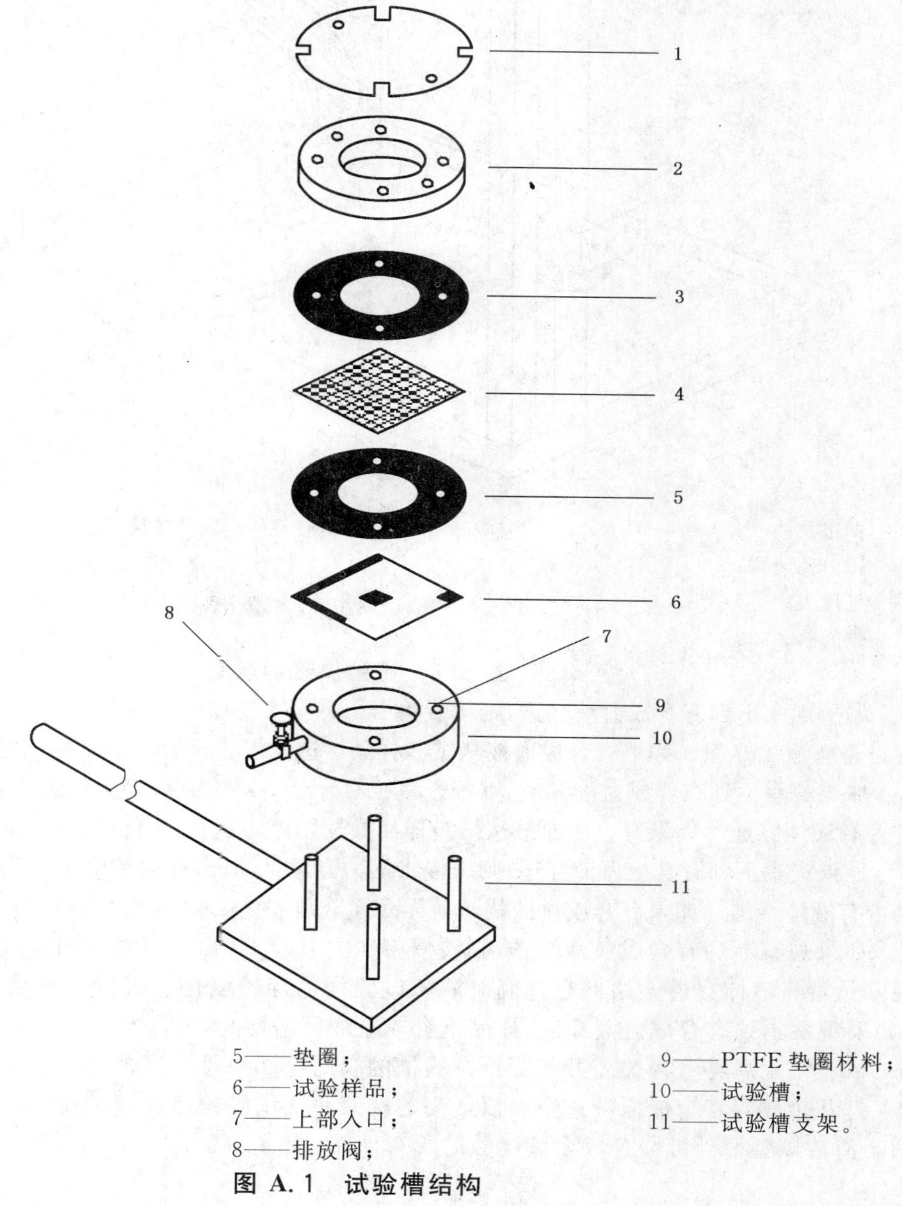

1——透明盖；
2——法兰盖；
3——垫圈；
4——阻滞筛；
5——垫圈；
6——试验样品；
7——上部入口；
8——排放阀；
9——PTFE 垫圈材料；
10——试验槽；
11——试验槽支架。

图 A.1 试验槽结构

A.6.2 用漏斗或注射器将大约 50 mL～55 mL 的合成血液缓慢从上部的入口处注入到穿透试验槽内。观察 5 min。如果有合成血液从试验样品穿透则停止试验。

A.6.3 如果观察不到有合成血液穿透，则连通图 A.2 试验仪器的空气管路，将一定压力的空气从上部的入口处输入到穿透试验槽内。逐渐将压力升至 1.75 kPa。将此压力保持 5 min，在样品的可视面观察是否有液体穿透。如果有合成血液从试验样品穿透则停止试验。样品抗合成血液穿透性为 1 级。

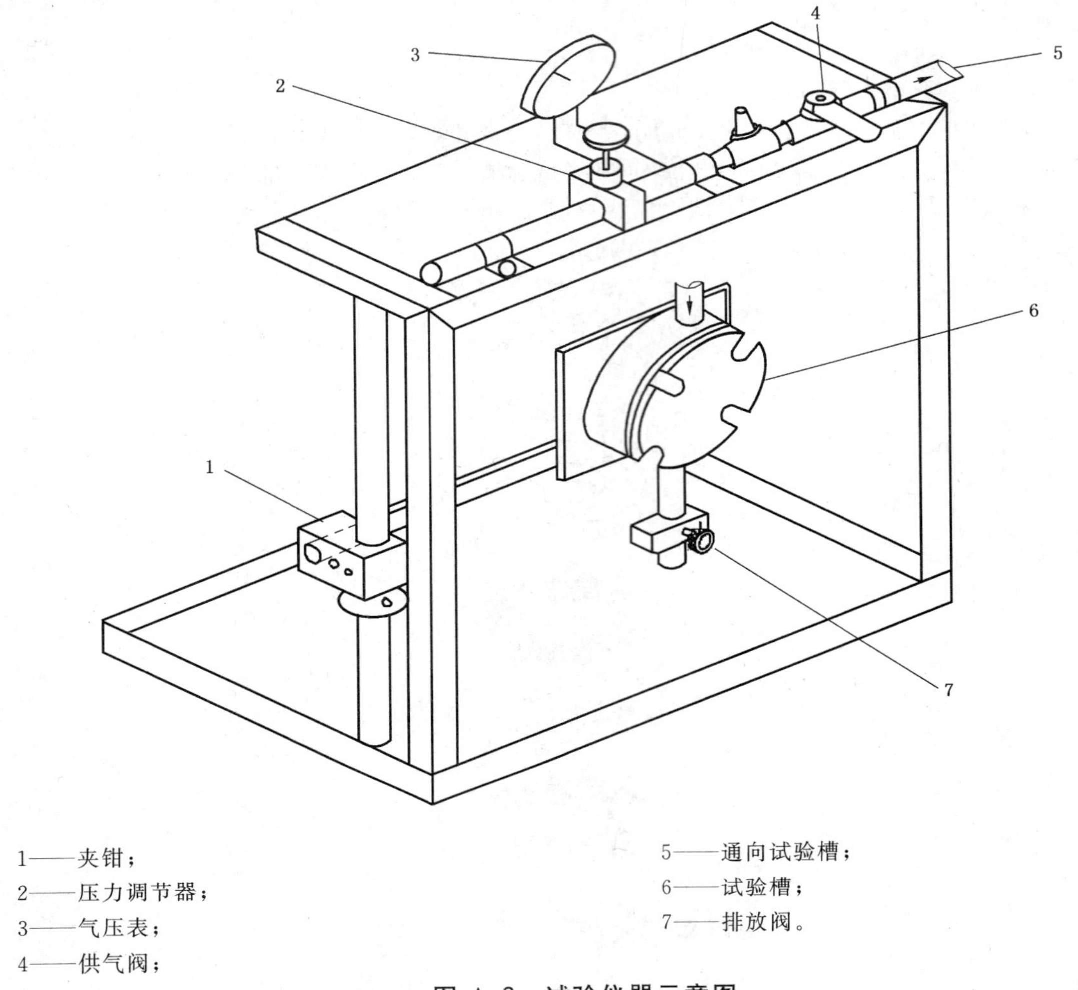

1——夹钳；
2——压力调节器；
3——气压表；
4——供气阀；
5——通向试验槽；
6——试验槽；
7——排放阀。

图 A.2 试验仪器示意图

A.6.4 如果观察不到有合成血液穿透，则缓慢将压力升至 3.5 kPa，并保持此压力 5 min。在样品的可视面观察是否有液体穿透。如果有合成血液从试验样品穿透则停止试验。样品抗合成血液穿透性为 2 级。

A.6.5 如果观察不到有合成血液穿透，则缓慢将压力升至 7 kPa，并保持此压力 5 min。在样品的可视面观察是否有液体穿透。如果有合成血液从试验样品穿透则停止试验。样品抗合成血液穿透性为 3 级。

A.6.6 如果观察不到有合成血液穿透，则缓慢将压力升至 14 kPa，并保持此压力 5 min。在样品的可视面观察是否有液体穿透。如果有合成血液从试验样品穿透则停止试验。样品抗合成血液穿透性为 4 级。

A.6.7 如果观察不到有合成血液穿透，则缓慢将压力升至 20 kPa，并保持此压力 5 min。在样品的可视面观察是否有液体穿透。如果有合成血液从试验样品穿透则停止试验。样品抗合成血液穿透性为 5 级。如果观察不到有合成血液穿透，样品抗合成血液穿透性为 6 级。

A.6.8 试验结束后将气源关闭并将穿透试验槽的阀门打开至通风位置。

A.6.9 打开排放阀将合成血液排空。以适当的洗液冲洗试验槽除去残留血迹。从试验槽中拿出样品和垫圈。清洁试验槽外部与合成血液接触的所有部件。

参 考 文 献

[1] ASTM F1670-98 Standard Test Method for Resistance o Materials Used in Protective Clothing to Penetration by Synthetic Blood

[2] EN 149-2001 Respiratory protective devices—Filtering half masks to protect against particles—Requirements, testing, marking

[3] NIOSH 42 CFR 84 Regulation Tests and Requirements for Certification and Approval of Respiratory Protective Devices

[4] prEN 14126 Protective clothing—Performance requirements and tests methods for protective clothing against infective agents

[5] ANSI/AAMI PB70:2003 Liquid barrier performance and classification of protective apparel and drapes intended for use in health care facilities

[6] AAMI TIR11:2005 Selection and use of protective apparel and surgical drapes in health care facilities

[7] YY/T 0700—2008 血液和体液防护装备 防护服材料抗血液和体液穿透性能测试 合成血试验方法(ISO 16603:2004,IDT)

ICS 75.160.20
E 31

中华人民共和国国家标准

GB 19147—2009
代替 GB/T 19147—2003

车用柴油

Automobile diesel fuels

2009-06-12 发布　　2010-01-01 实施

中华人民共和国国家质量监督检验检疫总局
中国国家标准化管理委员会　发布

前　言

本标准的第5章为强制性的，其余为推荐性的。

本标准修改采用欧盟标准EN 590:1999《汽车燃料　柴油　要求和试验方法》(英文版)。

本标准根据EN 590:1999重新起草。

为了适合我国国情，本标准在采用EN 590:1999时进行了修改，本标准与EN 590:1999标准的主要技术差异如下：

——规范性引用文件均采用我国相应的国家标准和行业标准；
——根据我国的气候条件和生产情况，按照低温流动性，将车用柴油划分为六个牌号；
——未规定“总污染物”和“浊点”项目；
——十六烷值、水含量、馏程、黏度等项目均根据国情进行修改；
——增加机械杂质及相应的检测方法；
——增加了对生物柴油的含量限值及相应的检测方法；
——删除了EN 590:1999标准中的资料性附录A；增加了本标准的附录A和附录B；
——按照我国标准编写的规定，对章条顺序进行了适当的修改；
——增加了检验规则和安全等章节的内容。

本标准代替GB/T 19147—2003《车用柴油》。GB/T 19147—2003修改采用EN 590—1998。

本标准与GB/T 19147—2003相比主要变化如下：

——将原来的“推荐性国家标准”修改为“强制性国家标准”；
——增加了“术语和定义”章节，修改了原标准中的“范围”和“产品标记”章节；
——根据目前国内柴油的生产情况，删除了10号柴油的技术要求；
——硫含量由原来的“不大于0.05%(质量分数)”修改为“不大于0.035%(质量分数)”；
——修改了黏度、密度指标的限值；
——增加多环芳烃、生物柴油的含量限值及检测方法；
——增加了检验规则和安全等章节的内容。
——将原标准的附录A和附录B，修改为本标准的附录B和附录A；同时增加了附录B中B.1范围的B.1.2的有关安全的内容。

本标准的附录B为规范性附录，附录A为资料性附录。

本标准自2010年1月1日实施，表1规定的技术要求过渡期到2011年6月30日。

本标准由全国石油产品和润滑剂标准化技术委员会(SAC/TC 280)提出。

本标准由全国石油产品和润滑剂标准化技术委员会石油燃料分技术委员会(SAC/TC 280/SC 1)归口。

本标准负责起草单位：中国石油化工股份有限公司石油化工科学研究院。

本标准参加起草单位：中国石油化工股份有限公司高桥分公司。

本标准主要起草人：倪蓓、林荣兴。

本标准于2003年首次发布，本次为第一次修订。

车 用 柴 油

1 范围

1.1 本标准规定了由石油制取的,或加有添加剂的车用柴油的术语和定义、产品分类、技术要求和试验方法、检验规则及标志、包装、运输和贮存。本标准不涉及含有生物柴油调合组分的产品,对于含有生物柴油调合组分的产品执行相关的标准和规定。

1.2 本标准所属产品适用于压燃式柴油发动机汽车。但可不包括 GB 19756 中所规定的三轮汽车和低速货车。

1.3 符合本标准要求的车用柴油可以满足国家第Ⅲ阶段机动车污染物的排放要求。

2 规范性引用文件

下列文件中的条款通过本标准的引用而成为本标准的条款。凡是注日期的引用文件,其随后所有的修改单(不包括勘误的内容)或修订版均不适用于本标准,然而,鼓励根据本标准达成协议的各方研究是否可使用这些文件的最新版本。凡是不注日期的引用文件,其最新版本适用于本标准。

GB/T 260 石油产品水分测定法

GB/T 261 闪点的测定 宾斯基-马丁闭口杯法(GB/T 261—2008,ISO 2719:2002, MOD)

GB/T 265 石油产品运动粘度测定法和动力粘度计算法

GB/T 268 石油产品残炭测定法(康氏法)(GB/T 268—1987,neq ISO 6615:1983)

GB/T 380 石油产品硫含量测定法(燃灯法)

GB/T 386 柴油着火性质测定法(十六烷值法)

GB/T 508 石油产品灰分测定法(GB/T 508—1985,eqv ISO 6245:1982)

GB/T 510 石油产品凝点测定法

GB/T 511 石油产品和添加剂机械杂质测定法(重量法)

GB/T 1884 原油和液体石油产品密度实验室测定法(密度计法)(GB/T 1884—2000,eqv ISO 3675:1998)

GB/T 1885 石油计量表(GB/T 1885—1998,eqv ISO 912:1991)

GB/T 4756 石油液体手工取样法(GB/T 4756—1998,eqv ISO 3170:1988)

GB/T 5096 石油产品铜片腐蚀试验法

GB/T 6536 石油产品蒸馏测定法

GB/T 11139 馏分燃料十六烷指数计算法

GB/T 11140 石油产品硫含量的测定 波长色散 X 射线荧光光谱法

GB 12268 危险货物品名表

GB/T 17040 石油和石油产品硫含量的测定 能量色散 X 射线荧光光谱法

GB/T 17144 石油产品残炭测定法(微量法)(GB/T 17144—1997,eqv ISO 10370:1993)

GB 19756 三轮汽车和低速货车用柴油机排气污染物排放限值及测量方法(中国Ⅰ、Ⅱ阶段)

GB/T 23801 中间馏分油中脂肪酸甲酯含量的测定 红外光谱法

SH 0164 石油产品包装、贮运及交货验收规则

SH/T 0175 馏分燃料油氧化安定性测定法(加速法)

SH/T 0248 柴油和民用取暖油冷滤点测定法

SH/T 0604 原油和石油产品密度测定法(U 型振动管法)

SH/T 0606 中间馏分烃类组成测定法(质谱法)

SH/T 0689 轻质烃及发动机燃料和其他油品的总硫含量测定法(紫外荧光法)

SH/T 0694 中间馏分燃料十六烷指数计算法(四变量公式法)(SH/T 0694—2000,eqv ISO 4264:1995)

SH/T 0765 柴油润滑性评定法(高频往复试验机法)(SH/T 0765—2005,ISO 12156-1:1997,MOD)

SH/T 0806 中间馏分芳烃含量的测定 示差折光检测器高效液相色谱法

3 术语和定义

下列术语和定义适用于本标准。

3.1

多环芳烃含量 content of polycyclic aromatic hydrocarbons

多环芳烃含量是指柴油中的总芳烃含量减去单环芳烃的含量。

3.2

三轮汽车 tri-wheel vehicle

三轮汽车是指最高设计车速小于或等于 50 km/h 的,具有三个车轮的货车。

3.3

低速货车 low-speed truc

低速货车是指最高设计车速小于 70 km/h,具有四个车轮的货车。

4 产品分类

车用柴油按凝点分为六个牌号:

5 号车用柴油:适用于风险率为 10%的最低气温在 8 ℃以上的地区使用;

0 号车用柴油:适用于风险率为 10%的最低气温在 4 ℃以上的地区使用;

—10 号车用柴油:适用于风险率为 10%的最低气温在—5 ℃以上的地区使用;

—20 号车用柴油:适用于风险率为 10%的最低气温在—14 ℃以上的地区使用;

—35 号车用柴油:适用于风险率为 10%的最低气温在—29 ℃以上的地区使用;

—50 号车用柴油:适用于风险率为 10%的最低气温在—44 ℃以上的地区使用。

注:可参见附录 A,选用不同牌号的车用柴油。

5 技术要求和试验方法

车用柴油技术要求见表 1。

表 1 车用柴油技术要求和试验方法

项 目		5 号	0 号	—10 号	—20 号	—35 号	—50 号	试验方法
氧化安定性/(总不溶物)(mg/100 mL)	不大于	2.5						SH/T 0175
硫含量[a](质量分数)/%	不大于	0.035						SH/T 0689
10%蒸余物残炭[b](质量分数)/%	不大于	0.3						GB/T 268
灰分(质量分数)/%	不大于	0.01						GB/T 508
铜片腐蚀(50 ℃,3 h)/级	不大于	1						GB/T 5096
水分[c](体积分数)/%	不大于	痕迹						GB/T 260
机械杂质[c]		无						GB/T 511

表 1（续）

项　　目		5 号	0 号	−10 号	−20 号	−35 号	−50 号	试验方法
润滑性								
磨痕直径(60 ℃)/μm	不大于	460						SH/T 0765
多环芳烃含量[d](质量分数)/%	不大于	11						SH/T 0606
运动黏度(20℃)/(mm^2/s)		3.0～8.0		2.5～8.0		1.8～7.0		GB/T 265
凝点/℃	不高于	5	0	−10	−20	−35	−50	GB/T 510
冷滤点/℃	不高于	8	4	−5	−14	−29	−44	SH/T 0248
闪点(闭口)/℃	不低于	55			50	45		GB/T 261
着火性[e](需满足下列要求之一)								
十六烷值	不小于	49			46	45		GB/T 386
十六烷指数	不小于	46			46	43		SH/T 0694
馏程：								GB/T 6536
50%回收温度/℃	不高于	300						
90%回收温度/℃	不高于	355						
95%回收温度/℃	不高于	365						
密度(20 ℃)/(kg/m^3)[f]		810～850			790～840			GB/T 1884 GB/T 1885
脂肪酸甲酯[g](体积分数)/%	不大于	0.5						GB/T 23801

[a] 也可采用 GB/T 380、GB/T 11140 和 GB/T 17040 进行测定，结果有争议时，以 SH/T 0689 方法为准。

[b] 也可采用 GB/T 17144 进行测定，结果有争议时，以 GB/T 268 方法为准。若柴油中含有硝酸酯型十六烷值改进剂，10%蒸余物残炭的测定，应用不加硝酸酯的基础燃料进行。柴油中是否含有硝酸酯型十六烷值改进剂的检验方法见附录 B。

[c] 可用目测法，即将试样注入 100 mL 玻璃量筒中，在室温(20 ℃±5 ℃)下观察，应当透明，没有悬浮和沉降的水分及机械杂质。结果有争议时，按 GB/T 260 或 GB/T 511 测定。

[d] 也可采用 SH/T 0806，结果有争议时，以 SH/T 0606 方法为准。

[e] 十六烷指数的测定也可采用 GB/T 11139。结果有异议时，仲裁以 GB/T 386 方法为准。

[f] 也可采用 SH/T 0604，结果有争议时，以 GB/T 1884 方法为准。

[g] 不得人为加入。

6 检验规则

6.1 检验分类与检验项目

本产品检验分为出厂检验和型式检验。

出厂检验分为出厂批次检验和出厂周期检验。

6.1.1 出厂检验

出厂批次检验项目：硫含量、10%蒸余物残炭、灰分、铜片腐蚀、水分、机械杂质、多环芳烃含量、运动黏度、凝点、冷滤点、闪点、十六烷值（十六烷指数）、馏程、密度。

出厂周期检验项目：氧化安定性、润滑性和脂肪酸甲酯检验周期为一个月。

6.1.2　**型式检验**

型式检验项目为第5章表1中技术要求和试验方法规定的所有检验项目。

在下列情况下进行型式检验：

a)　原油性质发生变化、加工工艺条件改变、调和比例变化及检修开工后情况；

b)　出厂检验结果与上次型式检验结果有较大差异时。

6.2　**组批**

在原材料、工艺不变的条件下，产品每生产一罐为一批。

6.3　**取样**

取样按GB/T 4756进行，取4 L作为检验和留样用。

6.4　**判定规则**

出厂检验的结果全部符合本标准表1的技术要求时，则判定该批产品合格。

6.5　**复验规则**

如出厂检验结果中有不符合表1技术指标的规定时，按GB/T 4756的规定重新抽取双倍样品进行复检，复检结果如仍有一项不符合本标准规定的技术指标时，则判定该批产品为不合格。

7　标志、包装、运输和贮存

7.1　向用户销售的符合本标准表1要求的车用柴油所使用的加油机和容器都应标明下列标志：5号车用柴油(Ⅲ)、0号车用柴油(Ⅲ)、－10号车用柴油(Ⅲ)、－20号车用柴油(Ⅲ)、－35号车用柴油(Ⅲ)、－50号车用柴油(Ⅲ)。

7.2　本标准产品的标志、包装、运输、贮存及交货验收按SH 0164。

8　安全

根据GB 12268的规定，车用柴油属于危险化学品的第3类易燃液体，此类产品的安全要求应遵守国家危险化学品安全管理条例和相关法律、法规及标准的规定。

附 录 A
（资料性附录）
各地区风险率为10%的最低气温

A.1 各地区风险率为10%的最低气温是从中央气象局资料室编写的《石油产品标准的气温资料》中摘录编制的。它是由我国152个气象台 .站，从1961年至1980年逐日自最高（低）气温记录分析得出的。某月风险率为10%的最低气温值，表示该月中最低气温低于该值的概率为0.1，或者说该月中最低气温高于该值的概率为0.9。

A.2 推荐风险率为10%的最低气温用来估计使用地区的最低操作温度，这为柴油机在低温操作时的正常设备防寒、燃油系统的设计、柴油的生产、供销及使用提供可靠的气温数据。

表 A.1 各地区风险率为10%的最低气温

单位为摄氏度

	一月份	二月份	三月份	四月份	五月份	六月份	七月份	八月份	九月份	十月份	十一月份	十二月份
河北省	−14	−13	−5	1	8	14	19	17	9	1	−6	−12
山西省	−17	−16	−8	−1	5	11	15	13	6	−2	−9	−16
内蒙古自治区	−43	−42	−35	−21	−7	−1	4	1	−8	−19	−32	−41
黑龙江省	−44	−42	−35	−20	−6	1	7	4	−6	−20	−35	−43
吉林省	−29	−27	−17	−6	1	8	14	12	2	−6	−17	−25
辽宁省	−23	−21	−12	−1	6	12	18	15	6	−2	−12	−20
山东省	−12	−12	−5	2	8	14	19	18	11	4	−4	−10
江苏省	−10	−9	−3	3	11	15	20	20	12	5	−2	−8
安徽省	−7	−7	−1	5	12	18	20	20	14	7	0	−6
浙江省	−4	−3	1	6	13	17	22	21	15	8	2	−3
江西省	−2	−2	3	9	15	20	23	23	18	12	4	0
福建省	−4	−2	3	8	14	18	21	20	15	8	1	−3
台湾省[a]	3	0	2	8	10	16	19	19	13	10	1	2
广东省	1	2	7	12	18	21	23	23	20	13	7	2
海南省	9	10	15	19	22	24	24	23	23	19	15	12
广西壮族自治区	3	3	8	12	18	21	23	23	19	15	9	4
湖南省	−2	−2	3	9	14	18	22	21	16	10	1	−1
湖北省	−6	−4	0	6	12	17	21	20	14	8	1	−4
河南省	−10	−9	−2	4	10	15	20	18	11	4	−3	−8
四川省	−21	−17	−11	−7	−2	1	2	1	0	−7	−14	−19
贵州省	−6	−6	−1	3	7	9	12	11	8	4	−1	−4
云南省	−9	−8	−6	−3	1	5	7	7	5	−1	−5	−8
西藏自治区	−29	−25	−21	−15	−9	−3	−1	0	−6	−14	−22	−29
新疆维吾尔族自治区	−40	−38	−28	−12	−5	−2	0	−2	−6	−14	−25	−34
青海省	−33	−30	−25	−18	−10	−6	−3	−4	−6	−16	−28	−33
甘肃省	−23	−23	−16	−9	−1	3	5	5	0	−8	−16	−22
陕西省	−17	−15	−6	−1	5	10	15	12	6	−1	−9	−15
宁夏回族自治区	−21	−20	−10	−4	2	6	9	8	3	−4	−12	−19

[a] 台湾省所列的温度是绝对最低气温，即风险率为0的最低气温。

附 录 B
（规范性附录）
柴油中硝酸酯型十六烷值改进剂的检验

B.1 范围

B.1.1 本方法适用于检验柴油中使用的硝酸酯型十六烷值改进剂。本方法可作为测定残炭和计算十六烷指数前使用的定性筛选方法。

B.1.2 本方法涉及某些有危险性的物质、操作和设备，无意对所涉及的所有安全问题提出建议。因此，在使用本标准之前应建立适当的安全和防护措施，并确定相关规章限制的适用性。

B.2 方法概要

柴油试样在氢氧化钾-正丁醇混合物中皂化，用玻璃纤维滤纸过滤，留在滤纸上的物质干燥后用二苯胺试剂处理。二苯胺被硝酸盐氧化成深蓝色醌型化合物。生成的蓝色或蓝黑色斑点显示有硝酸酯型十六烷值改进剂。无颜色变化可确定没有硝酸酯型十六烷值改进剂。

B.3 仪器或设备

B.3.1 反应瓶：容量 30 mL 广口瓶，带螺帽盖，盖内侧有锡或塑料衬里。

B.3.2 玻璃纤维滤纸：直径 37 mm。

B.3.3 移液管：容量 10 mL，带吸球。

B.3.4 量筒：10 mL 和 25 mL。

B.3.5 吸滤瓶：适合与 60 mL 玻璃烧结过滤器连接。

B.3.6 玻璃烧结过滤器：容量 60 mL。

B.3.7 烘箱：适用于在 110 ℃干燥玻璃纤维滤纸。

B.4 试剂

在本检验过程中所用试剂均为分析纯试剂。

B.4.1 氢氧化钾。

B.4.2 正丁醇。

B.4.3 硫酸。

B.4.4 二苯胺溶液（1 g/100 mL 溶液）。

配制：用 0.250 g 二苯胺溶解在 25 mL 硫酸中。

B.4.5 甲苯。

警告：甲苯为有毒可燃物，应避免吸入其蒸气，并避免与皮肤接触。

B.5 试验步骤

B.5.1 用 6.5 g 氢氧化钾与 100 mL 正丁醇混合，加热使氢氧化钾溶解，待溶液冷却后用玻璃纤维滤纸过滤混合物，即得到皂化混合物。

B.5.2 用移液管把 10 mL 试样注入反应瓶，加入 5 mL 甲苯，再加入 10 mL 皂化混合物。

警告：不应当用口吸移液管，因为检验中存在有毒物质。

B.5.3 用螺帽盖牢固地盖在反应瓶上，混合内盛物后，放在 110 ℃烘箱中保持 4 h。

B.5.4 从烘箱中取出的反应瓶冷却到 25 ℃±3 ℃。

B.5.5 将反应瓶中的内盛物在装有玻璃纤维滤纸的玻璃烧结过滤器内过滤。

B.5.6 用 2.5 mL 甲苯洗涤反应瓶，并转移到玻璃烧结过滤器内过滤。

B.5.7 小心取出玻璃纤维滤纸，放在 110 ℃烘箱中干燥 15 min。

B.5.8 取出玻璃纤维滤纸，冷却到 25 ℃±3 ℃。

B.5.9 向滤纸中央滴入 3 滴二苯胺溶液，观察是否形成蓝色或蓝黑色。

B.6 报告

如果出现蓝色，应报告有硝酸酯型十六烷值改进剂。含有 0.5%（体积分数）硝酸酯型十六烷值改进剂的柴油参比试样会使整个试剂部位呈现深蓝色至蓝黑色。而仅含 0.1%（体积分数）硝酸酯型十六烷值改进剂的柴油参比试样会使试剂部位的外缘呈现蓝色环。

如果出现上述的蓝色、深蓝色或蓝黑色，则试样为阳性反应。残炭的测定应用不加硝酸酯型十六烷值改进剂的基础燃料进行，并且不能用来计算十六烷指数，应用 GB/T 386 方法测定十六烷值。

ICS 29.140.10
K 74

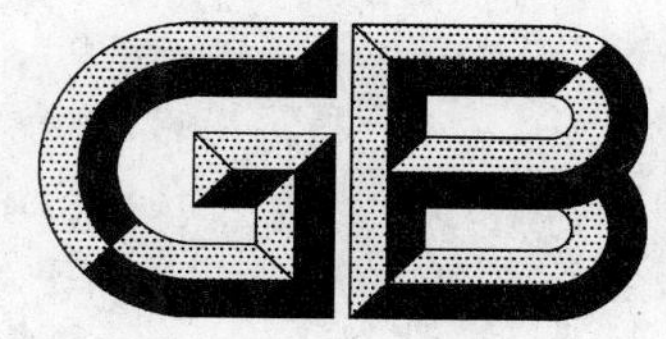

中华人民共和国国家标准

GB/T 19148.3—2009

灯座的型式和尺寸 第3部分:预聚焦式灯座

Types and dimensions of lampholders—Part 3: Prefocus lampholders

(IEC 60061-2:2004, Lamp caps and holders together with gauges for the control of interchangeability and safety—Part 2: Lampholders, MOD)

2009-09-30 发布　　　　2010-02-01 实施

中华人民共和国国家质量监督检验检疫总局
中国国家标准化管理委员会　发布

前 言

GB/T 19148《灯座的型式和尺寸》共分为5个部分：

——第1部分：螺口式灯座

——第2部分：插脚式灯座

——第3部分：预聚焦式灯座

——第4部分：杂类灯座

——第5部分：卡口式灯座

本部分为GB/T 19148的第3部分。

本部分修改采用IEC 60061-2:2004《灯头、灯座及检验其安全性和互换性和量规　第2部分：灯座》(3.37版)的英文版，与IEC 60061-2:2004中有关预聚焦式灯座的型式的尺寸部分在技术内容上完全一致。

同时将该国际标准的表述改为适合我国标准的表述。为了便于使用，本部分做了下列编辑性修改：

a) “本国际标准”一词改为“本部分”；

b) 用小数点“.”代替作为小数点的“,”；

c) 删除国际标准的前言；

d) 为了与现有的标准及本部分中的技术内容一致，将国际标准的名称“《灯头、灯座及检验其安全性和互换性和量规　第2部分：灯座》”改为“《灯座的型式和尺寸　第3部分：预聚焦式灯座》”。

本部分由轻工业联合会提出。

本部分由全国照明电器标准化技术委员会(SAC/TC 224)归口。

本部分起草单位：杭州菁蓝照明科技有限公司、北京电光源研究所。

本部分主要起草人：吴永强、段彦芳、赵秀荣、江姗。

灯座的型式和尺寸
第3部分:预聚焦式灯座

1 范围

GB/T 19148的本部分规定了电光源用预聚焦式灯座的型式和尺寸。

本部分适用于电光源用预聚焦式灯座的型式和尺寸。

2 规范性引用文件

下列文件中的条款通过GB/T 19148的本部分的引用而成为本部分的条款。凡是注日期的引用文件,其随后所有的修改单(不包括勘误的内容)或修订版均不适用于本部分,然而,鼓励根据本部分达成协议的各方研究是否可使用这些文件的最新版本。凡是不注日期的引用文件,其最新版本适用于本部分。

GB/T 1406.3 灯头的型式和尺寸 第3部分:预聚焦式灯头(GB/T 1406.3—2008,IEC 60061-1:2005,Lamp caps and holders together with gauges for the control of interchangeability and safety—Part 1:Lamp caps,MOD)

GB/T 1483.3 灯头、灯座检验量规 第3部分:预聚焦式灯头、灯座的量规(GB/T 1483.3—2008,IEC 60061-3:2004,Lamp caps and holders together with gauges for the control of interchangeability and safety—Part 3:Gauges,MOD)

GB/T 21098 灯头、灯座及检验其安全性和互换性的量规 第4部分:导则及一般信息(GB/T 21098—2007,IEC 60061-4:2004,IDT)

3 灯座的型式和尺寸

灯座的型号应符合GB/T 21098的规定。

	P11.5d 灯座	1/2

单位为毫米

附图仅表示互换性的基本尺寸

关于 P11.5d 灯头，见 GB/T 1406.3-7004-79。

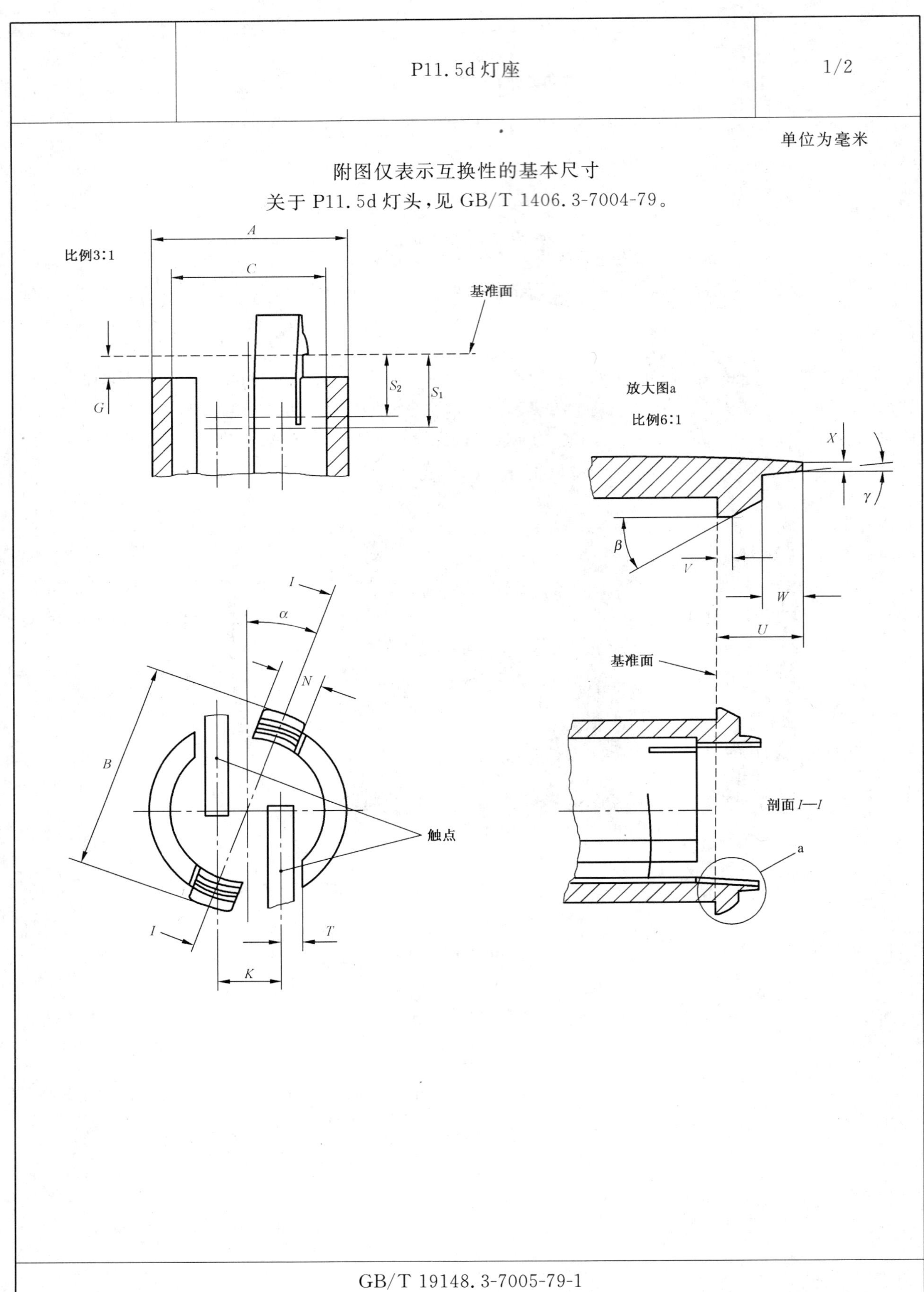

GB/T 19148.3-7005-79-1

	P11.5d 灯座	2/2

单位为毫米

尺寸	最小值	最大值	尺寸	最小值	最大值
A	11.3	11.4	*T*	1.2	1.3
B	12.5	12.7	*U*	约 2.5	
C	8.8	9.0	*V*	约 0.4	
G	1.2	1.3	*W*	约 1.2	
K	3.5	3.7	*X*	约 0.3	
N	2.6	2.8	α	标称值 20°	
S_1(1)	4.4		β	约 30°	
S_2(1)	3.8		γ	约 5°	

(1) 单独把各个触点分别压到位置 S_2 和 S_1 的力应不小于 3 N 且应不大于 10 N。

GB/T 19148.3-7005-79-1

PG12-. 和 PGX12-. 灯座

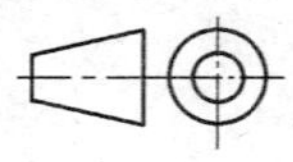

1/3

单位为毫米

附图仅表示互换性的基本尺寸

关于 PG12 和 PGX12 灯头,见 GB/T 1406.3-7004-64。

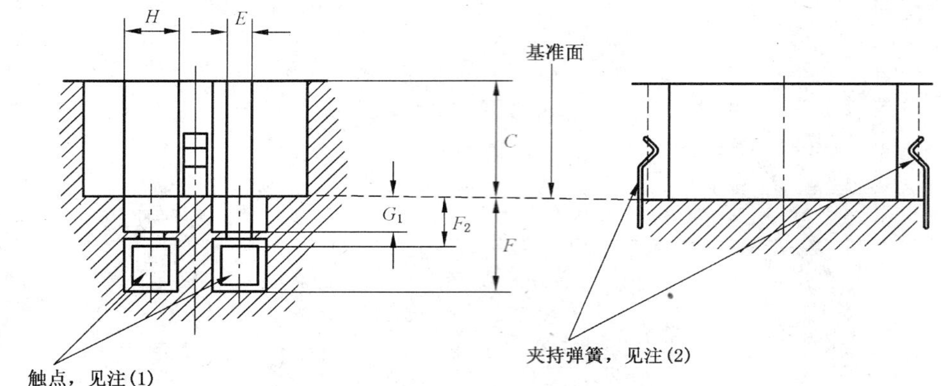

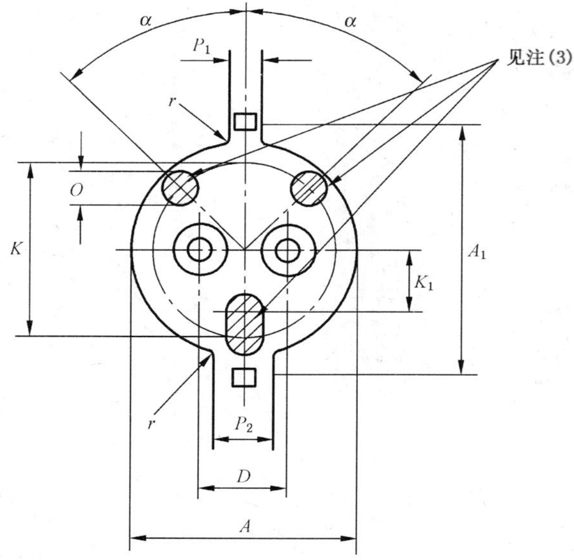

上图仅表示 PG12-1 灯座。

与 PG12 灯座相比,PGX12 灯座的插脚入孔和安装面以 90°角度设置。

关于有上述不同的灯座见 2/3 页。

PGX12-1 和 PGX12-2 灯座打算在高温下使用(150 ℃以上,暂定)。

GB/T 19148.3-7005-64-4

PG12-. 和 PGX12-. 灯座

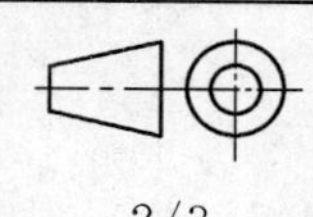

2/3

单位为毫米

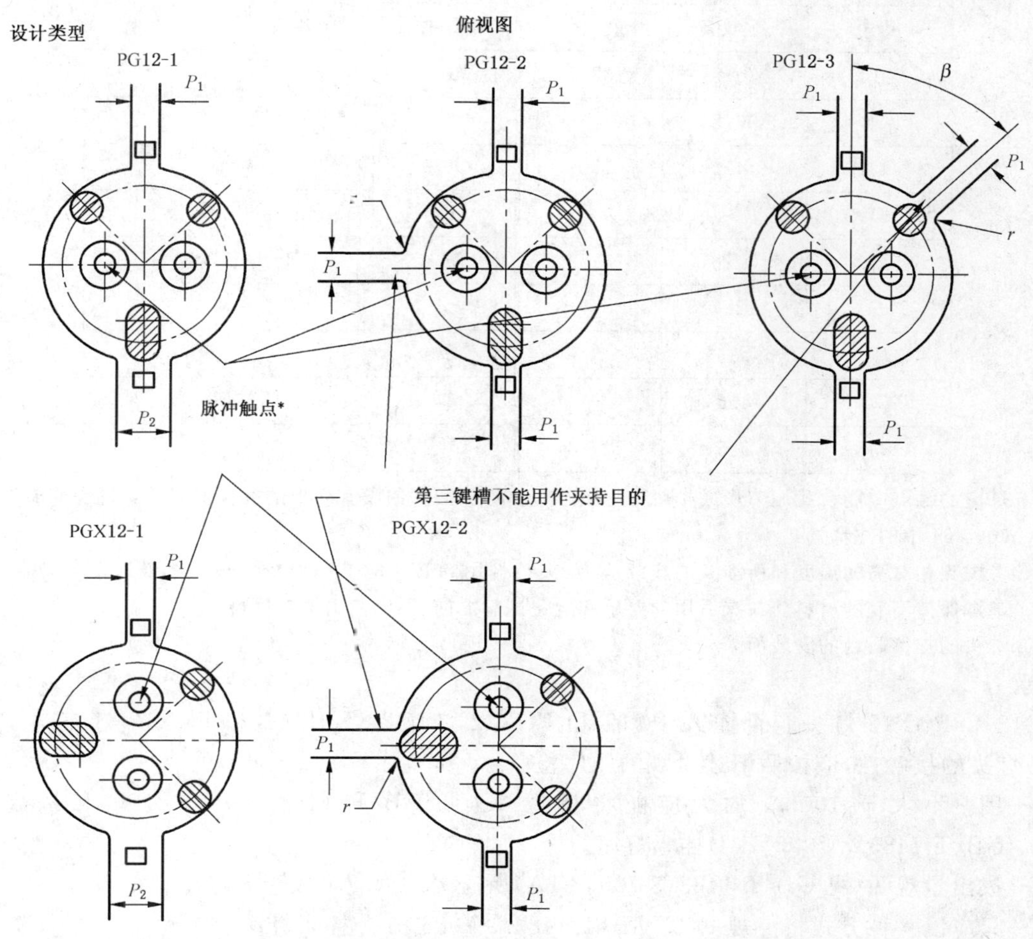

* 如果这些灯座用于要求高电压启动脉冲的灯，则脉冲应施加在该触点上。

PG12-1 灯座的尺寸见 1/3 页中的图。

PG12-2 灯座的尺寸与 PG12-1 灯座的相同，但栓销的槽口的数量和相关的尺寸除外。

存在三个类似的具有尺寸 A_1、P_1 和 r 的栓销槽口。

PG12-3 灯座的尺寸与 PG12-2 灯座的相同，但凸片的位置除外。

PGX12-1 灯座的尺寸与 PG12-1 灯座的相同，但触点的位置和灯头的支撑凸台的安装面的位置除外，灯头已按顺时针方向旋转了 90°。

PGX12-2 灯座的尺寸与 PGX12-1 灯座的相同，但栓销的槽口的数量和相关尺寸除外。存在三个类似的具有尺寸 A_1、P_1 和 r 的栓销槽口。

GB/T 19148.3-7005-64-4

	PG12-. 和 PGX12-. 灯座	3/3

单位为毫米

尺寸	最小值	最大值	尺寸	最小值	最大值
A	30.8	32.0	K	约 25	
A_1	37.8	—	K_1	约 8.8	
C	14.0	17.5	O(3)	5.0	—
D	12.0		P_1	4.2	5.5
E	3.18	3.58	P_2	8.1	—
F	12.7	—	r	0.5	—
F_2	—	7.5	α	约 45°	
G_1	4.6	—	β	标称值 45°	
H	7.5	—			

(1) 灯座的触点应能自我调节形成接触。电接触应在灯头插脚的没有变形的部分形成。见灯头 GB/T 1406.3-7004-64 中的注释(5)。

(2) 考虑到相对高的温度和所涉及的连续应力，夹持灯用的簧片应是一种在灯座的整个寿命期间能使夹持力基本保持不变的材料。在有适用的要求和老化试验之前，不应使用塑料材料。

(3) 灯头的支撑凸台的安装面。

检验：

PG12-和 PGX12-灯头能否插入 PG12 和 PGX12 灯座以及 PG12 和 PGX12 灯座与 PG12-和 PGX12-灯头的接触性，应按照下述量规的顺序检验：

——用一不大于 100 N 的力应能将量规 A(见 GB/T 1483.3-7006-81A)和量规 B(见 GB/T 1483.3-7006-81B)插入灯座。

——拔出量规 A(见 GB/T 1483.3-7006-81A)所需要的力应不大于 80 N。

——只应以一种方式将量规 C(见 GB/T 1483.3-7006-81C)插入灯座。

——灯座应能以至少 15 N 的力夹持住量规 C(见 GB/T 1483.3-7006-81C)。

——拔出量规 D(见 GB/T 1483.3-7006-80D)所需要的力应不大于 15 N。

——灯座应能以至少 1 N 的力夹持住量规 E(见 GB/T 1483.3-7006-80E)。

——用量规 F(见 GB/T 1483.3-7006-81F)和量规 G(见 GB/T 1483.3-7006-81G)检验灯座的接触性能。

GB/T 19148.3-7005-64-4

PG13 和 PGJ13 连接件和安装孔	1/2

单位为毫米

附图仅表示互换性的基本尺寸

关于 PG13 和 PGJ13 灯头，见 GB/T 1406.3-7004-107。

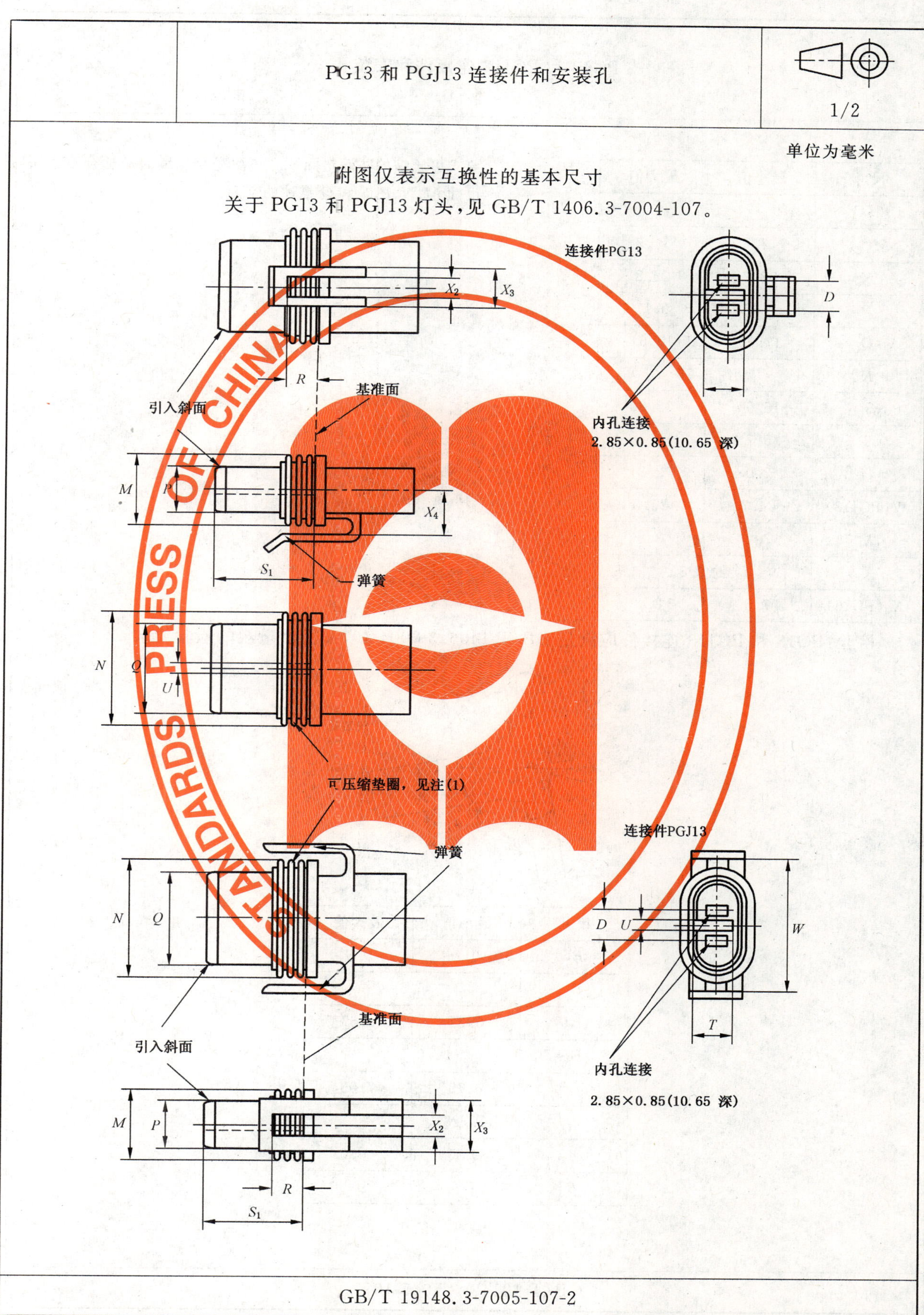

GB/T 19148.3-7005-107-2

	PG13 和 PGJ13 连接件和安装孔	2/2

单位为毫米

尺寸	最小值	最大值
D	6.1	
M(1)	12.7	13.3
N	22.2	22.8
P	7.85	8.11
Q	17.35	17.61
R	约 3.75	
S_1	15.50	15.80
T	5.7	—
U	2.0	2.3
W(PGJ13)	24.7	25.3
X_2	3.2	3.8
X_3	约 9.5	
X_4(PG13)	7.5	8.1

(1) 要求可压缩的防潮垫圈。当垫圈完全压缩时应适合有灯头尺寸 M、N、P、R 和 Q 描述的空间。

检验：PG13 和 PGJ13 连接件应满足 GB/T 1406.3-7004-107A 所示量规的检验要求。

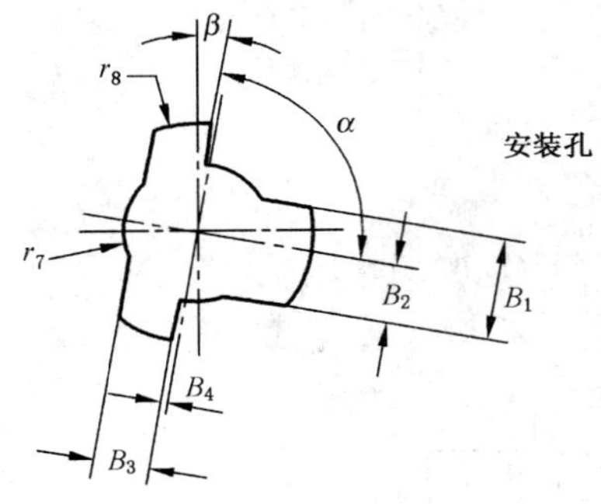

安装孔

尺寸	最小值	最大值
B_1	9.2	9.5
B_2	5.5	
B_3	5.37	5.67
B_4	0.5	
r_7	6.75	7.05
r_8	10.28	—
α	89°30′	90°30′
β	10°	10°

GB/T 19148.3-7005-107-2

	PX13.5s 灯座	1/2

单位为毫米

附图仅表示互换性的基本尺寸

关于 PX13.5s 预聚焦灯头，见 GB/T 1406.3-7004-35。

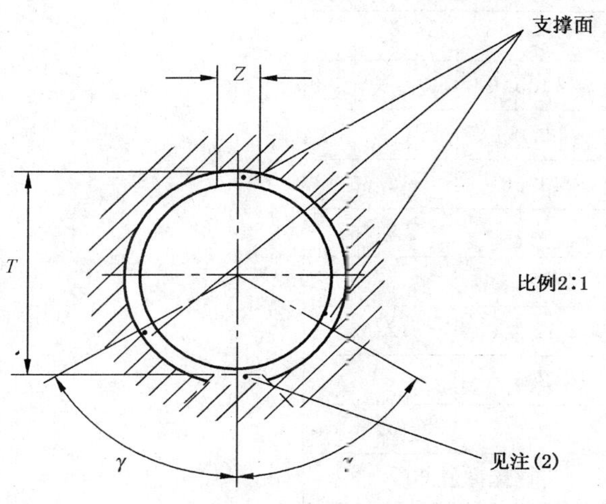

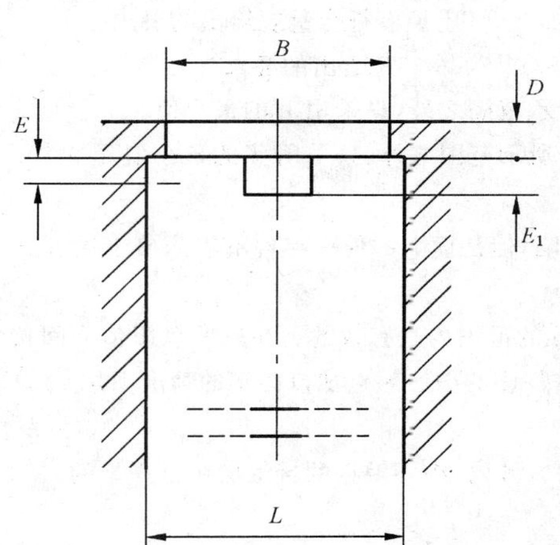

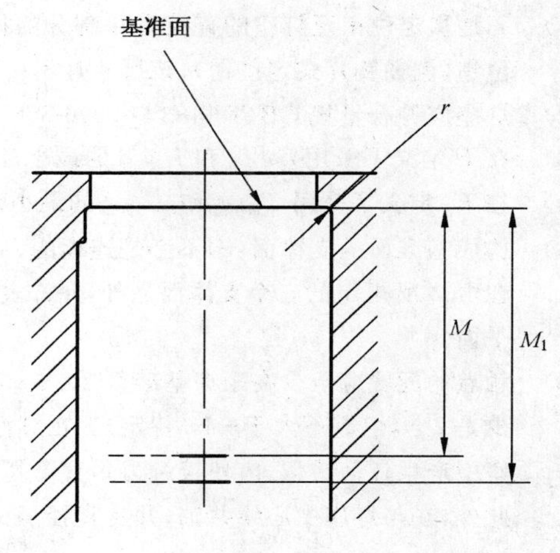

灯座的设计应能使其夹持灯的装置只在灯处于正确位置时才起作用，也就是说，灯头法兰的三个支撑凸台都与灯座的相应支撑面相接触。

GB/T 19148.3-7005-35-1

	PX13.5s 灯座	2/2

单位为毫米

尺寸	最小值	最大值
B	10.45	12.0
D	—	2.0
E(3)	1.5	—
E_1(4)	2.0	—
L(3)	13.56	13.65
M	—	见注(6)
M_1	见注(6)	—
T(1)(4)	12.4	12.65
Z(5)	2.5	—
r	—	0.1
γ	标称值 60°	

(1) T 是从定位销至灯座的直径为 L 部分的相对一侧的距离。该尺寸只在定位销为刚性时适用。对于弹性定位销(例如簧片式定位销),该尺寸是不相关的。尽管如此,灯座仍应符合量规给出的要求。

(2) 灯座应符合量规 GB/T 1483.3-7006-35C 和 GB/T 1483.3-7006-35E 给出的要求。

(3) 在 E 定义了采用 $L_{最小值}$ 和 $L_{最大值}$ 的最小范围。在 E 所示范围之外,只采用 L 的最小值。

(4) 在 E_1 定义了采用 $T_{最小值}$ 和 $T_{最大值}$ 的最小范围。在 E_1 所示范围之外,只采用 T 的最小值。

(5) 构成基准面的支撑面(S)不必是连续的。
在由 Z 所规定的三个支撑面之外,允许表面上出现凹陷,但是面上的任一点均不应凸出于通过三个 Z 面的平面。

(6) 触点的配置应至少在距离基准面 13.9 mm～15.4 mm 的范围内是有效的。在这些极限值之间接触力应至少是 2 N,但应不大于…N(待定)。在灯泡仅仅是依靠灯座的中心触点加以固定的情况下,为了防止灯在灯座中产生任何错位,应使接触力垂直于基准面。
此外,在与灯座中心线共轴,并且直径至少为 3 mm 的区域内,中心触点的接触面应是平坦的。

GB/T 19148.3-7005-35-1

	汽车灯用 P14.5s 灯座	1/2

单位为毫米

附图仅表示互换性的基本尺寸

关于 P14.5s 灯头，见 GB/T 1406.3-7004-46。

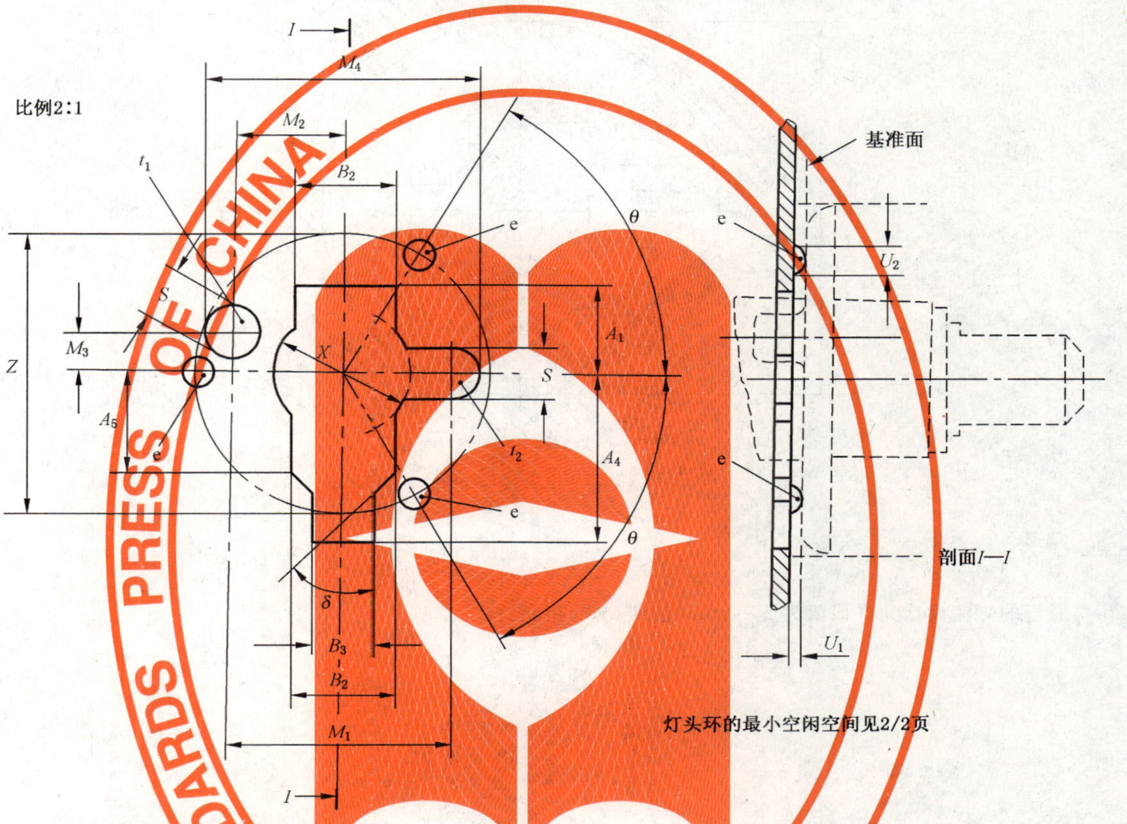

比例2:1

基准面

剖面I—I

灯头环的最小空闲空间见2/2页

尺寸	最小值	最大值
A_1	6.1	6.3
A_4	11.7	
A_5	7.0	7.5
B_2	7.0	7.5
B_3	4.0	4.2
M_1	标称值 14.5	
M_2	7.4	7.6
M_3	2.9	3.1
M_4	18.1	18.3
S	3.6	3.7
U_1	0.8	1.0
U_2	1.8	2.2
X	9.0	9.2
Z	19.5	20.5
δ	40°	45°
θ	59°	61°

灯的正确定位要借定位孔 t_1 和 t_2 来完成。三个凸台 e 决定基准面。灯座的设计应能使灯的夹持装置只在灯处于正确位置时起作用。该夹持装置只应与灯头的预聚焦盘产生接触，并且在使灯处于正确位置时所施加的总力应不小于 10 N，应不大于 60 N。

GB/T 19148.3-7005-46-3

	汽车灯用 P14.5s 灯座	2/2

单位为毫米

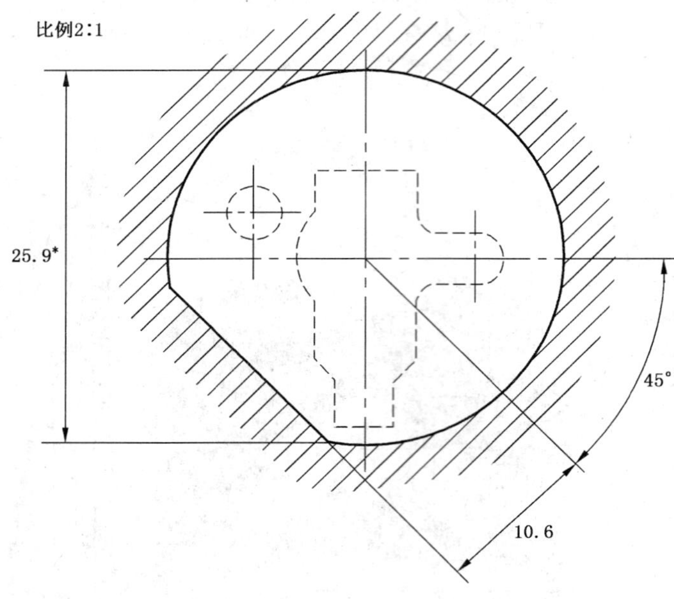

对于灯头环的最小空闲空间

* 通行的灯座设计允许该值为 25.2 mm 直到 1985 年底。

GB/T 19148.3-7005-46-3

	P18s 预聚焦灯座	1/1

单位为毫米

附图仅表示互换性的基本尺寸

关于预聚焦灯头 P18s，见 GB/T 1406.3-7004-38。

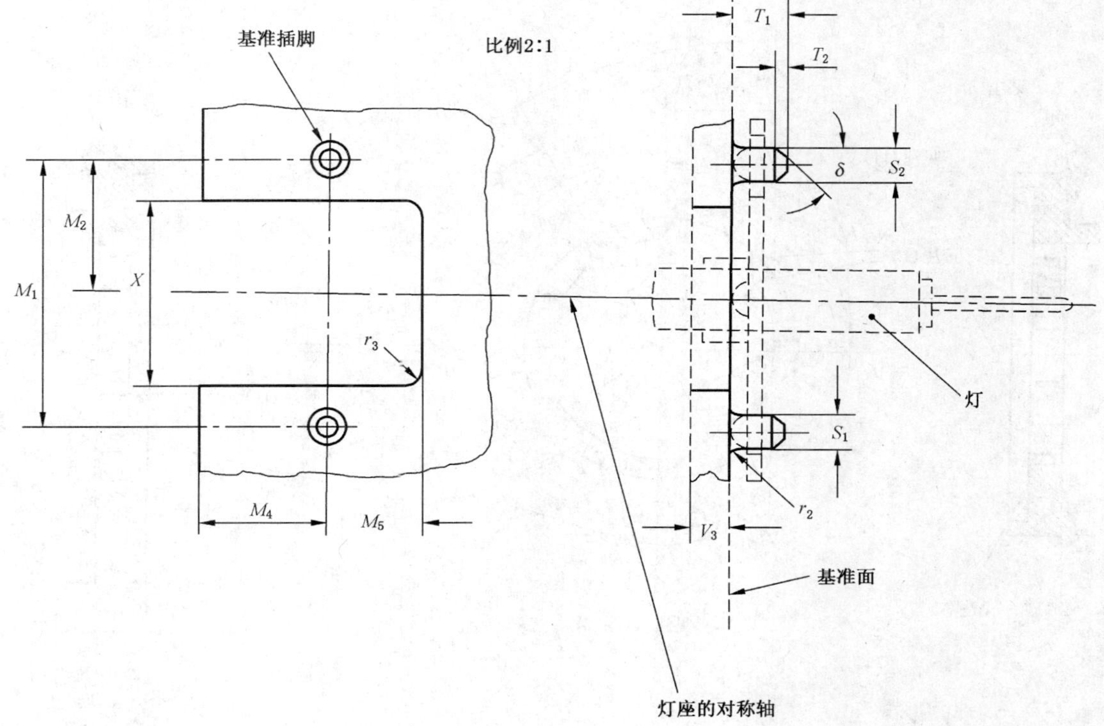

(1) 尺寸 V_3 与尺寸 M_5 和 X 相一致的最小长度。

尺寸	最小值	最大值
M_1	17.8	18.2
M_2	8.9	9.1
M_4	8.4	—
M_5(1)	4.0	5.9
S_1	2.32	2.42
S_2	2.32	2.42
T_1	3.0	3.6
T_2	0.5	0.7
V_3(1)	2.5	—
X(1)	10.0	12.5
r_2	—	0.6
r_3	—	2.0
δ	标称值 45°	

GB/T 19148.3-7005-38-3

	PGJ19 灯座和连接件	1/3

单位为毫米

附图仅表示互换性的基本尺寸

关于 PGJ19 灯头，见 GB/T 1406.3-7004-110。

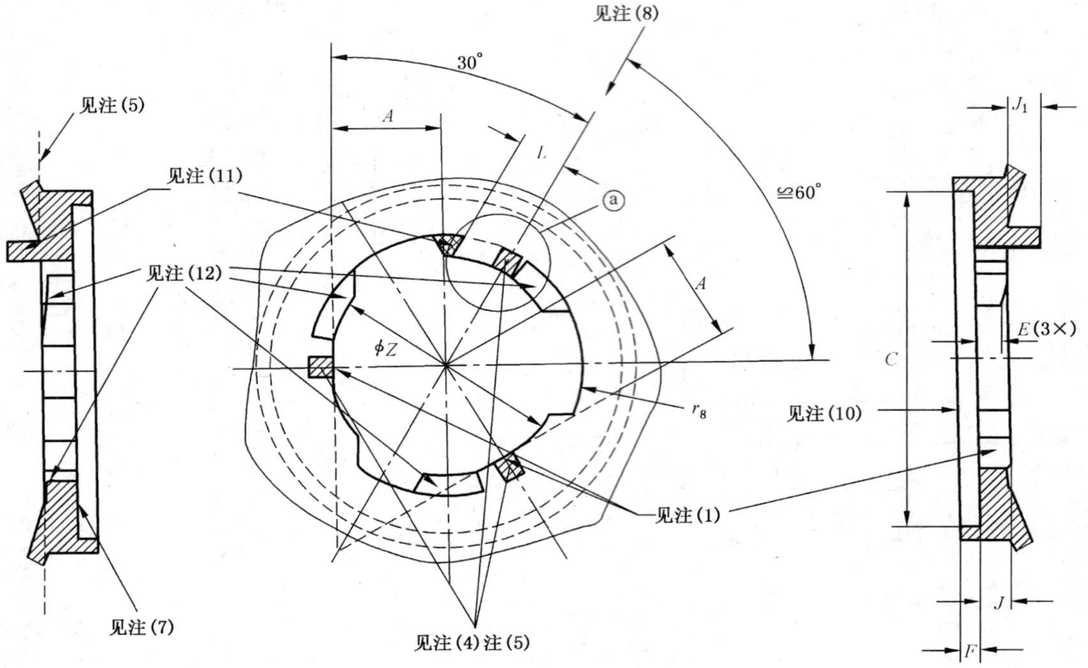

见注(8)
30°
A
L
ⓐ
≦60°
A
见注(5)
见注(11)
见注(12)
ϕZ
r_8
见注(10)
C
J_1
E(3×)
见注(1)
见注(7)
见注(4)注(5)
J
F

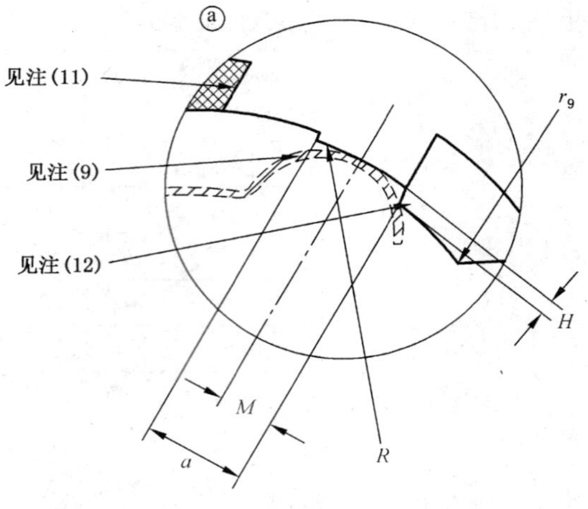

ⓐ
见注(11)
见注(9)
见注(12)
r_9
H
M
a
R

附图只表示 PGJ19 灯座。对于未标注的尺寸和不同的型式，见 3/3 页。

GB/T 19148.3-7005-110-1

	PGJ19 灯座和连接件	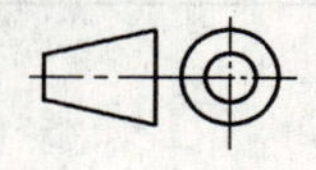 2/3

单位为毫米

尺寸	最小值	最大值
A(1)	9.5	
C	31.9	32.1
E	2.2	—
F	2.5	3.0
H	0.25	0.35
J	2.8	2.9
J_1	2.5	—
M	1.0	1.2
L	(3)	
R(2)	10.0	10.1
Z	19.5	20.0
a	大约 3	
r_1	12.4	12.5
r_2	0.8	1.0

(1) V 形支撑。灯头的支撑面由一直径为 19 mm 的圆的两条切线构成。在灯插入期间，借助灯头上一个有 10 N(待定)最小力值的簧片将灯推入此 V 形支撑。只有在灯头被完全被推入 V 形支撑之后，才应继续施加一最小值为 5 N 的轴向力(待定)，使灯的密封垫抵在灯座的表面上。

(2) 半径的中心点由与 V 形支撑的距离为 A 的两条直线交叉构成(灯的理论轴线)。

(3) 对于 PGJ19-1，PGJ19-2 和 PGJ19-4* 灯座，L 为 4.1 mm±0.1 mm。
对于 PGJ19-3* 灯座，L 为 5.15 mm±0.1 mm。
对于 PGJ19-5 灯座，L 为 6.2 mm±0.1 mm。

(4) V 形支撑至基准面的过渡段应具有一介于 0.2 mm～1 mm 之间的半径或一等效的凹斜面。

(5) 该基准面由三个尺寸大约为 3 mm×3 mm 的平坦表面构成(附图中的影线)。在这种表面之外以及在一直径为 25 mm 的圆环之内，不应有凸出于基准面的部分，但止挡除外。

(6) 反光镜入口在设计上应能使灯泡只在预定位置插入。

(7) 用于密封垫圈的光滑面。

(8) 灯头弹簧力的方向。

(9) 插入后的灯头弹簧。

(10) 灯的插入方向。

(11) 止挡。

(12) 夹持凹痕。

* 暂定。

GB/T 19148.3-7005-110-1

PGJ19 灯座和连接件

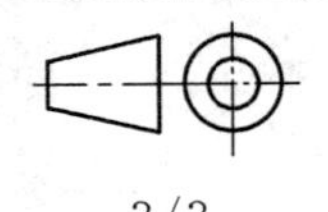

3/3

单位为毫米

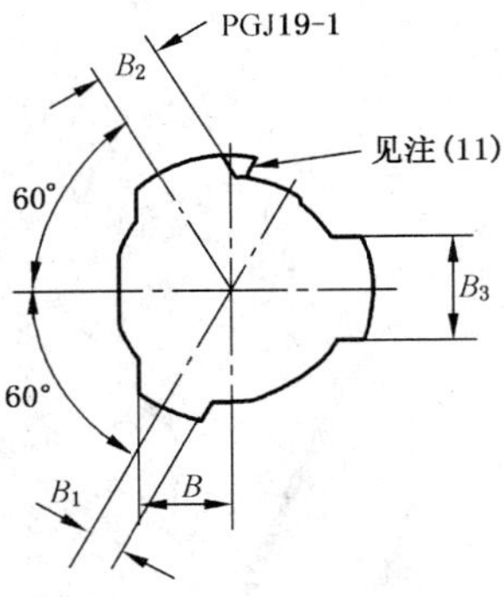

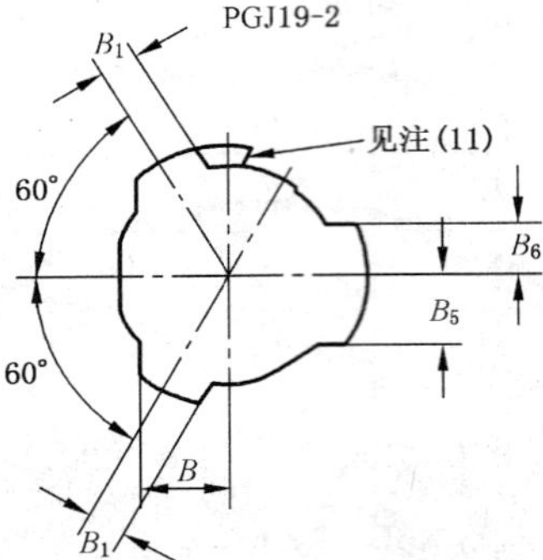

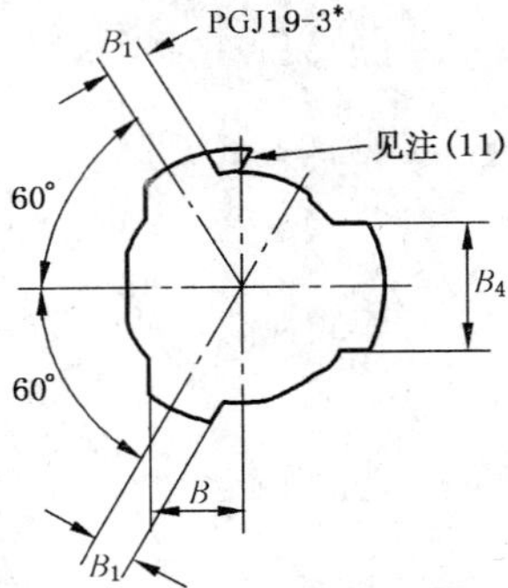

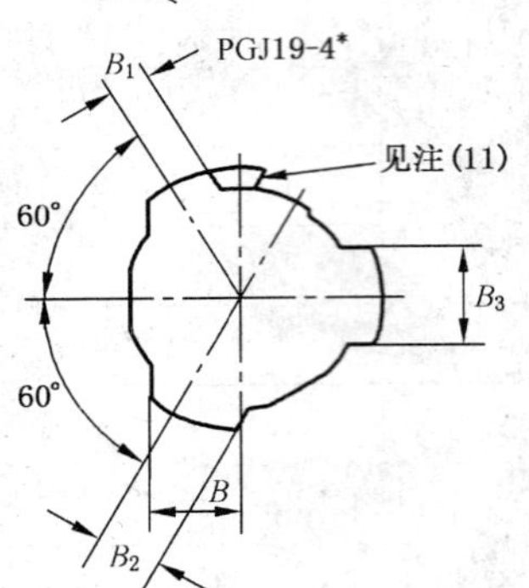

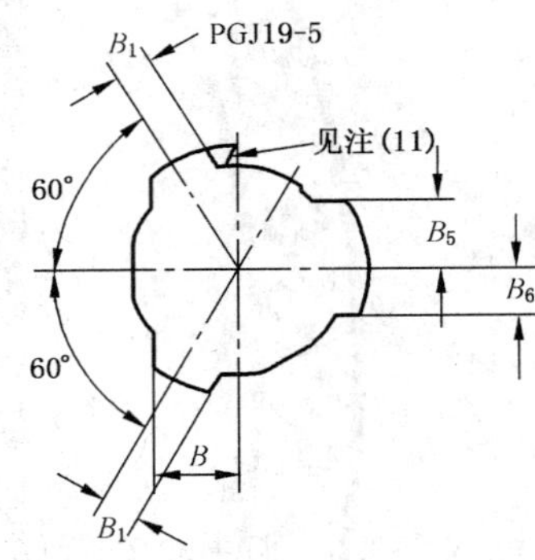

连接件

PGJ19-1、PGJ19-2和PGJ19-3

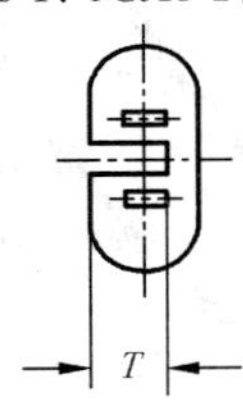

连接件

PGJ19-4*和PGJ19-5

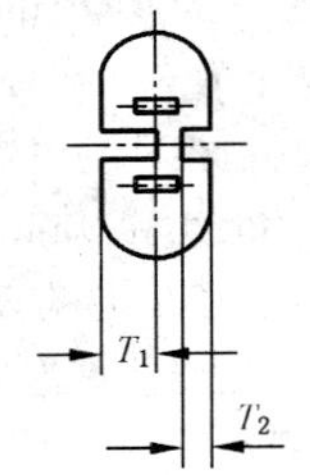

尺寸	最小值	最大值
B	8.1	8.3
B_1	3.7	3.9
B_2	5.7	5.9
B_3	8.2	8.4
B_4	10.2	10.4
B_5	6.1	6.2
B_6	4.1	4.2
T	5.7	6.0
T_1	3.8	4.1
T_2	2.0	2.3

* 暂定。

对于未标注的连接件的尺寸，见 GB/T 19148.3-7005-107 所示 PG(J)13 连接件。

PGJ19 连接件应符合 GB/T 1483.3-7006-110D 所示量规的检验要求。

GB/T 19148.3-7005-110-1

	P20、PX20、PY20 和 PZ20 灯座	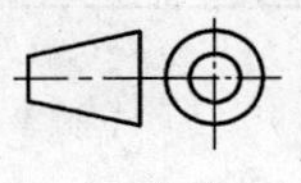 1/3

单位为毫米

附图仅表示互换性的基本尺寸

关于 P20、PX20、PY20 和 PZ20 灯头，见 GB/T 1406.3-7004-31。

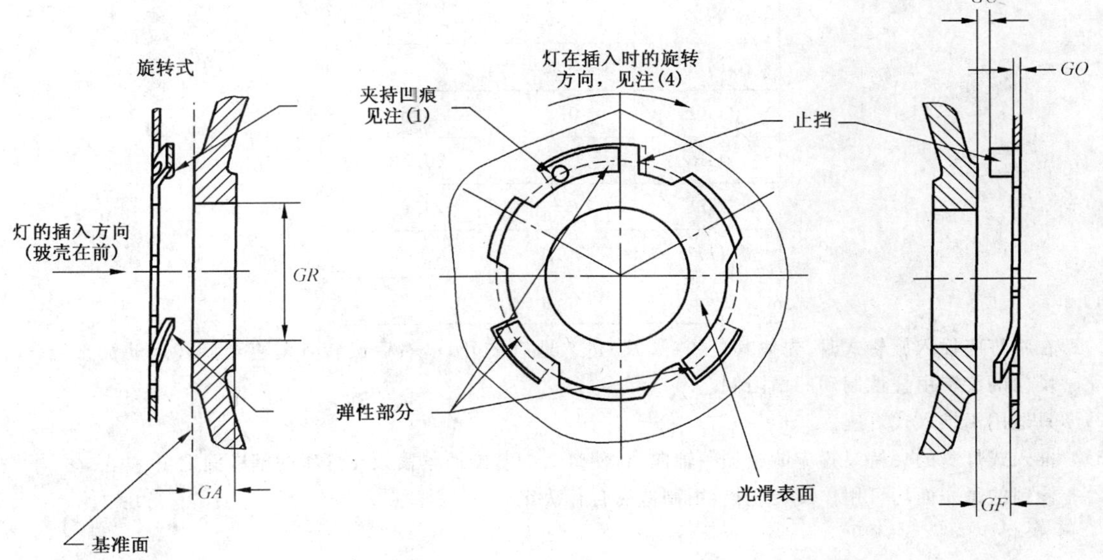

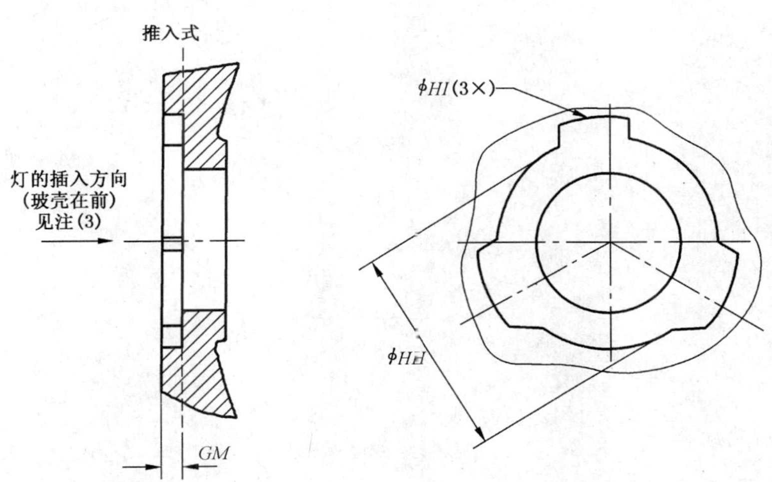

附图只表示 P20 灯座。图中的尺寸适用于推入式和旋转式灯座。对于未标注的尺寸和不同的型式，见 3/3 页。

GB/T 19148.3-7005-31-2

	P20、PX20、PY20 和 PZ20 灯座	2/3

单位为毫米

尺寸	最小值	最大值
GA	6.0	—
GF	4.6	—
GM(2)	3.0	—
GO	0.2	3.6
GR	20.12	20.32
GU	—	3.6
HH	30.4	31.0
HI	36.4	—

(1) 在将灯座插入旋转式时，先使其栓销（翼片）进入适宜的开口，然后旋转灯泡直至旋转运动被止挡限制住；反向的旋转由挠性制动凹槽限制。

(2) 只适用于推入式灯座。

(3) 推入式灯座的夹持装置应能施加一轴向力，使灯头的基准面紧紧顶在灯座的基准面上。

(4) 栓销的每一面均可用作旋转止挡，由制造商自行决定。

GB/T 19148.3-7005-31-2

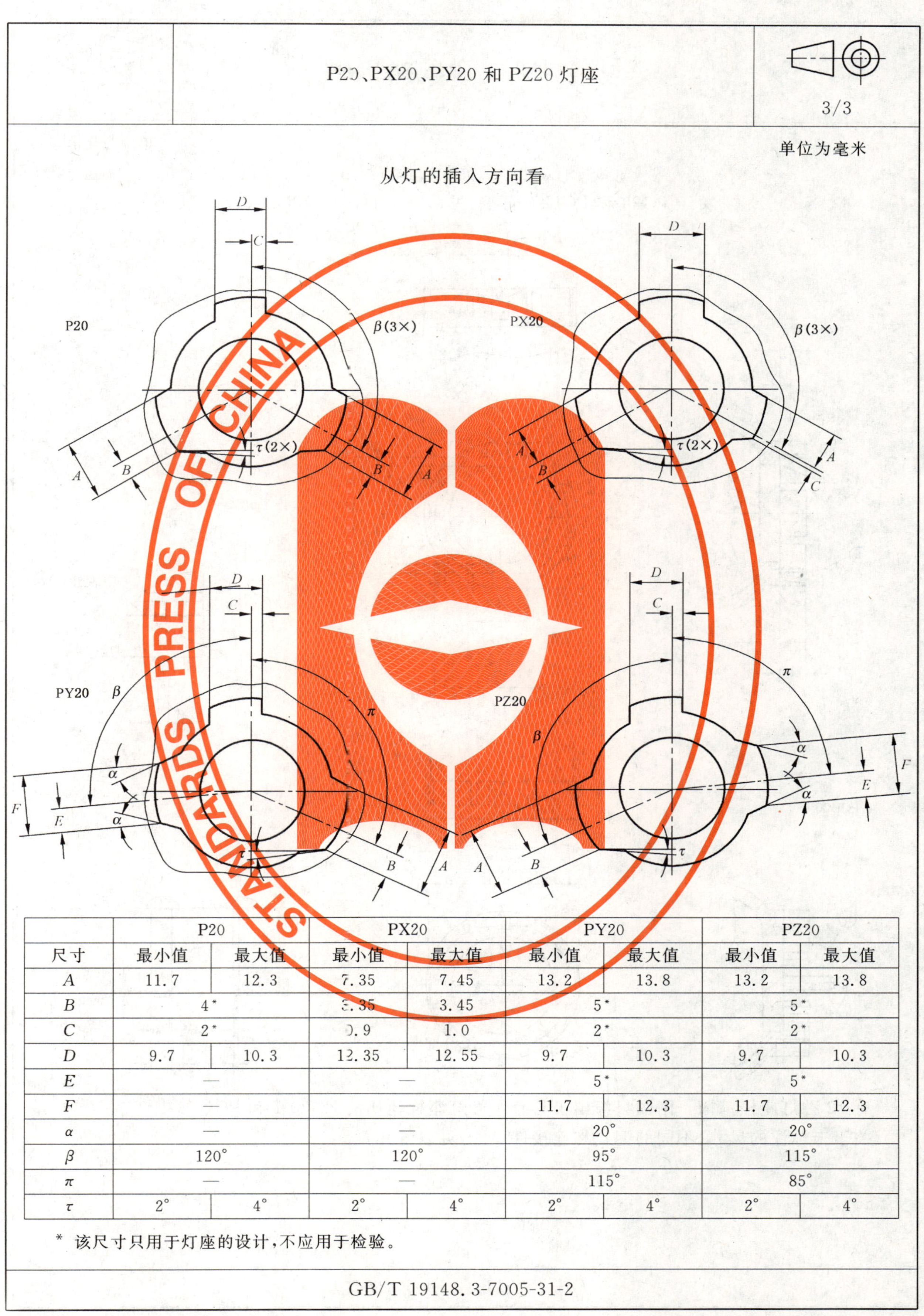

	P20		PX20		PY20		PZ20	
尺寸	最小值	最大值	最小值	最大值	最小值	最大值	最小值	最大值
A	11.7	12.3	7.35	7.45	13.2	13.8	13.2	13.8
B	4*		3.35	3.45	5*		5*	
C	2*		0.9	1.0	2*		2*	
D	9.7	10.3	12.35	12.55	9.7	10.3	9.7	10.3
E	—		—		5*		5*	
F	—		—		11.7	12.3	11.7	12.3
α	—		—		20°		20°	
β	120°		120°		95°		115°	
π	—		—		115°		85°	
τ	2°	4°	2°	4°	2°	4°	2°	4°

* 该尺寸只用于灯座的设计，不应用于检验。

GB/T 19148.3-7005-31-2

PG20 和 PGU20 灯座和连接件

1/6

单位为毫米

附图仅表示互换性的基本尺寸

关于 PG20 和 PGU20 灯端，见 GB/T 1406.3-7004-127。

PG20

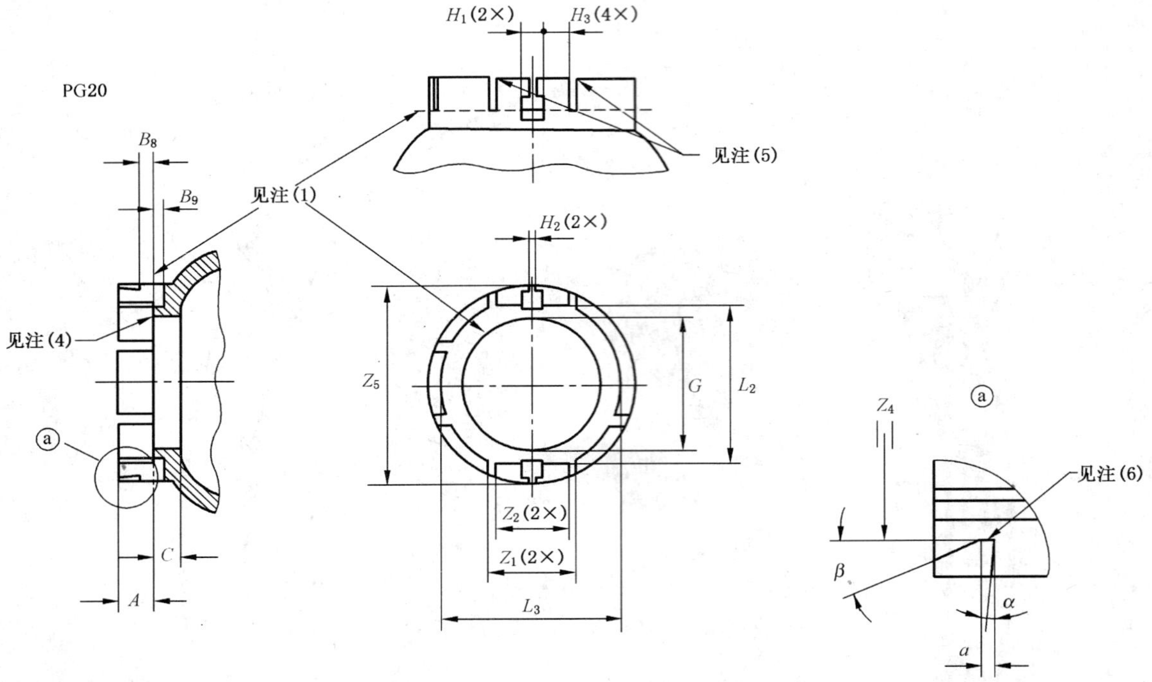

PGU20

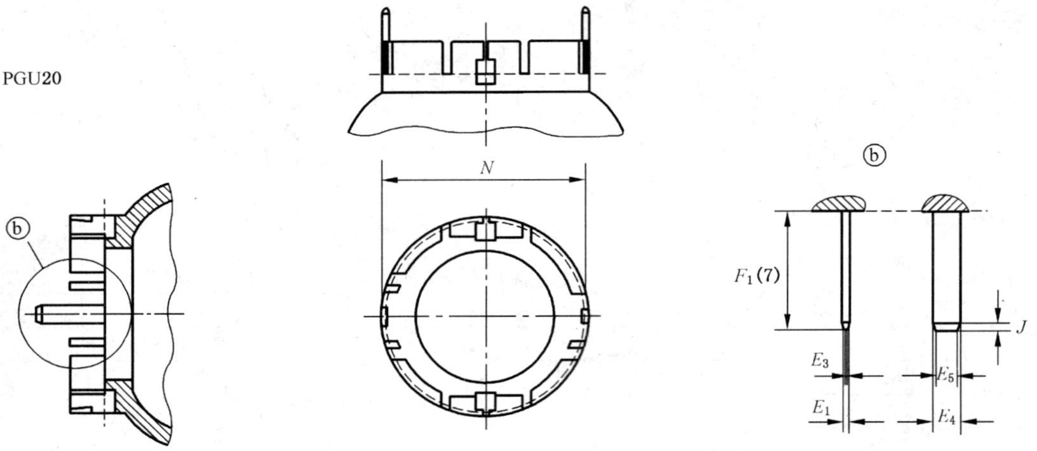

有 12 种灯座栓销槽。附图只给出了具有 1 号灯座栓销槽的 PG20-1 和 PGU20-1 灯座。关于未标注的尺寸、不同的型式和连接件尺寸，见以下几页。

GB/T 19148.3-7005-127-2

	PG20 和 PGU20 灯座和连接件	2/6

单位为毫米

尺寸	最小值	最大值	尺寸	最小值	最大值
A(2)	4	5	H_3	2.0	—
B_8	2.2	2.3	J	0.7	0.9
B_9	1.0	—	L_2	23.2	23.4
C	4	—	L_3	26.2	27.5
E_1	0.78	0.82	N(2)	标称值 29	
E_3	0.45	0.55	Z_1	12.7	12.9
E_4	2.7	2.9	Z_2	9.9	10.1
E_5	1.0	1.8	Z_4	28.35	28.55
F_1(7)	9.8	14	Z_5	30.4	31.4(3)
G	20.2	20.32	a	标称值 0.5	
H_1	5.1	—	α	标称值 15°	
H_2	1.2	1.4	β	标称值 30°	

(1) 基准面。

(2) 触脚的尺寸用 GB/T 1483.3-7006-127A 所示量规进行检验。

(3) Z_5 最大值只在 Z_1 所规定的区域内适用。在这些区域之外,允许采用更大的直径。

(4) 稍倒角或倒圆,以便有助于灯的 O 形盘插入灯座。

(5) 入口稍倒角或倒圆。

(6) 平坦表面。

(7) F_1 表示与凸式触点的正确接合所要求的接片长度(凸台的功能部分)。

检验:PGU20 灯座应满足 GB/T 1483.3-7006-127A 所示量规的检验要求。

GB/T 19148.3-7005-127-2

PG20 和 PGU20 灯座和连接件

3/6

单位为毫米

PG20 键槽

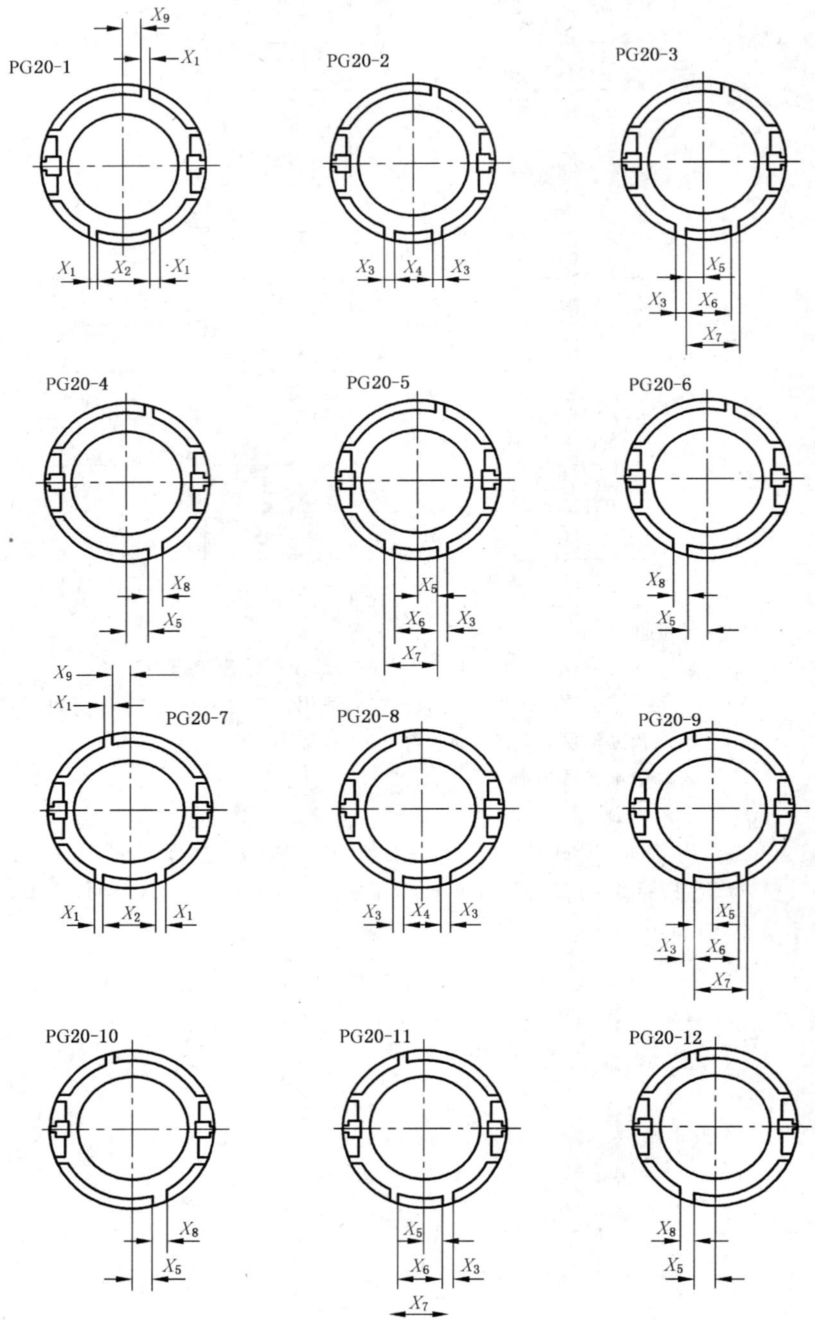

PG20-1

PG20-2

PG20-3

PG20-4

PG20-5

PG20-6

PG20-7

PG20-8

PG20-9

PG20-10

PG20-11

PG20-12

尺寸	最小值	最大值
X_1	1.5	1.7
X_2	9.5	9.7
X_3	2.0	2.2
X_4	6.5	6.7
X_5	3.2	3.4
X_6	7.8	8.0
X_7	9.6	9.8
X_8	3.0	3.2
X_9	2.3	2.5

GB/T 19148.3-7005-127-2

	PG20 和 PGU20 灯座和连接件	4/6

单位为毫米

PG20 灯座键槽

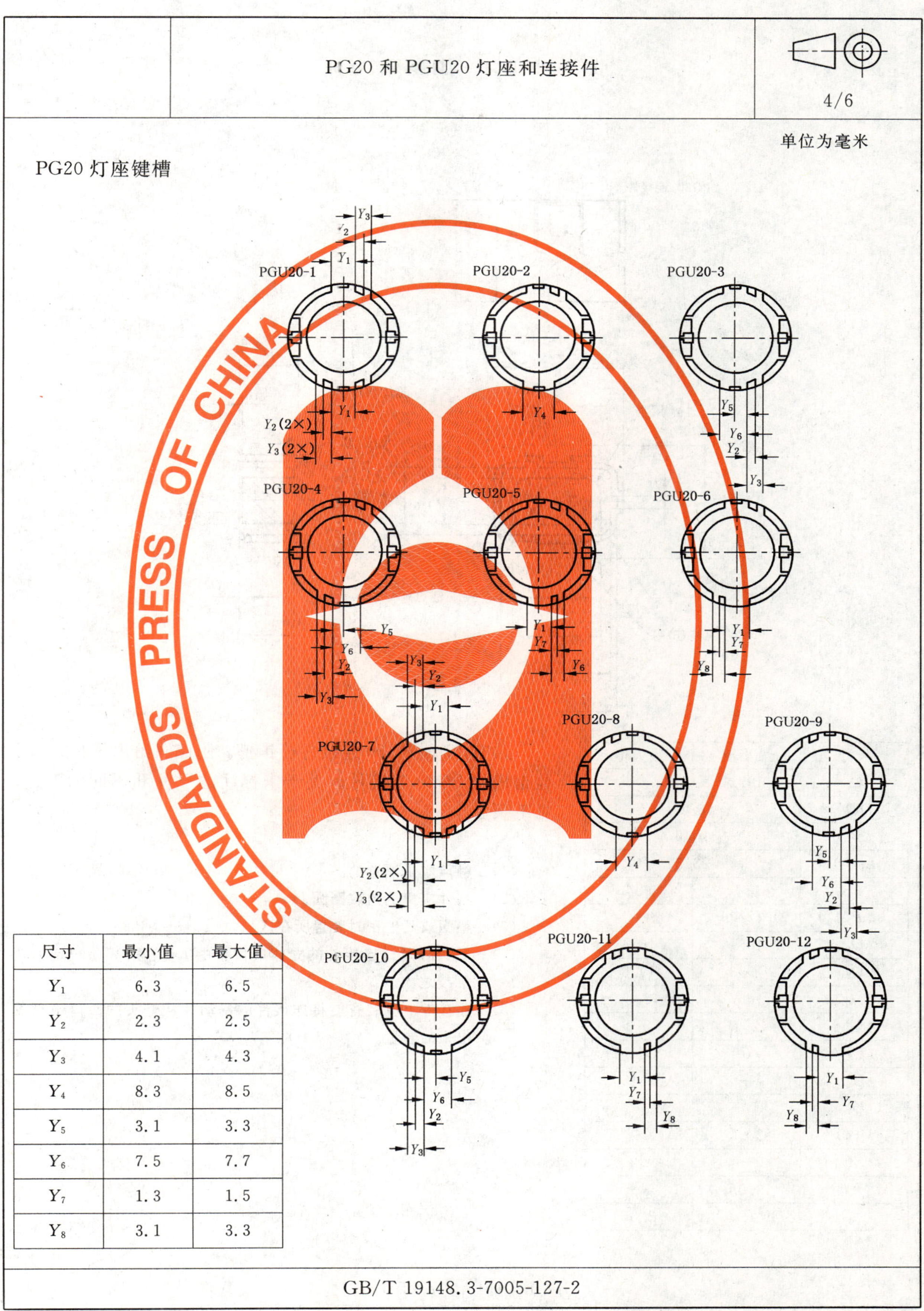

尺寸	最小值	最大值
Y_1	6.3	6.5
Y_2	2.3	2.5
Y_3	4.1	4.3
Y_4	8.3	8.5
Y_5	3.1	3.3
Y_6	7.5	7.7
Y_7	1.3	1.5
Y_8	3.1	3.3

GB/T 19148.3-7005-127-2

	PG20 和 PGU20 灯座和连接件	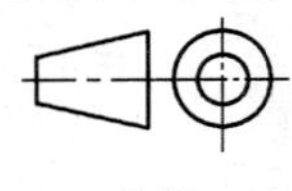 5/6

单位为毫米

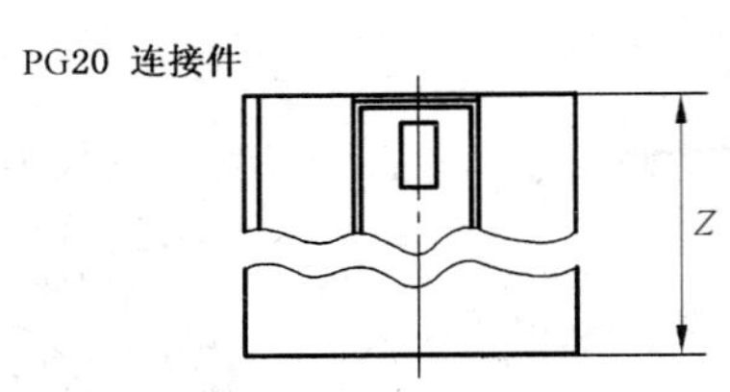

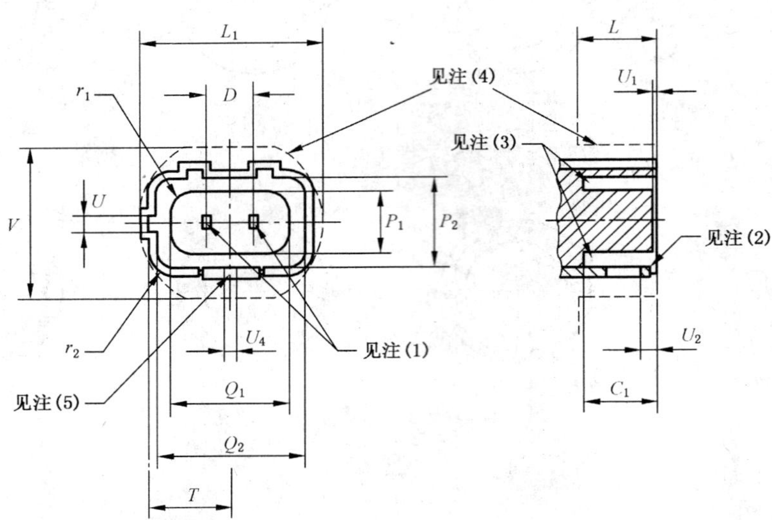

尺寸	最小值	最大值
C_1	10.2	—
D(1)	6.1	
L(4)	10.2	
L_1(4)	23.5	
P_1	9.1	9.4
P_2	12.3	—
Q_1	16.1	16.4
Q_2	19.3	19.5
T	10.7	—
U	2.1	2.3
U_1	0	—
U_2	—	2.15
U_4	1.7	—
V(4)	20.5	
Z	—	32
r_1	3.05	—
r_2	—	2.35

共有 12 种 PG20 连接件栓销槽。附图只给出了具有1 号栓销槽的 PG20 连接件。关于未标注的尺寸和不同的型式，见下页。

(1) 触点应是浮置的。

(2) 制片应稍倒角或倒圆。

(3) 垫圈或其他密封装置所在区域。

(4) 最大外形。连接件的立体应位于由 L,L_1 和 V 所规定的轮廓线之内。

(5) 连接件上应装有能将连接件的制动片从灯头的凹口中释放出来的装置。

GB/T 19148.3-7005-127-2

PG20 和 PGU20 灯座和连接件

6/6

单位为毫米

PG20 连接件键槽

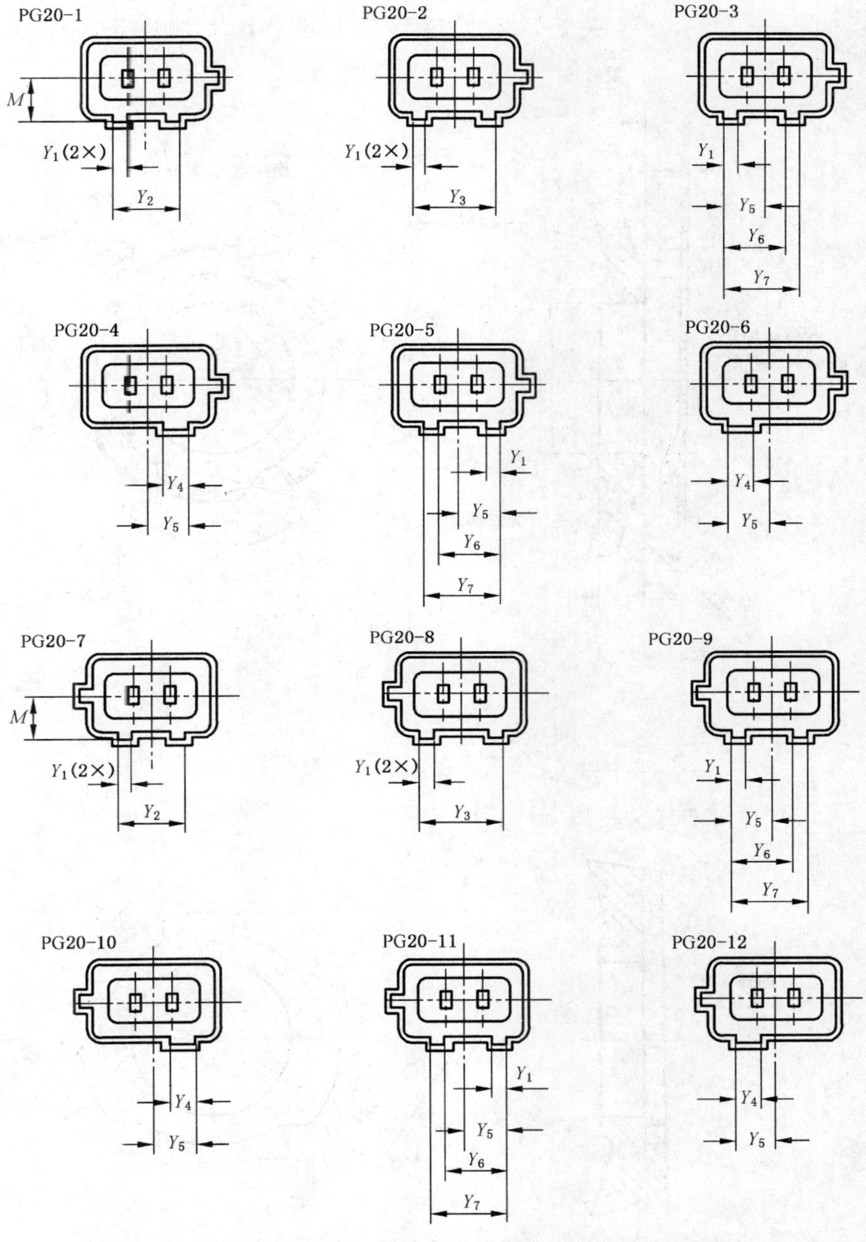

PG20-1　PG20-2　PG20-3

PG20-4　PG20-5　PG20-6

PG20-7　PG20-8　PG20-9

PG20-10　PG20-11　PG20-12

尺寸	最小值	最大值	尺寸	最小值	最大值
M	7.3	7.5	Y_4	4.3	4.5
Y_1	2.3	2.5	Y_5	7.5	7.7
Y_2	11.1	11.3	Y_6	10.7	10.9
Y_3	15.1	15.3	Y_7	13.3	13.5

GB/T 19148.3-7005-127-2

	P22 和 PX22 灯座	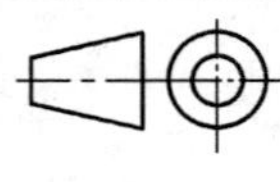 1/3

单位为毫米

附图仅表示互换性的基本尺寸

关于 P22 和 PX22 灯头，见 GB/T 1406.3-7004-32。

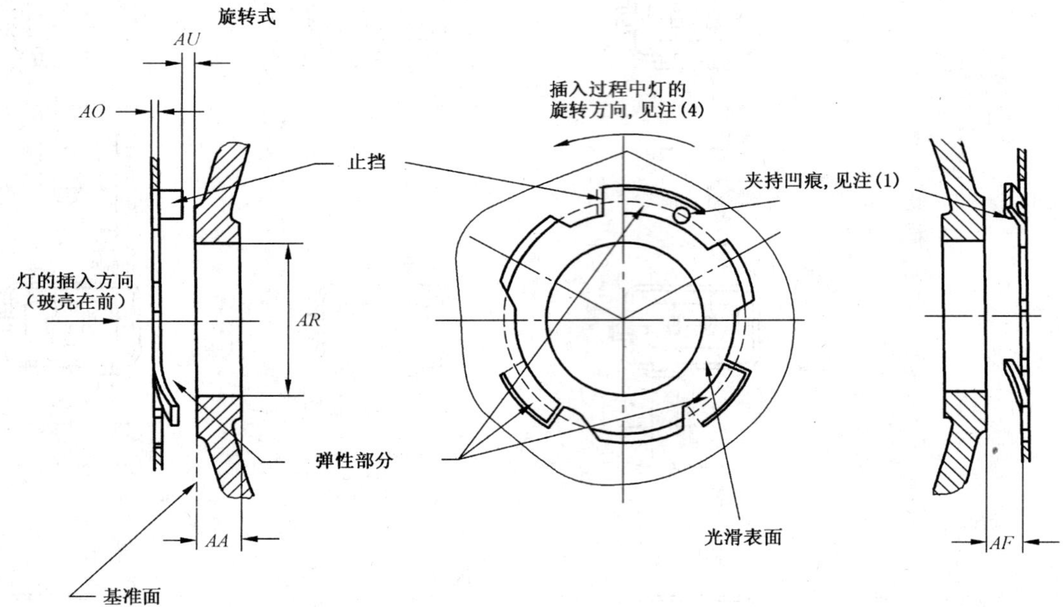

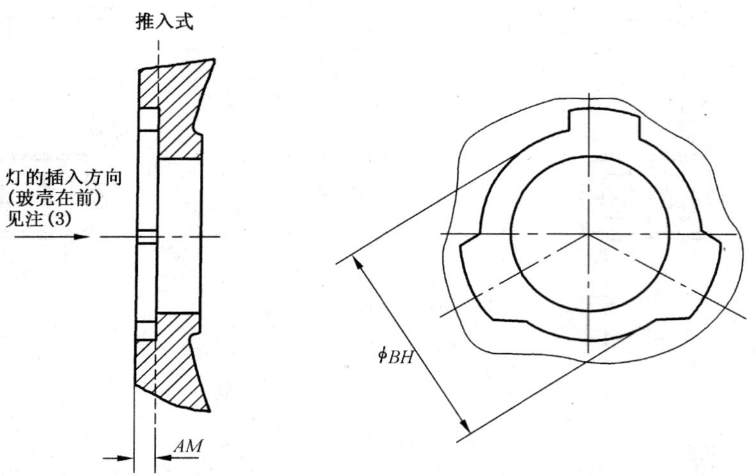

附图只表示 P22 灯座。图中的尺寸适用于推入式灯座和旋转式灯座。对于未标注的尺寸和不同的型式，见 3/3 页。

GB/T 19148.3-7005-32-2

P22 和 PX22 灯座

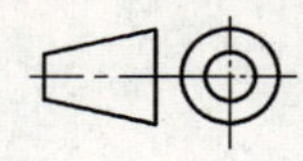

2/3

单位为毫米

尺寸	最小值	最大值
AA	6.0	—
AF	4.6	—
AM(2)	3.0	—
AO	0.2	3.6
AR	22.12	22.32
AU	—	3.6
BH	30.4	31.0

(1) 在将灯插入旋转式灯座时，先使其栓销(翼片)进入适宜的开口，然后旋转灯泡直至旋转动作被止挡限制住。反向的旋转由挠性制动凹槽限制。

(2) 只适用于推入式灯座。

(3) 推入式灯座的夹持装置应能施加一轴向力，使灯头的基准面紧紧顶在灯座的基准面上。

(4) 栓销的每一面均可用作旋转止挡，由制造商自行决定。

GB/T 19148.3-7005-32-2

P22 和 PX22 灯座

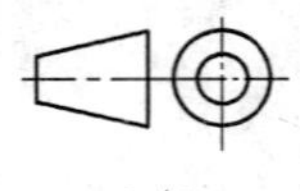

3/3

单位为毫米

从灯插入方向看

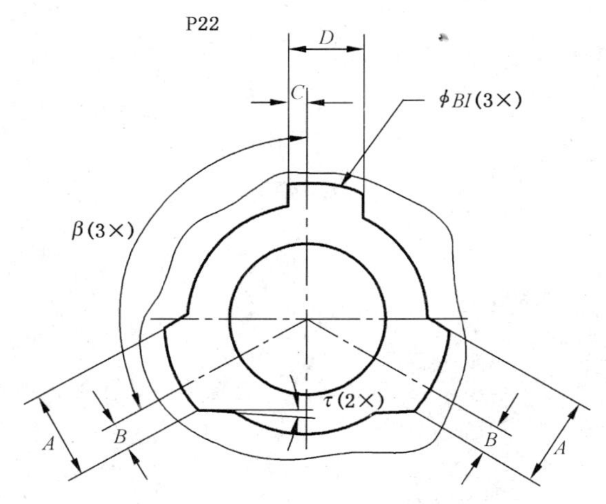

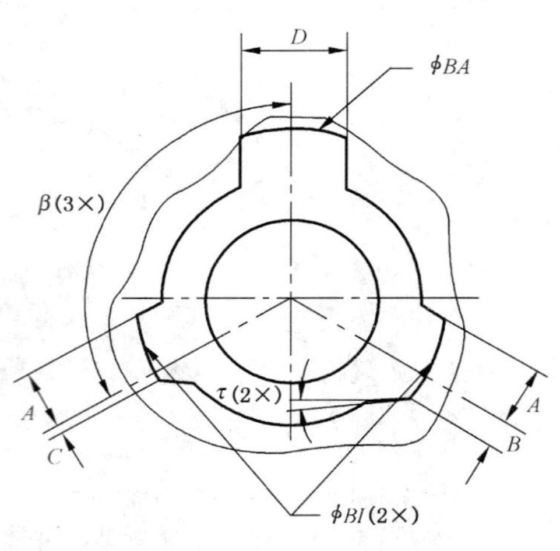

	P22		PX22	
尺寸	最小值	最大值	最小值	最大值
A	11.7	12.3	7.35	7.45
B	4*		3.35	3.45
BA	—		42.35	—
BI	36.4	—	36.4	—
C	2*		0.9	1.0
D	9.7	10.3	12.35	12.55
β	120°		120°	
τ	2°	4°	2°	4°

* 该尺寸只用于灯座的设计，不应用于检验。

GB/T 19148.3-7005-32-2

PK22s 灯座

1/2

单位为毫米

附图仅表示互换性的基本尺寸

关于 PK22s 灯头，见 GB/T 1406.3-7004-47。

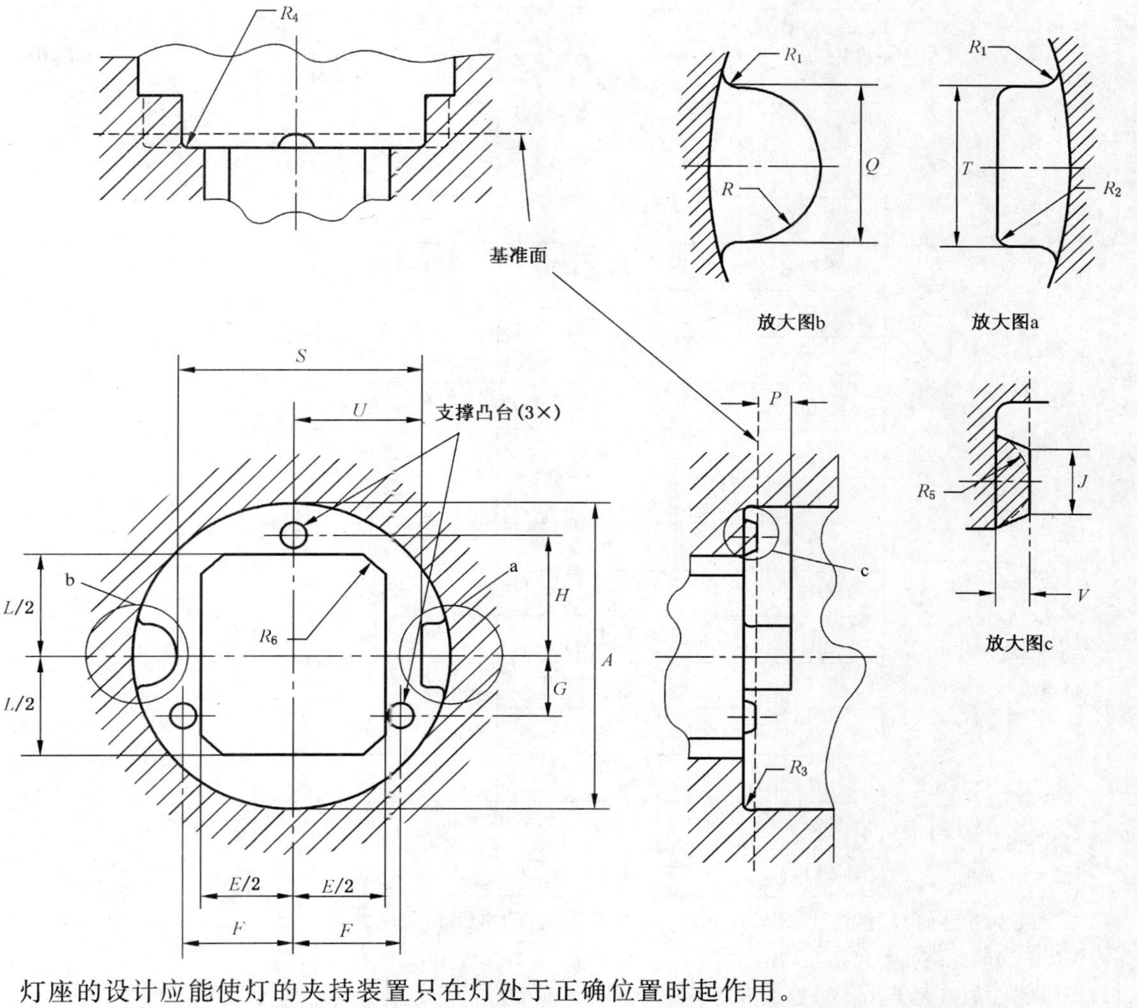

基准面

放大图b

放大图a

支撑凸台(3×)

放大图c

灯座的设计应能使灯的夹持装置只在灯处于正确位置时起作用。

此夹持装置应在如灯头活页所规定的 V′,W′,X′,Y′区域之外与预聚焦灯头的聚焦盘相接触。在使灯泡处于正确位置时所施加的轴向力应不小于 15 N,不大于 40 N。

GB/T 19148.3-7005-47-2

PK22s 灯座

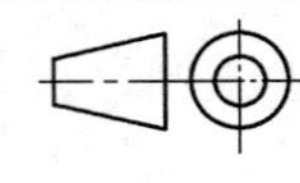

2/2

单位为毫米

尺寸	最小值	最大值
A(2)	24	—
E(4)	14	—
F	8.05	8.35
G	4.65	4.95
H	9.35	9.65
J(5)	—	1
L(4)	16	—
P	2.5	—
Q	4.75	4.95
R	Q/2	
R_1	—	0.5(2)
R_2	0.3	0.5
R_3	—	0.3(2)(3)
R_4	—	0.3(3)
R_5	1.2	—
R_6(4)	9.5	—
S	18.35	18.65
T	4.75	4.95
U	9.70	9.85
V(1)(3)	0.3	0.8

(1) 当最小凸台的尺寸 V 为 0.3 mm 时，支撑凸台之间的最大高度差应不大于 0.1 mm。如果该值大于 0.3 mm，此高度差可适当增大。

(2) 如果 A 的值大于 $A_{最小值}$，那么可适当增大 $R_{1最大值}$ 和 $R_{3最大值}$。

(3) 如果 V 的值大于 $V_{最小值}$，那么可适当增大 $R_{3最大值}$ 和 $R_{4最大值}$。

(4) E,L 和 R_6 表示为灯留出的最小自由空间。

(5) J 表示所允许的平坦表面。

GB/T 19148.3-7005-47-2

PKX22s 灯座	1/2

单位为毫米

附图仅表示互换性的基本尺寸

关于 PKX22s 灯头，见 GB/T 1406.3-7004-37。

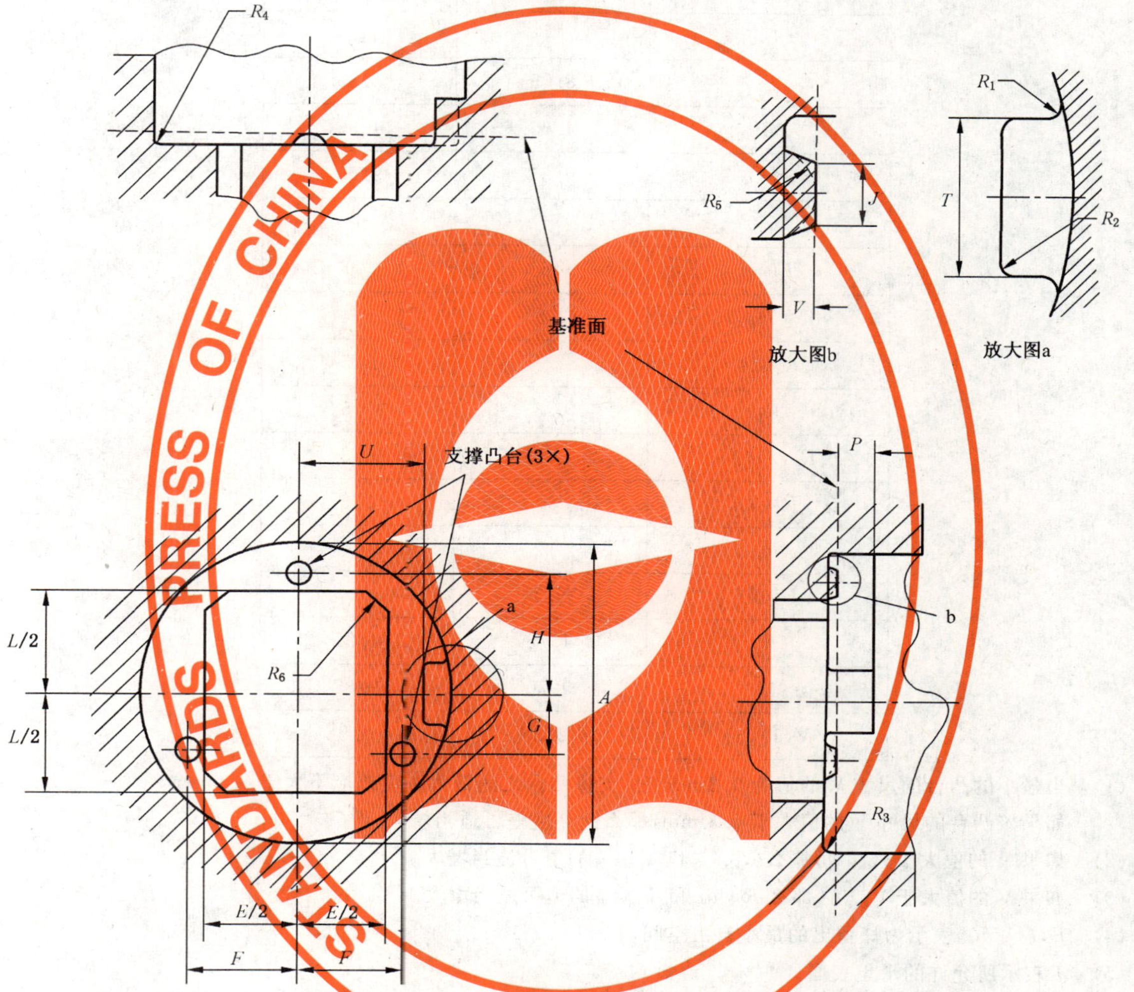

灯座的设计应能使灯的夹持装置只在灯处于正确位置时起作用。

此夹持装置应在如灯头活页所规定的 V′,W′,X′,Y′区域之外与预聚焦灯头的聚焦盘相接触，在灯泡处于正确位置时所施加的轴向力应不小于 15 N，不大于 40 N。

GB/T 19148.3-7005-37-1

PKX22s 灯座

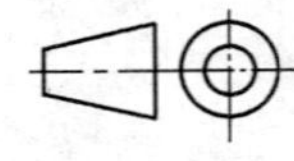

2/2

单位为毫米

尺寸	最小值	最大值
A(2)	22.30	22.65
E(4)	14	—
F	8.05	8.35
G	4.65	4.95
H	9.35	9.65
J(5)	—	1
L(4)	16	—
P	2.5	—
R_1(2)	—	0.5
R_2	0.3	0.5
R_3(2)(3)	—	0.3
R_4(3)	—	0.3
R_5	1.2	—
R_6(4)	9.5	—
T	4.75	4.95
U	9.70	9.85
V(1)(3)	0.3	0.8

(1) 当最小的凸台的尺寸 V 的值为 0.3 mm 时，支撑凸台之间最大高度差应不大于 0.1 mm。如果该凸台的尺寸 V 的值大于 0.3 mm，那么此高度差可适当增大。

(2) 如果 A 的值大于 $A_{最小值}$，那么 $R_{1最大值}$ 和 $T_{3最大值}$ 的值可适当增大。

(3) 如果 V 的值大于 $V_{最小值}$，那么 $R_{3最大值}$ 和 $T_{4最大值}$ 的值可适当增大。

(4) E,L 和 R_6 表示为灯留出的最小自由空间。

(5) J 表示所允许的平坦表面。

GB/T 19148.3-7005-37-1

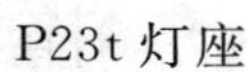
P23t 灯座

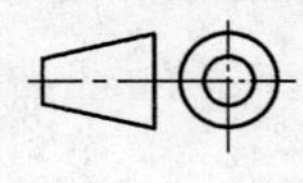
1/1

单位为毫米

附图表示互换性的基本尺寸

关于 P23t 灯头，见 GB/T 1406.3-7004-138。

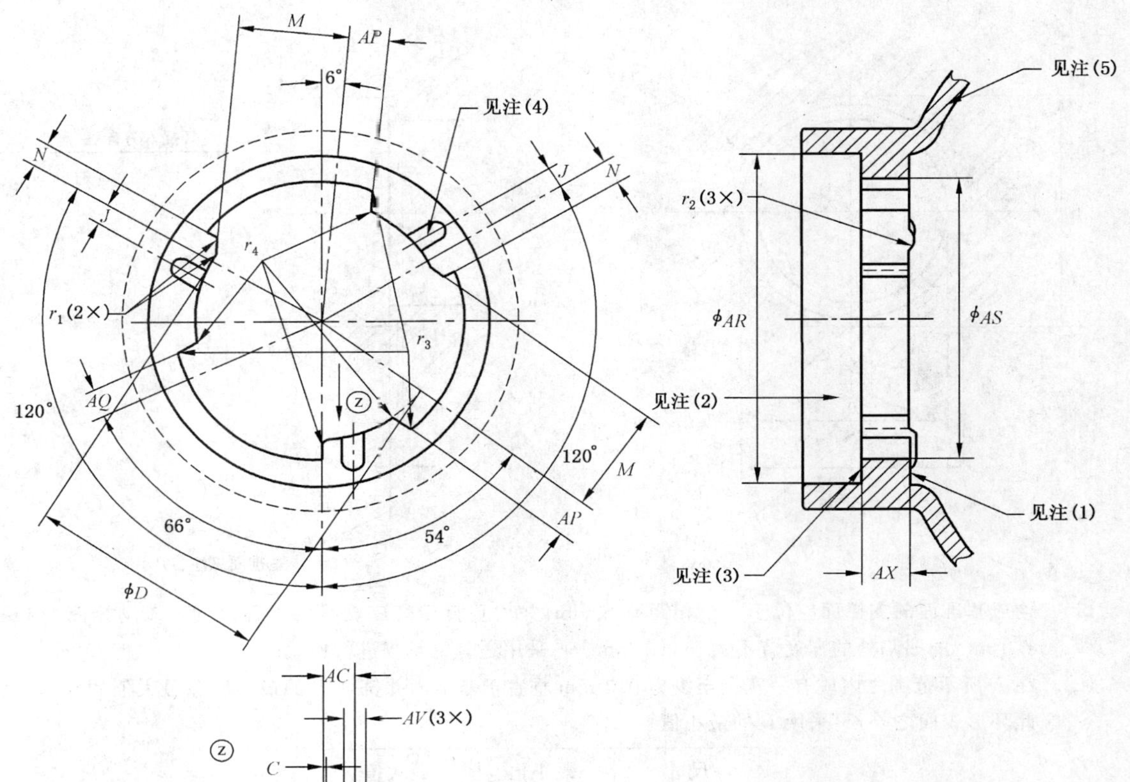

尺寸	最小值	最大值	尺寸	最小值	最大值
C	0.1	0.3	AS	27.2	—
D	23.2	23.4	AV	约 2	
J	2		AW	约 0.5	
N	2.2	2.4	AX	4	4.5
M	10.1	10.3	r_1	约 0.5	
AC	2.9	3.1	r_2	约 1.3	
AP	3.7	3.9	r_3	—	0.5
AQ	2.6	2.8	r_4	约 1	
AR	32.2	—			

(1) 基准面。

(2) 灯插入方向；玻壳在前。

(3) 光滑表面。

(4) 凸出部分。

(5) 反光镜。

GB/T 19148.3-7005-138-1

	P26s 灯座	1/1

单位为毫米

附图仅表示互换性的基本尺寸

关于 P26s 灯头，见 GB/T 1406.3-7004-36。

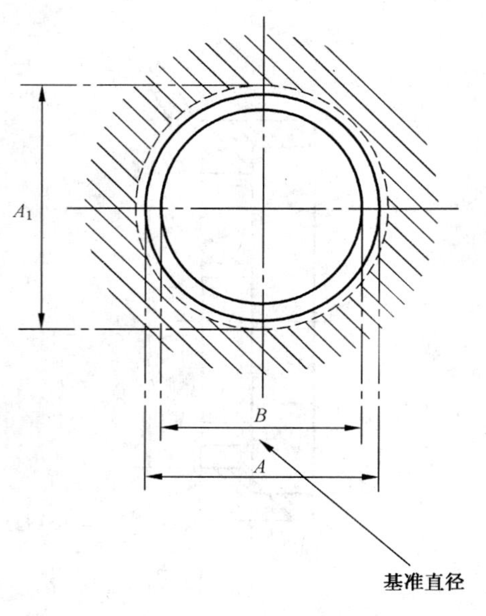

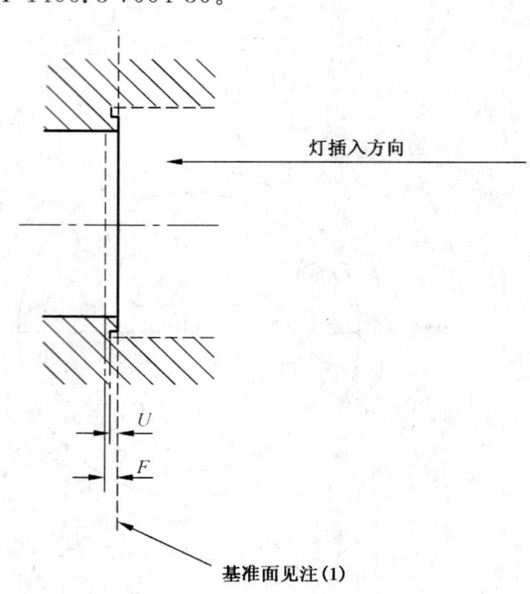

(1) 构成基准面的支撑面应位于两个相距 0.8 mm，并均垂直于灯座轴线的平面之间。该支撑面上宽度大于 1.9 mm 的凹陷处的深度应不大于 0.3 mm——采用适宜的量规进行检验。

(2) 在 F 所示范围之内应有一宽度至少为 0.3 mm 垂直于基准面并符合 B 的最小值和最大值的环形表面。在此环形表面之外，只采用 B 的最小值。

尺寸	最小值	最大值
A	—	30.0
A_1	32.5	—
B(2)	26.05	26.17
F(2)	1.8	
U	0.4	—

GB/T 19148.3-7005-36-1

PX26 灯座

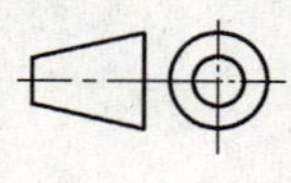

1/2

单位为毫米

附图表示互换性的基本尺寸

关于 PX26d 预聚焦灯头，见 GB/T 1406.3-7004-5。

灯座的设计应使夹持灯用的装置只在灯处于正确位置时才起作用。

该夹持装置应与灯头的聚焦盘接触。

尺寸	最小值	最大值
A_1(6)	18.5	
A_2(4)	20	
G	3.6	—
H(5)	5	—
K	8.1	8.2
M(3)	26.4	26.6
O	35	—
Q	13.8	14.0
Z	4.0	—
r_1	0.45	1.0
r_2	0.4	0.6
β(3)	69°30′	70°30′
δ	约 30°	

(1) 应将灯以箭头的方向(轴线方向)玻壳在前插入灯座。使灯处于正确位置所用的力应不小于 15 N,不大于 30 N(尚在研究之中)。为了确保灯推按在灯头聚焦盘的支撑面上，应在施加注(2)所述之力以后优先施加该插入力(见注 3)。

(2) 应以箭头方向(径向方向)推按灯泡。使灯处于正确位置时所用的插入力应不小于 2 N,不大于 10 N(尚在研究之中)。

(3) 灯头的聚焦盘的支撑面由直径为 M,角度为 β 的圆环的切线组成。这些切线(V 形支撑面)的位置应能使一位于 V 形区的直径为 26 mm 的圆柱体的中心线与前灯的理论光轴相重合。

(4) 该尺寸规定了灯的部件可以占据的空间与灯座/反光镜的部件可以占据的空间之间的分界线。

(5) 灯头的支撑凸台的支撑面，位于基准面上。
M 最大值只适用于这种支撑面。

(6) 在此区域内，灯座中灯的固定装置应不能在灯的基准轴方向上施加任何力。

检验：PX26 灯座应满足 GB/T 1483.3-7006-5C 所示量规的检验要求。

GB/T 19148.3-7005-5-3

PX26 灯座

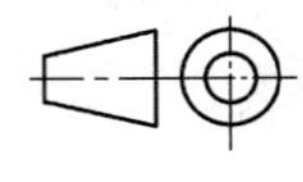

2/2

单位为毫米

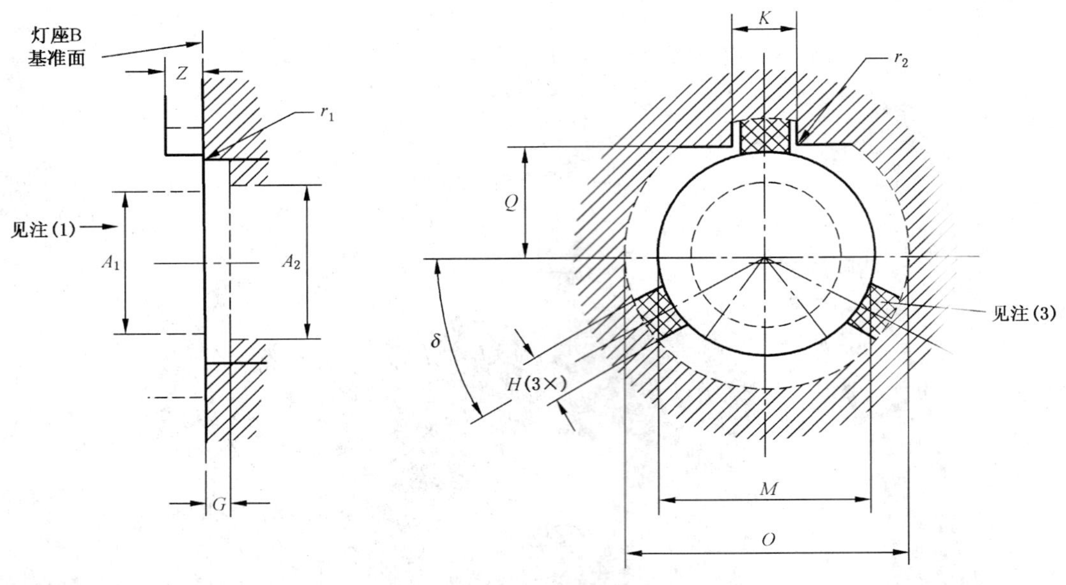

灯座的设计应使灯的夹持装置只在灯处于正确位置时才起作用。

该夹持装置应与灯头的聚焦盘产生接触。

(1) 应将灯以箭头方向(轴线方向)玻壳在前插入灯座。

使灯处于正确位置所用的插入力应不小于 15 N,不大于 30 N(尚在研究之中)。

(2) 该尺寸规定了灯的部件可以占据的空间与灯座/反光镜产件可以占据的空间之间的分界线。

(3) 灯头的支撑凸台的支撑面,位于基准面上。

M 最大值只适用于这种支撑面。

(4) 在此区域之内,灯座中灯的固定装置应不能在灯的基准轴方向上施加任何力。

尺寸	最小值	最大值
A_1(4)	18.5	
A_2(2)	20	
G	3.6	—
H(3)	5	—
K	8.1	8.2
M	26.02	26.12
O	35	—
Q	13.8	14.0
Z	4.0	—
r_1	0.45	1.0
r_2	0.4	0.6
δ	约 30°	

GB/T 19148.3-7005-5-3

P26.4 和 PJ26.4 灯座

1/2

单位为毫米

附图仅表示互换性的基本尺寸

关于 P26.4t 和 PJ26.4t 灯头，见 GB/T 1406.3-7004-128。

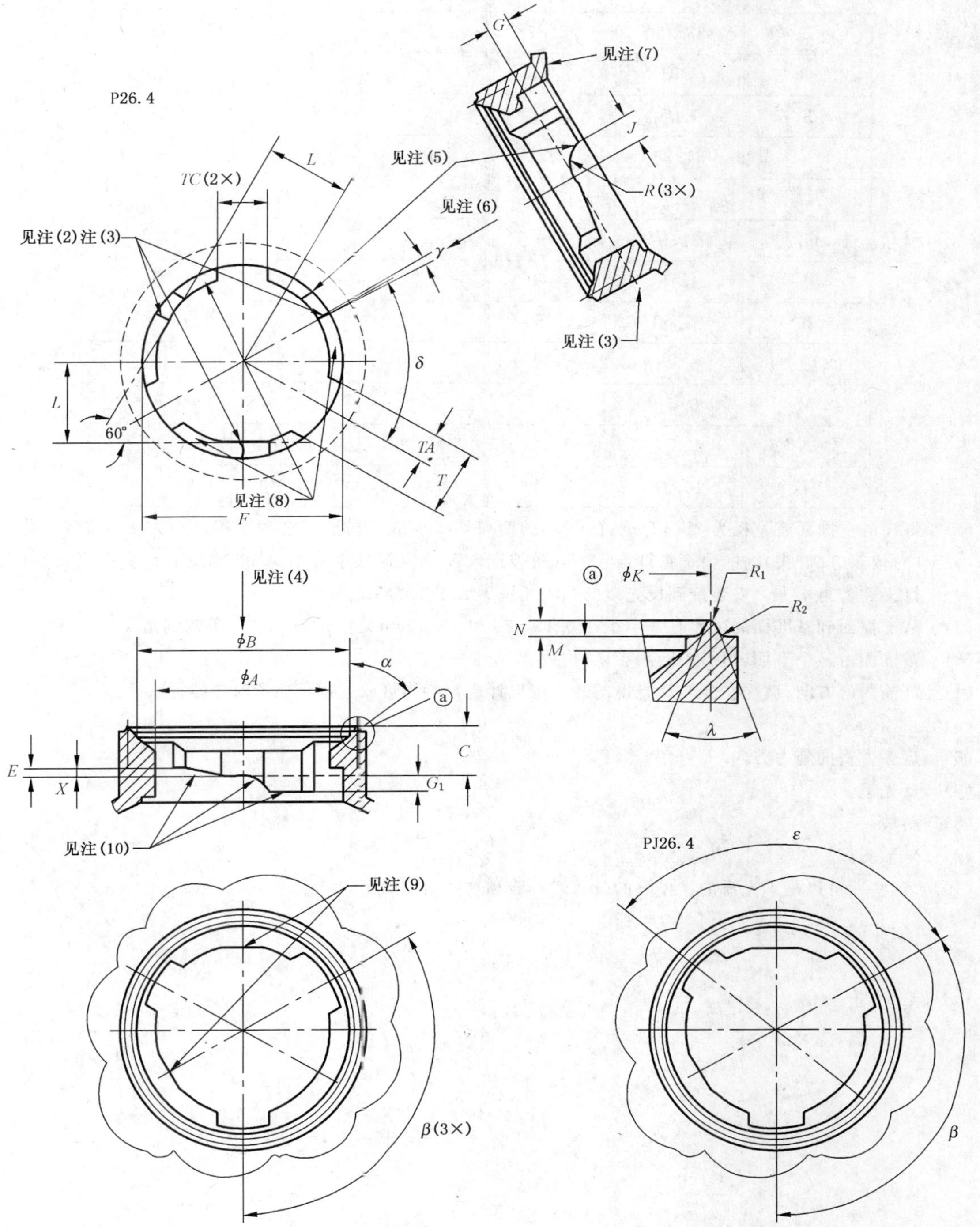

P26.4

TC(2×)

L

见注(2)注(3)

见注(5)

见注(6)

见注(7)

G

J

R(3×)

γ

δ

见注(3)

L

60°

TA

T

见注(8)

F

见注(4)

ϕB

ϕA

α

ⓐ

C

E

X

G_1

见注(10)

ⓐ

ϕK

R_1

R_2

N

M

λ

见注(9)

β(3×)

PJ26.4

ε

β

GB/T 19148.3-7005-128-2

	P26.4 和 PJ26.4 灯座	2/2

单位为毫米

尺寸	最小值	最大值	尺寸	最小值	最大值
A	27.10	27.36	TA	4.49	
B	33.11	33.37	TC	7.96	8.22
C	7.51	7.81	R	4.63	4.89
E	1.08	1.34	R_1	0.12	0.38
F	31.26	31.51	R_2	0.38	0.64
G	3.50	3.76	X	0.12	0.38
G_1	3.50	—	α	52°30′	53°30′
J	4.15	4.41	β	119°30′	120°30′
K	35.60	35.86	ε	109°30′	110°30′
L(1)(9)	13.21		γ	1°30′	2°30′
M	0.64	0.90	δ	标称值 60°	
N	0.76	1.02	λ	34°30′	35°30′
T	10.33	10.59			

(1) 灯头的支撑面有直径为 26.42 mm 的圆环的两条切线构成。在插入过程中用最小为 9 N 的力(尚在研究中)依靠灯(灯头)内的弹簧将灯推入。灯头被推入 V 形支撑后用最小为 50 N(尚在研究中)的轴向力推按灯头到密封垫上。安装灯到反光镜的插入扭矩不大于 1.7 Nm。

(2) 从支撑面到基准面的过渡有一半径在 0.12 mm 和 0.38 mm 之间的倒圆或一等效倒角。

(3) 基准面由三个平面(附图中的阴影区)构成。

(4) 灯插入的方向;玻壳在前。反光镜的开口应设计成只有当灯放到预定位置时才能插入。

(5) 止挡。

(6) 灯头弹簧的施力方向。

(7) 反光镜。

(8) 斜坡。

(9) V 形支撑。

(10) 这些面可以是不光滑的。模具的分离线不能和这些面一致。

GB/T 19148.3-7005-128-2

	P28s 预聚焦灯座	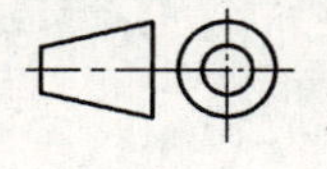 1/2

单位为毫米

附图仅表示互换性的基本尺寸

关于 P28s 灯头，见 GB/T 1406.3-7004-42。

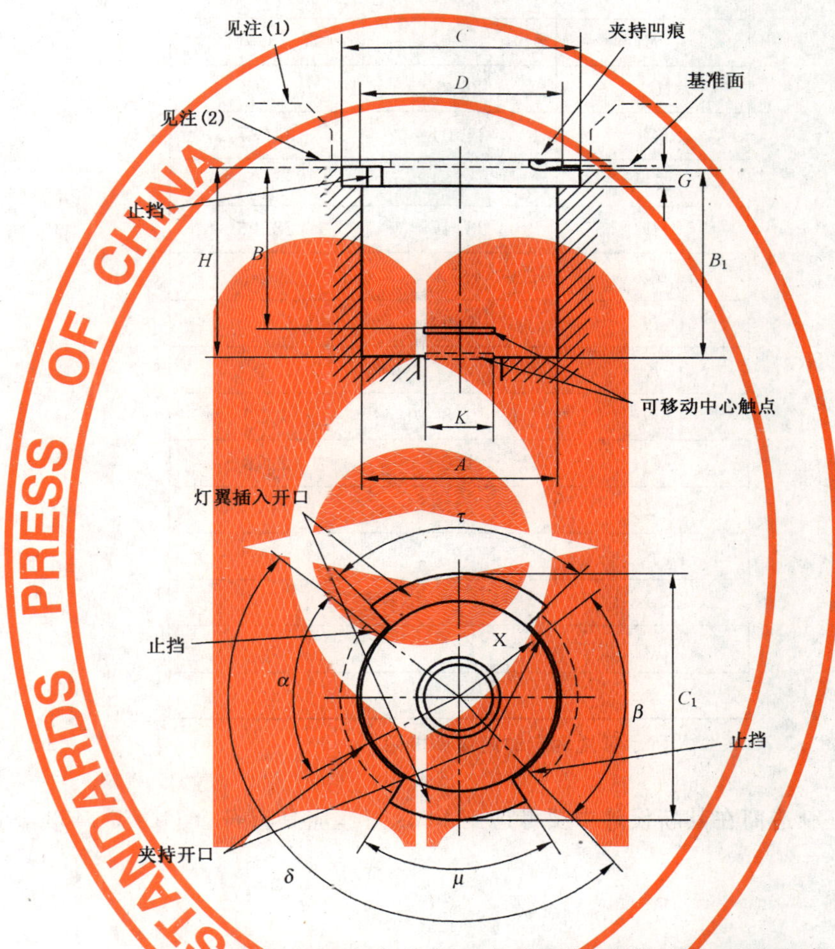

视图X

N

U

夹持凹痕的放大详图

灯头在灯座中的中心定位要借助翼片的环形边缘以及灯座的尺寸 C。将灯头插入灯座，使翼片进入适宜的开口，然后按顺时针方向旋转灯头直至被止挡限制住；反向旋转是被定位凹槽限制的。

处于 $B=24.2$ mm 位置上的中心触点的接触力应不小于 5 N；处于 $B_1=26.6$ mm 被压低的位置上的中心触点的接触力应不大于 20 N。

GB/T 19148.3-7005-42-6

	P28s 预聚焦灯座	2/2

单位为毫米

尺寸	最小值	最大值
A	27.81	—
B	—	23.7
B_1	26.6	—
C	34.01	34.37
C_1	34.01	—
D	28.47	28.96
G	1.73	—
H	27.94	—
K	标称值 10	
N	0.8	1.27
U	1.0	2.79
α	62°	66°
β	82°	86°
δ	标称值 170°	
μ	62°	68°
τ	82°	88°

(1) 由 GB/T 1483.3-7006-42A 所示量规确定的绝缘件极限。

(2) 金属件极限。

检验：要求灯座制造商在其新设计中要考虑到 P28s 灯座应具有符合 GB/T 1483.3-7006-42A 所示量规要求的尺寸。

	P29 预聚焦灯座	1/2

单位为毫米

附图仅表示互换性的基本尺寸

关于 P29t 灯头，见 GB/T 1406.3-7004-66。

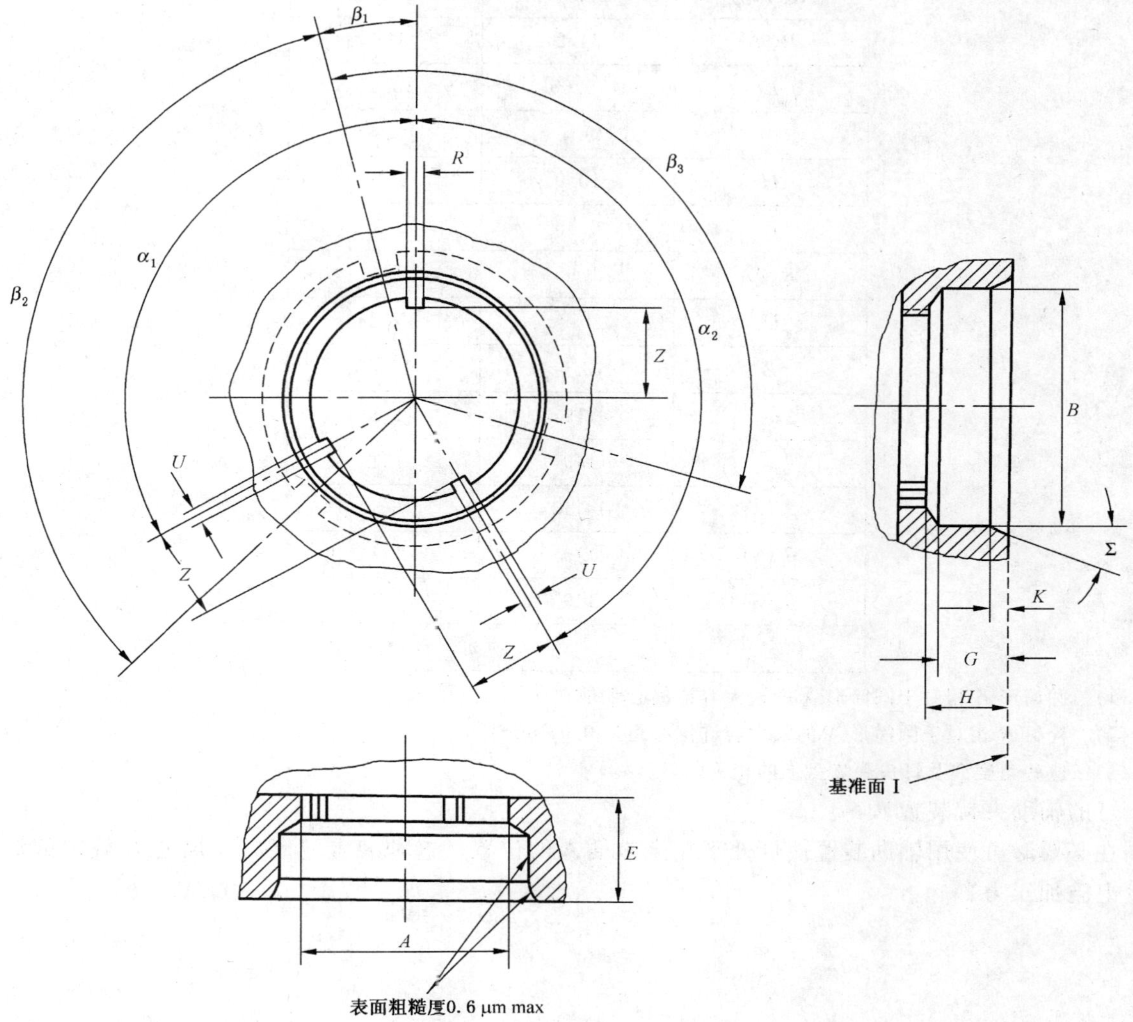

GB/T 19148.3-7005-66-1

	P29 预聚焦灯座	2/2

单位为毫米

尺寸	最小值	最大值
A(1)(2)	28.65	28.75
B(1)	34.2	34.3
E	15.05	15.25
G	9.4	9.6
H	10.9	11.1
K	2.65	2.85
R(2)	1.95	2.05
U	1.9	2.1
Z	12.65	12.85
α_1	119°	121°
α_2	149°	151°
β_1(3)	14°30′	16°30′
β_2(3)	119°	121°
β_3(3)	119°	121°
Σ	约 20°	

(1) 圆筒形 B 相对于圆筒形 A 的最大容许偏心距是 0.05 mm。

(2) 栓钉 R 相对于圆筒形 A 的最大容许偏心距是 0.05 mm。

(3) 这些角度涉及灯头聚焦盘上的相关凹口。

灯的辅助夹持装置。

在必要时可使用辅助装置使灯处于完全被插入的位置。这种装置应能向由尺寸 L 规定的灯头法兰上施加压力。

GB/T 19148.3-7005-66-1

	P30s-10.3 预聚焦灯头用 P30s 精密灯座	1/1

单位为毫米

附图仅表示可控尺寸

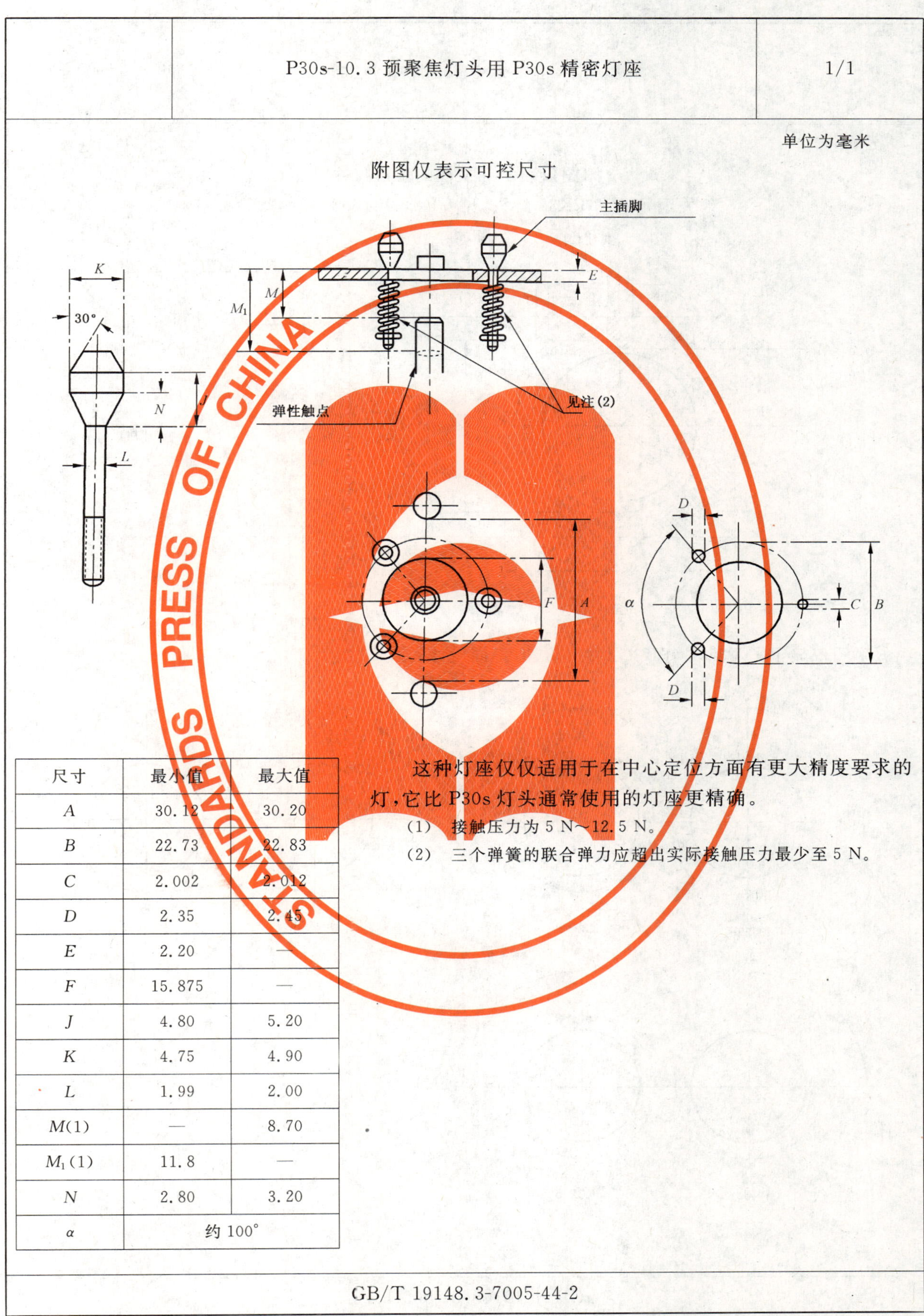

这种灯座仅仅适用于在中心定位方面有更大精度要求的灯，它比 P30s 灯头通常使用的灯座更精确。

(1) 接触压力为 5 N～12.5 N。

(2) 三个弹簧的联合弹力应超出实际接触压力最少至 5 N。

尺寸	最小值	最大值
A	30.12	30.20
B	22.73	22.83
C	2.002	2.012
D	2.35	2.45
E	2.20	—
F	15.875	—
J	4.80	5.20
K	4.75	4.90
L	1.99	2.00
M(1)	—	8.70
M_1(1)	11.8	—
N	2.80	3.20
α	约 100°	

GB/T 19148.3-7005-44-2

P32 和 PK32 灯座

1/2

单位为毫米

附图仅表示互换性的基本尺寸

关于 P32 和 PK32 灯头，见 GB/T 1406.3-7004-111。

见注(2)
销
R
T_1
T_2
H(3×)
U
δ
A_2
a
V
M
a
ϕ
见注(6)
基准面
b
A_1
A_3
见注(1)
X
C

附图仅显示了 P32-1 (PK32-1)灯座。有不同设计的灯座，见下面。

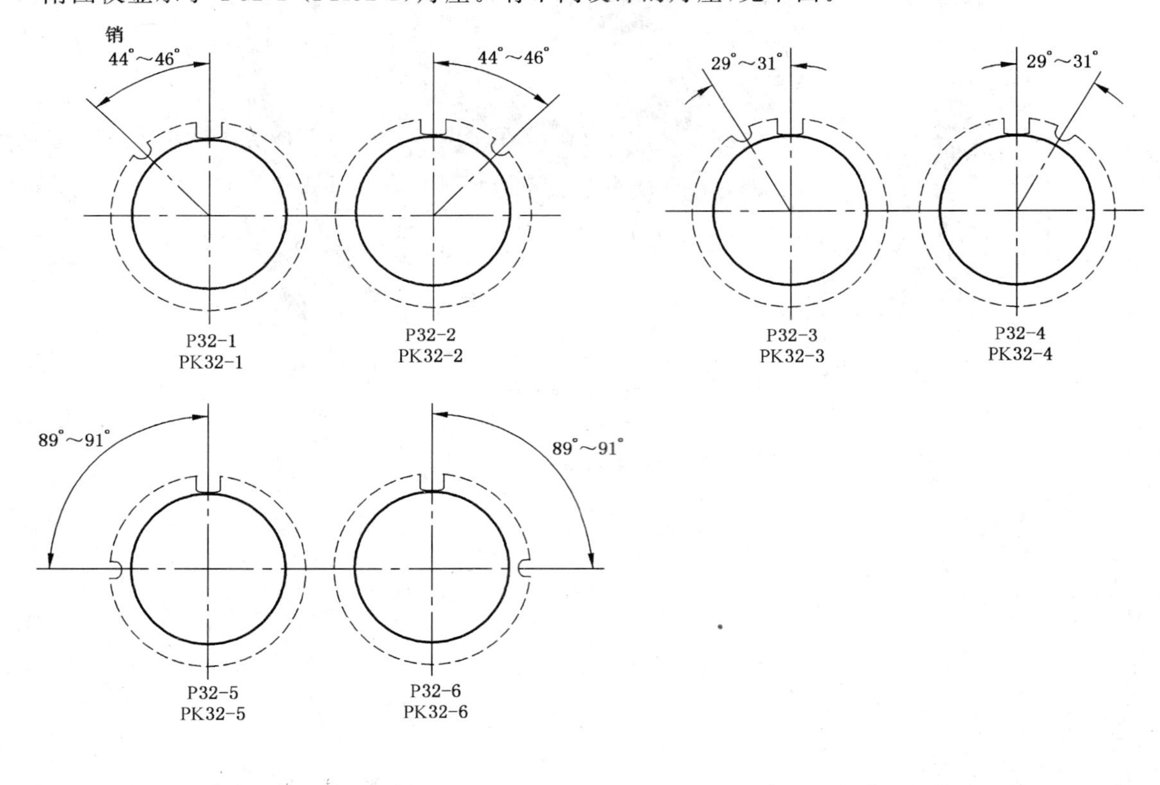

GB/T 19148.3-7005-111-3

	P32 和 PK32 灯座	2/2

单位为毫米

尺寸	最小值	最大值
A_1(4)	25	
A_2	28.5	29.5
A_3	32.1	—
H(3)	2	—
M(6)	16	
R(7)	$\frac{1}{2}T_2$	
T_1(5)	3.8	3.9
T_2(7)	2	2.6
U	13.1	14.0
V	14.1	14.3
X(8)	1.5	—
a(9)	45	
b(9)	35	
c(9)	5.7	
δ	29°	31°
ϕ(6)	89°30′	90°30′

灯座的设计应能使灯的夹持装置只在灯处于正确位置时起作用。该夹持装置应与灯头的聚焦盘相接触。

(1) 应将灯以箭头的方向(轴线方向)玻壳在前插入灯座。在灯处于正确位置时,以此方向所施加的夹持力应不小于 15 N,不大于 30 N。
为了确保灯头的聚焦盘被推按在支撑面上(V 形块),该力最好在施加了注释(2)所述之力之后施加。

(2) 应以箭头的方向(经向)推按灯泡。使灯处于正确位置时所施加的力应不小于 2 N,不大于 10 N。

(3) 这些面决定了基准面。

(4) 该尺寸规定了灯的部件可以占据的空间与灯座/反光镜的部件可以占据的空间之间的分界线。

(5) 只要影线部分的宽度符合 T_1,则影线部分可以具有不同的形状,例如圆形或椭圆形销。该部分用来防止灯头的转动。

(6) 灯头的聚焦盘的支撑面由半径为 M 的圆的切线构成,切线之间的角度为 ϕ。这些切线(V 形块支撑面)的位置应能使位于 V 形块中的直径为 32 mm 的圆筒形的轴线与汽车前灯的理论光轴相重合。

(7) 栓销的形状不必是图示形状。可以是圆筒形的。

(8) X 也适用于栓销。

(9) 这些自由空间的尺寸只适用于 PK32 灯座。

GB/T 19148.3-7005-111-3

P38t 灯座

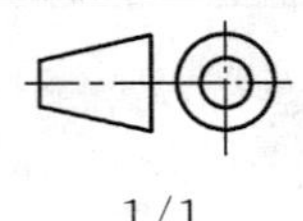

1/1

单位为毫米

附图仅表示互换性的基本尺寸

关于 P38t 灯头，见 GB/T 1406.3-7004-133。

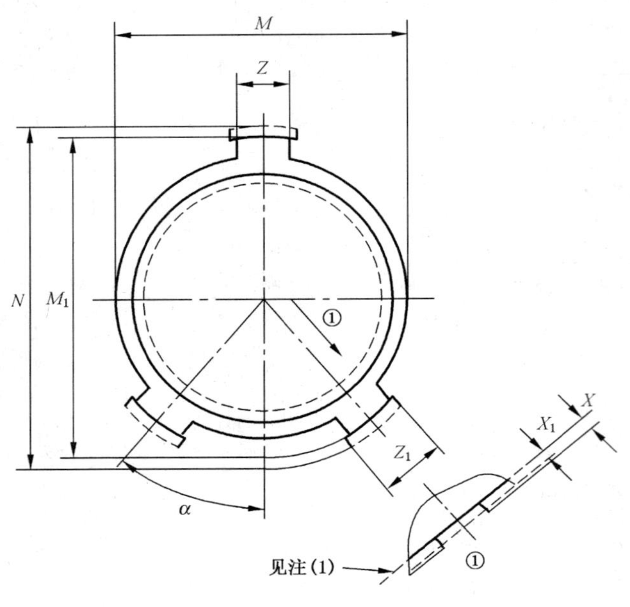

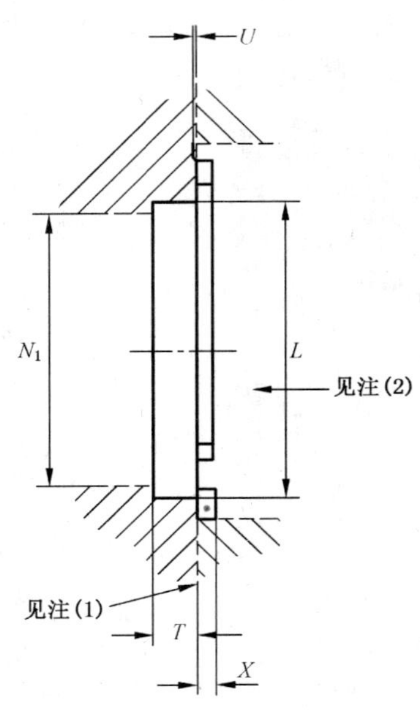

尺寸	最小值	最大值
L	33.2	—
M	38.02(6)	38.2
M_1	—	40.0
N(4)	41.6	
N_1	(5)	
T	5.5	—
U	0.4	—
X(3)	1.8	—
X_1(7)	1.4	—
Z(3)	8.05	8.15
Z_1(3)	8.0	8.5
α(3)	39°	41°

(1) 基准面。

(2) 灯插入的方向，玻壳在前。

(3) 防止灯在灯座中的误安装有几种不同的方法，例如：

——将尺寸 Z_1 的值降低到 7.5 mm 和 7.7 mm 之间，再将角度 α 的公差值降低到 39°40′～40°20′。

——根据灯座的结构，采用足够大的 X 值。

(4) N 规定了为灯头聚焦盘三个凸片留出的最小自由空间。

(5) N_1 表示灯的自由空间。关于该值，见相应灯的参数表。

(6) 在灯座边缘和基准面之间(尺寸 X)应遵守该值。但是，在灯头凸片的支撑点相对应的尺寸 Z 和 Z_1 之内，可将该值降低到 33.5 mm。

(7) 在 X_1 所示最小范围内应采用尺寸 Z 和 Z_1。在 X_1 所示范围之外，可将槽口倒角或倒圆。

灯座的设计应能使灯的夹持装置在不用过度的力的情况下只在灯处于正确位置时起作用。

该夹持装置应只与灯头的预聚焦盘产生接触。使灯处于正确位置时所施加的总力应不小于 10 N，不大于 60 N。

GB/T 19148.3-7005-133-1

	P40 灯座	1/1

单位为毫米

附图仅表示可控尺寸

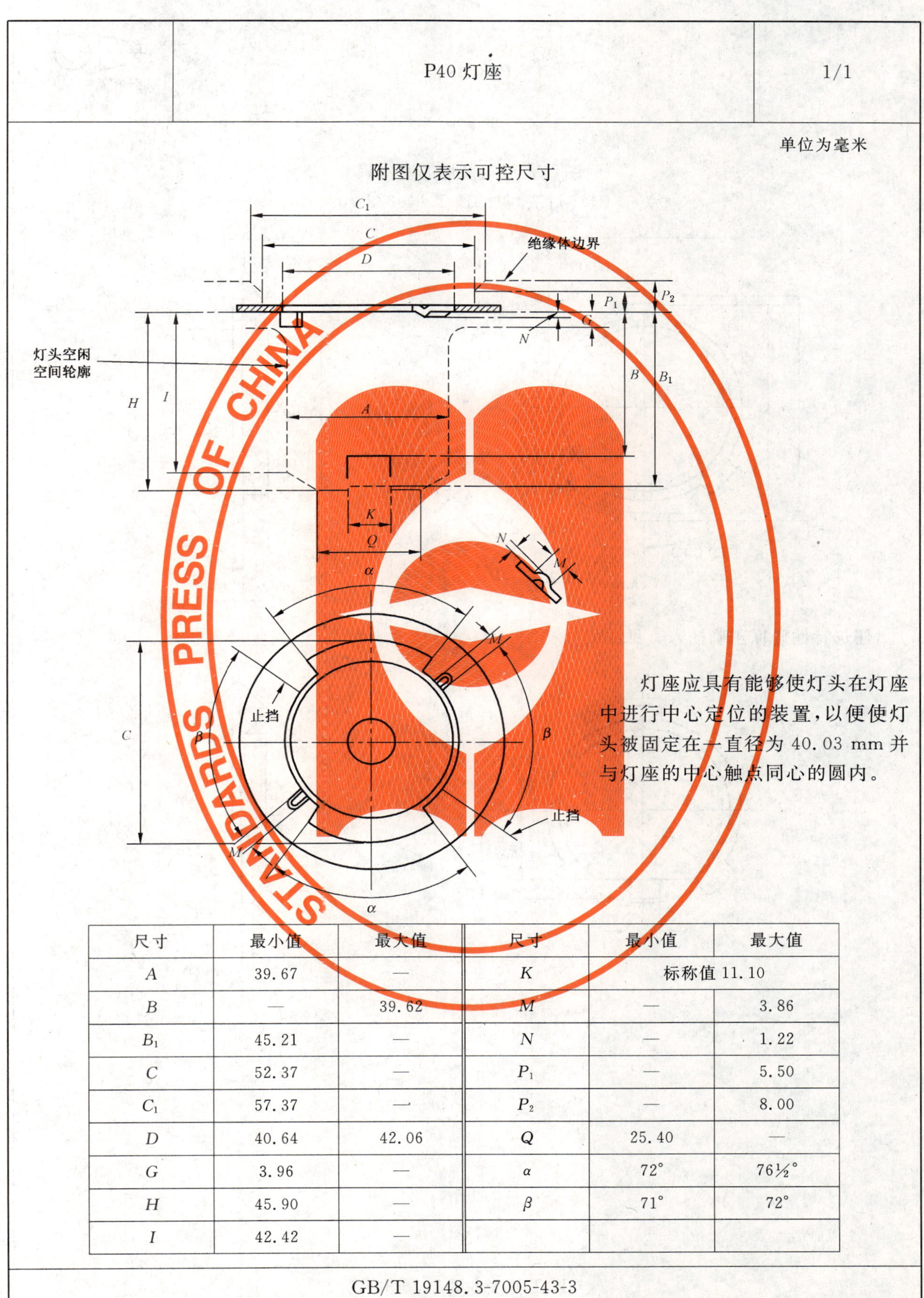

灯座应具有能够使灯头在灯座中进行中心定位的装置，以便使灯头被固定在一直径为 40.03 mm 并与灯座的中心触点同心的圆内。

尺寸	最小值	最大值	尺寸	最小值	最大值
A	39.67	—	K	标称值 11.10	
B	—	39.62	M	—	3.86
B_1	45.21	—	N	—	1.22
C	52.37	—	P_1	—	5.50
C_1	57.37	—	P_2	—	8.00
D	40.64	42.06	Q	25.40	—
G	3.96	—	α	72°	76½°
H	45.90	—	β	71°	72°
I	42.42	—			

GB/T 19148.3-7005-43-3

P43t 灯座

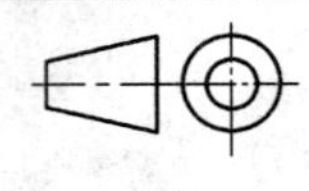

1/2

单位为毫米

附图仅表示互换性的基本尺寸

关于 P43t 灯头，见 GB/T 1406.3-7004-39。

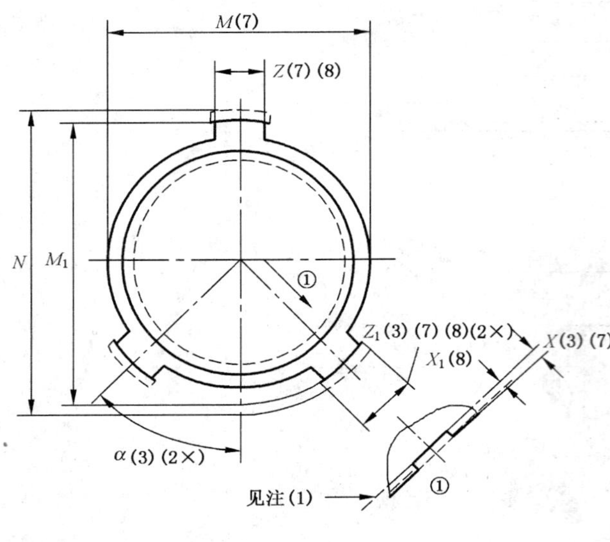

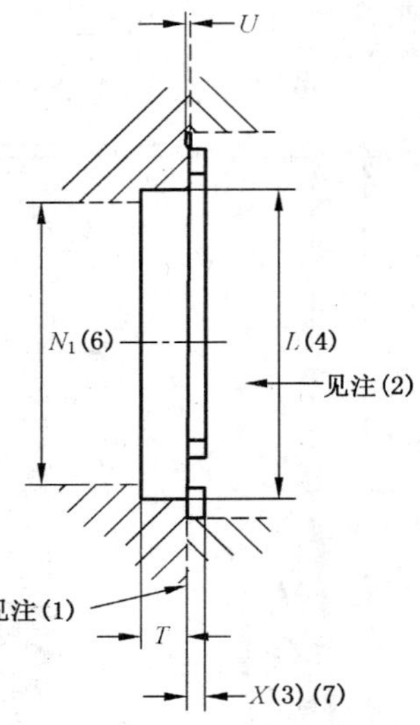

任选特性确保正确插入。见注(3)。

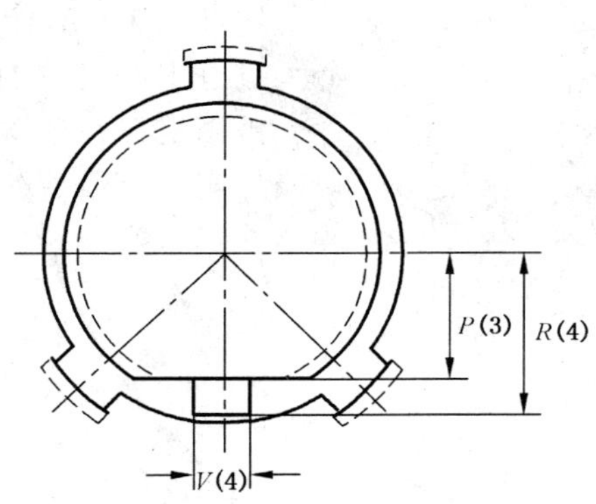

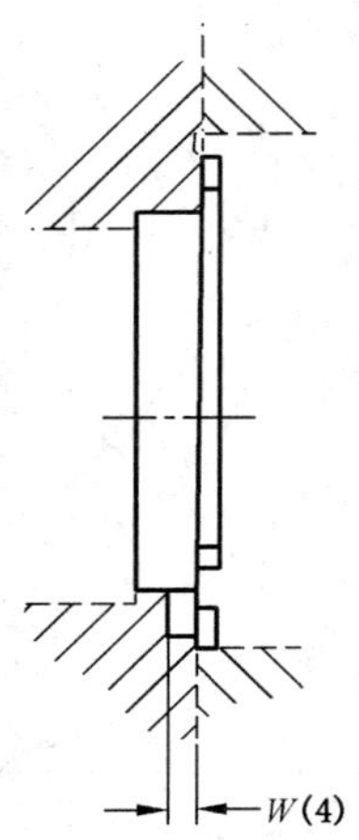

GB/T 19148.3-7005-39-4

	P43t 灯座	2/2

单位为毫米

尺寸	最小值	最大值
L(4)	38.2	—
M	43.02(7)	43.2
M_1	—	49.0
N(5)	52.5	
N_1	(6)	
P(3)	16.0	—
R(4)	20.5	—
T	5.5	—
U	0.4	—
V(4)	6.8	—
W(4)	2.5	—
X(3)(7)	1.8	—
X_1(8)	1.4	—
Z(7)(8)	8.05	8.15
Z_1(3)(7)(8)	8.0	8.5
α(3)	44°	46°

(1) 基准面。

(2) 灯插入的方向;玻壳在前。

(3) 防止灯在灯座中的错误安装有几种方法。

——使用辅助的可选择式部件。见 1/2 页中的附图。

——将 Z_1 降低到 7.5 mm～7.7 mm,再将角度 α 的公差降低到 44°40′～45°20′。

——根据灯座的结构,采用足够大的 X 值。

(4) 如果 L 小于 40.5 mm,采用尺寸 V、R 和 W。

(5) 尺寸 N 规定了为灯头聚焦盘的三个卡爪留出的最小自由空间。

(6) 尺寸 N_1 表示灯的自由空间。关于 N_1 见相关灯的参数表。

(7) 在灯座边缘和基准面之间(尺寸 X)应遵守该值,但是,在与灯头卡爪的支撑点相对应的尺寸 Z 和 Z_1 之内,可将值降低到 38.5 mm。

(8) 在 X_1 所示最小范围内应采用 Z 和 Z_1。在 X_1 所示范围之外,可将槽口倒角或倒圆。

灯座的设计应能使灯的夹持装置在不用过度的力的情况下只在灯处于正确位置时起作用。

该夹持装置应只与灯头的聚焦盘产生接触,在使灯处于正确位置时所施加的总力应不小于 10 N,不大于 60 N。

GB/T 19148.3-7005-39-4

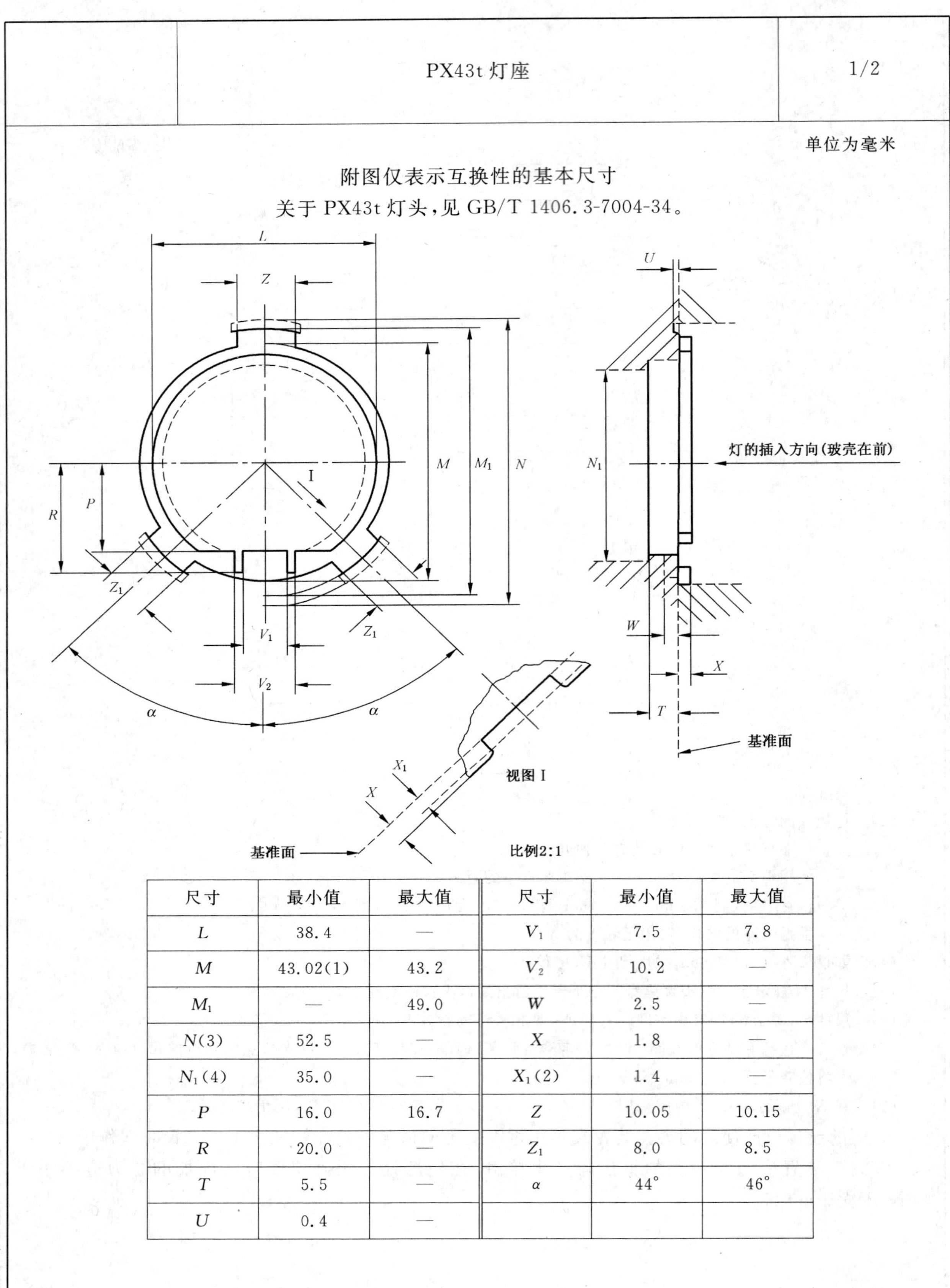

PX43t 灯座

1/2

单位为毫米

附图仅表示互换性的基本尺寸

关于 PX43t 灯头,见 GB/T 1406.3-7004-34。

尺寸	最小值	最大值	尺寸	最小值	最大值
L	38.4	—	V_1	7.5	7.8
M	43.02(1)	43.2	V_2	10.2	—
M_1	—	49.0	W	2.5	—
N(3)	52.5	—	X	1.8	—
N_1(4)	35.0	—	X_1(2)	1.4	—
P	16.0	16.7	Z	10.05	10.15
R	20.0	—	Z_1	8.0	8.5
T	5.5	—	α	44°	46°
U	0.4	—			

GB/T 19148.3-7005-34-1

	PX43t 灯座	2/2

单位为毫米

(1) 应在灯座的边缘和在基准面(尺寸 X)之间采用该值。但是,在与灯头的卡爪的各支撑点相对应的尺寸 Z 和 Z_1 之间,该值可降至 38.5 mm。

(2) 在 X_1 表示的最小范围内,Z 和 Z_1 应符合要求。在 X_1 所示范围之外,可将槽口倒角或倒圆。

(3) 尺寸 N 规定了为灯头聚焦盘的三个卡爪留出的最小自由空间。

(4) N_1 在距离基准面 20 mm 的范围之内应不小于 35 mm,在距离基准面 20 mm 的范围之外应不小于 45 mm。

灯座的设计应使其夹持灯头的装置在不使用过度的力的情况下,只在灯泡处于正确位置时起作用。

该夹持装置应只与灯头的预聚焦盘相接触,当灯处于正确位置时,它所施加的总力应不小于 10 N,不大于 60 N。

GB/T 19148.3-7005-34-1

	PY43d 灯座	1/2

单位为毫米

附图仅表示互换性的基本尺寸

关于 PY43d 灯头，见 GB/T 1406.3-7004-88。

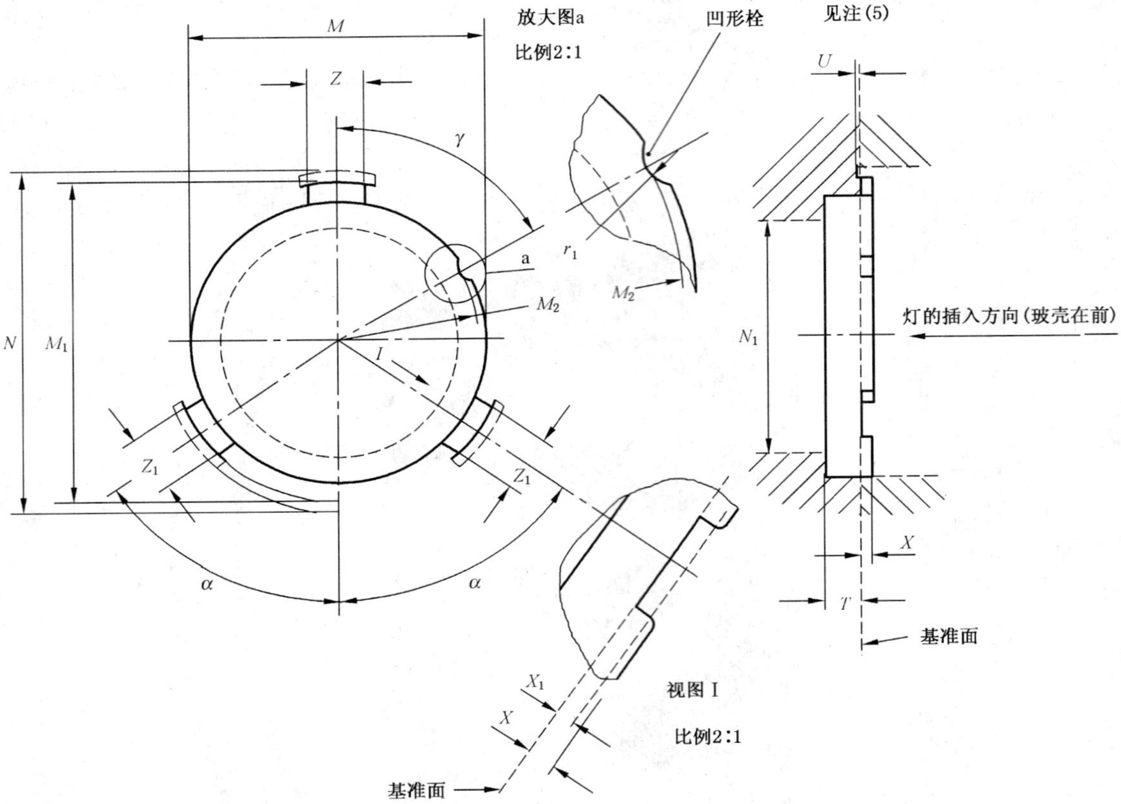

M Z γ 放大图a 比例2:1 凹形栓 见注(5) U a r_1 M_2 N M_1 I 灯的插入方向(玻壳在前) N_1 Z_1 Z_1 α α X T 基准面 X_1 X 视图 I 比例2:1 基准面

尺寸	最小值	最大值	尺寸	最小值	最大值
M	43.02(1)	43.2	X	1.8	—
M_1	—	49.0	X_1(2)	1.4	—
M_2	20.0	20.4	Z	8.05	8.15
N(3)	52.5		Z_1	8.0	8.5
N_1	(4)		r_1	2.4	2.5
T	5.5	—	α	54°	56°
U	0.4	—	γ	59°30′	60°30′

GB/T 19148.3-7005-88-1

	PY43d 灯座	2/2

单位为毫米

(1) 在灯座的边缘和基准面(尺寸 X)之间应该遵守该值。

但是,在与灯头卡爪的各支撑点相对应的尺寸 Z 和 Z_1 之间,该值可降至 38.5 mm。

(2) 在 X_1 所示最小范围内应采用尺寸 Z 和 Z_1。在 X_1 所示范围之外,槽口可以倒角或倒圆。

(3) N 规定了为灯头聚焦盘的三个卡爪留出的最小自由空间。

(4) 在距离基准面 20 mm 范围之内,N_1 应不小于 35 mm 直径;在距离基准面 20 mm 范围之外,N_1 应不小于 45 mm 直径。

(5) 栓钉用于防止非类似型号的灯头插入灯座。

灯座的设计应能使灯的夹持装置只在灯处于正确位置时作用。

该夹持装置应只与灯头的预聚焦盘产生接触,并且在使灯处于正确位置时所施加的总力应不小于 10 N,不大于 60 N。

量规:PY43d 灯座应满足 GB/T 1483.3-7006-88B 所示量规的检验要求。

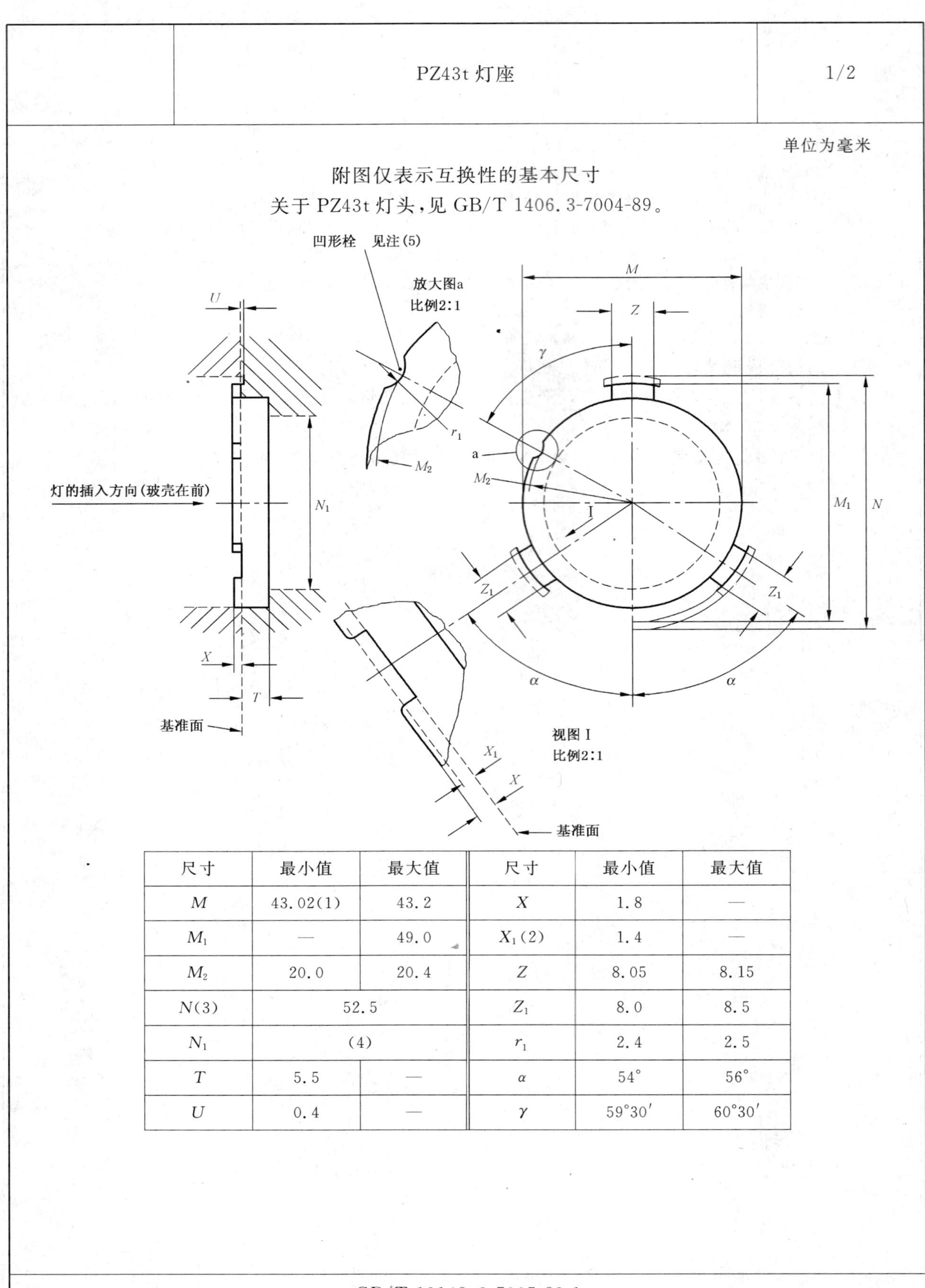

PZ43t 灯座 | 1/2

单位为毫米

附图仅表示互换性的基本尺寸

关于 PZ43t 灯头，见 GB/T 1406.3-7004-89。

尺寸	最小值	最大值	尺寸	最小值	最大值
M	43.02(1)	43.2	X	1.8	—
M_1	—	49.0	X_1(2)	1.4	—
M_2	20.0	20.4	Z	8.05	8.15
N(3)	52.5		Z_1	8.0	8.5
N_1	(4)		r_1	2.4	2.5
T	5.5	—	α	54°	56°
U	0.4	—	γ	59°30′	60°30′

GB/T 19148.3-7005-89-1

	PZ43t 灯座	2/2

单位为毫米

(1) 在灯座的边缘和基准面(X)之间该值应符合要求。但是在与灯头卡爪的支撑点相对应的尺寸 Z 和 Z_1 之间,该值可降低至 38.5 mm。

(2) 在 X_1 所示最小范围内 Z 和 Z_1 应符合要求。在 X_1 所示范围之外,槽口可以倒角或倒圆。

(3) N 规定了为容纳灯头聚焦盘上三个卡爪的最小自由空间。

(4) 在距离基准面 20 mm 范围之内,N_1 不低于 35 mm;在距离基准面 20 mm 以上任一处,N_1 的值应不小于 45 mm。

(5) 凹形栓用来防止非类似型号的灯头插入灯座。

灯座的设计应能使灯的夹持装置只在灯处于正确位置时起作用。

该夹持装置应只与灯头的预聚焦盘产生接触,在使灯处于正确位置时所施加的总力应不小于 10 N,不大于 60 N。

检验:PZ43t 灯座应符合 GB/T 1483.3-7006-89A 所示量规的检验要求。

GB/T 19148.3-7005-89-1

P45t 灯座

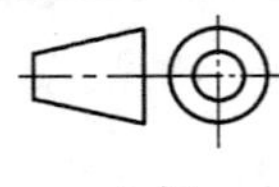

1/2

单位为毫米

附图仅表示互换性的基本尺寸

关于 P45t 灯头，见 GB/T 1406.3-7004-95。

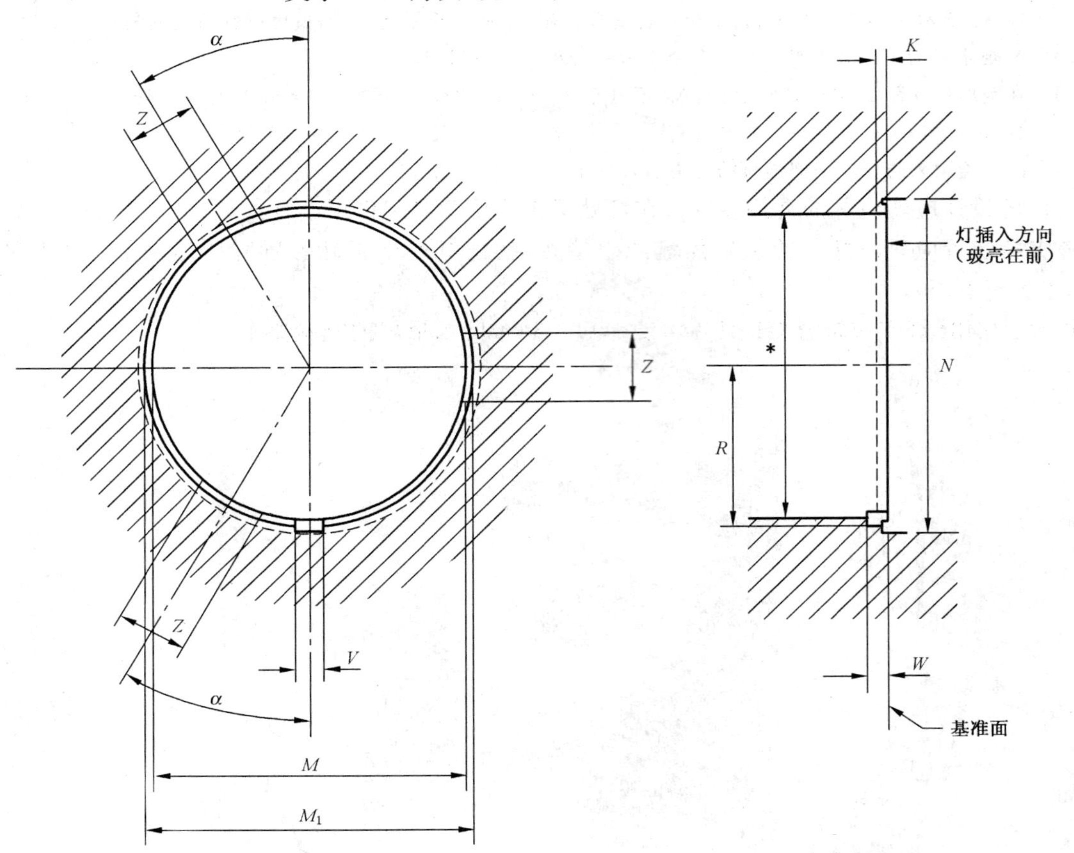

尺寸	最小值	最大值
K(1)	0.7	
M	45.02	45.20(4)
M_1	—	47.2(3)
N	47.8(3)	—
R	24	—
V	3.11	3.21
W	2.4	—
Z(2)(4)	10	—
α	30°	

灯座的设计应能使灯的夹持装置只与灯头的预聚焦盘形成接触，并且在使灯处于正确位置时所施加的总力应不小于 10 N，不大于 60 N。所施加的力应能使灯头预聚焦盘的三个支撑面中的每一个都紧贴在灯座的基准面上。

GB/T 19148.3-7005-95-2

	P45t 灯座	2/2

单位为毫米

(1) 在 K 所示范围内应具有一宽度至少为 0.4 mm，垂直于基准面并符合 M 的最小和最大极限值要求的环形部分。在环形部分之外以及距离基准面 10 mm 之内，只采用 M 的最小极限值。在整个圆周上环形部分本身不必是连续的。但是在 Z 最小值所示范围之外，应至少有三个最小长度为 10 mm、相互之间大约成 120°角排列的表面。

(2) 构成基准面的支撑面应位于两个相隔 0.8 mm 并都垂直于灯座轴线的平面之间。在 Z 所示范围之内的该支撑面中，宽度大于 2.0 mm 的凹陷处的深度应不大于 0.3 mm，并仍然位于上述两个平面之间。

(3) 位于 M_1 和 $N_{最小值}$ 之间的表面不应出现任何凸出于基准面并能影响灯顺利插入灯座的部分。

(4) 为了防止灯在灯座中的错误定位，应满足下述补充要求：

a) 在 Z 所示最小范围之外，支撑面上宽度大于 2.5 mm 的凹陷处(的深度)应不大于 0.5 mm。

b) 偏离于环形支撑面，并且宽度大于 2.5 mm 的部分应不大于 $M_{最大值}$ 0.3 mm。

GB/T 19148.3-7005-95-2

ICS 27.010
F 01

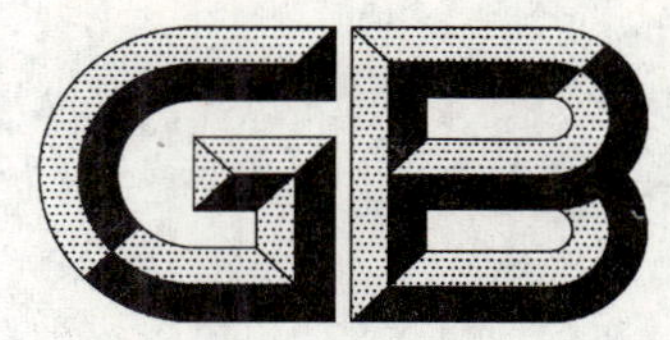

中华人民共和国国家标准

GB 19153—2009
代替 GB 19153—2003

容积式空气压缩机能效限定值及能效等级

Minimum allowable values of energy efficiency and energy efficiency grades for displacement air compressors

2009-04-08 发布　　2009-12-01 实施

中华人民共和国国家质量监督检验检疫总局
中国国家标准化管理委员会　发布

前　言

本标准的4.3和4.4是强制性条款,其余是推荐性条款。

本标准代替GB 19153—2003《容积式空气压缩机能效限定值及节能评价值》。

本标准与GB 19153—2003相比主要变化如下:

——标准名称由《容积式空气压缩机能效限定值及节能评价值》改为《容积式空气压缩机能效限定值及能效等级》;

——增加了能效等级和目标能效限定值;

——范围增加了一般用喷油单螺杆空气压缩机。

本标准由全国能源基础与管理标准化技术委员会提出。

本标准由全国能源基础与管理标准化技术委员会(SAC/TC 20)归口。

本标准起草单位:中国标准化研究院、合肥通用机电产品检测院、广东正力精密机械有限公司、上海佳力士机械有限公司、北京工业大学。

本标准主要起草人:郑家强、赵跃进、陈向东、朱孟君、查谦、李玉琪、马重芳、喻志强。

本标准所代替标准的历次版本发布情况为:

——GB 19153—2003。

容积式空气压缩机能效限定值及能效等级

1 范围

本标准规定了容积式空气压缩机(以下简称空压机)的能效等级、能效限定值、目标能效限定值、节能评价值、试验方法和检验规则。

本标准适用于直联便携式往复活塞空气压缩机、微型往复活塞空气压缩机、全无油润滑往复活塞空气压缩机、一般用固定的往复活塞空气压缩机、一般用喷油螺杆空气压缩机、一般用喷油单螺杆空气压缩机、一般用喷油滑片空气压缩机。

2 规范性引用文件

下列文件中的条款通过本标准的引用而成为本标准的条款。凡是注日期的引用文件,其随后所有的修改单(不包括勘误的内容)或修订版均不适用于本标准,然而,鼓励根据本标准达成协议的各方研究是否可使用这些文件的最新版本。凡是不注日期的引用文件,其最新版本适用于本标准。

GB/T 3853 容积式压缩机验收试验(GB/T 3853—1998,eqv ISO 1217:1996)

GB/T 4975 容积式压缩机术语 总则(GB/T 4975—1995,eqv ISO 3857:1977)

GB/T 13279 一般用固定的往复活塞空气压缩机

GB/T 13928 微型往复活塞空气压缩机

JB/T 4253 一般用喷油滑片空气压缩机

JB/T 6430 一般用喷油螺杆空气压缩机

JB/T 7662 容积式压缩机术语 回转压缩机

JB/T 8933 全无油润滑往复活塞空气压缩机

JB/T 8934 直联便携式往复活塞空气压缩机

JB/T 9107 往复压缩机 术语

JB/T 10525 一般用喷油单螺杆空气压缩机

3 术语和定义

GB/T 3853、GB/T 4975、JB/T 7662 和 JB/T 9107 中确立的以及下列术语和定义适用于本标准。

3.1

实际容积流量 actual volume rate of flow of a air compressor

经空压机组压缩并排出的气体,在标准排气位置的容积流量,该流量应换算到标准吸气位置的全温度、全压力及组分(例如湿度)的状态,单位为立方米每分(m^3/min)。

3.2

机组输入功率 input power of air compressor

在额定供电情况下(如相数、电压、频率)空压机组总的输入功率,单位为千瓦(kW)。

3.3

机组输入比功率 input specific power

在规定工况下,空压机组的输入功率与空压机实际容积流量之比值,单位为千瓦分每立方米[$kW/(m^3/min)$]。

3.4

空压机能效限定值 minimum allowable values of energy efficiency for air compressors

空压机在规定工况下所允许的最大机组输入比功率值。

3.5

空压机目标能效限定值　target minimum allowable values of energy efficiency for air compressors

在本标准实施一定年限后，允许的最大机组输入比功率值，该值实施后将代替空压机能效限定值。

3.6

空压机节能评价值　evaluating values of energy conservation for air compressors

节能空压机在规定工况下所允许的最大机组输入比功率值。

4 技术要求

4.1 基本要求

空压机的一般性能、安全性能应分别符合 GB/T 13279、GB/T 13928、JB/T 4253、JB/T 6430、JB/T 8933、JB/T 8934、JB/T 10525 等相关标准。

4.2 空压机能效等级

空压机能效等级分为 3 级，其中 1 级能效最高。各类空压机的能效等级均应符合表 1～表 7 的规定。

4.3 空压机能效限定值

空压机能效限定值应不大于表 1～表 7 中 3 级的规定。

4.4 空压机目标能效限定值

空压机目标能效限定值应不大于表 1～表 7 中 T 栏规定的值。其值在本标准实施之日 4 年后替代 4.3 中的空压机能效限定值。

4.5 空压机节能评价值

空压机节能评价值应不大于表 1～表 7 中 2 级的规定。

表 1　有油润滑的直联便携式往复活塞空气压缩机的能效等级

压缩级数	驱动电动机输入额定功率 kW	能效等级	额定排气压力 MPa					
			0.25	0.4	0.5	0.7	0.8	1.0
			机组输入比功率 kW/(m³/min)					
单级	0.25	1	8.8	10.5	11.5	13.2	14.0	15.5
		2	9.3	11.0	12.1	13.9	14.7	16.3
		3	11.6	13.8	15.1	17.4	18.4	20.4
		T	10.5	12.5	13.7	15.8	16.7	18.5
	0.37	1	8.8	10.5	11.5	13.2	14.0	15.5
		2	9.3	11.0	12.1	13.9	14.7	16.3
		3	11.6	13.8	15.1	17.4	18.4	20.4
		T	10.5	12.5	13.7	15.8	16.7	18.5
	0.55	1	8.6	10.1	10.9	12.6	13.4	14.9
		2	9.0	10.6	11.5	13.3	14.1	15.7
		3	11.2	13.3	14.4	16.6	17.6	19.6
		T	10.2	12.1	13.1	15.1	16.0	17.8

表 1（续）

压缩级数	驱动电动机输入额定功率 kW	能效等级	额定排气压力 MPa					
			0.25	0.4	0.5	0.7	0.8	1.0
			机组输入比功率 kW/(m^3/min)					
单级	0.75	1	8.3	9.8	10.7	12.3	13.0	14.3
		2	8.7	10.3	11.3	12.9	13.7	15.0
		3	10.9	12.9	14.1	16.2	17.2	18.8
		T	9.9	11.7	12.8	14.7	15.6	17.1
	1.1	1	7.9	9.4	10.3	11.8	12.4	13.9
		2	8.3	9.9	10.8	12.4	13.1	14.6
		3	10.5	12.4	13.5	15.5	16.4	18.3
		T	9.5	11.3	12.3	14.1	14.9	16.6
	1.5	1	7.9	9.2	10.0	11.5	12.2	13.6
		2	8.3	9.7	10.5	12.1	12.8	14.3
		3	10.4	12.1	13.2	15.2	16.1	17.9
		T	9.4	11.0	12.0	13.8	14.6	16.3
	1.8	1	7.9	9.2	10.0	11.5	12.2	13.6
		2	8.3	9.7	10.5	12.1	12.8	14.3
		3	10.3	12.1	13.2	15.2	16.1	17.9
		T	9.4	11.0	12.0	13.8	14.6	16.3
	2.2	1	7.5	9.1	9.9	11.3	11.9	13.2
		2	7.9	9.6	10.4	11.9	12.5	13.9
		3	9.9	12.0	13.1	14.9	15.7	17.4
		T	9.0	10.9	11.9	13.5	14.3	15.8
	2.6	1	7.5	9.1	9.9	11.3	11.9	13.2
		2	7.9	9.6	10.4	11.9	12.5	13.9
		3	9.9	12.0	13.1	14.9	15.7	17.4
		T	9.0	10.9	11.9	13.5	14.3	15.8
	3.0	1	7.4	8.7	9.6	11.1	11.8	12.9
		2	7.8	9.2	10.1	11.7	12.4	13.6
		3	9.8	11.6	12.7	14.6	15.4	17.1
		T	8.9	10.5	11.5	13.3	14.0	15.5

表 1（续）

压缩级数	驱动电动机输入额定功率 kW	能效等级	额定排气压力 MPa 0.25	0.4	0.5	0.7	0.8	1.0
			机组输入比功率 kW/(m³/min)					
两级	0.55	1	—					13.2
		2						13.9
		3						17.4
		T						15.8
	0.75	1						13.0
		2						13.7
		3						17.2
		T						15.6
	1.1	1						12.9
		2						13.6
		3						17.1
		T						15.5
	1.5	1						12.7
		2						13.4
		3						16.8
		T						15.3
	2.2	1						12.6
		2						13.3
		3						16.7
		T						15.2
	3.0	1						12.5
		2						13.2
		3						16.5
		T						15.0

表 2　无油润滑的直联便携式往复活塞空气压缩机的能效等级

压缩级数	驱动电动机输入额定功率 kW	能效等级	额定排气压力 MPa					
			0.25	0.4	0.5	0.7	0.8	1.0
			机组输入比功率 kW/(m³/min)					
单级	0.25	1	10.7	12.7	13.3	14.7	15.6	16.2
		2	11.3	13.4	14.0	15.5	16.4	17.1
		3	14.1	16.7	17.6	19.5	20.5	21.3
		T	12.8	15.2	16.0	17.7	18.6	19.4
	0.37	1	10.3	12.0	12.6	14.1	14.9	16.2
		2	10.8	12.6	13.3	14.8	15.7	17.1
		3	13.5	15.8	16.6	18.5	19.6	21.3
		T	12.3	14.4	15.1	16.8	17.8	19.4
	0.55	1	9.8	11.3	12.0	13.4	14.3	15.8
		2	10.3	11.9	12.6	14.1	15.0	16.6
		3	13.0	14.9	15.7	17.6	18.7	20.7
		T	11.8	13.5	14.3	16.0	17.0	18.8
	0.75	1	9.2	10.7	11.5	12.8	13.5	15.1
		2	9.7	11.3	12.1	13.5	14.2	15.9
		3	12.1	14.1	15.1	16.8	17.8	19.9
		T	11.0	12.8	13.7	15.3	16.2	18.1
	1.1	1	8.9	10.5	11.1	12.4	13.1	14.7
		2	9.4	11.1	11.7	13.0	13.8	15.5
		3	11.8	13.9	14.6	16.3	17.3	19.4
		T	10.7	12.6	13.3	14.8	15.7	17.6
	1.5	1	8.8	10.3	10.7	12.2	12.7	14.3
		2	9.3	10.8	11.3	12.8	13.4	15.0
		3	11.6	13.5	14.1	16.0	16.8	18.8
		T	10.5	12.3	12.8	14.5	15.3	17.1
	1.8	1	8.8	10.3	10.7	12.2	12.7	14.3
		2	9.3	10.8	11.3	12.8	13.4	15.0
		3	11.6	13.5	14.1	16.0	16.8	18.8
		T	10.5	12.3	12.8	14.5	15.3	17.1
	2.2	1	8.6	10.1	10.7	12.0	12.6	14.1
		2	9.0	10.6	11.3	12.6	13.3	14.8
		3	11.2	13.3	14.1	15.7	16.6	18.5
		T	10.2	12.1	12.8	14.3	15.1	16.8

表 2（续）

压缩级数	驱动电动机输入额定功率 kW	能效等级	额定排气压力 MPa					
			0.25	0.4	0.5	0.7	0.8	1.0
			机组输入比功率 kW/(m³/min)					
单级	2.6	1	8.6	10.1	10.7	12.0	12.6	14.1
		2	9.0	10.6	11.3	12.6	13.3	14.8
		3	11.2	13.3	14.1	15.7	16.6	18.5
		T	10.2	12.1	12.8	14.3	15.1	16.8
	3.0	1	8.4	9.8	10.5	11.5	12.2	13.7
		2	8.8	10.3	11.0	12.1	12.8	14.4
		3	11.0	12.9	13.8	15.2	16.1	18.0
		T	10.0	11.7	12.5	13.8	14.6	16.4
两级	0.55	1	—					13.4
		2						14.1
		3						17.6
		T						16.0
	0.75	1						13.4
		2						14.1
		3						17.6
		T						16.0
	1.1	1						13.2
		2						13.9
		3						17.4
		T						15.8
	1.5	1						13.2
		2						13.9
		3						17.4
		T						15.8
	2.2	1						12.7
		2						13.4
		3						16.8
		T						15.3
	3.0	1						12.7
		2						13.4
		3						16.8
		T						15.3

表 3 微型往复活塞空气压缩机的能效等级

压缩级数	驱动电动机输入额定功率 kW	能效等级	额定排气压力 MPa							
			0.25	0.4	0.5	0.7	0.8	1.0	1.25	1.4
			机组输入比功率 kW/(m³/min)							
单级	0.18	1	9.1	10.8	11.8	13.6	14.4	15.9	—	
		2	9.8	11.6	12.7	14.6	15.5	17.1		
		3	11.0	13.1	14.4	16.6	17.8	19.4		
		T	10.9	13.0	14.3	16.5	17.7	19.2		
	0.25	1	8.6	10.2	11.3	12.9	13.7	15.2		
		2	9.3	11.0	12.1	13.9	14.7	16.3		
		3	10.5	12.5	13.7	15.8	17.0	18.5		
		T	10.4	12.4	13.6	15.7	16.9	18.3		
	0.37	1	8.6	10.0	10.9	12.6	13.3	14.8		
		2	9.2	10.8	11.7	13.5	14.3	15.9		
		3	10.0	11.7	12.9	14.8	15.6	17.4		
		T	9.9	11.6	12.8	14.7	15.5	17.3		
	0.55	1	7.9	9.2	10.0	11.5	12.2	13.6		
		2	8.5	9.9	10.8	12.4	13.1	14.6		
		3	9.2	10.9	12.0	13.7	14.4	16.0		
		T	9.1	10.8	11.9	13.6	14.3	15.9		
	0.75	1	7.4	8.7	9.5	10.9	11.5	12.8		
		2	8.0	9.4	10.2	11.7	12.4	13.8		
		3	8.7	10.4	11.3	12.9	13.7	15.2		
		T	8.6	10.3	11.2	12.8	13.6	15.1		
	1.1	1	6.9	8.2	8.8	10.2	10.9	12.1		
		2	7.4	8.8	9.5	11	11.7	13.0		
		3	8.3	9.7	10.6	12.2	12.9	14.4		
		T	8.2	9.6	10.5	12.1	12.8	14.3		
	1.5	1	6.7	7.9	8.6	9.8	10.3	11.5		
		2	7.2	8.5	9.2	10.5	11.1	12.4		
		3	7.8	9.4	10.3	11.7	12.5	13.8		
		T	7.7	9.3	10.2	11.6	12.4	13.7		
	2.2	1	6.1	7.3	7.8	9.0	9.6	10.6		
		2	6.6	7.8	8.4	9.7	10.3	11.4		
		3	7.2	8.6	9.4	10.8	11.4	12.7		
		T	7.1	8.5	9.3	10.7	11.3	12.6		
	3.0	1	—	7.0	7.5	8.7	9.3	10.3		
		2		7.5	8.1	9.4	10.0	11.1		
		3		8.3	9.1	10.5	11.2	12.4		
		T		8.2	9.0	10.4	11.1	12.3		

表 3（续）

压缩级数	驱动电动机输入额定功率 kW	能效等级	额定排气压力 MPa							
			0.25	0.4	0.5	0.7	0.8	1.0	1.25	1.4
			机组输入比功率 kW/(m³/min)							
单级	4.0	1	—	6.6	7.3	8.4	8.8	9.9	—	—
		2	—	7.1	7.8	9.0	9.5	10.6	—	—
		3	—	7.9	8.7	10.0	10.6	11.8	—	—
		T	—	7.8	8.6	9.9	10.5	11.7	—	—
	5.5	1	—	6.5	7.1	8.3	8.7	9.6	—	—
		2	—	7.0	7.6	8.9	9.4	10.3	—	—
		3	—	7.7	8.5	9.8	10.5	11.5	—	—
		T	—	7.6	8.4	9.7	10.4	11.4	—	—
	7.5	1	—	6.4	6.9	8.0	8.5	—	—	—
		2	—	6.9	7.4	8.6	9.1	—	—	—
		3	—	7.7	8.3	9.6	10.1	—	—	—
		T	—	7.6	8.2	9.5	10.0	—	—	—
	11	1	—	6.2	6.7	7.7	8.2	—	—	—
		2	—	6.7	7.2	8.3	8.8	—	—	—
		3	—	7.5	8.2	9.3	9.8	—	—	—
		T	—	7.4	8.1	9.2	9.7	—	—	—
	15	1	—	6.0	6.5	7.5	8.0	—	—	—
		2	—	6.5	7.0	8.1	8.6	—	—	—
		3	—	7.2	8.0	9.1	9.6	—	—	—
		T	—	7.1	7.9	9.0	9.5	—	—	—
	18.5	1	—	—	6.3	—	—	—	—	—
		2	—	—	6.8	—	—	—	—	—
		3	—	—	7.9	—	—	—	—	—
		T	—	—	7.8	—	—	—	—	—
两级	0.37	1	—	—	—	—	—	12.9	13.7	14.4
		2	—	—	—	—	—	13.9	14.7	15.5
		3	—	—	—	—	—	15.4	17.1	17.9
		T	—	—	—	—	—	15.3	17.0	17.8
	0.55	1	—	—	—	—	—	12.3	12.9	13.6
		2	—	—	—	—	—	13.2	13.9	14.6
		3	—	—	—	—	—	14.6	16.1	16.9
		T	—	—	—	—	—	14.5	16.0	16.8
	0.75	1	—	—	—	—	—	11.9	12.6	13.2
		2	—	—	—	—	—	12.8	13.5	14.2
		3	—	—	—	—	—	14.1	15.7	16.4
		T	—	—	—	—	—	14.0	15.6	16.3

表 3（续）

压缩级数	驱动电动机输入额定功率 kW	能效等级	额定排气压力 MPa							
			0.25	0.4	0.5	0.7	0.8	1.0	1.25	1.4
			机组输入比功率 kW/(m³/min)							
两级	1.1	1	—	—	—	—	—	11.3	12.0	12.6
		2	—	—	—	—	—	12.2	12.9	13.5
		3	—	—	—	—	—	13.5	15.0	15.7
		T	—	—	—	—	—	13.4	14.9	15.6
	1.5	1	—	—	—	—	—	11.0	11.7	12.3
		2	—	—	—	—	—	11.8	12.6	13.2
		3	—	—	—	—	—	13.2	14.6	15.3
		T	—	—	—	—	—	13.1	14.5	15.2
	2.2	1	—	—	—	—	—	10.2	10.9	11.4
		2	—	—	—	—	—	11.0	11.7	12.3
		3	—	—	—	—	—	12.3	13.6	14.3
		T	—	—	—	—	—	12.2	13.5	14.2
	3.0	1	—	—	—	—	—	10.1	10.7	11.3
		2	—	—	—	—	—	10.9	11.5	12.1
		3	—	—	—	—	—	12.1	13.5	14.1
		T	—	—	—	—	—	12.0	13.4	14.0
	4.0	1	—	—	—	8.4	8.8	9.6	10.0	10.7
		2	—	—	—	9.0	9.5	10.3	10.8	11.5
		3	—	—	—	9.8	10.5	11.4	12.5	13.3
		T	—	—	—	9.7	10.4	11.3	12.4	13.2
	5.5	1	—	—	—	8.3	8.7	9.5	10.0	10.5
		2	—	—	—	8.9	9.4	10.2	10.7	11.3
		3	—	—	—	9.7	10.2	11.2	12.4	13.0
		T	—	—	—	9.6	10.1	11.1	12.3	12.9
	7.5	1	—	—	—	8.1	8.6	9.3	9.8	10.2
		2	—	—	—	8.7	9.2	10.0	10.5	11.0
		3	—	—	—	9.5	10.0	11.0	12.1	12.8
		T	—	—	—	9.4	9.9	10.9	12.0	12.7
	11	1	—	—	—	7.7	8.2	8.9	9.5	10.0
		2	—	—	—	8.3	8.8	9.6	10.2	10.8
		3	—	—	—	9.2	9.7	10.7	11.9	12.5
		T	—	—	—	9.1	9.6	10.6	11.8	12.4
	15	1	—	—	—	7.4	7.9	8.6	9.2	9.8
		2	—	—	—	8.0	8.5	9.3	9.9	10.5
		3	—	—	—	9.0	9.5	10.5	11.6	12.2
		T	—	—	—	8.9	9.4	10.4	11.5	12.1

注：18.5 kW 0.5 MPa 单级空压机为 GB/T 13928 标准系列外的市场流通产品。

表 4 全无油润滑往复活塞空气压缩机的能效等级

压缩级数	驱动电动机输入额定功率 kW	能效等级	额定排气压力 MPa						
			0.4	0.5	0.7	0.8	1.0	1.25	1.4
			机组输入比功率 kW/(m³/min)						
单级	0.18	1	13.7	14.3	14.9	15.9	—	—	—
		2	14.6	15.2	15.9	16.9			
		3	16.4	17.3	19.1	20.2			
		T	16.2	17.1	18.9	20.0			
	0.25	1	12.3	12.9	14.3	14.9			
		2	13.1	13.7	15.2	15.9			
		3	14.8	15.6	17.3	18.3			
		T	14.7	15.4	17.1	18.1			
	0.37	1	11.3	11.8	13.2	13.9			
		2	12.0	12.6	14.0	14.8			
		3	13.5	14.3	15.9	16.9			
		T	13.4	14.2	15.7	16.7			
	0.55	1	10.2	10.7	12.1	12.9			
		2	10.9	11.4	12.9	13.7			
		3	12.2	13.0	14.6	15.5			
		T	12.1	12.9	14.5	15.3			
	0.75	1	9.9	10.4	11.5	12.1	13.8		
		2	10.5	11.1	12.2	12.9	14.7		
		3	11.8	12.6	13.8	14.6	16.5		
		T	11.7	12.5	13.7	14.5	16.3		
	1.1	1	9.3	9.6	10.7	11.4	12.9		
		2	9.9	10.2	11.4	12.1	13.7		
		3	11.1	11.6	13.0	13.8	15.4		
		T	11.0	11.5	12.9	13.7	15.2		
	1.5	1	8.9	9.4	10.3	11.0	12.1		
		2	9.5	10.0	11.0	11.7	12.9		
		3	10.7	11.4	12.6	13.4	14.6		
		T	10.6	11.3	12.5	13.3	14.5		
	2.2	1	8.2	8.6	9.5	10.1	11.5		
		2	8.7	9.2	10.1	10.7	12.2		
		3	9.8	10.4	11.5	12.2	13.8		
		T	9.7	10.3	11.4	12.1	13.7		
	3.0	1	7.8	8.4	9.2	9.8	—		
		2	8.3	8.9	9.8	10.4			
		3	9.3	10.1	11.2	11.9			
		T	9.2	10.0	11.1	11.8			

表 4（续）

压缩级数	驱动电动机输入额定功率 kW	能效等级	额定排气压力 MPa						
			0.4	0.5	0.7	0.8	1.0	1.25	1.4
			机组输入比功率 kW/(m³/min)						
单级	4.0	1	7.4	8.0	8.7	9.3	—	—	
		2	7.9	8.5	9.3	9.9			
		3	8.9	9.6	10.7	11.3			
		T	8.8	9.5	10.6	11.2			
	5.5	1	7.4	7.7	8.6	9.0			
		2	7.9	8.2	9.1	9.6			
		3	8.8	9.4	10.4	11.0			
		T	8.7	9.3	10.3	10.9			
	7.5	1	7.2	7.5	8.3	8.7			
		2	7.7	8.0	8.8	9.3			
		3	8.6	9.1	10.2	10.8			
		T	8.5	9.0	10.1	10.7			
	11	1	7.1	7.3	8.0	8.5	—	—	
		2	7.5	7.8	8.5	9.0			
		3	8.4	8.9	9.9	10.5			
		T	8.3	8.8	9.8	10.4			
	15	1	6.8	7.1	7.8	8.3			
		2	7.2	7.6	8.3	8.8			
		3	8.1	8.6	9.7	10.3			
		T	8.0	8.5	9.6	10.2			
两级	2.2	1	—		—		11.0	11.7	12.5
		2					11.7	12.4	13.3
		3					12.6	14.7	15.7
		T					12.5	14.6	15.6
	3.0	1					10.8	11.5	12.2
		2					11.5	12.2	13.0
		3					12.3	14.4	15.4
		T					12.2	14.3	15.3
	4.0	1					10.3	10.9	11.7
		2					11.0	11.6	12.4
		3					11.7	13.7	14.7
		T					11.6	13.6	14.6
	5.5	1					10.2	10.5	11.4
		2					10.8	11.2	12.1
		3					11.6	13.3	14.4
		T					11.5	13.2	14.3

表 4（续）

压缩级数	驱动电动机输入额定功率 kW	能效等级	额定排气压力 MPa 0.4	0.5	0.7	0.8	1.0	1.25	1.4
			机组输入比功率 kW/(m³/min)						
两级	7.5	1	—	—	—	—	10.0	10.4	11.3
		2					10.6	11.1	12.0
		3					11.3	13.2	14.2
		T					11.2	13.1	14.1
	11	1			7.9	8.4	9.7	9.8	10.3
		2			8.4	8.9	10.3	10.4	11.0
		3			9.5	10.1	11.1	12.4	13.0
		T			9.4	10.0	11.0	12.3	12.9
	15	1			7.6	8.1	9.5	9.5	10.0
		2			8.1	8.6	10.1	10.1	10.6
		3			9.3	9.9	10.8	11.9	12.6
		T			9.2	9.8	10.7	11.8	12.5
	18.5 22	1			7.3 [6.7]	7.8 [7.1]	9.1 [7.9]	9.1 [8.4]	9.5 [8.8]
		2			7.8 [7.1]	8.3 [7.5]	9.7 [8.4]	9.7 [8.9]	10.1 [9.4]
		3			8.9 [7.5]	9.4 [8.0]	10.4 [8.9]	11.5 [10.0]	12.0 [10.6]
		T			8.8 [7.4]	9.3 [7.9]	10.3 [8.8]	11.4 [9.9]	11.9 [10.5]
	注：[ ]内的数值为水冷空压机指标。								

表 5　一般用固定的往复活塞空气压缩机的能效等级

驱动电动机输入额定功率 kW	能效等级	额定排气压力 MPa 0.7			0.8		1.0			1.25		
		机组输入比功率 kW/(m³/min)										
		水冷有油	水冷无油	风冷有油	水冷有油	水冷无油	水冷有油	水冷无油	风冷有油	水冷有油	水冷无油	风冷有油
18.5	1	6.20	6.36	6.69	6.62	6.79	7.42	7.56	7.84	7.84	8.00	8.28
	2	6.81	6.99	7.35	7.27	7.46	8.15	8.31	8.62	8.61	8.79	9.10
	3	7.00	7.24	7.60	7.47	7.72	8.34	8.63	9.06	9.32	9.65	10.13
	T	6.93	7.17	7.52	7.40	7.64	8.26	8.54	8.97	9.23	9.55	10.03

表 5（续）

驱动电动机输入额定功率 kW	能效等级	额定排气压力 MPa										
		0.7			0.8		1.0			1.25		
		机组输入比功率 $kW/(m^3/min)$										
		水冷有油	水冷无油	风冷有油	水冷有油	水冷无油	水冷有油	水冷无油	风冷有油	水冷有油	水冷无油	风冷有油
22	1	6.17	6.33	6.66	6.58	6.75	7.38	7.53	7.81	7.80	7.96	8.24
	2	6.78	6.96	7.32	7.23	7.42	8.11	8.28	8.58	8.57	8.75	9.05
	3	6.97	7.21	7.57	7.43	7.69	8.30	8.59	9.02	9.28	9.60	10.08
	T	6.90	7.14	7.49	7.36	7.61	8.22	8.50	8.93	9.19	9.51	9.98
30	1	5.97	6.13	6.46	6.37	6.54	7.34	7.49	7.76	7.75	7.92	8.19
	2	6.56	6.74	7.10	7.00	7.19	8.07	8.23	8.53	8.52	8.70	9.00
	3	6.93	7.17	7.53	7.39	7.65	8.25	8.54	8.97	9.23	9.55	10.03
	T	6.86	7.10	7.46	7.32	7.57	8.17	8.46	8.88	9.14	9.46	9.93
37	1	5.97	6.13	6.46	6.37	6.54	7.34	7.49	7.76	7.75	7.92	8.19
	2	6.56	6.74	7.10	7.00	7.19	8.07	8.23	8.53	8.52	8.70	9.00
	3	6.93	7.17	7.53	7.39	7.65	8.25	8.54	8.97	9.23	9.55	10.03
	T	6.86	7.10	7.46	7.32	7.57	8.17	8.46	8.88	9.14	9.46	9.93
45	1	5.66	5.93	6.27	6.04	6.32	6.68	6.95	7.43	7.16	7.54	7.92
	2	6.22	6.52	6.89	6.64	6.95	7.34	7.64	8.17	7.87	8.29	8.70
	3	6.41	6.82	7.24	6.84	7.27	7.62	8.12	8.62	8.53	9.09	9.64
	T	6.35	6.76	7.17	6.78	7.20	7.55	8.04	8.54	8.45	9.00	9.55
55*	1	5.64	5.91	6.25	6.02	6.31	6.66	6.93	7.41	7.14	7.52	7.89
	2	6.20	6.49	6.87	6.61	6.93	7.32	7.61	8.14	7.85	8.26	8.67
	3	6.38	6.80	7.21	6.81	7.25	7.60	8.09	8.59	8.51	9.06	9.60
	T	6.32	6.73	7.14	6.74	7.18	7.53	8.01	8.51	8.43	8.97	9.50
55	1	5.40	5.72	6.10	5.76	6.11	6.42	6.73	7.25	6.87	7.30	7.89
	2	5.93	6.29	6.70	6.33	6.71	7.05	7.40	7.97	7.55	8.02	8.67
	3	6.09	6.62	7.21	6.50	7.06	7.26	7.88	8.59	8.12	8.82	9.60
	T	6.03	6.55	7.14	6.44	6.99	7.17	7.80	8.50	8.04	8.73	9.50
63	1	5.40	5.72	6.10	5.76	6.11	6.42	6.73	7.25	6.87	7.30	7.89
	2	5.93	6.29	6.70	6.33	6.71	7.05	7.40	7.97	7.55	8.02	8.67
	3	6.09	6.62	7.21	6.50	7.06	7.26	7.88	8.59	8.12	8.82	9.60
	T	6.03	6.55	7.14	6.44	6.99	7.17	7.80	8.50	8.04	8.73	9.50
75	1	5.40	5.71	6.09	5.76	6.10	6.41	6.72	7.24	6.86	7.29	7.88
	2	5.93	6.28	6.69	6.33	6.70	7.04	7.39	7.96	7.54	8.01	8.66
	3	6.08	6.61	7.20	6.49	7.05	7.25	7.87	8.58	8.11	8.81	9.59
	T	6.02	6.54	7.13	6.43	6.80	7.18	7.79	8.49	8.03	8.72	9.50

表 5（续）

驱动电动机输入额定功率 kW	能效等级	额定排气压力 MPa										
		0.7			0.8		1.0			1.25		
		机组输入比功率 kW/(m³/min)										
		水冷有油	水冷无油	风冷有油	水冷有油	水冷无油	水冷有油	水冷无油	风冷有油	水冷有油	水冷无油	风冷有油
90	1	5.31	5.61		5.67	5.98	6.34	6.66		6.80	7.22	
	2	5.84	6.16		6.23	6.57	6.97	7.32		7.47	7.93	
	3	6.02	6.55		6.42	6.99	7.17	7.79		8.02	8.72	
	T	5.96	6.49		6.36	6.92	7.10	7.71		7.94	8.63	
110	1	5.27	5.51		5.61	5.87	6.27	6.55		6.69	7.12	
	2	5.79	6.05		6.17	6.45	6.89	7.20		7.35	7.82	
	3	6.00	6.43		6.40	6.86	7.14	7.66		7.99	8.57	
	T	5.94	6.37		6.34	6.79	7.07	7.58		7.91	8.48	
132	1	5.25	5.48		5.60	5.84	6.24	6.52		6.66	7.09	
	2	5.77	6.02		6.15	6.42	6.86	7.17		7.32	7.79	
	3	6.00	6.40		6.40	6.83	7.11	7.62		7.96	8.53	
	T	5.94	6.34		6.34	6.76	7.04	7.54		7.88	8.45	
160	1	5.25	5.44		5.60	5.81	6.21	6.49		6.62	7.04	
	2	5.77	5.98	—	6.15	6.38	6.82	7.13	—	7.28	7.74	—
	3	6.00	6.37		6.40	6.79	7.07	7.58		7.91	8.48	
	T	5.94	6.31		6.34	6.72	7.00	7.51		7.83	8.40	
200	1	5.25	5.42		5.60	5.79	6.19	6.38		6.60	6.93	
	2	5.77	5.96		6.15	6.36	6.80	7.01		7.25	7.61	
	3	5.99	6.37		6.39	6.79	7.07	7.53		7.91	8.43	
	T	5.93	6.31		6.33	6.72	7.00	7.46		7.83	8.35	
250	1	5.25	5.41		5.60	5.77	6.19	6.38		6.60	6.93	
	2	5.77	5.94		6.15	6.34	6.80	7.01		7.25	7.61	
	3	5.99	6.33		6.39	6.75	7.07	7.45		7.91	8.33	
	T	5.93	6.27		6.33	6.68	7.00	6.37		7.83	8.25	
315	1	5.23	5.40		5.59	5.75	6.16	6.32		6.58	6.86	
	2	5.75	5.93		6.14	6.32	6.77	6.95		7.23	7.54	
	3	5.95	6.26		6.35	6.68	7.07	7.45		7.91	8.33	
	T	5.89	6.20		6.29	6.61	7.00	7.38		7.83	8.25	

表 5（续）

驱动电动机输入额定功率 kW	能效等级	额定排气压力 MPa 0.7 机组输入比功率 kW/(m^3/min) 水冷有油	0.7 水冷无油	0.7 风冷有油	0.8 水冷有油	0.8 水冷无油	1.0 水冷有油	1.0 水冷无油	1.0 风冷有油	1.25 水冷有油	1.25 水冷无油	1.25 风冷有油
355	1	5.22	5.39	—	5.57	5.74	6.16	6.32	—	6.58	6.86	—
	2	5.74	5.92		6.12	6.31	6.77	6.95		7.23	7.54	
	3	5.94	6.24		6.34	6.66	7.07	7.45		7.91	8.33	
	T	5.88	6.18		6.28	6.59	7.00	7.38		7.83	8.25	
400	1	5.21	5.37		5.56	5.73	6.16	6.32		6.58	6.86	
	2	5.73	5.90		6.11	6.30	6.77	6.95		7.23	7.54	
	3	5.93	6.23		6.33	6.65	7.07	7.45		7.91	8.33	
	T	5.87	6.17		6.27	6.58	7.00	7.38		7.83	8.25	
450	1	5.20	5.36	—	5.55	5.71	—					
	2	5.71	5.89		6.10	6.28						
	3	5.89	6.16		6.28	6.57						
	T	5.83	6.10		6.22	6.50						
500	1	5.20	5.35		5.55	5.71						
	2	5.71	5.88		6.10	6.27						
	3	5.88	6.15		6.27	6.56						
	T	5.82	6.09		6.21	6.49						
560	1	5.19	5.34		5.53	5.70						
	2	5.70	5.87		6.08	6.26						
	3	5.87	6.14		6.26	6.55						
	T	5.81	6.08		6.20	6.48						

注：对 55 kW 一档，带 * 号指单作用空压机，不带 * 号指双作用空压机。

表 6　一般用喷油螺杆空气压缩机和一般用喷油单螺杆空气压缩机的能效等级

驱动电动机输入额定功率 kW	能效等级	额定排气压力 MPa 0.7 机组输入比功率 kW/(m^3/min) 水冷	0.7 风冷	0.8 水冷	0.8 风冷	1.0 水冷	1.0 风冷	1.25 水冷	1.25 风冷
2.2	1	—	8.2	—	8.7	—	9.8	—	11.0
	2		9.2		9.8		11.0		12.4
	3		10.4		11.1		12.4		14.0
	T		10.3		11.0		12.3		13.9

表 6（续）

驱动电动机输入额定功率 kW	能效等级	额定排气压力 MPa							
		0.7		0.8		1.0		1.25	
		机组输入比功率 kW/(m³/min)							
		水冷	风冷	水冷	风冷	水冷	风冷	水冷	风冷
3.0	1	—	8.2	—	8.7	—	9.8	—	11.0
	2		9.2		9.8		11.0		12.4
	3		10.4		11.1		12.4		14.0
	T		10.3		11.0		12.3		13.9
4.0	1		8.2		8.7		9.8		11.0
	2		9.2		9.8		11.0		12.4
	3		10.4		11.1		12.4		14.0
	T		10.3		11.0		12.3		13.9
5.5	1		8.2		8.7		9.8		11.0
	2		9.2		9.8		11.0		12.4
	3		10.4		11.1		12.4		14.0
	T		10.3		11.0		12.3		13.9
7.5	1	6.9	7.5	7.3	7.9	8.6	8.7	9.5	9.9
	2	7.7	8.4	8.2	8.9	9.7	9.9	10.8	11.2
	3	9.1	9.6	9.6	10.2	10.8	11.3	12.2	12.8
	T	9.0	9.5	9.5	10.1	10.7	11.2	12.1	12.7
11	1	6.9	7.5	7.3	7.9	8.6	8.7	9.5	9.9
	2	7.7	8.4	8.2	8.9	9.7	9.9	10.8	11.2
	3	9.1	9.6	9.6	10.2	10.8	11.3	12.2	12.8
	T	9.0	9.5	9.5	10.1	10.7	11.2	12.1	12.7
15	1	6.5	6.9	6.9	7.4	8.2	8.3	9.3	9.5
	2	7.3	7.9	7.7	8.4	9.2	9.4	10.4	10.7
	3	8.4	9.0	8.9	9.5	10.3	10.8	11.6	12.2
	T	8.3	8.9	8.8	9.4	10.2	10.7	11.5	12.1
18.5	1	6.5	6.9	6.9	7.4	8.2	8.3	9.3	9.5
	2	7.3	7.9	7.7	8.4	9.2	9.4	10.4	10.7
	3	8.4	9.0	8.9	9.5	10.3	10.8	11.6	12.2
	T	8.3	8.9	8.8	9.4	10.2	10.7	11.5	12.1

表 6（续）

驱动电动机输入额定功率 kW	能效等级	额定排气压力 MPa							
		0.7		0.8		1.0		1.25	
		机组输入比功率 kW/(m³/min)							
		水冷	风冷	水冷	风冷	水冷	风冷	水冷	风冷
22	1	6.2	6.8	6.6	7.2	7.8	8.1	8.7	9.1
	2	7.0	7.6	7.4	8.1	8.8	9.1	9.8	10.2
	3	8.0	8.4	8.5	8.9	9.9	10.3	11.0	11.6
	T	7.9	8.3	8.4	8.8	9.8	10.2	10.9	11.5
30	1	6.2	6.8	6.6	7.2	7.8	8.1	8.7	9.1
	2	7.0	7.6	7.4	8.1	8.8	9.1	9.8	10.2
	3	8.0	8.4	8.5	8.9	9.9	10.3	11.0	11.6
	T	7.9	8.3	8.4	8.8	9.8	10.2	10.9	11.5
37	1	6.2	6.8	6.6	7.2	7.8	8.1	8.7	9.1
	2	7.0	7.6	7.4	8.1	8.8	9.1	9.8	10.2
	3	8.0	8.4	8.5	8.9	9.9	10.3	11.0	11.6
	T	7.9	8.3	8.4	8.8	9.8	10.2	10.9	11.5
45	1	6.2	6.8	6.6	7.2	7.8	8.1	8.7	9.1
	2	7.0	7.6	7.4	8.1	8.8	9.1	9.8	10.2
	3	8.0	8.4	8.5	8.9	9.9	10.3	11.0	11.6
	T	7.9	8.3	8.4	8.8	9.8	10.2	10.9	11.5
55	1	5.8	6.1	6.1	6.5	7.5	7.7	8.4	8.6
	2	6.5	6.9	6.9	7.3	8.4	8.7	9.4	9.7
	3	7.6	7.9	8.1	8.4	9.4	9.9	10.5	11.1
	T	7.5	7.8	8.0	8.3	9.3	9.8	10.4	11.0
63	1	5.8	6.1	6.1	6.5	7.5	7.7	8.4	8.6
	2	6.5	6.9	6.9	7.3	8.4	8.7	9.4	9.7
	3	7.6	7.9	8.1	8.4	9.4	9.9	10.5	11.1
	T	7.5	7.8	8.0	8.3	9.3	9.8	10.4	11.0
75	1	5.8	6.1	6.1	6.5	7.5	7.7	8.4	8.6
	2	6.5	6.9	6.9	7.3	8.4	8.7	9.4	9.7
	3	7.6	7.9	8.1	8.4	9.4	9.9	10.5	11.1
	T	7.5	7.8	8.0	8.3	9.3	9.8	10.4	11.0
90	1	5.8	6.1	6.1	6.5	7.5	7.7	8.4	8.6
	2	6.5	6.9	6.9	7.3	8.4	8.7	9.4	9.7
	3	7.6	7.9	8.1	8.4	9.4	9.9	10.5	11.1
	T	7.5	7.8	8.0	8.3	9.3	9.8	10.4	11.0

表 6（续）

驱动电动机输入额定功率 kW	能效等级	额定排气压力 MPa							
		0.7		0.8		1.0		1.25	
		机组输入比功率 kW/(m³/min)							
		水冷	风冷	水冷	风冷	水冷	风冷	水冷	风冷
110	1	5.6	6.0	6.0	6.3	7.2	7.4	8.1	8.4
	2	6.3	6.7	6.7	7.1	8.1	8.3	9.1	9.4
	3	7.2	7.6	7.6	8.1	9.1	9.6	10.1	10.7
	T	7.1	7.5	7.5	8.0	9.0	9.5	10.0	10.6
132	1	5.6	6.0	6.0	6.3	7.2	7.4	8.1	8.4
	2	6.3	6.7	6.7	7.1	8.1	8.3	9.1	9.4
	3	7.2	7.6	7.6	8.1	9.1	9.6	10.1	10.7
	T	7.1	7.5	7.5	8.0	9.0	9.5	10.0	10.6
160	1	5.6	6.0	6.0	6.3	7.2	7.4	8.1	8.4
	2	6.3	6.7	6.7	7.1	8.1	8.3	9.1	9.4
	3	7.2	7.6	7.6	8.1	9.1	9.6	10.1	10.7
	T	7.1	7.5	7.5	8.0	9.0	9.5	10.0	10.6
200	1	5.3	5.5	5.7	5.9	7.0	7.2	7.8	8.2
	2	6.0	6.2	6.4	6.6	7.9	8.1	8.8	9.2
	3	6.8	7.2	7.5	7.9	8.9	9.4	9.8	10.5
	T	6.7	7.1	7.4	7.8	8.8	9.3	9.7	10.4
250	1	5.3	5.5	5.7	5.9	7.0	7.2	7.8	8.2
	2	6.0	6.2	6.4	6.6	7.9	8.1	8.8	9.2
	3	6.8	7.2	7.5	7.9	8.9	9.4	9.8	10.5
	T	6.7	7.1	7.4	7.8	8.8	9.3	9.7	10.4
315	1	5.3	5.5	5.7	5.9	7.0	7.2	7.8	8.2
	2	6.0	6.2	6.4	6.6	7.9	8.1	8.8	9.2
	3	6.8	7.2	7.5	7.9	8.9	9.4	9.8	10.5
	T	6.7	7.1	7.4	7.8	8.8	9.3	9.7	10.4
355	1	5.2	—	5.4	—	6.7	—	7.4	—
	2	5.8		6.1		7.5		8.3	
	3	6.4		7.1		8.5		9.4	
	T	6.3		7.0		8.4		9.3	
400	1	5.2		5.4		6.7		7.4	
	2	5.8		6.1		7.5		8.3	
	3	6.4		7.1		8.5		9.4	
	T	6.3		7.0		8.4		9.3	
450	1	5.2		5.4		6.7		7.4	
	2	5.8		6.1		7.5		8.3	
	3	6.4		7.1		8.5		9.4	
	T	6.3		7.0		8.4		9.3	

表 6（续）

驱动电动机输入额定功率 kW	能效等级	额定排气压力 MPa 0.7 机组输入比功率 kW/(m³/min) 水冷	0.7 风冷	0.8 水冷	0.8 风冷	1.0 水冷	1.0 风冷	1.25 水冷	1.25 风冷
500	1	5.2	—	5.4	—	6.7	—	7.4	—
	2	5.8	—	6.1	—	7.5	—	8.3	—
	3	6.4	—	7.1	—	8.5	—	9.4	—
	T	6.3	—	7.0	—	8.4	—	9.3	—
560	1	5.2	—	5.4	—	6.7	—	7.4	—
	2	5.8	—	6.1	—	7.5	—	8.3	—
	3	6.4	—	7.1	—	8.5	—	9.4	—
	T	6.3	—	7.0	—	8.4	—	9.3	—
630	1	5.2	—	5.4	—	6.7	—	7.4	—
	2	5.8	—	6.1	—	7.5	—	8.3	—
	3	6.4	—	7.1	—	8.5	—	9.4	—
	T	6.3	—	7.0	—	8.4	—	9.3	—

表 7　一般用喷油滑片空气压缩机的能效等级

驱动电动机输入额定功率 kW	能效等级	额定排气压力 MPa / 机组输入比功率 kW/(m³/min) 额定转速 ≤1 500 r/min 0.4 水冷	0.4 风冷	0.5 风冷	0.7 水冷	0.7 风冷	1.0 风冷	额定转速 >1 500 r/min 0.4 水冷	0.4 风冷	0.5 风冷	0.7 水冷	0.7 风冷
1.5	1	—	—	—	8.7	8.9	10.6	—	—	—	8.8	9.1
	2	—	—	—	9.6	9.8	11.6	—	—	—	9.7	10.0
	3	—	—	—	11.2	11.7	13.8	—	—	—	11.5	12.8
	T	—	—	—	11.1	11.6	13.7	—	—	—	11.4	12.7
2.2	1	—	—	—	8.5	8.6	10.3	—	—	—	8.6	8.8
	2	—	—	—	9.3	9.5	11.3	—	—	—	9.4	9.7
	3	—	—	—	10.5	10.8	12.8	—	—	—	10.8	11.1
	T	—	—	—	10.4	10.7	12.7	—	—	—	10.7	11.0
3.0	1	—	—	—	8.3	8.6	10.1	—	—	—	8.4	8.6
	2	—	—	—	9.1	9.4	11.1	—	—	—	9.2	9.5
	3	—	—	—	10.5	10.8	12.8	—	—	—	10.8	11.1
	T	—	—	—	10.4	10.7	12.7	—	—	—	10.7	11.0

表 7（续）

驱动电动机输入额定功率 kW	能效等级	额定排气压力 MPa										
		0.4		0.5	0.7		1.0	0.4		0.5	0.7	
		机组输入比功率 kW/(m³/min)										
		额定转速 ≤1 500 r/min						额定转速 >1 500 r/min				
		水冷	风冷	风冷	水冷	风冷	风冷	水冷	风冷	风冷	水冷	风冷
4.0	1	—	—	—	7.9	8.2	9.6	—	—	—	8.1	8.3
	2				8.7	9.0	10.6				8.9	9.1
	3				10.0	10.3	12.2				10.3	10.5
	T				9.9	10.2	12.1				10.2	10.4
5.5	1	6.6	6.7	7.1	7.8	7.9	9.4	6.9	7.1	7.5	7.9	8.1
	2	7.2	7.4	7.8	8.6	8.7	10.3	7.6	7.8	8.2	8.7	8.9
	3	8.4	8.6	9.0	9.7	10.0	11.7	8.8	9.0	9.4	10.0	10.2
	T	8.3	8.5	8.9	9.6	9.9	11.6	8.7	8.9	9.3	9.9	10.1
7.5	1	6.6	6.7	7.0	7.7	7.9	9.3	6.8	7.0	7.4	7.9	8.0
	2	7.2	7.4	7.7	8.5	8.7	10.2	7.5	7.7	8.1	8.7	8.8
	3	8.3	8.6	8.9	9.6	9.9	11.6	8.7	8.9	9.3	9.9	10.2
	T	8.2	8.5	8.8	9.5	9.8	11.5	8.6	8.8	9.2	9.8	10.1
11	1	6.2	6.5	6.7	7.4	7.6	—	6.5	6.6	6.9	7.5	7.6
	2	6.8	7.1	7.4	8.1	8.3		7.1	7.3	7.6	8.2	8.4
	3	7.8	8.2	8.5	9.1	9.5		8.2	8.4	8.8	9.5	9.8
	T	7.7	8.1	8.4	9.0	9.4		8.1	8.3	8.7	9.4	9.7
15	1	6.1	6.4	6.6	7.3	7.5		6.4	6.6	6.9	7.4	7.6
	2	6.7	7.0	7.3	8.0	8.2		7.0	7.2	7.6	8.1	8.3
	3	7.7	8.1	8.4	9.0	9.4		8.1	8.3	8.7	9.4	9.6
	T	7.6	8.0	8.3	8.9	9.3		8.0	8.2	8.6	9.3	9.5
18.5	1	6.0	6.3	6.6	7.2	7.5		6.3	6.6	6.8	7.3	7.6
	2	6.6	6.9	7.3	7.9	8.2		6.9	7.2	7.5	8.0	8.3
	3	7.5	7.8	8.2	8.8	9.1		7.8	8.1	8.4	9.1	9.4
	T	7.4	7.7	8.1	8.7	9.0		7.7	8.0	8.3	9.0	9.3
22	1	5.8	6.0	6.4	6.9	7.1		6.1	6.2	6.5	7.0	7.2
	2	6.4	6.6	7.0	7.6	7.8		6.7	6.8	7.1	7.7	7.9
	3	7.2	7.5	7.8	8.5	8.7		7.6	7.7	8.0	8.8	9.1
	T	7.1	7.4	7.7	8.4	8.6		7.5	7.6	7.9	8.7	9.0
30	1	5.7	6.0	6.3	6.8	7.0		6.1	6.1	6.5	6.9	7.1
	2	6.3	6.6	6.9	7.5	7.7		6.7	6.7	7.1	7.6	7.8
	3	7.2	7.4	7.7	8.4	8.7		7.5	7.7	8.0	8.8	9.0
	T	7.1	7.3	7.6	8.3	8.6		7.4	7.6	7.9	8.7	8.9

表 7（续）

驱动电动机输入额定功率 kW	能效等级	额定排气压力 MPa										
		0.4		0.5	0.7		1.0	0.4		0.5	0.7	
		机组输入比功率 kW/(m³/min)										
		额定转速 ≤1 500 r/min						额定转速 >1 500 r/min				
		水冷	风冷	风冷	水冷	风冷	风冷	水冷	风冷	风冷	水冷	风冷
37	1	5.7	5.9	6.2	6.8	7.0		6.0	6.1	6.4	6.9	7.1
	2	6.3	6.5	6.8	7.5	7.7		6.6	6.7	7.0	7.6	7.8
	3	7.2	7.4	7.7	8.4	8.7		7.5	7.7	8.0	8.8	9.0
	T	7.1	7.3	7.6	8.3	8.6		7.4	7.6	7.9	8.7	8.9
45	1	5.6	5.8	6.2	6.7	6.9		6.0	6.0	6.4	6.8	7.0
	2	6.2	6.4	6.8	7.4	7.6		6.6	6.6	7.0	7.5	7.7
	3	7.1	7.4	7.7	8.4	8.6		7.5	7.6	7.9	8.7	9.0
	T	7.0	7.3	7.6	8.3	8.5		7.4	7.5	7.8	8.6	8.9
55	1	5.6	5.6		6.6	6.8		5.7	5.8		6.7	6.9
	2	6.1	6.2		7.3	7.5		6.3	6.4		7.4	7.6
	3	7.0	7.1		8.1	8.3		7.2	7.3		8.5	8.7
	T	6.9	7.0		8.0	8.2		7.1	7.2		8.4	8.6
63	1	5.6	5.6		6.6	6.7		5.7	5.8		6.6	6.8
	2	6.1	6.2		7.2	7.4		6.3	6.4		7.3	7.5
	3	7.0	7.1		8.1	8.3		7.2	7.3		8.5	8.7
	T	6.9	7.0		8.0	8.2	—	7.1	7.2		8.4	8.6
75	1	5.6	5.6		6.5	6.6		5.7	5.8		6.6	6.8
	2	6.1	6.2		7.1	7.3		6.3	6.4		7.2	7.5
	3	7.0	7.1		8.1	8.3		7.2	7.3		8.5	8.7
	T	6.9	7.0	—	8.0	8.2		7.1	7.2	—	8.4	8.6
90	1	5.5	5.6		6.4	6.6		5.6	5.7		6.5	6.6
	2	6.0	6.1		7.0	7.2		6.2	6.3		7.1	7.3
	3	6.8	6.9		7.9	8.1		7.0	7.1		8.3	8.5
	T	6.7	6.8		7.8	8.0		6.9	7.0		8.2	8.4
110	1	5.5	5.6		6.4	6.6		5.6	5.7		6.5	6.6
	2	6.0	6.1		7.0	7.2		6.2	6.3		7.1	7.3
	3	6.8	6.9		7.9	8.1		7.0	7.1		8.3	8.5
	T	6.7	6.8		7.8	8.0		6.9	7.0		8.2	8.4
132	1	5.3	5.4		6.3	6.6		5.4	5.6		6.4	6.6
	2	5.8	5.9		6.9	7.2		5.9	6.1		7.0	7.3
	3	6.6	6.8		7.6	8.0		6.8	7.0		8.0	8.3
	T	6.5	6.7		7.5	7.9		6.7	6.9		7.9	8.2

表 7（续）

驱动电动机输入额定功率 kW	能效等级	额定排气压力 MPa										
		0.4		0.5	0.7		1.0	0.4		0.5	0.7	
		机组输入比功率 kW/(m³/min)										
		额定转速 ≤1 500 r/min						额定转速 >1 500 r/min				
		水冷	风冷	风冷	水冷	风冷	风冷	水冷	风冷	风冷	水冷	风冷
160	1	5.3	5.4	—	6.3	6.5	—	5.4	5.6	—	6.4	6.6
	2	5.8	5.9		6.9	7.1		5.9	6.1		7.0	7.2
	3	6.6	6.7		7.6	7.9		6.7	7.0		7.9	8.3
	T	6.5	6.6		7.5	7.8		6.6	6.9		7.8	8.2

5 试验方法

5.1 机组输入比功率

5.1.1 空压机机组输入比功率应按式(1)计算：

$$q_i = \frac{P_i}{Q_i} \qquad \cdots\cdots(1)$$

式中：

q_i——空压机机组输入比功率，单位为千瓦分每立方米[kW/(m³/min)]；

P_i——修正后的空压机机组输入功率，单位为千瓦(kW)；

Q_i——修正后的空压机机组容积流量，单位为立方米每分(m³/min)。

5.1.2 空压机机组容积流量、输入比功率应分别是 GB/T 13279、GB/T 13928、JB/T 4253、JB/T 6430、JB/T 8933、JB/T 8934 或 JB/T 10525 规定的工况及空压机铭牌规定的转速时的性能指标。

5.2 容积流量

空压机机组容积流量的试验方法应按 GB/T 3853 的规定进行。

5.3 输入功率

空压机机组输入功率的试验方法应按 GB/T 3853 的规定进行。

5.4 吸气压力、吸气温度测量

5.4.1 应在标准吸气位置进行吸气压力或吸气温度测量。

5.4.2 标准吸气位置在进气滤清消声器或滤清器的空气进气上游，距进气滤清消声器或滤清器的距离为 1 倍进气管径处；箱装空压机的标准吸气位置应处于环境空气进入箱体的位置。

5.5 排气压力、排气温度测量

5.5.1 应在标准排气位置进行排气压力或排气温度测量。

5.5.2 标准排气位置在空压机组最终供气阀前或最终供气法兰处。

6 检验规则

6.1 交收检验

制造厂应对本企业生产的空压机机组的能效进行交收检验。交收检验空压机机组抽样方案应分别按照 GB/T 13279、GB/T 13928、JB/T 4253、JB/T 6430、JB/T 8933、JB/T 8934 或 JB/T 10525 的规定。

6.2 例行检验

制造厂应对本企业生产的空压机机组的输入比功率进行例行检验，每年不应少于一次，从交收检验合格的产品中随机抽取，抽样方案应分别按照 GB/T 13279、GB/T 13928、JB/T 4253、JB/T 6430、

JB/T 8933、JB/T 8934 或 JB/T 10525 的规定。例行检验前，所有样本进行能效限定值检查，若发现不合格品，则以合格品换取，同时应分析原因，记入例行检验的报告中，但不作为例行检验报告结果的鉴定依据。

有下列情况之一时，也应进行例行检验：

a） 产品的试制定型鉴定时；

b） 停产三个月以上恢复生产时；

c） 当设计、工艺或材料变更可能影响其性能时；

d） 质量技术监督部门提出进行例行检验时。

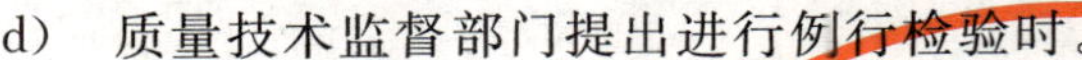

ICS 35.240
L 67

中华人民共和国国家标准

GB/T 19256.8—2009

基于XML的电子商务 第8部分：报文设计规则

**Electronic business eXtensible Markup Language(ebXML)—
Part 8：Messages design rules**

(UN/CEFACT XML naming and design rules V2.0，MOD)

2009-05-06 发布　　　　2009-11-01 实施

中华人民共和国国家质量监督检验检疫总局
中国国家标准化管理委员会　发布

前　言

GB/T 19256《基于 XML 的电子商务》目前分为 9 个部分：

——第 1 部分：技术体系结构；

——第 2 部分：协同规程轮廓与协议规范；

——第 3 部分：消息服务规范；

——第 4 部分：注册系统信息模型规范；

——第 5 部分：注册服务规范；

——第 6 部分：业务过程规范模式；

——第 7 部分：业务过程构件设计规则；

——第 8 部分：报文设计规则；

——第 9 部分：核心构件与业务信息实体规范。

将来还可能增加新的部分。

本部分为 GB/T 19256 的第 8 部分。

本部分修改采用联合国贸易便利和电子商务中心（UN/CEFACT）在 2006 年 2 月发布的《XML 命名和设计规则》（2.0 版）。

本部分与 GB/T 19256.9 是紧密联系的，XML Schema 应从完全符合 GB/T 19256.9 中的业务信息实体（BIE）基础上进行开发，该 BIE 基于完全符合 GB/T 19256.9 的核心构件（CC）。

本部分与 UN/CEFACT《XML 命名和设计规则》2.0 版主要差异如下：

——按照国家标准的编写格式要求对原文的一些章条做了适当的调整；

——将原文 4.1 和 4.2 中内容调整到第 1 章范围中；

——将原文附录 A 中内容调整到参考文献中；

——将原文附录 C 中内容调整到 3.3 中；

——将原文附录 I 术语内容调整到 3.1 中；

——将原文中置于规则前面的针对该规则的解释信息调整到该规则后，以符合中文阅读习惯；

——根据情况将原文中的 UN/CEFACT 修改为本部分；

——将规范性引用文件或原文中引用的部分国际标准更改为相应的国家标准。

本部分的附录 A、附录 B、附录 C、附录 D 为规范性附录，附录 E 和附录 F 为资料性附录。

本部分由中国标准化研究院提出。

本部分由全国电子业务标准化技术委员会归口。

本部分起草单位：中国标准化研究院、上海港虹信息科技有限公司、新景程国际物流有限公司、深圳市联合纵横国际货运代理有限公司、上海宝霖国际危险品物流有限公司。

本部分主要起草人：刘颖、章建方、孙文峰、刘碧松、魏宏、马胜南、徐成华。

基于 XML 的电子商务
第 8 部分：报文设计规则

1 范围

GB/T 19256 的本部分规定了使用 W3C XML Schema 语法定义业务信息负载内容的方法，实现企业、政府机构和(或)其他组织在开放的全球环境中共享或交换业务信息。

本部分适用于国家、相关行业或企业制定和维护基于 XML 的电子业务报文格式，也适用于 XML Schema 的设计、开发、维护人员以及软件工具设计者。

本部分可用于指导相关人员在 GB/T 19256.9《基于 XML 的电子商务　第 9 部分：核心构件与业务信息实体规范》基础上，开发符合本部分的 XML Schema。

2 规范性引用文件

下列文件中的条款通过 GB/T 19256 的本部分的引用而成为本部分的条款。凡是注日期的引用文件，其随后所有的修改单(不包括勘误的内容)或修订版均不适用于本部分，然而，鼓励根据本部分达成协议的各方研究是否可使用这些文件的最新版本。凡是不注日期的引用文件，其最新版本适用于本部分。

GB/T 12406　表示货币和资金的代码(GB/T 12406—1997，idt ISO 4217:1990)

GB/T 17699　行政、商业和运输业电子数据交换　数据元目录

GB/T 18391.5　信息技术　数据元的规范与标准化　第 5 部分：数据元的命名和标识原则(GB/T 18391.5—2001，idt ISO/IEC 11179-5:1995)

GB/T 19256.6　基于 XML 的电子商务　第 6 部分：业务过程规范模式(GB/T 19256.6—2006，V1.10，MOD)

GB/T 19256.9　基于 XML 的电子商务　第 9 部分：核心构件与业务信息实体规范(GB/T 19256.9—2006，ISO/TS 15000-5:2005，MOD)

GB/Z 20539—2006　电子商务业务过程和信息建模指南

UN/CEFACT Catalogue of Common Business Processes

3 术语、定义、符号和缩略语

3.1 术语和定义

下列术语和定义适用于本部分。

3.1.1

聚合业务信息实体　aggregate business information entity; ABIE

由相互关联的若干条业务信息组成的集合，它表达了特定语境中清晰的业务含义。如果采用建模语言来表述，它表达了特定业务语境中的一个对象类。

3.1.2

聚合核心构件　aggregate core component; ACC

由相互关联的若干条业务信息组成的集合，它表达了清晰的业务含义，独立于任何特定业务语境。如果用建模术语来表达，它代表独立于任何特定业务语境的一个对象类。

3.1.3

聚合　aggregation

特定的关联形式，这种关联规定了整体和构件部分的关系。

3.1.4

组合规则　assembly rules

将未限定的业务信息实体组合成更大结构的一组规则。在组合规则补充文档中对组合规则给出了更完整的定义和解释。

3.1.5

关联业务信息实体　association business information entity;ASBIE

表示特定业务语境中特定对象类的复合业务特性的业务信息实体。它有唯一的业务语义定义。ASBIE 表示关联业务信息实体特性，并与具有相同结构的 ABIE 相关联。ASBIE 从 ASCC 衍生而来。

3.1.6

关联业务信息实体特性　association business information entity property

一种允许值用复合结构表达的业务信息实体特性，该复合结构可以用一个聚合业务信息实体描述。

3.1.7

关联核心构件　association core component;ASCC

构成特定 ACC 的一个复合业务特性(该 ACC 代表了一个对象类)的一种核心构件。ASCC 有唯一的业务语义定义。它表示了 ACC 中的关联核心构件特性并与一个描述其结构的 ACC 相关联。

3.1.8

关联核心构件特性　association core component property

一种允许值用复合结构表达的核心构件特性，该复合结构可以用一个聚合核心构件描述。

3.1.9

关联类型　association type

关连业务信息实体(ASBIE)的关联类型。

3.1.10

属性　attribute

实体的所有实例或部分实例具备的指定值或关系，并与实例有直接的关联。

3.1.11

基本业务信息实体　basic business information entity;BBIE

表示特定业务语境中特定对象类的单一业务特性的业务信息实体。它有唯一的业务语义定义。BBIE 表示基本业务信息实体特性，因此与描述其值的数据类型(DT)相关联。BBIE 从 BCC 衍生而来。

3.1.12

基本业务信息实体特性　basic business information entity property

其允许值用单个值来表达的一种业务信息实体特性，该单个值可以用一个数据类型来描述。

3.1.13

基本核心构件　basic core component;BCC

构成特定 ACC 的一个单一业务特性(该 ACC 代表了一个对象类)的一种 CC。BCC 有唯一的业务语义定义。它表示了 ACC 中的基本核心构件特性，因此属于一种数据类型(DT)(该 DT 定义了其值的集合)。BCC 可作为 ACC 的特性使用。

3.1.14

基本核心构件特性　basic core component (CC) property

其允许值用一个单一值表达的核心构件特性，该单一值可以用一个数据类型描述。

3.1.15

业务语境 business context;BC

用一组语境类目的值标识的特定业务环境的形式化描述,可以唯一区分不同的业务环境。

3.1.16

业务信息实体 business information entity;BIE

带有唯一业务语义定义的一条业务数据或一组业务数据。BIE 可以是 BBIE、ASBIE 或 ABIE。

3.1.17

业务信息实体特性 business information entity (BIE) property

特定业务语境中对象类所具有的业务特性,该对象类由一个聚合业务信息实体描述。

3.1.18

业务库 business libraries;BL

经核准的某一类业务(如装运、保险)的业务模型的集合。

3.1.19

业务过程 business process;BP

GB/T 19256.6 中定义了的业务过程。

3.1.20

业务过程语境 business process context

业务过程的名称,UN/CEFACT 通用业务过程目录中有所定义,用户也可以扩展。

3.1.21

业务过程角色语境 business process role context

开展特定业务过程的角色,UN/CEFACT 通用业务过程目录中有所定义。

3.1.22

业务语义 business semantic(s);BS

从业务视角所看到的词的精确含义。

3.1.23

业务术语 business term

核心构件或业务信息实体在业务中被人熟知或使用的同义词。一个核心构件或业务信息实体可以有几个业务术语或同义词。

3.1.24

约束条件 cardinality

指明某个特征是可选型、必备型和/或是可重复特征的一个指示符。

3.1.25

业务信息实体目录 catalogue of business information entities

在核心构件发现过程中挑选出的,且经核准的业务信息实体的集合。

3.1.26

子核心构件 child core component

一种用到大的聚合结构中并作为其中一部分的核心构件。

3.1.27

分类方案 classification scheme

描述一个特定的语境类目的正式方案。

3.1.28

复合 composition

一种形式的聚合,该聚合要求一个部件每次包含在至多一个复合中,并且复合对象负责创建和消除部件。复合可以是递归的。

3.1.29

约束语言　constraint language

特定语境中所发生行为的形式化描述。这些行为的目的是为了组配、从结构上和语义上对核心构件进行约束。在特定语境中将约束语言应用到核心构件集的结果是将其变成了业务信息实体。

3.1.30

内容构件　content component

表达**核心构件类型**(3.1.41)内容的基本类型。

3.1.31

内容构件约束　content component restrictions

针对内容构件可能的值所做的格式约束的正式定义。

3.1.32

语境　context

使用业务过程的环境的定义,通过一组名为业务语境的语境类目来规定。

3.1.33

语境类目　context category

由表达业务环境特征的一个或多个相关值构成的集合。

3.1.34

语境规则　context rules construct

一套如何将语境应用到核心构件上的规则。

3.1.35

受控词　controlled vocabulary

唯一定义可能不明确的词或业务术语的补充词。它可以保证核心构件名称和定义中每一个词的连续性、无歧义性和精确性。

3.1.36

核心构件　core component;CC

构建具有一定含义且语义正确的信息交换包的构筑块。它仅包含描述一个特定概念所必需的信息。

3.1.37

核心构件目录　core component catalogue

在开发和初步测试本部分过程中分析得到的每一个核心构件的所有元数据集合。由于未建立永久注册系统/存储库,该集合是临时性的。

3.1.38

核心构件字典　core component dictionary

核心构件目录的一个摘录,该目录通过核心构件的字典条目名称、构件的各组成部分和定义提供了核心构件的现成的参考。

3.1.39

核心构件库　core component library

注册系统或存储库的一部分,核心构件均以注册类的方式存储其中。核心构件库包括了所有的核心构件类型、基本核心构件、聚合核心构件、基本业务信息实体和聚合业务信息实体。

3.1.40

核心构件特性　core component property

对象类的业务特征,该对象类一般用聚合核心构件表达。

3.1.41

核心构件类型　core component type;CCT

由一个**内容构件**(3.1.30)(有且仅有一个)和一个或多个**补充构件**(3.1.61)组成的一种核心构件，其中内容构件给出了实际内容，补充构件对内容构件给出了实质性的补充定义。核心构件类型没有业务语义。

3.1.42

数据类型　data type;DT

规定了用于特定 BCC 特性或 BBIE 特性的有效值的集合。数据类型通过对 CCT 规定约束条件来定义。

3.1.43

定义　definition

核心构件、业务信息实体、业务语境或数据类型的一个唯一语义含义。

3.1.44

字典条目名称　dictionary entry name

核心构件、业务信息实体、业务语境或数据类型在字典中的唯一正式名称。

3.1.45

地理政治语境　geopolitical context

影响业务语义的地理因素，如地址的结构。

3.1.46

行业分类语境　industry classification context

影响业务语义的贸易伙伴所属的行业因素，如不同行业使用的产品标识方案。

3.1.47

信息实体　information entity

一个用于交换业务信息的、可重用的语义构筑块。

3.1.48

LCC 方式

除了第一个单词外的每个单词的首字母大写，并把这些单词组合起来的一种方式。

3.1.49

命名约定　naming convention

如何为核心构件和业务信息实体赋予规范名称的一套规则。

3.1.50

对象类　object class

在逻辑数据模型中，一个数据元所属的逻辑数据聚类。对象类代表了特定语境中的一个活动或对象，它是核心构件规范名称中的一部分。

3.1.51

对象类词　object class term

核心构件或业务信息实体名称的组成部分，并代表了它所属的对象类。

3.1.52

官方约束语境　official constraints context

影响业务语义的法律和政府因素，如装运货物时法律规定须声明危险品信息。

3.1.53

顺序　order

在约束语言中，语境规则构成的特性，该语境规则构成把一种序列用到一套规则的应用中，两个规则构成对于特性的顺序不能有相同的值。

3.1.54

基本类型　primitive type

值的表示，其可能值是 string（字符串）、decimal（数值）、integer（整型）、boolean（布尔型）、date（日期型）和 binary（二进制）。

3.1.55

产品分类语境　product classification context

影响被交换、处理或支付等物品或服务结果语义的因素（如：与材料对应的咨询服务的购买）。

3.1.56

特性　property

某个对象类所有组成成分的共同特点。

3.1.57

特性词　property term

用核心构件特性表示的对象类特征的一种有语义含义的名称。特性词用作表示该核心构件特性的基本和关联核心构件字典条目名称的基础。

3.1.58

限定词　qualifier term

一个或一组有助于把一个字词从相关字词（如：从 CC、CCT、另一个 BIE 或 DT）中定义和区分出来的词。

3.1.59

注册类　registry class

需要记录在 CC、BIE、DT 或 BC 注册库中所有信息的正式定义。

3.1.60

表示词　representation term

BCC 或 BIE 的有效值的类型。

3.1.61

补充构件　supplementary component

CCT **内容构件**（3.1.30）的附加含义。

3.1.62

补充构件约束　supplementary component restrictions

对补充构件可能值进行格式约束的正式定义。

3.1.63

支撑角色语境　supporting role context

涉及非贸易伙伴角色的语义影响（如：在卖方到买方的订单应答中，第三方托运人所需的数据）。

3.1.64

语法绑定　syntax binding

用特定语法表达 BIE 的过程。

3.1.65

系统能力语境　system capabilities context

捕捉系统约束的语境类（如：仅以某种形式支持地址的现有后台办公系统）。

3.1.66

UMM（UN/CEFACT 建模方法学）信息实体　UMM information entity

业务交易中贸易伙伴为完成业务活动而交换的结构化信息，信息实体通过关联来包含或引用其他信息实体。

3.1.67

唯一标识符　unique identifier

以一种通用的和明确的方式引用一个注册类实例的标识符。

3.1.68

UCC 方式

将每个单词的首字母大写,并把这些单词组合起来的一种方式。

3.1.69

使用规则 usage rules

描述了如何和(或)何时使用注册类。

3.1.70

用户群 user community

一组具有公开的联系地址、可以定义与其业务领域有关的语境梗概的实践者。用户群内的用户不能创建、定义或管理其个性的语境需求,而是要符合用户群标准。这样的一个用户群应紧密靠近其他用户群和标准制定体,以避免工作交叉。用户群可以像两个统一到一起的组织一样小。

3.1.71

版本 version

CC、DT、BC或BIE实例随时间变化的标志。

3.1.72

XML模式 XML Schema

指出哪些元素允许出现在XML文档中以及它们以何种方式组合的元素名称的形式规范。它定义文档的结构,如哪些元素是其他元素的子元素,子元素出现的顺序以及子元素的数目。它还可定义元素为空还是包括文本,同时还能定义属性的缺省值。

3.2 符号及说明

下列符号及说明适用于本部分。

3.2.1

xsd

符合W3C XML Schema规范的结构。

3.2.2

ccts

符合GB/T 19256.9《基于XML的电子商务　第9部分:核心构件与业务信息实体规范》的结构。

3.2.3

示例

定义或规则的一种表达。示例是资料性内容。

3.2.4

注

解释信息。注释是资料性内容。

3.2.5

【Rn】

要求一致性验证的规则标识。规则是规范性内容。为确保本部分各版本间的连贯性,被删除的规则号不再重新使用,新出现的规则分配更大的数字,而不考虑在标准中出现的位置。

在规则定义时,使用以下符号:

- [　]:表示可选;
- 〈　〉:表示变量;
- |:表示条件选项。

正文中所有的Rn均汇总到附录A中。

3.3 缩略语

下列缩略语适用于本部分。

ID Identifier 标识符
UML Uniform Modeling Language 统一建模语言
URI Uniform Resource Identifier 统一资源标识符
URL Uniform Resource Locator 统一资源定位符
URN Uniform Resource Names 统一资源名称

4 一致性要求

【R1】只有符合本部分的规范性条款、规范性附录，才能认为符合本部分。

如果某个应用符合本部分的规范性条款、规范性附录，则认为该应用与本部分完全一致。

5 指导原则

以下指导原则是本部分中所有设计规则的基础。

- 与 GB/Z 20539—2006 的关系：应用本部分生成的 XML Schema 以符合 GB/Z 20539—2006 的元模型为基础；
- 与信息模型的关系：应用本部分生成的 XML Schema 以符合 GB/T 19256.9 中的信息模型为基础；
- Schema 生成：本部分中的设计规则支持手工和自动生成 XML Schema；
- 与 ebXML 的关系：应用本部分生成的 XML Schema 和实例文档应在 ebXML 框架下方便地使用，并兼容其他框架，以便最大程度地应用；
- 用于交换和应用：应用本部分生成的 XML Schema 和实例文档主要用于企业到企业以及应用到应用的场景；
- 工具的使用和支持：利用本部分设计 XML Schema 时，不针对生成、管理、存储或显示 XML Schema 的工具做任何限定；
- 可读性：应用本部分生成的 XML 实例文档在特定的语境下应是直观的、清晰合理的；
- Schema 特点：应用本部分生成的 XML Schema 应使用 W3C XML Schema 最通用的特性；
- 技术规范：本部分以 W3C 的技术规范为基础；
- Schema 规范：本部分完全符合 W3C XML Schema 定义语言；
- 互操作性：在应用本部分生成的 XML Schema 和 XML 实例文档中表达相同信息的方式应保持一致；
- 维护：应用本部分生成的 XML Schema 应易于维护；
- 语境敏感：应用本部分生成的 XML Schema 应确保能够支持各种语境敏感的文档类型；
- 与其他命名空间的关系：在引用其他命名空间时应尽可能谨慎；
- 传统格式：本部分不支持传统格式(如：EDI 的报文格式)。

6 通用的 XML 结构

本章定义了与 XML 的通用结构有关的规则，主要包括：

- Schema 总体结构；
- 与 GB/T 19256.9 的关系；
- 命名和模型化约束条件；
- 可重用性方案；
- 模块化模型；
- 命名空间方案；
- Schema 的定位；
- 版本方案。

6.1 Schema 总体结构

【R2】本部分中的设计规则基于 W3C 的 XML Schema 推荐性规范：《XML Schema 第 1 部分：结

构》和《XML Schema　第 2 部分：数据类型》。

本部分采用 W3C 的 XML Schema 定义语言(XSD)作为 schema 语言，因此，所有规范的 schema 都应使用 XSD 来表达。正文中的 XML Schema 指符合 W3C XSD 的 schema。

【R3】所有的 XML Schema 和符合该 XML Schema 的 XML 实例文档应以一系列 W3C 技术规范为基础。

W3C 组织是 XML 规范公认的创始者，W3C 规范具有各种不同的状态。W3C 只保证那些处于推荐状态的规范是稳定的。

【R4】XML Schema 应符合附录 B 中定义的标准结构。

为了以字典的形式维护所有 XML Schema 的一致性，它们需要使用一种标准的结构，该结构见附录 B。

6.2　与 GB/T 19256.9 的关系

本部分的业务信息建模和业务过程建模都使用 GB/T 19256.9 中描述的方法和模型。

6.2.1　核心构件技术规范

GB/T 19256.9 定义了语境中性和语境特定的信息构筑块。语境中性的信息构件定义为核心构件(CC)。GB/T 19256.9 中语境中性的 CC 定义为“一种用来构建具有一定含义且语义正确的信息交换包的构筑块。它仅包含描述一个特定概念所必需的信息”，完整的 CC 元模型的各组成部分见图 1。

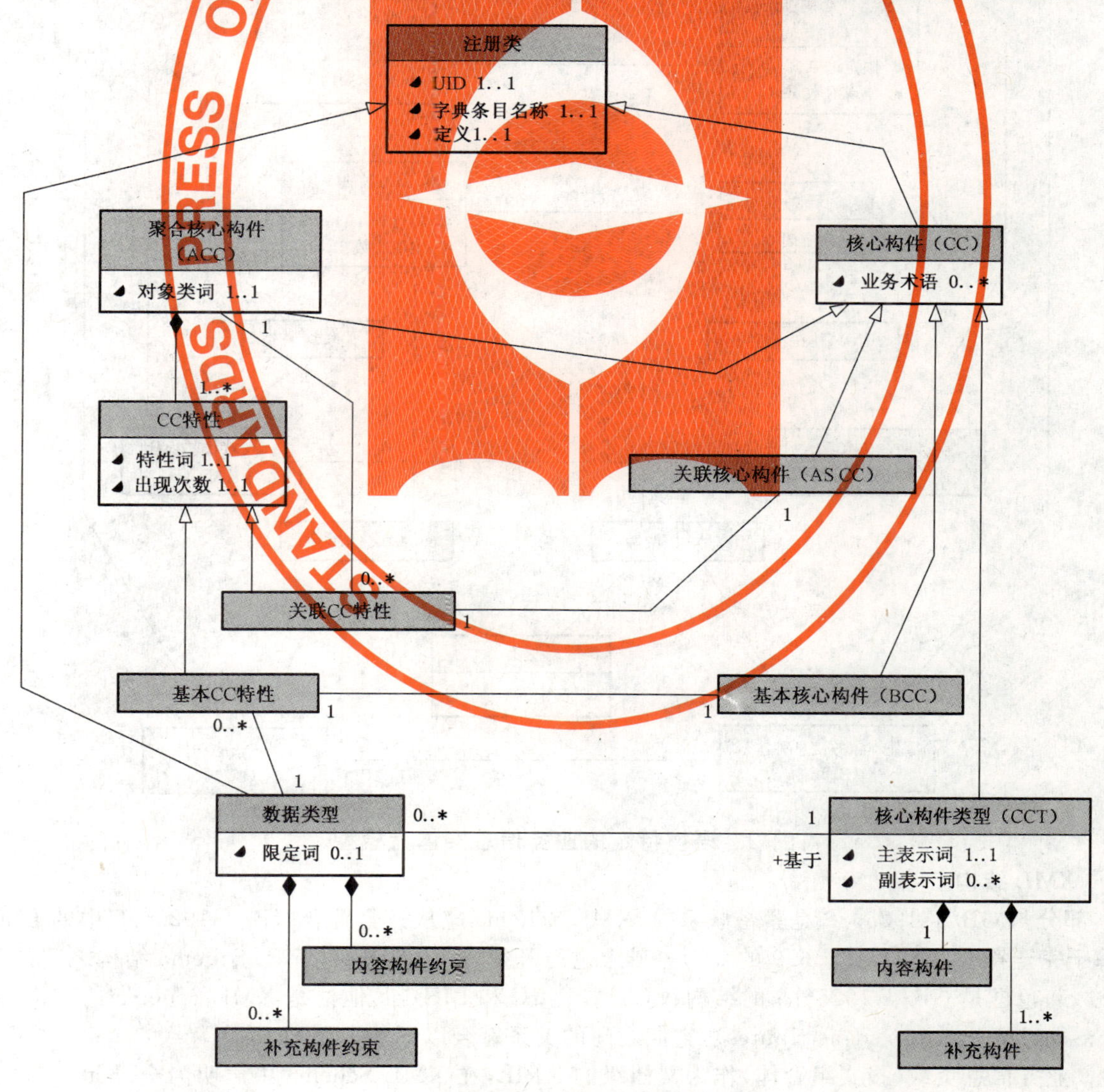

图 1　核心构件元模型

6.2.2 业务信息实体

在 GB/T 19256.9 中,语境中性的核心构件实例化为语境特定的构件,使业务信息负载和模型协调一致,语境特定的构件定义为 BIE(语境机制的详细内容见 GB/T 19256.9—2006 中 6.2)。语境特定的 BIE 在 GB/T 19256.9 中定义为“带有唯一业务语义定义的一条业务数据或一组业务数据”,完整的业务信息实体(BIE)元模型各组成部分及其与核心构件(CC)元模型的关系见图 2。

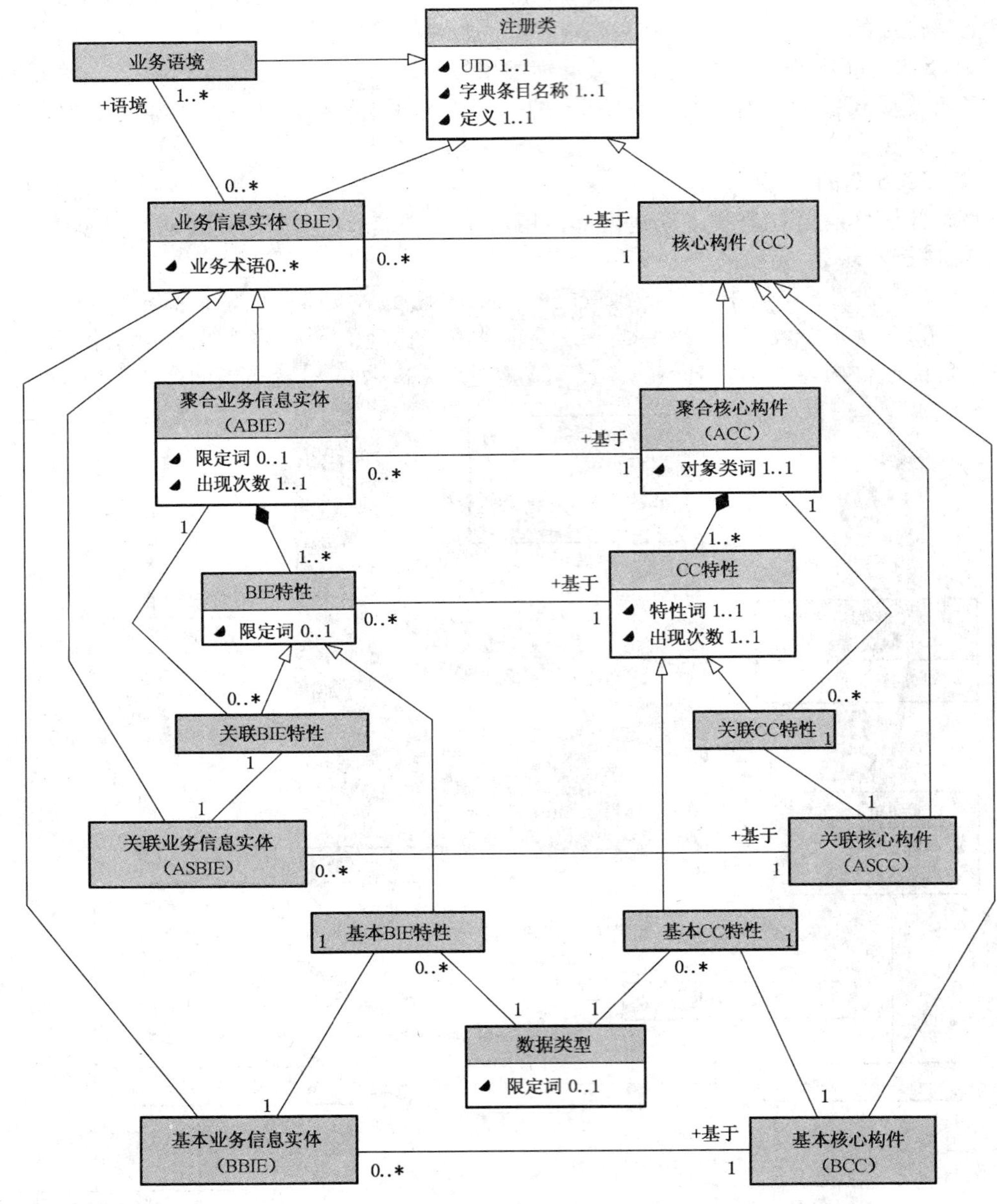

图 2　语境特定的业务信息实体元模型

6.2.3 XML 结构

本部分与 GB/T 19256.9 是紧密联系的,XML Schema 应从完全符合 GB/T 19256.9 中的 BIE(该 BIE 基于完全符合 GB/T 19256.9 的 CC)基础上进行开发。CC、BIE 和 XML Schema 结构之间的关系见图 3。灰色框是 GB/T 19256.9 的结构(CCT、DT、CC 和 BIE),其他框是 XML Schema 的结构(xsd:types、xsd:elements 和 xsd:attributes),它们之间的关系符合以下基本原则:

- 业务信息负载(报文组合体)作为文档级的 ABIE,在 XML Schema 中声明为全局元素,并定义为“xsd:complexType”,该全局元素在 XML 实例文档中就是根元素。

- ABIE 定义为“xsd:complexType”，并声明为全局元素。
- ASBIE 根据其关联类型，可以声明为局部元素，也可以声明为全局元素。如果 ASBIE 是复合聚合，则应声明为其所关联的 ABIE 所对应的“xsd:complexType”中的局部元素。如果 ASBIE 不是复合聚合（即：聚合），则该 ASBIE 通过引用其被关联的 ABIE 声明的全局元素来实现。ASBIE 元素建立在其被关联的 ABIE 所对应的“xsd:complexType”基础上，用这种方式，被关联的 ABIE 就被包括在关联的 ABIE 中。

注：GB/T 19256.9 中，ABIE 可以通过使用 ASBIE 来包含其他 ABIE，ASBIE 是用来说明 ABIE 结构之间层次关系的一种联结机制。当使用 ASBIE 时，我们一般把包含它的 ABIE 称为所关联的 ABIE，把它所表示的 ABIE 称为被关联的 ABIE。

- BBIE 声明为其父 ABIE 的“xsd:complexType”中的局部元素。BBIE 以限定的或未限定的数据类型(DT)为基础。
- DT 可定义为“xsd:complexType”或“xsd:simpleType”。DT 以 CCT Schema 模块中 CCT 的“xsd:complexType”为基础，这些 DT 可以是未限定的（未对 CCT 附加其他约束条件）或限定的（对 CCT 附加其他约束条件）。当 DT 所对应的 CCT 的补充构件与内置数据类型的刻面约束相同时，就应使用 XSD 的内置数据类型。

注：尽管 CCT 通常可以通过用属性表达补充构件的方式将其定义为复杂类型，但由于有些情况下可以使用 XML Schema 内置的数据类型，因此 DT 并不一定是从使用了“xsd:restriction”的 CCT 复杂类型派生而来。详细内容见 8.5。

- CCT 定义为“xsd:complexType”。补充构件声明为 CCT“xsd:complexType”的属性。附录 C 中规范的 CCT Schema 模块包括了 GB/T 19256.9 中的所有 CCT。

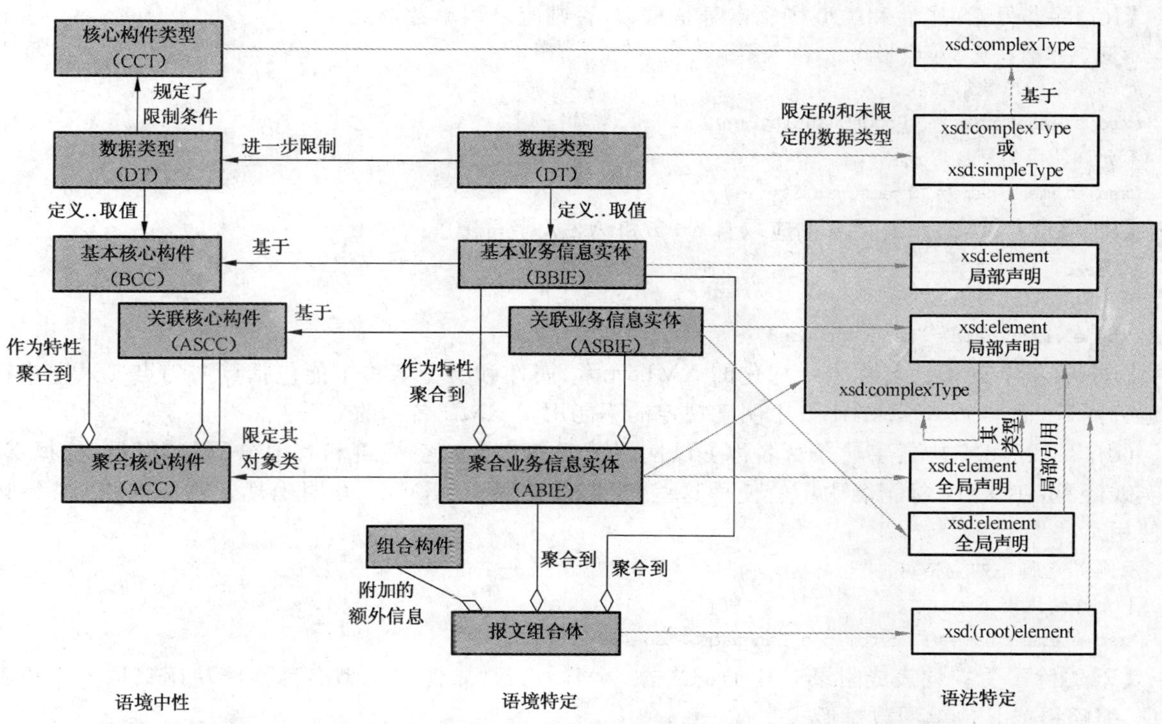

图 3 核心构件、业务信息实体、XML Schema 结构之间的对应关系

6.3 命名和模型化约束条件

XML Schema 由构件派生而来，而这些构件是根据 GB/T 19256.9 和 GB/Z 20539—2006 中的过程建模与数据分析方法建立的。XML Schema 所包括的 XML 语法结构是按照本部分形成的，本部分利用 XML Schema 的特点形成的命名约束规则，在多数情况下会导致把 GB/T 19256.9 中的字典条目名称截短。然而，完整的字典条目名称在 XML Schema 中其对应元素的“xsd:〈annotation〉”中给出，并且能够通过 XPath 表达式来重新构建。完全限定的 XPath 把这些信息与字典条目的结构和名称所描述

的标准的语义联系起来，而 XML 的元素名或属性名却是仅反映 XML 层次结构的截短的形式。元素、属性和类型的命名规则方面有一些差异。

【R5】每个元素或属性的 XML 名称应有且仅有一个完全限定的 XPath(FQXP)。

该规则和其他有关元素命名的规则意味着一部分完全限定的 XPath 总是表示 GB/T 19256.9 中的 ABIE、BBIE、ASBIE 或 DT 的字典条目名称。

示例 1：完全限定的 XPath

地址/坐标/纬度

机构/位置/名称

【R6】元素、属性和类型名称应采用英语名称，英文名称使用牛津英语字典中提供的主流英语拼写。

【R7】应使用 LCC 规则来命名属性。

LCC 规则用于命名属性，UCC 规则用于命名元素和类型。LCC 规则是将除了第一个单词外的每个单词的首字母大写，并把这些单词组合起来。UCC 规则是将每个单词的首字母大写，并把这些单词组合起来。

示例 2：属性

〈xsd:attribute name = "unitCode"…/〉

【R8】应使用 UCC 规则来命名元素和类型。

示例 3：元素

〈xsd:element name = "LanguageCode"…〉

示例 4：类型

〈xsd:complexType name = "DespatchAdviceCodeType"〉

【R9】除非元素、属性和类型概念本身是复数，否则应采用单数形式。

示例 5：单数和复数概念形式

允许使用的单数形式：

〈xsd:element name = " GoodsQuantity"…〉

不允许使用的复数形式：

〈xsd:element name = "ItemsQuantity"…〉

【R10】元素、属性和类型名称应取自 a～z 和 A～Z 字符集。

示例 6：非字母字符

不允许使用以下形式：

〈xsd:element name = "LanguageCode8"…〉

【R11】从字典条目名称中结构化的 XML 元素、属性和类型名称不能包括英文句点(.)、空格符或其他分隔符，以及 W3C XML1.0 中明确规定的不能用于 XML 名称的字符。

GB/T 19256.9 中的字典条目名称可以使用英文句点(.)、空格符和其他分隔符，但是，依据 XML 的实践经验，在 XML 标记名中不宜使用这些符号，另外 W3C XML1.0 明确规定不应在 XML 标记名中使用某些保留字。

示例 7：名称中的空格符

不允许使用以下形式：

〈xsd:element name = "Customized_Language. Code:8"…〉

【R12】除了受控词表或附录 C 中的词之外，XML 元素、属性和类型名称不能使用只取首字母的缩写词、缩略语或其他单词截短形式。

【R13】应使用附录 C 列出的只取首字母的缩写词和缩略语。

【R14】如果只取首字母的缩写词和缩略语出现在属性名称的开始部分，则应全部小写。如果出现在属性中的其他部分，则应大写。

【R15】只取首字母的缩写词在所有元素声明和类型定义中应全部大写。

示例 8：只取首字母的缩写词和缩略语

允许使用——ID 是允许使用的缩略语

〈xsd:attribute name = "currencyID"〉

不允许使用——Cd 不是允许使用的缩略语，如果它是允许使用的缩略语，则它应全部大写。

<xsd:simpleType name = "temperatureMeasureUnitCdType">

6.3.1 元素命名约定

完全限定的 XPath 将结构的运用与业务信息负载的特定位置联系起来，字典定义标识出了 FQXP 所具有的任何对于 UN/CEFACT 字典库中其他元素和属性的语义依赖，这些语义依赖在其结构定义中并不见得会被强制地或显式地反映出来。字典具有传统的数据字典功能，也具有传统实施指南的一些功能。

6.4 可重用性方案

本部分致力于把 GB/Z 20539—2006 和 GB/T 19256.9 所支持的过程模型和 CC 的实施，转移到基于对象的方法上。本部分采用一种基于类型的(已命名的类型)、基于类型和元素的以及基于元素的方法。

基于类型的 XML 方法具有与 GB/Z 20539—2006 中描述的过程建模方法最大程度的一致性。在处理 XML 实例文档时，可以获取类型信息，支持这种方法的 PSVI(后 Schema 验证信息集)功能开始出现，例如：一些“数据绑定”软件能够编译 schema 形成对象类并能够根据类型处理 XML 数据。基于类型方法的最大缺点是要冒险开发不一致的元素词汇，这些元素被局部声明并允许重用而不考虑跨类型的语义清晰性和一致性。本部分靠严格控制 BBIE 和 ASBIE 的创建来管理这种风险，这些 BBIE 和 ASBIE 具有完整清晰语义含义，并仅用于它们所处的 ABIE 中。这通过 BBIE、ASBIE 和它们父 ABIE 之间的关联性来完成，并需要在 XML Schema 实例化之前对语义结构的协调和认可进行严格管理。

然而，纯粹基于类型的方法确实约束了元素的重用，尤其是在诸如 Web 服务描述语言(WSDL)的技术中。因此本部分采用所谓的“混合方法”，将比单纯基于类型的方法具有更多的优点。最重要的一点是它在建模和 XML Schema 级都提高了存储库内容的可重用性。

“混合方法”的关键原则是：

- 所有的类(图 4 中的订单请求、卖方、买方、订购行项和产品服务项)都定义为：“xsd:complexType”。
- 类的所有属性都声明为“xsd:complexType”中的局部“xsd:element”。
- 具有复合关联的 ASBIE(例如 图 4 中的订单请求. 订购. 订购_行项)声明为“xsd:complexType”中的局部“xsd:element”。复合聚合的 ASBIE 是一种特定的 ASBIE 类型，它表达了所关联的 ABIE 和被关联的 ABIE 之间的复合关系。
- 非复合关联的 ASBIE(例如：图 4 中订单请求. 买方. 买方_参与者，订单请求. 卖方. 卖方_参与者)声明为全局“xsd:element”。

与“混合方法”有关的规则见 8.3.4 和 8.3.5。

图 4 给出了统一建模语言(UML)模型实例，示例 9 给出了导出的 XML Schema 声明。

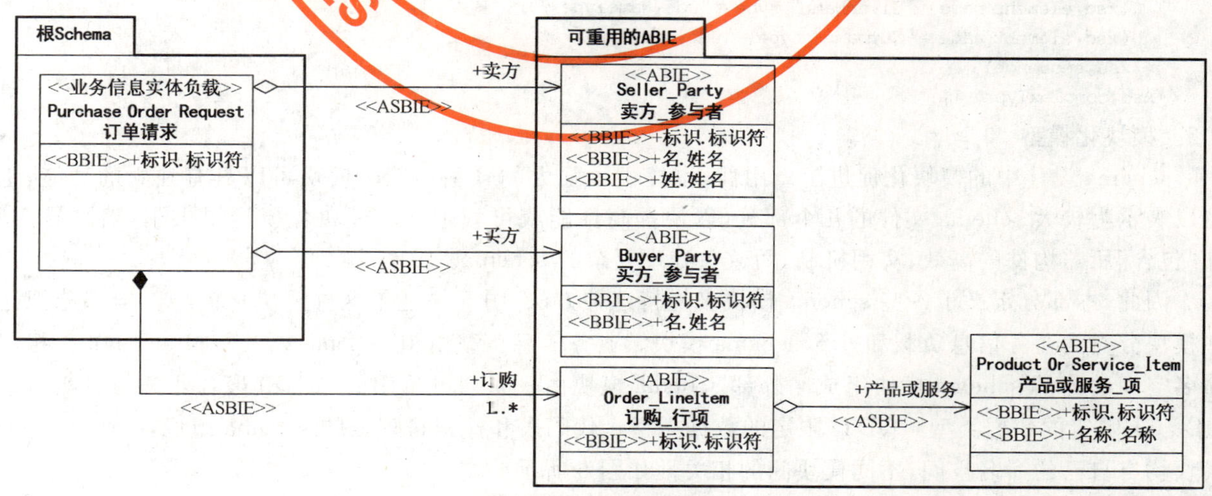

图 4 UML 模型实例

示例 9:代表图 4 的 xsd:

```
    <xsd:element name = "PurchaseOrderRequest" type = "xsm:PurchaseOrderRequestType"/>

    <xsd:element name = "BuyerParty" type = "ram:BuyerPartyType"/>
<xsd:element name = "OrderedLineItem" type = "ram:OrderedLineItemType"/>
<xsd:element name = "ProductOrServiceItem" type = "ram:ProductOrServiceItemType"/>
<xsd:element name = "SellerParty" type = "ram;SellerPartyType"/>

<xsd:complexType name = "PurchaseOrderRequestType">
  <xsd:sequence>
    <xsd:element name = "ID" type = "udt:IDType"/>
    <xsd:element ref = "ram:SellerParty"/>
    <xsd:element ref = "ram:BuyerParty"/>
    <xsd:element name = "OrderedLineItem" type = "ram:OrderedLineItemType" maxOccurs = "unbounded"/>
  </xsd:sequence>
</xsd:complexType>

<xsd:complexType name = "BuyerPartyType">
  <xsd:sequence>
    <xsd:element name = "ID" type = "udt:IDType"/>
    <xsd:element name = "Name" type = "udt:NameType"/>
  </xsd:sequence>
</xsd:complexType>

<xsd:complexType name = "OrderedLineItemType">
  <xsd:sequence>
    <xsd:element name = "ID" type = "udt:IDType"/>
    <xsd:element name = "ProductOrServiceItem" type = "ram:ProductOrServiceItemType"/>
  </xsd:sequence>
</xsd:complexType>

<xsd:complexType name = "ProductOrServiceItemType">
  <xsd:sequence>
    <xsd:element name = "ID" type = "udt:IDType"/>
    <xsd:element name = "Name" type = "udt:NameType"/>
  <xsd:sequence>
</xsd:complexType>

<xsd:complexType name = "SellerPartyType">
  <xsd:sequence>
    <xsd:element name = "ID" type = "udt:IDType"/>
    <xsd:element name = "GivenName" type = "udt:NameType"/>
    <xsd:element name = "Surname" type = "udt:NameType"/>
  </xsd:sequence>
</xsd:complexType>
```

6.5 模块化模型

schema 设计中的模块化促进了重用性,也提供了强大的管理功能。模块可以具有独立的功能,也可以表示为较大 schema 文件的几个部分,以便提高性能或可管理性。模块化模型提供了一种“导入”和“包含”所需构件的高效、实用机制,而避免处理复杂的 schema。

因此,本部分定义了一些 schema 模块来支持这种方法,图 5 描述了这种模块化模型。本部分把这些模块分类为业务信息负载和外部 schema 模块。业务信息负载由根 schema 以及与根 schema 在相同命名空间的内部 schema 模块组成。外部 schema 模块由一系列可重用的 ABIE(聚合业务信息实体)、UDT(未限定的数据类型)、QDT(限定的数据类型)、代码表和标识符列表的 schema 组成,每个 schema 模块均有自己的命名空间,不同模块间的相关性如图 5 所示。

根 schema 模块应包含其命名空间中的所有内部 schema,也应导入可重用的 ABIE、未限定和限定的数据类型的 schema 模块。根 schema 模块可以导入来自其他命名空间的根 schema，也可以导入来自其他标准机构的可重用的 schema。内部 schema 模块可以包含其自身命名空间内的其他内部 schema 模块，也可以通过根 schema 模块来引用其他根 schema 模块及其内部 schema 模块，还可以导入未限定的数据类型、限定的数据类型和可重用的 ABIE 的 schema 模块。

可重用的 ABIE schema 模块导入未限定的数据类型和限定的数据类型的 schema 模块。未限定的数据类型 schema 导入必要的代码表 schema 模块，并可以导入标识符列表 schema 模块，限定的数据类型 schema 模块导入未限定的数据类型 schema 模块以及必要的代码表和标识符列表的 schema 模块。

CCT(核心构件类型)的 schema 模块作为引用文件，用作未限定数据类型的 schema 模块的基础。这种模块化方法可以避免循环导入。

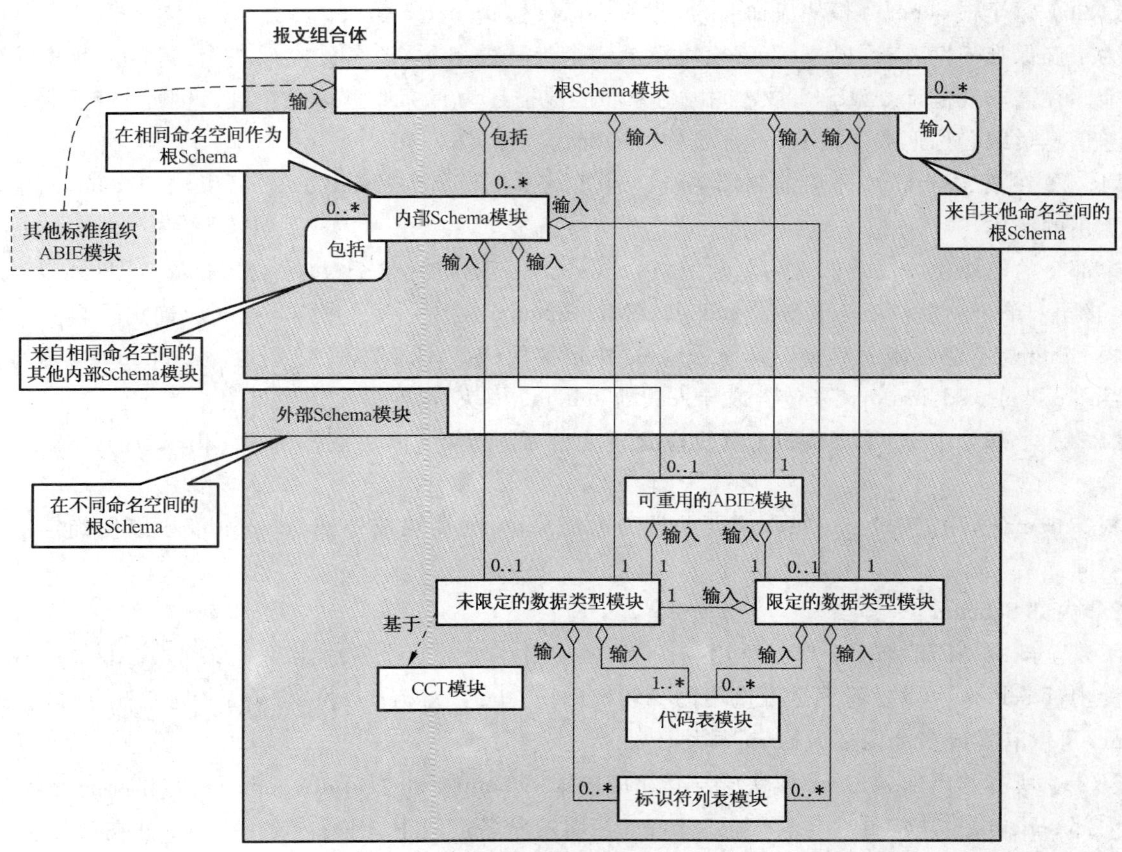

图 5 XML Schema 模块化 Schema

为确保一致性并实现本部分中所有命名空间标记的标准化，上述所有 schema 模块在被引用时均应使用表 1 中所示的正式名称和标记。

表 1 schema 模块的正式名称和标记

Schema 模块名称	标　记
根 Schema 模块	rsm
CCT Schema 模块	cct
可重用的 ABIE Schema 模块	ram
UDT Schema 模块	udt
QDT Schema 模块	qdt
代码表 Schema 模块	clm
标识符列表 Schema 模块	ids

【R16】除了代码表或标识符列表外，其他模块的schema模块文件名称应采用〈Schema模块名称〉_〈版本〉.xsd的形式，删除其中的英文句点、空格或其他分隔符和“Schema模块”。

【R17】代码表和标识符列表的schema模块文件名称应是〈机构名称〉_〈表名称〉_〈版本〉.xsd，删除其中的英文句点、空格或其他分隔符。

【R18】在文件名称中表示版本方案时，英文句点应用小写字母“p”表示。

6.5.1 根Schema

本部分利用了具有上述优点的模块化概念。在XML存储库中，有一些根schema，每个根schema均具有单独的业务功能。

【R19】每个唯一的业务信息负载应生成一个根schema。

【R20】每个根schema模块应命名为〈业务信息负载〉Schema模块。

为了确保唯一性，应给根schema模块赋予一个唯一的名称，该名称应反映出schema所表达的业务功能。在需求规范计划(RSM)文档中，业务功能被描述为目标业务信息负载。因此，表示业务功能的业务信息负载名称形成了根schema名称的基础。

【R21】在根schema中不应复制那些能够通过“xsd:include或xsd:import”引用的schema模块中的可重用的结构。

本部分的模块化方法能够重用单独的根schema，而不必导入整个根schema存储库，另外，根schema能够导入单个的模块而不必导入全部的XML Schema模块。每个根schema应确定其自身的相关性。根schema不应复制而应重用其他schema中可重用的XML结构。特别地，根schema应恰当使用“xsd:include或xsd:import”来包含或导入其他schema模块，以便最大化地重用。

【R22】本部分中XML Schema模块应处理为外部schema模块或作为根schema的内部schema模块。

根schema所用的schema模块需要处理为内部schema模块或外部schema模块以便确定正确的命名空间。

6.5.2 内部Schema

不是全部的ABIE都适于广泛重用，有一些限于用在特定的业务功能或信息交换。这些ABIE应定义为内部schema模块(而不是可重用的ABIE模块)中的“xsd:complexType”(见6.5.3.4)。XML Schema可以有零或多个内部schema模块。

【R23】所有的内部schema模块应与其相应的根Schema(rsm:RootSchema)具有相同的命名空间。

内部schema模块应处在与其父根schema相同的命名空间中，因为内部schema处在与根schema相同的命名空间中，因此根schema使用“xsd:include”把这些内部模块融入进来。XML Schema模块性方法确保了根schema模块和其内部schema模块之间的逻辑关系，也确保了每个schema模块尽最大程度得到重用。

【R24】每个内部schema模块应按照如下方式命名：〈父根schema模块名称〉〈内部schema模块功能〉Schema模块。

内部schema模块应有一个具有语义含义的名称。内部schema模块的名称应标识出其父根schema模块、内部schema模块功能和“schema模块”字样。

示例10：内部schema模块名称

TravelReservationRequestFlightInformation(旅行预定请求航班信息)

此处：

TravelReservationRequest(旅行预定请求)表示父根schema模块名称；

FlightInformation(航班信息)表示内部schema模块功能。

6.5.3 外部 Schema

为遵守第 8 章中的原则和规则，应创建 schema 模块作为可重用的构件。这些 schema 模块因为与根 schema 处于不同的命名空间，因此被称为外部 schema 模块。根 schema 可以导入一个或多个外部 schema 模块。本部分已经确定了以下外部 schema 模块。

- UDT；
- QDT；
- 可重用的 ABIE；
- 代码表；
- 标识符列表；
- 其他标准组织的 ABIE 模块。

注：术语“UDT”和“QDT”是指 GB/T 18391 中名称构成中限定符的概念，而不是指限定的和未限定的 XML 命名空间概念。

外部 schema 模块如图 6 所示。

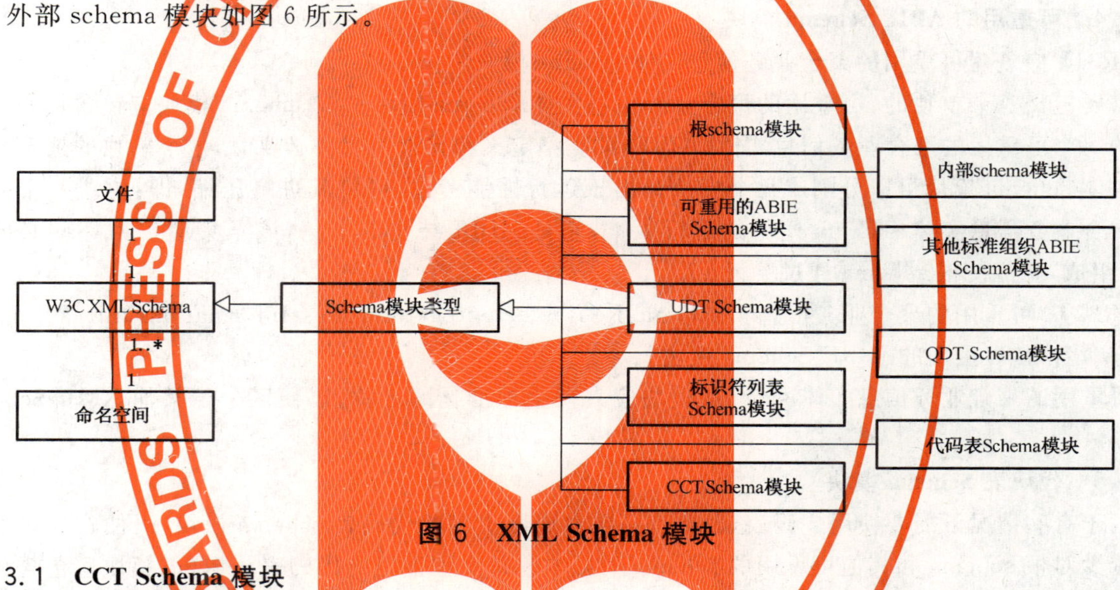

图 6 XML Schema 模块

6.5.3.1 CCT Schema 模块

【R25】应创建核心构件类型 schema 模块。

核心构件类型 schema 模块所表达的是 GB/T 19256.9 中 CCT 的标准形式。该 schema 模块是所有基于 GB/T 19256.9 的 XML 实例的规范性引用。该 schema 是未限定数据类型 schema 模块的基础，但是，它不应被直接导入到任意的 schema 模块中。

【R26】“核心构件类型(cct:CoreComponentType)”Schema 模块应命名为“CCT Schema 模块”。

核心构件类型 schema 模块应有一个标准化的名称，以便区分于其他 XML Schema 模块。

附录 C 是规范性 CCT Schema 模块的最新版本。

6.5.3.2 UDT Schema 模块

未限定数据类型 schema 模块所表达的是 GB/T 19256.9 中每个 CCT 的规范的数据类型。这些数据类型以 CCT schema 模块中的 XML Schema 结构为基础，但是要尽可能使用定义为“xsd:simpleType”的 XML Schema 内置数据类型，而不使用定义为“xsd:complexType”的父 CCT。同样，未限定数据类型 schema 模块不导入 CCT schema 模块。

之所以称其为未限定数据类型，是因为它们源于 CCT，但除了 GB/T 19256.9 中对 CCT 的约束，以及实践中总结出的约束外，并没有附加其他任何约束条件。未限定数据类型定义了 GB/T 19256.9 中所有已批准的主表示词和副表示词。

【R27】应创建未限定数据类型 schema 模块。

【R28】“未限定数据类型(ude:UnqualifiedDataType)”schema 模块应命名为“UDT Schema 模块”。

未限定数据类型 schema 模块应有一个标准化的名称,以便区分于其他 XML Schema 模块。

附录 D 是规范性 UDT Schema 模块的最新版本。

6.5.3.3 QDT 模块

由于数据类型要被不同的 BIE 重用,因此可以对数据类型施加约束条件,这些被约束的数据类型称为限定型数据类型。这些限定型数据类型在一个单独的限定型数据类型 schema 模块中定义。限定型数据类型 schema 模块应导入 UDT Schema 模块。必要时,这个单独的限定型数据类型 schema 模块可以分割成几个模块。

【R29】应创建限定型数据类型 schema 模块。

【R30】“限定型数据类型(qdt:QualifiedDataType)”schema 模块应命名为“QDT Schema 模块”。

限定型数据类型 schema 模块应有一个标准化的名称,以便区分于其他 XML Schema 模块。

6.5.3.4 可重用的 ABIE Schema 模块

【R31】应创建可重用的聚合业务信息实体 schema 模块。

需要定义一个单独的、可重用的聚合业务信息实体 schema 模块。该 schema 模块应包含核心构件库中的每个可重用的聚合业务信息实体(ABIE)的类型定义和元素声明。必要时,这个单独的聚合业务信息实体 schema 模块可以分割成几个模块。出于运行性能考虑,可将其进行压缩,即:生成一个可重用的聚合业务信息实体 schema 模块的运行版本,它是 ABIE 结构的子集,该子集应仅由那些必要的 ABIE 组成,并能使根 schema 通过验证。

【R32】“可重用的聚合业务信息实体(ram:ReusableAggregateBusinessInformationEntity)”schema 模块应命名为“可重用的 ABIE Schema 模块”。

可重用的聚合业务信息实体 schema 模块应有一个标准化的名称,以便区分于其他 XML Schema 模块。

6.5.3.5 代码表 Schema 模块

由于有些情况下需要使用代码表,因此有必要生成可重用的代码表 schema 模块,以便在代码表变更时减少对根 schema 和其他可重用的 schema 的影响。每个可重用的代码表 schema 模块应包含代码及名称的枚举值。

【R33】为了使用代码表枚举值,应创建一个可重用的代码表 schema 模块。

代码表 schema 模块应有一个标准化的名称,以便区分于其他 XML Schema 模块以及外部组织创建的代码表模块。

【R34】每个“代码表(clm:CodeList)”schema 模块应按照如下方式命名:

〈代码表机构标识符 | 代码表机构名称〉〈代码表标识的标识符 | 代码表名称〉- 代码表 schema 模块。

此处,代码表机构标识符=代码表维护机构标识;

代码表机构名称=代码表维护机构;

代码表标识的标识符=标识各自对应的代码表;

代码表名称=代码表维护机构分配给代码表的名称。

示例 11:UN/CEFACT 的“账户类型”代码 schema 模块的名称

64437—代码表 schema 模块

此处,

6=在 UN/CEFACT 代码表 3055 中定义的 UN/CEFACT 代码表机构标识符;

4437=在 UN/CEFACT 目录中“账户类型”代码的代码表标识标识符。

示例 12：使用机构名称和代码表名称的代码的名称

安全提案中的文档安全代码—代码表 schema 模块

6.5.3.6 标识符列表的 Schema 模块

尽管代码通常是适用于运行时验证的有限列表的一部分，但标识符未必可以创建为一套离散的标识方案列表，并在随后的运行中被验证。在这种要求对使用过的标识符方案进行运行验证的情况下，应创建单独的标识符列表 schema 模块，以便把标识符列表的变化对根 schema 和其他可重用的 schema 的影响减到最小。每个可重用的标识符列表 schema 模块应包含这些标识符的枚举值。

【R35】应创建标识符列表 schema 模块，以便为每个要求运行验证的标识符列表提供枚举值。

标识符列表 schema 模块应有一个标准化的名称，以便区分于其他 XML Schema 模块以及外部组织创建的 schema 模块。

【R36】每个"标识符列表(ids:IdentifierList)"schema 模块应按照如下方式命名：

〈标识符方案机构标识符｜标识符方案机构名称〉〈标识符方案标识符｜标识符方案名称〉-标识符列表 schema 模块。

此处，标识符方案机构标识符＝标识符列表维护机构的标识；

标识符方案机构名称＝标识符列表的维护机构；

标识符方案标识符＝标识符列表的标识；

标识符方案名称＝标识符列表维护机构分配的名称。

示例 13：ISO 国家标识符 schema 模块的名称

53166-1—标识符列表 schema 模块

此处，

5＝在 UN/CEFACT 代码表 3055 中定义的 ISO 代码表机构标识符；

3166-1＝ISO 中两字母国家标识符的标识符方案的标识符。

6.5.3.7 其他标准组织 ABIE schema 模块

其他标准组织 ABIE schema 模块是那些除本部分和 UN/CEFACT 之外的标准组织创建并公开发布的可重用的 XML 结构。本部分仅在其他标准组织 ABIE schema 模块内容严格符合 GB/T 19256.9 和本部分的要求时，才将其导入。

【R37】导入的 schema 模块应完全符合本部分和 GB/T 19256.9。

6.6 命名空间方案

命名空间是元素、属性和类型名称的集合，用于把这些集合与其他命名空间中的名称集合唯一区分出来。依据 W3C XML 规范："XML 命名空间提供了一种简单方法来限定可扩展置标语言(XML)文档中的元素和属性的名称，这种简单方法就是把这些文档与 URI 所标识的命名空间联系起来"。这样就为可重用类型和 schema 模块库实现了互操作性和一致性。本部分的可重用性方法使已定义的指定类型、局部和全局元素的组合以及属性(见 6.4)得到最大化重用，而可多次重用的 schema 模块(见 6.5)的模块化方法提供的正是这种方法。6.5 中的各种内部和外部 schema 模块之间就其命名空间来说存在特定关系，这些关系在图 5 中定义。因此，有一个足够稳固的命名空间方案是至关重要的。

6.6.1 UN/CEFACT 命名空间方案

依据本部分来创建有关命名空间方法时，应认识到在标准化的命名空间方法方面，除了 XML 需求外，还存在许多其他需求。因此，本部分的命名空间方案具有足够的灵活性和稳固性，以适应 XML 和其他语法需求。图 7 以 UN/CEFACT 的命名空间为例，图示了采用 URN 定义命名空间的方法并用作确定后续所述的命名空间结构和规则的基础。

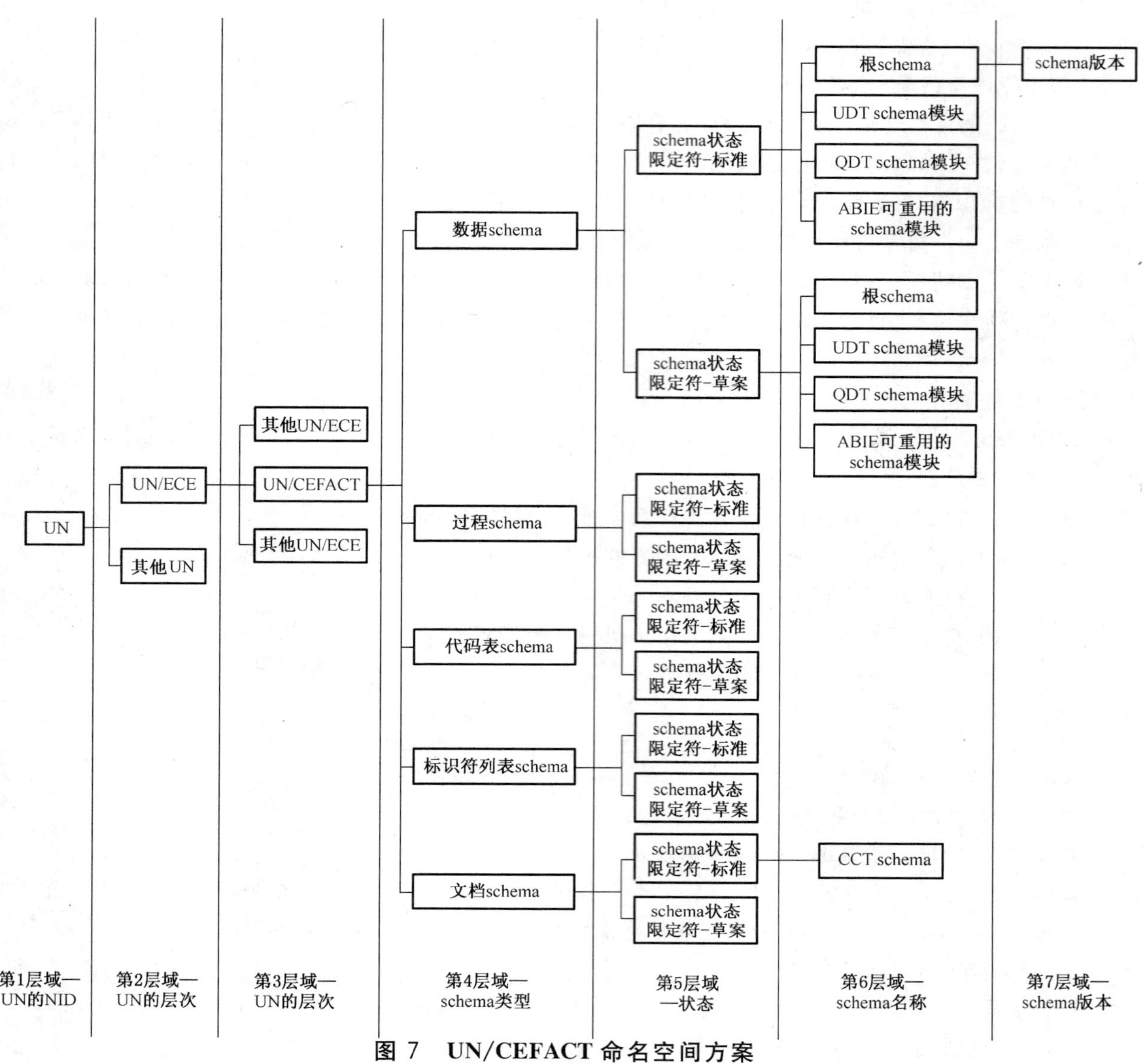

图 7 UN/CEFACT 命名空间方案

6.6.2 声明命名空间

【R38】每个已定义或已导入的 schema 模块应要有已声明的命名空间，该声明应使用“xsd:targetNamepace”属性。

除了内部 schema 模块应与根 schema 在相同的命名空间外，实践经验要求每个 schema 模块要有其自己的命名空间。

6.6.3 命名空间持久性

命名空间也提供了一种方法，用于实现各种 schema 版本之间的一致性和协调性。本部分规定命名空间的版本要与 schema 的版本及模块划分相对应。本部分给出了通过根 schema 将可重用的 schema 进行分组的模块化方法。多数这些 schema 可以重用在多个 schema 中。其他 schema 对于特定的根 schema 而言是唯一的。根 schema 及其专用的 schema 模块可以看作是 schema 集合。schema 集合的内容是如此紧密相关，以至于在管理集合中的所有 schema 版本和命名空间时，要确保它们同步。因此，schema 集合被分配到一个单独的、具有版本的命名空间。其他 schema 模块也最好通过为它们分配具有唯一版本的命名空间来管理。因此，除了内部 schema 模块外，每个 XML Schema 模块都应有其自己的命名空间并且为每个命名空间分配一个版本号。

【R39】每个已定义的或已导入的 schema 模块(内部 schema 模块除外)的版本应有其自己的唯一命名空间。

【R40】不应改变本部分已发布的命名空间,也不应改变其内容,除非这种变化不会改变向后的兼容性。

一旦命名空间被公布,其任何改动都会导致引用该命名空间的实例文档不能通过有效性验证。因此,不允许改动命名空间的结构和内容。

6.6.4 命名空间统一资源标识符

命名空间应永久不变,并且可以解析。统一资源标识符(URI)是用来标识命名空间的。URI 包括统一资源定位符(URL)和统一资源名称(URN)。URN 的一个优点是永久不变,URL 的优点是可解析。目前 URN 正在朝可解析的方向发展。本部分推荐采用 URN 来标识命名空间。

【R41】本部分命名空间定义为 URN。

为了确保一致性,每个命名空间应有大体相同的结构。该命名空间结构应符合 IETF RFC1738-URN 语法规范中的规定,该规范规定的标准 URN 语法结构如下所示(引号中的内容是必需的):

〈URN〉::="urn:"〈NID〉":"〈NSS〉

此处:

〈NID〉=命名空间标识符;

〈NSS〉=命名空间特定字符串;

最前面的"urn:"对大小写不敏感。

命名空间标识符按照这种模式确定了 NSS 的语法解释,本部分 UN/CEFACT 采用 URN 定义的命名空间名称一般结构为:urn:un:unece:uncefact:〈schema 类型〉:〈状态〉:〈名称〉:〈版本〉,此处:

- 命名空间标识符(NID)=un;
- 命名空间特定字符串(NSS)=

unece:uncefact:〈schema 类型〉:〈状态〉:〈名称〉:〈版本〉,其中“unece”和“uncefact”是 NID(un)中第 2 层和第 3 层的固定值;

- Schema 类型=标识 schema 模块类型的标记:
  data|process|codelist|identifierlist|documentation;
- 状态=schema 是 draft|standard 的状态;
- 名称=schema 模块的名称(用英文 UCC 方式),删除其中的英文句点、空格或其他分隔符和“Schema 模块”;
- 版本=主版本号。按顺序分配,第一版以数字“1”开始。

【R42】处于草案状态的 schema 的 URN 命名空间的名称应具有以下结构:

urn:un:unece:uncefact:〈schema 类型〉:草案:〈名称〉:〈主版本〉,此处:

schema 类型=标识 schema 模块类型的标记:

data|process|codelist|identifierlist|documentation;

名称=schema 模块的名称(用 UCC 方式),删除其中的英文句点、空格或其他分隔符和“Schema 模块”;

主版本=主版本号,按顺序分配,第 1 版以数字 1 开始。

示例 14:草案状态下采用 URN 定义的命名空间名称

“urn:un:unece:uncefact:data:draft:UDT:1”

【R43】处于规范状态的 schema 的 URN 命名空间的名称应具有以下结构:

urn:un:unece:uncefact:〈schema 类型〉:标准:〈名称〉:〈主版本〉

此处:

schema 类型=标识 schema 模块类型的标记:

data|process|codelist|identifierlist|documentation；

名称＝schema 模块的名称(用 UCC 方式)，删除其中的英文句点、空格或其他分隔符和“Schema 模块”；

主版本＝主版本号，按顺序分配，第 1 版以数字 1 开始。

示例 15：规范状态下采用 URN 定义的命名空间名称

“urn：un：unece：uncefact：data：standard：UDT：1”

6.6.5 命名空间约束

为了确保声明命名空间的一致性，除非命名空间被特定设计为一种基本的命名空间(如 xsi)，否则命名空间仅仅应该由命名空间的拥有者为一种 XML 结构做出声明。例如，本部分 UN/CEFACT 的命名空间应仅包含由本部分 UN/CEFACT 创建和指定的 XML 结构。

【R44】本部分 UN/CEFACT 的命名空间值应仅被分配到本部分 UN/CEFACT 所开发的对象。

6.6.6 XML Schema 命名空间标记

命名空间 URI 通常通过标记来表示，而不是把 URI 作为限定符在限定的 XML 结构中引用。UN/CEFACT 本部分已经为 UN/CEFACT schema 模块的每个类型开发了标记方案，这些标记方案在第 8 章的相关 schema 模块一节中给出。

6.7 Schema 的定位

Schema 需要用 URI 方案的形式来定位。Schema 的定位通常以其命名空间为基础。基于 URN 的 URI 方案在可解析方面具有局限性，因此 schema 的定位通常采用基于 URL 的 URI 方案。然而，UN/CEFACT 的 XML Schema 采用基于 URN 的 URI 方案用于命名空间声明，是因为考虑到永久性比可解析性更重要。按照 schema 定位可解析性的需求，直到 URN 完全可解析时，UN/CEFACT 才会把 schema 存储在基于 URL 的 URI 方案所标识的位置。

【R45】schema 定位的一般结构应是：

http://www.unece.org/uncefact/〈schema 类型〉/〈状态〉/〈名称〉_〈主版本〉.〈次版本〉p[〈修订〉].xsd

此处：

schema 类型＝标识 schema 模块类型的标记：data | process | codelist | identifierlist | documentation；

状态＝schema 是 draft | standard 的状态；

名称＝schema 模块的名称(如果是英文则采用 UCC 方式)，删除其中的英文句点、空格或其他分隔符和“Schema 模块”；

主版本＝主版本号，按顺序分配，第 1 版以数字 1 开始；

次版本＝主版本中的次版本号，按顺序分配，第 1 版以数字 0 开始；

修订＝按顺序给每次修订的次版本分配的字符数字，仅适用于状态＝draft 的情况。

【R46】每个“xsd：schemaLocation”属性声明应包含一个持久的并可以解析的 URL。

【R47】每个“xsd：schemaLocation”属性声明的 URL 应包含一个绝对路径。

6.8 版本化

XML Schema 模块的版本化方案是由主版本号以及适当时加次版本号组成。命名空间声明中应给出主版本号，而次版本号应仅在 schema 定位中出现。在“xsd：schema”元素的版本属性中也应声明主版本号和次版本号。

【R48】应声明“xsd：schema”的版本属性。

【R49】“xsd：schema”的版本属性应使用下列格式：

〈xsd：schema…version＝“〈主版本〉.〈次版本〉"

【R50】每个 schema 版本的命名空间声明应含有 URI：

urn：un：unece：uncefact：〈schema 类型〉：〈状态〉：〈名称〉：〈主版本〉

6.8.1 主版本

本部分 XML Schema 模块的主版本包含重大的和(或)不向后兼容的变更。如果任何符合旧主版本的 XML Schema 的 XML 实例要依据新版本 XML Schema 进行有效性验证,则会出现验证错误。应在出现重大的和(或)不向后兼容的变更时创建新主版本,这些变更包括:

- 删除或变更枚举值;
- 改变元素名称、类型名称和属性名称;
- 改变结构以便打破多态处理能力;
- 删除或增加必备型元素或属性;
- 变更从必备到可选的状态。

在命名空间声明中,主版本号按如下方式出现:urn:un:unece:uncefact:〈schema 类型〉:〈状态〉:〈名称〉:〈主版本〉

此处:

- 主版本=第 1 版以数字 1 开始。

【R51】每个 XML Schema 和 schema 模块主版本号应是顺序分配的、递增的自然数。

主版本号应以合乎逻辑的递进为基础,以确保对这种方法在语义上的正确理解并保证表示上的一致性。非负的、顺序分配的递增整数满足这种需求。

6.8.2 次版本

XML Schema 模块的主版本中可以有一系列微小的,或向后兼容的变更。在相同主版本的 XML Schema 模块中,应确保任何变更的次版本之间相互兼容。因此,次版本化方案有助于前后兼容性,应仅在出现兼容的变更时,增加次版本号,这些变更包括:

- 增加枚举值;
- 扩展可选条件;
- 增加可选元素。

【R52】次版本变更仅限于声明新的可选的 XML Schema 结构、扩展现存的 XML Schema 结构或对具有可选的性质进行改进。

正如 6.7 中所述,次版本出现在 schema 定位中,而不出现在命名空间声明中。次版本应通过使用“xsd:schema”元素中的“xsd:version”属性来声明。由于在相同命名空间中具有同一主版本的不同次版本的实例文档间相互兼容,因此仅需要在内部 schema 版本属性中声明次版本。传输实例文档时,应用程序即使不知道 schema 版本,通过每个实例文档的版本属性,也能够对相互兼容的版本进行逻辑判断。

就像主版本号一样,次版本号应以合乎逻辑的递进为基础,以确保对这种方法在语义上的正确理解并保证表示上的一致性。非负的、顺序分配的递增整数满足这种需求。

【R53】次版本变更不应改变 schema 结构的名称。

次版本变更不应打破与先前次版本的兼容性,兼容性包括 schema 结构在命名方面的一致性。schema 结构包括元素、属性和类型。次版本变更不应包括重新命名 schema 结构。

【R54】次版本变更不应打破具有相同主版本的先前次版本的语义兼容性。

不同次版本之间的语义一致性是至关重要的。

【R55】次版本 schema 应从上一个主或次版本 schema 中引入所有的 XML 结构。

对于特定的命名空间,主版本和该主版本中后续的次版本建立了线性连接关系。因为每个次版本都被分配了自己的命名空间,出于一致性的目的,第一个次版本应包括主版本中出现的所有 XML 结构,并且每个新的次版本也应包括先前次版本中所有 XML 结构。

7 通用的 XML Schema 语言约定

7.1 schema 结构

【R56】应声明 xsd:elementFormDefault 属性,并将其值设置为“qualified”。

【R57】应声明 xsd:attributeFormDefault 属性,并将其值设置到“unqualified”。

【R58】当按 xmlns:xsd=http://www.w3.org/2001/XMLSchema 形式引用 http://www.w3.org/2001/XMLSchema 时,应在所有情况下都使用“xsd”前缀。

示例 16:元素和属性的默认形式(elementFormDefault 和 attributeFormDefault)

〈xsd:schema targetNamespace="…见命名空间…"

xmlns:xsd="http://www.w3.org/2001/XMLSchema"

elementFormDefault="qualified" attributeFormDefault="unqualified"〉

【R59】不应使用“xsd:appInfo”。

【R60】不应使用“xsd:notation”。

【R61】不应使用“xsd:wildcard”。

【R62】不应使用“xsd:any”元素。

【R63】不应使用“xsd:any”属性。

【R64】不应使用混合内容(不包括文档)。

【R65】不应使用“xsd:substitutionGroup”。

【R66】不应使用“xsd:ID/xsd:IDREF”。

【R67】应使用“xsd:key/xsd:keyref”用于信息关联。

【R68】不出现的结构或数据不应有含义。

7.2 属性(attribute)和元素(element)声明

7.2.1 属性(attributes)

7.2.1.1 属性(attributes)的用法

【R69】用户声明的属性应仅用来表达 CCT 的补充构件信息。

用户声明的属性仅用来表达核心构件类型(CCT)的补充构件。然而,正如本文档中其他地方所述,应使用预定义的“xsd:attributes”。

【R70】那些表示具有可变信息的补充构件的“xsd:attribute”应以适当的 XML Schema 内置数据类型为基础。

用户声明的属性能够表达不同类型的值。这些值是可变的,或是以代码表或标识符方案为基础。

【R71】表示代码的补充构件的“xsd:attribute”应以合适的代码表的“xsd:simpleType”为基础。

【R72】表示标识符的补充构件的“xsd:attribute”应以合适的标识符方案的“xsd:simpleType”为基础。

7.2.1.2 属性(attribute)声明的约束条件

【R73】不应使用“xsd:nillable”属性。

一般来说,XML schema 中不出现的元素没有任何特定含义,这表明信息是未知的,或不适用的,或由于一些其他原因而导致元素不出现。不过 XML schema 规范确实提供了一种功能,即“xsd:nillable”属性。在这种情况下,元素可以不带有内容被传输,但仍可使用其属性,因此而具有语义含义。为遵守 GB/T 19256.9 中的原则并且保持语义清晰,不应使用 XML Schema 的 nillability 功能。

7.2.2 元素(elements)

7.2.2.1 元素(elements)的用法

文档级的业务信息负载以及 ABIE、BBIE 和 ASBIE 应声明为元素。

7.2.2.2 元素(elements)声明

【R74】不应使用空元素。

【R75】每个 BBIE 元素声明应是“udt:UnqualifiedDataType”或“qdt:QualifiedDataType”，而“udt:UnqualifiedDataType”或“qdt:QualifiedDataType”表示了源 BBIE 的数据类型。

示例 17:元素声明

```
<xsd:complexType name="AccountType">
  <xsd:annotation>
    …see annotation…
  </xsd:annotation>
  <xsd:sequence>
    <xsd:element name="ID" type="udt:IDType"
      minOccurs="0" maxOccurs="unbounded">
      <xsd:annotation>
        …see annotation…
      </xsd:annotation>
    </xsd:element>
    <xsd:element name="Status" type="ram:StatusType"
      minOccurs="0" maxOccurs="unbounded">
      <xsd:annotation>
        …see annotation…
      </xsd:annotation>
    </xsd:element>
    <xsd:element name="Name" type="udt:NameType"
      minOccurs="0" maxOccurs="unbounded">
      <xsd:annotation>
        …see annotation…
      </xsd:annotation>
    </xsd:element>
    <xsd:element name="BuyerParty" type="ram:BuyerPartyType/>
  </xsd:sequence>
</xsd:complexType>
```

7.2.2.3 元素(element)声明的约束条件

【R76】不应使用“xsd:all”元素。

7.3 类型(type)定义

7.3.1 类型(type)的用法

【R77】应命名所有的类型定义。

示例 18:类型定义名称

```
<xsd:complexType name="AccountType">
  <xsd:annotation>
    …see annotation…
  </xsd:annotation>
  <xsd:sequence>
    …see element declaration…
  </xsd:sequence>
</xsd:complexType>
```

【R78】具有相同语义含义的数据类型定义不应有相同的刻面约束条件。

数据类型应能最大程度地被重用。如果现有的数据类型与拟定的数据类型有相同的语义含义和结构(刻面约束条件)，则应使用现有的数据类型而不应再创建另一个相同语义的数据类型。

7.3.2 简单类型(simpleType)定义

在能够满足用户业务需求的情况下，应使用简单类型，即:xsd:simpleType。简单类型不能满足用户业务需求时，应使用用户定义的复杂类型。

示例 19:在 UDT schema 模块中的简单类型

```
<xsd:simpleType name="DateTimeType">
  <xsd:annotation>
    …see annotation…
```

```
  </xsd:annotation>
  <xsd:restriction base="xsd:dateTime"/>
</xsd:simpleType>
```

示例 20:在代码表模块中的简单类型

```
<xsd:simpleType name="CurrencyCodeContentType">
  <xsd:restriction base="xsd:token">
    <xsd:enumeration value="ADP">
      …see enumeration of code lists…
    </xsd:enumeration>
    <xsd:annotation>
      …see annotation…
    </xsd:annotation>
  </xsd:restriction>
</xsd:simpleType>
```

7.3.3 复杂类型(complexType)定义

当 XSD 内置数据类型无法满足业务需求或定义 ABIE 时,可使用用户定义的复杂类型。

示例 21:对象类"账户类型"的复杂类型

```
<xsd:complexType name="AccountType">
  <xsd:annotation>
    …see annotation…
  </xsd:annotation>
  <xsd:sequence>
    …see element declaration…
  </xsd:sequence>
</xsd:complexType>
```

7.4 XSD 扩展(extension)和约束(restriction)的使用

一般来说,符合本部分的所有 XML Schema 的结构应符合图 1 中的模型。这些 schema 结构所基于的 CC 和 BIE 的基本语义结构是标准的规范形式。因此,当存在业务需求时,就应创建新的 schema 结构、定义新的类型并且声明元素。"xsd:extension"和"xsd:restriction"表示派生的概念,并仅用于下述情况。

7.4.1 扩展(extension)

【R79】"xsd:extension"应仅在 CCT schema 模块和 UDT schema 模块中使用,并仅用于声明"xsd:attribute"来提供相关的补充构件。

7.4.2 约束(restriction)

GB/T 19256.9 在创建特定的 CC 实例时使用了语义约束的概念,因此,"xsd:restriction"用于定义已有类型的派生类型,并且派生类型应被重新命名。"xsd:restriction"可以是简单和复杂类型的约束。"xsd:restriction"可以用于刻面约束和(或)属性约束。

【R80】当"xsd:restriction"用在"xsd:simpleType"或"xsd:complexType"中时,派生的结构应使用不同的名称。

示例 22:简单类型(simpleType)的约束

```
<xsd:simpleType name="TaxAmountType">
  <xsd:annotation>
      …see annotation…
  </xsd:annotation>
  <xsd:restriction base="udt:AmountType">
    <xsd:totalDigits value="10"/>
    <xsd:fractionDigits value="3"/>
  </xsd:restriction>
</xsd:simpleType>
```

7.5 注释

7.5.1 注释规则

【R81】每个已定义或声明的结构应使用"xsd:annotation"元素表示必要的 GB/T 19256.9 信息。

所有的 XML Schema 结构应使用"xsd:annotation"元素来表示 GB/T 19256.9 第 7 章中所规定的信息。

注：为了与该规范一致，该规则也适用于其他标准机构的任何结构中。

7.5.2 注释信息(documentation)

注释信息(annotation documentation)应用来表达所有在 GB/T 19256.9 中规定的元数据，即表达 XML 结构中所包含的语义内容。因此，注释信息所需的所有元素都已在 GB/T 19256.9 的命名空间中被定义，该命名空间的当前版本是：urn:un:unece:uncefact:documentation:standard:CoreComponentsTechnicalSpecification:2。

因此，所有 schema 模块应包括以下的命名空间声明：

ccts="urn:un:unece:uncefact:documentation:standard:CoreComponentsTechnicalSpecification:2".

所有的注释元素应有前缀"ccts"。

正如第 8 章所定义，类型定义和元素声明中需要进行如下注释(在 XML 编码中采用圆括号中的表达方式)。

- 唯一标识符：赋予库中项的唯一标识符。(UniqueID)
- 首字母缩写词：构件类型的缩写(Acronym)

  BBIE——基本业务信息实体；

  ABIE——聚合业务信息实体；

  ASBIE——关联业务信息实体；

  CCT——核心构件类型；

  QDT——限定的数据类型；

  UDT——未限定的数据类型。
- 字典条目名称：库中项的完整名称(不是标记名称)。(DictionaryEntryName)
- 名称：补充构件或业务信息负载的名称。(Name)
- 版本：由注册系统分配的项的版本号。(VersionID)
- 定义：项的语义含义。(Definition)
- 出现次数：表示对象不可用、可选、必备和(或)可重复特征的一种标志。(Cardinality)
- 对象类词：项所表示的对象类。(ObjectClassTerm)
- 对象类限定词：限定对象类的词。(ObjectClassQualifierTerm)
- 特性词：项所表示的特性词。(PropertyTerm)
- 特性限定词：限定特性词的词。(PropertyQualifierTerm)
- 关联对象类词：项所表示的关联对象类词。(AssociatedObjectClassTerm)
- 关联对象类限定词：限定关联对象类词的词。(AssociatedObjectClassQualifierTerm)
- 关联类型：关联业务信息实体(ASBIE)的关联类型。(AssociationType)
- 主表示词：项所表示的主表示词。(PrimaryRepresentationTerm)
- 数据类型限定词：限定数据类型的词。(DataTypeQualifierTerm)
- 基本类型：GB/T 19256.9 中项的基本数据类型。(PrimitiveType)
- 业务过程语境值：描述业务过程语境的有效值。本结构正是为此而设计，缺省值是"适于所有语境"。(BusinessProcessContextValue)
- 地理政治(或地区)语境值：描述地理政治(或地区)语境的有效值，本结构正是为此而设计，缺省值是"适于所有语境"。(GeopoliticalOrRegionContextValue)
- 官方约束语境值：描述官方约束语境的有效值，本结构正是为此而设计，缺省值是"无"。(Offi-

cialConstraintContextValue)

- 产品语境值:描述产品语境的有效值,根据这种语境可以设计该结构,缺省值是“适于所有语境”。(ProductContextValue)
- 行业语境值:描述行业语境的有效值,根据这种语境可以设计该结构,缺省值是“适于所有语境”。(IndustryContextValue)
- 业务过程角色语境值:描述角色语境的有效值,根据这种语境可以设计该结构,缺省值是“适于所有语境”。(BusinessProcessRoleContextValue)
- 支撑角色语境值:描述支撑角色语境的有效值,根据这种语境可以设计该结构,缺省值是“适于所有语境”。(SupportingRoleContextValue)
- 系统能力语境值:描述系统功能语境的有效值,根据这种语境可以设计该结构,缺省值是“适于所有语境”。(SystemCapabilitiesContextValue)
- 使用规则:描述适用于项的特定条件的约束。(UsageRule)
- 业务术语:通常所知道的、用在业务中的项的同义词。(BusinessTerm)
- 示例:项的可能值。(Example)

附录 E 规定了每个项所需特定注释的规范性信息。

注:上述列项定义了所需注释信息的最小集合,必要时可以包括其他的注释信息。

示例 23:注释的示例

```
〈xsd:annotation〉
  〈xsd:documentation xml:lang = "en"〉
    〈ccts:UniqueID〉UN00000002〈/ccts:UniqueID〉
    〈ccts:Acronym〉BBIE〈/ccts:Acronym〉
    〈ccts:DictionaryEntryName〉Account. Identifier〈/ccts:DictionaryEntryName〉
    〈ccts:Definition〉The identification of a specificaccount.〈/ccts:Definition〉
    〈ccts:Version〉1.0〈/ccts:Version〉
    〈ccts:ObjectClassTerm〉Account〈/ccts:ObjectClassTerm〉
    〈ccts:PropertyTerm〉Identifier〈/ccts:PropertyTerm〉
〈ccts:PrimaryRepresentationTerm〉Identifier〈/ccts:PrimaryRepresentationTerm〉
    〈ccts:BusinessTerm〉Account Number〈/ccts:BusinessTerm〉
  〈/xsd:documentation〉
〈/xsd:annotation〉
```

包含代码的 XML Schema 结构应包括注释信息,这些注释信息应规定该结构所需要的最基本的代码。

表 2 给出了本章中定义的注释信息一览表。其中:M——必备;O——可选;R——重复;C——条件可选。

表 2 注释信息一览表

	rsm:RootSchema	ABIE xsd:ComplexType	BBIE xsd:element	ASBIE xsd:element	ctt:CoreComponentType	supplementarycomponent	udt:UnqualifiedDataType	qdt:QualifiedDataType
唯一标识符(Unique Identifier)	M	M	M	M	M		M	M
首字母缩写词(Acronym)	M	M	M	M	M	M	M	M
字典条目名称(DictionaryEntryName)		M	M	M	M		M	M

表 2（续）

	rsm:RootSchema	ABIE xsd:ComplexType	BBIE xsd:element	ASBIE xsd:element	ctt:CoreComponentType	supplementarycomponent	udt:UnqualifiedDataType	qdt:QualifiedDataType
名称(Name)	M					M		
版本(Version)	M	M	M	M	M		M	M
定义(Definition)	M	M	M	M	M	M	M	M
出现次数(Cardinality)			M	M		M		
对象类词(ObjectClassTerm)		M	M	M		M		
对象类限定词(ObjectClassQualifierTerm)		O	O	O				
特性词(PropertyTerm)			M	M		M		
特性限定词(PropertyQualifierTerm)			O	O				
关联对象类词(AssociatedObjectClassTerm)				M				
对象类限定词(AssociatedObjectClassQualifierTerm)				O				
关联类型(AssociationType)				M				
主表示词(PrimaryRepresentationTerm)			M		M			M
数据类型限定词(DataTypeQualifierTerm)								M
基本类型(PrimitiveType)					M	M	M	M
业务过程语境值(BusinessProcessContextValue)	M、R	0、R	0、R	0、R				0、R
地理政治/地区语境值(GeopoliticalOrRegionContextValue)	0、R	0、R	0、R	0、R				0、R
官方约束语境值(OfficialConstraintContextValue)	0、R	0、R	0、R	0、R				0、R
产品语境值(ProductContextValue)	0、R	0、R	0、R	0、R				0、R
行业语境值(IndustryContextValue)	0、R	0、R	0、R	0、R				0、R
业务过程角色语境值(BusinessProcessRoleContextValue)	0、R	0、R	0、R	0、R				0、R
支撑角色语境值(SupportingRoleContextValue)	0、R	0、R	0、R	0、R				0、R
系统能力语境值(SystemCapabilitiesContextValue)	0、R	0、R	0、R	0、R				0、R
使用规则(UsageRule)		0、R	0、R	0、R	0、R		0、R	0、R
业务术语(BusinessTerm)		0、R	0、R	0、R	0、R			
示例(Example)		0、R	0、R	0、R	0、R	0、R	0、R	0、R

8 XML Schema 模块

本章描述了各种 XML schema 模块的需求，这些模块应存储在存储库中。

8.1 根 Schema

根 schema 是所有其他 schema 内容的容器，这些 schema 内容是实现业务信息交换所必需的。根 schema 驻留在自己的命名空间，并根据需要导入外部 schema 模块。它也可以包含驻留在其命名空间中的内部 schema 模块。

8.1.1 Schema 结构

为了确保一致性并易于使用，应以规范格式构建根 schema。规范格式如示例 24，并应遵守附录 B 的相关条目。

示例 24：根 Schema 模块的结构

```
<? xml version = "1.0" encoding = "UTF-8"?>
<! -- ================================================================== -->
<! -- =====  [MODULENAME]Schema Module                             ===== -->
<! -- ================================================================== -->
<! --
  Schema agency:UN/CEFACT
  Schema version:2.0
  Schema date:17 January 2006
  Copyright(C) UN/CEFACT(2006).All Rights Reserved.
…see copyright information…
-->
<xsd:schema
targetNamespace = "urn:un:unece:uncefact:data:draft:[MODULENAME]:1"
…see namespaces…
xmlns:xsd = "http://www.w3.org/2001/XMLSchema"
elementFormDefault = "qualified" attributeFormDefault = "unqualified"version = "1.0">
<! -- ================================================================== -->
<! -- ===== Imports                                                ===== -->
<! -- ================================================================== -->
<! -- ===== Import of [MODULENAME]                                  ===== -->
<! -- ================================================================== -->
<     see imports
<! -- ================================================================== -->
<! -- ===== Include                                                ===== -->
<! -- ================================================================== -->
<! -- ===== Include of [MODULENAME]                                 ===== -->
<! -- ================================================================== -->
…see includes…
<! -- ================================================================== -->
<! -- ===== Element Declarations                                   ===== -->
<! -- ================================================================== -->
<! -- ===== Root Element Declarations                              ===== -->
<! -- ================================================================== -->
    See element declarations…
<! -- ================================================================== -->
<! -- ===== Type Definitions                                       ===== -->
<! -- ================================================================== -->
<! -- ===== Type Definitions:[TYPE]                                ===== -->
<! -- ================================================================== -->
<xsd:complexType name = "[TYPENAME]">
  <xsd:restriction base = "xsd:token">
    …see type definition…
  </xsd:restriction>
</xsd:complexType>
</xsd:schema>
```

8.1.2 命名空间方案

【R82】根 schema 模块应用一个唯一的标记表示。

所有根 schema 应指定一个唯一标记来表示命名空间前缀，该标记的前缀应该是“rsm”。

示例 25：根 Schema 模块的命名空间

```
xmlns:rsm = "urn:un:unece:uncefact:data:draft:PurchaseOrderRequest:1"
```

注：本部分中，“rsm”表示唯一的根 schema 标记。

8.1.3 导入和包含

【R83】"rsm:RootSchema"应导入以下 schema 模块:

- ram:可重用的 ABIE Schema 模块;
- udt:UDT Schema 模块;
- qdt:QDT Schema 模块。

根 schema 包含其命名空间中的所有内部 schema 模块。如果其他外部 schema 模块符合本部分,则必要时根 schema 可以导入这些外部 schema 模块。根 schema(根 schema A)也可以使用另一个根 schema(根 schema B)中的 ABIE 或其内部 schema 模块,见图 8。换句话说,就是重用了另一个命名空间中的类型定义和元素声明。举例说明,订单响应报文根 schema(根 schema A)可以使用订单请求报文 schema(根 schema B)中的 ABIE。此时,应把根 schema B 中相应的类型定义和元素声明导入到根 schema(根 schema A)中。为了实现这一目标,只需导入在命名空间中所需的必要的类型定义和元素声明的根 schema(根 schema B),因为它(根 schema B)已经包含了所有的内部 schema 模块。

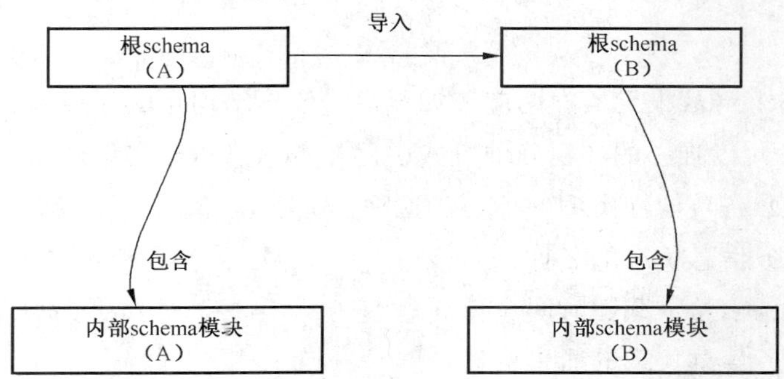

图 8 根 Schema 模块的导入和包含

【R84】如果命名空间 A 中的"rsm:RootSchema"取决于命名空间 B 中的类型定义或元素声明,则命名空间 A 中的"rsm:RootSchema"应导入命名空间 B 的"rsm:RootSchema"。

【R85】如果命名空间 A 中的"rsm:RootSchema"取决于命名空间 B 中的类型定义或元素声明,则命名空间 A 中的"rsm:RootSchema"应只导入"rsm:RootSchema"。

【R86】"rsm:RootSchema"应包含该根 schema 命名空间中的任一内部 schema 模块。

8.1.4 根元素声明

每个业务报文在根 schema 中仅有一个全局声明的根元素。全局元素要根据业务信息负载来命名,该业务信息负载表达和引用了包含实际业务信息的目标信息负载。

【R87】根元素应在"rsm:RootSchema"中声明。

【R88】根元素的名称应是业务信息负载的名称,删除其中的分隔符和空格。

【R89】根元素应声明为表示业务信息负载的"xsd:complexType"。

示例 26:根元素的名称

```
〈! -- ================================================================== -->
〈! -- ===== Root Element                                          ===== -->
〈! -- ================================================================== -->
  〈xsd:element name = "PurchaseOrderRequest" type = "rsm:PurchaseOrderRequestType"〉
  〈xsd:annotation〉
    …see annotation…
  〈/xsd:annotation〉
〈/xsd:element〉
```

8.1.5 类型定义

根 schema 只能定义一个"xsd:complexType",并且声明一个全局元素,它们完整描述了业务信息负载。

【R90】根 schema 应定义一个完整描述业务信息负载的"xsd:complexType"。

【R91】根 schema"xsd:complexType"的名称应在根元素的名称后加上"类型"。

示例 27:复杂类型定义的名称

```
<! -- ================================================================= -->
<! -- =====    Root Element    ===== -->
<! -- ============================ -->
<xsd:element name = "PurchaseOrderRequest" type = "rsm:PurchaseOrderRequestType">
  <xsd:annotation>
    …see annotation…
    </xsd:annotation>
</xsd:element>
  <xsd:complexType name = "PurchaseOrderRequestType">
    <xsd:sequence>
          …
      </xsd:sequence>
</xsd:complexType>
```

8.1.6 注释

【R92】"rsm:RootSchema"根元素声明应按如下模式给出结构化的注释集。

- 唯一的 ID(必备):以唯一的和明确的方式引用业务信息负载实例的标识符;
- 首字母缩写词(必备):构件类型的缩写。这种情况下,取值总是 RSM;
- 名称(必备):业务信息负载的名称;
- 版本(必备):业务信息负载随时间变化的标志;
- 定义(必备):业务信息负载的简单描述;
- 业务过程语境值(必备,可重复):与业务信息相关联的业务过程;
- 地理政治地区语境值(可选,可重复):业务信息负载的地理政治/地区语境;
- 官方约束语境值(可选,可重复):业务信息负载的官方约束语境;
- 产品语境值(可选,可重复):业务信息负载的产品语境;
- 行业语境值(可选,可重复):业务信息负载的行业语境;
- 业务过程角色语境值(可选,可重复):业务信息负载的角色语境;
- 支撑角色语境值(可选,可重复):业务信息负载的支撑角色语境;
- 系统能力语境值(可选,可重复):业务信息负载的系统能力语境。

8.2 内部 schema

内部 schema 模块应包含表达 ABIE 的 schema 结构,这些 ABIE 是针对给定的根 schema 而言的。内部 schema 模块与其根 schema 驻留在同一命名空间中。这些 ABIE 的 schema 结构遵从 8.3 中可重用的 ABIE 的规则。

8.2.1 schema 结构

为确保一致性和便于使用,每个内部 schema 应按照标准化的格式进行结构化,每个内部 schema 的格式应遵守附录 B 中相关部分的格式。

8.2.2 命名空间方案

【R93】所有的内部 schema 模块应与其相对应的根 Schema(即:"rsm:RootSchema")处于同一命名空间。

【R94】内部 schema 模块应使用与其"rsm:RootSchema"相同的标记来表示。

内部 schema 模块不声明目标命名空间,但是应驻留在其根 schema 命名空间中。通过使用"xsd:include"可以访问根 schema 中的内部 schema 模块。

8.2.3 导入和包含

内部 schema 模块可以导入或包含支持有效性验证所需的其他 schema 模块。

8.3 可重用的 ABIE

ABIE schema 模块是包含所有可重用的 ABIE 的 schema 实例,因此,该 schema 模块可以与任何根 schema 连用或导入到其中。

8.3.1 schema 结构

为确保一致性和便于使用,可重用的 ABIE schema 应按照标准化的格式进行结构化,可重用的 ABIE schema 的格式应遵守附录 B 中相关部分的格式。

示例 28:可重用的 ABIE schema 模块的结构

```
<? xml version = "1.0" encoding = "UTF-8"?>
<! -- ================================================================== -->
<! -- =====    Reusable ABIEs Schema Module                         ===== -->
<! -- ================================================================== -->
<! --
  Schema agency:UN/CEFACT
  Schema version:2.0
  Schema date:19 January 2006
  Copyright(C) UN/CEFACT(2006).All Rights Reserved.
  …see copyright information…
-->
<xsd:schema
targetNamespace =
…see namespace declaration…
xmlns:xsd = "http://www.w3.org/2001/XMLSchema" elementFormDefault = "qualified"
attributeFormDefault = "unqualified">
<! -- ================================================================== -->
<! -- ===== Imports                                                 ===== -->
<! -- ================================================================== -->
…see imports…
<! -- ================================================================== -->
<! -- ===== Type Definitions                                        ===== -->
<! -- ================================================================== -->
…see type defintions…
</xsd:schema>
```

8.3.2 命名空间方案

【R95】应使用标记"ram"表示可重用的 ABIE schema 模块。

示例 29:可重用的 ABIE schema 模块的命名空间

```
"urn:un:unece:uncefact:data:draft:ReusableAggregateBusinessInformationEntity:1"
```

示例 30:可重用的 ABIE schema 模块的 schema-element

```
<xsd:schema
targetNamespace =
"urn:un:unece:uncefact:data:draft:ReusableAggregateBusinessInformationEntity:1"
xmlns:ram =
"urn:un:unece:uncefact:data:draft:ReusableAggregateBusinessInformation:1"
```

8.3.3 导入和包含

【R96】"ram:ReusableAggregateBusinessInformationEntity"schema 应导入以下 schema 模块:

- "udt:UnqualifiedDataType"schema 模块
- "qdt:QualifiedDataType"schema 模块

示例 31:导入所需的模块

```
<! -- ================================================================== -->
<! -- ===== Imports                                                 ===== -->
<! -- ================================================================== -->
<! -- ===== Import of Qualified Date Type Schema Module              ===== -->
```

```
<!-- ======================================================================= -->
<xsd:import
  namespace =
  "urn:un:unece:uncefact:data:draft:QualifiedDateType:1"
schemaLocation = "http://www.unece.org/uncefact/data/draft/QualifiedDataType 1p3p6.xsd"/
>
<!-- ======================================================================= -->
<!-- ===== Import of Unqualified Data Type Schema Module               ===== -->
<!-- ======================================================================= -->
<xsd:import
  namespace = "urn:un:unece:uncefact:data:draft:UnqualifiedDataType:1"
schemaLocation = "http://www.unece.org/uncefact/data/draft/UnqualifiedDataTypes_1p3p6.xsd"/>
```

8.3.4 类型定义

【R97】语法中性模型中标识的每个对象类(ABIE)应定义为“xsd:complexType”,并给出名称。

【R98】ABIE“xsd:complexType”的名称应是 GB/T 20538.1—2006 中的字典条目名称或英文规范名称,删除其中的分隔符和空格,可以使用批准的缩略语和首字母缩写词,并将后缀“细目”用“类型”来代替。

【R99】每个 ABIE 的“xsd:complexType”定义应使用“xsd:sequence”和(或)“xsd:choice”元素,来表达其类的每个特性(BBIE 或 ASBIE)。

对于每个基于 ABIE 对象类的复杂类型定义,应为其定义 XML Schema 内容模型,以便用元素声明的方式表达该对象类的每个特性。元素的出现次数和先后顺序取决于其对应的 ABIE 细目(详细内容)。

【R100】不应循环出现“xsd:sequence”和(或)“xsd:choice”。

复杂类型不可以出现一个“序列(sequence)”紧接着另一个“序列(sequence)”或者一个“选择(choice)”紧接着另一个“选择(choice)”的情况,然而,可以交替出现“序列”和“选择”的情况,如示例 32～示例 34 所示。

示例 32:对象类中的“序列(sequence)”

```
<xsd:complexType name = "AccountType">
  <xsd:annotation>
    …see annotation…
  </xsd:annotation>
  <xsd:sequence>
    <xsd:element name = "ID" type = "udt:IDType"
      minOccurs = "0" maxOccurs = "unbounded">
      <xsd:annotation>
        …see annotation…
      </xsd:annotation>
    </xsd:element>
    <xsd:element name = "Status" type = "ram:StatusType"
      minOccurs = "0" maxOccurs = "unbounded">
      <xsd:annotation>
        …see annotation…
      </xsd:annotation>
    </xsd:element>
    <xsd:element name = "Name" type = "udt:NameType"
      minOccurs = "0" maxOccurs = "unbounded">
      <xsd:annotation>
        …see annotation…
      </xsd:annotation>
    </xsd:element>
    …
  </xsd:sequence>
</xsd:complexType>
```

示例 33:对象类中的“选择(choice)”

```
<xsd:complexType name = "LocationType">
  <xsd:annotation>
```

```
        …see annotation…
    </xsd:annotation>
    <xsd:choice>
      <xsd:element name = "GeoCoordinate" type = "ram:GeoCoordinateType" minOccurs = "0">
        <xsd:annotation>
          …see annotation…
        </xsd:annotation>
      </xsd:element>
      <xsd:element name = "Address" type = "ram:AddressType" minOccurs = "0">
        <xsd:annotation>
        …see annotation…
        </xsd:annotation>
      </xsd:element>
      <xsd:element name = "Location" type = "ram:LocationType"minOccurs = "0">
        <xsd:annotation>
        …see annotation…
        </xsd:annotation>
      </xsd:element>
    </xsd:choice>
</xsd:complexType>
```

示例 34:对象类“期限类型(PeriodType)”中的“序列(sequence)+选择(choice)”

```
<xsd:complexType name = "PeriodType">
  …
  <xsd:sequence>
    <xsd:element name = "DurationDateTime"
      type = "qdt:DurationDateTimeType" minOccurs = "0"
      maxOccurs = "unbounded">
      …
    </xsd:element>
    …
    <xsd:choice>
      <xsd:sequence>
        <xsd:element name = "StartTime" type = "udt:TimeType"
          minOccurs = "0">
          …
        </xsd:element>
        <xsd:element name = "EndTime" type = "udt:TimeType"
          minOccurs = "0">
          …
        </xsd:element>
      </xsd:sequence>
      <xsd:sequence>
        <xsd:element name = "StartDate" type = "udt:DateType"
          minOccurs = "0">
          …
        </xsd:element>
        <xsd:element name = "EndDate" type = "udt:DateType"
          minOccurs = "0">
          …
        </xsd:element>
      </xsd:sequence>
      <xsd:sequence>
        <xsd:element name = "StartDateTime" type = "udt:DateTimeType"
          minOccurs = "0">
          …
        </xsd:element>
        <xsd:element name = "EndDateTime" type = "udt:DateTimeType"
          minOccurs = "0">
        …
```

```
        </xsd:element>
      </xsd:sequence>
    </xsd:choice>
    </xsd:sequence>
  </xsd:complexType>
```

【R101】ABIE“xsd:complexType”中元素的顺序和出现次数应符合模型中 ABIE 的结构。

示例 35:ABIE 的类型定义

```
<!-- ================================================================== -->
<!-- ===== Type Definitions                                       ===== -->
<!-- ================================================================== -->
<xsd:complexType name="AccountType">
  <xsd:annotation>
    …see annotation…
  </xsd:annotation>
  <xsd:sequence>
    <xsd:element name="ID" type="udt:IDType"
      minOccurs="0"maxOccurs="unbounded">
      <xsd:annotation>
        …see annotation…
      </xsd:annotation>
    </xsd:element>
    …see element declaration…
  </xsd:sequence>
</xsd:complexType>
```

8.3.5 元素声明和引用

【R102】每个 ABIE 应声明为一个全局“xsd:element”,并给出元素名称。

每个 ABIE 都应声明为一个全局元素。

【R103】ABIE“xsd:element”的名称应是 GB/T 20538.1—2006 中的字典条目名称或英文规范名称,删除其中的分隔符和后缀“细目”,可以使用批准的缩略语和首字母缩写词。

【R104】每个 ABIE 全局元素声明应定义为该 ABIE 的“xsd:complexType”。

复杂类型定义的内容模型应包含 BBIE 的元素声明、复合聚合型 ASBIE 元素声明以及非复合聚合型 ASBIE 元素的引用。非复合聚合型 ASBIE 应声明为全局元素,BBIE 和复合聚合型 ASBIE 应声明为局部元素。

【R105】ABIE 中的 BBIE 应在该 ABIE 类型定义(xsd:complexType)中声明为局部元素,并给出元素名称。

【R106】每个 BBIE 的名称应由该 BBIE 的特性词、限定词和表示词组成。如果特性词以“标识(identification)”结束,而表示词是“标识符(identifier)”,则应删除“标识(identification)”;如果特性词以“指示(indication)”结束,而表示词是“指示符(indicator)”,则应从特性词中删除“指示(indication)”。

【R107】如果 BBIE 的表示词是“文本(text)”,则应删除“文本(text)”。

【R108】BBIE 元素应以“qdt:QualifiedDataType”或“udt:UnqualifiedDataType”schema 模块中所定义的合适的数据类型为基础。

【R109】对于“ccts:AssociationType”是复合关联的 ASBIE,应声明为局部元素,并给出元素名称。

应局部声明复合聚合型 ASBIE。

【R110】每个局部声明的 ASBIE,其元素名称应由 ASBIE 的特性词、限定词以及被关联的 ABIE 的对象类词和限定词组成。

【R111】每个局部声明的 ASBIE,应定义为其被关联的 ABIE 的“xsd:complexType”。

【R112】对于非复合聚合的 ASBIE 而言,应通过“xsd:ref”来引用被关联 ABIE 的全局声明元素。

对于非复合聚合的 ASBIE,被关联 ABIE 的全局声明元素应包含在所关联的 ASBIE 的内容模型中。

示例 36:ABIE 类型定义中的元素声明和引用

```
〈xsd:complexType name="PurchaseOrderRequestType"〉
  〈xsd:sequence〉
    〈xsd:element name="ID" type="udt:IDType"/〉
    〈xsd:element name="SellerParty" type="ram:SellerPartyType"/〉
    〈xsd:element name="BuyerParty" type="ram:BuyerPartyType"/〉
    〈xsd:element ref="ram:OrderedLineItem" maxOccurs="unbounded"/〉
  〈/xsd:sequence〉
〈/xsd:complexType〉
```

8.4 注释(Annotation)

【R113】每个 ABIE 的"xsd:complexType"定义应按如下模式给出结构化的注释集。

- 唯一的 ID(必备):以唯一的和明确的方式引用 ABIE 实例的标识符。
- 首字母缩写词(必备):构件类型的缩写。这种情况下,取值总是 ABIE。
- 字典条目名称(必备):ABIE 的官方名称。
- 版本(必备):ABIE 实例随时间变化的标志。
- 定义(必备):ABIE 的语义含义。
- 对象类词(必备):ABIE 的对象类词。
- 对象类限定词(可选):限定 ABIE 对象类的词。
- 使用规则(可选,可重复):描述适用于 ABIE 的特定条件的约束。
- 业务术语(可选,可重复):通常所知道的、用在业务中的 ABIE 的同义词。
- 业务过程语境值(可选,可重复):与该 ABIE 相关联的业务过程。
- 地理政治地区语境值(可选,可重复):该 ABIE 的地理政治/地区语境。
- 官方约束语境值(可选,可重复):该 ABIE 的官方约束语境。
- 产品语境值(可选,可重复):该 ABIE 的产品语境。
- 行业语境值(可选,可重复):该 ABIE 的行业语境。
- 业务过程角色语境值(可选,可重复):该 ABIE 的角色语境。
- 支撑角色语境值(可选,可重复):该 ABIE 的支撑角色语境。
- 系统能力语境值(可选,可重复):该 ABIE 的系统能力语境。
- 示例(可选,可重复):ABIE 的可能值举例。

示例 37:ABIE 的注释

```
〈xsd:complexType name="AccountType"〉
  〈xsd:annotation〉
    〈xsd:documentation xml:lang="en"〉
      〈ccts:UniqueID〉UN00000001〈/ccts:UniqueID〉
      〈ccts:Acronym〉ABIE〈/ccts:Acronym〉
      〈ccts:DictionaryEntryName〉Account. Details〈/ccts:DictionaryEntryName〉
      〈ccts:Version〉1.0〈/ccts:Version〉
      〈ccts:Definition〉A business arrangement whereby debits and/or credits arising from transactions are
recorded. This could be with a bank, i.e. a financial account, or a trading partner offering supplies or services 'on
account', i.e. a commercial account〈/ccts:Definition〉
      〈ccts:ObjectClassTerm〉Account〈/ccts:ObjectClassTerm〉
    〈/xsd:documentation〉
  〈/xsd:annotation〉
  …
〈/xsd:complexType〉
```

【R114】每个 ABIE 的"xsd:element"声明定义应按如下模式给出结构化的注释集:

- 唯一的 ID(必备):以唯一的和明确的方式引用 ABIE 实例的标识符。
- 首字母缩写词(必备):构件类型的缩写。这种情况下,取值总是 ABIE。
- 字典条目名称(必备):ABIE 的官方名称。

- 版本(必备):ABIE 实例随时间变化的标志。
- 定义(必备):ABIE 的语义含义。
- 对象类词(必备):ABIE 的对象类词。
- 对象类限定词(可选):限定 ABIE 对象类的词。
- 使用规则(可选,可重复):描述适用于 ABIE 的特定条件的约束。
- 业务术语(可选,可重复):通常所知道的、用在业务中的 ABIE 的同义词。
- 业务过程语境值(可选,可重复):与该 ABIE 相关联的业务过程。
- 地理政治地区语境值(可选,可重复):该 ABIE 的地理政治/地区语境。
- 官方约束语境值(可选,可重复):该 ABIE 的官方约束语境。
- 产品语境值(可选,可重复):该 ABIE 的产品语境。
- 行业语境值(可选,可重复):该 ABIE 的行业语境。
- 业务过程角色语境值(可选,可重复):该 ABIE 的角色语境。
- 支撑角色语境值(可选,可重复):该 ABIE 的支撑角色语境。
- 系统能力语境值(可选,可重复):该 ABIE 的系统能力语境。
- 示例(可选,可重复):ABIE 的可能值举例。

【R115】每个 BBIE 的"xsd:element"声明应按如下模式给出结构化的注释集:

- 唯一的 ID(必备):以唯一的和明确的方式引用 BBIE 实例的标识符。
- 首字母缩写词(必备):构件类型的缩写。这种情况下,取值总是 BBIE。
- 字典条目名称(必备):BBIE 的官方名称。
- 版本 ID(必备):BBIE 实例随时间变化的标志。
- 定义(必备):BBIE 的语义含义。
- 出现次数(必备):表示 BBIE 在 ABIE 中不可用、可选、必备和(或)可重复的特征。
- 对象类词(必备):父 ABIE 的对象类词。
- 对象类限定词(可选):限定父 ABIE 对象类的词。
- 特性词(必备):BBIE 的特性词。
- 特性限定词(可选):限定 BBIE 特性词的词。
- 主表示词(必备):BBIE 的主表示词。
- 使用规则(可选,可重复):描述适用于 BBIE 的特定条件的约束。
- 业务过程语境值(可选,可重复):与该 BBIE 相关联的业务过程。
- 地理政治地区语境值(可选,可重复):该 BBIE 的地理政治/地区语境。
- 官方约束语境值(可选,可重复):该 BBIE 的官方约束语境。
- 产品语境值(可选,可重复):该 BBIE 的产品语境。
- 行业语境值(可选,可重复):该 BBIE 的行业语境。
- 业务过程角色语境值(可选,可重复):该 BBIE 的角色语境。
- 支撑角色语境值(可选,可重复):该 BBIE 的支撑角色语境。
- 系统能力语境值(可选,可重复):该 BBIE 的系统能力语境。
- 业务术语(可选,可重复):通常所知道的、用在业务中的 BBIE 的同义词。
- 示例(可选,可重复):BBIE 的可能值举例。

示例 38:BBIE 的注释

```
<xsd:element name = "ID" type = "udt:IDType"
  minOccurs = "0" maxOccurs = "unbounded">
  <xsd:annotation>
    <xsd:documentation xml:lang = "en">
      <ccts:UniqueID>UN00000002</ccts:UniqueID>
```

```
      <ccts:Acronym>BBIE</ccts:Acronym>
      <ccts:DictionaryEntryName>Account. Identifier</ccts:DictionaryEntryName>
      <ccts:Version>1.0</ccts:Version>
      <ccts:Definition>The identification of a specific account.
      </ccts:Definition>
      </ccts:Cardinality>0..n</ccts:Cardinality>
      <ccts:ObjectClassTerm>Account</ccts:ObjectClassTerm>
      <ccts:PropertyTerm>Identifier</ccts:PropertyTerm>
<ccts:PrimaryRepresentationTerm>Identifier</ccts:PrimaryRepresentationTerm>
      <ccts:BusinessTerm>Account Number</ccts:BusinessTerm>
    </xsd:documentation>
  </xsd:annotation>
</xsd:element>
```

【R116】每个 ASBIE 的“xsd:element”定义应按如下模式给出结构化的注释集。

- 唯一的 ID(必备):以唯一的和明确的方式引用 ASBIE 实例的标识符。
- 首字母缩写词(必备):构件类型的缩写。这种情况下,取值总是 ASBIE。
- 字典条目名称(必备):ASBIE 的官方名称。
- 版本(必备):ASBIE 实例随时间变化的标志。
- 定义(必备):ASBIE 的语义含义。
- 出现次数(必备):表示 ASBIE 在 ABIE 中不可用、可选、必备和(或)可重复的特征。
- 对象类词(必备):所关联的 ABIE 的对象类词。
- 对象类限定词(可选):限定所关联的 ABIE 对象类词的词。
- 关联类型(必备):ASBIE 的关联类型。
- 特性词(必备):ASBIE 的特性词。
- 特性限定词(可选):限定 ASBIE 特性词的词。
- 被关联的对象类词(必备):被关联的 ABIE 的对象类词。
- 被关联的对象类限定词(可选):限定被关联的 ABIE 对象类词。
- 业务过程语境值(可选,可重复):与该 ASBIE 相关联的业务过程。
- 地理政治地区语境值(可选,可重复):该 ASBIE 的地理政治/地区语境。
- 官方约束语境值(可选,可重复):该 ASBIE 的官方约束语境。
- 产品语境值(可选,可重复):该 ASBIE 的产品语境。
- 行业语境值(可选,可重复):该 ASBIE 的行业语境。
- 业务过程角色语境值(可选,可重复):该 ASBIE 的角色语境。
- 支撑角色语境值(可选,可重复):该 ASBIE 的支撑角色语境。
- 系统能力语境值(可选,可重复):该 ASBIE 的系统能力语境。
- 使用规则(可选,可重复):描述适用于 ASBIE 的特定条件的约束。
- 业务术语(可选,可重复):通常所知道的、用在业务中的 ASBIE 的同义词。
- 示例(可选,可重复):ASBIE 的可能值举例。

示例 39:ASBIE 的注释

```
<xsd:element name="Status" type="ram:StatusType"
  minOccurs="0" maxOccurs="unbounded">
  <xsd:annotation>
    <xsd:documentation xml:lang="en">
      <ccts:UniqueID>UN00000003</ccts:UniqueID>
      <ccts:Acronym>ASCC</ccts:Acronym>
      <ccts:DictionaryEntryName>Account. Status</ccts:DictionaryEntryName>
      <ccts:Version>1.0</ccts:Version>
      <ccts:Definition>Associated status information related to account details.</ccts:Definition>
      <ccts:Cardinality>0..n</ccts:Cardinality>
```

```
        <ccts:ObjectClassTerm>Account</ccts:ObjectClassTerm>
        <ccts:AssociationType>Composition</ccts:AssociationType>
        <ccts:PropertyTerm>Status</ccts:PropertyTerm>
        <ccts:AssociatedObject ClassTerm>Status
        </ccts:AssociatedObjectClassTerm>
      </xsd:documentation>
    </xsd:annotation>
  </xsd:element>
```

8.5 核心构件类型(CCT)

8.5.1 CCT 模块的使用

CCT 模块的目的是定义 UDT 所基于的 CCT，该模块仅用于参考并且不应被包含在或导入到任何 schema 中。附录 C 给出了 CCT 模块规范格式的 schema。

8.5.2 schema 结构

为确保一致性和便于使用，CCT schema 模块应按照标准化的格式进行结构化，CCT schema 模块的格式应遵守附录 B 中相关部分的格式。

示例 40：CCT schema 模块的结构

```
<? xml version="1.0" encoding="utf-8"?>
<! -- ==================================================================== -->
<! -- ===== Core Component Type Schema Module                        ===== -->
<! -- ==================================================================== -->
<! --
  Scheme agency:UN/CEFACT
  Scheme version:2.0
  Schema date:17 January 2006
  Copyright(C) UN/CEFACT(2006).All Rights Reserved.
  …see copyright information…
-->
<xsd:schema
targetNamespace=
  …see namespace…
xmlns:xsd="http://www.w3.org/2001/XMLSchema"
elementFormDefault="qualified" attributeFormDefault="unqualified">
<! -- ==================================================================== -->
<! -- ===== Type Definitions                                         ===== -->
<! -- ==================================================================== -->
<! -- ===== CCT:AmountType                                           ===== -->
<! -- ==================================================================== -->
…see type definitions…
</xsd:schema>
```

8.5.3 命名空间方案

【R117】应使用标记“cct”表示 CCT schema 模块。

示例 41：CCT schema 模块的命名空间

```
"urn:un:unece:uncefact:documentation:draft:CoreComponentType:2"
```

或

示例 42：CCT schema 模块的命名空间

```
<xsd:schema
targetNamespace="urn:un:unece:uncefact:documentation:draft:CoreComponentType:2"
xmlns:cct="urn:un:unece:uncefact:documentation:draft:CoreComponentType:2"
xmlns:xsd=http://www.w3.org/2001/XMLSchema
elementFormDefault="qualified" attributeFormDefault="unqualified">
```

8.5.4 导入(imports)和包含(includes)

CCT 的 schema 模块不应导入或包含任何其他 schema 模块。

【R118】“cct:CoreComponentType”schema 模块不应包含或导入任何其他 schema 模块。

8.5.5 类型定义

【R119】在 CCT Schema 模块中，每个 CCT 应定义为“xsd:complexType”，并给出名称。

【R120】每个基于 CCT 的 “xsd:complexType”名称应是 GB/T 20538.1—2006 中 CCT 的字典条目名称或英文规范名称，删除其中的分隔符和空格，并可以使用批准的缩略语。

【R121】CCT 的“xsd:complexType”定义应包含一个“xsd:simpleContent”元素。

【R122】CCT“xsd:complexType”定义中的“xsd:simpleContent”元素应包含一个“xsd:extension”元素，该“xsd:extension”元素应包括基于 XSD 的属性，该属性定义了 CCT 内容构件所需的特定 XSD 内置的数据类型。

【R123】在 CCT 的“xsd:extension”元素中，应为 CCT 的每个补充构件声明“xsd:attribute”。

示例 43:CCT 类型定义

```
<!-- ===== Type Definitions                                        ===== -->
<!-- ================================================================== -->
<!-- ===== CCT:AmountType                                          ===== -->
<!-- ================================================================== -->
<xsd:complexType name="AmountType">
  <xsd:annotation>
    …see annotation…
</xsd:annotation>
<xsd:simpleContent>
  <xsd:extension base="xsd:decimal">
    <xsd:attribute name="currencyID" type="xsd:token" use="optional"
    <xsd:annotation>
        …see annotation…
      </xsd:annotation>
    </xsd:attribute>
    …see attribute declaration…
    </xsd:extension>
  </xsd:simpleContent>
</xsd:complexType>
```

8.5.6 属性(attribute)声明

GB/T 19256.9—2006 没有规定 CCT 补充构件的字典条目名称的构成。然而，为了确保用规范化的方法将补充构件声明为属性，本部分采用了 GB/T 18391.5 中的命名概念。具体来说，本部分是按 GB/T 19256.9中所述的对象类、特性词和表示词的方法来定义字典条目名称。字典条目的构成在每个 CCT schema 模块补充构件的注释信息中给出。

【R124】CCT 补充构件的“xsd:attribute”“名称(name)”应是 CCT 补充构件的字典条目名称或英文名称，删除其中的分隔符和空格。

【R125】如果补充构件字典条目名称或英文名称的对象类包含父 CCT 的表示词，则应从补充构件的“xsd:attribute”名称中删除重复的对象类字或词。

【R126】如果补充构件字典条目名称或英文名称的对象类包含“标识(identification)”，则应从补充构件的“xsd:attribute”名称中删除“标识(identification)”。

【R127】如果补充构件字典条目名称或英文名称的表示词是“文本(text)”，则应从补充构件的“xsd:attribute”名称中删除该表示词。

【R128】表示补充构件的属性应以合适的、XSD 内置的数据类型为基础。

示例 44:非代码或标识符的补充构件

```
<xsd:complexType name="BinaryObjectType'>
  …
  <xsd:simpleContent>
    <xsd:extension base="xsd:base64Binary">
      <xsd:attribute name="format" type="xsd:string"use="optional">
      …
```

```
      </xsd:attribute>
      …
    </xsd:extension>
  </xsd:simpleContent>
</xsd:complexType>
```

8.5.7 扩展(extension)和约束(restriction)

CCT schema 模块是以 CCT 为基础的通用模块,不使用约束(restriction)和扩展(extension)。

8.5.8 注释(annotation)

【R129】每个 CCT 的"xsd:complexType"定义应按如下模式给出结构化的注释集。

- 唯一的 ID(必备):以唯一的和明确的方式引用 CCT 实例的标识符。
- 首字母缩写词(必备):构件类型的缩写。这种情况下,取值总是 CCT。
- 字典条目名称(必备):CCT 的官方名称。
- 版本(必备):CCT 实例随时间变化的标志。
- 定义(必备):CCT 的语义含义。
- 主表示词(必备):CCT 的主表示词。
- 基本类型(必备):CCT 的基本数据类型。
- 使用规则(可选,可重复):描述适用于 CCT 的特定条件的约束。
- 业务术语(可选,可重复):通常所知道的、用在业务中的 CCT 的同义词。
- 示例(可选,可重复):CCT 的可能值举例。

示例 45:CCT 的注释

```
…see type definition…
  <xsd:annotation>
    <xsd:documentation xml:lang = "en">
      <ccts:UniqueID>UNDT000001</ccts:UniqueID>
      <ccts:Acronym>CCT</ccts:Acronym>
      <ccts:DictionaryEntryName>Amount. Type</ccts:DictionaryEntryName>
      <ccts:Version>1.0</ccts:Version>
      <ccts:Definition>A number of monetary units specified in a currency
         where the unit of the currency is explicit or
         implied.</ccts:Definition>
      <ccts:PrimitiveType>decimal</ccts:PrimitiveType>
    </xsd:documentation>
    </xsd:annotation>
…see type definition…
```

【R130】每个补充构件的"xsd:attribute"声明应按如下模式给出结构化的注释集。

- 名称(必备):补充构件的官方名称;
- 定义(必备):补充构件的语义含义;
- 对象类词(必备):补充构件的对象类;
- 特性词(必备):补充构件的特性词;
- 基本类型(必备):补充构件的基本数据类型;
- 使用规则(可选,可重复):描述适用于补充构件的特定条件的约束;
- 示例(可选,可重复):BCC 的可能值举例。

示例 46:补充构件的注释

```
…see attribute declaration…
<xsd:annotation>
  <xsd:documentation xml:lang = "en">
    <ccts:DictionaryEntryName>Amount. Currency.
Identifier</ccts:DictionaryEntryName>
    <ccts:Definition>The currency of the amount.</ccts:Definition>
    <ccts:ObjectClassTerm>Amount</ccts:ObjectClassTerm>
```

```
    <ccts:PropertyTerm>Currency</ccts:PropertyTerm>
    <ccts:PrimaryRepresentationTerm>Identifier</ccts:PrimaryRepresentationTerm>
    <ccts:PrimitiveType>string</ccts:PrimitiveType>
  </xsd:documentation>
</xsd:annotation>
…see attribute declaration…
```

8.6 未限定的数据类型(UDT)

8.6.1 UDT 模块的使用

UDT schema 模块为 GB/T 19256.9 中的所有主表示词和副表示词定义了数据类型。所有的数据类型应定义为"xsd:complexType"或"xsd:simpleType",并且仅应体现 GB/T 19256.9 中规定的和经过实践总结的约束条件。

8.6.2 schema 结构

为确保一致性和便于使用,UDT schema 应按照标准化的格式进行结构化,UDT schema 的格式应遵守附录 B 中相关部分的格式。

示例 47:UDT schema 模块的结构

```
<? xml version = "1.0" encoding = "utf-8"?>
<! -- ==================================================================== -->
<! -- ===== Unqualified Data Type Schema Module                      ===== -->
<! -- ==================================================================== -->
<! --
  Scheme agency:UN/CEFACT
  Scheme version:2.0
  Schema date:17 January 2006
  Copyright(C) UN/CEFACT(2006). All Rights Reserved.
  …see copyright information…
-->
<xsd:schema targetNamespace =
  …see namespace…
xmlns:xsd = "http://www.w3.org/2001/XMLSchema" elementFormDefault = "qualified"
attributeFormDefault = "unqualified">
<! -- ==================================================================== -->
<! -- ===== Imports                                                  ===== -->
<! -- ==================================================================== -->
  …see imports…
<! -- ==================================================================== -->
<! -- ===== Type Definitions                                         ===== -->
<! -- ==================================================================== -->
<! -- ===== Amount Type                                              ===== -->
<! -- ==================================================================== -->
<xsd:complexType name = "AmountType">
  …see type definition…
</xsd:complexType>
…
</xsd:schema>
```

8.6.3 命名空间方案

【R131】应使用标记"udt"表示 UDT schema 模块的命名空间。

示例 48:UDT schema 模块的命名空间

```
"urn:un:unece:uncefact:data:draft:UnqualifiedDataType:1"
```

示例 49:UDT schema 模块的 schema-element

```
<xsd:schema
targetNamespace = "urn:un:unece:uncefact:data:draft:UnqualifiedDataType:1"
xmlns:udt = "urn:un:unece:uncefact:data:draft:UnqualifiedDataType:1"
xmlns:xsd = http://www.w3.org/2001/XMLSchema
elementFormDefault = "qualified" attributeFormDefault = "unqualified">
```

8.6.4 导入(imports)和包含(includes)

UDT schema 应导入补充构件所用的任意代码表和标识符列表 schema 模块,除此之外,不应导入任意其他的 schema 模块。

【R132】"udt:UnqualifiedDataType"schema 仅应导入以下 schema 模块:

- ids:IdentifierList schema 模块;
- clm:CodeList schema 模块。

示例 50:导入(imports)

```
<! -- ===== Imports                                                    ===== -->
<! -- ================================================================ -->
<! -- ===== Imports of Code Lists                                       ===== -->
<! -- ================================================================ -->
<xsd:import namespace =
  "urn:un:unece:uncefact:codelist:draft:6:3403:D.04A"
schemaLocation = "http://www.unece.org/uncefact/codelist/draft/63403 D.04A.xsd"/>
<!  ===== Imports of Identifier Lists                                 ===== -->
<! -- ================================================================ -->
<xsd:import namespace =
  "urn:un:unece:uncefact:identifierlist:draft:5:3166-1:1977"
schemaLocation = "http://www.unece.org/uncefact/identifierlist/standard/53166-1.1997.xsd"/>
```

8.6.5 类型定义

【R133】应为每个批准的主表示词和副表示词定义 UDT,GB/T 19256.9 允许使用的表示词表中规定了这些主表示词和副表示词。

在 UDT schema 模块中,每个 UDT 都表示为"xsd:complexType"或"xsd:simpleType"。UDT 应以 GB/T 19256.9 中规定的 CCT 为基础来定义。

【R134】UDT 的名称应在主表示词和副表示词的字典条目名称后加上"Type",删除其中的分隔符和空格。

【R135】如果 UDT 的补充构件可以直接映射为 XSD 内置数据类型,则应在"udt:UnqualifiedDataType"schema 模块中将该 UDT 定义为"xsd:simpleType",并给出"xsd:simpleType"的名称。

按照本部分的原则和规则,如果 XSD 内置的数据类型满足了数据类型补充构件的功能,则 UDT 应以 XSD 内置的该数据类型为基础。

【R136】UDT"xsd:simpleType"应包含一个"xsd:restriction"元素,该"xsd:restriction"元素应包括一个"xsd:base"属性,该属性规定了内容构件所需的特定 XSD 内置数据类型。

【R137】如果 UDT 的补充构件不对应于 XSD 内置数据类型,则应在"udt:UnqualifiedDataType" schema 模块中将该 UDT 定义为"xsd:complexType"。

当 UDT 需要表达出补充构件而不直接映射为"xsd:simpleType"时,应将它定义为"xsd:complexType"。

【R138】UDT 的"xsd:complexType"定义应包含一个"xsd:simpleContent"元素。

【R139】UDT 的"xsd:complexType"的"xsd:simpleContent"元素应包含一个"xsd:extension"元素。该"xsd:extension"元素应包括"xsd:base"属性。该"xsd:base"属性规定了内容构件所需的特定 XML Schema 内置数据类型。

8.6.6 属性声明

每个 CCT 补充构件应声明为复杂类型的属性。在某些情况下,会出现同一元素的多次重复现象,如果要为其反复提供表达代码表和标识符列表元数据所需的属性,这是非常繁琐的。代码表和标识符列表命名空间方案包括了 CCT"代码.类型(code. Type)和标识符.类型(identifier. Type)"的某些补充构件。如果实施要求该元数据作为属性来表达,而不是命名空间声明的一部分,则应规定一个具有附加属性(该附加属性表示了缺少的补充构件)的 QDT。

【R140】在 UDT 的“xsd:complexType”的“xsd:extension”元素内,应为每个 CCT 的补充构件声明“xsd:attribute”。

表示补充构件的属性应基于 CCT 补充构件来命名。用户声明的属性可以基于下列类型:

- 如果特定的补充构件是可变值,则基于 XSD 内置类型;
- 如果特定的补充构件是代码值,则基于代码表简单类型,或;
- 如果特定的补充构件是标识符值,则基于标识符方案的简单类型。

对于某些 CCT 而言,GB/T 19256.9 以将其指向某些约束型代码或标识符列表的形式标识了约束条件。这些约束型列表应在代码表或标识符 schema 模块中声明,并且 UDT 应引用这些表。

【R141】补充构件“xsd:attribute”的名称应是补充构件的名称,删除其中的分隔符和空格,并可以使用批准的缩略语和首字母缩写词。

【R142】如果补充构件字典条目名称的对象类包含表示词的名称,则应从补充构件“xsd:attribute”的名称中删除重复的对象类词。

【R143】如果补充构件字典条目名称的对象类包含词“标识(identification)”,则应从补充构件“xsd:attribute”的名称中删除词“标识(identification)”。

【R144】如果补充构件字典条目名称的表示词是“文本(text)”,则应从补充构件“xsd:attribute”的名称中删除该表示词。

示例 51:UDT 的类型定义

```
〈! -- ===== Type Definitions                                    ===== --〉
〈! -- ================================================================ --〉
〈! -- ===== Amount. Type                                        ===== --〉
〈! -- ================================================================ --〉
 〈xsd:complexType name = "AmountType"〉
  〈xsd:annotation〉
   …see annotation…
  〈/xsd:annotation〉
  〈xsd:simpleContent〉
   〈xsd:extension base = "xsd:decimal"〉
    〈xsd:attribute name = "currencyCoce"
     type = "clm54217-A:CurrencyCodeContentType" use = "optional"〉
     〈xsd:annotation〉
      …see annotation…
     〈/xsd:annotation〉
    〈/xsd:attribute〉
   〈xsd:attribute name = "currencyCodeListVersionID"type = "xsd:token" use = "optional"〉
     〈xsd:annotation〉
      …see annotation…
     〈/xsd:annotation〉
    〈/xsd:attribute〉
   〈/xsd:extension〉
  〈/xsd:simpleContent〉
〈/xsd:complexType〉
〈! -- ================================================================ --〉
〈! -- ===== Binary Object. Type                                 ===== --〉
〈! -- ================================================================ --〉
 〈xsd:complexType name = "BinaryObjectType"〉
  〈xsd:annotation〉
   …see annotation…
  〈/xsd:annotation〉
  〈xsd:simpleContent〉
   〈xsd:extension base = "xsd:base64Binary"〉
    〈xsd:attribute name = "mimeCode"  type = "clmIANAMIMEMediaType:MIMEMediaTypeContentType"〉
```

```
        〈xsd:annotation〉
          …see annotation…
        〈/xsd:annotation〉
       〈/xsd:attribute〉
      〈xsd:attribute name = "encodingCode" type = "clm60133:CharacterSetEncodingCodeContentType" use = "op-
tional"〉
        〈xsd:annotation〉
          …see annotation…
        〈/xsd:annotation〉
       〈/xsd:attribute〉
     〈xsd:attribute name = "characterSetCode"
        type = "clmIANACharacterSetCode:CharacterSetcodeContentType" use = "optional" 〉
        〈xsd:annotation〉
          …see annotation…
        〈/xsd:annotation〉
           〈/xsd:attribute〉
    〈xsd:attribute name = "uri" type = "xsd:anyURI" use = "optional"〉
        〈xsd:annotation〉
          …see annotation…
        〈/xsd:annotation〉
             〈/xsd:attribute〉
    〈xsd:attribute name = "filename" type = "xsd:string" use = "optional"〉
        〈xsd:annotation〉
          …see annotation…
        〈/xsd:annotation〉
       〈/xsd:attribute〉
   〈/xsd:extension〉
     〈/xsd:simpleContent〉
   〈/xsd:complexType〉
```

【R145】如果补充构件的表示词是“代码”,并且要求有效性验证,则表示该补充构件的属性应以适当的外部导入代码表所定义的“xsd:simpleType”为基础。

用户声明的属性取决于特定补充构件表示词的类型。附录F给出了表示词到用户声明的属性之间的映射关系。

示例52:补充构件是代码的情况

```
  〈xsd:complexType name = "MeasureType"〉
   〈xsd:simpleContent〉
      〈xsd:extension base = "xsd:decimal〉
       〈xsd:attribute name = "unitCode"
            type = "clm6Recommendation20:MeasurementUnitCommonCodeContentType"
   use = "optional"〉
            …
       〈/xsd:attribute〉
       …
     〈/xsd:extension〉
   〈/xsd:simpleContent〉
  〈/xsd:complexType〉
```

【R146】如果补充构件的表示词是“标识符”,并且要求有效性验证,则表示该补充构件的属性应以适当的外部导入标识符列表所定义的“xsd:simpleType”为基础。

示例53:补充构件是标识符的情况

```
  〈xsd:complexType name = "AmountType"〉
   〈xsd:annotation〉
     …
   〈/xsd:annotation〉
   〈xsd:simpleContent〉
    〈xsd:extension base = "xsd:decimal"〉
      〈xsd:attribute name = "currencyID"
```

```
        type = "clm54217-A:CurrencyCodeContentType" use = "required">
      ...
    </xsd:attribute>
  </xsd:extension>
</xsd:simpleContent>
</xsd:complexType>
```

【R147】如果补充构件表示词既不是“代码”,也不是“标识符”,则表示该补充构件的属性应以适当的 XSD 内置数据类型为基础。

示例 54:补充构件既不是代码也不是标识符的情况

```
<xsd:complexType name = "BinaryObjectType">
  ...
  <xsd:simpleContent>
    <xsd:extension base = "xsd:base64Binary">
      <xsd:attribute name = "format" type = "xsd:string" use = "optional">
        ...
      </xsd:attribute>
        ...
    </xsd:extension>
  </xsd:simpleContent>
</xsd:complexType>
```

8.6.7 扩展(extension)和约束(restriction)

通过创建 QDT 模块可以对 UDT 进行进一步约束,这些 QDT 在“qdt:QualifiedDataType”schema 模块中被定义。

8.6.8 注释

【R148】每个 UDT 的“xsd:complexType”或“xsd:simpleType”定义应按如下模式给出结构化的注释集:

- 唯一的 ID(必备):以唯一的和明确的方式引用 UDT 实例的标识符。
- 首字母缩写词(必备):构件类型的缩写。这种情况下,取值总是 UDT。
- 字典条目名称(必备):UDT 的官方名称。
- 版本(必备):UDT 实例随时间变化的标志。
- 定义(必备):UDT 的语义含义。
- 基本类型(必备):UDT 的基本数据类型。
- 使用规则(可选,可重复):描述适用于 UDT 的特定条件的约束。
- 示例(可选,可重复):UDT 的可能值举例。

示例 55:UDT 的注释

```
…see complex type definition…
<xsd:annotation>
  <xsd:documentation xml:lang = "en">
    <ccts:UniqueID>UNDT000001</ccts:UniqueID>
    <ccts:Acronym>UDT</ccts:Acronym>
    <ccts:DictionaryEntryName>Amount. Type</ccts:DictionaryEntryName>
    <ccts:Version>1.0</ccts:Version>
    <ccts:Definition>A number of monetary units specified in a currency where the
unit of the currency is explicit or implied.</ccts:Definition>
   <ccts:PrimitiveType>decimal</ccts:PrimitiveType>
 </xsd:documentation>
</xsd:annotation>
…see complex type definition…
```

【R149】每个补充构件的“xsd:attribute”声明应按如下模式给出结构化的注释集:

- 唯一的 ID(必备):以唯一的和明确的方式引用补充构件实例的标识符。
- 首字母缩写词(必备):构件类型的缩写。这种情况下,取值总是 SC。

- 字典条目名称(必备):补充构件的官方名称。
- 定义(必备):补充构件的语义含义。
- 对象类词名称(必备):补充构件的对象类。
- 特性词名称(必备):补充构件的特性词。
- 示例(可选,可重复):BCC 的可能值举例。

示例 56:补充构件的注释

```
…see complex type definition…
<xsd:attribute name = "cureencyID" type = "iso4217:CurrencyCodeContentType"
  use = "required">
  <xsd:annotation>
      <xsd:documentation xml:lang = "en">
         <ccts:Acronym>SC</ccts:Acronym>
         <ccts:DictionaryEntryName>Amount.currency.Identifier
         </ccts:DictionaryEntryName>
         <ccts:Definition>The currency of the amount.</ccts:Definition>
         </ccts:ObjectClassTerm>Amount</ccts:ObjectClassTerm>
         <ccts:PropertyTerm>Currency</ccts:PropertyTerm>
         <ccts:PrimitiveType>decimal</ccts:PrimitiveType>
      </xsd:documentation>
  </xsd:annotation>
</xsd:attribute>
 …see complex type definition…
```

8.7 限定的数据类型(QDT)

为了确保 QDT 与本部分模块的一致性,以及实现可重用的目标,需要创建单独的 schema 模块来定义所有的 QDT。QDT schema 模块名称应符合本部分中 schema 模块的命名方法,QDT schema 模块应由可重用的 ABIE schema 模块和所有的根 schema 模块使用。

8.7.1 QDT 模块的使用

UDT schema 模块中定义了"xsd:complexType"或"xsd:simpleType"两种数据类型。这些类型旨在用作某些(但不是全部)表示为"xsd:element"的 BBIE 的"xsd:base"类型。因为业务过程建模体现了对特定数据类型的需求,所以需要定义新的限定型类型。QDT 对于定义代码表和标识符列表也应是必需的,这些新的 QDT 应基于 UDT,并且应表达一种语义或对 UDT 的技术约束。如果 QDT 的补充构件可以直接映射到 XSD 内置数据类型的特性,则应以"xsd:restriction"或新的"xsd:simpleType"对 UDT 进行约束。

8.7.2 schema 结构

为确保一致性和便于使用,QDT schema 应按照标准化的格式进行结构化,QDT schema 的格式应遵守附录 B 中相关部分的格式。

示例 57:QDT schema 模块的结构

```
<?xml version = "1.0" encoding = "utf-8"?>
<!-- =====   Qualified Data Type Schema Module                       ===== -->
<!-- ====================================================================== -->
<!--
   Schema agency:  UN/CEFACT
   Schema version:  2.0
   Schema date:   17 January 2006
   Copyright (C) UN/CEFACT (2006). All Rights Reserved
 …see copyright information…
-->
<xsd:schema targetNamespace =
 …see namespace…
 xmlns:xsd = "http://www.w3.org/2001/XMLSchema"
 elementFormDefault = "qualified" attributeFormDefault = "unqualified">
```

```
<! -- =================================================================== -->
<! -- ===== Imports                                                ===== -->
<! -- =================================================================== -->
…see imports…
<! -- =================================================================== -->
<! -- ===== Type Definitions                                               -->
<! -- =================================================================== -->
…see type definitions…
</xsd:schema>
```

8.7.3 命名空间方案

【R150】应使用标记“qdt”表示 QDT schema 模块的命名空间。

示例 58:命名空间的名称

```
"urn:un:unece:uncefact:data:draft:QualifiedDataType:1"
```

示例 59:schema 元素

```
<xsd:schema
targetNamespace = "urn:un:unece:uncefact:data:draft:QualifiedDataType:1"
xmlns:udt = "urn:un:unece:uncefact:data:draft:UnqualifiedDataTypeSchema:1"
xmlns:qdt = "urn:un:unece:uncefact:data:draft:QualifiedDataTypeSchemaModule:1"
xmlns:xsd = http://www.w3.org/2001/XMLSchema
elementFormDefault = "qualified" attributeFormDefault = "unqualified">
```

8.7.4 导入(imports)和包含(includes)

【R151】“qdt:QualifiedDataType”schema 模块应导入“udt:UnqualifiedDataType”schema 模块。

QDT 应从 UDT、代码表和标识符列表 schema 模块所定义的数据类型中导出。

注:根据需要,可以导入那些没有被“udt:UnqualifiedDataType”schema 模块导入但又是报文设计所需的内部和外部代码表以及标识符方案 schema 模块。

8.7.5 类型定义

【R152】在需要对现有的 UDT 刻面约束进行更改的地方,应在“qdt:QualifiedDataType”schema 模块中定义新的数据类型。

【R153】QDT 应以 UDT 为基础,并且给 UDT 附加一些语义和(或)技术约束。

【R154】QDT 的名称应是其所基于的 UDT 名称,删除其中的分隔符和空格,并且增加限定词。

【R155】每个以 UDT 的“xsd:complexType”为基础的 QDT(这些 QDT 的补充构件直接映射到 XSD 内置数据类型的特性):

- 应定义为“xsd:simpleType”;
- 应包含一个“xsd:restriction”元素;
- 应包含“xsd:base”属性(该属性规定了内容构件所需的特定的 XSD 内置数据类型)。

QDT 可以从 UDT 的“xsd:complexType”或“xsd:simpleType”或代码表或标识符列表 schema 模块内容类型中得出。

注:如果需要标准格式的内置数据类型(如:日期时间)的非标准变体(如:年月),则需要定义“文本类型(textType)”UDT 的 QDT,并具有合适的特定约束,如“pattern”来规定所需的格式。

示例 60:类型定义

```
<! -- =================================================================== -->
<! -- ===== Type Definitions                                               -->
<! -- =================================================================== -->
<! -- ===== Qualified Data Type based on DateTime Type             ===== -->
<! -- =================================================================== -->
<! -- =====   Day_ Date. Type                                      ===== -->
<! -- =================================================================== -->
<xsd:simpleType name = "DayDateType">
    <xsd:annotation>
        …see annotation…
    </xsd:annotation>
```

```
    <xsd:restriction base = "xsd:gDay"/>
  </xsd:simpleType>
  ...
  <!-- ================================================================= -->
  <!-- =====   Qualified Data Type based on Text.Type            ===== -->
  <!-- ================================================================= -->
  <!-- =====   Description_ Text.Type                            ===== -->
  <!-- ================================================================= -->
  <xsd:complexType name = "DescriptionTextType">
     <xsd:annotation>
        ...see annotation...
     </xsd:annotation>
     <xsd:simpleContent>
        <xsd:restriction base = "udt:TextType"/>
     </xsd:simpleContent>
  </xsd:complexType>
  ...
  <!-- ================================================================= -->
  <!-- ===== Qualified Data Type based on Identifier.Type          ===== -->
  <!-- ================================================================= -->
  <!-- =====   Uniform Resource_ Identifier. Type                ===== -->
  <!-- ================================================================= -->
  <xsd:simpleType name = "URIType">
     <xsd:annotation>
        ...see annotation...
     </xsd:annotation>
    <xsd:restriction base = "xsd:anyURI"/>
  </xsd:simpleType>
  ...
  <!-- ================================================================= -->
  <!-- =====   Country_Identifier.Type                           ===== -->
  <!-- ================================================================= -->
  <xsd:simpleType name = "CountryIDType">
     <xsd:annotation>
        ...see annotation...
     </xsd:annotation>
    <xsd:restriction base = "ids53166:CountryCodeContentType"/>
  </xsd:simpleType>
  ...
```

【R156】每个以UDT的“xsd:complexType”为基础的QDT(这些QDT的补充构件不直接映射到XSD内置数据类型的特性):

- 应定义为“xsd:complexType”;
- 应包含一个“xsd:simpleContent”元素;
- 应包含一个“xsd:restriction”元素;
- 应包括UDT作为其“xsd:base”属性。

【R157】每个以UDT的“xsd:simpleType”为基础的QDT:

- 应包含一个“xsd:restriction”元素;
- 应包括UDT作为其“xsd:base”属性,或者如果通过使用XSD内置数据类型能够实现刻面约束,则XSD内置数据类型可以用作“xsd:base”属性。

【R158】每个以单个代码表或标识符列表“xsd:simpleType”为基础的QDT应包含一个“xsd:restriction”元素或“xsd:union”元素。

当使用“xsd:restriction”元素时,“xsd:base”属性应设置为代码表schema模块或标识符列表schema模块所定义的简单类型,这些简单类型由其对应的命名空间来限定;

当使用“xsd:union”元素时,“xsd:memberType”属性应设置为代码表schema模块或标识符列表

schema 模块所定义的简单类型,这些简单类型由其对应的命名空间来限定。

QDT 中使用代码表的 XML 声明见示例 61～示例 62。

示例 61:仅仅使用一个代码表的用法

```
<xsd:simpleType name="TemperatureMeasureUnitCodeType">
  <xsd:annotation>
      …see annotation…
  </xsd:annotation>
  <xsd:restriction base="clm6Recommendation20:MeasurementUnitCommonCodeContentType">
      <xsd:length value="3"/>
      <xsd:enumeration value="BTU">
         <xsd:annotation>
            <xsd:documentation xml:lang="en">
               <ccts:Name>British thermal unit</ccts:Name>
            </xsd:documentation>
         </xsd:annotation>
      </xsd:enumeration>
      <xsd:enumeration value="CEL">
         <xsd:annotation>
            <xsd:documentation xml:lang="en">
               <ccts:Name>degree Celsius</ccts:Name>
            </xsd:documentation>
         </xsd:annotation>
      </xsd:enumeration>
      <xsd:enumeration value="FAH">
         <xsd:annotation>
            <xsd:documentation xml:lang="en">
               <ccts:Name>degree Fahrenheit</ccts:Name>
            </xsd:documentation>
         </xsd:annotation>
      </xsd:enumeration>
  </xsd:restriction>
</xsd:simpleType>
```

示例 62:代码表的联合

```
<xsd:simpleType name="AccountDutyCodeType">
    <xsd:annotation>
        …see annotation…
    </xsd:annotation>
    <xsd:union memberType="clm64437:AccountTypeCodeContentType
        clm65153:DutyTaxFeeTypeCodeContentType"/>
  </xsd:simpleType>
```

【R159】具有两个或多个代码表或标识符列表选项的 QDT:

- 应定义为"xsd:complexType";
- 应包含"xsd:choice"元素,该元素的内容模型应包含可选的代码表或标识符列表的元素引用,这些代码表或标识符列表具有适当的命名空间限定。

示例 63:二中择一的代码表的用法

```
<xsd:complexType name="PersonPropertyCodeType">
  <xsd:annotation>
      …see annotation…
  </xsd:annotation>
  <xsd:choice>
      <xsd:element ref="clm63479:MaritalCode"/>
      <xsd:element ref="clm63499:GenderCode"/>
    </xsd:choice>
</xsd:complexType>
```

8.7.6 属性和元素声明

【R160】QDT"xsd:complexType"定义的"xsd:simpleContent"元素应仅约束在其"xsd:base"类型

中声明的属性，或者应仅仅约束那些等同于所允许的补充构件的刻面(facet)约束。

在 QDT schema 模块中不应有元素(element)声明，QDT schema 的属性(attribute)声明应是那些出现在父 UDT 中的、具有更多应用所需或应用表示为 XSD 内置数据类型刻面(facet)的约束条件的属性，例如：用于代码表和标识符列表在命名空间中传输的那些属性或对“xsd:dateTime”扩展(extension)和约束(restriction)表示更多约束条件的那些属性。

示例 64:QDT 约束“标识(identification)”schema

```
<xsd:complexType name = "PartyIDType">
  <xsd:annotation>
      …see annotation…
  </xsd:annotation>
  <xsd:simpleContent>
      <xsd:restriction base = "udt:IDType">
          <xsd:attribute name = "schemeName" use = "prohibited"/>
          <xsd:attribute name = "schemeAgencyName" use = "prohibited"/>
          <xsd:attribute name = "schemeVersionID" use = "prohibited"/>
          <xsd:attribute name = "schemeDataURI" use = "prohibited"/>
      </xsd:restriction>
  </xsd:simpleContent>
</xsd:complexType>
```

8.7.7 注释(annotation)

【R161】每个 QDT 定义应包含如下顺序和模式的结构化注释信息：

- 唯一的 ID(必备)：以唯一的和明确的方式引用 QDT 实例的标识符。
- 首字母缩写词(必备)：构件类型的缩写。这种情况下，取值总是 QDT。
- 字典条目名称(必备)：QDT 的官方名称。
- 版本(必备)：QDT 实例随时间变化的标志。
- 定义(必备)：QDT 的语义含义。
- 主表示词(必备)：QDT 的主表示词。
- 基本类型(必备)：QDT 的基本数据类型。
- 数据类型限定词(必备)：为了把它与其基础的 UDT 和其他 QDT 区分开，而限定表示词的词。
- 业务过程语境值(可选，可重复)：与该 QDT 相关联的业务过程语境。
- 地理政治地区语境值(可选，可重复)：该 QDT 的地理政治/地区语境。
- 官方约束语境值(可选，可重复)：该 QDT 的官方约束语境。
- 产品语境值(可选，可重复)：该 QDT 的产品语境。
- 行业语境值(可选，可重复)：该 QDT 的行业语境。
- 业务过程角色语境值(可选，可重复)：该 QDT 的角色语境。
- 支撑角色语境值(可选，可重复)：该 QDT 的支撑角色语境。
- 系统能力语境值(可选，可重复)：该 QDT 的系统能力语境。
- 使用规则(可选，可重复)：描述适用于 QDT 特定条件的约束。
- 示例(可选，可重复)：QDT 的可能值举例。

示例 65:QDT 的“注释(annotation)”

```
…see type definition…
<xsd:annotation>
    <xsd:documentation xml:lang = "en">
        <ccts:UniqueID/>
        <ccts:Acronym>QDT</ccts:Acronym>
        <ccts:DictionaryEntryName>Account_Type_Code.Type</ccts:DictionaryEntryName>
        <ccts:Version>1.0</ccts:Version>
        <ccts:Definition>This code represents the type of an account.
```

```
        </ccts:Definition>
        <ccts:PrimaryRepresentationTerm>Code</ccts:PrimaryRepresentationTerm>
      <ccts:PrimitiveType>string</ccts:PrimitiveType>
    </xsd:documentation>
  </xsd:annotation>
…see type definition…
```

【R162】每个补充构件的“xsd:attribute”声明应按如下模式给出结构化的注释集：

- 唯一的 ID(必备)：以唯一的和明确的方式引用 CCT 实例的补充构件的标识符。
- 首字母缩写词(必备)：构件类型的缩写。这种情况下，取值总是 QDT。
- 名称(必备)：补充构件的官方名称。
- 定义(必备)：补充构件的语义含义。
- 出现次数(必备)：该补充构件特性表示 CCT 不可用、可选、必备和(或)可重复特征的一种标志。
- 特性词(可选)：相关联的补充构件的特性词。
- 使用规则(可选，可重复)：描述适用于补充构件特定条件的约束。
- 示例(可选，可重复)：补充构件的可能值举例。

8.8 代码表(code lists)

【R163】每个国家和行业机构负责维护的代码表应在其自身的 schema 模块中进行定义。

代码是构成企业间电子商务信息流所必需的构件。长期以来，开发代码便于压缩的、规范的数据流动，并易于验证数据正确性，确保数据一致性。为了 XML 实例文档完全通过解析器验证，该实例文档中的代码应作为 schema 验证过程的一部分。许多国际、国家和行业机构创建并维护各自的代码表，这些代码表存储在各自的 schema 中，如果需要用在信息流中，则应将其作为外部代码表引用。例如，为了将 GB/T 16833 中的代码表用于其他行业或组织中的 XML Schema 中，可将这些代码表作为外部代码表 schema 来存储。

【R164】当现有的外部代码表 schema 可以导入时，则内部代码表 schema 不应复制该外部代码表 schema。

应使用那些以 schema 模块形式存在的，并且可以被直接导入到 schema 模块中的外部代码表。

在现有的外部代码表 schema 模块需要扩展或不存在合适的外部代码表 schema 时，可以设计和使用内部代码表 schema。如果创建代码表 schema，则应全局考虑和设计以便重用和共享。

8.8.1 schema 结构

代码表 schema 模块应符合本部分 XML Schema 模块的通用模式。根据通用的模块信息，schema 主体应由以下通用格式的代码表定义构成。

示例 66：代码表的结构

```
<?xml version="1.0" encoding="UTF-8"?>
<!-- ====================================================================== -->
<!-- =====    6Recommendation20 - Code List Schema Module            ===== -->
<!-- ====================================================================== -->
<!--
    Schema agency:   UN/CEFACT
    Schema version:   2.0
    Schema date:    17 January 2006

    Code list name:   Measurement Unit Common Code
    Code list agency:   UNECE
    Code list version: 3

    Copyright (C) UN/CEFACT (2006). All Rights Reserved.

  …see copyright information…
```

```
-->
<xsd:schema targetNamespace = " …see namespace…
    xmlns:xsd = "http://www.w3.org/2001/XMLSchema"
    elementFormDefault = "qualified" attributeFormDefault = "unqualified">
 <! -- ================================================================== -->
 <! --===== Root Element                                          ===== -->
 <! -- ================================================================== -->
  …see root element declaration…
 <! -- ================================================================== -->
 <! -- ===== Type Definitions                                      ===== -->
 <! -- ================================================================== -->
 <! -- ===== Type Definition: Measurement Unit Common Code Content Type ===== -->
 <! -- ================================================================== -->
  …see type definition…
</xsd:schema>
```

8.8.2 代码表的命名空间名称

为了表达补充构件信息而不是作为属性来包含这些信息，代码表的命名空间名称有些独特。如：UN/CEFACT 代码表的命名空间名称的命名空间结构应为：

urn:un:unece:uncefact:代码表:〈状态〉:〈代码表机构标识符｜代码表机构名称文本〉:〈代码表标识标识符｜代码表名称文本〉:〈代码表版本标识符〉

urn:un:unece:uncefact:codelist:〈status〉:〈Code List Agency Identifier|Code List Agency Name Text〉:〈Code List Identification Identifier|Code List Name Text〉:〈Code List Version Identifier〉

此处：

- 命名空间标识符(NID)＝ un
- 命名空间特定字符串 ＝
  unece:uncefact:codelist:〈status〉，其中“unece”和“uncefact”是 NID(un)中第 2 和第 3 层的固定值，“codelist”是表示 schema 类型的固定值。
- 代码表唯一标识的补充构件字符串 ＝〈代码表.机构标识符｜代码表 机构名称 文本〉:〈代码表 标识 标识符｜代码表 名称 文本〉:〈代码表 版本 标识符〉

【R165】当 schema 处于草案状态时，代码表 schema 命名空间名称应具有以下结构：

urn:un:unece:uncefact:codelist:draft:〈Code List Agency Identifier|Code List Agency Name Text〉:〈Code List Identification. Identifier|Code List Name Text〉:〈Code List Version. Identifier〉

此处：

- 代码表:标识了该 schema 是代码表 schema；
- 代码表机构标识符:标识出代码表管理机构，默认机构出自 DE3055，但是不能使用 DE3055 中定义的角色；
- 代码表机构名称文本:代码表维护机构的名称；
- 代码表标识标识符:标识出各自所对应的代码的列表；
  列表 ID 仅在该代码表管理机构中是唯一的；
- 代码表名称文本:代码表的名称；
- 代码表版本标识符:标识出代码表的版本。

示例 67:处于草案状态的具有机构和代码表标识符的代码表命名空间名称

"urn:un:unece:uncefact:codelist:draft:6:3403:D.04A"

此处：

6:是 UN/CEFACT 数据元 3055 中的“UN/ECE”的代码值，“代码表.机构.标识符”此处为“6”；

3403:是“姓名类型代码”的 UN/CEFACT 数据元标记，“代码表.标识.标识符”此处为“3403”；

D.04A :UN/CEFACT 数据元目录的版本。

"urn:un:unece:uncefact:codelist:draft:6:3403:d.04A"

```
where
6 = the value for UN/ECE in UN/CEFACT data element 3055 representing the Code List. Agency. Identifier
3403 = UN/CEFACT data element tag for Name type code representing the Code List. Identification. Identifier
D. 04A = the version of the UN/CEFACT directory
```

示例 68:处于草案状态的专有代码表的命名空间名称

"urn:un:unece:uncefact:codelist:draft:security_initiative:document_security:1.2"

此处:

security_initiative:代码表维护机构的名称,它在数据元 3055 中没有进行定义。“代码表. 机构. 标识符”此处为“security_initiative”;

document_security:是“代码表. 名称. 文本”的取值;

1.2:是“代码表. 版本. 标识符”的取值。

```
"urn:un:unece:uncefact:codelist:draft:Security_Initiative:Document_Security:1.2"
where
SecurityInitiative = the code list agency name of a repsonsible agency, which
                     is not defined in UN/CEFACT data element 3055
                     representing the Code List. Agency. Identifier
DocumentSecurity = the value for Code List. Name. Text
1.2 = the value for Code List. Version. Identifier
```

【R166】处于标准状态的代码表 schema 命名空间名称应符合以下格式:

```
urn:un:unece:uncefact:codelist:standard:〈Code List. Agency
Identifier|Code List Agency Name Text〉:〈Code List Identification.
Identifier|Code List Name Text〉:〈Code List Version Identifier〉
```

此处:

- 代码表:标识了该 schema 是代码表 schema;
- 代码表机构标识符:标识出代码表管理机构,默认机构出自 DE3055,但是不能使用 DE3055 中定义的角色;
- 代码表机构名称文本:代码表维护机构的名称;
- 代码表标识标识符:标识出各自所对应的代码的列表,列表 ID 仅在代码表管理机构中是唯一的;
- 代码表名称文本:代码表的名称;
- 代码表版本标识符:标识出代码表的版本。

示例 69:处于标准状态的具有机构和代码表标识符的代码表命名空间名称

"urn:un:unece:uncefact:codelist:standard:6:3403:D.04A"

此处:

6:是 UN/CEFACT 数据元 3055 中的“UN/ECE”的代码值,“代码表. 机构. 标识符”此处为“6”;

3403:是“姓名类型代码”的 UN/CEFACT 数据元标记,“代码表. 标识. 标识符”此处为“3403”;

D. 04A :UN/CEFACT 数据元目录的版本。

```
"urn:un:unece:uncefact:codelist:standard:6:3403:D.04A"

where
6 = the value for UN/ECE in UN/CEFACT data element 3055 representing the Code List. Agency. Identifier
3403 = UN/CEFACT data element tag for Name status code representing the Code List. Identification. Identifier
D. 04A = the version of the UN/CEFACT directory
```

示例 70:处于标准状态的专有代码表的命名空间名称

"urn:un:unece:uncefact:codelist:standard:security_initiative:document_security:1.2"

此处:

security_initiative:代码表维护机构的名称,它在数据元 3055 中没有进行定义。“代码表. 机构. 标识符”此处为“security_initiative”;

document_security:是“代码表. 名称. 文本”的取值;

1.2:是“代码表. 版本. 标识符”的取值。

```
"urn:un:unece:uncefact:codelist:standard:Security Initiative:Document Securit
y:1.2"

where
SecurityInitiative = the code list agency name of a responsible agency,which
                     is not defined in UN/CEFACT data element 3055
                     representing the Code List.Agency.Identifier
DocumentSecurity = the value for Code List.Name.Text
1.2 = the value for Code List.Version.Identifier
```

UN/CEFACT 以外的机构发布的代码表版本不受 UN/CEFACT 管理。和 UN/CEFACT 已经发布的代码表和标识符列表 schema 相似,〈代码表.版本.标识符〉取值应符合其他类型 schema 模块的版本化规则。

8.8.3 代码表的 XML Schema 命名空间标记

应为代码表的每个命名空间定义一个唯一的标记。代码表命名空间标记的结构应基于代码表维护机构标识符和由该维护机构发布的特定代码表标识符,没有标识符的除外。如果没有标识符,则应使用机构和(或)代码表的名称来代替,尤其是当使用专有代码表时。上述标记构建方法通过合理的简短标记实现了命名空间的唯一性。当代码表用于具有有效代码值约束集的 QDT 时,需要使用 QDT 名称把某个约束值的集合与其他集合区分开来。

代码表维护机构一般应由 GB/T 17699 中数据元 3055 所规定的机构代码来标识,如果数据元 3055 中没有机构的代码值,也可以由机构名称来标识。特定代码表的标识符一般应是数据元目录中对应数据元的标记,如果没有对应的数据元,则应使用代码表的名称。

如果代码表 schema 是已发布的代码表 schema 中值的约束集,则该代码表 schema 应与 QDT 相关联,并且该 QDT 的名称应作为该代码表 schema 命名空间标记的组成部分,以便确保与未约束的代码表 schema 唯一区分出来。

【R167】每个 UN/CEFACT 所维护的代码表 schema 模块应由以下结构化的唯一标记来表示:

clm【QDT 名称】〈代码表机构标识符|代码表机构名称文本〉〈代码表标识标识符|代码表名称文本〉

clm[Qualified data type name]〈Code List Agency Identifier|Code List Agency Name Text〉〈Code List Identification Identifier|Code List Name Text〉

删除其中的重复词。

示例 71:具有机构和代码表标识符的代码表标记

"姓名类型.代码"的代码表标记是 clm63403

此处:

6:是 GB/T 17699 行政、商业和运输业电子数据交换 数据元目录中数据元 3055 中的"UN/ECE"的代码值,"代码表.机构.标识符"此处为"6";

3403:是"姓名类型代码"的 UN/CEFACT 数据元标记,"代码表.标识.标识符"此处为"3403"。

```
The code list token for Name Type.Code is clm63403
where
6 = the value for UN/ECE in UN/CEFACT data element 3055 representing the Code List.Agency.Identifier
3403 = UN/CEFACT data element tag for Name status code representing the Code List.Identification.Identifier
```

示例 72:具有机构和代码表标识符的 QDT 的代码表标记

"人_姓名类型.代码"的代码表标记是"clm 人姓名类型 63403"

此处:

6:是 GB/T 17699 行政、商业和运输业电子数据交换 数据元目录中数据元 3055 中的"UN/ECE"的代码值,"代码表.机构.标识符"此处为"6";

3403:是"姓名类型代码"的 UN/CEFACT 数据元标记,"代码表.标识.标识符"此处为"3403"。

```
Code list token for Persion_Name Type.Code is clmPersonNameType63403
where
PersonNameType = name of the qualified data type
```

6 = the value for UN/ECE in UN/CEFACT data element 3055 representing the Code List. Agency. Identifier
3403 = UN/CEFACT data element tag for Name status code representing the Code List. Identification. Identifier

示例 73：专有代码表的代码表标记

文档安全性的专有代码表的代码表标记是"clmSecurityInitiativeDocumentSecurity"

此处：

security_initiative：代码表维护机构的名称，它在表示"代码表. 机构. 标识符"的数据元 3055 中没有进行定义；

document_security：是"代码表. 名称. 文本"的取值。

```
Code list token for a proprietary code list for Document Security is
clmSecurityInitiativeDocumentSecurity
where
SecurityInitiative = the code list agency name of a repsonsible agency, which
is not defined in UN/CEFACT data element 3055
  representing the Code List. Agency. Identifier
DocumentSecurity = the value for Code List. Name. Text
```

示例 74 以上述示例中规定的结构为基础，给出了代码表命名空间声明。

示例 74：代码表的目标命名空间声明

```
<xsd:schema
tragetNamespace = "urn:un:unece:uncefact:codelist:draft:6:4437:D.04A"
xmlns:clm64437 = "urn:un:unece:uncefact:codelist:draft:6:4437:D.04A"
xmlns:xsd = "http://www.w3.org/2001/XMLSchema"
elementFormDefault = "qualified" attributeFormDefault = "unqualified">
```

注：本部分推荐开发者在定制代码表 schema 时，应遵循上述结构化规则，以避免命名空间冲突。

8.8.4 schema 的定位(location)

因为基于 URN 的 URI 方案在可解析方面具有局限性，本部分代码表的 schema 定位主要采用基于 URL 的 URI 方案。然而，UN/CEFACT 的代码表 XML Schema 采用基于 URN 的 URI 方案用于命名空间声明，是因为考虑到永久性比可解析性更重要。按照 schema 定位可解析性的需求，直到 URN 完全可解析时，UN/CEFACT 才会把代码表 schema 存储在基于 URL 的 URI 方案所标识的位置，基于 URL 的 URI 方案符合如下用于命名空间声明的基于 URN 的 URI 方案。

urn:un:unece:uncefact:代码表:〈状态〉:〈代码表. 机构标识符 | 代码表. 机构名称. 文本〉:〈代码表. 标识. 标识符 | 代码表. 名称. 文本〉:〈代码表. 版本. 标识符〉

【R168】代码表 schema 定位的结构应是：

http://www.unece.org/uncefact/代码表/〈状态〉/〈代码表. 机构标识符 | 代码表机构名称文本〉/〈代码表标识标识符 | 代码表名称文本〉_〈代码表版本标识符〉. xsd

此处：

- schema 类型(schematype)：标识 schema 模块类型的标记。此处为"codelist"。
- 状态：schema 的状态。此处为 draft | standard。
- 代码表机构标识符：标识出代码表管理机构，默认机构出自 DE3055，但是不能使用 DE3055 中定义的角色。
- 代码表机构名称文本：代码表维护机构的名称。
- 代码表标识标识符：标识出各自所对应的代码列表，列表 ID 仅在代码表管理机构中是唯一的。
- 代码表名称文本：代码表的名称。
- 代码表版本标识符：标识出代码表的版本。

【R169】代码表的"xsd:schemaLocation"属性声明应包含一个永久的和可解析的 URL。

【R170】代码表的"xsd:schemaLocation"属性声明中的 URL 应包含一个绝对路径。

8.8.5 导入(imports)和包含(includes)

代码表 schema 模块是单独的 schema 模块，并且不应导入或包含其他 schema 模块。

【R171】代码表 schema 模块不应导入或包含其他 schema 模块。

8.8.6 类型定义

【R172】在每个代码表模块中，应为内容构件定义且仅定义一个“xsd:simpleType”，并给出“xsd:simpleType”的名称。

【R173】“xsd:simpleType”的名称应为代码表根元素名称加上“内容类型”。

示例75:代码表的简单类型(simple type)定义

```
<! -- ==================================================================== -->
<! -- ===== Type Definitions                                       ===== -->
<! -- ==================================================================== -->
<! -- =====   Type Definition: Account Type Code                   ===== -->
<! -- ==================================================================== -->
<xsd:simpleType name = "AccountTypeCodeContentType">
  <xsd:restriction base = "xsd:token">
      <xsd:enumeration value = "2">
        ... see enumeration ...
      </xsd:enumeration>
  </xsd:restriction>
</xsd:simpleType>
```

【R174】“xsd:restriction”元素的基本属性值应设置为“xsd:token”。

【R175】代码表中的每个代码应表达为一个“xsd:enumeration”，此处枚举的“xsd:value”是实际的代码值。

示例76:代码表的枚举刻面(enumeration facet)约束

```
…see type defintion…
<xsd:enumeration value = "2">
  <xsd:annotation>
      …see annotation…
    </xsd:annotation>
  </xsd:enumeration>
  <xsd:enumeration value = "15">
    <xsd:annotation>
      …see annotation
    </xsd:annotation>
  </xsd:enumeration>
  …
```

代码表 schema 模块的目的是定义可以出现在特定元素中的允许值(枚举)的列表。如果需要另外的编辑性检查验证，则可将刻面约束条件(facet restriction)包括在代码表中。

8.8.7 元素和属性声明

代码表 schema 模块应有单独的“xsd:simpleType”定义，该单独的“xsd:simpleType”定义应有一个以XSD内置数据类型为基础的“xsd:restriction”表达式，并使用“xsd:restriction”来表达内容构件枚举值。

【R176】应为每个代码表全局声明一个根元素。

【R177】代码表根元素名称应是符合6.3中命名规则的代码表名称。

【R178】代码表根元素的类型应是表示实际代码值列表的类型。

示例77:代码表的根元素声明

```
<! -- ==================================================================== -->
<! -- ===== Root Element                                           ===== -->
<! -- ==================================================================== -->
<xsd:element name = "AccountTypeCode" type = "clm64437:AccountTypeCodeContentType"/>
```

当使用“xsd:choice”时，代码表根元素的全局声明允许使用来自同一 schema 模块中不同命名空间的代码表。

示例78:代码表选择(choice)的用法

```
<xsd:complexType name = "CalculationCurrencyCode">
     <xsd:annotation>
```

```
    …see annotation…
  </xsd:annotation>
  <xsd:choice>
    <xsd:element ref="clm54217-N:CurrencyCode"/>
    <xsd:element ref="clm54217-A:CurrencyCode"/>
  </xsd:choice>
</xsd:complexType>
```

8.8.8 扩展(extension)和约束(restriction)

行业用户可以根据自身的行业需求，通过定义 QDT 的方法，从特定代码表中标识出其所需的任意子集或超(父)集。

代码表 QDT 的表示可以有以下几种方法：

- 用“xsd:union”把几个单个代码表联合起来；
- 用“xsd:choice”在几个代码表之间做选择；
- 用“xsd:restriction”设置一个现有代码表的子集。

以上符合这种语法方案的每种方法都可以满足用户业务需求。第 10 章规定了各种代码表选项的详细实例。

8.8.9 注释(annotation)

【R179】每个代码表“xsd:enumeration”应包括符合如下顺序和模式的结构化注释。

- 名称(必备):代码的名称；
- 描述(可选):代码的描述信息。

为了便于用户对元素中可允许的代码表有清晰的和明确的理解，应给出每个枚举的注释，规定代码名称和描述。

示例 79:代码的注释

```
<xsd:enumeration value="2">
  <xsd:annotation>
    <xsd:documentation xml:lang="en">
      <ccts:Name>Budgetary account</ccts:Name>
      <ccts:Description>Code identifying a budgetary account.
      </ccts:Description>
    </xsd:documentation>
  </xsd:annotation>
</xsd:enumeration>…
```

8.9 标识符列表 schema

如果需要，应为那些带有标记(也可能还带有描述)以及与代码表有相同功能的标识方案定义单独的 schema 模块。这样，包含这些标识符的 XML 实例文档可以由解析器完全验证。其他标识符方案应定义为适当的 QDT 或 UDT。

【R180】当现有的外部标识符列表 schema 可以导入时，则内部标识符列表 schema 不应复制该外部标识符列表 schema。

应使用那些以 schema 模块形式存在的，并且可以被直接导入到 schema 模块中的外部标识符列表。

在现有的外部标识符列表需要扩展或不存在合适的外部标识符列表时，可以设计和使用内部标识符列表。如果创建标识符列表，则应全局考虑和设计以便重用和共享。

【R181】每个国家和行业机构负责维护的标识符列表应在其自身的 schema 模块中定义。

8.9.1 schema 结构

标识符列表 schema 模块应符合本部分 XML Schema 模块的通用模式。根据通用的模块信息，schema 主体应由以下通用格式的标识符列表定义构成。

示例 80:标识符列表的结构

```
<?xml version="1.0" encoding="UTF-8"?>
<!-- ===================================================================== -->
```

```
〈! -- =====   Agency Identifier_Identifier List Schema Module          ===== --〉
〈! -- =================================================================== --〉
〈! --
   Schema agency:  UN/CEFACT
   Schema version:  2.0
   Schema date:   17 January 2006

   Identifier list name:  Agency Identifier
   Identifier list agency:  UNECE
    Code list version: 3

   Copyright (C) UN/CEFACT (2006). All Rights Reserved.

 …see copyright information…

--〉
〈xsd:schema targetNamespace = " …see namespace…
    xmlns:xsd = "http://www.w3.org/2001/XMLSchema"
    elementFormDefault = "qualified" attributeFormDefault = "unqualified"〉
〈! -- ===== Root Element                                            ===== --〉
〈! -- =================================================================== --〉
      …see root element declaration…
〈! -- ===== Type Definitions                                        ===== --〉
〈! -- =================================================================== --〉
〈! -- ===== Type Definition: Agency Identifier                      ===== --〉
〈! -- =================================================================== --〉
      …see type definition…
      〈/xsd:schema〉
```

8.9.2 标识符列表 schema 的命名空间名称

为了表达补充构件信息而不是作为属性来包含这些信息，标识符列表的命名空间名称有些独特。如：UN/CEFACT 标识符列表的命名空间名称的命名空间结构应为：

urn:un:unece:uncefact:标识符列表:〈状态〉:〈标识符方案机构标识符 | 标识符方案机构名称文本〉:〈标识符方案标识符 | 标识符方案名称文本〉:〈标识符方案版本标识符〉

urn:un:unece:uncefact:identifierlist:〈status〉:〈Identifier Scheme Agency Identifier|Identifier Scheme Agency Name Text〉:〈Identifier Scheme Identifier|Identifier Scheme Name Text〉:〈Identifier Scheme Version. Identifier〉

此处：

- 命名空间标识符(NID)＝ un
- 命名空间特定字符串 ＝
    - unece:uncefact:codelist:〈status〉，其中“unece”和“uncefact”是 NID(un)中第 2 层和第 3 层的固定值，“codelist”是表示 schema 类型的固定值。
- 标识符方案唯一标识的补充构件字符串 ＝〈标识符方案机构标识符 | 标识符方案机构名称文本〉:〈标识符方案标识符 | 标识符方案名称文本〉:〈标识符方案版本标识符〉

【R182】当 schema 处于草案状态时，命名空间名称应具有以下结构：

urn:un:unece:uncefact:identifierlist:draft:〈Identifier Scheme. Agency Identifier|Identifier Scheme Agency Name Text〉:〈Identifier Scheme Identifier|Identifier Scheme Name Text〉:〈Identifier Scheme Version Identifier〉

此处：

- 标识符列表：标识了该 schema 是标识符方案；
- 标识符方案机构标识符：标识方案维护机构的标识；
- 标识符方案机构名称文本：标识符列表维护机构的名称；
- 标识符方案标识符：标识方案的标识；
- 标识符方案名称文本：标识方案的名称；

- 标识符方案版本标识符:标识方案的版本。

示例 81:处于草案状态的具有机构和标识符列表 schema 标识符的标识符列表 schema 的命名空间名称

"urn:un:unece:uncefact:identifierlist:draft:5:4217:2001"

此处:

5:是 UN/CEFACT 数据元 3055 中的“ISO”的代码值,“标识符列表.机构.标识符”此处为“6”;

4217:是“国家代码”的 ISO 标识符方案标识符,“代码表.标识.标识符”此处为“4217”;

2001:ISO“国家标识符列表”的版本。

"urn:un:unece:uncefact:identifierlist:draft:5:3166:2001"

where

5 = the value for ISO in UN/CEFACT data element 3055 representing
  the Code List. Agency. Identifier

4217 = ISO identifier scheme identifier for country code representing
  the Code List. Identification. Identifier

2001 = the version of the ISO country identifier list.

【R183】处于标准状态的标识符列表 schema 命名空间名称应符合以下格式:

urn:un:unece:uncefact:identifierlist:standard:〈Identifier Scheme. Agency Identifier|Identifier Scheme Agency Name Text〉:〈IdentifierScheme Identifier|Identifier Scheme Name Text〉:〈Identifier Scheme. Version Identifier〉

此处:

- 标识符列表:标识了该 schema 是标识符方案;
- 标识符方案机构标识符:标识方案维护机构的标识;
- 标识符方案机构名称文本:标识方案维护机构的名称;
- 标识符方案标识符 = 标识方案的标识;
- 标识符方案名称文本 = 标识方案的名称;
- 标识符方案版本标识符 = 标识方案的版本。

示例 82:处于标准状态的具有机构和标识符列表 schema 标识符的标识符列表 schema 的命名空间

"urn:un:unece:uncefact:identifierlist:standard:5:4217:2001"

此处:

5:是 UN/CEFACT 数据元 3055 中的“ISO”的代码值,“标识符列表.机构.标识符”此处为“6”;

4217:是“国家代码”的 ISO 标识符方案标识符,“代码表.标识.标识符”此处为“4217”;

2001:ISO“国家标识符列表”的版本。

"urn:un:unece:uncefact:identifierlist:standard:5:3166:2001"

where

5 = the value for ISO in UN/CEFACT data element 3055 representing
  the Code List. Agency. Identifier

4217 = ISO identifier scheme identifier for country code representing
  the Code List. Identification. Identifier

2001 = the version of the ISO country identifier list.

UN/CEFACT 以外的机构发布的标识符列表 schema 版本不在本部分 UN/CEFACT 的管理范围,和 UN/CEFACT 已经发布的标识符列表 schema 相似,〈标识符方案.版本.标识符〉取值应符合其他 schema 模块的版本化规则。

8.9.3 标识符列表 schema 的 XML Schema 命名空间标记

应为标识符列表 schema 的每个命名空间定义一个唯一的标记。标识符列表命名空间标记的结构应基于标识列表维护机构标识符和由该维护机构发布的特定标识列表标识符。上述标记构建方法通过合理的简短标记实现了命名空间的唯一性。当标识符列表用于具有有效标识符值约束集的 QDT 时,需要使用 QDT 名称把某个约束值的集合与其他集合区分开来。

标识列表维护机构应由 GB/T 17699 中数据元 3055 所规定的机构代码来标识。标识列表标识符应是由标识方案机构所分配的标识符。

如果标识符方案是已发布的标识符列表中值的约束集,则标识符列表方案应与 QDT 相关联,并且该 QDT 的名称应作为该标识符列表方案命名空间标记的组成部分，以便确保与未约束的标识符列表 schema 唯一区分出来。

【R184】每个标识符列表 schema 模块应由以下结构化的唯一标记来表示：

ids【QDT 名称】〈标识方案机构标识符〉〈标识方案标识符〉

ids [Qualified data type name]〈Identification Scheme Agency Identifier〉〈Identification Scheme Identifier〉

示例 83：标识符列表标记

ISO 国家代码的标记应是：ids53166-1

此处：

5：代码表 3055 中"ISO"的标识方案机构标识符；

3166-1：ISO 分配的标识方案标识符。

Token for the ISO Country Codes would be：ids53166-1

where：

5 = the Identification Scheme Agency Identifier for ISO in codelist 3055

3166-1 = the Identification Scheme Identifier as allocated by ISO.

以示例 83 中结构为基础，标识符列表的命名空间声明应如示例 84 所示。

示例 84：标识符列表的目标命名空间声明

```
<xsd:schema
targetNamespace = "urn:un:unece:uncefact:identifierlist:draft:5:3166-1:1997"
xmlns:ids53166-1 = "urn:un:unece:uncefact:identifierlist:draft:5:3166-1:1977"
xmlns:xsd = "http://www.w3.org/2001/XMLSchema"
elementFormDefault = "qualified" attributeFormDefault = "unqualified">
```

注：本部分推荐开发者在定制标识符列表 schema 时，应遵循上述结构化规则，以避免命名空间冲突。

8.9.4 Schema 的定位（location）

因为基于 URN 的 URI 方案在可解析方面具有局限性，本部分标识符列表的 schema 位置主要采用基于 URL 的 URI 方案。然而，UN/CEFACT 的标识符列表 XML Schema 采用基于 URN 的 URI 方案用于命名空间声明，是因为考虑到永久性比可解析性更重要。按照 schema 定位可解析性的需求，直到 URN 完全可解析时，UN/CEFACT 才会把标识符列表 schema 存储在基于 URL 的 URI 方案所标识的位置，基于 URL 的 URI 方案符合如下用于命名空间声明的基于 URN 的 URI 方案。

urn：un：unece：uncefact：标识符列表：〈状态〉：〈标识符方案机构标识符 | 标识符方案机构名称文本〉：〈标识符方案标识符 | 标识符方案名称文本〉：〈标识符方案版本标识符〉

urn:un:unece:uncefact:identifierlist:〈status〉:〈Identifier Scheme Agency Identifier | Identifier Scheme Agency Name Text〉:〈Identifier Scheme Identifier | Identifier Scheme Name Text〉:〈Identifier Scheme Version. Identifier〉

【R185】标识符列表 schema 定位的结构应是：

http://www.unece.org/uncefact/标识符列表/〈状态〉/〈标识符方案机构标识符 | 标识符方案机构名称文本〉/〈标识符方案标识符 | 标识符方案名称文本〉_〈标识符方案版本标识符〉.xsd

此处：

- schema 类型（schematype）：标识 schema 模块类型的标记。此处为"identifierlist"。
- 状态：schema 的状态。此处为 draft | standard。
- 标识符方案机构标识符：标识方案维护机构的标识。
- 标识符方案机构名称文本：标识方案维护机构的名称。
- 标识符方案标识符：标识方案的标识。
- 标识符方案名称文本：标识方案的名称。
- 标识符方案版本标识符：标识方案的版本。

【R186】标识符列表的"xsd：schemaLocation"属性声明应包含一个永久的和可解析的 URL。

【R187】标识符列表的"xsd：schemaLocation"属性声明中的 URL 应包含一个绝对路径。

8.9.5 导入(imports)和包含(includes)

【R188】标识符列表 schema 模块不应导入或包含其他 schema 模块。

标识符列表 schema 模块是单独的 schema 模块,并且不应导入或包含其他 schema 模块。

8.9.6 类型定义

【R189】在每个标识符列表 schema 模块中,应为内容构件定义且仅定义一个"xsd:simpleType",并给出"xsd:simpleType"的名称。

为了符合解析器的要求,应把内容构件(简单类型 simple type)定义为 UDT 的约束条件,这样还应声明约束(restriction),"约束(restriction)"本身是枚举值列表。

【R190】"xsd:simpleType"的名称应为标识符列表根元素名称加上"内容类型"。

示例 85:标识符列表的简单类型(simple type)定义

```
<!-- ===== Type Definitions                                    ===== -->
<!-- =============================================================== -->
<xsd:simpleType name="CountryIDContentType">
  <xsd:restriction base="xsd:token">
    <xsd:enumeration value="AU">
      …see enumeration…
    </xsd:enumeration>
  </xsd:restriction>
</xsd:simpleType>
```

【R191】"xsd:restriction"元素的基准属性值应设置为"xsd:token"。

【R192】标识符列表中的每个标识符应表达为一个"xsd:enumeration",此处枚举的"xsd:value"是实际的标识符的值。

示例 86:标识符列表的枚举刻面约束

```
…see type definition…
  <xsd:enumeration value="AU">
    <xsd:annotation>
      …see annotation…
    </xsd:annotation>
  </xsd:enumeration>
  <xsd:enumeration value="US">
    <xsd:annotation>
      …see annotation…
    </xsd:annotation>
  </xsd:enumeration>
  …
```

【R193】在标识符列表 schema 模块中除了使用"xsd:enumeration",不应使用其他刻面约束。

标识符列表 schema 模块的目的是定义可以出现在特定元素中的允许值(枚举)的列表,因此,不应有其他刻面约束。

8.9.7 属性和元素声明

标识符列表 schema 模块应有单独的"xsd:simpleType"定义,该单独的"xsd:simpleType"定义应有一个以 XSD 内置数据类型为基础的"xsd:restriction"表达式,并使用"xsd:restriction"来表达内容构件枚举值。

【R194】应为每个标识符列表全局声明一个根元素。

【R195】标识符列表根元素的名称应是符合 6.3 中命名规则的标识符列表名称。

【R196】标识符列表根元素应是表示实际标识符值列表的类型。

示例 87:标识符列表的根元素声明

```
<!-- =============================================================== -->
<!-- ===== Root Element                                        ===== -->
<!-- =============================================================== -->
<xsd:element name="CountryID" type="ids53166:CountryIDContentType"/>
```

当使用“xsd:choice”时，标识符列表根元素的全局声明允许使用来自同一 schema 模块中不同命名空间的标识符列表。

示例 88：标识符列表选择(choice)的用法

```
<xsd:complexType name = "CalculationCurrencyCode">
  <xsd:annotation>
    …see annotation…
  </xsd:annotation>
  <xsd:choice>
    <xsd:element ref = "clm 54217-N:CurrencyCode"/>
    <xsd:element ref = "clm 54217-A:CurrencyCode"/>
  </xsd:choice>
</xsd:complexType>
```

8.9.8 扩展(extension)和约束(restriction)

行业用户可以根据其自身的行业需求，通过定义 QDT 的方法，从特定标识符列表中标识出其所期望的任意子集或超(父)集。

标识符列表 QDT 的表示可以有以下几种方法：

- 用“xsd:union”把几个单个标识符列表联合起来；
- 用“xsd:choice”在几个标识符列表之间做选择；
- 用“xsd:restriction”设置一个现有代码表的子集。

以上符合这种语法方案的每种方法都可以满足用户业务需求。第 9 章规定了各种标识符列表选项的详细实例。

QDT 中标识符列表的 XML 声明见示例 89～示例 91。

示例 89：标识符方案的枚举刻面约束

```
…see type definition…
  <xsd:enumeration value = "AD">
    <xsd:annotation>
      …see annotation…
    </xsd:annotation>
  </xsd:enumeration>
  <xsd:enumeration value = "AE">
    <xsd:annotation>
      …see annotation…
    </xsd:annotation>
  </xsd:enumeration>
  <xsd:enumeration value = "AF">
    <xsd:annotation>
      …see annotation…
    </xsd:annotation>
  </xsd:enumeration>
  …see type definition…
```

示例 90：仅有一个标识符方案的用法

```
<xsd:simpleType name = "CountryIDType">
  <xsd:annotation>
    …see annotation…
  </xsd:annotation>
  <xsd:restriction base = "ids53166:CountryIDContentType"/>
</xsd:simpleType>
```

示例 91：可选的标识符方案用法

```
<xsd:complexType name = "GeopoliticalIDType">
  <xsd:annotation>
    …see annotation…
  </xsd:annotation>
  <xsd:choice>
```

```
    <xsd:element ref="ids53166:CountryCode"/>
    <xsd:element ref="ids53166-2:Regioncode"/>
  </xsd:choice>
</xsd:complexType>
```

8.9.9 注释(annotation)

为了促进用户对元素中可允许的标识符列表有清晰的和明确的理解,应给出每个枚举的注释,规定标识符的名称和描述。

【R197】每个“xsd:enumeration”应包含符合如下顺序和模式的结构化注释。

- 名称(必备):标识符的名称;
- 描述(可选):标识符的描述信息。

示例 92:标识符的注释

```
<xsd:enumeration value="AU">
  <xsd:annotation>
    <xsd:documentation xml:lang="en">
      <ccd:Name>Australia</ccd:Name>
    </xsd:documentation>
  </xsd:annotation>
</xsd:enumeration>
```

9 XML 实例文档

为了与本部分保持一致,实例文档应符合本部分的相关 XML schema。对人和应用而言,XML 实例文档均应能够可读和可理解,并可以直接交互。XML 实例文档应使用第 8 章所描述的截短的标记名称。XPath 导航路径应通过连接相互嵌套的元素的方法,来描述元素的完整语义含义,该导航路径也应反映出 BBIE 或 ASBIE 字典条目名称的含义。

9.1 字符编码

【R198】所有符合本部分的 XML 实例应使用 UTF,应优先选用 UTF-8。如果不使用 UTF-8,则应使用 UTF-16。

依据 ISO/IETF/ITU/UNCEFACT 的 MOUMG(谅解备忘录管理工作组)的第 01/08 号决议(MOU/MG01n83),所有符合本部分的 XML 实例应使用 UTF,应优先选用 UTF-8,但必要时可以使用 UTF-16 来支持其他语言。

9.2 xsi:schemaLocation

“xsi:schemaLocation”和“xsi:noNamespaceLocation”属性是 XML schema 实例文档命名空间(http://www.w3.org/2001/XMLSchema-instance)的组成部分。为了确保一致性,XML schema 实例文档的命名空间标记应使用“xsi”。

【R199】在实例文档中引用“xsd:schemaLocation”和“xsd:noNamespaceLocation”属性时,应使用“xsi”前缀。

9.3 空内容

【R200】符合本部分的实例文档不应包含内容为空的元素。

【R201】符合本部分的实例文档不应出现“xsi:nil”属性。

在业务信息交换以及类似活动中,空元素没有提供实质性内容。因此,不应使用空元素。

9.4 xsi:type

【R202】不应使用“xsi:type”属性。

Xsi:type 属性允许 XML 文档在 XML 文档实例化期间进行类型替代。如同不允许使用替代组一样,也不允许使用 xsi:type 属性。

10 代码表和标识符列表的通用用例

代码表和标识符列表提供了一种以一致性方式传输数据的机制,此处,信息的所有参与方,即:信息创建者、发送者、接收者、处理者，全部理解数据的目的、用途和含义。本部分支持对代码表和标识符列表的灵活使用。本章详述了这种用法的机制。

10.1 XML schemas 中代码表的使用

本部分中代码表的 5 种用法如下：

- 把预定义的标准代码表引用为 UDT 中的补充构件，如：把 GB/T 12406 货币代码引用为“udt：AmountType”的补充构件；
- 通过使用必要的标识，把标准的或专有的代码表引用为“udt：CodeType”中的属性；
- 通过声明特定的 QDT 来引用预定义的代码表；
- 选用或组合使用多个代码表中的值；
- 对已建立的代码表中代码允许值的集合进行约束。

示例 93 解释了如何实施以上 5 种用法。

示例 93：代码用法 Schema 示例

```
<xsd:schema xmlns:ram = "urn:un:unece:cefact:ram:0p1"
xmlns:udt = "urn:un:unece:uncefact:data:draft:UnqualifiedDataTypeSchemaModule:1"
xmlns:qdt = "urn:un:unece:uncefact:data:draft:QualifiedDataTypeSchemaModule:1"
xmlns:xsd = "http://www.w3.org/2001/XMLSchema"
targetNamespace = "urn:un:unece:cefact:ram:1p1"
elementFormDefault = "qualified" attributeFormDefault = "unqualified">
<! --Imports-->
<xsd:import
namespace = "urn:un:unece:uncefact:data:draft:UnqualifiedDataTypeSchemaModule:1"
schemaLocation = "http://www.unece.org/uncefact/data/draft/unqualifieddatatype 1.xsd"/>
<xsd:import
namespace = "urn:un:unece:uncefact:data:draft:QualifiedDataTypeSchemaModule:1"
schemaLocation = "http://www.unece.org/uncefact/data/draft/qualifieddatatype 1.xsd"/>
<! --Root element-->
<xsd:element name = "PurchaseOrderRequest" type = "ram:PurchaseOrderRequestType"/>
<! --Messase type declaration-->
<xsd:complexType name = "PurchaseOrderRequestType">
  <xsd:sequence>
    <xsd:element name = "Product" type = "ram:ProductType"/>
  </xsd:sequence>
</xsd:complexType>
<! --The below type declaration would normally appear in a separate schema module for all reusable components
(ABIE) but is included here for completeness-->
<xsd:complexType name = "ProductType">
     <xsd:sequence>
       <xsd:element name = "TotalAmount" type = "udt:AmountType"/>
       <xsd:element name = "TaxCurrencyCode" type = "udt:CodeType"/>
       <xsd:element name = "ChangeCurrencyCode" type = "qdt:CurrencyCodeType"/>
       <xsd:element name = "CalculationCurrencyCode"
type = "qdt:CalculationCurrencyCodeType"/>
       <xsd:element name = "RestrictedCurrencyCode"
type = "qdt:RestrictedCurrencyCodeType"/>
     </xsd:sequence>
  </xsd:complexType>
</xsd:schema>
```

该 schema 导入：

- 所有 UDT 的 schema 模块，例如：“udt：AmountType”、“udt：CodeType”、“udt：QuantityType”。
- 所有 QDT 的 schema 模块，此处定义了两个特定的数据类型“CurrencyCode”和“CalculationCurrencyCodeType”。

在“ProductType”的“xsd：complexType”内，声明了 5 个局部元素，每个局部元素分别对应于上述

5 种代码表用法。

10.1.1 在 UDT 中引用预定义的标准代码表

在代码用法 Schema 示例中，把元素“TotalAmount”声明为：

```
<xsd:element name = "TotalAmount" type = "udt:AmountType"/>
```

正如在元素声明中所示，“TotalAmount”的类型是在 UDT schema 模块（见 8.6）中定义的“udt:AmountType”，UDT schema 模块中的“udt:AmountType”声明如下：

```
<xsd:schema
targetNamespace = "urn:un:unece:uncefact:data:draft:UnqualifiedDataTypeSchemaModule:1"
xmlns:clm54217 = "urn:un:unece:uncefact:codelist:draft:5:4217:2001"…
elementFormDefault = "qualified" attributeFormDefault = "unqualified">
<! -- ================================================================== -->
<! -- ===== Imports                                               ===== -->
<! -- ================================================================== -->
<! -- ===== Imports of Code Lists                                 ===== -->
<! -- ================================================================== -->
<xsd:import namespace = "urn:un:unece:uncefact:codelist:draft:5:4217:2001"
schemaLocation = "http://www.unece.org/uncefact/codelist/draft/5/4217:2001.xsd"/>
<! -- ================================================================== -->
<! -- ===== Type Definitions                                      ===== -->
<! -- ================================================================== -->
<! -- ===== Amount. Type                                          ===== -->
<! -- ================================================================== -->
<xsd:complexType name = "AmountType">
  <xsd:simpleContent>
    <xsd:extension base = "xsd:decimal">
      <xsd:attribute name = "currencyID" type = "clm54217:CurrencyCodeContentType"
use = "required"/>
    </xsd:extension>
  </xsd:simpleContent>
</xsd:complexType>
```

“udt:AmountType”的属性表示了 GB/T 19256.9 中为该数据类型定义的补充构件。这些属性包含了代表补充构件“Amount. Currency. Identifier”的“currencyID”。该“currencyID”属性声明为“xsd:simpleType”—“clm54217:CurrencyCodeContentType”。“clm54217:CurrencyCodeContentType”已经在 GB/T 12406 表示货币和资金的代码中代码表 schema 模块中进行了声明，并且在“clm54217:CurrencyCodeContentType”类型定义中，已经把“currencyID”属性的允许值定义为枚举刻面约束。

GB/T 12406 的代码表 schema 模块中部分内容如下：

```
<! -- ================================================================== -->
<! -- ===== Root Element Declarations                             ===== -->
<! -- ================================================================== -->
<xsd:element name = "CurrencyCode" type = "clm54217:CurrencyCodeContentType"/>
<! -- ================================================================== -->
<! -- ===== Type Definitions                                      ===== -->
<! -- ================================================================== -->
<! -- ===== Code List Type Definition:Country Codes               ===== -->
<! -- ================================================================== -->
<xsd:simpleType name = "CurrencyCodeContentType">
  <xsd:restriction base = "xsd:token">
    <xsd:enumeration value = "AED">
      <xsd:annotation>
        <xsd:documentation>
          <CodeName>Dirham</CodeName>
        </xsd:documentation>
      </xsd:annotation>
    </xsd:enumeration>
    <xsd:enumeration value = "AFN">
```

```
        <xsd:annotation>
          <xsd:documentation>

            <CodeName>Afghani</CodeName>
          </xsd:documentation>
        </xsd:annotation>
      </xsd:enumeration>
    </xsd:restriction>
  </xsd:simpleType>
</xsd:schema>
```

"currencyID"属性使用 GB/T 19256.9 中定义的 GB/T 12406 货币代码作为固定值，因此，在符合本部分的实例文档中仅允许使用来自该代码表的代码值。实例文档中，货币代码的实际值应表示为：

```
<TotalAmount currencyID = "AED">8.14</TotalAmount>
```

应注意当使用这种用法时，实例文档中不包含所用代码表的信息，而这种信息是在支撑实例文档的 XML schema 中进行定义。

10.1.2 用 UDT"udt:CodeType"引用任意的代码表

示例报文"TaxCurrencyCode"中的第 2 个元素是 UDT"udt:CodeType"。

```
<xsd:element name = "TaxCurrencyCode" type = "udt:CodeType"/>
```

该"udt:CodeType"数据类型包含一些所需的补充构件，以便唯一标识用于有效性验证的代码表。

在未限定的 schema 模块中"udt:CodeType"声明为：

```
<xsd:complexType name = "CodeType">
  <xsd:simpleContent>
      <xsd:extension base = "xsd:token">
        <xsd:attribute name = "listID" type = "xsd:token" use = "optional"/>
        <xsd:attribute name = "listName" type = "xsd:string" use = "optional"/>
        <xsd:attribute name = "listAgencyID" type = "xsd:token" use = "optional"/>
        <xsd:attribute name = "listAgencyName" type = "xsd:string" use = "optional"/>
        <xsd:attribute name = "listVersionID" type = "xsd:token" use = "optional"/>
        <xsd:attribute name = "listURI" type = "xsd:anyURI" use = "optional"/>
      </xsd:extension>
  </xsd:simpleContent>
</xsd:complexType>
```

当使用"udt:CodeType"时，应使用 listURI(该 listURI 可以唯一指到代码表)，或使用其他属性的组合。因此，可以通过特定属性来引用代码表的相关属性以便清晰表示补充构件，也可以通过"listURI"来引用代码表的相关属性，"listURI"的取值基于命名空间名称规则，如：urn:un:unece:uncefact:codelist:draft:5:4217:2001。

在运行时，应定义与特定命名空间的关联，在实例文档中，该元素表示为：

```
<TaxCurrencyCode listName = "ISO Currency Code" listAgencyName = "ISO" listID = "ISO 4217" listVersionID = "2001"
    listAgencyID = "5">AED</TaxCurrencyCode>
```

或

```
<TaxCurrencyCode
listURI = "urn:un:unece:uncefact:codelist:draft:5:4217:2001">AED</TaxCurrencyCode>
```

应注意当使用这种用法时，实例文档中代码值的有效性验证不通过 XML 解析器来完成。

10.1.3 通过声明特定的 QDT 来引用预定义的代码表

示例报文"ChangeCurrencyCode"中的第 3 个元素基于 QDT"qdt:CurrentCodeType"。

```
<xsd:element name = "ChangeCurrencyCode" type = "qdt:CurrencyCodeType"/>
```

"qdt:CurrencyCodeType"应在 QDT schema 模块中定义为：

```
<xsd:simpleType name = "CurrencyCodeType">
  <xsd:restriction base = "clm54217-A:CurrencyCodeContentType"/>
</xsd:simpleType>
```

这意味着"ChangeCurrencyCode"元素的值仅可以取自 GB/T 12406。在实例文档中，该元素应表示为：

```
<ChangeCurrencyCode>AED</ChangeCurrencyCode>
```

应注意，当使用这种用法时，实例文档中不包含所用代码表的信息，而这种信息是在 XML schema 中进行定义。

10.1.4 选用或组合使用多个代码表中的值

通过使用“xsd:choice”或“xsd:union”元素来选用或组合使用多个不同代码表中的值。

10.1.4.1 “选择(Choice)”用法

在代码用法 Schema 示例中，元素“CalculationCurrencyCode”声明为：

```
<xsd:element name="CalculationCurrencyCode" type="qdt:CalculationCurrencyCodeType"/>
```

“CalculationCurrencyCode”元素的类型是 QDT——“qdt:CalculationCurrencyCodeType”。

“qdt:CalculationCurrencyCodeType”在 QDT 模块中定义为：

```
<xsd:complexType name="CalculationCurrencyCodeType">
  <xsd:choice>
      <xsd:element ref="clm54217-N:CurrencyCode"/>
      <xsd:element ref="clm54217-A:CurrencyCode"/>
  </xsd:choice>
      </xsd:complexType>
```

“xsd:choice”元素给出了两种代码值的选项，一种取自“clm 54217-N:CurrencyCode”，另一种取自“clm 54217-A:CurrencyCode”。其中，“clm 54217-A:CurrencyCode”的 schema 模块与 9.1.1 中所用的“CurrencyCode”代码表相同，“clm 54217-N:CurrencyCode”的示例 schema 模块如下：

示例 94 ：“clm 54217-N:CurrencyCode”Schema 模块的示例：

```
<!-- ===================================================================== -->
<!-- =====  Root Element Declarations                                ===== -->
<!-- ===================================================================== -->
<xsd:element name="CurrencyCode" type="clm54217-N:CurrencyCodeContentType"/>
<!-- =====  Type Definitions                                         ===== -->
<!-- ===================================================================== -->
<!-- =====  Code List Type Definition: 4217-N Currency Codes         ===== -->
<!-- ===================================================================== -->
<xsd:simpleType name="CurrencyCodeContentType">
  <xsd:restriction base="xsd:token">
    <xsd:enumeration value="840">
      <xsd:annotation>
        <xsd:documentation>
          <CodeName>US Dollar</CodeName>
        </xsd:documentation>
      </xsd:annotation>
    </xsd:enumeration>
    <xsd:enumeration value="978">
      <xsd:annotation>
        <xsd:documentation>
          <CodeName>Euro</CodeName>
        </xsd:documentation>
      </xsd:annotation>
    </xsd:enumeration>
  </xsd:restriction>
</xsd:simpleType>
</xsd:schema>
```

“xsd:choice”选项允许在实例文档中从不同的预定义代码表中选用代码值。应通过命名空间前缀(clm 54217-A 或 clm 54217-N)来表示实例文档中所用的特定代码表，该命名空间前缀用在所导入的代码表命名空间声明中以及“CurrencyCode”元素中：

```
<PurchaseOrder … xmlns:clm54217-N='urn:un:unece:uncefact:codelist:draft:5:4217-N:2001"
 … >
    <CalculationCurrencyCode>
```

```
        <clm54217-N:CurrencyCode>840</clm54217-N:CurrencyCode>
    </CalculationCurrencyCode>
    ...
</PurchaseOrder>
```

命名空间前缀为实例文档的接受者清晰地标识出定义代码值的代码表。

10.1.4.2 “组合(Union)”用法

在多代码表的使用方面,“xsd:union”代码表方法类似于“xsd:choice”代码表方法。在 schema 中二者的元素声明方法相同,例如:元素“CalculationCurrencyCode”都是基于 QDT“qdt:CalculationCurrencyCodeType”。

```
<xsd:element name="CalculationCurrencyCode" type="qdt:CalculationCurrencyCodeType"/>
```

不同之处在于在 QDT 模块中对“qdt:CalculationCurrencyCodeType”的定义是使用“xsd:union”元素而不是“xsd:choice”元素。

```
<xsd:simpleType name="CalculationCurrencyCodeType">
    <xsd:union memberTypes="clm54217-N:CurrencyCodeContentType
                            clm54217-A:CurrencyCodeContentType"/>
</xsd:simpleType>
```

此处,通过该声明实例文档能够从“clm 54217-N:CurrencyCodeContentType”或“clm 54217-A:CurrencyCodeContentType”中任意选择代码值。其中,“clm 54217-A:CurrencyCode”的 schema 模块与 10.1.1 中所用的“CurrencyCode”代码表相同,“clm 54217-N:CurrencyCodeContentType”的代码表 schema 模块与 10.1.4.1 中的“clm 54217-N:CurrencyCode”Schema 模块相同。

“xsd:union”选项允许在实例文档中从不同的预定义代码表中选用代码值。代码表在 XML schema 模块中应导入一次,并且在 XML 实例中应显示一次(代码表)。应通过命名空间前缀(clm 54217-A 或 clm 54217-N)来表示特定代码表,但是与“选择(choice)”用法不同的是,实例文档中的元素不应把特定代码表标记作为该元素名称的第 1 部分。实例文档的接收者不能清晰地知道每个代码值是在哪个代码表中定义的。这是因为对特定代码表的引用来自于不同的代码表 schema 模块,例如,clm 54217-A 和 clm 54217-N。

例如,实例文档中该元素可以表示为:

```
<PurchaseOrder >
    ...
    <CalculationCurrencyCode>840</CalculationCurrencyCode>
    ...
</PurchaseOrder>
```

“xsd:union”方法的优点是属性能够充分利用这些代码表。例如,使用“xsd:union”方法对两种货币代码表进行标准化并将其应用到所有数据类型中,这种作法更有实践意义。正如“udt:AmountType”及其“货币 ID(currencyID)”属性。

10.1.5 对允许使用的代码值进行约束

当需要减少现有代码表中允许使用的代码值数量时,使用这种方法。例如,贸易伙伴社团可以仅认可取自 GB/T 12406“货币(Currency)”代码表中的某些代码值,实现这一目的可以使用以下三种方法:

- 用“xsd:substitutionGroup”来替代简单类型,该简单类型包含代码的枚举列表;
- 用“xsd:redefine”来替代简单类型,该简单类型包含代码的枚举列表;
- 创建一个新的“xsd:simpleType”,该“xsd:simpleType”包含了代码值的约束集。

由于鉴别、抗抵赖、易理解和工具支持等方面的原因,本部分特别禁止使用“xsd:substitutionGroup”和“xsd:redefine”的功能。因此,当用户需要对现有的 schema 中允许使用的代码值进行约束时,就应在 QDT schema 模块中创建一个新的限定型数据类型,同时创建一个新的被约束的代码表 schema 模块,并定义一个新的“xsd:simpleType”。这个新的“xsd:simpleType”应包含允许使用的枚举值完整列表。

在 10.1.1 的示例中,声明了“CurrencyID”元素,并且该元素是为货币(currency)代码而定义的

“qdt:CurrencyCodeContentType”的“xsd:simpleType”。

如果需要约束“qdt:CurrencyCodeType”的允许值，就应定义一个新的被约束的数据类型，例如：“qdt:RestrictedCurrencyCodeType”。尽管在数据模型中，这是对“qdt: CurrencyCodeType”的约束，但是因为 XSD 的局限性，该新数据类型的约束性声明应具备基本类型“xsd:token”，而不是“CurrencyCodeType”。在 XSD 中枚举以重复的刻面(值)来表示，从“xsd:restriction”的本质上来说，约束类型的刻面的集合实际上是原始类型和约束类型的刻面的总和——这种方法实际上是一种扩展，而不是约束。在本部分以下示例中，新的“xsd:simpleType”定义应出现在新的代码表 schema 模块中。

```
〈xsd:simpleType name = "RestrictedCurrencyCodeContentType"〉
  〈xsd:restriction base = "xsd:token"〉
    〈xsd:enumeration value = "AED"〉
      〈xsd:annotation〉
        〈xsd:documentation〉
          〈CodeName〉Dirham〈/CodeName〉
        〈/xsd:documentation〉
      〈/xsd:annotation〉
    〈/xsd:enumeration〉
  〈/xsd:restriction〉
〈/xsd:simpleType〉
```

在实例文档中，元素“RestrictedCurrencyCode”的允许值限于在被约束的代码表 schema 模块中包含的值。

10.2 XML schema 中标识符方案的用法

本部分中标识符方案的 5 种用法如下：

- 把预定义的标识符方案引用为 UDT 中的补充构件，如：把符合数据元 DE 3055 的机构标识符引用为“udt:codeType”的补充构件；
- 通过使用必要的标识，把标准的或专有的标识符方案引用为“udt:IdentifierType”中的属性；
- 通过声明特定的 QDT 来引用预定义的标识符方案；
- 选用或组合使用多个标识符方案中的值；
- 对标识符允许值进行约束。

标识符方案的规则与代码表的规则相同，因此，10.1 中的示例也适用于标识符列表。

附　录　A
（规范性附录）
命名和设计规则汇总

【R1】只有符合本部分的规范性条款、规范性附录，才能认为符合本部分。

【R2】本部分中的设计规则基于 W3C 的 XML Schema 推荐性规范：《XML Schema　第 1 部分：结构》和《XML Schema　第 2 部分：数据类型》。

【R3】所有的 XML Schema 和符合该 XML Schema 的 XML 实例文档应以一系列 W3C 技术规范为基础。

【R4】XML Schema 应符合附录 B 中定义的标准结构。

【R5】每个元素或属性的 XML 名称应有且仅有一个完全限定的 XPath(FQXP)。

【R6】元素、属性和类型名称应采用英文名称，英文名称使用牛津英语字典中提供的主流英语拼写。

【R7】应使用 LCC 规则来命名属性。

【R8】应使用 UCC 规则来命名元素和类型。

【R9】除非元素、属性和类型概念本身是复数，否则应采用单数形式。

【R10】元素、属性和类型名称应取自 a～z 和 A～Z 字符集。

【R11】从字典条目名称中结构化的 XML 元素、属性和类型名称不能包括英文句点(.)、空格符或其他分隔符，和 W3C XML1.0 中明确规定的不能用于 XML 名称的字符。

【R12】除了受控词表或附录 C 中的词之外，XML 元素、属性和类型名称不能使用只取首字母的缩写词、缩略语或其他单词截短形式。

【R13】应使用附录 C 列出的只取首字母的缩写词和缩略语。

【R14】如果只取首字母的缩写词和缩略语出现在属性名称的开始部分，则应全部小写。如果出现在属性中的其他部分，则应大写。

【R15】只取首字母的缩写词在所有元素声明和类型定义中应全部大写。

【R16】除了代码表或标识符列表外，其他模块的 schema 模块文件名称应采用〈Schema 模块名称〉_〈版本〉.xsd 的形式，删除其中的英文句点、空格或其他分隔符和“Schema 模块”。

【R17】代码表和标识符列表的 schema 模块文件名称应是〈机构名称〉_〈表名称〉_〈版本〉.xsd，删除其中的英文句点、空格或其他分隔符。

【R18】在文件名称中表示版本方案时，英文句点应用小写字母“p”表示。

【R19】每个唯一的业务信息负载应生成一个根 schema。

【R20】每个根 schema 模块应命名为〈业务信息负载〉Schema 模块。

【R21】在根 schema 中不应复制那些能够通过“xsd:include 或 xsd:import”引用的 schema 模块中的可重用的结构。

【R22】本部分中 XML Schema 模块应处理为外部 schema 模块或作为根 schema 的内部 schema 模块。

【R23】所有的内部 schema 模块应与其相应的根 Schema(rsm:RootSchema)具有相同的命名空间。

【R24】每个内部 schema 模块应按照如下方式命名：〈父根 schema 模块名称〉〈内部 schema 模块功能〉Schema 模块。

【R25】应创建核心构件类型 schema 模块。

【R26】“核心构件类型(cct:CoreComponentType)”Schema 模块应命名为“CCT Schema 模块”。

【R27】应创建未限定数据类型 schema 模块。

【R28】“未限定数据类型(ude:UnqualifiedDataType)”schema 模块应命名为“UDT Schema 模块”。

未限定数据类型 schema 模块应有一个标准化的名称，以便区分于其他 XML Schema 模块。

【R29】应创建限定型数据类型 schema 模块。

【R30】“限定型数据类型(qdt:QualifiedDataType)”schema 模块应命名为“QDT Schema 模块”。

限定型数据类型 schema 模块应有一个标准化的名称，以便区分于其他 XML Schema 模块。

【R31】应创建可重用的聚合业务信息实体 schema 模块。

【R32】“可重用的聚合业务信息实体(ram:ReusableAggregateBusinessInformationEntity)”schema 模块应命名为“可重用的 ABIE Schema 模块”。

【R33】为了使用代码表枚举值，应创建一个可重用的代码表 schema 模块。

【R34】每个“代码表(clm:CodeList)”schema 模块应按照如下方式命名：

〈代码表机构标识符 | 代码表机构名称〉〈代码表标识的标识符 | 代码表名称〉- 代码表 schema 模块。

此处，代码表机构标识符 = 标识代码表的维护机构；

代码表机构名称 = 代码表维护机构；

代码表标识的标识符 = 标识各自对应的代码表；

代码表名称 = 代码表维护机构分配给代码表的名称。

【R35】应创建标识符列表 schema 模块，以便为每个要求运行验证的标识符列表提供枚举值。

【R36】每个“标识符列表(ids:IdentifierList)”schema 模块应按照如下方式命名：

〈标识符方案机构标识符 | 标识符方案机构名称〉〈标识符方案标识符 | 标识符方案名称〉- 标识符列表 schema 模块。

此处，标识符方案机构标识符 = 标识符列表维护机构的标识；

标识符方案机构名称 = 标识符列表的维护机构；

标识符方案标识符 = 标识符列表的标识；

标识符方案名称 = 标识符列表维护机构分配的名称。

【R37】导入的 schema 模块应完全符合本部分和 GB/T 19256.9。

【R38】每个已定义或已导入的 schema 模块应要有已声明的命名空间，该声明应使用“xsd:targetNamepace”属性。

【R39】每个已定义的或已导入的 schema 模块(内部 schema 模块除外)的版本应有其自己的唯一命名空间。

【R40】不应改变本部分已发布的命名空间，也不应改变其内容，除非这种变化不会改变向后的兼容性。

【R41】本部分命名空间定义为 URN。

【R42】处于草案状态的 schema 的 URN 命名空间的名称应具有以下结构：

urn:un:unece:uncefact:〈schema 类型〉:草案:〈名称〉:〈主版本〉，此处：

schema 类型 = 标识 schema 模块类型的标记：

data|process|codelist|identifierlist|documentation；

名称 = schema 模块的名称(用 UCC 方式)，删除其中的英文句点、空格或其他分隔符和“Schema 模块”；

主版本 = 主版本号，按顺序分配，第 1 版以数字 1 开始。

【R43】处于规范状态的 schema 的 URN 命名空间的名称应具有以下结构：

urn:un:unece:uncefact:〈schema 类型〉:标准:〈名称〉:〈主版本〉

此处：

schema 类型 = 标识 schema 模块类型的标记：

data|process|codelist|identifierlist|documentation；

名称 = schema模块的名称(用UCC方式),删除其中的英文句点、空格或其他分隔符和“Schema模块”;

主版本 = 主版本号,按顺序分配,第1版以数字1开始。

【R44】UN/CEFACT的命名空间值应仅被分配到UN/CEFACT所开发的对象。

【R45】schema定位的一般结构应是:

http://www.unece.org/uncefact/〈schema类型〉/〈状态〉/〈名称〉_〈主版本〉.〈次版本〉p【〈修订〉】.xsd

此处:

schema类型 = 标识schema模块类型的标记:data | process | codelist | identifierlist | documentation;

状态 = schema是draft | standard的状态;

名称 = schema模块的名称(如果是英文则采用UCC方式),删除其中的英文句点、空格或其他分隔符和“Schema模块”;

主版本 = 主版本号,按顺序分配,第1版以数字1开始;

次版本 = 主版本中的次版本号,按顺序分配,第1版以数字0开始;

修订 = 按顺序给每次修订的次版本分配的字符数字,仅适用于状态=draft的情况。

【R46】每个“xsd:schemaLocation”属性声明应包含一个持久的并可以解析的URN。

【R47】每个“xsd:schemaLocation”属性声明的URL应包含一个绝对路径。

【R48】应声明“xsd:schema”的版本属性。

【R49】“xsd:schema”的版本属性应使用下列格式:

〈xsd:schema…version〉=“〈主版本〉.〈次版本〉”

【R50】每个schema版本的命名空间声明应含有URI:

urn:un:unece:uncefact:〈schema类型〉:〈状态〉:〈名称〉:〈主版本〉

【R51】每个XML Schema和schema模块主版本号应是顺序分配的、递增的自然数。

【R52】次版本变更仅限于声明新的可选的XML Schema结构、扩展现存的XML Schema结构或对具有可选的性质进行改进。

【R53】次版本变更不应改变schema结构的名称。

【R54】次版本schema应从上一个主或次版本schema中引入所有的XML结构。

【R55】次版本应包括上一个主或次版本schema中所有XML结构。

【R56】应声明xsd:elementFormDefault属性,并将其值设置为“qualified”。

【R57】应声明xsd:attributeFormDefault属性,并将其值设置到“unqualified”。

【R58】当按xmlns:xsd=http://www.w3.org/2001/XML Schema形式引用http://www.w3.org/2001/XML Schema时,应在所有情况下都使用“xsd”前缀。

【R59】不应使用“xsd:appInfo”。

【R60】不应使用“xsd:notation”。

【R61】不应使用“xsd:wildcard”。

【R62】不应使用“xsd:any”元素。

【R63】不应使用“xsd:any”属性。

【R64】不应使用混合内容(不包括文档)。

【R65】不应使用“xsd:substitutionGroup”。

【R66】不应使用“xsd:ID/IDREF”。

【R67】应使用“xsd:key/xsd:keyref”用于信息关联。

【R68】不出现的结构或数据不应有含义。

【R69】用户声明的属性应仅用来表达 CCT 的补充构件信息。

【R70】那些表示具有可变信息的补充构件的“xsd:attribute”应以适当的 XML Schema 内置数据类型为基础。

【R71】表示代码的补充构件的“xsd:attribute”应以合适的代码表的“xsd:simpleType”为基础。

【R72】表示标识符的补充构件的“xsd:attribute”应以合适的标识符方案的“xsd:simpleType”为基础。

【R73】不应使用“xsd:nillable”属性。

【R74】不应使用空元素。

【R75】每个 BBIE 元素声明应是“udt:UnqualifiedDataType”或“qdt:QualifiedDataType”,而“udt:UnqualifiedDataType”或“qdt:QualifiedDataType”表示了源 BBIE 的数据类型。

【R76】不应使用“xsd:all”元素。

【R77】应命名所有的类型定义。

【R78】具有相同语义含义的数据类型定义不应有相同的刻面约束条件。

【R79】“xsd:extension”应仅在 CCT schema 模块和 UDT schema 模块中使用,并仅用于声明“xsd:attribute”来提供相关的补充构件。

【R80】当“xsd:restriction”用在“xsd:simpleType”或“xsd:complexType”中时,派生的结构应使用不同的名称。

【R81】每个已定义或声明的结构应使用“xsd:annotation”元素表示必要的 GB/T 19256.9 信息。

【R82】根 schema 模块应用一个唯一的标记表示。

【R83】“rsm:RootSchema”应导入以下 schema 模块:

- ram:可重用的 ABIE Schema 模块
- udt:UDT Schema 模块
- qdt:QDT Schema 模块

【R84】如果命名空间 A 中的“rsm:RootSchema”取决于命名空间 B 中的类型定义或元素声明,则命名空间 A 中的“rsm:RootSchema”应导入命名空间 B 的“rsm:RootSchema”。

【R85】如果命名空间 A 中的“rsm:RootSchema”取决于命名空间 B 中的类型定义或元素声明,则命名空间 A 中的“rsm:RootSchema”应只导入“rsm:RootSchema”。

【R86】“rsm:RootSchema”应包含该根 schema 命名空间中的任一内部 schema 模块。

【R87】根元素应在“rsm:RootSchema”中声明。

【R88】根元素的名称应是业务信息负载的名称,删除其中的分隔符和空格。

【R89】根元素应声明为表示业务信息负载的“xsd:complexType”。

【R90】根 schema 应定义一个完整描述业务信息负载的“xsd:complexType”。

【R91】根 schema“xsd:complexType”的名称应在根元素的名称后加上“类型”。

【R92】“rsm:RootSchema”根元素声明应按如下模式给出结构化的注释集。

- 唯一的 ID(必备):以唯一的和明确的方式引用业务信息负载实例的标识符。
- 首字母缩写词(必备):构件类型的缩写。这种情况下,取值总是 RSM。
- 名称(必备):业务信息负载的名称。
- 版本(必备):业务信息负载随时间变化的标志。
- 定义(必备):业务信息负载的简单描述。
- 业务过程语境值(必备,可重复):与业务信息相关联的业务过程。
- 地理政治地区语境值(可选,可重复):业务信息负载的地理政治/地区语境。
- 官方约束语境值(可选,可重复):业务信息负载的官方约束语境。
- 产品语境值(可选,可重复):业务信息负载的产品语境。

- 行业语境值(可选,可重复):业务信息负载的行业语境。
- 业务过程角色语境值(可选,可重复):业务信息负载的角色语境。
- 支撑角色语境值(可选,可重复):业务信息负载的支撑角色语境。
- 系统能力语境值(可选,可重复):业务信息负载的系统能力语境。

【R93】所有的内部 schema 模块应与其相对应的根 Schema(即:“rsm:RootSchema”)处于同一命名空间。

【R94】内部 schema 模块应使用与其“rsm:RootSchema”相同的标记来表示。

【R95】应使用标记“ram”表示可重用的 ABIE schema 模块。

【R96】“ram:ReusableAggregateBusinessInformationEntity”schema 应导入以下 schema 模块:

- “udt:UnqualifiedDataType”schema 模块
- “qdt:QualifiedDataType”schema 模块

【R97】语法中性模型中标识的每个对象类(ABIE)应定义为“xsd:complexType”,并给出名称。

【R98】ABIE“xsd:complexType”的名称应是 GB/T 20538.1—2006 中的字典条目名称或英文规范名称,删除其中的分隔符和空格,可以使用批准的缩略语和首字母缩写词,并将后缀“细目”用“类型”来代替。

【R99】每个 ABIE 的“xsd:complexType”定义应使用“xsd:sequence”和(或)“xsd:choice”元素,来表达其类的每个特性(BBIE 或 ASBIE)。

【R100】不应循环出现“xsd:sequence”和(或)“xsd:choice”。

【R101】ABIE“xsd:complexType”中元素的顺序和出现次数应符合模型中 ABIE 的结构。

【R102】每个 ABIE 应声明为一个全局“xsd:element”,并给出元素名称。

【R103】ABIE“xsd:element”的名称应是 GB/T 20538.1—2006 中的字典条目名称或英文规范名称,删除其中的分隔符和后缀“细目”,可以使用批准的缩略语和首字母缩写词。

【R104】每个 ABIE 全局元素声明应定义为该 ABIE 的“xsd:complexType”。

【R105】ABIE 中的 BBIE 应在该 ABIE 类型定义(xsd:complexType)中声明为局部元素,并给出元素名称。

【R106】每个 BBIE 的名称应由该 BBIE 的特性词、限定词和表示词组成。如果特性词以“标识(identification)”结束,而表示词是“标识符(identifier)”,则应删除“标识(identification)”;如果特性词以“指示(indication)”结束,而表示词是“指示符(indicator)”,则应从特性词中删除“指示(indication)”。

【R107】如果 BBIE 的表示词是“文本(text)”,则应删除“文本(text)”。

【R108】BBIE 元素应以“qdt:QualifiedDataType”或“udt:UnqualifiedDataType”schema 模块中所定义的合适的数据类型为基础。

【R109】对于“ccts:AssociationType”是复合关联的 ASBIE,应声明为局部元素,并给出元素名称。

【R110】每个局部声明的 ASBIE,其元素名称应由 ASBIE 的特性词、限定词以及被关联的 ABIE 的对象类词和限定词组成。

【R111】每个局部声明的 ASBIE,应定义为其被关联的 ABIE 的“xsd:complexType”。

【R112】对于非复合聚合的 ASBIE 而言,应通过“xsd:ref”来引用被关联 ABIE 的全局声明元素。

【R113】每个 ABIE 的“xsd:complexType”定义应按如下模式给出结构化的注释集。

- 唯一的 ID(必备):以唯一的和明确的方式引用 ABIE 实例的标识符。
- 首字母缩写词(必备):构件类型的缩写。这种情况下,取值总是 ABIE。
- 字典条目名称(必备):ABIE 的官方名称。
- 版本(必备):ABIE 实例随时间变化的标志。
- 定义(必备):ABIE 的语义含义。
- 对象类词(必备):ABIE 的对象类词。

- 对象类限定词(可选):限定 ABIE 对象类的词。
- 使用规则(可选,可重复):描述适用于 ABIE 的特定条件的约束。
- 业务术语(可选,可重复):通常所知道的、用在业务中的 ABIE 的同义词。
- 业务过程语境值(可选,可重复):与该 ABIE 相关联的业务过程。
- 地理政治地区语境值(可选,可重复):该 ABIE 的地理政治/地区语境。
- 官方约束语境值(可选,可重复):该 ABIE 的官方约束语境。
- 产品语境值(可选,可重复):该 ABIE 的产品语境。
- 行业语境值(可选,可重复):该 ABIE 的行业语境。
- 业务过程角色语境值(可选,可重复):该 ABIE 的角色语境。
- 支撑角色语境值(可选,可重复):该 ABIE 的支撑角色语境。
- 系统能力语境值(可选,可重复):该 ABIE 的系统能力语境。
- 示例(可选,可重复):ABIE 的可能值举例。

【R114】每个 ABIE 的"xsd:element"声明定义应按如下模式给出结构化的注释集:

- 唯一的 ID(必备):以唯一的和明确的方式引用 ABIE 实例的标识符。
- 首字母缩写词(必备):构件类型的缩写。这种情况下,取值总是 ABIE。
- 字典条目名称(必备):ABIE 的官方名称。
- 版本(必备):ABIE 实例随时间变化的标志。
- 定义(必备):ABIE 的语义含义。
- 对象类词(必备):ABIE 的对象类词。
- 对象类限定词(可选):限定 ABIE 对象类的词。
- 使用规则(可选,可重复):描述适用于 ABIE 的特定条件的约束。
- 业务术语(可选,可重复):通常所知道的、用在业务中的 ABIE 的同义词。
- 业务过程语境值(可选,可重复):与该 ABIE 相关联的业务过程。
- 地理政治地区语境值(可选,可重复):该 ABIE 的地理政治/地区语境。
- 官方约束语境值(可选,可重复):该 ABIE 的官方约束语境。
- 产品语境值(可选,可重复):该 ABIE 的产品语境。
- 行业语境值(可选,可重复):该 ABIE 的行业语境。
- 业务过程角色语境值(可选,可重复):该 ABIE 的角色语境。
- 支撑角色语境值(可选,可重复):该 ABIE 的支撑角色语境。
- 系统能力语境值(可选,可重复):该 ABIE 的系统能力语境。
- 示例(可选,可重复):ABIE 的可能值举例。

【R115】每个 BBIE 的"xsd:element"声明应按如下模式给出结构化的注释集:

- 唯一的 ID(必备):以唯一的和明确的方式引用 BBIE 实例的标识符。
- 首字母缩写词(必备):构件类型的缩写。这种情况下,取值总是 BBIE。
- 字典条目名称(必备):BBIE 的官方名称。
- 版本 ID(必备):BBIE 实例随时间变化的标志。
- 定义(必备):BBIE 的语义含义。
- 出现次数(必备):表示 BBIE 在 ABIE 中不可用、可选、必备和(或)可重复的特征。
- 对象类词(必备):父 ABIE 的对象类词。
- 对象类限定词(可选):限定父 ABIE 对象类的词。
- 特性词(必备):BBIE 的特性词。
- 特性限定词(可选):限定 BBIE 特性词的词。
- 主表示词(必备):BBIE 的主表示词。

- 使用规则(可选,可重复):描述适用于 BBIE 的特定条件的约束。
- 业务过程语境值(可选,可重复):与该 BBIE 相关联的业务过程。
- 地理政治地区语境值(可选,可重复):该 BBIE 的地理政治/地区语境。
- 官方约束语境值(可选,可重复):该 BBIE 的官方约束语境。
- 产品语境值(可选,可重复):该 BBIE 的产品语境。
- 行业语境值(可选,可重复):该 BBIE 的行业语境。
- 业务过程角色语境值(可选,可重复):该 BBIE 的角色语境。
- 支撑角色语境值(可选,可重复):该 BBIE 的支撑角色语境。
- 系统能力语境值(可选,可重复):该 BBIE 的系统能力语境。
- 业务术语(可选,可重复):通常所知道的、用在业务中的 BBIE 的同义词。
- 示例(可选,可重复):BBIE 的可能值举例。

【R116】每个 ASBIE 的"xsd:element"定义应按如下模式给出结构化的注释集。

- 唯一的 ID(必备):以唯一的和明确的方式引用 ASBIE 实例的标识符。
- 首字母缩写词(必备):构件类型的缩写。这种情况下,取值总是 ASBIE。
- 字典条目名称(必备):ASBIE 的官方名称。
- 版本(必备):ASBIE 实例随时间变化的标志。
- 定义(必备):ASBIE 的语义含义。
- 出现次数(必备):表示 ASBIE 在 ABIE 中不可用、可选、必备和(或)可重复的特征。
- 对象类词(必备):所关联的 ABIE 的对象类词。
- 对象类限定词(可选):限定所关联的 ABIE 对象类词的词。
- 关联类型(必备):ASBIE 的关联类型。
- 特性词(必备):ASBIE 的特性词。
- 特性限定词(可选):限定 ASBIE 特性词的词。
- 被关联的对象类词(必备):被关联的 ABIE 的对象类词。
- 被关联的对象类限定词(可选):限定被关联的 ABIE 对象类词。
- 业务过程语境值(可选,可重复):与该 ASBIE 相关联的业务过程。
- 地理政治地区语境值(可选,可重复):该 ASBIE 的地理政治/地区语境。
- 官方约束语境值(可选,可重复):该 ASBIE 的官方约束语境。
- 产品语境值(可选,可重复):该 ASBIE 的产品语境。
- 行业语境值(可选,可重复):该 ASBIE 的行业语境。
- 业务过程角色语境值(可选,可重复):该 ASBIE 的角色语境。
- 支撑角色语境值(可选,可重复):该 ASBIE 的支撑角色语境。
- 系统能力语境值(可选,可重复):该 ASBIE 的系统能力语境。
- 使用规则(可选,可重复):描述适用于 ASBIE 的特定条件的约束。
- 业务术语(可选,可重复):通常所知道的、用在业务中的 ASBIE 的同义词。
- 示例(可选,可重复):ASBIE 的可能值举例。

【R117】应使用标记"cct"表示 CCT schema 模块。

【R118】"cct:CoreComponentType"schema 模块不应包含或导入任何其他 schema 模块。

【R119】在 CCT Schema 模块中,每个 CCT 应定义为"xsd:complexType",并给出名称。

【R120】每个基于 CCT 的 "xsd:complexType"名称应是 GB/T 20538.1—2006 中 CCT 的字典条目名称或英文规范名称,删除其中的分隔符和空格,并可以使用批准的缩略语。

【R121】CCT 的"xsd:complexType"定义应包含一个"xsd:simpleContent"元素。

【R122】CCT"xsd:complexType"定义中的"xsd:simpleContent"元素应包含一个"xsd:extension"

元素，该"xsd:extension"元素应包括基于XSD的属性，该属性定义了CCT内容构件所需的特定XSD内置的数据类型。

【R123】在CCT的"xsd:extension"元素中，应为CCT的每个补充构件声明"xsd:attribute"。

【R124】CCT补充构件的"xsd:attribute""名称(name)"应是CCT补充构件的字典条目名称或英文名称，删除其中的分隔符和空格。

【R125】如果补充构件字典条目名称或英文名称的对象类包含父CCT的表示词，则应从补充构件的"xsd:attribute"名称中删除重复的对象类字或词。

【R126】如果补充构件字典条目名称或英文名称的对象类包含"标识(identification)"，则应从补充构件的"xsd:attribute"名称中删除"标识(identification)"。

【R127】如果补充构件字典条目名称或英文名称的表示词是"文本(text)"，则应从补充构件的"xsd:attribute"名称中删除该表示词。

【R128】表示补充构件的属性应以合适的、XSD内置的数据类型为基础。

【R129】每个CCT的"xsd:complexType"定义应按如下模式给出结构化的注释集。

- 唯一的ID(必备)：以唯一的和明确的方式引用CCT实例的标识符。
- 首字母缩写词(必备)：构件类型的缩写。这种情况下，取值总是CCT。
- 字典条目名称(必备)：CCT的官方名称。
- 版本(必备)：CCT实例随时间变化的标志。
- 定义(必备)：CCT的语义含义。
- 主表示词(必备)：CCT的主表示词。
- 基本类型(必备)：CCT的基本数据类型。
- 使用规则(可选，可重复)：描述适用于CCT的特定条件的约束。
- 业务术语(可选，可重复)：通常所知道的、用在业务中的CCT的同义词。
- 示例(可选，可重复)：CCT的可能值举例。

【R130】每个补充构件的"xsd:attribute"声明应按如下模式给出结构化的注释集。

- 名称(必备)：补充构件的官方名称。
- 定义(必备)：补充构件的语义含义。
- 对象类词(必备)：补充构件的对象类。
- 特性词(必备)：补充构件的特性词。
- 基本类型(必备)：补充构件的基本数据类型。
- 使用规则(可选，可重复)：描述适用于补充核心构件的特定条件的约束。
- 示例(可选，可重复)：BCC的可能值举例。

【R131】应使用标记"udt"表示UDT schema模块的命名空间。

【R132】"udt:UnqualifiedDataType"schema仅应导入以下schema模块：

- ids:IdentifierList schema模块；
- clm:CodeList schema模块。

【R133】应为每个批准的主表示词和副表示词定义UDT，GB/T 19256.9允许使用的表示词表中规定了这些主表示词和副表示词。

【R134】UDT的名称应在主表示词和副表示词的字典条目名称后加上"Type"，删除其中的分隔符和空格。

【R135】如果UDT的补充构件可以直接映射为XSD内置数据类型，则应在"udt:UnqualifiedDataType"schema模块中将该UDT定义为"xsd:simpleType"，并给出"xsd:simpleType"的名称。

【R136】UDT"xsd:simpleType"应包含一个"xsd:restriction"元素，该"xsd:restriction"元素应包括一个"xsd:base"属性，该属性规定了内容构件所需的特定XSD内置数据类型。

【R137】如果UDT的补充构件不对应于XSD内置数据类型，则应在“udt:UnqualifiedDataType”schema模块中将该UDT定义为“xsd:complexType”。

【R138】UDT的“xsd:complexType”定义应包含一个“xsd:simpleContent”元素。

【R139】UDT的“xsd:complexType”的“xsd:simpleContent”元素应包含一个“xsd:extension”元素。该“xsd:extension”元素应包括“xsd:base”属性。该“xsd:base”属性规定了内容构件所需的特定XML Schema内置数据类型。

【R140】在UDT的“xsd:complexType”的“xsd:extension”元素内，应为每个CCT的补充构件声明“xsd:attribute”。

【R141】补充构件“xsd:attribute”的名称应是补充构件的名称，删除其中的分隔符和空格，并可以使用批准的缩略语和首字母缩写词。

【R142】如果补充构件字典条目名称的对象类包含表示词的名称，则应从补充构件“xsd:attribute”的名称中删除重复的对象类词。

【R143】如果补充构件字典条目名称的对象类包含词“标识(identification)”，则应从补充构件“xsd:attribute”的名称中删除词“标识(identification)”。

【R144】如果补充构件字典条目名称的表示词是“文本(text)”，则应从补充构件“xsd:attribute”的名称中删除该表示词。

【R145】如果补充构件的表示词是“代码”，并且要求有效性验证，则表示该补充构件的属性应以适当的外部导入代码表所定义的“xsd:simpleType”为基础。

【R146】如果补充构件的表示词是“标识符”，并且要求有效性验证，则表示该补充构件的属性应以适当的外部导入标识符列表所定义的“xsd:simpleType”为基础。

【R147】如果补充构件表示词既不是“代码”，也不是“标识符”，则表示该补充构件的属性应以适当的XSD内置数据类型为基础。

【R148】每个UDT的“xsd:complexType”或“xsd:simpleType”定义应按如下模式给出结构化的注释集：

- 唯一的ID(必备)：以唯一的和明确的方式引用UDT实例的标识符。
- 首字母缩写词(必备)：构件类型的缩写。这种情况下，取值总是UDT。
- 字典条目名称(必备)：UDT的官方名称。
- 版本(必备)：UDT实例随时间变化的标志。
- 定义(必备)：UDT的语义含义。
- 基本类型(必备)：UDT的基本数据类型。
- 使用规则(可选，可重复)：描述适用于UDT的特定条件的约束。
- 示例(可选，可重复)：UDT的可能值举例。

【R149】每个补充构件的“xsd:attribute”声明应按如下模式给出结构化的注释集：

- 唯一的ID(必备)：以唯一的和明确的方式引用补充构件实例的标识符。
- 首字母缩写词(必备)：构件类型的缩写。这种情况下，取值总是SC。
- 字典条目名称(必备)：补充构件的官方名称。
- 定义(必备)：补充构件的语义含义。
- 对象类词名称(必备)：补充构件的对象类。
- 特性词名称(必备)：补充构件的特性词。
- 示例(可选，可重复)：BCC的可能值举例。

【R150】应使用标记“qdt”表示QDT schema模块的命名空间。

【R151】“qdt:QualifiedDataType”schema模块应导入“udt:UnqualifiedDataType”schema模块。

【R152】在需要对现有的UDT刻面约束进行更改的地方，应在“qdt:QualifiedDataType”schema模块中定义新的数据类型。

【R153】QDT 应以 UDT 为基础，并且给 UDT 附加一些语义和(或)技术约束。

【R154】QDT 的名称应是其所基于的 UDT 名称，删除其中的分隔符和空格，并且增加了限定词。

【R155】每个以 UDT 的“xsd:complexType”为基础的 QDT(这些 QDT 的补充构件直接映射到 XSD 内置数据类型的特性)：

- 应定义为“xsd:simpleType”；
- 应包含一个“xsd:restriction”元素；
- 应包含“xsd:base”属性(该属性规定了内容构件所需的特定的 XSD 内置数据类型)。

【R156】每个以 UDT 的“xsd:complexType”为基础的 QDT(这些 QDT 的补充构件不直接映射到 XSD 内置数据类型的特性)：

- 应定义为“xsd:complexType”；
- 应包含一个“xsd:simpleContent”元素；
- 应包含一个“xsd:restriction”元素；
- 应包括 UDT 作为其“xsd:base”属性。

【R157】每个以 UDT 的“xsd:simpleType”为基础的 QDT：

- 应包含一个“xsd:restriction”元素；
- 应包括 UDT 作为其“xsd:base”属性，或者如果通过使用 XSD 内置数据类型能够实现刻面约束，则 XSD 内置数据类型可以用作“xsd:base”属性。

【R158】每个以单个代码表或标识符列表“xsd:simpleType”为基础的 QDT 应包含一个“xsd:restriction”元素或“xsd:union”元素。

【R159】具有两个或多个代码表或标识符列表选项的 QDT：

- 应定义为“xsd:complexType”；
- 应包含“xsd:choice”元素，该元素的内容模型应包含可选的代码表或标识符列表的元素引用，这些代码表或标识符列表具有适当的命名空间限定。

【R160】QDT“xsd:complexType”定义的“xsd:simpleContent”元素应仅约束在其“xsd:base”类型中声明的属性，或者应仅仅约束那些等同于所允许的补充构件的刻面(facet)约束。

【R161】每个 QDT 定义应包含如下顺序和模式的结构化注释信息：

- 唯一的 ID(必备)：以唯一的和明确的方式引用 QDT 实例的标识符。
- 首字母缩写词(必备)：构件类型的缩写。这种情况下，取值总是 QDT。
- 字典条目名称(必备)：QDT 的官方名称。
- 版本(必备)：QDT 实例随时间变化的标志。
- 定义(必备)：QDT 的语义含义。
- 主表示词(必备)：QDT 的主表示词。
- 基本类型(必备)：QDT 的基本数据类型。
- 数据类型限定词(必备)：为了把它与其基础的 UDT 和其他 QDT 区分开，而限定表示词的词。
- 业务过程语境值(可选，可重复)：与该 QDT 相关联的业务过程语境。
- 地理政治地区语境值(可选，可重复)：该 QDT 的地理政治/地区语境。
- 官方约束语境值(可选，可重复)：该 QDT 的官方约束语境。
- 产品语境值(可选，可重复)：该 QDT 的产品语境。
- 行业语境值(可选，可重复)：该 QDT 的行业语境。
- 业务过程角色语境值(可选，可重复)：该 QDT 的角色语境。
- 支撑角色语境值(可选，可重复)：该 QDT 的支撑角色语境。
- 系统能力语境值(可选，可重复)：该 QDT 的系统能力语境。

- 使用规则(可选,可重复):描述适用于 QDT 特定条件的约束。
- 示例(可选,可重复):QDT 的可能值举例。

【R162】每个补充构件的“xsd:attribute”声明应按如下模式给出结构化的注释集:

- 唯一的 ID(必备):以唯一的和明确的方式引用 CCT 实例的补充构件的标识符。
- 首字母缩写词(必备):构件类型的缩写。这种情况下,取值总是 QDT。
- 名称(必备):补充构件的官方名称。
- 定义(必备):补充构件的语义含义。
- 出现次数(必备):该补充构件特性表示 CCT 不可用、可选、必备和(或)可重复特征的一种标志。
- 特性词(可选):相关联的补充构件的特性词。
- 使用规则(可选,可重复):描述适用于补充构件特定条件的约束。
- 示例(可选,可重复):补充构件的可能值举例。

【R163】每个国家和行业机构负责维护的代码表应在其自身的 schema 模块中进行定义。

【R164】当现有的外部代码表 schema 可以导入时,则内部代码表 schema 不应复制该外部代码表 schema。

【R165】当 schema 处于草案状态时,代码表 schema 命名空间名称应具有以下结构:

urn:un:unece:uncefact:codelist:draft:〈Code List Agency Identifier|Code List Agency Name Text〉:〈Code List Identification. Identifier|Code List Name Text〉:〈Code List Version. Identifier〉

此处:

- 代码表:标识了该 schema 是代码表 schema;
- 代码表机构标识符:标识出代码表管理机构,默认机构出自 DE3055,但是不能使用 DE3055 中定义的角色;
- 代码表机构名称文本:代码表维护机构的名称;
- 代码表标识标识符:标识出各自所对应的代码的列表;

列表 ID 仅在该代码表管理机构中是唯一的;

- 代码表名称文本:代码表的名称;
- 代码表版本标识符:标识出代码表的版本。

【R166】处于标准状态的代码表 schema 命名空间名称应符合以下格式:

urn:un:unece:uncefact:codelist:standard:〈Code List Agency Identifier|Code List Agency Name Text〉:〈Code List Identification. Identifier|Code List Name Text〉:〈Code List Version Identifier〉

此处:

- 代码表:标识了该 schema 是代码表 schema;
- 代码表机构标识符:标识出代码表管理机构,默认机构出自 DE3055,但是不能使用 DE3055 中定义的角色;
- 代码表机构名称文本:代码表维护机构的名称;
- 代码表标识标识符:标识出各自所对应的代码的列表;

列表 ID 仅在代码表管理机构中是唯一的;

- 代码表名称文本:代码表的名称;
- 代码表版本标识符:标识出代码表的版本。

【R167】每个 UN/CEFACT 所维护的代码表 schema 模块应由以下结构化的唯一标记来表示:

clm【QDT 名称】〈代码表机构标识符 | 代码表机构名称文本〉〈代码表标识标识符 | 代码表名称文本〉

clm[Qualified data type name]〈Code List Agency Identifier|Code List Agency Name Text〉〈Code List Identification Identifier|Code List Name Text〉

删除其中的重复词。

【R168】代码表 schema 定位的结构应是：

http://www.unece.org/uncefact/代码表/〈状态〉/〈代码表.机构标识符｜代码表机构名称文本〉/〈代码表标识标识符｜代码表名称文本〉_〈代码表版本标识符〉.xsd

此处：

- schema 类型(schematype)：标识 schema 模块类型的标记。此处为“codelist”。
- 状态：schema 的状态。此处为 draft ｜ standard。
- 代码表机构标识符：标识出代码表管理机构，默认机构出自 DE3055，但是不能使用 DE3055 中定义的角色。
- 代码表机构名称文本：代码表维护机构的名称。
- 代码表标识标识符：标识出各自所对应的代码列表。

列表 ID 仅在代码表管理机构中是哇一的；

- 代码表名称文本：代码表的名称；
- 代码表版本标识符：标识出代码表的版本。

【R169】代码表的“xsd:schemaLocation”属性声明应包含一个永久的和可解析的 URL。

【R170】代码表的“xsd:schemaLocation”属性声明中的 URL 应包含一个绝对路径。

【R171】代码表 schema 模块不应导入或包含其他 schema 模块。

【R172】在每个代码表模块中，应为内容构件定义且仅定义一个“xsd:simpleType”，并给出“xsd:simpleType”的名称。

【R173】“xsd:simpleType”的名称应为代码表根元素名称加上“内容类型”。

【R174】“xsd:restriction”元素的基本属性值应设置为“xsd:token”。

【R175】代码表中的每个代码应表达为一个“xsd:enumeration”，此处枚举的“xsd:value”是实际的代码值。

【R176】应为每个代码表全局声明一个根元素。

【R177】代码表根元素名称应是符合 6.3 中命名规则的代码表名称。

【R178】代码表根元素的类型应是表示实际代码值列表的类型。

【R179】每个代码表“xsd:enumeration”应包括符合如下顺序和模式的结构化注释。

- 名称(必备)：代码的名称；
- 描述(可选)：代码的描述信息。

【R180】当现有的外部标识符列表 schema 可以导入时，则内部标识符列表 schema 不应复制该外部标识符列表 schema。

【R181】每个国家和行业机构负责维护的标识符列表应在其自身的 schema 模块中定义。

【R182】当 schema 处于草案状态时，命名空间名称应具有以下结构：

urn:un:unece:uncefact:identifierlist:draft:〈Identifier Scheme. Agency Identifier|Identifier Scheme Agency Name Text〉:〈Identifier Scheme Identifier|Identifier Scheme Name Text〉:〈Identifier Scheme Version Identifier〉

此处：

- 标识符列表：标识了该 schema 是标识符方案；
- 标识符方案机构标识符：标识方案维护机构的标识；
- 标识符方案机构名称文本：标识符列表维护机构的名称；
- 标识符方案标识符：标识方案的标识；
- 标识符方案名称文本：标识方案的名称；
- 标识符方案版本.标识符：标识方案的版本。

【R183】处于标准状态的标识符列表 schema 命名空间名称应符合以下格式：

urn:un:unece:uncefact:identifierlist:standard:〈Identifier Scheme. Agency Identifier|Identifier Scheme Agency Name Text〉:〈Identifier Scheme Identifier|Identifier Scheme Name Text〉:〈Identifier Scheme.Version Identifier〉

此处：

- 标识符列表：标识了该 schema 是标识符方案；
- 标识符方案机构标识符：标识方案维护机构的标识；
- 标识符方案机构名称文本：标识方案维护机构的名称；
- 标识符方案标识符 ＝ 标识方案的标识；
- 标识符方案名称文本 ＝ 标识方案的名称；
- 标识符方案版本标识符 ＝ 标识方案的版本。

【R184】每个标识符列表 schema 模块应由以下结构化的唯一标记来表示：

ids【QDT 名称】〈标识方案机构标识符〉〈标识方案标识符〉

ids[Qualified data type name]〈Identification Scheme Agency Identifier〉〈Identification Scheme Identifier〉

【R185】标识符列表 schema 定位的结构应是：

http://www.unece.org/uncefact/标识符列表/〈状态〉/〈标识符方案机构标识符 | 标识符方案机构名称文本〉/〈标识符方案标识符 | 标识符方案名称文本〉_〈标识符方案版本标识符〉.xsd

此处：

- schema 类型(schematype)：标识 schema 模块类型的标记。此处为“identifierlist”。
- 状态：schema 的状态。此处为 draft | standard。
- 标识符方案机构标识符：标识方案维护机构的标识。
- 标识符方案机构名称文本：标识方案维护机构的名称。
- 标识符方案标识符：标识方案的标识。
- 标识符方案名称文本：标识方案的名称。
- 标识符方案版本标识符：标识方案的版本。

【R186】标识符列表的“xsd:schemaLocation”属性声明应包含一个永久的和可解析的 URN。

【R187】标识符列表的“xsd:schemaLocation”属性声明中的 URN 应包含一个绝对路径。

【R188】标识符列表 schema 模块不应导入或包含其他 schema 模块。

【R189】在每个标识符列表 schema 模块中，应为内容构件定义且仅定义一个“xsd:simpleType”，并给出“xsd:simpleType”的名称。

【R190】“xsd:simpleType”的名称应为标识符列表根元素名称加上“内容类型”。

【R191】“xsd:restriction”元素的基准属性值应设置为“xsd:token”。

【R192】标识符列表中的每个标识符应表达为一个“xsd:enumeration”，此处枚举的“xsd:value”是实际的标识符的值。

【R193】在标识符列表 schema 模块中除了使用“xsd:enumeration”，不应使用其他刻面约束。

【R194】应为每个标识符列表全局声明一个根元素。

【R195】标识符列表根元素的名称应是符合 6.3 中命名规则的标识符列表名称。

【R196】标识符列表根元素应是表示实际标识符值列表的类型。

【R197】每个“xsd:enumeration”应包含符合如下顺序和模式的结构化注释。

- 名称(必备)：标识符的名称；
- 描述(可选)：标识符的描述信息。

【R198】所有符合本部分的 XML 实例应使用 UTF，应优先选用 UTF-8。如果不使用 UTF-8，则应使用 UTF-16。

【R199】在实例文档中引用“xsd:schemaLocation”和“xsd:noNamespaceLocation”属性时，应使用“xsi”前缀。

【R200】符合本部分的实例文档不应包含内容为空的元素。

【R201】符合本部分的实例文档不应出现“xsi:nil”属性。

【R202】不应使用“xsi:type”属性。

附 录 B
（规范性附录）
完 整 结 构

B.1 概述

符合本部分的 XML schema 结构应包含一个或多个以下相关部分，各部分应按照下述顺序出现：

- XML 声明；
- Schema 模块标识和版权信息；
- Schema 开始标记；
- 包含（includes）；
- 导入（imports）；
- 元素；
- 根元素；
- 全局元素；
- 类型定义。

B.2 XML 声明

在整个 XML schema 中采用 UTF-8 编码。

示例 1：XML 声明

```
〈? xml version = "1.0" encoding = "UTF-8"?〉
```

B.3 Schema 模块标识和版权信息

示例 2：Schema 模块标识和版权信息

```
  〈! -- ================================================================ --〉
  〈! --  ===== Example-Schema Module Name                            ===== --〉
  〈! -- ================================================================ --〉
  〈! --
  Schema agency:                   UN/CEFACT
  Schema version:                  2.0
  Schema date:                     17 January 2006

  Copyright (C) UN/CEFACT (2006). All Rights Reserved.
This document and translations of it may be copied and furnished to others, and derivative works that comment on or
otherwise explain it or assist in its implementation may be prepared, copied, published and distributed, in whole
or in part, without restriction of any kind, provided that the above copyright notice and this paragraph are in-
clude on all such copies and derivative works. However, this document itself may not be modified in any way, such
as by removing the copyright notice or references to UN/CEFACT, except as needed for the purpose of developing UN/
CEFACT specification, in which case the procedures for copyrights defined in the UN/CEFACT Intellectual Property
Rights documents must be followed, or as required to translate it into language other than English.

The limited permissions granted above are perpetual and will not be revoked by UN/CEFACT or its successors or as-
signs.

This document and the information contained herein is provided on an "AS IS" basis and UN/CEFACT DISCLAIMS ALL
WARRANTIES, EXPESS OR IMPLIED, INCLUDING BUT NOT LIMITED TO ANY WARRANTY THAT THE USE OF THE INFORMATION HEREIN
WILL NOT INFRINGE ANY RIGHTS OR ANY IMPLIED WARRANTIES OF MERCHANTABILITY OR FITNESS FOR A PARTICULAR PURPOSE.
  --〉
```

B.4 Schema 开始标记

符合本部分的 XML schema 的开始标记应包含一个或多个以下相关声明，相关声明应按照以下所给顺序出现：

- 版本
- 命名空间
    - 目标命名空间属性
    - xmlns:xsd attribute
    - 当前 schema 的命名空间声明
    - schema 中实际使用的、可重用的 ABIE 的命名空间声明
    - schema 中实际使用的 UDT 的命名空间声明
    - schema 中实际使用的 QDT 的命名空间声明
    - schema 中实际使用的代码表的命名空间声明
    - schema 中实际使用的标识符方案的命名空间声明
    - CCTS 的命名空间声明
- Form Defaults
    - elementFormDefault
    - attributeFormDefault
- 其他
    - 具有 schema 命名空间的其他 schema 属性
    - 具有非 schema 命名空间的其他 schema 属性

示例 3:XML Schema 开始标记

```
〈xsd:schema
targetNamespace = "urn:un:unece:unecefact:data:draft:Examples:1"
xmlns:rsm = "urn:un:unece:uncefact:data:draft:Examples:1"
xmlns:xsd = "http://www.w3.org/2001/XMLSchema"
xmlns:ram = "urn:un:unece:uncefact:data:draft:ReusableAggregateBusinessInformationEntity:1"
xmlns:udt = "urn:un:unece:uncefact:data:draft:UnqualifiedDataType:1.6"
xmlns:qdt = "urn:un:unece:uncefact:data:draft:QualifiedDataType:1"
xmlns:ccts = "urn:un:unece:uncefact:documentation:standard:CoreComponentsTechnicalSpecification:2.01"
xmlns:ids53166 = "urn:un:unece:uncefact:codelist:draft:5:3166-1:1997"
xmlns:ids53166-2 = "urn:un:unece:uncefact:codelist:draft:5:3166-2:1998"
xmlns:clm65153 = "urn:un:unece:uncefact:codelist:draft:6:5153:D.01C"
xmlns:clm64405 = "urn:un:unece:uncefact:codelist:draft:6:4405:D.01C"
xmlns:clm69143 = "urn:un:unece:uncefact:codelist:draft:6:9143:D.01C"
xmlns:clmPerson Characteristic Code63289 = "urn:un:unece:uncefact:codelist:draft:6:3289:D.01C"
xmlns:clm63479 = "urn:un:unece:uncefact:codelist:draft:6:3479:D.01C"
xmlns:clm63499 = "urn:un:unece:uncefact:codelist:draft:6:3499:D.01C"
xmlns:clm1161131 = "urn:un:unece:uncefact:codelist:draft:11:61131:4031"
xmlns:clm66411 = "urn:un:unece:uncefact:codelist:draft:6:6411:2001"
xmlns:clm54217 = "urn:un:unece:uncefact:codelist:draft:5:4217:2001"
xmlns:clm5639 = "urn:un:unece:uncefact:codelist:draft:5:639:1988"
xmlns:clm64437 = "urn:un:unece:uncefact:codelist:draft:6:6411:2001"

elementFormDefault = "qualified"
attributeFormDefault = "unqualified"〉
```

B.5 包含(Includes)

符合本部分的 XML schema 包含(include)部分应包含一个或多个以下相关声明，相关声明应按照给定的顺序出现：

● 所包含的内部 ABIE schema 模块

示例 4:包含(Includes)

```
<!-- ====================================================================== -->
<!-- ===== Include                                                    ===== -->
<!-- ====================================================================== -->
<!-- ===== Inclusion of internal ABIE                                 ===== -->
<!-- ====================================================================== -->
<xsd:include
namespace="urn:un:unece:uncefact:data:draft:UNCEFACTInternalAggregateBusinessInformationEntitySchemaModule:0.3.6"
schemaLocation="http://www.unece.org/uncefact/data/UNCEFACTInternalAggregateBusinessInformationEntitySchemaModule_0.3.6_draft.xsd"/>
```

B.6 导入(Imports)

符合本部分的 XML schema 的导入(import)部分应包含一个或多个以下相关声明,相关声明应按照以下所给顺序出现:

- 可重用的 ABIE schema 模块的导入(import)
- UDT schema 模块的导入(import)
- QDT schema 模块的导入(import)
- 实际使用的代码表 schema 模块的导入(import)
- 实际使用的标识符列表 schema 模块的导入(import)

示例 5:导入(Imports)

```
<!-- ====================================================================== -->
<!-- ===== Imports                                                    ===== -->
<!-- ====================================================================== -->
<!-- ===== Import of reusable UN/CEFACTAggregate Business Information Entity ===== -->
<!-- ====================================================================== -->
<xsd:import namespace="
urn:un:unece:uncefact:data:draft:UNCEFACTReusableAggregateBusinessInformationSchemaModule:0.3.6" schemaLocation="http://www.unece.org/uncefact/data/
UNCEFACTReusableAggregateBusinessInformationEntitySchemaModule_0.3.6_draft.xsd"/>
<!-- ====================================================================== -->
<!-- ===== Import of Unqualified Data Type                            ===== -->
<!-- ====================================================================== -->
<xsd:import
namespace="urn:un:unece:uncefact:data:draft:UNCEFACTUnqualifiedDataTypeSchemaModule:0.3.6" schemaLocation="http://www.unece.org/uncefact/data/UNCEFACTUnqualifiedDataTypeSchemaModule_0.3.6_draft.xsd"/>
<!-- ====================================================================== -->
<!-- ===== Import of Qualified Data Type                              ===== -->
<!-- ====================================================================== -->
<xsd:import
namespace="urn:un:unece:uncefact:data:draft:UNCEFACTQualifiedDataTypeSchemaModule:0.3.6"schemaLocation
="http://www.unece.org/uncefact/data/UNCEFACTQualifiedDataTypeSchemaModule_0.3.6_draft.xsd"/>
<!-- ====================================================================== -->
<!-- ===== Import of Code lists                                       ===== -->
<!-- ====================================================================== -->
<xsd:import namespace="urn:un:unece:uncefact:codelist:draft:6:4437:D.01C"
schemaLocation="http://www.unece.org/uncefact/codelist/64437_D.01C_draft.xsd"/>
<xsd:import namespace="urn:un:unece:uncefact:codelist:draft:6:6411:2001"
schemaLocation="http://www.unece.org/uncefact/codelist/66411_2001_draft.xsd"/>
<xsd:import namespace="urn:un:unece:uncefact:codelist:draft:5:4217:2001"
schemaLocation="http://www.unece.org/uncefact/codelist/54217_2001_draft.xsd"/>
<xsd:import namespace="urn:un:unece:uncefact:codelist:draft:5:639-1:1988"
schemaLocation="http://www.unece.org/uncefact/codelist/5639-1:1988_draft.xsd"/>
<xsd:import namespace="urn:un:unece:uncefact:codelist:draft:11:61131:4031"
```

```
schemaLocation = "http://www.unece.org/uncefact/codelist/1161131_4031_draft.xsd"/>
<xsd:import namespace = "urn:un:unece:uncefact:codelist:draft:6:3499:D.01C"
schemaLocation = "http://www.unece.org/uncefact/codelist/63499_D.01C_draft.xsd"/>
<xsd:import namespace = "urn:un:unece:uncefact:codelist:draft:6:3479:D.01C"
schemaLocation = "http://www.unece.org/uncefact/codelist/63479_D.01C_draft.xsd"/>
<xsd:import namespace = "urn:un:unece:uncefact:codelist:draft:6:3289:D.01C"
schemaLocation = "http://www.unece.org/uncefact/codelist/63289_D.01C_draft.xsd"/>
<xsd:import namespace = "urn:un:unece:uncefact:codelist:draft:6:9143:D.01C"
schemaLocation = "http://www.unece.org/uncefact/codelist/69143_D.01C_draft.xsd"/>
<xsd:import namespace = "urn:un:unece:uncefact:codelist:draft:6:4405:D.01C"
schemaLocation = "http://www.unece.org/uncefact/codelist/64405_D.01C_draft:xsd"/>
<xsd:import namespace = "urn:un:unece:uncefact:codelist:draft:6:5153:D.01C"
schemaLocation = "http://www.unece.org/uncefact/codelist/65153_D.01C_draft.xsd"/>
<!-- =================================================================== -->
<!-- ===== Import of Identifier Schemes                            ===== -->
<!-- =================================================================== -->
<xsd:import namespace = "urn:un:unece:uncefact:codelist:draft:5:3166-1:1997"
schemaLocation = "http://www.unece.org/uncefact/identiferlist/53166-1_1997_draft.xsd"/>
<xsd:import namespace = "urn:un:unece:uncefact:codelist:draft:5:3166-2:1998"
schemaLocation = "http://www.unece.org/uncefact/identifierlist/53166-2:1998_draft.xsd"/>
```

B.7 元素

需要时，在用来支持实例文档的 Schema 中首先声明根元素，之后再声明全局元素。

示例 6：

```
<!-- =================================================================== -->
<!-- ===== Element Declarations                                    ===== -->
<!-- =================================================================== -->
<!-- ===== Root element                                            ===== -->
<!-- =================================================================== -->
<xsd:element name = "[ELEMENTNAME]" type = "[TOKEN]:[TYPENAME]>
<!-- =================================================================== -->
<!-- ===== Global Element Declarations                             ===== -->
<!-- =================================================================== -->
<xsd:element name = "[ELEMENTNAME]" type = "[TOKEN]:[TYPENAME]>
<!-- =================================================================== -->
```

根元素

在根元素声明之后应立刻定义根元素的类型，以便根元素的类型清晰可见，以下 schema 中给出完整的根元素内容。

示例 7：

```
<!-- =================================================================== -->
<!-- ===== Root element                                            ===== -->
<!-- =================================================================== -->
<xsd:element name = "PurchaseOrder" type = "exp:PurchaseOrderType">
  <xsd:annotation>
    <xsd:documentation>
      <ccts:UniqueID>UNM0000001</ccts:UniqueID>
      <ccts:CategoryCode>RSM</ccts:CategoryCode>
      <ccts:Name>PurchaseOrder</ccts:Name>
      <ccts:VersionID>1.0</ccts:VersionID>
      <ccts:Description>A document that contains information directly relating to the economic event of
          ordering products.</ccts:Description>
      <ccts:BusinessDomain>TBG1</ccts:BusinessDomain>
      <ccts:BusinessProcessContext>Purchase Order</ccts:BusinessProcessContext>
    </xsd:documentation>
  </xsd:annotation>
</xsd:element>
```

示例 8:全局元素

```
〈! -- ====================================================================== -->
〈! -- ===== Global element                                             ===== -->
〈! -- ====================================================================== -->
〈xsd:element name = "BuyerParty" type = "ram:BuyerPartyType"/〉
  〈xsd:annotation〉
    〈xsd:documentation〉
      〈ccts:UniqueID〉UNM0000002〈/ccts:UniqueID〉
      〈ccts:Acronym〉RAM〈/ccts:Acronym〉
      〈ccts:DictionaryEntryName〉Buyer_Party. Details〈/ccts:DictionaryEntryName〉
      〈ccts:Version〉1.0〈/ccts:Version〉
      〈ccts:Definition〉The party that buys.〈/ccts:Definition〉
      〈ccts:ObjectClassTerm〉Party〈ccts:ObjectClassTerm〉
      〈ccts:QualifierTerm〉Buyer〈ccts:QualifierTerm〉
    〈/xsd:documentation〉                〈/xsd:annotation〉
〈/xsd:element〉
```

B.8 类型定义

- 按字母顺序对 BBIE 类型进行定义
- 按字母顺序对 ABIE 类型进行定义

示例 9:类型定义

```
〈! -- ====================================================================== -->
〈! -- ===== Type Definitions                                           ===== -->
〈! -- ====================================================================== -->
〈! -- ===== Type Definition:Account type                               ===== -->
〈! -- ====================================================================== -->
〈xsd:complexType name = "AccountType"〉
  〈xsd:annotation〉
    〈xsd:documentation xml:lang = "en"〉
      〈ccts:UniqueID〉UN00000001〈/ccts:UniqueID〉
      〈ccts:Acronym〉ABIE〈/ccts:Acronym〉
      〈ccts:DictionaryEntryName〉Account. Details〈/ccts:DictionaryEntryName〉
      〈ccts:Version〉1.0〈/ccts:Version〉
    〈ccts:Definition〉A business arrangement whereby debits and/or credits arising from transactions are re-
corded. This could be with a bank, i.e. a financial account, or a trading partner offering supplies or services 'on
account', i.e. a commercial account 〈/ccts:Definition〉
    〈ccts:ObjectClassTerm〉Account〈/ccts:ObjectClassTerm〉
    〈/xsd:documentation〉
  〈/xsd:annotation〉
  〈xsd:sequence〉
    〈xsd:element name = "ID" type = "udt:IDType" minOccurs = "0" maxOccurs = "unbounded"〉
      〈xsd:annotation〉
        〈xsd:documentation xml:lang = "en"〉
          〈ccts:UniqueID〉UN00000002〈/ccts:UniqueID〉
          〈ccts:Acronym〉BBIE〈/ccts:Acronym〉
          〈ccts:DictionaryEntryName〉Account. Identifier〈/ccts:DictionaryEntryName〉
          〈ccts:Version〉1.0〈/ccts:Version〉
          〈ccts:Definition〉The identification of a specific account.〈/ccts:Definition〉
          〈ccts:Cardinality〉0..n〈/ccts:Cardinality〉
          〈ccts:ObjectClassTerm〉Account〈/ccts:ObjectClassTerm〉
          〈ccts:PropertyTerm〉Identifier〈/ccts:PropertyTerm〉

〈ccts:PrimaryRepresentationTerm〉Identifier〈/ccts:PrimaryRepresentationTerm〉
          〈ccts:BusinessTerm〉Account Number〈/ccts:BusinessTerm〉
        〈/xsd:documentation〉
      〈/xsd:annotation〉
```

```
    </xsd:element>
    <xsd:element name = "Status" type = "ram:StatusType:minOccurs = "0"
maxOccurs = "unbounded">
      <xsd:annotation>
        <xsd:documentation xml:lang = "en">
          <ccts:UniqueID>UN00000003</ccts:UniqueID>
          <ccts:Acronym>ASBIE</ccts:Acronym>
          <ccts:DictionaryEntryName>Account. Status</ccts:DictionaryEntryName>
          <ccts:Version>1.0</ccts:Version>
          <ccts:Definition>Status information related to account details. </ccts:Definition>
          <ccts:Cardinality>0..n</ccts:Cardinality>
          <ccts:ObjectClassTerm>Account</ccts:ObjectClassTerm>
          <ccts:PropertyTerm>Status</ccts:PropertyTerm>
          <ccts:PrimaryRepresentationTerm>Code</ccts:PrimaryRepresentationTerm>
          <ccts:AssociatedObjectClassTerm>Status
            </ccts:AssociatedObjectClassTerm>
          <ccts:AssociationType>Aggregate</ccts:AssociationType>
        </xsd:documentation>
      </xsd:annotation>
    </xsd:element>
    <xsd:element name = "Name" type = "udt:NameType" minOccurs = "0"
maxOccurs = "unbounded">
      <xsd:annotation>
        <xsd:documentation xml:lang = "en">
          <ccts:UniqueID>UN00000004</ccts:UniqueID>
          <ccts:Acronym>BBIE</ccts:Acronym>
          <ccts:DictionaryEntryName>Account. Name.
Text</ccts:DictionaryEntryName>
          <ccts:Version>1.0</ccts:Version>
          <ccts:Definition>The text name for a specific account</ccts:Definition>
          <ccts:Cardinality>0..n</ccts:Cardinality>

          <ccts:ObjectClassTerm>Account</ccts:ObjectClassTerm>
          <ccts:PropertyTerm>Name</ccts:PropertyTerm>
          <ccts:PrimaryRepresentationTerm>Text</ccts:PrimaryRepresentationTerm>
        </xsd:documentation>
      </xsd:annotation>
    </xsd:element>
    <xsd:element name = "CurrencyCode" type = "qdt:CurrencyCodeType" minOccurs = "0"
maxOccurs = "unbounded">
      <xsd:annotation>
        <xsd:documentation xml:lang = "en">
          <ccts:UniqueID>UN00000005</ccts:UniqueID>
          <ccts:Acronym>BBIE</ccts:Acronym>
          <ccts:DictionaryEntryName>Account. Currency. Code</ccts:DictionaryEntryName>
          <ccts:Version>1.0</ccts:Version>
          <ccts:Definition>A code specifying the currency in which monies are held within the account.
          </ccts:Definition>
          <ccts:Cardinality>0..n</ccts:Cardinality>
          <ccts:ObjectClassTerm>Account</ccts:ObjectClassTerm>
          <ccts:PropertyTerm>Currency</ccts:PropertyTerm>
          <ccts:PrimaryRepresentationTerm>Code</ccts:PrimaryRepresentationTerm>
        </xsd:documentation>
      </xsd:annotation>
    </xsd:element>
    <xsd:element name = "TypeCode" type = "qdt:AccountTypeCodeType"minOccurs = "0"
maxOccurs = "unbounded">
      <xsd:annotation>
        <xsd:documentation xml:lang = "en">
          <ccts:UniqueID>UN00000006</ccts:UniqueID>
```

```
                <ccts:Acronym>BBIE</ccts:Acronym>
                <ccts:DictionaryEntryName>Account.Type.Code</ccts:DictionaryEntryName>
                <ccts:Version>1.0</ccts:Version>
                <ccts:Definition>This provides the ability to indicate what type of account this is (checking,
 savings,etc),</ccts:Definition>
                <ccts:Cardinality>0..1<ccts:Cardinality>
                <ccts:ObjectClassTerm>Account</ccts:ObjectClassTerm>
                <ccts:PropertyTerm>Type</ccts:PropertyTerm>
                <ccts:PrimaryRepresentationTerm>Code</ccts:PrimaryRepresentationTerm>
              </xsd:documentation>
            </xsd:annotation>
          </xsd:element>
          <xsd:element name = "Country" type = "ram:CountryType" minOccurs = "0"
     maxOccurs = "unbounded">
            <xsd:annotation>
              <xsd:documentation xml:lang = "en">
                <ccts:UniqueID>UN000000C7</ccts:UniqueID>
                <ccts:Acronym>ASBIE</ccts:Acronym>
                <ccts:DictionaryEntryName>Account.Country</ccts:DictionaryEntryName>
                <ccts:Version>1.0</ccts:Version>
                <ccts:Definition>Country information related to account details.</ccts:Definition>
                <ccts:Cardinality>0..n<ccts:Cardinality>
                <ccts:ObjectClassTerm>Account</ccts:ObjectClassTerm>
                <ccts:PropertyTerm>Country</ccts:PropertyTerm>
                <ccts:AssociatedObjectClassTerm>Country
                  </ccts:AssociatedObjectClassTerm>
                <ccts:AssociationType>Aggregate</ccts:AssociationType>
              </xsd:documentation>
            </xsd:annotation>
          </xsd:element>
          <xsd:element name = "Person" type = "ram:PersonType" minOccurs = "0"
     maxOccurs = "unbounded">
            <xsd:annotation>
              <xsd:documentation xml:lang = "en">
              <ccts:UniqueID>UN00000008</ccts:UniqueID>
              <ccts:Acronym>ASBIE</ccts:Accronym>
              <ccts:DictionaryEntryName>Account.Person</ccts:DictionaryEntryName>
              <ccts:Version>1.0</ccts:Version>
                <ccts:Definition>Associated person information related to account details. This can be used to
 identify multiple people related to an account,for instance,the account holder.</ccts:Definition>
              <ccts:Cardanality>0..n<ccts:Cardinality>
              <ccts:ObjectClassTerm>Account</ccts:ObjectClassTerm>
              <ccts:PropertyTerm>Person</ccts:PropertyTerm>
              <ccts:AssociatedObjectClassTerm>Person
                </ccts:AssociatedObjectClassTerm>
              <ccts:AssociationType>Aggregate</ccts:AssociationType>
            </xsd:documentation>
          </xsd:annotation>
        </xsd:element>
        <xsd:element name = "Organisation" type = "ram:OrganisationType" minOccurs = "0"
     maxOccurs = "unbounded">
          <xsd:annotation>
            <xsd:documentation xml:lang = "en">
              <ccts:UniqueID>UN00000009</ccts:UniqueID>
              <ccts:Acronym>ASBIE</ccts:Acronym>
              <ccts:DictionaryEntryName>Account.Organisation</ccts:DictionaryEntryName>
              <ccts:Version>1.0</ccts:Version>
              <ccts:Definition>The associated organisation information related to account details. This can be
 used to identify multiple organisations related to this account,for instance,the account holder.
              </ccts:Definition>
```

```
        〈ccts:Cardinality〉0..n〈ccts:Cardinality〉
        〈ccts:ObjectClassTerm〉Account〈/ccts:ObjectClassTerm〉
        〈ccts:PropertyTerm〉Organisation〈/ccts:PropertyTerm〉
        〈ccts:AssociatedObjectClassTerm〉Organisation
          〈/ccts:AssociatedObjectClassTerm〉
        〈ccts:AssociationType〉Composition〈/ccts:AssociationType〉
      〈/xsd:documentation〉
    〈/xsd:annotation〉
  〈/xsd:element〉
 〈/xsd:sequence〉
〈/xsd:complexType〉
```

示例 10:完整结构

```
〈? xml version="1.0" encoding="UTF-8"?〉
〈! -- ===================================================================== --〉
〈! -- ===== [SCHEMA MODULE TYPE] Schema Module                       ===== --〉
〈! -- ===================================================================== --〉
〈! --
    Schema agency:                        [SCHEMA AGENCY NAME]
    Schema version:                       [SCHEMA VERSION]
    Schema date:                          [DATE OF SCHEMA]

    [Code list name:]                     [NAME OF CODE LIST]
    [Code list agency:]                   [CODE LIST AGENCY]
    [Code list version:]                  [VERSION OF CODE LIST]
    [Identifier list name:]               [NAME OF IDENTIFIER.LIST]
    [Identifier list agency:]             [IDENTIFIER LIST AGENCY]
    [Identifier list version:]            [VERSION OF IDENTIFIER LIST]

    Copyright(C) UN/CEFACT(2006).All Rights Reserved.
```

This document and translations of it may be copied and furnished to others,and derivative works that comment on or otherwise explain it or assist in its implementation may be prepared,copied,published and distributed,in whole or in part,without restriction of any kind,provided that the above copyright notice and this paragraph are included on all such copies and derivative works.However,this document itself may not be modified in any way,such as by removing the copyright notice or references to UN/CEFACT,except as needed for the purpose of developing UN/CEFACT specifications,in which case the procedures for copyrights defined in the UN/CEFACT Intellectual Property Rights document must be followed,or as required to translate it into languages other than English.

The limited permissions granted above are perpetual and will not be revoked by UN/CEFACT or its successors or assigns.

This document and the information contained herein is provided on an "AS IS" basis and UN/CEFACT DISCLAIMS ALL WARRANTIES,EXPRESS OR IMPLIED,INCLUDING BUT NOT LIMITED TO ANY WARRANTY THAT THE USE OF THE INFORMATION HEREIN WILL NOT INFRINGE ANY RIGHTS OR ANY IMPLIED WARRANTIES OF MERCHANTABILITY OR FITNESS FOR A PARTICULAR PURPOSE.

```
--〉
〈xsd:schema
targetNamespace="urn:un:unece:uncefact:data:draft:[MODULENAME]:[VERSION]"
xmlns:xsd="http://www.w3.org/2001/XMLSchema"
…FURTHER NAMESPACES…
elementFormDefault="qualified" attributeFormDefault="unqualified"〉
〈! -- ===================================================================== --〉
〈! -- ===== Include                                                   ===== --〉
〈! -- ===================================================================== --〉
〈! -- ===== Inclusion of [TYPE OF MODULE]                              ===== --〉
〈! -- ===================================================================== --〉
〈xsd:include namespace="…" schemaLocation="…"/〉
〈! -- ===================================================================== --〉
〈! -- ===== Imports                                                   ===== --〉
〈! -- ===================================================================== --〉
```

```
<!-- ===== Import of [TYPE OF MODULE]                                   ===== -->
<!-- ======================================================================== -->
<xsd:import namespace="…"schemaLocation="…"/>
<!-- ======================================================================== -->
<!-- ===== Element Declarations                                         ===== -->
<!-- ======================================================================== -->
<!-- ===== Root element                                                 ===== -->
<!-- ======================================================================== -->
<xsd:element name="[ELEMENTNAME]" type="[TOKEN]:[TYPENAME]">
<!-- ======================================================================== -->
<!-- ===== Global Element Declarations                                  ===== -->
<!-- ======================================================================== -->
<xsd:element name="[ELEMENTNAME]" type="[TOKEN]:[TYPENAME]">
<!-- ======================================================================== -->
<!-- ===== Type Definitions                                             ===== -->
<!-- ======================================================================== -->
<!-- ===== Type Definition:[TYPE]                                       ===== -->
<!-- ======================================================================== -->
<xsd:complexType name="[TYPENAME]">
  <xsd:restriction base="xsd:token">
    …see type definition…
  </xsd:restriction>
</xsd:complexType>
</xsd:schema>
```

附 录 C
（规范性附录）
核心构件类型（CCT）schema 模块

```
<? xml version = "1.0" encoding = "UTF-8" ?>
<! --
============================================================= -->
<! -- == Core Component Type Schema Module ===== -->
<! --
============================================================= -->
<! --       Scheme agency:UN/CEFACT
        Scheme version:2.0
        Schema date: 17 January 2006

    Copyright (C) UN/CEFACT (2006). All Rights Reserved.
-->
-<xsd:schema version = "2.0"
  targetNamespace = "urn:un:unece:uncefact:documentation:standard:CoreComponentType:2"
  xmlns:xsd = "http://www.w3.org/2001/XMLSchema"
  xmlns:cct = "urn:un:unece:uncefact:documentation:standard:CoreComponentType:2"
  xmlns:ccts = "urn:un:unece:uncefact:documentation:standard:CoreComponentsTechnicalSpecification:2"
  elementFormDefault = "qualified" attributeFormDefault = "unqualified">
- <! -- ========================================================= -->
- <! -- ===== Type Definitions
===== -->
- <! -- ========================================================= -->
- <! -- ===== Amount. Type
===== -->
- <! -- ========================================================= -->
<xsd:complexType name = "AmountType">
- <xsd:annotation>
- <xsd:documentation xml:lang = "en">
  <ccts:UniqueID>UNDT000001</ccts:UniqueID>
  <ccts:Acronym>CCT</ccts:Acronym>
  <ccts:DictionaryEntryName>Amount. Type</ccts:DictionaryEntryName>
  <ccts:Version>2.01</ccts:Version>
  <ccts:Definition>A number of monetary units specified in a currency where the unit of the currency is explicit
or implied.</ccts:Definition>
  <ccts:PrimaryRepresentationTerm>Amount</ccts:PrimaryRepresentationTerm>
  <ccts:PrimitiveType>decimal</ccts:PrimitiveType>
  </xsd:documentation>
  </xsd:annotation>
- <xsd:simpleContent>
- <xsd:extension base = "xsd:decimal">
- <xsd:attribute name = "currencyID" type = "xsd:token" use = "optional">
- <xsd:annotation>
- <xsd:documentation xml:lang = "en">
  <ccts:Name>Amount. Currency. Identifier</ccts:Name>
  <ccts:Definition>The currency of the amount.</ccts:Definition>
  <ccts:PrimitiveType>string</ccts:PrimitiveType>
  </xsd:documentation>
  </xsd:annotation>
  </xsd:attribute>
- <xsd:attribute name = "currencyCodeListVersionID" type = "xsd:token" use = "optional">
- <xsd:annotation>
- <xsd:documentation xml:lang = "en">
  <ccts:Name>Amount Currency. Code List Version. Identifier</ccts:Name>
```

```
  <ccts:Definition>The VersionID of the UN/ECE Rec9 code list.</ccts:Definition>
  <ccts:PrimitiveType>string</ccts:PrimitiveType>
  </xsd:documentation>
  </xsd:annotation>
  </xsd:attribute>
  </xsd:extension>
  </xsd:simpleContent>
  </xsd:complexType>
<! --
========================================================== -->
<! -- ===== Binary Object. Type
===== -->
<! --
========================================================== -->
- <xsd:complexType name = "BinaryObjectType">
- <xsd:annotation>
- <xsd:documentation xml:lang = "en">
  <ccts:UniqueID>UNDT000002</ccts:UniqueID>
  <ccts:Acronym>CCT</ccts:Acronym>
  <ccts:DictionaryEntryName>Binary Object  Type</ccts:DictionaryEntryName>
  <ccts:Version>2.01</ccts:Version>
  <ccts:Definition>A set of finite-length sequences of binary octets.</ccts:Definition>
  <ccts:PrimaryRepresentationTerm>Binary Object</ccts:PrimaryRepresentationTerm>
  <ccts:PrimitiveType>binary</ccts:PrimitiveType>
  </xsd:documentation>
  </xsd:annotation>
- <xsd:simpleContent>
- <xsd:extension base = "xsd:base64Binary">
- <xsd:attribute name = "format" type = "xsd:string" use = "optional">
- <xsd:annotation>
- <xsd:documentation xml:lang = "en">
  <ccts:Name>Binary Object. Format. Text</ccts:Name>
  <ccts:Definition>The format of the binary content.</ccts:Definition>
  <ccts:PrimitiveType>string</ccts:PrimitiveType>
  </xsd:documentation>
  </xsd:annotation>
  </xsd:attribute>
- <xsd:attribute name = "mimeCode" type = "xsd:token" use = "optional">
- <xsd:annotation>
- <xsd:documentation xml:lang = "en">
  <ccts:Name>Binary Object. Mime. Code</ccts:Name>
  <ccts:Definition>The mime type of the binary object.</ccts:Definition>
  <ccts:PrimitiveType>string</ccts:PrimitiveType>
  </xsd:documentation>
  </xsd:annotation>
  </xsd:attribute>
- <xsd:attribute name = "encodingCode" type = "xsd:token" use = "optional">
- <xsd:annotation>
- <xsd:documentation xml:lang = "en">
  <ccts:Name>Binary Object. Encoding. Code</ccts:Name>
  <ccts:Definition>Specifies the decoding algorithm of the binary object.</ccts:Definition>
  <ccts:PrimitiveType>string</ccts:PrimitiveType>
  </xsd:documentation>
  </xsd:annotation>
  </xsd:attribute>
- <xsd:attribute name = "characterSetCode" type = "xsd:token" use = "optional">
- <xsd:annotation>
- <xsd:documentation xml:lang = "en">
  <ccts:Name>Binary Object. Character Set. Code</ccts:Name>
  <ccts:Definition>The character set of the binary object if the mime type is text.</ccts:Definition>
```

```
  〈ccts:PrimitiveType〉string〈/ccts:PrimitiveType〉
  〈/xsd:documentation〉
  〈/xsd:annotation〉
  〈/xsd:attribute〉
- 〈xsd:attribute name = "uri" type = "xsd:anyURI" use = "optional"〉
- 〈xsd:annotation〉
- 〈xsd:documentation xml:lang = "en"〉
  〈ccts:Name〉Binary Object. Uniform Resource. Identifier〈/ccts:Name〉
  〈ccts:Definition〉The Uniform Resource Identifier that identifies where the binary object is located.
  〈/ccts:Definition〉
  〈ccts:PrimitiveType〉string〈/ccts:PrimitiveType〉
  〈/xsd:documentation〉
  〈/xsd:annotation〉
  〈/xsd:attribute〉
- 〈xsd:attribute name = "fileName" type = "xsd:string" use = "optional"〉
- 〈xsd:annotation〉
- 〈xsd:documentation xml:lang = "en"〉
  〈ccts:Name〉Binary Object. File. Name〈/ccts:Name〉
  〈ccts:Definition〉The filename of the binary object. 〈/ccts:Definition〉
  〈ccts:PrimitiveType〉string〈/ccts:PrimitiveType〉
  〈/xsd:documentation〉
  〈/xsd:annotation〉
  〈/xsd:attribute〉
  〈/xsd:extension〉
  〈/xsd:simpleContent〉
  〈/xsd:complexType〉
〈! --
============================================================ --〉
〈! -- ===== Code. Type
===== --〉
〈! --
============================================================ --〉
- 〈xsd:complexType name = "CodeType"〉
- 〈xsd:annotation〉
- 〈xsd:documentation xml:lang = "en"〉
  〈ccts:UniqueID〉UNDT000003〈/ccts:UniqueID〉
  〈ccts:Acronym〉CCT〈/ccts:Acronym〉
  〈ccts:DictionaryEntryName〉Code. Type〈/ccts:DictionaryEntryName〉
  〈ccts:Version〉2.01〈/ccts:Version〉
  〈ccts:Definition〉A character string (letters, figures, or symbols) that for brevity and/or languange
independence may be used to represent or replace a definitive value or text of an attribute together with
relevant supplementary information. 〈/ccts:Definition〉
  〈ccts:PrimaryRepresentationTerm〉Code〈/ccts:PrimaryRepresentationTerm〉
  〈ccts:PrimitiveType〉string〈/ccts:PrimitiveType〉
  〈ccts:UsageRule〉Should not be used if the character string identifies an instance of an object class or an
object in the real world, in which case the Identifier. Type should be used. 〈/ccts:UsageRule〉
  〈/xsd:documentation〉
  〈/xsd:annotation〉
- 〈xsd:simpleContent〉
- 〈xsd:extension base = "xsd:token"〉
- 〈xsd:attribute name = "listID" type = "xsd:token" use = "optional"〉
- 〈xsd:annotation〉
- 〈xsd:documentation xml:lang = "en"〉
  〈ccts:Name〉Code List. Identifier〈/ccts:Name〉
  〈ccts:Definition〉The identification of a list of codes. 〈/ccts:Definition〉
  〈ccts:PrimitiveType〉string〈/ccts:PrimitiveType〉
  〈/xsd:documentation〉
  〈/xsd:annotation〉
  〈/xsd:attribute〉
- 〈xsd:attribute name = "listAgencyID" type = "xsd:token" use = "optional"〉
```

```
- <xsd:annotation>
- <xsd:documentation xml:lang="en">
  <ccts:Name>Code List. Agency. Identifier</ccts:Name>
  <ccts:Definition>An agency that maintains one or more lists of codes.</ccts:Definition>
  <ccts:PrimitiveType>string</ccts:PrimitiveType>
  </xsd:documentation>
  </xsd:annotation>
  </xsd:attribute>
- <xsd:attribute name="listAgencyName" type="xsd:string" use="optional">
- <xsd:annotation>
- <xsd:documentation xml:lang="en">
  <ccts:Name>Code List. Agency Name. Text</ccts:Name>
  <ccts:Definition>The name of the agency that maintains the list of codes.</ccts:Definition>
  <ccts:PrimitiveType>string</ccts:PrimitiveType>
  </xsd:documentation>
  </xsd:annotation>
  </xsd:attribute>
- <xsd:attribute name="listName" type="xsd:string" use="optional">
- <xsd:annotation>
- <xsd:documentation xml:lang="en">
  <ccts:Name>Code List. Name. Text</ccts:Name>
  <ccts:Definition>The name of a list of codes.</ccts:Definition>
  <ccts:PrimitiveType>string</ccts:PrimitiveType>
  </xsd:documentation>
  </xsd:annotation>
  </xsd:attribute>
- <xsd:attribute name="listVersionID" type="xsd:token" use="optional">
- <xsd:annotation>
- <xsd:documentation xml:lang="en">
  <ccts:Name>Code List. Version. Identifier</ccts:Name>
  <ccts:Definition>The version of the list of codes.</ccts:Definition>
  <ccts:PrimitiveType>string</ccts:PrimitiveType>
  </xsd:documentation>
  </xsd:annotation>
  </xsd:attribute>
- <xsd:attribute name="name" type="xsd:string" use="optional">
- <xsd:annotation>
- <xsd:documentation xml:lang="en">
  <ccts:Name>Code. Name. Text</ccts:Name>
  <ccts:Definition>The textual equivalent of the code content component.</ccts:Definition>
  <ccts:PrimitiveType>string</ccts:PrimitiveType>
  </xsd:documentation>
  </xsd:annotation>
  </xsd:attribute>
- <xsd:attribute name="languageID" type="xsd:language" use="optional">
- <xsd:annotation>
- <xsd:documentation xml:lang="en">
  <ccts:Name>Language. Identifier</ccts:Name>
  <ccts:Definition>The identifier of the language used in the code name.</ccts:Definition>
  <ccts:PrimitiveType>string</ccts:PrimitiveType>
  </xsd:documentation>
  </xsd:annotation>
  </xsd:attribute>
- <xsd:attribute name="listURI" type="xsd:anyURI" use="optional">
- <xsd:annotation>
- <xsd:documentation xml:lang="en">
  <ccts:Name>Code List. Uniform Resource. Identifier</ccts:Name>
  <ccts:Definition>The Uniform Resource Identifier that identifies where the code list is located.
  </ccts:Definition>
  <ccts:PrimitiveType>string</ccts:PrimitiveType>
```

```
  〈/xsd:documentation〉
  〈/xsd:annotation〉
  〈/xsd:attribute〉
- 〈xsd:attribute name = "listSchemeURI" type = "xsd:anyURI" use = "optional"〉
- 〈xsd:annotation〉
- 〈xsd:documentation xml:lang = "en"〉
  〈ccts:Name〉Code List Scheme. Uniform Resource. Identifier〈/ccts:Name〉
  〈ccts:Definition〉The Uniform Resource Identifier that identifies where the code list scheme is located.
  〈/ccts:Definition〉
  〈ccts:PrimitiveType〉string〈/ccts:PrimitiveType〉
  〈/xsd:documentation〉
  〈/xsd:annotation〉
  〈/xsd:attribute〉
  〈/xsd:extension〉
  〈/xsd:simpleContent〉
  〈/xsd:complexType〉
〈! --
=============================================================== --〉
〈! -- ===== Date Time. Type
===== --〉
〈! --
=============================================================== --〉
- 〈xsd:complexType name = "DateTimeType"〉
- 〈xsd:annotation〉
- 〈xsd:documentation xml:lang = "en"〉
  〈ccts:UniqueID〉UNDT000004〈/ccts:UniqueID〉
  〈ccts:Acronym〉CCT〈/ccts:Acronym〉
  〈ccts:DictionaryEntryName〉Date Time. Type〈/ccts:DictionaryEntryName〉
  〈ccts:Version〉2.01〈/ccts:Version〉
  〈ccts:Definition〉A particular point in the progression of time together with the relevant supplementary
information.〈/ccts:Definition〉
  〈ccts:PrimaryRepresentationTerm〉Date Time〈/ccts:PrimaryRepresentationTerm〉
  〈ccts:PrimitiveType〉string〈/ccts:PrimitiveType〉
  〈/xsd:documentation〉
  〈/xsd:annotation〉
- 〈xsd:simpleContent〉
- 〈xsd:extension base = "xsd:string"〉
- 〈xsd:attribute name = "format" type = "xsd:string" use = "optional"〉
- 〈xsd:annotation〉
- 〈xsd:documentation xml:lang = "en"〉
  〈ccts:Name〉Date Time. Format. Text〈/ccts:Name〉
  〈ccts:Definition〉The format of the date time content〈/ccts:Definition〉
  〈ccts:PrimitiveType〉string〈/ccts:PrimitiveType〉
  〈/xsd:documentation〉
  〈/xsd:annotation〉
  〈/xsd:attribute〉
  〈/xsd:extension〉
  〈/xsd:simpleContent〉
  〈/xsd:complexType〉
〈! --
=============================================================== --〉
〈! -- ===== Identifier. Type
===== --〉
〈! --
=============================================================== --〉
- 〈xsd:complexType name = "IDType"〉
- 〈xsd:annotation〉
- 〈xsd:documentation xml:lang = "en"〉
  〈ccts:UniqueID〉UNDT000005〈/ccts:UniqueID〉
  〈ccts:Acronym〉CCT〈/ccts:Acronym〉
```

```
  〈ccts:DictionaryEntryName〉Identifier. Type〈/ccts:DictionaryEntryName〉
  〈ccts:Version〉2.01〈/ccts:Version〉
  〈ccts:Definition〉A character string to identify and distinguish uniquely, one instance of an object in an identification scheme from all other objects in the same scheme together with relevant supplementary information.〈/ccts:Definition〉
  〈ccts:PrimaryRepresentationTerm〉Identifier〈/ccts:PrimaryRepresentationTerm〉
  〈ccts:PrimitiveType〉string〈/ccts:PrimitiveType〉
  〈/xsd:documentation〉
  〈/xsd:annotation〉
- 〈xsd:simpleContent〉
- 〈xsd:extension base = "xsd:token"〉
- 〈xsd:attribute name = "schemeID" type = "xsd:token" use = "optional"〉
- 〈xsd:annotation〉
- 〈xsd:documentation xml:lang = "en"〉
  〈ccts:Name〉Identification Scheme. Identifier〈/ccts:Name〉
  〈ccts:Definition〉The identification of the identification scheme.〈/ccts:Definition〉
  〈ccts:PrimitiveType〉string〈/ccts:PrimitiveType〉
  〈/xsd:documentation〉
  〈/xsd:annotation〉
  〈/xsd:attribute〉
- 〈xsd:attribute name = "schemeName" type = "xsd:string" use = "optional"〉
- 〈xsd:annotation〉
- 〈xsd:documentation xml:lang = "en"〉
  〈ccts:Name〉Identification Scheme. Name. Text〈/ccts:Name〉
  〈ccts:Definition〉The name of the identification scheme.〈/ccts:Definition〉
  〈ccts:PrimitiveType〉string〈/ccts:PrimitiveType〉
  〈/xsd:documentation〉
  〈/xsd:annotation〉
  〈/xsd:attribute〉
- 〈xsd:attribute name = "schemeAgencyID" type = "xsd:token" use = "optional"〉
- 〈xsd:annotation〉
- 〈xsd:documentation xml:lang = "en"〉
  〈ccts:Name〉Identification Scheme. Agency. Identifier〈/ccts:Name〉
  〈ccts:Definition〉The identification of the agency that maintains the identification scheme.〈/ccts:Definition〉
  〈ccts:PrimitiveType〉string〈/ccts:PrimitiveType〉
  〈/xsd:documentation〉
  〈/xsd:annotation〉
  〈/xsd:attribute〉
- 〈xsd:attribute name = "schemeAgencyName" type = "xsd:string" use = "optional"〉
- 〈xsd:annotation〉
- 〈xsd:documentation xml:lang = "en"〉
  〈ccts:Name〉Identification Scheme. Agency Name. Text〈/ccts:Name〉
  〈ccts:Definition〉The name of the agency that maintains the identification scheme.〈/ccts:Definition〉
  〈ccts:PrimitiveType〉string〈/ccts:PrimitiveType〉
  〈/xsd:documentation〉
  〈/xsd:annotation〉
  〈/xsd:attribute〉
- 〈xsd:attribute name = "schemeVersionID" type = "xsd:token" use = "optional"〉
- 〈xsd:annotation〉
- 〈xsd:documentation xml:lang = "en"〉
  〈ccts:Name〉Identification Scheme. Version. Identifier〈/ccts:Name〉
  〈ccts:Definition〉The version of the identification scheme.〈/ccts:Definition〉
  〈ccts:PrimitiveType〉string〈/ccts:PrimitiveType〉
  〈/xsd:documentation〉
  〈/xsd:annotation〉
  〈/xsd:attribute〉
- 〈xsd:attribute name = "schemeDataURI" type = "xsd:anyURI" use = "optional"〉
- 〈xsd:annotation〉
- 〈xsd:documentation xml:lang = "en"〉
  〈ccts:Name〉Identification Scheme Data. Uniform Resource. Identifier〈/ccts:Name〉
```

```
  〈ccts:Definition〉The Uniform Resource Identifier that identifies where the identification scheme data is
located.〈/ccts:Definition〉
  〈ccts:PrimitiveType〉string〈/ccts:PrimitiveType〉
  〈/xsd:documentation〉
  〈/xsd:annotation〉
  〈/xsd:attribute〉
- 〈xsd:attribute name = "schemeURI" type = "xsd:anyURI" use = "optional"〉
- 〈xsd:annotation〉
- 〈xsd:documentation xml:lang = "en"〉
  〈ccts:Name〉Identification Scheme. Uniform Resource. Identifier〈/ccts:Name〉
  〈ccts:Definition〉The Uniform Resource Identifier that identifies where the identification scheme is located.
  〈/ccts:Definition〉
  〈ccts:PrimitiveType〉string〈/ccts:PrimitiveType〉
  〈/xsd:documentation〉
  〈/xsd:annotation〉
  〈/xsd:attribute〉
  〈/xsd:extension〉
  〈/xsd:simpleContent〉
  〈/xsd:complexType〉
〈! --
========================================================== --〉
〈! -- ===== Indicator. Type
===== --〉
〈! --
========================================================== --〉
- 〈xsd:complexType name = "IndicatorType"〉
- 〈xsd:annotation〉
- 〈xsd:documentation xml:lang = "en"〉
  〈ccts:UniqueID〉UNDT000006〈/ccts:UniqueID〉
  〈ccts:Acronym〉CCT〈/ccts:Acronym〉
  〈ccts:DictionaryEntryName〉Indicator. Type〈/ccts:DictionaryEntryName〉
  〈ccts:Version〉2.01〈/ccts:Version〉
  〈ccts:Definition〉A list of two mutually exclusive Boolean values that express the only possible states of a
Property.〈/ccts:Definition〉
  〈ccts:PrimaryRepresentationTerm〉Indicator〈/ccts:PrimaryRepresentationTerm〉
  〈ccts:PrimitiveType〉string〈/ccts:PrimitiveType〉
  〈/xsd:documentation〉
  〈/xsd:annotation〉
- 〈xsd:simpleContent〉
- 〈xsd:extension base = "xsd:string"〉
- 〈xsd:attribute name = "format" type = "xsd:string" use = "optional"〉
- 〈xsd:annotation〉
- 〈xsd:documentation xml:lang = "en"〉
  〈ccts:Name〉Indicator. Format. Text〈/ccts:Name〉
  〈ccts:Definition〉Whether the indicator is numeric, textual or binary.〈/ccts:Definition〉
  〈ccts:PrimitiveType〉string〈/ccts:PrimitiveType〉
  〈/xsd:documentation〉
  〈/xsd:annotation〉
  〈/xsd:attribute〉
  〈/xsd:extension〉
  〈/xsd:simpleContent〉
  〈/xsd:complexType〉
〈! --
========================================================== --〉
〈! -- ===== Measure. Type
===== --〉
〈! --
========================================================== --〉
- 〈xsd:complexType name = "MeasureType"〉
- 〈xsd:annotation〉
```

```
- 〈xsd:documentation xml:lang="en"〉
  〈ccts:UniqueID〉UNDT000007〈/ccts:UniqueID〉
  〈ccts:Acronym〉CCT〈/ccts:Acronym〉
  〈ccts:DictionaryEntryName〉Measure. Type〈/ccts:DictionaryEntryName〉
  〈ccts:Version〉2.01〈/ccts:Version〉
  〈ccts:Definition〉A numeric value determined by measuring an object along with the specified unit of measure.
  〈/ccts:Definition〉
  〈ccts:PrimaryRepresentationTerm〉Measure〈/ccts:PrimaryRepresentationTerm〉
  〈ccts:PrimitiveType〉decimal〈/ccts:PrimitiveType〉
  〈/xsd:documentation〉
  〈/xsd:annotation〉
- 〈xsd:simpleContent〉
- 〈xsd:extension base="xsd:decimal"〉
- 〈xsd:attribute name="unitCode" type="xsd:token" use="optional"〉
- 〈xsd:annotation〉
- 〈xsd:documentation xml:lang="en"〉
  〈ccts:Name〉Measure. Unit. Code〈/ccts:Name〉
  〈ccts:Definition〉The type of unit of measure.〈/ccts:Definition〉
  〈ccts:PrimitiveType〉string〈/ccts:PrimitiveType〉
  〈/xsd:documentation〉
  〈/xsd:annotation〉
  〈/xsd:attribute〉
- 〈xsd:attribute name="unitCodeListVersionID" type="xsd:token" use="optional"〉
- 〈xsd:annotation〉
- 〈xsd:documentation xml:lang="en"〉
  〈ccts:Name〉Measure Unit. Code List Version. Identifier〈/ccts:Name〉
  〈ccts:Definition〉The version of the measure unit code list.〈/ccts:Definition〉
  〈ccts:PrimitiveType〉string〈/ccts:PrimitiveType〉
  〈/xsd:documentation〉
  〈/xsd:annotation〉
  〈/xsd:attribute〉
  〈/xsd:extension〉
  〈/xsd:simpleContent〉
  〈/xsd:complexType〉
〈!--
=========================================================== --〉
〈!-- ===== Numeric. Type
===== --〉
〈!--
=========================================================== --〉
- 〈xsd:complexType name="NumericType"〉
- 〈xsd:annotation〉
- 〈xsd:documentation xml:lang="en"〉
  〈ccts:UniqueID〉UNDT000008〈/ccts:UniqueID〉
  〈ccts:Acronym〉CCT〈/ccts:Acronym〉
  〈ccts:DictionaryEntryName〉Numeric. Type〈/ccts:DictionaryEntryName〉
  〈ccts:Version〉2.01〈/ccts:Version〉
  〈ccts:Definition〉Numeric information that is assigned or is determined by calculation, counting,
or sequencing. It does not require a unit of quantity or unit of measure.〈/ccts:Definition〉
  〈ccts:PrimaryRepresentationTerm〉Numeric〈/ccts:PrimaryRepresentationTerm〉
  〈ccts:PrimitiveType〉string〈/ccts:PrimitiveType〉
  〈/xsd:documentation〉
  〈/xsd:annotation〉
- 〈xsd:simpleContent〉
- 〈xsd:extension base="xsd:string"〉
- 〈xsd:attribute name="format" type="xsd:string" use="optional"〉
- 〈xsd:annotation〉
- 〈xsd:documentation xml:lang="en"〉
  〈ccts:Name〉Numeric. Format. Text〈/ccts:Name〉
  〈ccts:Definition〉Whether the number is an integer, decimal, real number or percentage.〈/ccts:Definition〉
```

```
  <ccts:PrimitiveType>string</ccts:PrimitiveType>
  </xsd:documentation>
  </xsd:annotation>
  </xsd:attribute>
  </xsd:extension>
  </xsd:simpleContent>
  </xsd:complexType>
<! --
====================================================== -->
<! -- ===== Quantity. Type
===== -->
<! --
====================================================== -->
- <xsd:complexType name = "QuantityType">
- <xsd:annotation>
- <xsd:documentation xml:lang = "en">
  <ccts:UniqueID>UNDT000009</ccts:UniqueID>
  <ccts:Acronym>CCT</ccts:Acronym>
  <ccts:DictionaryEntryName>Quantity. Type</ccts:DictionaryEntryName>
  <ccts:Version>2.01</ccts:Version>
  <ccts:Definition>A counted number of non-monetary units possibly including fractions.</ccts:Definition>
  <ccts:PrimaryRepresentationTerm>Quantity</ccts:PrimaryRepresentationTerm>
  <ccts:PrimitiveType>decimal</ccts:PrimitiveType>
  </xsd:documentation>
  </xsd:annotation>
- <xsd:simpleContent>
- <xsd:extension base = "xsd:decimal">
- <xsd:attribute name = "unitCode" type = "xsd:token" use = "optional">
- <xsd:annotation>
- <xsd:documentation xml:lang = "en">
  <ccts:Name>Quantity. Unit. Code</ccts:Name>
  <ccts:Definition>The unit of the quantity</ccts:Definition>
  <ccts:PrimitiveType>string</ccts:PrimitiveType>
  </xsd:documentation>
  </xsd:annotation>
  </xsd:attribute>
- <xsd:attribute name = "unitCodeListID" type = "xsd:token" use = "optional">
- <xsd:annotation>
- <xsd:documentation xml:lang = "en">
  <ccts:Name>Quantity Unit. Code List. Identifier</ccts:Name>
  <ccts:Definition>The quantity unit code list.</ccts:Definition>
  <ccts:PrimitiveType>string</ccts:PrimitiveType>
  </xsd:documentation>
  </xsd:annotation>
  </xsd:attribute>
- <xsd:attribute name = "unitCodeListAgencyID" type = "xsd:token" use = "optional">
- <xsd:annotation>
- <xsd:documentation xml:lang = "en">
  <ccts:Name>Quantity Unit. Code List Agency. Identifier</ccts:Name>
  <ccts:Definition>The identification of the agency that maintains the quantity unit code list</ccts:Definition>
  <ccts:PrimitiveType>string</ccts:PrimitiveType>
  </xsd:documentation>
  </xsd:annotation>
  </xsd:attribute>
- <xsd:attribute name = "unitCodeListAgencyName" type = "xsd:string" use = "optional">
- <xsd:annotation>
- <xsd:documentation xml:lang = "en">
  <ccts:Name>Quantity Unit. Code List Agency. Name</ccts:Name>
  <ccts:Definition>The name of the agency which maintains the quantity unit code list.</ccts:Definition>
  <ccts:PrimitiveType>string</ccts:PrimitiveType>
```

```
</xsd:documentation>
</xsd:annotation>
</xsd:attribute>
</xsd:extension>
</xsd:simpleContent>
</xsd:complexType>
<!--
=========================================================== -->
<!-- ===== Text. Type
===== -->
<!-- ======================================================== -->
- <xsd:complexType name="TextType">
- <xsd:annotation>
- <xsd:documentation xml:lang="en">
  <ccts:UniqueID>UNDT000010</ccts:UniqueID>
  <ccts:Acronym>CCT</ccts:Acronym>
  <ccts:DictionaryEntryName>Text. Type</ccts:DictionaryEntryName>
  <ccts:Version>2.01</ccts:Version>
  <ccts:Definition>A character string (i.e. a finite set of characters) generally in the form of words of
a language.</ccts:Definition>
  <ccts:PrimaryRepresentationTerm>Text</ccts:PrimaryRepresentationTerm>
  <ccts:PrimitiveType>string</ccts:PrimitiveType>
  </xsd:documentation>
  </xsd:annotation>
- <xsd:simpleContent>
- <xsd:extension base="xsd:string">
- <xsd:attribute name="languageID" type="xsd:language" use="optional">
- <xsd:annotation>
- <xsd:documentation xml:lang="en">
  <ccts:Name>Language. Identifier</ccts:Name>
  <ccts:Definition>The identifier of the language used in the content component.</ccts:Definition>
  <ccts:PrimitiveType>string</ccts:PrimitiveType>
  </xsd:documentation>
  </xsd:annotation>
  </xsd:attribute>
- <xsd:attribute name="languageLocaleID" type="xsd:token" use="optional">
- <xsd:annotation>
- <xsd:documentation xml:lang="en">
  <ccts:Name>Language Locale. Identifier</ccts:Name>
  <ccts:Definition>The identification of the locale of the language.</ccts:Definition>
  <ccts:PrimitiveType>string</ccts:PrimitiveType>
  </xsd:documentation>
  </xsd:annotation>
  </xsd:attribute>
  </xsd:extension>
  </xsd:simpleContent>
  </xsd:complexType>
  </xsd:schema>
```

附　录　D
（规范性附录）
未限定数据类型(UDT)schema 模块

```
<? xml version = "1.0" encoding = "UTF-8" ?>
<! -- ============================================================= -->
<! -- ==== Unqualified Data Type Schema Module          === -->
<! --
============================================================= -->
<! --
    Schema agency: UN/CEFACT
      Schema version:3.0
      Schema date: 29 March 2007

      Copyright (C) UN/CEFACT (2007). All Rights Reserved.

<xsd:schema xmlns:xsd = http://www.w3.org/2001/XMLSchema
xmlns:udt = "urn:un:unece:uncefact:data:standard:UnqualifiedDataType:3"
xmlns:clmIANACharacterSetCode = "urn:un:unece:uncefact:codelist:standard:IANA:CharacterSetCode:2006-12-07"
xmlns:clmIANAMIMEMediaType = "urn:un:unece:uncefact:codelist:standard:IANA:MIMEMediaType:2006-01-10"
xmlns:clm53166 = "urn:un:unece:uncefact:codelist:standard:5:3166:2006-09-26"
xmlns:clm54217 = "urn:un:unece:uncefact:codelist:standard:5:4217:2007-03-08"
xmlns:clm60133 = "urn:un:unece:uncefact:codelist:standard:6:0133:20061205"
xmlns:clm63055 = "urn:un:unece:uncefact:codelist:standard:6:3055:D06B"
xmlns:clm6Recommendation20 = "urn:un:unece:uncefact:codelist:standard:6:Recommendation20:4"
xmlns: ccts = " urn: un: unece: uncefact: documentation: standard: CoreComponentsTechnicalSpecification: 2 "
targetNamespace = "urn:un:unece:uncefact:data:standard:UnqualifiedDataType:3"
elementFormDefault = "qualified" attributeFormDefault = "unqualified"
version = "2.0">
<! --
============================================================= -->
<! -- ===== Imports
===== -->
<! --
============================================================= -->
<! -- ===== Imports of Code Lists
===== -->
<! --
======================================================= -->
<xsd:import
namespace = "urn:un:unece:uncefact:codelist:standard:IANA:CharacterSetCode:2006-12-07"
schemaLocation = "http://www.unece.org/uncefact/codelist/standard/IANA_CharacterSetCode_20061207.xsd" />
<xsd:import
namespace = "urn:un:unece:uncefact:codelist:standard:IANA:MIMEMediaType:2006-01-10"
schemaLocation = "http://www.unece.org/uncefact/codelist/standard/IANA_MIMEMediaType_20060110.xsd" />
<xsd:import         namespace = "urn:un:unece:uncefact:codelist:standard:5:3166:2006-09-26" schemaLocation
= "http://www.unece.org/uncefact/codelist/standard/ISO_CountryCode_20060926.xsd" />
<xsd:import         namespace = "urn:un:unece:uncefact:codelist:standard:5:4217:2007-03-08"
schemaLocation = "http://www.unece.org/uncefact/codelist/standard/ISO_CurrencyCode_20070308.xsd" />
<xsd:import         namespace = "urn:un:unece:uncefact:codelist:standard:6:0133:20061205" schemaLocation
= "http://www.unece.org/uncefact/codelist/standard/UNECE_CharacterSetEncodingCode_20061205.xsd" />
<xsd:import         namespace = "urn:un:unece:uncefact:codelist:standard:6:3055:D06B" schemaLocation =
"http://www.unece.org/uncefact/codelist/standard/UNECE_AgencyIdentificationCode_D06B.xsd" />
<xsd:import         namespace = "urn:un:unece:uncefact:codelist:standard:6:Recommendation20:4" schemaLoca-
tion = "http://www.unece.org/uncefact/codelist/standard/UNECE_MeasurementUnitCommonCode_4.xsd" />
<! --
============================================================= -->
```

```
〈! -- ===== Type Definitions
===== --〉
〈! --
=========================================================== --〉
〈! -- ===== Amount. Type
===== --〉
〈! --
=========================================================== --〉
- 〈xsd:complexType name = "AmountType"〉
- 〈xsd:annotation〉
- 〈xsd:documentation xml:lang = "en"〉
   〈ccts:UniqueID〉UDT000001〈/ccts:UniqueID〉
   〈ccts:Acronym〉UDT〈/ccts:Acronym〉
   〈ccts:DictionaryEntryName〉Amount. Type〈/ccts:DictionaryEntryName〉
   〈ccts:Version〉2.01〈/ccts:Version〉
   〈ccts:Definition〉A number of monetary units specified in a currency where the unit of the currency is explicit
or implied.〈/ccts:Definition〉
   〈ccts:PrimitiveType〉decimal〈/ccts:PrimitiveType〉
   〈/xsd:documentation〉
   〈/xsd:annotation〉
- 〈xsd:simpleContent〉
- 〈xsd:extension base = "xsd:decimal"〉
- 〈xsd:attribute name = "currencyCode" type = "clm54217:CurrencyCodeContentType" use = "optional"〉
- 〈xsd:annotation〉
- 〈xsd:documentation xml:lang = "en"〉
   〈ccts:Name〉Amount. Currency. Code〈/ccts:Name〉
   〈ccts:Definition〉The currency of the amount.〈/ccts:Definition〉
   〈ccts:PrimitiveType〉string〈/ccts:PrimitiveType〉
   〈/xsd:documentation〉
   〈/xsd:annotation〉
   〈/xsd:attribute〉
   〈/xsd:extension〉
   〈/xsd:simpleContent〉
   〈/xsd:complexType〉
〈! --
=========================================================== --〉
〈! -- ===== Binary Object. Type
===== --〉
〈! --
=========================================================== --〉
- 〈xsd:complexType name = "BinaryObjectType"〉
- 〈xsd:annotation〉
- 〈xsd:documentation xml:lang = "en"〉
   〈ccts:UniqueID〉UDT000002〈/ccts:UniqueID〉
   〈ccts:Acronym〉UDT〈/ccts:Acronym〉
   〈ccts:DictionaryEntryName〉Binary Object. Type〈/ccts:DictionaryEntryName〉
   〈ccts:Version〉2.01〈/ccts:Version〉
   〈ccts:Definition〉A set of finite-length sequences of binary octets.〈/ccts:Definition〉
   〈ccts:PrimitiveType〉binary〈/ccts:PrimitiveType〉
   〈/xsd:documentation〉
   〈/xsd:annotation〉
- 〈xsd:simpleContent〉
- 〈xsd:extension base = "xsd:base64Binary"〉
- 〈xsd:attribute name = "format" type = "xsd:string" use = "optional"〉
- 〈xsd:annotation〉
- 〈xsd:documentation xml:lang = "en"〉
   〈ccts:Name〉Binary Object. Format. Text〈/ccts:Name〉
   〈ccts:Definition〉The format of the binary content.〈/ccts:Definition〉
   〈ccts:PrimitiveType〉string〈/ccts:PrimitiveType〉
   〈/xsd:documentation〉
```

```
  </xsd:annotation>
  </xsd:attribute>
- <xsd:attribute name = "mimeCode" type = "clmIANAMIMEMediaType:MIMEMediaTypeContentType" use = "optional">
- <xsd:annotation>
- <xsd:documentation xml:lang = "en">
  <ccts:Name>Binary Object. Mime. Code</ccts:Name>
  <ccts:Definition>The mime type of the binary object. </ccts:Definition>
  <ccts:PrimitiveType>string</ccts:PrimitiveType>
  </xsd:documentation>
  </xsd:annotation>
  </xsd:attribute>
- <xsd:attribute name = "encodingCode" type = "clm60133:CharacterSetEncodingCodeContentType" use = "optional">
- <xsd:annotation>
- <xsd:documentation xml:lang = "en">
  <ccts:Name>Binary Object. Encoding. Code</ccts:Name>
  <ccts:Definition>Specifies the decoding algorithm of the binary object. </ccts:Definition>
  <ccts:PrimitiveType>string</ccts:PrimitiveType>
  </xsd:documentation>
  </xsd:annotation>
  </xsd:attribute>
- <xsd:attribute name = "characterSetCode" type = "clmIANACharacterSetCode:CharacterSetCodeContentType"
use = "optional">
- <xsd:annotation>
- <xsd:documentation xml:lang = "en">
  <ccts:Name>Binary Object. Character Set. Code</ccts:Name>
  <ccts:Definition>The character set of the binary object if the mime type is text. </ccts:Definition>
  <ccts:PrimitiveType>string</ccts:PrimitiveType>
  </xsd:documentation>
  </xsd:annotation>
  </xsd:attribute>
- <xsd:attribute name = "uri" type = "xsd:anyURI" use = "optional">
- <xsd:annotation>
- <xsd:documentation xml:lang = "en">
  <ccts:Name>Binary Object. Uniform Resource. Identifier</ccts:Name>
  <ccts:Definition>The Uniform Resource Identifier that identifies where the binary object is located.
  </ccts:Definition>
  <ccts:PrimitiveType>string</ccts:PrimitiveType>
  </xsd:documentation>
  </xsd:annotation>
  </xsd:attribute>
- <xsd:attribute name = "fileName" type = "xsd:string" use = "optional">
- <xsd:annotation>
- <xsd:documentation xml:lang = "en">
  <ccts:Name>Binary Object. File. Name</ccts:Name>
  <ccts:Definition>The fileName of the binary object. </ccts:Definition>
  <ccts:PrimitiveType>string</ccts:PrimitiveType>
  </xsd:documentation>
  </xsd:annotation>
  </xsd:attribute>
  </xsd:extension>
  </xsd:simpleContent>
  </xsd:complexType>
<! --
========================================================= -->
<! -- ===== Graphic. Type
===== -->
<! --
========================================================= -->
- <xsd:complexType name = "GraphicType">
- <xsd:annotation>
```

```
- 〈xsd:documentation xml:lang="en"〉
   〈ccts:UniqueID〉UDT000003〈/ccts:UniqueID〉
   〈ccts:Acronym〉UDT〈/ccts:Acronym〉
   〈ccts:DictionaryEntryName〉Graphic. Type〈/ccts:DictionaryEntryName〉
   〈ccts:Version〉2.01〈/ccts:Version〉
   〈ccts:Definition〉A diagram, graph, mathematical curves, or similar representation.〈/ccts:Definition〉
   〈ccts:PrimitiveType〉binary〈/ccts:PrinitiveType〉
   〈/xsd:documentation〉
   〈/xsd:annotation〉
- 〈xsd:simpleContent〉
- 〈xsd:extension base="xsd:base64Binary"〉
- 〈xsd:attribute name="format" type="xsd:string" use="optional"〉
- 〈xsd:annotation〉
- 〈xsd:documentation xml:lang="en"〉
   〈ccts:Name〉Graphic. Format. Text〈/ccts:Name〉
   〈ccts:Definition〉The format of the graphic content.〈/ccts:Definition〉
   〈ccts:PrimitiveType〉string〈/ccts:PrimitiveType〉
   〈/xsd:documentation〉
   〈/xsd:annotation〉
   〈/xsd:attribute〉
- 〈xsd:attribute name="mimeCode" type="clmIANAMIMEMediaType:MIMEMediaTypeContentType" use="optional"〉
- 〈xsd:annotation〉
- 〈xsd:documentation xml:lang="en"〉
   〈ccts:Name〉Graphic. Mime. Code〈/ccts:Name〉
   〈ccts:Definition〉The mime type of the graphic object.〈/ccts:Definition〉
   〈ccts:PrimitiveType〉string〈/ccts:PrimitiveType〉
   〈/xsd:documentation〉
   〈/xsd:annotation〉
   〈/xsd:attribute〉
- 〈xsd:attribute name="encodingCode" type="clm60133:CharacterSetEncodingCodeContentType" use="optional"〉
- 〈xsd:annotation〉
- 〈xsd:documentation xml:lang="en"〉
   〈ccts:Name〉Graphic. Encoding. Code〈/ccts:Name〉
   〈ccts:Definition〉Specifies the decoding algorithm of the graphic object.〈/ccts:Definition〉
   〈ccts:PrimitiveType〉string〈/ccts:PrimitiveType〉
   〈/xsd:documentation〉
   〈/xsd:annotation〉
   〈/xsd:attribute〉
- 〈xsd:attribute name="uri" type="xsd:anyURI" use="optional"〉
- 〈xsd:annotation〉
- 〈xsd:documentation xml:lang="en"〉
   〈ccts:Name〉Graphic. Uniform Resource. Identifier〈/ccts:Name〉
   〈ccts:Definition〉The Uniform Resource Identifier that identifies where the graphic object is located.
   〈/ccts:Definition〉
   〈ccts:PrimitiveType〉string〈/ccts:PrimitiveType〉
   〈/xsd:documentation〉
   〈/xsd:annotation〉
   〈/xsd:attribute〉
- 〈xsd:attribute name="fileName" type="xsd:string" use="optional"〉
- 〈xsd:annotation〉
- 〈xsd:documentation xml:lang="en"〉
   〈ccts:Name〉Graphic. File. Name〈/ccts:Name〉
   〈ccts:Definition〉The fileName of the graphic object.〈/ccts:Definition〉
   〈ccts:PrimitiveType〉string〈/ccts:PrimitiveType〉
   〈/xsd:documentation〉
   〈/xsd:annotation〉
   〈/xsd:attribute〉
   〈/xsd:extension〉
   〈/xsd:simpleContent〉
   〈/xsd:complexType〉
```

```
<!--
============================================================ -->
<!-- ===== Picture. Type
===== -->
<!--
============================================================ -->
- <xsd:complexType name="PictureType">
- <xsd:annotation>
- <xsd:documentation xml:lang="en">
  <ccts:UniqueID>UDT000004</ccts:UniqueID>
  <ccts:Acronym>UDT</ccts:Acronym>
  <ccts:DictionaryEntryName>Picture. Type</ccts:DictionaryEntryName>
  <ccts:Version>2.01</ccts:Version>
  <ccts:Definition>A diagram, graph, mathematical curves, or similar representation.</ccts:Definition>
  <ccts:PrimitiveType>binary</ccts:PrimitiveType>
  </xsd:documentation>
  </xsd:annotation>
- <xsd:simpleContent>
- <xsd:extension base="xsd:base64Binary">
- <xsd:attribute name="format" type="xsd:string" use="optional">
- <xsd:annotation>
- <xsd:documentation xml:lang="en">
  <ccts:Name>Picture. Format. Text</ccts:Name>
  <ccts:Definition>The format of the picture content.</ccts:Definition>
  <ccts:PrimitiveType>string</ccts:PrimitiveType>
  </xsd:documentation>
  </xsd:annotation>
  </xsd:attribute>
- <xsd:attribute name="mimeCode" type="clmIANAMIMEMediaType:MIMEMediaTypeContentType" use="optional">
- <xsd:annotation>
- <xsd:documentation xml:lang="en">
  <ccts:Name>Picture. Mime. Code</ccts:Name>
  <ccts:Definition>The mime type of the picture object.</ccts:Definition>
  <ccts:PrimitiveType>string</ccts:PrimitiveType>
  </xsd:documentation>
  </xsd:annotation>
  </xsd:attribute>
- <xsd:attribute name="encodingCode" type="clm60133:CharacterSetEncodingCodeContentType" use="optional">
- <xsd:annotation>
- <xsd:documentation xml:lang="en">
  <ccts:Name>Picture. Encoding. Code</ccts:Name>
  <ccts:Definition>Specifies the decoding algorithm of the picture object.</ccts:Definition>
  <ccts:PrimitiveType>string</ccts:PrimitiveType>
  </xsd:documentation>
  </xsd:annotation>
  </xsd:attribute>
- <xsd:attribute name="uri" type="xsd:anyURI" use="optional">
- <xsd:annotation>
- <xsd:documentation xml:lang="en">
  <ccts:Name>Picture. Uniform Resource. Identifier</ccts:Name>
  <ccts:Definition>The Uniform Resource Identifier that identifies where the picture object is located.
  </ccts:Definition>
  <ccts:PrimitiveType>string</ccts:PrimitiveType>
  </xsd:documentation>
  </xsd:annotation>
  </xsd:attribute>
- <xsd:attribute name="fileName" type="xsd:string" use="optional">
- <xsd:annotation>
- <xsd:documentation xml:lang="en">
  <ccts:Name>Picture. File. Name</ccts:Name>
```

```
    〈ccts:Definition〉The fileName of the picture object.〈/ccts:Definition〉
    〈ccts:PrimitiveType〉string〈/ccts:PrimitiveType〉
    〈/xsd:documentation〉
    〈/xsd:annotation〉
    〈/xsd:attribute〉
    〈/xsd:extension〉
    〈/xsd:simpleContent〉
    〈/xsd:complexType〉
  〈! --
  ============================================================ -->
  〈! -- ===== Sound. Type
  ===== -->
  〈! --
  ============================================================ -->
- 〈xsd:complexType name = "SoundType"〉
- 〈xsd:annotation〉
- 〈xsd:documentation xml:lang = "en"〉
    〈ccts:UniqueID〉UDT000005〈/ccts:UniqueID〉
    〈ccts:Acronym〉UDT〈/ccts:Acronym〉
    〈ccts:DictionaryEntryName〉Sound. Type〈/ccts:DictionaryEntryName〉
    〈ccts:Version〉2.01〈/ccts:Version〉
    〈ccts:Definition〉A diagram, graph, mathematical curves, or similar representation.〈/ccts:Definition〉
    〈ccts:PrimitiveType〉binary〈/ccts:PrimitiveType〉
    〈/xsd:documentation〉
    〈/xsd:annotation〉
- 〈xsd:simpleContent〉
- 〈xsd:extension base = "xsd:base64Binary"〉
- 〈xsd:attribute name = "format" type = "xsd:string" use = "optional"〉
- 〈xsd:annotation〉
- 〈xsd:documentation xml:lang = "en"〉
    〈ccts:Name〉Sound. Format. Text〈/ccts:Name〉
    〈ccts:Definition〉The format of the sound content.〈/ccts:Definition〉
    〈ccts:PrimitiveType〉string〈/ccts:PrimitiveType〉
    〈/xsd:documentation〉
    〈/xsd:annotation〉
    〈/xsd:attribute〉
- 〈xsd:attribute name = "mimeCode" type = "clmIANAMIMEMediaType:MIMEMediaTypeContentType" use = "optional"〉
- 〈xsd:annotation〉
- 〈xsd:documentation xml:lang = "en"〉
    〈ccts:Name〉Sound. Mime. Code〈/ccts:Name〉
    〈ccts:Definition〉The mime type of the sound object.〈/ccts:Definition〉
    〈ccts:PrimitiveType〉string〈/ccts:PrimitiveType〉
    〈/xsd:documentation〉
    〈/xsd:annotation〉
    〈/xsd:attribute〉
- 〈xsd:attribute name = "encodingCode" type = "clm60133:CharacterSetEncodingCodeContentType" use = "optional"〉
- 〈xsd:annotation〉
- 〈xsd:documentation xml:lang = "en"〉
    〈ccts:Name〉Sound. Encoding. Code〈/ccts:Name〉
    〈ccts:Definition〉Specifies the decoding algorithm of the sound object.〈/ccts:Definition〉
    〈ccts:PrimitiveType〉string〈/ccts:PrimitiveType〉
    〈/xsd:documentation〉
    〈/xsd:annotation〉
    〈/xsd:attribute〉
- 〈xsd:attribute name = "uri" type = "xsd:anyURI" use = "optional"〉
- 〈xsd:annotation〉
- 〈xsd:documentation xml:lang = "en"〉
    〈ccts:Name〉Sound. Uniform Resource. Identifier〈/ccts:Name〉
    〈ccts:Definition〉The Uniform Resource Identifier that identifies where the sound object is located.
    〈/ccts:Definition〉
```

```
<ccts:PrimitiveType>string</ccts:PrimitiveType>
</xsd:documentation>
</xsd:annotation>
</xsd:attribute>
- <xsd:attribute name="fileName" type="xsd:string" use="optional">
- <xsd:annotation>
- <xsd:documentation xml:lang="en">
<ccts:Name>Sound. File. Name</ccts:Name>
<ccts:Definition>The fileName of the sound object.</ccts:Definition>
<ccts:PrimitiveType>string</ccts:PrimitiveType>
</xsd:documentation>
</xsd:annotation>
</xsd:attribute>
</xsd:extension>
</xsd:simpleContent>
</xsd:complexType>
<!--
=========================================================== -->
<!-- ===== Video. Type
===== -->
<!--
=========================================================== -->
- <xsd:complexType name="VideoType">
- <xsd:annotation>
- <xsd:documentation xml:lang="en">
<ccts:UniqueID>UDT000006</ccts:UniqueID>
<ccts:Acronym>UDT</ccts:Acronym>
<ccts:DictionaryEntryName>Video. Type</ccts:DictionaryEntryName>
<ccts:Version>2.01</ccts:Version>
<ccts:Definition>A diagram, graph, mathematical curves, or similar representation.</ccts:Definition>
<ccts:PrimitiveType>binary</ccts:PrimitiveType>
</xsd:documentation>
</xsd:annotation>
- <xsd:simpleContent>
- <xsd:extension base="xsd:base64Binary">
- <xsd:attribute name="format" type="xsd:string" use="optional">
- <xsd:annotation>
- <xsd:documentation xml:lang="en">
<ccts:Name>Video. Format. Text</ccts:Name>
<ccts:Definition>The format of the video content.</ccts:Definition>
<ccts:PrimitiveType>string</ccts:PrimitiveType>
</xsd:documentation>
</xsd:annotation>
</xsd:attribute>
- <xsd:attribute name="mimeCode" type="clmIANAMIMEMediaType:MIMEMediaTypeContentType" use="optional">
- <xsd:annotation>
- <xsd:documentation xml:lang="en">
<ccts:Name>Video. Mime. Code</ccts:Name>
<ccts:Definition>The mime type of the video object.</ccts:Definition>
<ccts:PrimitiveType>string</ccts:PrimitiveType>
</xsd:documentation>
</xsd:annotation>
</xsd:attribute>
- <xsd:attribute name="encodingCode" type="clm60133:CharacterSetEncodingCodeContentType" use="optional">
- <xsd:annotation>
- <xsd:documentation xml:lang="en">
<ccts:Name>Video. Encoding. Code</ccts:Name>
<ccts:Definition>Specifies the decoding algorithm of the video object.</ccts:Definition>
<ccts:PrimitiveType>string</ccts:PrimitiveType>
</xsd:documentation>
```

```
  〈/xsd:annotation〉
  〈/xsd:attribute〉
- 〈xsd:attribute name = "uri" type = "xsd:anyURI" use = "optional"〉
- 〈xsd:annotation〉
- 〈xsd:documentation xml:lang = "en"〉
  〈ccts:Name〉Video. Uniform Resource. Identifier〈/ccts:Name〉
  〈ccts:Definition〉The Uniform Resource Identifier that identifies where the video object is located.
  〈/ccts:Definition〉
  〈ccts:PrimitiveType〉string〈/ccts:PrimitiveType〉
  〈/xsd:documentation〉
  〈/xsd:annotation〉
  〈/xsd:attribute〉
- 〈xsd:attribute name = "fileName" type = "xsd:string" use = "optional"〉
- 〈xsd:annotation〉
- 〈xsd:documentation xml:lang = "en"〉
  〈ccts:Name〉Video. File. Name〈/ccts:Name〉
  〈ccts:Definition〉The fileName of the video object.〈/ccts:Definition〉
  〈ccts:PrimitiveType〉string〈/ccts:PrimitiveType〉
  〈/xsd:documentation〉
  〈/xsd:annotation〉
  〈/xsd:attribute〉
  〈/xsd:extension〉
  〈/xsd:simpleContent〉
  〈/xsd:complexType〉
〈! --
============================================================= --〉
〈! -- ===== Code. Type
===== --〉
〈! --
============================================================ --〉
- 〈xsd:complexType name = "CodeType"〉
- 〈xsd:annotation〉
- 〈xsd:documentation xml:lang = "en"〉
  〈ccts:UniqueID〉UDT000007〈/ccts:UniqueID〉
  〈ccts:Acronym〉UDT〈/ccts:Acronym〉
  〈ccts:DictionaryEntryName〉Code. Type〈/ccts:DictionaryEntryName〉
  〈ccts:Version〉2.01〈/ccts:Version〉
  〈ccts:Definition〉A character string (letters, figures, or symbols) that for brevity and/or languange
independence may be used to represent or replace a definitive value or text of an attribute together with relevant
supplementary information.〈/ccts:Definition〉
  〈ccts:PrimitiveType〉string〈/ccts:PrimitiveType〉
  〈ccts:UsageRule〉Other supplementary components in the CCT are captured as part of the token and name for the
schema module containing the code list and thus, are not declared as attributes.〈/ccts:UsageRule〉
  〈/xsd:documentation〉
  〈/xsd:annotation〉
- 〈xsd:simpleContent〉
- 〈xsd:extension base = "xsd:token"〉
- 〈xsd:attribute name = "listID" type = "xsd:token" use = "optional"〉
- 〈xsd:annotation〉
- 〈xsd:documentation xml:lang = "en"〉
  〈ccts:Name〉Code List. Identifier〈/ccts:Name〉
  〈ccts:Definition〉The identification of a list of codes.〈/ccts:Definition〉
  〈ccts:PrimitiveType〉string〈/ccts:PrimitiveType〉
  〈/xsd:documentation〉
  〈/xsd:annotation〉
  〈/xsd:attribute〉
- 〈xsd:attribute name = "listAgencyID" type = "clm63055:AgencyIdentificationCodeContentType" use = "optional"〉
- 〈xsd:annotation〉
- 〈xsd:documentation xml:lang = "en"〉
  〈ccts:Name〉Code List. Agency. Identifier〈/ccts:Name〉
```

```
  <ccts:Definition>An agency that maintains one or more lists of codes.</ccts:Definition>
  <ccts:PrimitiveType>string</ccts:PrimitiveType>
  </xsd:documentation>
  </xsd:annotation>
  </xsd:attribute>
- <xsd:attribute name="listAgencyName" type="xsd:string" use="optional">
- <xsd:annotation>
- <xsd:documentation xml:lang="en">
  <ccts:Name>Code List. Agency Name. Text</ccts:Name>
  <ccts:Definition>The name of the agency that maintains the list of codes.</ccts:Definition>
  <ccts:PrimitiveType>string</ccts:PrimitiveType>
  </xsd:documentation>
  </xsd:annotation>
  </xsd:attribute>
- <xsd:attribute name="listName" type="xsd:string" use="optional">
- <xsd:annotation>
- <xsd:documentation xml:lang="en">
  <ccts:Name>Code List. Name. Text</ccts:Name>
  <ccts:Definition>The name of a list of codes.</ccts:Definition>
  <ccts:PrimitiveType>string</ccts:PrimitiveType>
  </xsd:documentation>
  </xsd:annotation>
  </xsd:attribute>
- <xsd:attribute name="listVersionID" type="xsd:token" use="optional">
- <xsd:annotation>
- <xsd:documentation xml:lang="en">
  <ccts:Name>Code List. Version. Identifier</ccts:Name>
  <ccts:Definition>The identification of a list of codes.</ccts:Definition>
  <ccts:PrimitiveType>string</ccts:PrimitiveType>
  </xsd:documentation>
  </xsd:annotation>
  </xsd:attribute>
- <xsd:attribute name="name" type="xsd:string" use="optional">
- <xsd:annotation>
- <xsd:documentation xml:lang="en">
  <ccts:Name>Code. Name. Text</ccts:Name>
  <ccts:Definition>The textual equivalent of the code content component.</ccts:Definition>
  <ccts:PrimitiveType>string</ccts:PrimitiveType>
  </xsd:documentation>
  </xsd:annotation>
  </xsd:attribute>
- <xsd:attribute name="languageCode" type="xsd:language" use="optional">
- <xsd:annotation>
- <xsd:documentation xml:lang="en">
  <ccts:Name>Language. Code</ccts:Name>
  <ccts:Definition>The identifier of the language used in the code name.</ccts:Definition>
  <ccts:PrimitiveType>string</ccts:PrimitiveType>
  </xsd:documentation>
  </xsd:annotation>
  </xsd:attribute>
- <xsd:attribute name="listURI" type="xsd:anyURI" use="optional">
- <xsd:annotation>
- <xsd:documentation xml:lang="en">
  <ccts:Name>Code List. Uniform Resource. Identifier</ccts:Name>
  <ccts:Definition>The Uniform Resource Identifier that identifies where the code list is located.
  </ccts:Definition>
  <ccts:PrimitiveType>string</ccts:PrimitiveType>
  </xsd:documentation>
  </xsd:annotation>
  </xsd:attribute>
```

```
- 〈xsd:attribute name = "listSchemeURI" type = "xsd:anyURI" use = "optional"〉
- 〈xsd:annotation〉
- 〈xsd:documentation xml:lang = "en"〉
  〈ccts:Name〉Code List. Scheme Uniform Resource. Identifier〈/ccts:Name〉
  〈ccts:Definition〉The Uniform Resource Identifier that identifies where the code list scheme is located.
  〈/ccts:Definition〉
  〈ccts:PrimitiveType〉string〈/ccts:PrimitiveType〉
  〈/xsd:documentation〉
  〈/xsd:annotation〉
  〈/xsd:attribute〉
  〈/xsd:extension〉
  〈/xsd:simpleContent〉
  〈/xsd:complexType〉
〈! --
========================================================== --〉
〈! -- ===== Date Time. Type
===== --〉
〈! --
========================================================== --〉
- 〈xsd:simpleType name = "DateTimeType"〉
- 〈xsd:annotation〉
- 〈xsd:documentation xml:lang = "en"〉
  〈ccts:UniqueID〉UDT000008〈/ccts:UniqueID〉
  〈ccts:Acronym〉UDT〈/ccts:Acronym〉
  〈ccts:DictionaryEntryName〉Date Time. Type〈/ccts:DictionaryEntryName〉
  〈ccts:Version〉2.01〈/ccts:Version〉
  〈ccts:Definition〉A particular point in the progression of time together with the relevant supplementary
information.〈/ccts:Definition〉
  〈ccts:PrimitiveType〉string〈/ccts:PrimitiveType〉
  〈ccts:UsageRule〉Can be used for a date and/or time.〈/ccts:UsageRule〉
  〈/xsd:documentation〉
  〈/xsd:annotation〉
  〈xsd:restriction base = "xsd:dateTime" /〉
  〈/xsd:simpleType〉
〈! --
========================================================== --〉
〈! -- ===== Date. Type
===== --〉
〈! --
========================================================== --〉
- 〈xsd:simpleType name = "DateType"〉
- 〈xsd:annotation〉
- 〈xsd:documentation xml:lang = "en"〉
  〈ccts:UniqueID〉UDT000009〈/ccts:UniqueID〉
  〈ccts:Acronym〉UDT〈/ccts:Acronym〉
  〈ccts:DictionaryEntryName〉Date. Type〈/ccts:DictionaryEntryName〉
  〈ccts:Version〉2.01〈/ccts:Version〉
  〈ccts:Definition〉One calendar day according the Gregorian calendar.〈/ccts:Definition〉
  〈ccts:PrimitiveType〉string〈/ccts:PrimitiveType〉
  〈/xsd:documentation〉
  〈/xsd:annotation〉
  〈xsd:restriction base = "xsd:date" /〉
  〈/xsd:simpleType〉
〈! --
======================================================== --〉
〈! -- ===== Time. Type
===== --〉
〈! --
======================================================= --〉
- 〈xsd:simpleType name = "TimeType"〉
```

```
- 〈xsd:annotation〉
- 〈xsd:documentation xml:lang = "en"〉
  〈ccts:UniqueID〉UDT0000010〈/ccts:UniqueID〉
  〈ccts:Acronym〉UDT〈/ccts:Acronym〉
  〈ccts:DictionaryEntryName〉Time. Type〈/ccts:DictionaryEntryName〉
  〈ccts:Version〉2.01〈/ccts:Version〉
  〈ccts:Definition〉The instance of time that occurs every day.〈/ccts:Definition〉
  〈ccts:PrimitiveType〉string〈/ccts:PrimitiveType〉
  〈/xsd:documentation〉
  〈/xsd:annotation〉
  〈xsd:restriction base = "xsd:time" /〉
  〈/xsd:simpleType〉
〈! --
========================================================= --〉
〈! -- ===== Identifier. Type
===== --〉
〈! --
========================================================= --〉
- 〈xsd:complexType name = "IDType"〉
- 〈xsd:annotation〉
- 〈xsd:documentation xml:lang = "en"〉
  〈ccts:UniqueID〉UDT0000011〈/ccts:UniqueID〉
  〈ccts:Acronym〉UDT〈/ccts:Acronym〉
  〈ccts:DictionaryEntryName〉Identifier. Type〈/ccts:DictionaryEntryName〉
  〈ccts:Version〉2.01〈/ccts:Version〉
  〈ccts:Definition〉A character string to identify and distinguish uniquely, one instance of an object in an identification scheme from all other objects in the same scheme together with relevant supplementary information.
  〈/ccts:Definition〉
  〈ccts:PrimitiveType〉string〈/ccts:PrimitiveType〉
  〈ccts:UsageRule〉Other supplementary components in the CCT are captured as part of the token and name for the schema module containing the identifer list and thus, are not declared as attributes.〈/ccts:UsageRule〉
  〈/xsd:documentation〉
  〈/xsd:annotation〉
- 〈xsd:simpleContent〉
- 〈xsd:extension base = "xsd:token"〉
- 〈xsd:attribute name = "schemeID" type = "xsd:token" use = "optional"〉
- 〈xsd:annotation〉
- 〈xsd:documentation xml:lang = "en"〉
  〈ccts:Name〉Identification Scheme. Identifier〈/ccts:Name〉
  〈ccts:Definition〉The identification of the identification scheme.〈/ccts:Definition〉
  〈ccts:PrimitiveType〉string〈/ccts:PrimitiveType〉
  〈/xsd:documentation〉
  〈/xsd:annotation〉
  〈/xsd:attribute〉
- 〈xsd:attribute name = "schemeName" type = "xsd:string" use = "optional"〉
- 〈xsd:annotation〉
- 〈xsd:documentation xml:lang = "en"〉
  〈ccts:Name〉Identification Scheme. Name. Text〈/ccts:Name〉
  〈ccts:Definition〉The name of the identification scheme.〈/ccts:Definition〉
  〈ccts:PrimitiveType〉string〈/ccts:PrimitiveType〉
  〈/xsd:documentation〉
  〈/xsd:annotation〉
  〈/xsd:attribute〉
- 〈 xsd: attribute name = " schemeAgencyID " type = " clm63055: AgencyIdentificationCodeContentType " use = "optional"〉
- 〈xsd:annotation〉
- 〈xsd:documentation xml:lang = "en"〉
  〈ccts:Name〉Identification Scheme. Agency. Identifier〈/ccts:Name〉
  〈ccts:Definition〉The identification of the agency that maintains the identification scheme.〈/ccts:Definition〉
  〈ccts:PrimitiveType〉string〈/ccts:PrimitiveType〉
```

```
  〈/xsd:documentation〉
  〈/xsd:annotation〉
  〈/xsd:attribute〉
- 〈xsd:attribute name = "schemeAgencyName" type = "xsd:string" use = "optional"〉
- 〈xsd:annotation〉
- 〈xsd:documentation xml:lang = "en"〉
  〈ccts:Name〉Identification Scheme. Agency Name. Text〈/ccts:Name〉
  〈ccts:Definition〉The name of the agency that maintains the identification scheme.〈/ccts:Definition〉
  〈ccts:PrimitiveType〉string〈/ccts:PrimitiveType〉
  〈/xsd:documentation〉
  〈/xsd:annotation〉
  〈/xsd:attribute〉
- 〈xsd:attribute name = "schemeVersionID" type = "xsd:token" use = "optional"〉
- 〈xsd:annotation〉
- 〈xsd:documentation xml:lang = "en"〉
  〈ccts:Name〉Identification Scheme. Version. Identifier〈/ccts:Name〉
  〈ccts:Definition〉The version of the identification scheme.〈/ccts:Definition〉
  〈ccts:PrimitiveType〉string〈/ccts:PrimitiveType〉
  〈/xsd:documentation〉
  〈/xsd:annotation〉
  〈/xsd:attribute〉
- 〈xsd:attribute name = "schemeDataURI" type = "xsd:anyURI" use = "optional"〉
- 〈xsd:annotation〉
- 〈xsd:documentation xml:lang = "en"〉
  〈ccts:Name〉Identification Scheme Data. Uniform Resource. Identifier〈/ccts:Name〉
  〈ccts:Definition〉The Uniform Resource Identifier that identifies where the identification scheme data is
located.〈/ccts:Definition〉
  〈ccts:PrimitiveType〉string〈/ccts:PrimitiveType〉
  〈/xsd:documentation〉
  〈/xsd:annotation〉
  〈/xsd:attribute〉
- 〈xsd:attribute name = "schemeURI" type = "xsd:anyURI" use = "optional"〉
- 〈xsd:annotation〉
- 〈xsd:documentation xml:lang = "en"〉
  〈ccts:Name〉Identification Scheme. Uniform Resource. Identifier〈/ccts:Name〉
  〈ccts:Definition〉The Uniform Resource Identifier that identifies where the identification scheme is located.
  〈/ccts:Definition〉
  〈ccts:PrimitiveType〉string〈/ccts:PrimitiveType〉
  〈/xsd:documentation〉
  〈/xsd:annotation〉
  〈/xsd:attribute〉
  〈/xsd:extension〉
  〈/xsd:simpleContent〉
  〈/xsd:complexType〉
〈! --
============================================================ --〉
〈! -- ===== Indicator. Type
===== --〉
〈! --
========================================================== --〉
- 〈xsd:simpleType name = "IndicatorType"〉
- 〈xsd:annotation〉
- 〈xsd:documentation xml:lang = "en"〉
  〈ccts:UniqueID〉UDT0000012〈/ccts:UniqueID〉
  〈ccts:Acronym〉UDT〈/ccts:Acronym〉
  〈ccts:DictionaryEntryName〉Indicator. Type〈/ccts:DictionaryEntryName〉
  〈ccts:Version〉2.01〈/ccts:Version〉
  〈ccts:Definition〉A list of two mutually exclusive Boolean values that express the only possible states of a
property.〈/ccts:Definition〉
  〈ccts:PrimitiveType〉string〈/ccts:PrimitiveType〉
```

```
  〈/xsd:documentation〉
  〈/xsd:annotation〉
- 〈xsd:restriction base = "xsd:boolean"〉
  〈xsd:pattern value = "false" /〉
  〈xsd:pattern value = "true" /〉
  〈/xsd:restriction〉
  〈/xsd:simpleType〉
〈! --
========================================================= --〉
〈! -- ===== Measure. Type
===== --〉
〈! --
======================================================= --〉
- 〈xsd:complexType name = "MeasureType"〉
- 〈xsd:annotation〉
- 〈xsd:documentation xml:lang = "en"〉
  〈ccts:UniqueID〉UDT0000013〈/ccts:UniqueID〉
  〈ccts:Acronym〉UDT〈/ccts:Acronym〉
  〈ccts:DictionaryEntryName〉Measure. Type〈/ccts:DictionaryEntryName〉
  〈ccts:Version〉2.01〈/ccts:Version〉
  〈ccts:Definition〉A numeric value determined by measuring an object along with the specified unit of measure.
  〈/ccts:Definition〉
  〈ccts:PropertyTerm〉Type〈/ccts:PropertyTerm〉
  〈ccts:PrimitiveType〉decimal〈/ccts:PrimitiveType〉
  〈/xsd:documentation〉
  〈/xsd:annotation〉
- 〈xsd:simpleContent〉
- 〈xsd:extension base = "xsd:decimal"〉
-〈xsd:attribute name = "unitCode"
type = "clm6Recommendation20:MeasurementUnitCommonCodeContentType" use = "optional"〉
- 〈xsd:annotation〉
- 〈xsd:documentation xml:lang = "en"〉
  〈ccts:Name〉Measure. Unit. Code〈/ccts:Name〉
  〈ccts:Definition〉The type of unit of measure.〈/ccts:Definition〉
  〈ccts:PrimitiveType〉string〈/ccts:PrimitiveType〉
  〈/xsd:documentation〉
  〈/xsd:annotation〉
  〈/xsd:attribute〉
  〈/xsd:extension〉
  〈/xsd:simpleContent〉
  〈/xsd:complexType〉
〈! --
========================================================= --〉
〈! -- ===== Numeric. Type
===== --〉
〈! --
======================================================= --〉
- 〈xsd:simpleType name = "NumericType"〉
- 〈xsd:annotation〉
- 〈xsd:documentation xml:lang = "en"〉
  〈ccts:UniqueID〉UDT0000014〈/ccts:UniqueID〉
  〈ccts:Acronym〉UDT〈/ccts:Acronym〉
  〈ccts:DictionaryEntryName〉Numeric. Type〈/ccts:DictionaryEntryName〉
  〈ccts:Version〉2.01〈/ccts:Version〉
  〈ccts:Definition〉Numeric information that is assigned or is determined by calculation, counting,
or sequencing. It does not require a unit of quantity or unit of measure.〈/ccts:Definition〉
  〈ccts:PrimitiveType〉string〈/ccts:PrimitiveType〉
  〈/xsd:documentation〉
  〈/xsd:annotation〉
  〈xsd:restriction base = "xsd:decimal" /〉
```

```
  〈/xsd:simpleType〉
〈! --
============================================================ --〉
〈! -- ===== Value. Type
===== --〉
〈! --
========================================================= --〉
- 〈xsd:simpleType name = "ValueType"〉
- 〈xsd:annotation〉
- 〈xsd:documentation xml:lang = "en"〉
  〈ccts:UniqueID〉UDT0000015〈/ccts:UniqueID〉
  〈ccts:Acronym〉UDT〈/ccts:Acronym〉
  〈ccts:Version〉2.01〈/ccts:Version〉
  〈ccts:DictionaryEntryName〉Value. Type〈/ccts:DictionaryEntryName〉
  〈ccts:Definition〉Numeric information that is assigned or is determined by calculation, counting, or sequencing. It does not require a unit of quantity or unit of measure.〈/ccts:Definition〉
  〈ccts:PrimitiveType〉string〈/ccts:PrimitiveType〉
  〈/xsd:documentation〉
  〈/xsd:annotation〉
  〈xsd:restriction base = "xsd:decimal" /〉
  〈/xsd:simpleType〉
〈! --
=========================================================== --〉
〈! -- ===== Percent. Type
===== --〉
〈! --
========================================================= --〉
- 〈xsd:simpleType name = "PercentType"〉
- 〈xsd:annotation〉
- 〈xsd:documentation xml:lang = "en"〉
  〈ccts:UniqueID〉UDT0000016〈/ccts:UniqueID〉
  〈ccts:Acronym〉UDT〈/ccts:Acronym〉
  〈ccts:Version〉2.01〈/ccts:Version〉
  〈ccts:DictionaryEntryName〉Percent. Type〈/ccts:DictionaryEntryName〉
  〈ccts:Definition〉Numeric information that is assigned or is determined by calculation, counting, or sequencing. It does not require a unit of quantity or unit of measure.〈/ccts:Definition〉
  〈ccts:PrimitiveType〉string〈/ccts:PrimitiveType〉
  〈/xsd:documentation〉
  〈/xsd:annotation〉
  〈xsd:restriction base = "xsd:decimal" /〉
  〈/xsd:simpleType〉
〈! --
============================================================= --〉
〈! -- ===== Rate. Type
===== --〉
〈! --
============================================================= --〉
- 〈xsd:simpleType name = "RateType"〉
- 〈xsd:annotation〉
- 〈xsd:documentation xml:lang = "en"〉
  〈ccts:UniqueID〉UDT0000017〈/ccts:UniqueID〉
  〈ccts:Acronym〉UDT〈/ccts:Acronym〉
  〈ccts:Version〉2.01〈/ccts:Version〉
  〈ccts:DictionaryEntryName〉Rate. Type〈/ccts:DictionaryEntryName〉
  〈ccts:Definition〉Numeric information that is assigned or is determined by calculation, counting, or sequencing. It does not require a unit of quantity or unit of measure.〈/ccts:Definition〉
  〈ccts:PrimitiveType〉string〈/ccts:PrimitiveType〉
  〈/xsd:documentation〉
  〈/xsd:annotation〉
  〈xsd:restriction base = "xsd:decimal" /〉
```

```
  〈/xsd:simpleType〉
〈! --
========================================================= --〉
〈! -- ===== Quantity. Type
===== --〉
〈! --
========================================================= --〉
- 〈xsd:complexType name = "QuantityType"〉
- 〈xsd:annotation〉
- 〈xsd:documentation xml:lang = "en"〉
  〈ccts:UniqueID〉UDT0000018〈/ccts:UniqueID〉
  〈ccts:Acronym〉UDT〈/ccts:Acronym〉
  〈ccts:DictionaryEntryName〉Quantity. Type〈/ccts:DictionaryEntryName〉
  〈ccts:Version〉2.01〈/ccts:Version〉
  〈ccts:Definition〉A counted number of non-monetary units possibly including fractions.〈/ccts:Definition〉
  〈ccts:PrimitiveType〉decimal〈/ccts:PrimitiveType〉
  〈/xsd:documentation〉
  〈/xsd:annotation〉
- 〈xsd:simpleContent〉
- 〈xsd:extension base = "xsd:decimal"〉
- 〈xsd:attribute name = "unitCode" type = "clm6Recommendation20:MeasurementUnitCommonCodeContentType"
use = "optional"〉
- 〈xsd:annotation〉
- 〈xsd:documentation xml:lang = "en"〉
  〈ccts:Name〉Quantity. Unit. Code〈/ccts:Name〉
  〈ccts:Definition〉The unit of the quantity〈/ccts:Definition〉
  〈ccts:PrimitiveType〉string〈/ccts:PrimitiveType〉
  〈/xsd:documentation〉
  〈/xsd:annotation〉
  〈/xsd:attribute〉
  〈/xsd:extension〉
  〈/xsd:simpleContent〉
  〈/xsd:complexType〉
〈! --
========================================================= --〉
〈! -- ===== Text. Type
===== --〉
〈! --
========================================================= --〉
- 〈xsd:complexType name = "TextType"〉
- 〈xsd:annotation〉
- 〈xsd:documentation xml:lang = "en"〉
  〈ccts:UniqueID〉UDT0000019〈/ccts:UniqueID〉
  〈ccts:Acronym〉UDT〈/ccts:Acronym〉
  〈ccts:DictionaryEntryName〉Text. Type〈/ccts:DictionaryEntryName〉
  〈ccts:Version〉2.01〈/ccts:Version〉
  〈ccts:Definition〉A character string (i.e. a finite set of characters) generally in the form of words of
a language.〈/ccts:Definition〉
  〈ccts:PrimitiveType〉string〈/ccts:PrimitiveType〉
  〈/xsd:documentation〉
  〈/xsd:annotation〉
- 〈xsd:simpleContent〉
- 〈xsd:extension base = "xsd:string"〉
- 〈xsd:attribute name = "languageCode" type = "xsd:language" use = "optional"〉
- 〈xsd:annotation〉
- 〈xsd:documentation xml:lang = "en"〉
  〈ccts:Name〉Language. Code〈/ccts:Name〉
  〈ccts:Definition〉The identifier of the language used in the content component.〈/ccts:Definition〉
  〈ccts:PrimitiveType〉string〈/ccts:PrimitiveType〉
  〈/xsd:documentation〉
```

```
  〈/xsd:annotation〉
  〈/xsd:attribute〉
  〈/xsd:extension〉
  〈/xsd:simpleContent〉
  〈/xsd:complexType〉
〈! --
============================================================ --〉
〈! -- ===== Name. Type
===== --〉
〈! --
============================================================ --〉
- 〈xsd:complexType name = "NameType"〉
- 〈xsd:annotation〉
- 〈xsd:documentation xml:lang = "en"〉
  〈ccts:UniqueID〉UDT0000020〈/ccts:UniqueID〉
  〈ccts:Acronym〉UDT〈/ccts:Acronym〉
  〈ccts:DictionaryEntryName〉Name. Type〈/ccts:DictionaryEntryName〉
  〈ccts:Version〉2.01〈/ccts:Version〉
  〈ccts:Definition〉A character string that consititues the distinctive designation of a person, place, thing or
concept.〈/ccts:Definition〉
  〈ccts:PrimitiveType〉string〈/ccts:PrimitiveType〉
  〈/xsd:documentation〉
  〈/xsd:annotation〉
- 〈xsd:simpleContent〉
- 〈xsd:extension base = "xsd:string"〉
- 〈xsd:attribute name = "languageCode" type = "xsd:language" use = "optional"〉
- 〈xsd:annotation〉
- 〈xsd:documentation xml:lang = "en"〉
  〈ccts:Name〉Language. Code〈/ccts:Name〉
  〈ccts:Definition〉The identifier of the language used in the content component.〈/ccts:Definition〉
  〈ccts:PrimitiveType〉string〈/ccts:PrimitiveType〉
  〈/xsd:documentation〉
  〈/xsd:annotation〉
  〈/xsd:attribute〉
  〈/xsd:extension〉
  〈/xsd:simpleContent〉
  〈/xsd:complexType〉
  〈/xsd:schema〉
```

附 录 E
（资料性附录）
注释（annotation）模版

以下模版给出了每个 schema 模块的注释（annotation）信息。

```
<! --Root Schema Documentation-->
  <xsd:annotation>
    <xsd:documentation xml:lang = "en">
      <ccts:UniqueID></ccts:UniqueID>
      <ccts:Acronym>RSM</ccts:Acronym>
      <ccts:Name></ccts:Name>
      <ccts:Version></ccts:Version>
      <ccts:Definition></ccts:Definition>
      <ccts:BusinessProcessContextValue></ccts:BusinessProcessContextValue>
      <ccts:GeopoliticalOrRegionContextValue></ccts:GeopoliticalOrRegionContextValue>
      <ccts:OfficialConstraintContextValue></ccts:OfficialConstraintContextValue>
      <ccts:ProductContextValue></ccts:ProductContextValue>
      <ccts:IndustryContextValue></ccts:IndustryContextValue>
      <ccts:BusinessProcessRoleContextValue></ccts:BusinessProcessRoleContextValue>
      <ccts:SupportingRoleContextValue></ccts:SupportingRoleContextValue>
      <ccts:SystemCapabilitiesContextValue></ccts:SystemCapabilitiesContextValue>
    </xsd:documentation>
  </xsd:annotation>

<! --ABIE Documentation-->
  <xsd:annotation>
    <xsd:documentation xml:lang = "en">
      <ccts:UniqueID></ccts:UniqueID>
      <ccts:Acronym>ABIE</ccts:Acronym>
      <ccts:DictionaryEntryName></ccts:DictionaryEntryName>
      <ccts:Version></ccts:Version>
      <ccts:Definition></ccts:Definition>
      <ccts:ObjectClassTerm></ccts:ObjectClassTerm>
      <ccts:ObjectClassQualifierTerm></ccts:ObjectClassQualifierTerm>
      <ccts:BusinessProcessContextValue></ccts:BusinessProcessContextValue>
      <ccts:GeopoliticalOrRegionContextValue></ccts:GeopoliticalOrRegionContextValue>
      <ccts:OfficialConstraintContextValue></ccts:OfficialConstraintContextValue>
      <ccts:ProductContextValue></ccts:ProductContextValue>
      <ccts:IndustryContextValue></ccts:IndustryContextValue>
      <ccts:BusinessProcessRoleContextValue></ccts:BusinessProcessRoleContextValue>
      <ccts:SupportingRoleContextValue></ccts:SupportingRoleContextValue>
      <ccts:SystemCapabilitiesContextValue></ccts:SystemCapabilitiesContextValue>
      <ccts:UsageRule></ccts:UsageRule>
      <ccts:BusinessTerm></ccts:BusinessTerm>
      <ccts:Example></ccts:Example>
    </xsd:documentation>
  </xsd:annotation>

<! --BBIE Documentation-->
  <xsd:annotation>
    <xsd:documentation xml:lang = "en">
      <ccts:UniqueID></ccts:UniqueID>
      <ccts:Acronym>ABIE</ccts:Acronym>
      <ccts:DictionaryEntryName></ccts:DictionaryEntryName>
      <ccts:Version></ccts:Version>
      <ccts:Definition></ccts:Definition>
```

```
      <ccts:Cardinality></ccts:Cardinality>
      <ccts:ObjectClassTerm></ccts:ObjectClassTerm>
      <ccts:ObjectClassQualifierTerm></ccts:ObjectClassQualifierTerm>
      <ccts:PropertyTerm></ccts:PropertyTerm>
      <ccts:PropertyQualifierTerm></ccts:PropertyQualifierTerm>
      <ccts:PrimaryRepresentationTerm></ccts:PrimaryRepresentationTerm>
      <ccts:BusinessProcessContextValue></ccts:BusinessProcessContextValue>
      <ccts:GeopoliticalOrRegionContextValue></ccts:GeopoliticalOrRegionContextValue>
      <ccts:OfficialConstraintContextValue></ccts:OfficialConstraintContextValue>
      <ccts:ProductContextValue></ccts:ProductContextValue>
      <ccts:IndustryContextValue></ccts:IndustryContextValue>
      <ccts:BusinessProcessRoleContextValue></ccts:BusinessProcessRoleContextValue>
      <ccts:SupportingRoleContextValue></ccts:SupportingRoleContextValue>
      <ccts:SystemCapabilitiesContextValue></ccts:SystemCapabilitiesContextValue>
      <ccts:UsageRule></ccts:UsageRule>
      <ccts:BusinessTerm></ccts:BusinessTerm>
      <ccts:Example></ccts:Example>
    </xsd:documentation>
  </xsd:annotation>

<!--ASBIE Documentation-->
  <xsd:annotation>
    <xsd:documentation xml:lang="en">
      <ccts:UniqueID></ccts:UniqueID>
      <ccts:Acronym>ABIE</ccts:Acronym>
      <ccts:DictionaryEntryName></ccts:DictionaryEntryName>
      <ccts:Version></ccts:Version>
      <ccts:Definition></ccts:Definition>
      <ccts:Cardinality></ccts:Cardinality>
      <ccts:ObjectClassTerm></ccts:ObjectClassTerm>
      <ccts:ObjectClassQualifierTerm></ccts:ObjectClassQualifierTerm>
      <ccts:PropertyTerm></ccts:PropertyTerm>
      <ccts:PropertyQualifierTerm></ccts:PropertyQualifierTerm>
      <ccts:AssociatedObjectClassTerm></ccts:AssociatedObjectClassTerm>
      <ccts:AssociatedObjectClassQualifierTerm></ccts:AssociatedObjectClassQualifierTerm>
      <ccts:AssociationType></ccts:AssociationType>
      <ccts:BusinessProcessContextValue></ccts:BusinessProcessContextValue>
      <ccts:GeopoliticalOrRegionContextValue></ccts:GeopoliticalOrRegionContextValue>
      <ccts:OfficialConstraintContextValue></ccts:OfficialConstraintContextValue>
      <ccts:ProductContextValue></ccts:ProductContextValue>
      <ccts:IndustryContextValue></ccts:IndustryContextValue>
      <ccts:BusinessProcessRoleContextValue></ccts:BusinessProcessRoleContextValue>
      <ccts:SupportingRoleContextValue></ccts:SupportingRoleContextValue>
      <ccts:SystemCapabilitiesContextValue></ccts:SystemCapabilitiesContextValue>
      <ccts:UsageRule></ccts:UsageRule>
      <ccts:BusinessTerm></ccts:BusinessTerm>
      <ccts:Example></ccts:Example>
    </xsd:documentation>
  </xsd:annotation>

<!--Qualified Data Type Documentation-->
  <xsd:annotation>
    <xsd:documentation xml:lang="en">
      <ccts:UniqueID></ccts:UniqueID>
      <ccts:Acronym>QDT</ccts:Acronym>
      <ccts:DictionaryEntryName></ccts:DictionaryEntryName>
      <ccts:Version></ccts:Version>
      <ccts:Definition></ccts:Definition>
      <ccts:PrimaryRepresentationTerm></ccts:PrimaryRepresentationTerm>
      <ccts:DataTypeQualifierTerm></ccts:DataTypeQualifierTerm>
```

```
        <ccts:PrimitiveType></ccts:PrimitiveType>
        <ccts:BusinessProcessContextValue></ccts:BusinessProcessContextValue>
        <ccts:GeopoliticalOrRegionContextValue></ccts:GeopoliticalOrRegionContextValue>
        <ccts:OfficialConstraintContextValue></ccts:OfficialConstraintContextValue>
        <ccts:ProductContextValue></ccts:ProductContextValue>
        <ccts:IndustryContextValue></ccts:IndustryContextValue>
        <ccts:BusinessProcessRoleContextValue></ccts:BusinessProcessRoleContextValue>
        <ccts:SupportingRoleContextValue></ccts:SupportingRoleContextValue>
        <ccts:SystemCapabilitiesContextValue></ccts:SystemCapabilitiesContextValue>
        <ccts:UsageRule></ccts:UsageRule>
        <ccts:BusinessTerm></ccts:BusinessTerm>
        <ccts:Example></ccts:Example>
      </xsd:documentation>
    </xsd:annotation>

  <! --Unqualified Data Type Documentation-->
    <xsd:annotation>
      <xsd:documentation xml:lang = "en">
        <ccts:UniqueID></ccts:UniqueID>
        <ccts:Acronym>CCT</ccts:Acronym>
        <ccts:DictionaryEntryName></ccts:DictionaryEntryName>
        <ccts:Version></ccts:Version>
        <ccts:Definition></ccts:Definition>
        <ccts:PrimaryRepresentationTerm></ccts:PrimaryRepresentationTerm>
        <ccts:PrimitiveType></ccts:PrimitiveType>
        <ccts:UsageRule></ccts:UsageRule>
        <ccts:BusinessTerm></ccts:BusinessTerm>
        <ccts:Example></ccts:Example>
      </xsd:documentation>
    </xsd:annotation>

  <! --Unqualified Data Type Supplementary Component Documentation-->
    <xsd:annotation>
      <xsd:documentation xml:lang = "en">
        <ccts:UniqueID></ccts:UniqueID>
        <ccts:Acronym>SC</ccts:Acronym>
        <ccts:DictionaryEntryName></ccts:DictionaryEntryName>
        <ccts:Definition></ccts:Definition>
        <ccts:Cardinality></ccts:Cardinality>
        <ccts:ObjectClassTerm></ccts:ObjectClassTerm>
        <ccts:PropertyTerm></ccts:PropertyTerm>
        <ccts:PrimaryRepresentation Term></ccts:PrimaryRepresentation Term>
        <ccts:ObjectClassTerm></ccts:ObjectClassTerm>
        <ccts:PrimitiveType></ccts:PrimitiveType>
        <ccts:UsageRule></ccts:UsageRule>
        <ccts:Example></ccts:Example>
      </xsd:documentation>
    </xsd:annotation>

  <! --Core Component Type Documentation-->
    <xsd:annotation>
      <xsd:documentation xml:lang = "en">
        <ccts:UniqueID></ccts:UniqueID>
        <ccts:Acronym>CCT</ccts:Acronym>
        <ccts:DictionaryEntryName></ccts:DictionaryEntryName>
        <ccts:Version></ccts:Version>
        <ccts:Definition></ccts:Definition>
        <ccts:PrimaryRepresentationTerm></ccts:PrimaryRepresentationTerm>
        <ccts:PrimitiveType></ccts:PrimitiveType>
        <ccts:UsageRule></ccts:UsageRule>
```

```
      <ccts:BusinessTerm></ccts:BusinessTerm>
      <ccts:Example></ccts:Example>
    </xsd:documentation>
  </xsd:annotation>

<!--Core Component Type Supplementary Component Documentation-->
  <xsd:annotation>
    <xsd:documentation xml:lang="en">
      <ccts:UniqueID></ccts:UniqueID>
      <ccts:Acronym>SC</ccts:Acronym>
      <ccts:DictionaryEntryName></ccts:DictionaryEntryName>
      <ccts:Definition></ccts:Definition>
      <ccts:ObjectClassTerm></ccts:ObjectClassTerm>
      <ccts:PropertyTerm></ccts:PropertyTerm>
      <ccts:PrimaryRepresentationTerm></ccts:PrimaryRepresentationTerm>
      <ccts:ObjectClassTerm></ccts:ObjectClassTerm>
      <ccts:PrimitiveType></ccts:PrimitiveType>
      <ccts:UsageRule></ccts:UsageRule>
      <ccts:Example></ccts:Example>
    </xsd:documentation>
  </xsd:annotation>

<!--Code List/Identification Schema Documentation-->
  <xsd:annotation>
    <xsd:documentation xml:lang="en">
      <ccts:Name></ccts:Name>
      <ccts:Description></ccts:Description>
    </xsd:documentation>
  </xsd:annotation>
```

附 录 F
（资料性附录）
GB/T 19256.9 中表示词映射到 CCT 和 UDT 的数据类型

表 F.1 给出了 GB/T 19256.9 中的表示词和它们在 CCT schema 模块以及 UDT schema 模块中定义的数据类型之间的映射关系。

表 F.1 表示词、CCT 数据类型和 UDT 数据类型间的关系

表示词	CCT 的数据类型	UDT 的数据类型
金额	xsd:decimal	xsd:decimal
二进制对象	xsd:base64Binary	xsd:base64Binary
图形、图像		xsd:base64Binary
音频		xsd:base64Binary
视频		xsd:base64Binary
代码	xsd:token	xsd:token
日期时间	xsd:string	xsd:datetime
日期		xsd:date
时间		xsd:time
标识符	xsd:token	xsd:token
指示符	xsd:string	xsd:boolean
计量	xsd:decimal	xsd:decimal
值		xsd:decimal
百分数		xsd:decimal
比率		xsd:decimal
数字	xsd:string	xsd:decimal
量	xsd:decimal	xsd:decimal
文本	xsd:string	xsd:string
名称		xsd:string

参 考 文 献

[1] GB/T 19256.1—2003 基于XML电子商务 第1部分:技术体系结构
[2] GB/T 19256.4—2006 基于XML电子商务 第4部分:注册信息模型

ICS 29.140.30
K 71

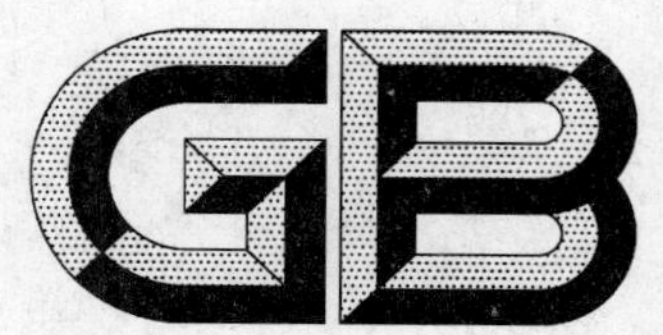

中华人民共和国国家标准

GB 19261—2009
代替 GB 19261—2003

霓虹灯管的一般要求和安全要求

General and safety requirements of neon lamps

2009-09-30 发布　　　　2010-07-01 实施

中华人民共和国国家质量监督检验检疫总局
中国国家标准化管理委员会　发布

前　言

本标准 4.4、4.5、4.7、4.8 的技术内容为强制性条款，其余为推荐性条款。

本标准是对 GB 19261—2003《霓虹灯管的一般要求和安全要求》的修订。

本标准代替 GB 19261—2003《霓虹灯管的一般要求和安全要求》。

本标准与 GB 19261—2003 相比，主要差异如下：

——增加了外径为 6 mm 和 16 mm 的霓虹灯标准参数。将标准适用范围调整为外径 6 mm～16 mm，管内充入氖气或汞氩混合气体的霓虹灯；

——调整了霓虹灯管的启动电压范围和光亮度参数。

本标准的附录 A、附录 B、附录 C、附录 D、附录 E 为规范性附录。

本标准由中国轻工业联合会提出。

本标准由全国照明电器标准化技术委员会(SAC/TC 224)归口。

本标准起草单位：国家电光源质量监督检验中心(上海)、北京电光源研究所。

本标准主要起草人：陆荣树、赵秀荣、江珊、段彦芳。

本标准所代替标准的历次版本发布情况为：

——GB 19261—2003。

霓虹灯管的一般要求和安全要求

1 范围

本标准规定了霓虹灯管的定义、主要尺寸、基本参数、技术要求、试验方法、检验规则及标志、包装和运输。

本标准适用于外径为 6 mm～16 mm，管内充入氖气或汞氩混合气体的霓虹灯。

2 规范性引用文件

下列文件中的条款通过本标准的引用而成为本标准的条款。凡是注日期的引用文件，其随后所有的修改单(不包括勘误的内容)或修订版均不适用于本标准，然而，鼓励根据本标准达成协议的各方研究是否可使用这些文件的最新版本。凡是不注日期的引用文件，其最新版本适用于本标准。

GB/T 2828.1 计数抽样检验程序 第1部分：按接收质量限(AQL)检索的逐批检验抽样计划(GB/T 2828.1—2003，ISO 2859.1:1999，IDT)

GB/T 2829 周期检验计数抽样程序及表(适用于对过程稳定性的检验)

GB 19149 空载输出电压超过1 000 V的管形放电灯用变压器(霓虹灯变压器)的一般要求和安全要求(GB 19149—2003，IEC 61050:1991，IDT)

3 术语和定义

下列术语和定义适用于本标准。

3.1

霓虹灯管 neon lamp

低气压冷阴极辉光放电灯。

3.2

氖管 neon glow lamp

灯内充填氖气的霓虹灯管。这种灯管的发光，是由氖气辉光放电直接发出红色光。

3.3

汞氩管 mercury-argon glow lamp

灯内充有氩气和汞的霓虹灯管。这种灯管的发光，是由辉光放电时汞原子释放出来的紫外线，激发涂敷在灯管内壁上的荧光粉层，经转换发出可见光，或透过彩色玻璃发出可见光。

3.4

同组灯 same group light

同一工程所使用的同一颜色的灯管为一组。

3.5

有效长度 effective length

灯管发光部分的长度，用 L 表示，单位 m。

3.6

明管 clear bulb

在汞氩管中，灯管与电极连接处(或烧结处)未涂粉部分。

3.7

初始特性 inital characteristics

灯管经初始燃点 100 h 时的特性。

3.8

寿命 life

灯燃点至不能正常工作时的累计时间。

3.9

平均寿命 average life

在试验样品数量为 N 的寿命试验中，按照灯的损坏顺序，第 $(N+1)/2$ 灯的寿命（N 为奇数）或第 $N/2$ 支与 $N/2+1$ 支灯寿命之和的 1/2（N 为偶数），称为该批灯的平均寿命。

3.10

照度维持率 lux maintenance

为同等距离下，灯管燃点至规定时间的照度与灯管初始的照度值之比，用百分数表示。

4 技术要求

4.1 外观

4.1.1 玻管和荧光粉涂层不应有影响发光效果和使用的缺陷。

4.1.2 灯管经初始燃点后，其管壁不应有明显的氧化汞附着物。

4.1.3 灯管的弯曲部位不应有明显折棱瘪塌的缺陷。

4.1.4 彩色灯管同组灯中的颜色不应有明显的差异。

4.1.5 涂有荧光粉的灯管接头处明管长度不应超过 5 mm，且不能明显发黑。

4.1.6 灯管的排气管端部应是平滑的，不应带有尖刺。

4.1.7 直管形灯管不应有 S 形弯曲，弓形弯曲不应超过 3 mm/m。

4.2 灯管的初始特性应符合表 1 规定。

表 1 灯管的光电性能参数

<table>
<tr><th>序号</th><th>灯管类型</th><th>色别</th><th>启动电压
（最大值）/
V</th><th>灯管电压/
V</th><th>灯电流/
mA</th><th>光亮度
（最小值）
$\times 10^3$ cd/m^2</th></tr>
<tr><td>1</td><td>氖管</td><td>红</td><td>1 100+1 200 L</td><td>230+700 L～
270+800 L</td><td rowspan="5">25</td><td>2.0</td></tr>
<tr><td>2</td><td rowspan="4">汞
氩管</td><td>绿</td><td rowspan="4">400+450 L</td><td rowspan="4">230+450 L～
270+650 L</td><td>3.5</td></tr>
<tr><td>3</td><td>蓝</td><td>1.4</td></tr>
<tr><td>4</td><td>白</td><td>3.5</td></tr>
<tr><td>5</td><td>黄</td><td>3.2</td></tr>
<tr><td colspan="7">注：L 为有效长度。充氩气的彩色玻璃霓虹灯管，其光亮度不低于同规格的透明玻管的 50%。</td></tr>
</table>

4.3 灯管的寿命及照度维持率不应低于表 2 规定的值。

表 2 霓虹灯管的寿命

序号	灯管类型	平均寿命/ h	照度维持率 η （燃点至 2 000 h）/ %
1	氖管	≥10 000	≥95
2	汞氩管	≥8 000	≥90

4.4 灯管引出线的连接应牢固，应能承受 20 N 的轴向拉力，连接部分应涂敷防潮、耐热、耐久性强的涂料或用绝缘材料包裹覆盖。

4.5 灯管经振动试验后仍应正常启动和燃点。

4.6 灯管应能在－40 ℃～50 ℃高低温的环境下正常启动和燃点。

4.7 灯管电极处玻管温度应低于 55 ℃。

4.8 灯管应能承受 100 K 温度骤变试验而不损坏。

5 试验方法

5.1 灯管的外观质量(4.1)用目视法或游标卡尺进行检查或测量。

5.2 灯管的初始特性(4.2)按附录 A 和附录 B 的规定测量。

5.3 灯管的寿命和照度维持率(4.3)按附录 C 和附录 B 规定的试验方法。

5.4 灯管引出线的连接牢固度(4.4)用误差不大于 0.1 N 的拉力计检查。防潮覆盖层用目视法检查。

5.5 灯管的耐振性能(4.5)试验是将灯管刚性固定在振动台上，振动台的振动频率应为扫频 1 Hz～30 Hz、振幅为 2 mm、垂直振动 5 min 后，输入端加入规定的启动电压，检查灯管是否正常燃点。

5.6 灯管正常工作的温度范围(4.6)是将灯管分别置于－40 ℃和＋50 ℃的环境中各 2 h 后，分别检查灯管在低温和高温的环境中，规定的启动电压下，是否能正常启动并保持燃点。

5.7 灯管电极处玻管温度(4.7)的测试按附录 D 的规定进行。

5.8 灯管温度骤变试验(4.8)将试验用灯管放入烘箱中，逐渐升温至高于水槽水温 100 K±5 K，并保持恒温 15 min 后，从烘箱内取出迅速放入水槽中。

6 验收规则

6.1 霓虹灯管应经过制造商检验合格后方能出厂。为了检验灯管的质量是否符合本标准的要求，制造商应对灯管的质量进行交收试验和例行试验，分别按 GB/T 2828.1、GB/T 2829 执行。

6.2 交收试验项目及合格判定条件见表 3。

表 3 交收试验项目及合格判定条件

<table>
<tr><th rowspan="2">序号</th><th rowspan="2">试验项目</th><th colspan="2">试验条款</th><th rowspan="2">检查水平</th><th rowspan="2">抽样方案</th><th rowspan="2">合格质量水平
AQL/%</th></tr>
<tr><th>技术要求</th><th>试验方法</th></tr>
<tr><td>1</td><td>外观</td><td>4.1</td><td>5.1</td><td rowspan="5">特殊检查水平
S-3</td><td rowspan="5">一次</td><td>6.5</td></tr>
<tr><td>2</td><td>牢固度</td><td>4.4</td><td>5.4</td><td rowspan="4">4.0</td></tr>
<tr><td>3</td><td>启动电压</td><td rowspan="3">4.2</td><td rowspan="3">5.2</td></tr>
<tr><td>4</td><td>灯管电压</td></tr>
<tr><td>5</td><td>光亮度</td></tr>
</table>

6.3 例行试验的试验项目及合格判定条件应符合表 4 的规定，受试灯管若有一个试验项目不符合表 4 的规定，则认为例行试验不合格。

表4 例行试验项目及合格判定条件

<table>
<tr><th rowspan="2">序号</th><th rowspan="2">试验项目</th><th colspan="2">试验条款</th><th rowspan="2">不合格
质量水平
RQL/%</th><th rowspan="2">样本大小</th><th rowspan="2">判定数组</th></tr>
<tr><th>技术要求</th><th>试验要求</th></tr>
<tr><td>1</td><td>耐振性</td><td>4.5</td><td>5.5</td><td rowspan="6">30</td><td rowspan="6">3</td><td rowspan="5">[0,1]</td></tr>
<tr><td>2</td><td>高低温试验</td><td>4.6</td><td>5.6</td></tr>
<tr><td>3</td><td>电极处玻管温度</td><td>4.7</td><td>5.7</td></tr>
<tr><td>4</td><td>温差骤变试验</td><td>4.8</td><td>5.8</td></tr>
<tr><td>5</td><td>照度维持率</td><td rowspan="2">4.3</td><td rowspan="2">5.3</td></tr>
<tr><td>6</td><td>平均寿命</td><td>[a]</td></tr>
<tr><td colspan="7">[a] 按5.3规定的试验方法确定其平均寿命,然后再与4.3比较,判断合格与否。</td></tr>
</table>

6.4 例行试验若不合格,则该批灯为不合格。此时应立即停止生产和验收,已验收的应停止出厂,同时应研究产生不合格的原因,并采取有效措施,直到新的例行试验合格后,才能恢复生产和验收。

6.5 例行试验每季度不少于一次(其中平均寿命和照度维持率每年不少于一次)。每当灯的结构、制造工艺或材料变更可能影响灯的性能时,都应进行例行试验。

6.6 制造商可向订货方提供例行试验报告。

7 标志、包装、运输

7.1 制造商在交付使用的每一组霓虹灯管中应附有质量检验合格证,在合格证上清楚地标明制造商名称;产品种类;制造年、月及产品标准编号。

7.2 包装、运输由制造商和用户共同商定。

附 录 A
（规范性附录）
霓虹灯管启动特性测量方法

A.1 试验条件

将灯管在环境温度为 18 ℃～28 ℃，相对湿度不超过 65%的试验状态下放置 24 h。使用的计量仪表精度应不低于 0.5 级（静电高压表应不低于 1.5 级）。

A.2 试验线路

启动特性试验电路，见图 A.1。

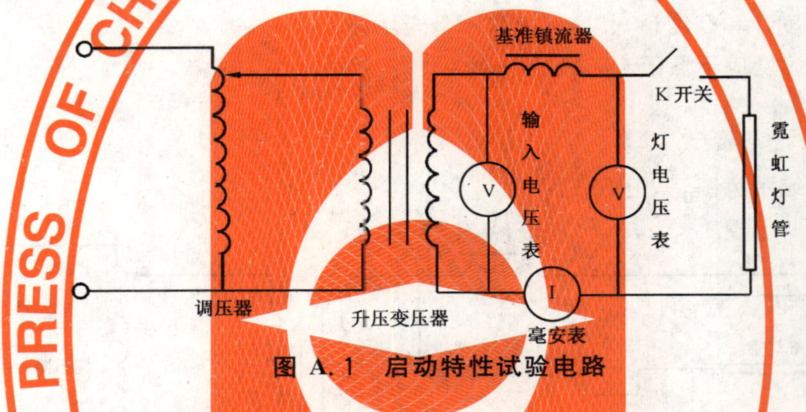

图 A.1 启动特性试验电路

A.3 测量

将灯管水平放置，灯导线应有良好的耐高压绝缘性能，接线如图 A.1 所示。将开关 K 断开，使回路处于开路状态，调整调压器，使空载开路电压达到表 1 中启动电压的规定，闭合开关 K，接通电路后，检查灯管是否易于启动并能持续放电。

附 录 B
（规范性附录）
霓虹灯管光、电特性测量方法

B.1 试验条件

a） 将灯管置于环境温度为 25 ℃±2 ℃，相对湿度不超过 65％的试验状态，升压变压器输出电流控制在 25 mA±1 mA，待灯管发光稳定后测量其光、电参数。

b） 使用的计量仪表应定期经计量部门校准。用于电参数测量的电压表和电流表，其精度应不低于 0.5 级，静电高压表应不低于 1.5 级。

c） 测试镇流器应为符合附录 E 要求的基准镇流器，相当于 0.5 级电压互感器。

d） 所使用的照度计和亮度计，其准确度应不低于 1 级。

e） 亮度测量准确度应不低于±8％。

B.2 试验线路

霓虹灯管测量系统示意图，见图 B.1。

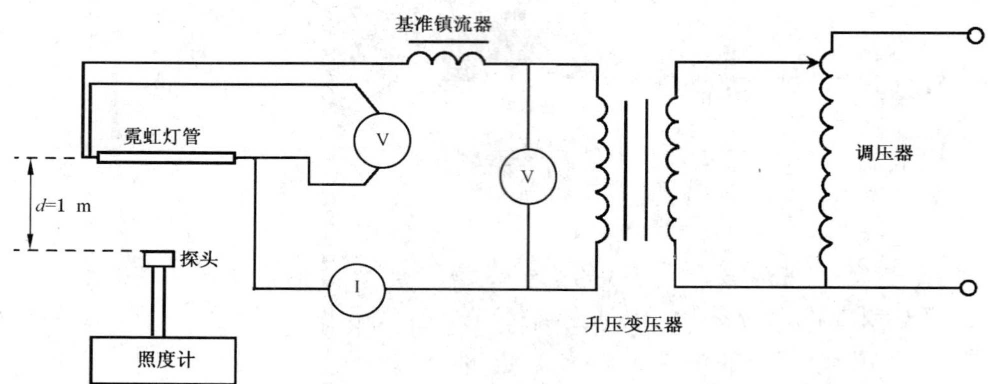

图 B.1 霓虹灯管测量系统示意图

B.3 电参数测量

按图 B.1，将灯管水平放置，灯管导线应有良好的绝缘性能，静电电压表应直接接在灯管的两端。接通电源，待发光稳定后分别测出灯管电压、灯管电流。

B.4 光照度测量

将灯管置于暗室中光度测量装置上，屏蔽所有的杂散光，所用照度计的光接受器表面置于距被测灯管 1 m 处，且垂直于水平放置灯管的法线方向，测出照度值。

照度维持率按式（B.1）计算。

$$\eta = E_t / E_0 \quad \cdots\cdots (B.1)$$

式中：

E_0——被测灯管燃点 100 h 时所测的照度，单位为勒克斯（lx）；

E_t——被测灯管燃点 2 000 h 时所测的照度，单位为勒克斯（lx）；

η——照度维持率。

B.5 光亮度测量

在无杂散光的暗室条件下，将灯管水平放置，在 25 ℃±2 ℃环境温度中，如图 B.1，待灯稳定后用 1 级亮度计测量，测量点选择如图 B.2，测量点 1、测量点 3 位于灯管电极外 100 mm 处，测量点 2 位于灯管的中点，见图 B.2。

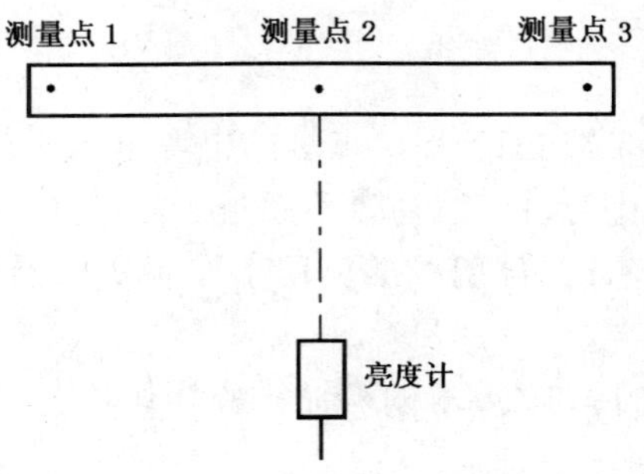

图 B.2 亮度测量图示

亮度计对准测量点，将测量角投满视场，如图 B.3 所示。亮度计观测视场的直径应为灯管直径的四分之三，分别测量光亮度 L_1、L_2、L_3，取 $L_{平均亮度}=(L_1+L_2+L_3)/3$，其值应符合表 1 规定。

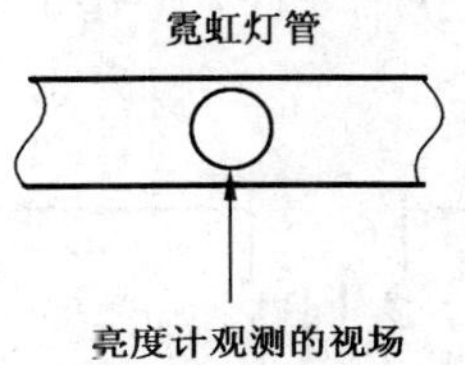

图 B.3 视场选取

附 录 C
（规范性附录）
霓虹灯管寿命试验方法

C.1 试验条件

a) 将灯管置于环境温度为 25 ℃±10 ℃。点灯的电源电压应是 220(1±2%)V、频率 50 Hz 的交流电，电源电压和频率变化的瞬间波动应不超过±2%。控制变压器输出电流 25 mA±3 mA。
b) 使用的计量仪表应定期经计量部门校准。用于控制变压器输出电流的电流表，其精度应不低于 0.5 级。
c) 测试变压器应为符合 GB 19149 要求的寿命试验变压器。

C.2 寿命试验

寿命试验采用图 C.1 所示线路。

接通电源，燃点被测灯管。在整个试验过程中，灯触点与变压器的连接应始终保持不变。

受试灯应每点燃 4 h 后连续开关 40 次，断电时间不计算在寿命时间内，寿命时间应包括 100 h 老练时间，其值应符合表 2 规定。

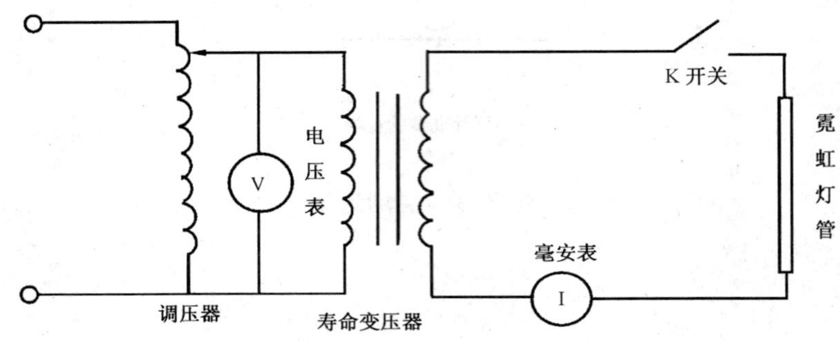

图 C.1 寿命试验线路图

附 录 D
（规范性附录）
霓虹灯管电极处玻管温度测量方法

D.1 试验条件

a) 将灯管置于环境温度为 25 ℃±2 ℃，相对湿度不超过 65%，无对流风影响的试验状态，镇流器输出电流控制在 25 mA±3 mA。待灯管点燃 10 min 发光稳定后测量其电极处玻管温度。

b) 使用的计量仪表应定期经计量部门校准。用于电参数测量的电压和电流表，其精度应不低于 0.5 级，静电高压表应不低于 1.5 级。

c) 测试镇流器应为符合附录 E 要求的基准镇流器，相当于 0.5 级电压互感器。

d) 测试用表面温度计分辨率为 0.1 ℃，其精度应不低于 0.5 级。

D.2 电极处玻管温度测量

接通电源，燃点被测灯管，镇流器输出电流控制在 25 mA±1 mA。用表面温度计的探头平面贴在水平放置的灯管两端电极处玻管上表面，以测量最大值为电极处玻管温度，见图 D.1。

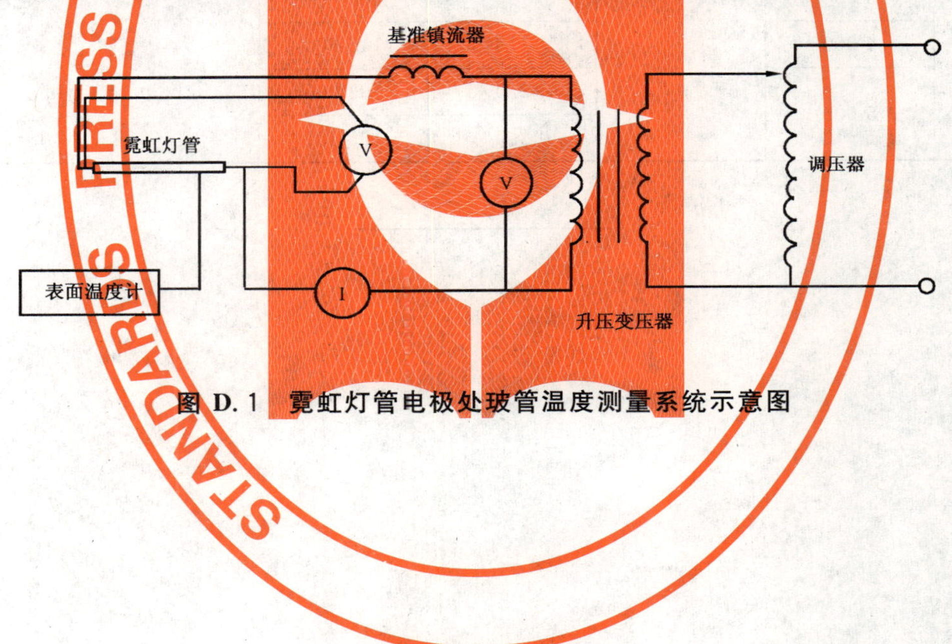

图 D.1 霓虹灯管电极处玻管温度测量系统示意图

附　录　E
（规范性附录）
霓虹灯基准镇流器

霓虹灯管燃点采用电感镇流器作为点灯附件，由高压电源供电，其功率应不小于灯管功率的10倍。

基准镇流器电参数，见表E.1。

表 E.1　基准镇流器电参数

霓虹灯管种类	额定电压/V	额定工作电流/mA	灯管长度/m	阻抗/Ω	频率/Hz	功率因数
汞氩管	3 000	25	1.0	114 300	50	0.145±0.005
	4 000		1.5	151 200		
	5 000		2.0	189 900		
			2.5	187 500		
氖　管	3 000		1.0	108 600		
	4 000		1.5	145 600		
	5 000		2.0	185 200		
			2.5	175 100		

ICS 13.300;55.020
C 66

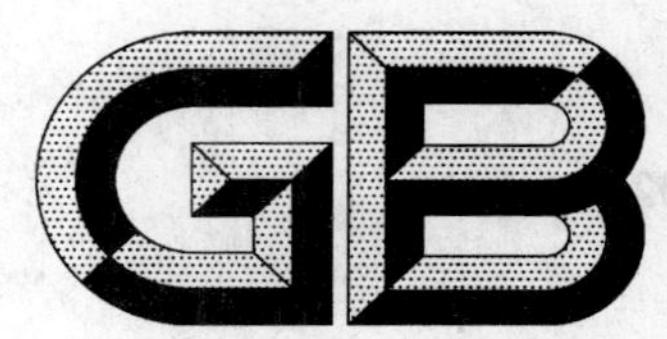

中华人民共和国国家标准

GB 19269—2009
代替 GB 19269.1—2003,GB 19269.2—2003,GB 19269.3—2003

公路运输危险货物包装检验安全规范

Safety code for inspection of packaging of dangerous goods transported by road

2009-06-21 发布　　2010-05-01 实施

中华人民共和国国家质量监督检验检疫总局
中国国家标准化管理委员会　发布

前　言

本标准第5章、第6章、第7章和第8章为强制性的，其余条款为推荐性的。

本标准代替GB 19269.1—2003《公路运输危险货物包装检验安全规范　通则》、GB 19269.2—2003《公路运输危险货物包装检验安全规范　性能检验》和GB 19269.3—2003《公路运输危险货物包装检验安全规范　使用鉴定》。

本标准与GB 19269.1—2003、GB 19269.2—2003和GB 19269.3—2003的主要差异：

——对部分技术内容做了修改，使标准有关包装的技术内容与联合国《关于危险货物运输的建议书　规章范本》(第15修订版)和《国际公路危险货物运输协定》(2006版)一致；

——按照GB/T 1.1—2000对标准文本的格式进行了修改；

——本标准的第3章、第4章、第5章和第6章主要保留了GB 19269.1—2003的内容，在第3章中加入了"有限数量"的定义；

——本标准中第7章主要保留了GB 19269.2—2003的内容，删除了原标准中附录B的内容；

——本标准中第8章主要保留了GB 19269.3—2003的内容，删除了原标准中附录A、附录B和附录C；

——删除了上述三个标准中木制琵琶桶的相关内容，包括定义、检验项目和制桶工艺等。

本标准的附录A和附录D为规范性附录，附录B和附录C为资料性附录。

本标准由全国危险化学品管理标准化技术委员会(SAC/TC 251)提出并归口。

本标准负责起草单位：山东出入境检验检疫局。

本标准主要起草人：张少岩、温劲松、汤礼军、黄红花、陶强、宋振乾、卞学东。

本标准所代替标准的历次版本发布情况为：

——GB 19269.1—2003、GB 19269.2—2003、GB 19269.3—2003。

公路运输危险货物包装检验安全规范

1 范围

本标准规定了公路运输危险货物(军品除外)包装的分类、代码和标记、要求、性能检验和使用鉴定。

本标准适用于第4章中除第2类、第6类的6.2项和第7类以外的公路运输危险货物包装的检验。

本标准不适用于压力贮器、净重大于400 kg的包装件、容积超过450 L的包装件。

2 规范性引用文件

下列文件中的条款通过本标准的引用而成为本标准的条款。凡是注日期的引用文件,其随后所有的修改单(不包括勘误的内容)或修订版均不适用于本标准,然而,鼓励根据本标准达成协议的各方研究是否可使用这些文件的最新版本。凡是不注日期的引用文件,其最新版本适用于本标准。

GB/T 1540 纸和纸板 吸水性的测定 可勃法

GB/T 2828.1 计数抽样检验程序 第1部分:按接收质量限(AQL)检索的逐批检验抽样计划(GB/T 2828.1—2003,ISO 2859-1:1999,IDT)

GB/T 4122.1 包装术语 基础

GB/T 4857.3 包装 运输包装件 静载荷堆码试验方法

GB/T 4857.5 包装 运输包装件 跌落试验方法

GB/T 17344 包装 包装容器 气密试验方法

联合国《关于危险货物运输的建议书 规章范本》(ST/SG/AC.10/Rev.15,第15修订版,2007年)

国际公路危险货物运输协定(ECE/TRANS/185,2006年版)

3 术语和定义

GB/T 4122.1确立的以及下列术语和定义适用于本标准。

3.1

箱 box

由金属、木材、胶合板、再生木、纤维板、塑料或其他适当材料制作的完整矩形或多角形容器。

3.2

圆桶(桶) drum

由金属、纤维板、塑料、胶合板或其他适当材料制成的两端为平面或凸面的圆柱形容器。本定义还包括其他形状的容器,例如圆锥形颈容器或提桶形容器。

3.3

袋 bag

由纸、塑料薄膜、纺织品、编织材料或其他适当材料制作的柔性容器。

3.4

罐 jerrican

横截面呈矩形或多角形的金属或塑料容器。

3.5

轻型标准金属容器 light-gauge metal packaging

横截面呈圆形、椭圆形、矩形或多边形,桶体呈锥形收缩,壁厚小于0.5 mm,平底或弧形底带有一个或多个孔,由金属制成圆锥形颈容器和提桶形容器。

3.6

贮器　receptacle

用于装放和容纳物质或物品的封闭器具，包括封口装置。

3.7

容器　packaging

一个或多个贮器，以及贮器为实现贮放功能所需要的其他部件或材料。

3.8

包装件　package

包装作业的完结产品，包括准备好供运输的容器和其内装物。

3.9

内容器　inner packaging

运输时需用外容器的容器。

3.10

内贮器　inner receptacle

需要有一个外容器才能起容器作用的容器。

3.11

外容器　outer packaging

是复合或组合容器的外保护装置，连同为容纳和保护内贮器或内容器所需要的吸收材料、衬垫和其他部件。

3.12

组合容器　combination packaging

为了运输目的而组合在一起的一组容器，由固定在一个外容器中的一个或多个内容器组成。

3.13

复合容器　composite packaging

由一个外容器和一个内贮器组成的容器，其构造使内贮器和外容器形成一个完整的容器。这种容器经装配后，便成为单一的完整装置，整个用于装料、贮存、运输和卸空。

3.14

集合包装　over pack

为了方便运输过程中的装卸和存放将一个或多个包件装在一起以形成一个单元所用的包装物。

3.15

救助容器　salvage packaging

用于放置为了回收或处理损坏、有缺陷、渗漏或不符合规定的危险货物包装件，或者溢出或漏出的危险货物的特别容器。

3.16

封闭装置　closure

用于封住贮器开口的装置。

3.17

防撒漏的容器　sift proof packaging

所装的干物质，包括在运输中产生的细粒固体物质不向外渗的容器。

3.18

吸附性材料　absorbent material

特别能吸收和滞留液体的材料，内容器一旦发生破损、泄漏出来的液体能迅速被吸附滞留在该材料中。

3.19

不相容 incompatible

描述危险货物,如果混合则易于引起危险热量或气体的放出或生成一种腐蚀性物质,或产生理化反应降低包装容器强度的现象。

3.20

牢固封口 securely closed

所装的干燥物质在正常搬运中不致漏出的封口。这是对任何封口的最低要求。

3.21

液密封口 water-tight

又称有效封口,是指不透液体的封口。

3.22

气密封口 hermetically sealed

不透蒸气的封口。

3.23

性能检验 performance inspection

模拟不同运输环境对容器进行的型式试验,以判定容器的构造和性能是否与设计型号一致及是否符合有关规定。

3.24

使用鉴定 use appraisal

容器盛装危险货物以后,对包装件进行鉴定,以判定容器使用是否符合有关规定。

3.25

联合国编号 UN number

由联合国危险货物运输专家委员会编制的4位阿拉伯数编号,用以识别一种物质或一类特定物质。

3.26

有限数量 limited quantities

又称限量,是指准许按照联合国《关于危险货物运输的建议书 规章范本》(第15修订版)和《国际公路危险货物运输协定》(2006版)第3.4章规定运输有关物质的每个内容器或物品所装的最大数量。

4 分类

4.1 危险货物分类

4.1.1 按危险货物具有的危险性或最主要的危险性分成9个类别。有些类别再分成项别。类别和项别的号码顺序并不是危险程度的顺序。

4.1.2 **第1类:爆炸品**

a) 1.1项:有整体爆炸危险的物质和物品;
b) 1.2项:有迸射危险但无整体爆炸危险的物质和物品;
c) 1.3项:有燃烧危险并有局部爆炸危险或局部迸射危险或这两种危险都有、但无整体爆炸危险的物质和物品;
d) 1.4项:不呈现重大危险的物质和物品;
e) 1.5项:有整体爆炸危险的非常不敏感物质;
f) 1.6项:无整体爆炸危险的极端不敏感物品。

4.1.3 **第2类:气体**

a) 2.1项:易燃气体;
b) 2.2项:非易燃无毒气体;

c) 2.3 项:毒性气体。

4.1.4 第 3 类:易燃液体

4.1.5 第 4 类:易燃固体;易于自燃的物质;遇水放出易燃气体的物质

a) 4.1 项:易燃固体、自反应物质和固态退敏爆炸品;

b) 4.2 项:易于自燃的物质;

c) 4.3 项:遇水放出易燃气体的物质。

4.1.6 第 5 类:氧化性物质和有机过氧化物

a) 5.1 项:氧化性物质;

b) 5.2 项:有机过氧化物。

4.1.7 第 6 类:毒性物质和感染性物质

a) 6.1 项:毒性物质;

b) 6.2 项:感染性物质。

4.1.8 第 7 类:放射性物质

4.1.9 第 8 类:腐蚀性物质

4.1.10 第 9 类:杂类危险物质和物品

4.2 危险货物包装分类

4.2.1 第 1 类、第 2 类、第 7 类、第 5 类的 5.2 项、第 6 类的 6.2 项以及第 4 类的 4.1 项自反应物质以外的其他各类危险货物,按照它们具有的危险程度划分为三个包装类别:

Ⅰ类包装——显示高度危险性的物质;

Ⅱ类包装——显示中等危险性的物质;

Ⅲ类包装——显示轻度危险性的物质。

注:通常Ⅰ类包装可盛装显示高度危险性、显示中等危险性和显示轻度危险性的危险货物,Ⅱ类包装可盛装显示中等危险性和显示轻度危险性的危险货物,Ⅲ类包装则只能盛装显示轻度危险性的危险货物。但有时应视具体盛装的危险货物特性而定,例如盛装液体物质应考虑其相对密度的不同。

4.2.2 在联合国《关于危险货物运输的建议书 规章范本》(第 15 修订版)和《国际公路危险货物运输协定》(2006 版)的危险货物一览表中,列出了物质被划入的包装类别。

5 代码和标记

5.1 容器类型的代码

5.1.1 代码包括:

a) 阿拉伯数字,表示容器的种类,如桶、罐等,后接;

b) 大写拉丁字母,表示材料的性质,如钢、木等;

c) (必要时后接)阿拉伯数字,表示容器在其所属种类中的类别。

5.1.2 如果是复合容器,用两个大写拉丁字母依次写在代码的第二个位置中。第一个字母表示内贮器的材料,第二个字母表示外容器的材料。

5.1.3 如果是组合容器,只使用外容器的代码。

5.1.4 容器编码后面可加上字母“T”、“V”或“W”,字母“T”表示符合联合国《国际公路危险货物运输协定》(2006 版)要求的救助容器;字母“V”表示符合 7.1.1.6 要求的特别容器;字母“W”表示容器类型虽与代码所表示的相同,而其制造的规格与附录 A 的规格不同,但根据《国际公路危险货物运输协定》(2006 版)的要求被认为是等效的。

5.1.5 下述数字用于表示容器的种类:

1——桶;

3——罐;

4——箱；

5——袋；

6——复合容器；

0——轻型标准金属容器。

5.1.6 下述大写字母用于表示材料的种类：

A——钢(一切型号及表面处理的)；

B——铝；

C——天然木；

D——胶合板；

F——再生木；

G——纤维板；

H——塑料；

L——纺织品；

M——多层纸；

N——金属(钢或铝除外)；

P——玻璃、陶瓷或粗陶瓷。

5.1.7 各种常用包装容器的代码遵照附录 A。

5.2 标记

5.2.1 标记用于表明带有该标记的容器已成功地通过第 7 章规定的试验，并符合附录 A 的要求，但标记并不一定能证明该容器可以用来盛装任何物质。

5.2.2 每一个容器应带有持久、易辨认、与容器相比位置合适、大小适当的明显标记。对于毛重超过 30 kg 的包装件，其标记和标记附件应贴在容器顶部或一侧，字母、数字和符号须不小于 12 mm 高。容量为 30 L 或 30 kg 或更少的容器上，其标记至少应为 6 mm 高。对于容量为 5 L 或 5 kg 或更少的容器，其标记的尺寸应大小合适。

标记应标明：

a) 联合国包装符号 (u/n)。本符号仅用于证明容器符合联合国《关于危险货物运输的建议书 规章范本》及第 8 章中有关规定，不应用于其他目的。如使用压纹金属容器，符号可用大写字母“UN”表示。符合上述规定的容器，可以用符号“ADR”代替 (u/n) 或“UN”标记。

b) 根据 5.1 表示容器种类的代码，例如 3H1。

c) 一个由两部分组成的编号：

1) 一个字母表示设计型号已成功地通过试验的包装类别：

X——Ⅰ类包装；

Y——Ⅱ类包装；

Z——Ⅲ类包装。

2) 相对密度(四舍五入至第一位小数)，表示已按此相对密度对不带内容器的准备装液体的容器设计型号进行过试验；若相对密度不超过 1.2，这一部分可省略。对准备盛装固体或装入内容器的容器而言，以 kg 表示的最大质量。

注：对于轻型标准金属容器，用于装载在 23 ℃时黏度超过 200 m^2/s 的液体时，以 kg 表示的最大总质量。

d) 使用字母“S”表示容器拟用于运输固体或内容器，或者对拟装液体的容器(组合容器外)而言，容器已证明能承受的液压试验压力，用 kPa 表示(四舍五入至 10 kPa)。

注：对于轻型标准金属容器，用于装载在 23 ℃时黏度超过 200 m^2/s 的液体时，用字母“S”表示。

e) 容器制造年份的最后两位数字。型号为 1H1,1H2,3H1 和 3H2 的塑料容器还应适当地标出制造月份;这可与标记的其余部分分开,在容器的空白处标出,最好的方法是:

f) 标明生产国代号,中国的代号为大写英文字母 CN;

g) 容器制造厂的代号,该代号应体现该容器制造厂所在的行政区域,各区域代码参见附录 C;

h) 生产批次。

5.2.3 根据 5.2.2 对容器进行的标记示例参见附录 B。可单行或多行标识。

5.2.4 除了 5.2.2 中规定的耐久标记外,每一超过 100 L 的新金属桶,在其底部应有 5.2.2a)~e)所述持久性标记,并至少标明桶身所用金属标称厚度(mm,精确到 0.1 mm)。如金属桶两个端部中有一个标称厚度小于桶身的标称厚度,那么顶端、桶身和底端的标称厚度应以永久性形式(例如压纹)在底部标明,例如"1.0-1.2-1.0"或"0.9-1.0-1.0"。

5.2.5 国家主管机关所批准的其他附加标记应保证 5.2.2 所要求的标记能正确识别。

5.2.6 改制的金属桶,如果没有改变容器型号和没有更换或拆掉组成结构部件,所要求的标记不必是永久性的(例如压纹或印刷)。每一其他改制的金属桶都应在顶端或侧面以永久性形式(例如压纹)标明 5.2.2a)~e)中所述的标记。

5.2.7 用可不断重复使用的材料(例如不锈钢)制造的金属桶可以永久性形式(例如压纹)标明 5.2.2f)~h)中所述的标记。

5.2.8 作标记应按 5.2.2 所示的顺序进行;这些分段以及视情况 5.2.9a)~5.2.9c)所要求的每一个标记组成部分应用斜线清楚地隔开,以便容易辨认。标注方法可参见附录 B。

5.2.9 容器修复后,应按下列顺序在容器上加以持久性的标记标明:

a) 进行修复的所在国;

b) 修复厂代号;

c) 修复年份;字母"R";对按 7.2.2 通过了气密试验的每一个容器,另加字母"L"。

5.2.10 对于用《关于危险货物运输的建议书 规章范本》(第 15 修订版)和《国际公路危险货物运输协定》(2006 版)中第 1.2 章定义的"回收塑料"材料制造的容器应标有"REC"。

5.2.11 修复容器、救助容器的标记示例参见附录 B。

6 要求

6.1 一般要求

6.1.1 每一容器应按 5.2 标明持久性标记。

6.1.2 公路运输危险货物包装应结构合理、防护性能好,符合联合国《关于危险货物运输的建议书 规章范本》(第 15 修订版)和《国际公路危险货物运输协定》(2006 版)规格规定。其设计模式、工艺、材质应适应公路运输危险货物特性,便于安全装卸和运输,能承受正常运输条件下的风险。

6.1.3 危险货物应装在质量良好的容器内,该容器应足够坚固,能承受得住运输过程中通常遇到的冲击和载荷,包括运输装置之间和运输装置与仓库之间的转载以及搬离托盘或外包装供随后人工或机械操作。容器的结构和封闭状况应防止准备运输时可能因正常运输条件下由于振动或由于温度、湿度或压力变化(例如:由于海拔不同产生的)造成的任何内装物损失。在运输过程中不应有任何危险残余物粘附在容器外面。这些要求适用于新的、再次使用的、修复过的或改制的容器。

6.1.4 容器与危险货物直接接触的各个部件：

a) 不应受到危险货物的影响或强度被危险货物明显地减弱。

b) 不应在包件内造成危险的效应，例如促使危险货物起反应或与危险货物起反应。必要时，这些部位应有适当的内涂层或经过适当的处理。

6.1.5 若容器内装的是液体，应留有足够的未满空间，以保证不会由于在运输过程中可能发生的温度变化造成的液体膨胀而使容器泄漏或永久变形。除非规定有具体要求，否则，液体不可在55 ℃温度下装满容器。

6.1.6 内容器在外容器中的置放方式，应做到在正常运输条件下，不会破裂、被刺穿或其内装物漏到外容器中。对于那些易于破裂或易被刺破的内容器，例如，用玻璃、陶瓷、粗陶瓷或某些塑料制成的，应使用适当衬垫材料固定在外容器中。如果内装物有泄漏，衬垫材料或外容器的保护性能不应遭到重大破坏。

6.1.6.1 衬垫及吸收材料须是惰性的，并与内装物的性质相适应。

6.1.6.2 外容器材料的性能和厚度应保证运输过程中不会因摩擦而产生可能严重改变内装物的化学稳定性的热量。

6.1.7 危险货物不应与其他危险货物放置在同一个外容器或在大型容器中，如果它们彼此会起危险反应并造成：

a) 燃烧或放出大量的热；

b) 放出易燃、毒性或窒息性气体；

c) 产生腐蚀性物质；

d) 产生不稳定物质。

6.1.8 装有潮湿或稀释物质的容器的封闭装置应使液体（水、溶剂或减敏剂）的百分率在运输过程中不会下降到规定的限度以下。

6.1.9 液体仅可装入对正常运输条件下可能产生的内压具有适当承受力的内容器。如果包件中可能由于内装物释放气体（由于温度增加或其他原因）而产生压力时，可在容器上安装一个通气孔，但释放的气体不应因其毒性、易燃性和排放量而造成危险。通气孔应设计成保证在正常的运输条件下，在容器处于运输状态时，不会有液体泄漏和异物穿入等情况发生。

6.1.10 所有新的、改制的、再次使用的容器应能通过第7章规定的试验。在装货和移交运输之前，应按照第8章对每个容器进行检查，确保无腐蚀，污染或其他破损。当容器显示出的强度与批准的设计型号比较有下降的迹象时，不应再使用或应予以整修使之能够通过设计型号试验。

6.1.11 液体应装入对正常运输条件下可能产生的内部压力具有适当承受力的容器。标有5.2.2d)规定的液压试验压力的容器，仅能装载有下述蒸气压力的液体：

a) 根据15 ℃的装载温度和6.1.5规定的最大装载度确定的容器内的总表压（即装载物质的蒸气压加空气或其他惰性气体的分压，减去100 kPa），在55 ℃时不超过标记试验压力的三分之二；

b) 在50 ℃时，小于标记试验压力加100 kPa之和的七分之四；

c) 在55 ℃时，小于标记试验压力加100 kPa之和的三分之二。

6.1.12 拟装液体的每个容器，应在下列情况下成功地通过适当的气密（密封性）试验，并且能够达到第7章所规定的适当试验水平：

a) 在第一次用于运输之前；

b) 任何容器在改制或整理之后，再次用于运输之前。

c) 在进行这项试验时，容器不必装有自己的封闭装置。如试验结果不会受到影响，复合容器的内贮器可在不用外容器的情况下进行试验。以下情况可免于试验：

——复合容器（玻璃、陶瓷或粗陶瓷）的内贮器；

——轻型标准金属容器。

6.1.13 在运输过程中可能遇到的温度下会变成液体的固体所用的容器也应具备装载液态物质的能力。

6.1.14 用于装粉末或颗粒状物质的容器，应防泄漏或配备衬里。

6.1.15 内容器应固定并安装衬垫，限制其在外包装中的移动，以防在正常的运输条件下破裂、渗漏，内容器为玻璃或陶瓷类包装，用4.2中Ⅰ类或Ⅱ类外包装盛装第3、4、8类及第5类中5.1项、第6类中6.1项的液体时，内容器外应有吸附衬垫材料。吸附衬垫材料不应与内容器中盛装的危险物发生危险性反应，内容物的渗漏也不应引起危险的化学反应或改变衬垫材料的保护特性。

6.1.16 外包装材料的性能和厚度应保证不会因运输过程中的摩擦生热而改变内容物的化学稳定性。

6.1.17 用组合容器盛装危险货物，内容器的封闭口不能倒置。在外包装上应标有明显的表示作业方向的标识。

6.1.18 对于损坏、有缺陷、渗漏或不符合规定的危险货物包装件，或者溢出或漏出的危险货物，可以装在救助容器中运输。

6.1.19 应采取适当措施，防止损坏或渗漏的包件在救助容器内过分移动。当救助容器装有液体时，应添加足够的惰性吸收材料以消除游离液体的出现。

6.2 第Ⅰ类爆炸物品的特殊包装要求

6.2.1 应符合6.1的一般规定。

6.2.2 第Ⅰ类货物的所有容器的设计和制造应达到以下要求：

a) 能够保护爆炸品，使它们在正常运输条件下，包括在可预见的温度、湿度和压力发生变化时，不会漏出，也不会增加无意引燃或引发的危险；

b) 完整的包装件在正常运输条件下可以安全地搬动；

c) 包装件能够经受得住运输中可预见的堆叠加在它们之上的任何荷重，不会因此而增加爆炸品具有的危险性，容器的保护功能不会受到损害，容器变形的方式或程度不至于降低其强度或造成堆垛的不稳定。

6.2.3 供运输的所有爆炸性物质和物品应已按照联合国《关于危险货物运输的建议书 规章范本》(第15修订版)和《国际公路危险货物运输协定》(2006版)所规定的程序加以分类。

6.2.4 第Ⅰ类货物应按照《国际公路危险货物运输协定》(2006版)的规定包装。

6.2.5 容器应符合第7章的要求，并达到Ⅱ类包装试验要求，而且应遵守5.1.4和6.1.13的规定。Ⅰ类包装不应使用金属容器。

6.2.6 装液态爆炸品的容器的封闭装置应有防渗漏的双重保护设备。

6.2.7 金属桶的封闭装置应包括适宜的垫圈；如果封闭装置包括螺纹，应防止爆炸性物质进入螺纹。

6.2.8 盛装可溶于水的物质的容器应是防水的。运装减敏或退敏物质的容器应封闭以防止浓度在运输过程中发生变化。

6.2.9 当容器包括中间充水的双包层，而水在运输过程中可能结冰时，应在水中加入足够的防冻剂以防结冰。不应使用由于其固有的易燃性而可能引起燃烧的防冻剂。

6.2.10 钉子、钩环和其他没有防护涂层的金属制造的封闭装置，不应穿入外容器内部，除非内容器能够防止爆炸品与金属接触。

6.2.11 内容器、连接件和衬垫材料以及爆炸性物质或物品在包装件内的放置方式应能使爆炸性物质或物品在正常运输条件下不会在外容器内散开。应防止物品的金属部件与金属容器接触。含有未用外壳封装的爆炸性物质的物品应互相隔开以防止摩擦和碰撞。内容器或外容器、模件或贮器中的填塞物、托盘、隔板可用于这一目的。

6.2.12 制造容器的材料应与包装件所装的爆炸品相容，并且是该爆炸品不能透过的，以防爆炸品与容器材料之间的相互作用或渗漏造成爆炸品不能安全运输，或者造成危险项别或配装组的改变。

6.2.13 应防止爆炸性物质进入有接缝金属容器的凹处。

6.2.14 塑料容器不应容易产生或积累足够的静电，以致放电时可能造成包件内的爆炸性物质或物品引爆、引燃或发生反应。

6.2.15 爆炸性物质不应装在由于热效应或其他效应引起的内部和外部压力差可能导致爆炸或造成包装件破裂的内容器或外容器。

6.2.16 如果松散的爆炸性物质或者无外壳或部分露出的物品的爆炸性物质可能与金属容器(1A2、1B2、4A、4B和金属贮器)的内表面接触时，金属容器应有内衬里或涂层。

6.2.17 内容器、附件、衬垫材料以及爆炸性物质在包装件内应牢固放置，以保证在运输过程中，不会导致危险性移动。

6.2.18 电引爆装置应防止电磁辐射及偏离电流。装有发火或引发装置的爆炸品，应有效保护，防止正常运输条件下发生意外事故。

6.3 有机过氧化物(5.2项)和自反应物质(4.1项)的特殊包装要求

6.3.1 对于有机过氧化物，所有贮器应"有效封闭"。如果包装件内可能因为释放气体而产生较大的内压，可以配备排气孔，但排放的气体不应造成危险，否则装载度应加以限制。任何排气装置的结构应使液体在包件直立时不会漏出，并且应能防止杂质进入。如果有外容器，其设计应使它不会干扰排气装置的作用。

6.3.2 有爆炸副危险性的有机过氧化物的容器还应符合联合国《国际公路危险货物运输协定》(2006版)的其他有关要求。

6.3.3 有机过氧化物的包装应保证对所有与内容物相接触的材料不起化学反应，对内容物的特性无影响，当发生泄漏时，衬垫物不易燃烧，不会引起有机过氧化物的分解。

6.4 各种包装的特殊要求遵照附录A。

7 性能检验

7.1 试验规定

7.1.1 试验的施行和频率

7.1.1.1 每一容器在投入使用之前，其设计型号应成功地通过试验。容器的设计型号是由设计、规格、材料和材料厚度、制造和包装方式界定的，但可以包括各种表面处理。它也包括仅在设计高度上比设计型号稍小的容器。

7.1.1.2 对生产的容器样品，应按主管当局规定的时间间隔重复进行试验。

7.1.1.3 容器的设计、材料或制造方式发生变化时也应再次进行试验。

7.1.1.4 与试验过的型号仅在小的方面不同的容器，如内容器尺寸较小或净重较小，以及外部尺寸稍许减小的桶、袋、箱等容器，主管当局可允许进行有选择的试验。

7.1.1.5 如组合容器的外容器用不同类型的内容器成功地通过了试验，则这些不同类型的内容器也可以合装在此外容器中。此外，如能保持相同的性能水平，下列内容器的变化形式可不必对包件再做试验准予使用：

a) 可使用尺寸相同或较小的内容器，条件是：
   1) 内容器的设计与试验过的内容器相似(例如形状为圆形、长方形等)；
   2) 内容器的制造材料(玻璃、塑料、金属等)承受冲击力和堆码力的能力等于或大于原先试过的内容器；
   3) 内容器有相同或较小的开口，封闭装置设计相似(如螺旋帽、摩擦盖等)；
   4) 用足够多的额外衬垫材料填补空隙，防止内容器明显移动；
   5) 内容器在外容器中放置的方向与试验过的包装件相同；

b) 如果用足够的衬垫材料填补空隙处防止内容器明显移动，则可用较少的试验过的内容器或a)

中所列的替代型号内容器。

7.1.1.6 物品或者是装固体或液体的任何型号的内容器合装在一个外容器内运输，在下列条件下可不进行试验：

a) 外容器在装有内装液体的易碎(如玻璃)内容器时应成功地通过按照 7.2.1 以Ⅰ类包装的跌落高度进行的试验。

b) 各内容器的合计总毛重不得超过 7.1.1.6a)中的跌落试验使用的各内容器毛重的一半。

c) 各内容器之间以及内容器与容器外部之间的衬垫材料厚度，不应低于原先试验的容器的相应厚度；如在原先试验中仅使用一个内容器，各内容器之间的衬垫厚度不应少于原先试验中容器外部和内容器之间的衬垫厚度。如使用较少或较小的内容器(与跌落试验所用的内容器相比)，应使用足够的附加衬垫材料填补空隙。

d) 外容器在空载时应成功地通过 7.2.4 的堆码试验。相同包装件的总重量应根据 7.1.1.6a)中的跌落试验所用的内容器的合计质量确定。

e) 装液体的内容器周围应完全裹上吸收材料，其数量足以吸收内容器所装的全部液体。

f) 如用不防泄漏的外容器容纳装液体的内容器，或用不防泄漏的外容器容纳装固体的内容器，则应配备发生泄漏时留住任何液体或固体内装物的装置，例如，可使用防漏衬里、塑料袋或其他同样有效的容纳装置。对于装液体的容器，7.1.1.6e)中要求的吸收材料应放在留住液体内装物的装置内。

g) 容器应按照第 5 章作标记，表示已通过组合容器的Ⅰ类包装性能试验。所标的以 kg 计的毛重，应为外容器重量加上 7.1.1.6a)中所述的跌落试验所用的内容器重量的一半之和。这一包件标记也应包括 5.1.4 中所述的字母“V”。

7.1.1.7 主管当局可随时要求按照本节规定进行试验，证明成批生产的容器符合设计型号试验的要求。

7.1.1.8 因安全需要有的内层处理或涂层，应在进行试验后仍保持其保护性能。

7.1.1.9 若试验结果的正确性不会受影响，可对一个试样进行几项试验。

7.1.1.10 救助容器应根据拟用于运输固体或内容器的Ⅱ类包装容器所适用的规定进行试验和做标记，以下情况除外：

a) 进行试验时所用的试验物质应是水，容器中所装的水不得少于其最大容量的 98%。允许使用添加物，如铅粒袋，以达到所要求的总包装件质量，只要它们放的位置不会影响试验结果。或者，在进行跌落试验时，跌落高度可按照 7.2.1.4b)予以改变。

b) 容器应已成功地经受 30 kPa 的密封性试验，并且这一试验的结果反映在 7.2.5 所要求的试验报告中。

c) 容器应标有 5.1.4 所述的字母“T”。

7.1.1.11 拟装液体的每个容器，应在下列情况下成功地通过适当的气密试验，并且能够达到 7.2.2.4 表明的适当试验水平：

a) 在第一次用于运输之前；

b) 在改制或修理之后，再次用于运输之前。

如试验结果不会受到影响，复合容器的内贮器可在不用外容器的情况下进行试验。

7.1.2 容器的试验准备

7.1.2.1 对准备好供运输的容器，其中包括组合容器所使用的内容器，应进行试验。就内贮器或单贮器或容器而言，所装入的液体不应低于其最大容量的 98%，所装入的固体不得低于其最大容量的 95%。就组合容器而言，如内容器将装运液体和固体，则需对液体和固体内装物分别作试验。将装入容器运输的物质或物品，可以其他物质或物品代替，除非这样做会使试验结果成为无效。就固体而言，当使用另一种物质代替时，该物质应与待运物质具有相同的物理特性(质量、颗粒大小等)。允许使用添加物，如铅粒包,以达到要求的包装件总重量,只要它们放的位置不会影响试验结果。

7.1.2.2 对装液体的容器进行跌落试验时,如使用其他物质代替,该物质应有与待运物质相似的相对密度和黏度。水也可以用于进行 7.2.1.4 条件下的液体跌落试验。

7.1.2.3 纸和纤维板容器应在控制温度和相对湿度的环境下至少放置 24 h。有以下三种办法,应选择其一。温度 23 ℃ ±2 ℃和相对湿度 50%±2%(r.h)是最好的环境。另外两种办法是:温度 20 ℃±2 ℃和相对湿度(65%±2%)(r.h)或温度 27 ℃±2 ℃和相对湿度(65%±2%)(r.h)。

注:平均值应在这些限值内,短期波动和测量局限可能会使个别相对湿度量度有±5%的变化,但不会对试验结果的复验性有重大影响。

7.1.2.4 首次使用塑料桶(罐)、塑料复合容器及有涂镀层的容器,在试验前需直接装入拟运危险货物贮存六个月以上进行相容性试验,对贮存期的第一个和最后一个 24 h,应使试验样品的封闭装置朝下放置,但对带有通气孔的容器,每次的时间应是 5 min。在贮存期之后,再对样品进行 7.2.1、7.2.2、7.2.3 和 7.2.4 所列的适用试验。如果所装的物质可能使塑料桶或罐产生应力裂纹或弱化,则应在装满该物质、或另一种已知对该种塑料至少具有同样严重应力裂纹作用的物质的样品上面放置一个荷重,此荷重相当于在运输过程中可能堆放在样品上的相同数量包装件的总质量。堆垛包括试验样品在内的最小高度 3 m。

7.1.3 检验项目

各种常用公路运输危险货物包装容器应检验项目遵照附录 D,另外对拟装闪点不大于 61 ℃ 易燃液体的塑料桶、塑料罐和复合容器(塑料材料)(6 HA1 除外)还应进行渗透性试验。

7.2 试验

7.2.1 跌落试验

7.2.1.1 试验样品数量和跌落方向

每种设计型号试验样品数量和跌落方向见表 1。

除了平面着地的跌落之外,重心应位于撞击点的垂直上方。在特定的跌落试验可能有不止一个方向的情况下,应采用最薄弱部位进行试验。

表 1 试验样品数量和跌落方向

容器	试验样品数量	跌落方向
钢桶 铝桶 除钢桶或铝桶之外的金属桶 钢罐 铝罐 胶合板桶 纤维板桶 塑料桶和罐 圆柱形复合容器 轻型标准金属容器	6 个 (每次跌落用 3 个)	第一次跌落(用 3 个样品):容器应以凸边斜着撞击在冲击板上。如果容器没有凸边,则撞击在周边接缝上或一棱边上。 第二次跌落(用另外 3 个样品):容器应以第一次跌落未试验过的最弱部位撞击在冲击板上,例如封闭装置,或者某些圆柱形桶,则撞在桶身的纵向焊缝上。
天然木箱 胶合板箱 再生木箱 纤维板箱 塑料箱 钢或铝箱 箱形复合容器	5 个 (每次跌落用 1 个)	第一次跌落:底部平跌 第二次跌落:顶部平跌 第三次跌落:长侧面平跌 第四次跌落:短侧面平跌 第五次跌落:角跌落

表 1（续）

容　器	试验样品数量	跌落方向
袋-单层有缝边	3 个 （每袋跌落 3 次）	第一次跌落：宽面平跌 第二次跌落：窄面平跌 第三次跌落：端部跌落
袋-单层无缝边，或多层	3 个 （每袋跌落 2 次）	第一次跌落：宽面平跌 第二次跌落：端部跌落
桶或箱形复合容器（玻璃、陶瓷或粗陶瓷）	3 个 （每次跌落用 1 个）	容器应以底部凸边斜着撞击在冲击板上。如果没有凸边，则撞击在周边接缝上或一底部棱边上

7.2.1.2　跌落试验样品的特殊准备

以下容器进行试验时，应将试验样品及其内装物的温度降至－18 ℃或更低：

a)　塑料桶；

b)　塑料罐；

c)　泡沫塑料箱以外的塑料箱；

d)　复合容器（塑料材料）；

e)　带有塑料袋以外的、拟用于装固体或物品的塑料内容器的组合容器。

按这种方式准备的试验样品，可免除 7.1.2.3 中的调理。试验液体应保持液态，必要时可添加防冻剂。

7.2.1.3　试验设备

符合 GB/T 4857.5 中试验设备的要求。冷冻室（箱）：能满足 7.2.1.2 要求；温、湿度室（箱）：能满足 7.1.2.3 要求。

7.2.1.4　跌落高度

对于固体和液体，如果试验是用待运的固体或液体或用具有基本上相同的物理性质的另一物质进行，跌落高度见表 2。

表 2　跌落高度

单位为米

Ⅰ类包装	Ⅱ类包装	Ⅲ类包装
1.8	1.2	0.8

对于液体，如果试验是用水进行：

a)　如果待运物质的相对密度不超过 1.2，跌落高度见表 2；

b)　如果待运物质的相对密度超过 1.2，跌落高度应根据待运物质的相对密度 d 按表 3 进行计算（四舍五入至第一位小数）。

表 3　跌落高度与密度换算

单位为米

Ⅰ类包装	Ⅱ类包装	Ⅲ类包装
$d\times1.5$	$d\times1.0$	$d\times0.67$

7.2.1.5　通过试验的准则

a)　每一盛装液体的容器在内外压力达到平衡后，应无渗漏，有内涂（镀）层的容器，其内涂（镀）层还应完好无损。但是，对于组合容器的内容器、复合容器（玻璃、陶瓷或粗陶瓷）的内贮器，其压力可不达到平衡。

b)　盛装固体的容器进行跌落试验并以其上端面撞击冲击板，如果全部内装物仍留在内容器或内贮器(例如塑料袋)之中,即使封闭装置不再防撒漏,试验样品即通过试验。

c) 复合或组合容器或其外容器,不应出现可能影响运输安全的破损。也不应有内装物从内贮器或内容器中漏出。若有内涂(镀)层,其内涂(镀)层应完好无损。

d) 袋子的最外层或外容器,不应出现影响运输安全的破损。

e) 在撞击时封闭装置有少许排出物,但无进一步渗漏,仍认为容器合格。

f) 装第Ⅰ类物质的容器不允许出现任何会使爆炸性物质或物品从外容器中撒漏破损。

7.2.2 气密(密封性)试验

7.2.2.1 试验样品数量

每种设计型号取3个试验样品。

7.2.2.2 试验前试验样品的特殊准备

将有通气孔的封闭装置以相似的无通气孔的封闭装置代替,或将通气孔堵死。

7.2.2.3 试验设备

按GB/T 17344的要求。

7.2.2.4 试验方法和试验压力

将容器包括其封闭装置箍制在水面下5 min,同时施加内部空气压力,箍制方法不应影响试验结果。施加的空气压力(表压)见表4。

表4 气密试验压力

单位为千帕

Ⅰ类包装	Ⅱ类包装	Ⅲ类包装
不小于30	不小于20	不小于20

其他至少有同等效力的方法也可以使用。

7.2.2.5 通过试验的准则

所有试样应无泄漏。

7.2.3 液压(内压)试验

7.2.3.1 试验样品数量

每种设计型号取3个试验样品。

7.2.3.2 试验前容器的特殊准备

将有通气孔的封闭装置用相似的无通气孔的封闭装置代替,或将通气孔堵死。

7.2.3.3 试验设备

液压危险货物包装试验机或达到相同效果的其他试验设备。

7.2.3.4 试验方法和试验压力

a) 金属容器和复合容器(玻璃、陶瓷或粗陶瓷)包括其封闭装置,应经受5 min的试验压力。塑料容器和复合容器(塑料)包括其封闭装置,应经受30 min的试验压力。这一压力就是5.2.2d)所要求的标记的压力。支撑容器的方式不应使试验结果无效。试验压力应连续地、均匀地施加;在整个试验期间保持恒定。所施加的液压(表压),按下述任何一个方法确定:

——不小于在55 ℃时测定的容器中的总表压(所装液体的蒸气压加空气或其他惰性气体的分压,减去100 kPa)乘以安全系数1.5的值;此总表压是根据6.1.5规定的最大装载度和15 ℃的灌装温度确定的。

——不小于待运液体在50 ℃时的蒸气压的1.75倍减去100 kPa,但最小试验压力为100 kPa。

——不小于待运液体在55 ℃时的蒸气压的1.5倍减去100 kPa,但最小试验压力为100 kPa。

拟装Ⅰ类包装液体的容器最小试验压力为250 kPa。

b) 在无法获得待运液体的蒸气压时，可按表5的压力进行试验。

表5 液压试验压力

单位为千帕

Ⅰ类包装	Ⅱ类包装	Ⅲ类包装
不小于250	不小于100	不小于100

7.2.3.5 **通过试验的准则**

所有试样应无泄漏。

7.2.4 **堆码试验**

7.2.4.1 **试验样品数量**

每种设计型号取3个试验样品。

7.2.4.2 **试验设备**

按GB/T 4857.3的要求。

7.2.4.3 **试验方法和堆码载荷**

在试验样品的顶部表面施加一载荷，此载荷重量相当于运输时可能堆码在它上面的同样数量包装件的总重量。如果试验样品内装的液体的相对密度与待运液体的不同，则该载荷应按后者计算。包括试验样品在内的最小堆码高度不小于3 m。试验时间为24 h，但拟装液体的塑料捅、罐和复合容器(6HH1和6HH2)，应在不低于40 ℃的温度下经受28 d的堆码试验。

堆码载荷 P 按式(1)计算：

$$P=\left(\frac{H-h}{h}\right)\times m \qquad (1)$$

式中：

P——加载的载荷，单位为千克(kg)；

H——堆码高度(不小于3 m)，单位为米(m)；

h——单个包装件高度，单位为米(m)；

m——单个包装件毛重，单位为千克(kg)。

7.2.4.4 **通过试验的准则**

试验样品不得泄漏。对复合或组合容器而言，不允许有所装的物质从内贮器或内容器中漏出。试验样品不允许有可能影响运输安全的损坏，或者可能降低其强度或造成包装件堆码不稳定的变形。在进行判定之前，塑料容器应冷却至环境温度。

7.2.5 **渗透性试验**

7.2.5.1 **样品数量**

每种设计型号取3个试验样品。

7.2.5.2 **试验方法**

将试验样品在盛装拟装物或标准溶液后在温度23 ℃、相对湿度50%的条件下保存28 d。称取其在28 d保存期前后的质量，并计算其渗透率。

7.2.5.3 **通过试验的准则**

渗透率不超过0.008 g/h。

7.2.6 **试验(检测)报告**

试验报告内容包括：

a) 试验机构的名称和地址；

b) 申请人的姓名和地址(如适用)；

c) 试验报告的特别标志；

d) 试验报告签发日期；

e) 容器制造厂；

f) 容器设计型号说明(例如尺寸、材料、封闭装置、厚度等)，包括制造方法(例如吹塑法)，并且可附上图样和/或照片；

g) 最大容量；

h) 试验内装物的特性，例如液体的黏度和相对密度，固体的粒径；

i) 试验说明和结果；

j) 试验报告应由授权签字人签字，写明姓名和身份。

7.3 检验规则

7.3.1 生产厂应保证所生产的公路运输危险货物包装应符合本标准规定，并由有关检验部门按本标准检验。

7.3.2 有下列情况之一时，应进行性能检验：

a) 新产品投产或老产品转产时进行性能检验；

b) 正式生产后，如结构、材料、工艺有较大改变，可能影响产品性能时；

c) 在正常生产时，每半年一次；

d) 产品长期停产后，恢复生产时；

e) 国家质检部门提出进行性能检验。

7.3.3 性能检验周期为1个月、3个月、6个月三个档次。每种新设计型号检验周期为3个月，连续三个检验周期合格，检验周期可升一档，若发生一次不合格，检验周期降一档。

7.3.4 在性能检验周期内可进行抽查检验，抽查的次数按检验周期1个月、3个月、6个月三个档次分别为一次、两次、三次，每次抽查的样品不应多于2件。

7.3.5 包装容器有效期是自容器生产之日起计算不超过12个月。超过有效期的包装容器需再次进行性能检验，容器有效期自检验完毕日期起计算不超过6个月。

7.3.6 对于再次使用的、修复过的或改制的容器有效期自检验完毕日期起计算不超过6个月。

7.3.7 对于7.3.1～7.3.3规定的检验，应按本标准的要求对每个制造厂的每个设计型号的容器逐项进行检验。若有一个试样未通过其中一项试验，则判定该项目不合格，只要有一项不合格则判定该设计型号容器不合格。

7.3.8 对检验不合格的容器，其制造厂生产的该设计型号的容器不允许用于盛装公路运输危险货物，除非再次检验合格。再次提交检验时，其严格度不变。

8 使用鉴定

8.1 鉴定要求

8.1.1 一般要求

8.1.1.1 包装件的外观

包装件上包装标记应符合6.1.1的要求，并在包装件上加贴(或印刷)符合联合国《关于危险货物运输的建议书 规章范本》(第15修订版)等国际规章要求的危险品标志和标签。包装件外表应清洁，不允许有残留物、污染或渗漏。

8.1.1.2 使用单位选用的容器须与公路运输危险货物的性质相适应，其性能应符合第6章和第7章的规定。

8.1.1.3 容器的包装类别应等于或高于盛装的危险货物要求的包装类别。

8.1.1.4 在下列情况时应提供危险货物的分类、定级危险特性检验报告：

a) 首次生产的或未列明的；

b) 首次运输或出口的；

c) 有必要时(如申报的内容物与实际的内容物不相符等)。

8.1.1.5 首次使用的塑料容器或内涂(镀)层容器须提供六个月以上化学相容性试验合格的报告。

8.1.1.6 危险货物包装件单件净重不得超过联合国《关于危险货物运输的建议书 规章范本》(第15修订版)和《国际公路危险货物运输协定》(2006版)规定的重量。

8.1.1.7 一般情况下，液体危险货物灌装至容器容积的98%以下。对于膨胀系数较大的液体货物，应根据其膨胀系数确定容器的预留容积。固体危险货物盛装至容器容积的95%以下。

8.1.1.8 采用液体或惰性气体保护危险货物时，该液体或惰性气体应能有效保证危险货物的安全。

8.1.1.9 危险货物不得撒漏在容器外表面或外容器和内贮器之间。

8.1.1.10 危险货物和与之相接触的容器不得发生任何影响容器强度及发生危险的化学反应。

8.1.1.11 吸附材料不得与所装危险货物发生有危险的化学反应，并确保内容器破裂时能完全吸附滞留全部危险货物，不致造成内容物从外包装容器中渗漏出来。

8.1.1.12 防震及衬垫材料不得与所装危险货物发生化学反应，而降低其防震性能。应有足够的衬垫填充材料，防止内容器移动。

8.1.2 特殊要求

8.1.2.1 桶、罐类容器的要求

a) 闭口桶、罐的大、小封闭器螺盖应紧密配合，并配以适当的密封圈。螺盖拧紧程度应达到密封要求。

b) 开口桶、罐应配以适当的密封圈，无论采用何种形式封口，均应达到紧箍、密封要求。扳手箍还需用销子锁住扳手。

8.1.2.2 箱类包装的要求

a) 木箱、纤维板箱用钉紧固时，应钉实，不得突出钉帽，穿透容器的钉尖应盘倒，并加封盖，以防与内装物发生任何化学反应或物理变化。打包带紧箍箱体。

b) 瓦楞纸箱应完好无损，封口应平整牢固。打包带紧箍箱体。

8.1.2.3 袋类包装的要求

a) 外容器用缝线封口时，无内衬袋的外容器袋口应折叠30 mm以上，缝线的开始和结束应有5针以上回针，其缝针密度应保证内容物不撒漏且不降低袋口强度。有内衬袋的外容器袋缝针密度应保证牢固无内容物撒漏。

b) 内容器袋封口时，不论采用绳扎、粘合或其他型式的封口，应保证内容物无撒漏。

c) 绳扎封口时，排出袋内气体、袋口用绳紧绕二道，扎紧打结，再将袋口朝下折转、用绳紧绕二道，扎紧打结。如果是双层袋，则应按此法分层扎紧。

d) 粘合封口时，排出袋内气体、粘合牢固，不允许有孔隙存在。如果是双层袋，则应分层粘合。

8.1.2.4 组合包装的要求

a) 内容器盛装液体时，封口需符合液密封口的规定；如需气密封口的，需符合气密封口的规定。

b) 盛装液体的易碎内容器(如玻璃等)，其外包装应符合Ⅰ类包装。

c) 吸附材料须符合8.1.1.11的要求。

d) 箱类外容器如是不防泄漏或不防水的，应使用防泄漏的内衬或内容器。

8.2 抽样

8.2.1 检验批

以相同原材料、相同结构和相同工艺生产的包装件为一检验批，最大批量为10 000件。

8.2.2 **抽样规则**

按 GB/T 2828.1 正常检查一次抽样一般检查水平Ⅱ进行抽样。

8.2.3 **抽样数量**

抽样数量见表 6。

表 6 抽样数量

单位为件

批量范围	抽样数量
1～8	2
9～15	3
16～25	5
26～50	8
51～90	13
91～150	20
151～280	32
281～500	50
501～1 200	80
1 201～3 200	125
3 201～10 000	200

8.3 **鉴定项目**

8.3.1 检查所选用包装是否与公路运输危险货物的性质相适应；是否有包装的性能检验合格报告。

8.3.2 对于 8.1.1.4 和 8.1.1.5 提到的公路运输危险货物包装，检查是否具有由国家质检部门或国家质检部门认可的检测机构出具的危险品的分类、定级危险特性检验报告。

8.3.3 检查公路运输危险货物净重是否符合 8.1.1.6 的要求。

8.3.4 检查盛装液体或固体的公路运输危险货物容器盛装容积是否符合 8.1.1.7 的要求。

8.3.5 提取保护危险货物的液体进行分析和用微量气体测定仪检测惰性气体含量，按各类危险货物相应的标准检验保护性液体或惰性气体是否有效保证危险货物的安全。

8.3.6 检查危险货物和与之接触的包装、吸附材料、防震和衬垫材料、绳、线等包装附加材料是否发生化学反应，影响其使用性能。

8.3.7 检查容器的封口（包括组合容器的内容器封口）、吸附材料是否符合第 6 章的相关规定。

8.3.8 检查危险货物和与之接触的容器、吸附材料、防震和衬垫材料、绳、线等容器附加材料是否发生化学反应，影响其使用性能。

8.3.9 检查桶、罐类容器是否符合 8.1.2.1 的要求。

8.3.10 检查箱类容器是否符合 8.1.2.2 的要求。

8.3.11 检查袋类容器是否符合 8.1.2.3 的要求。

8.3.12 检查组合容器是否符合 8.1.2.4 的要求。

8.4 **鉴定规则**

8.4.1 危险货物包装的使用企业应保证所使用的公路运输危险货物包装符合本标准规定，并由有关检验部门按本标准进行鉴定。危险货物的用户有权按本标准的规定，对接收的危险货物包装件提出验收检验。

8.4.2 公路运输危险货物包装件应逐批鉴定，以订货量为一批，但最大批量不得超过 8.2.1 规定的最大批量。

8.4.3 使用鉴定报告的有效期应自危险货物灌装之日计算，盛装第 8 类危险物质及带有腐蚀性副危险性物质的包装件的使用鉴定报告有效期不超过 6 个月,其他危险货物的包装使用鉴定有效期不超过 1 年,但此有效期不能超过性能检验报告的有效期。

8.4.4 判定规则:若有一项不合格,则该批公路运输危险货物包装件不合格。上述各项经鉴定合格后,出具使用鉴定报告。

8.4.5 不合格批处理:经返工整理或剔除不合格的包装件后,再次提交检验,其严格度不变。

8.4.6 对检验不合格的包装件,不允许提交公路运输。除非再次检验合格。

附 录 A
（规范性附录）
各种常用的包装容器编码、类别、要求及最大容量和净重的有关要求

表 A.1 各种常用的包装容器编码、类别、要求及最大容量和净重的有关要求

种类	编码	类别	要 求	最大容量/L	最大净重/kg
钢桶	1A1 1A2	非活动盖 活动盖	a) 桶身和桶盖应根据钢桶的容量和用途，使用型号适宜和厚度足够的钢板制造。 b) 拟用于装 40 L 以上液体的钢桶，桶身接缝应焊接。拟用于装固体或者装 40 L 以下液体的钢桶，桶身接缝可用机械方法结合或焊接。 c) 桶的凸边应用机械方法接合，或焊接。也可以使用分开的加强环。 d) 容量超过 60 L 的钢桶桶身，通常应该至少有二个扩张式滚箍，或者至少两个分开的滚箍。如使用分开式滚箍，则应在桶身上固定紧，不应移位。滚箍不应点焊。 e) 非活动盖（1A1）钢桶桶身或桶盖上用于装入、倒空和通风的开口，其直径不应超过 7 cm。开口更大的钢桶将视为活动盖（1A2）钢桶。桶身和桶盖的开口封闭装置的设计和安装应做到在正常运输条件下始终是紧固和不漏的。封闭装置凸缘应用机械方法或焊接方法恰当接合。除非封闭装置本身是防漏的，否则应使用密封垫或其他密封件。 f) 活动盖钢桶的封闭装置的设计和安装，应做到在正常的运输条件下该装置始终是紧固的，钢桶始终是不漏的。所有活动盖都应使用垫圈或其他密封件。 g) 如果桶身、桶盖、封闭装置和连接件所用的材料本身与装运的物质是不相容的，应施加适当的内保护涂层或处理。在正常运输条件下，这些涂层或处理层应始终保持其保护性能。	450	400
铝桶	1B1 1B2	非活动盖 活动盖	a) 桶身和桶盖应由纯度至少 99% 的铝，或以铝为基础的合金制成。应根据铝桶的容量和用途，使用适当型号和足够厚度的材料。 b) 所有接缝应是焊接的。凸边如果有接缝的话，应另外加加强环。 c) 容量大于 60 L 的铝桶桶身，通常应至少装有两个扩张式滚箍，或者两个分开式滚箍。如装有分开式滚箍时，应安装得很牢固，不应移动。滚箍不应点焊。 d) 非活动盖（1B1）铝桶的桶身或桶盖上用于装入、倒空和通风的开口，其直径不应超过 7 cm。开口更大的铝桶将视为活动盖（1B2）铝桶。桶身和桶盖的开口封闭装置的设计和安装应做到在正常运输条件下，它们始终是紧固和不漏的。封闭装置凸缘应焊接恰当，使接缝不漏。除非封闭装置本身是防漏的，否则应使用垫圈或其他密封件。 e) 活动盖铝桶的封闭装置的设计和安装，应做到在正常运输条件下始终是紧固和不漏的。所有活动盖都应使用垫圈或其他密封件。	450	400

表 A.1（续）

种类	编码	类别	要　　求	最大容量/L	最大净重/kg
胶合板桶	1D		a）所用木料应彻底风干，达到商业要求的干燥程度，且没有任何有损于桶的使用效能的缺陷。若用胶合板以外的材料制造桶盖，其质量与胶合板应相等。 b）桶身至少应用两层胶合板，桶盖至少应用三层胶合板制成。各层胶合板应按交叉纹理用抗水粘合剂牢固地粘在一起。 c）桶身、桶盖及其连接部位应根据桶的容量和用途设计。 d）为防止所装物质撒漏，应使用牛皮纸或其他具有同等效能的材料做桶盖衬里。衬里应紧扣在桶盖上并延伸到整个桶盖周围外。	250	400
纤维板桶	1G		a）桶身应由多层厚纸或纤维板牢固地胶合或层压在一起，可以有一层或多层由沥青、涂腊牛皮纸、金属薄片、塑料等构成的保护层。 b）桶盖应由天然木、纤维板、金属、胶合板、塑料或其他适宜材料制成，可包括一层或多层由沥青、涂腊牛皮纸、金属薄片、塑料等构成的保护层。 c）桶身、桶盖及其连接处的设计应与桶的容量和用途相适应。 d）装配好的容器应由足够的防水性，在正常运输条件下不应出现剥层现象。	450	400
塑料桶	1H1	非活动盖	a）容器应使用适宜的塑料制造，其强度应与容器的容量和用途相适应。除了联合国《关于危险货物运输的建议书　规章范本》（第15修订版）中第一章界定的回收塑料外，不应使用来自同一制造工序的生产剩料或重新磨合材料以外的用过材料。容器应对老化和由于所装物质或紫外线辐射引起的质量降低具有足够的抵抗能力。 b）如果需要防紫外线辐射，应在材料内加入碳黑或其他合适的色素或抑制剂。这些添加剂应是与内装物相容的，并应在容器的整个使用期间保持其效能。当使用的碳黑、色素或抑制剂与制造试验过的设计型号所用的不同时，如碳黑含量（按重量）不超过2%，或色素含量（按重量）不超过3%，则可不再进行试验；紫外线辐射抑制剂的含量不限。 c）除了防紫外线辐射的添加剂之外，可以在塑料成分中加入其他添加剂，如果这些添加剂对容器材料的化学和物理性质并无不良作用。在这种情况下，可免除再试验。 d）容器各点的壁厚，应与其容量、用途以及各个点可能承受的压力相适应。 e）对非活动盖的桶（1H1）和罐（3H1）而言，桶身（罐身）和桶盖（罐盖）上用于装入、倒空和通风的开口直径不应超过7 cm。开口更大的桶和罐将视为活动盖型号的桶和罐（1H2和3H2），桶（罐）身或桶（罐）盖上开口的封闭装置的设计和安装应做到在正常运输条件下始终是紧固和不漏的。除非封闭装置本身是防漏的，否则应使用垫圈或其密封件。 f）设计和安装活动盖桶和罐的封闭装置，应做到在正常运输条件下该装置始终是紧固和不漏的。所有活动盖都应使用垫圈，除非桶或罐的设计是在活动盖夹得很紧时，桶或罐本身是防漏的。	450	400
	1H2	活动盖		450	400
塑料罐	3H1	非活动盖		60	120
	3H2	活动盖		60	120

表 A.1（续）

种类	编码	类别	要　　求	最大容量/L	最大净重/kg
钢或铝以外的金属桶	1N1 1N2	非活动盖 活动盖	a) 桶身和桶盖应由钢和铝以外的金属或金属合金制成。应根据桶的容量和用途，使用适当型号和足够厚度的材料。 b) 凸边如果有接缝的话，应另外加加强环。所有接缝应是焊接的。 c) 容量大于 60 L 的金属桶桶身，通常应至少装有两个扩张式滚箍，或者两个分开式滚箍。如装有分开式滚箍时，应安装得很牢固，不应移动。滚箍不应点焊。 d) 非活动盖(1N1)金属桶的桶身或桶盖上用于装入、倒空和通风的开口，其直径不应超过 7 cm。开口更大的金属桶将视为活动盖(1N2)金属桶。桶身和桶盖的开口封闭装置的设计和安装应做到在正常运输条件下，它们始终是紧固和不漏的。封闭装置凸缘应焊接恰当，使接缝不漏。除非封闭装置本身是防漏的，否则应使用垫圈或其他密封件。 e) 活动盖金属桶的封闭装置的设计和安装，应做到在正常运输条件下始终是紧固和不漏的。所有活动盖都应使用垫圈或其他密封件。	450	400
钢罐	3A1 3A2	非活动盖 活动盖	a) 罐身和罐盖应用钢板、至少 99％纯的铝或铝合金制造。应根据罐的容量和用途，使用适当型号和足够厚度的材料。 b) 钢罐的凸边应用机械方法接合或焊接。用于容装 40 L 以上液体的钢罐罐身接缝应焊接。用于容装小于或等于 40 L 的钢罐罐身接缝应使用机械方法接合或焊接。对于铝罐，所有接缝应焊接。凸边如果有接缝的话，应另加一条加强环。 c) 罐(3A1 和 3B1)的开口直径不应超过 7cm。开口更大的罐将视为活动盖型号(3A2 和 3B2)。封闭装置的设计应做到在正常运输条件下始终是紧固和不漏的。除非封闭装置本身是防漏的，否则应使用密封垫或其他密封件。 d) 如果罐身、盖、封闭装置和连接件等所用的材料本身与装运的物质是不相容的，应施加适当的内保护涂层或处理。在正常运输条件下，这些涂层或处理层应始终保持其保护性能。	60	120
铝罐	3B1 3B2	非活动盖 活动盖			
天然木箱	4C1 4C2	普通 箱壁防撒漏	a) 所用木材应彻底风干，达到商业要求的干燥程度，并且没有会实质上降低箱子任何部位强度的缺陷。所用材料的强度和制造方法，应与箱子的容量和用途相适应。顶部和底部可用防水的再生木，如高压板、刨花板或其他合适材料制成。 b) 紧固件应耐得住正常运输条件下经受的振动。可能时应避免用横切面固定法。可能受力很大的接缝应用抱钉或环状钉或类似紧固件接合。 c) 箱 4C2：箱的每一部分应是一块板，或与一块板等效。用下面方法中的一个接合起来的板可视与一块板等效：林德曼(Linderman)连接、舌槽接合、搭接或槽舌接合或者在每一个接合处至少用两个波纹金属扣件的对头连接。		400

表 A.1(续)

种类	编码	类别	要　　求	最大容量/L	最大净重/kg
胶合板箱	4D		所用的胶合板至少应为3层。胶合板应由彻底风干的旋制、切成或锯制的层板制成,符合商业要求的干燥程度,没有会实质上降低箱子强度的缺陷。所用材料的强度和制造方法应与箱子的容量和用途相适应。所有邻接各层,应用防水粘合剂胶合。其他适宜材料也可与胶合板一起用于制造箱子。应由角柱或端部钉牢或固定住箱子,或用同样适宜的紧固装置装配箱子。		400
再生木箱	4F		a) 箱壁应由防水的再生木,例如高压板、刨花板或其他适宜材料制成。所用材料的强度和制造方法应与箱子的容量和用途相适应。 b) 箱子的其他部位可用其他适宜材料制成。 c) 箱子应使用适当装置牢固地装配。		400
纤维板箱	4G		a) 应使用与箱子的容量和用途相适应、坚固优质的实心或双面波纹纤维板(单层或多层)。外表面的抗水性应是:当使用可勃(Cobb)法确定吸水性时,在30 min的试验期内,重量增加值不大于155 g/m²(见GB/T 1540)。纤维板应有适当的弯曲强度。纤维板应在切割、压折时无裂缝,并应开槽以便装配时不会裂开、表面破裂或者不应有的弯曲。波纹纤维板的槽部,应牢固的胶合在面板上。 b) 箱子的端部可以有一个木制框架,或全部是木材或其他适宜材料。可以用木板条或其他适宜材料加强。 c) 箱体上的接合处,应用胶带粘贴、搭接并胶住,或搭接并用金属卡钉钉牢。搭接处应由适当长度的重叠。 d) 用胶合或胶带粘贴方式进行封闭时,应使用防水胶合剂。 e) 箱子的设计应与所装物品十分相配。		400
塑料箱	4H1 4H2	泡沫塑料箱 硬塑料箱	a) 应根据箱的容量和用途,用足够强度的适宜塑料制造箱子。箱子应对老化和由于所装物质或紫外线辐射引起的质量降低具有足够的抵抗力。 b) 泡沫塑料箱应包括由模制泡沫塑料制成的两个部分,一为箱底部分,有供放置内容器的模槽,另一为箱顶部分,它将盖在箱底上,并能彼此扣住。箱底和箱顶的设计应使内容器能刚刚好放入。内容器的封闭帽不得与箱顶的内面接触。 c) 发货时,泡沫塑料箱应用具有足够抗拉强度的自粘胶带封闭,以防箱子打开。这种自粘胶带应能耐受风吹雨淋日晒,其粘合剂与箱子的泡沫塑料是相容的。可以使用至少同样有效的其他封闭装置。 d) 硬塑料箱如果需要防护紫外线辐射,应在材料内添加碳黑或其他合适的色素或抑制剂。这些添加剂应是与内装物相容的,并在箱子的整个使用期限内保持效力。当使用的碳黑、色素或抑制剂与制造试验过的设计型号所使用的不同时,如碳黑含量(按重量)不超过2%,或色素含量(按重量)不超过3%,则可不再进行试验;紫外线辐射抑制剂的含量不限。 e) 防紫外线辐射以外的其他添加剂,如果对箱子材料的物理或化学性质不会产生有害影响,可加入塑料成分中。在这种情况下,可免予再试验。 f) 硬塑料箱的封闭装置应由具有足够强度的适当材料制成,其设计应使箱子不会意外打开。		60 400

表 A.1(续)

种类	编码	类别	要求	最大容量/L	最大净重/kg
钢或铝箱	4A 4B	钢箱 铝箱	a) 金属的强度和箱子的构造,应与箱子的容量和用途相适应。 b) 箱子应视需要用纤维板或毡片作内衬,或其他合适材料作的内衬或涂层。如果采用双层压折接合的金属衬,应采取措施防止内装物,特别是爆炸物,进入接缝的凹槽处。 c) 封闭装置可以是任何合适类型,在正常运输条件下应始终是紧固的。		400
纺织品袋	5L1 5L2 5L3	无内衬或涂层 防撒漏 防水	a) 所用纺织品应是优质的。纺织品的强度和袋子的构造应与袋的容量和用途相适应。 b) 防撒漏袋 5L2:袋应能防止撒漏,例如,可采用下列方法: 1) 用抗水粘合剂,如沥青、将纸粘贴在袋的内表面上;或 2) 袋的内表面粘贴塑料薄膜;或 3) 纸或塑料做的一层或多层衬里。 c) 防水袋 5L3:袋应具有防水性能以防止潮气进入,例如,可采用下列方法: 1) 用防水纸(如涂腊牛皮纸、柏油纸或塑料涂层牛皮纸)做的分开的内衬里;或 2) 袋的内表面粘贴塑料薄膜;或 3) 塑料做的一层或多层内衬里。		50
塑料编织袋	5H1 5H2 5H3	无内衬或涂层 防撒漏 防水	a) 袋子应使用适宜的弹性塑料袋或塑料单丝编织而成。材料的强度和袋的构造应与袋的容量和用途相适应。 b) 如果织品是平织的,袋子应用缝合或其他方法把袋底和一边缝合。如果是筒状织品,则袋应用缝合、编制或其他能达到同样强度的方法来闭合。 c) 防撒漏袋 5H2:袋应能防撒漏,例如可采用下列方法: 1) 袋的内表面粘贴纸或塑料薄膜;或 2) 用纸或塑料做的一层或多层分开的衬里。 防水袋 5H3:袋应具有防水性能以防止潮气进入,例如,可采用下述方法: 1) 用防水纸(例如,涂腊牛皮纸,双面柏油牛皮纸或塑料涂层牛皮纸)做的分开的内衬里;或 2) 塑料薄膜粘贴在袋的内表面或外表面;或 3) 一层或多层塑料内衬。		50
塑料薄膜袋	5H4		袋应用适宜塑料制成。材料的强度和袋的构造应与袋的容量和用途相适应。接缝和闭合处应能承受在正常运输条件下可能产生的压力和冲击。		50

表 A.1(续)

种类	编码	类别	要　　　求	最大容量/L	最大净重/kg
纸袋	5M1 5M2	多层 多层,防水	a) 袋应使用合适的牛皮纸或性能相同的纸制造,至少有三层,中间一层可以是用粘合剂贴在外层的网状布。纸的强度和袋的构造应与袋的容量和用途相适应。接缝和闭合处应防撒漏。 b) 袋 5M2:为防止进入潮气,应用下述方法使四层或四层以上的纸袋具有防水性:最外面两层中的一层作为防水层,或在最外面二层中间夹入一层用适当的保护性材料做的防水层。防水的三层纸袋,最外面一层应是防水层。当所装物质可能与潮气发生反应,或者是在潮湿条件下包装的,与内装物接触的一层应是防水层或隔水层,例如,双面柏油牛皮纸、塑料涂层牛皮纸、袋的内表面粘贴塑料薄膜、或一层或多层塑料内衬里。接缝和闭合处应是防水的。		50
复合容器(塑料材料)	6HA1	塑料贮器与外钢桶	a) 内贮器: 1) 塑料内贮器应适用附录 A 的有关要求。 2) 塑料内贮器应完全合适地装在外容器内,外容器不应有可能擦伤塑料的凸出处。 b) 外容器: 外容器的制造应符合附录 A 的有关要求。	250	400
	6HA2	塑料贮器与外钢板条箱或钢箱		60	75
	6HB1	塑料贮器与外铝桶		250	400
	6HB2	塑料贮器与外铝板箱或铝箱		60	75
	6HC	塑料贮器与外木板箱		60	75
	6HD1	塑料贮器与外胶合板桶		250	400
	6HD2	塑料贮器与外胶合板箱		60	75
	6HG1	塑料贮器与外纤维制桶		250	400
	6HG2	塑料贮器与外纤维制箱		60	75
	6HH1	塑料贮器与外塑料桶		250	400
	6HH2	塑料贮器与外硬塑料箱		60	75

表 A.1（续）

种类	编码	类别	要　　求	最大容量/L	最大净重/kg
复合容器（玻璃、陶瓷或粗陶瓷）	6PA1 6PA2 6PB1 6PB2 6PC 6PD1 6PD2 6PG1 6PG2 6PH1 6PH2	贮器与外钢桶 贮器与外钢板条箱或钢箱 贮器与外铝桶 贮器与外铝板条箱或铝箱 贮器与外木箱 贮器与外胶合板桶 贮器与外有盖柳条篮 贮器与外纤维质桶 贮器与外纤维板箱 贮器与外泡沫塑料容器 贮器与外硬塑料容器	a）内贮器： 1）贮器应具有适宜的外形（圆柱形或梨形），材料应是优质的，没有可损害其强度的缺陷。整个贮器应有足够的壁厚。 2）贮器的封闭装置应使用带螺纹的塑料封闭装置、磨砂玻璃塞或是至少具有等同效果的封闭装置。封闭装置可能与贮器所装物质接触的部位，与所装物质应不起作用。应小心地安装好封闭装置，以确保不漏，并且适当紧固以防在运输过程中松脱。如果是需要排气的封闭装置，则封闭装置应符合 6.1.10 的规定。 3）应使用衬垫和/或吸收性材料将贮器牢牢地紧固在外容器中。 b）外容器： 1）贮器与外钢桶 6PA1：外容器的制造应符合附录 A 的有关要求。不过这类容器所需要的活动盖可以是帽形。 2）贮器与外钢板条箱或钢箱 6PA2：外容器的制造应符合附录 A 的有关要求。如系圆柱形贮器，外容器在直立时应高于贮器及其封闭装置。如果梨形贮器外面的板条箱也是梨形，则外容器应装有保护盖（帽）。 3）贮器与外铝桶 6PB1：外容器的制造应符合附录 A 的有关要求。 4）贮器与外铝板条箱或铝箱 6PB2：外容器的制造应符合附录 A 的有关要求。 5）贮器与外木箱 6PC：外容器的制造应符合附录 A 的有关要求。 6）贮器与外胶合板桶 6PD1：外容器的制造应符合附录 A 的有关要求。 7）贮器与外有盖柳条篮 6PD2：有盖柳条篮应由优质材料制成，并装有保护盖（帽）以防伤及贮器。 8）贮器与外纤维质桶 6PG1：外容器的制造应符合附录 A 的有关要求。 9）贮器与外纤维板箱 6PG2：外容器的制造应符合附录 A 的有关要求。 10）贮器与外泡沫塑料或硬塑料容器（6PH1 或 6PH2）：这两种外容器的材料都应符合附录 A 的有关要求。硬塑料容器应由高密度聚乙烯或其他类似塑料制成。不过这类容器的活动盖可以是帽形。	60	75

注：对于复合容器，最大容量和最大净重是针对内贮器而言。

附 录 B
（资料性附录）
新容器、修复容器和救助容器的标记示例

B.1 新容器的标记示例

B.1.1 盛装液体货物

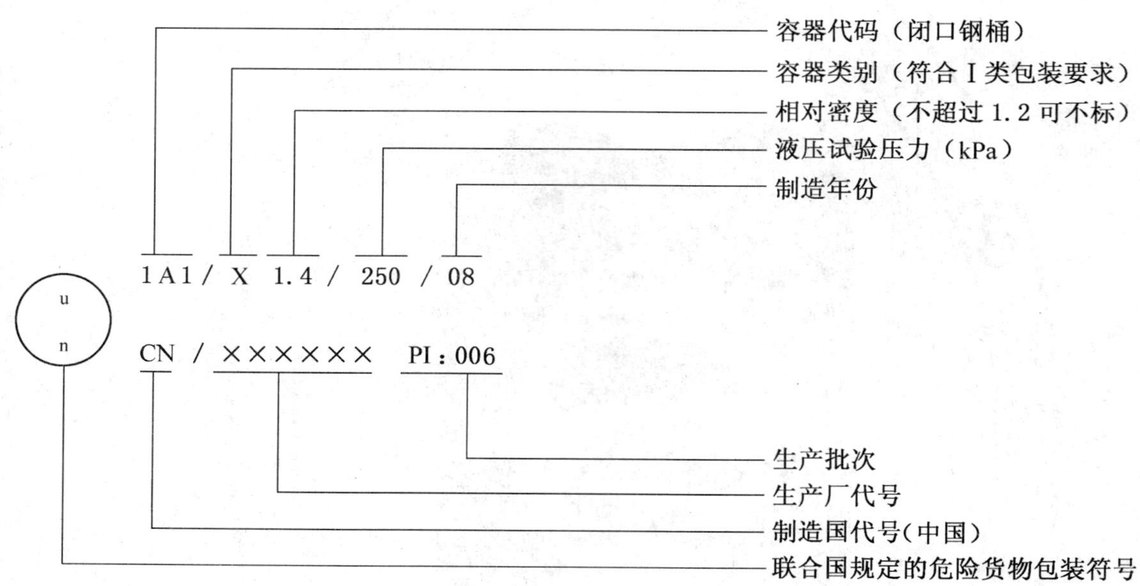

B.1.2 盛装固体物质

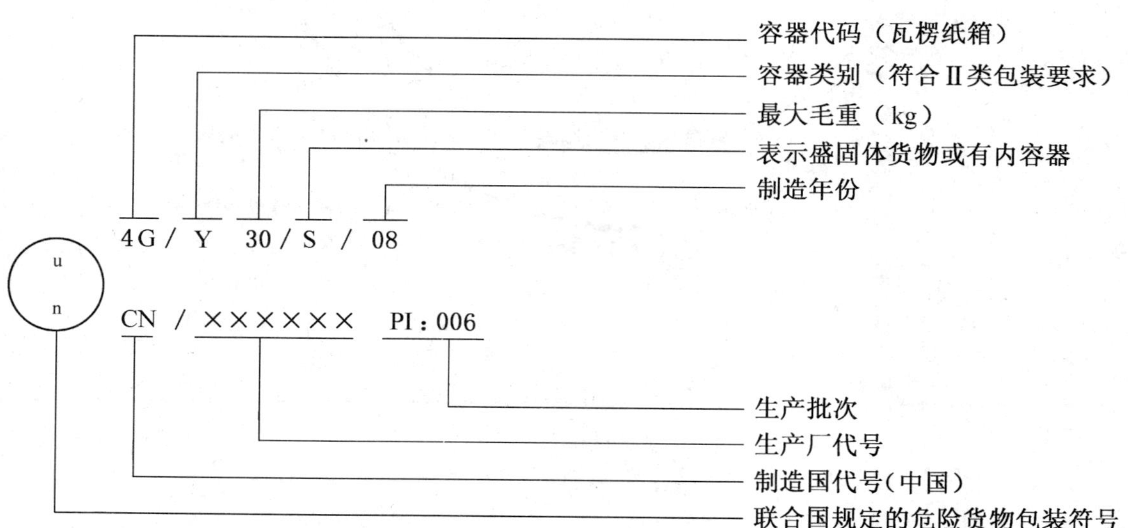

B.2 修复容器的标记示例

B.2.1 修复过的液体货物的容器(非塑料容器)

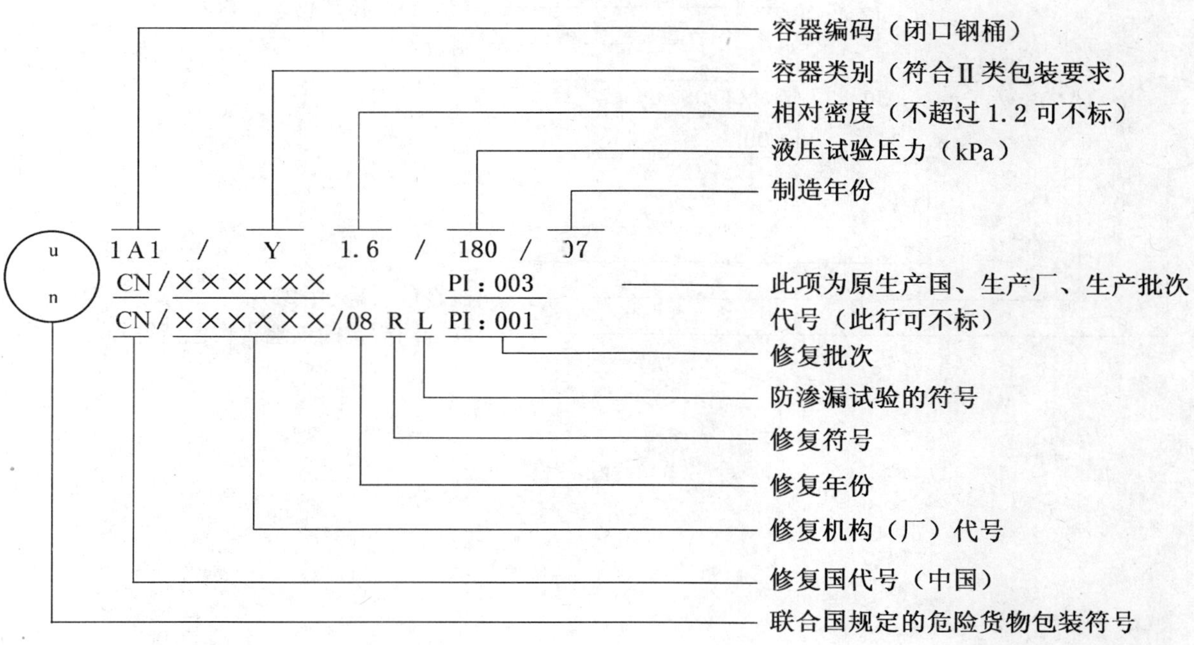

B.2.2 修复过的固体货物容器

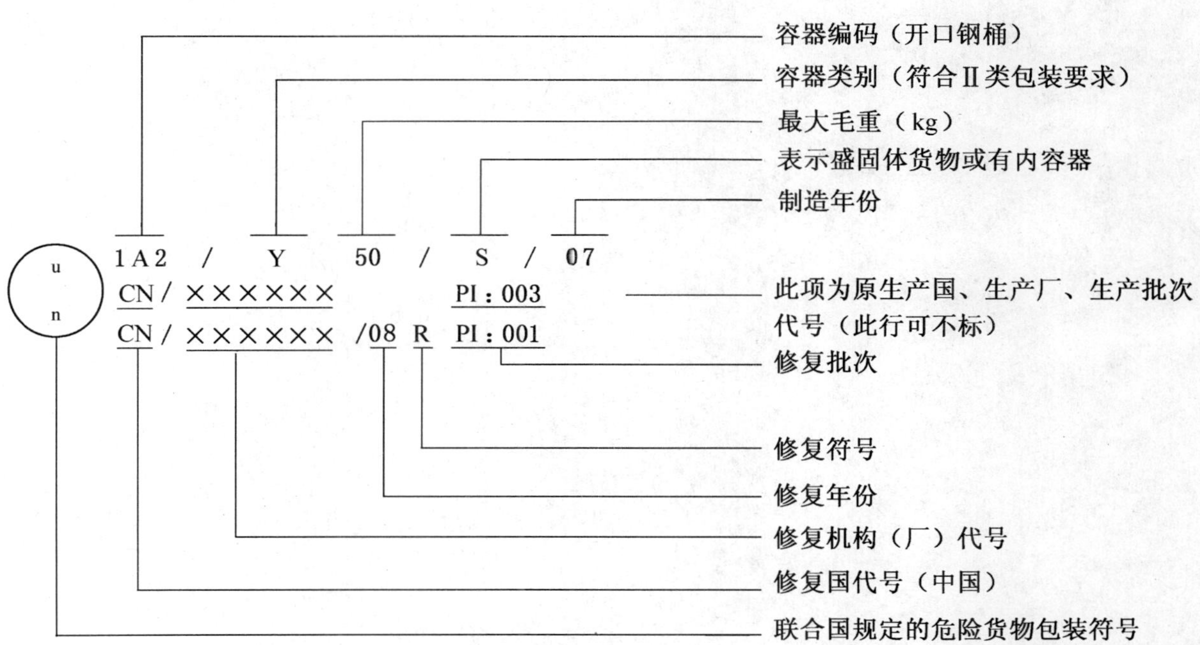

B.3 救助容器的标记示例

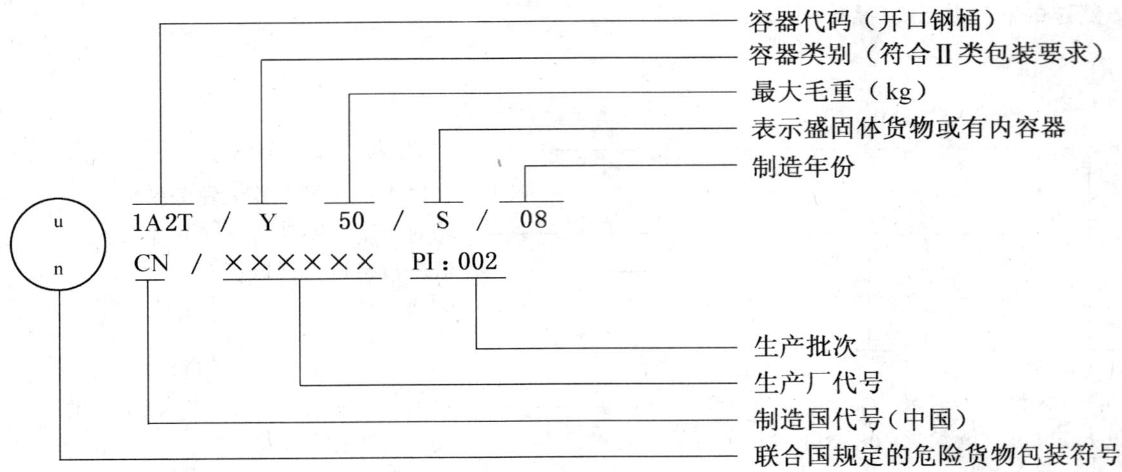

附 录 C
（资料性附录）
各区域代码

表 C.1 各区域代码

地区名称	代码	地区名称	代码	地区名称	代码
北京	1100	安徽	3400	海南	4600
天津	1200	福建	3500	四川	5100
河北	1300	厦门	3502	重庆	5102
山西	1400	江西	3600	贵州	5200
内蒙古	1500	山东	3700	云南	5300
辽宁	2100	河南	4100	西藏	5400
吉林	2200	湖北	4200	陕西	6100
黑龙江	2300	湖南	4300	甘肃	6200
上海	3100	广东	4400	青海	6300
江苏	3200	深圳	4403	宁夏	6400
浙江	3300	广西	4500	新疆	6500

附 录 D
（规范性附录）
各种常用公路运输危险货物包装容器应检验项目的要求

表 D.1 各种常用公路运输危险货物包装容器检验项目表

种类	编码	类别	应检验项目			
			跌落	气密	液压	堆码
钢桶	1A1	非活动盖	+	+	+	+
	1A2	活动盖	+			+
铝桶	1B1	非活动盖	+	+	+	+
	1B2	活动盖	+			+
金属桶（不含钢桶和铝桶）	1N1	非活动盖	+	+	+	+
	1N2	活动盖	+			+
钢罐	3A1	非活动盖	+	+	+	+
	3A2	活动盖	+			+
铝罐	3B1	非活动盖	+	+	+	+
	3B2	活动盖	+			+
胶合板桶	1D		+			+
纤维板桶	1G		+			+
塑料桶和罐	1H1	桶，非活动盖	+	+	+	+
	1H2	桶，活动盖	+			+
	3H1	罐，非活动盖	+	+	+	+
	3H2	罐，活动盖	+			+
天然木箱	4C1	普通的	+			+
	4C2	箱壁防泄漏	+			+
胶合板箱	4D		+			+
再生木箱	4F		+			+
纤维箱	4G		+			+
塑料箱	4H1	发泡塑料箱	+			+
	4H2	密实塑料箱	+			+
钢或铝箱	4A	钢箱	+			+
	4B	铝箱	+			+
纺织袋	5L1	不带内衬或涂层	+			
	5L2	防泄漏	+			
	5L3	防水	+			
塑料编织袋	5H1	不带内衬或涂层	+			
	5H2	防泄漏	+			
	5H3	防水	+			

表 D.1(续)

种类	编码	类别	应检验项目			
			跌落	气密	液压	堆码
塑料膜袋	5H4		+			
纸袋	5M1	多层	+			
	5M2	多层、防水的	+			
复合包装(塑料材料)	6HA1	塑料贮器与外钢桶	+	+	+	+
	6HA2	塑料贮器与外钢板条箱或钢箱	+			+
	6HB1	塑料贮器与外铝桶	+	+	+	+
	6HB2	塑料贮器与外铝板箱或铝箱	+			+
	6HC	塑料贮器与外木板箱	+			+
	6HD1	塑料贮器与外胶合板桶	+	+	+	+
	6HD2	塑料贮器与外胶合板箱	+			+
	6HG1	塑料贮器与外纤维板桶	+	+	+	+
	6HG2	塑料贮器与外纤维板箱	+			+
	6HH1	塑料贮器与外塑料桶	+	+	+	+
	6HH2	塑料贮器与外硬塑料箱	+			+
复合包装(玻璃、陶瓷或粗陶瓷)	6PA1	贮器与外钢桶	+			
	6PA2	贮器与外钢板条箱或钢箱	+			
	6PB1	贮器与外铝桶	+			
	6PB2	贮器与外铝板条箱或铝箱	+			
	6PC	贮器与外木箱	+			
	6PD1	贮器与外胶合板桶	+			
	6PD2	贮器与外有盖柳条篮	+			
	6PG1	贮器与外纤维质桶	+			
	6PG2	贮器与外纤维板箱	+			
	6PH1	贮器与外泡沫塑料容器	+			
	6PH2	贮器与外硬塑料容器	+			
轻型标准金属包装容器	0A1	固定顶盖	+			+
	0A2	活动顶盖	+			+

注 1:表中"+"号表示应检测项目。

注 2:凡用于盛装液体的容器,均应进行气密试验和液压试验。

ICS 13.300;55.020
C 66

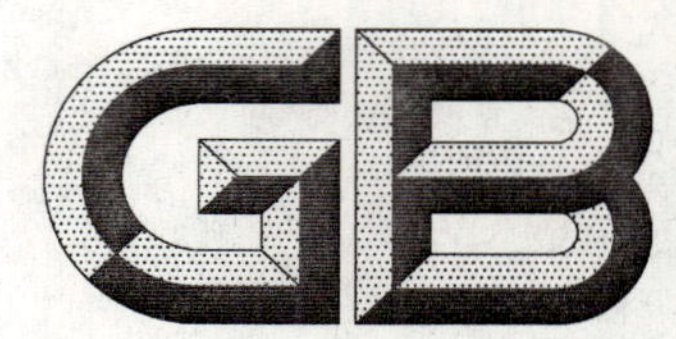

中华人民共和国国家标准

GB 19270—2009
代替 GB 19270.1—2003,GB 19270.2—2003,GB 19270.3—2003

水路运输危险货物包装检验安全规范

Safety code for inspection of packaging of dangerous goods transported by water

2009-06-21 发布 2010-05-01 实施

中华人民共和国国家质量监督检验检疫总局
中国国家标准化管理委员会 发布

前　言

本标准第5章、第6章、第7章和第8章为强制性的，其余条款为推荐性的。

本标准代替GB 19270.1—2003《水路运输危险货物包装检验安全规范　通则》、GB 19270.2—2003《水路运输危险货物包装检验安全规范　性能检验》和GB 19270.3—2003《水路运输危险货物包装检验安全规范　使用鉴定》。

本标准与GB 19270.1—2003、GB 19270.2—2003和GB 19270.3—2003相比主要变化如下：

——标准名称改为《水路运输危险货物包装检验安全规范》；

——删除了木琵琶桶的定义和相关规定；

——增加了"有限数量"的定义和相关规定；

——对堆码载荷的计算公式的注释做了修改(原版GB 19270.2—2003中的5.4.3，本版7.2.4.3)。

本标准的附录A和附录D为规范性附录，附录B和附录C为资料性附录。

本标准由全国危险化学品管理标准化技术委员会(SAC/TC 251)提出并归口。

本标准负责起草单位：江苏出入境检验检疫局。

本标准参加起草单位：中化化工标准化研究所、常州进出口工业及消费品安全检测中心。

本标准主要起草人：汤礼军、梅建、高翔、王晓兵、徐炎、汪蓉、唐建明、丁一迅。

本标准所代替标准的历次版本的发布情况为：

——GB 19270.1—2003；

——GB 19270.2—2003；

——GB 19270.3—2003。

水路运输危险货物包装
检验安全规范

1 范围

本标准规定了水路运输危险货物包装(不包括军品)的分类、代码和标记、要求、性能检验和使用鉴定。

本标准适用于第4章中除第2类、第7类和第6类的6.2项以外的水路运输危险货物包装的检验。

本标准不适用于压力贮器、净重大于400 kg的包装件、容积超过450 L的包装件。

2 规范性引用文件

下列文件中的条款通过本标准的引用而成为本标准的条款。凡是注日期的引用文件,其随后所有的修改单(不包括勘误的内容)或修订版均不适用于本标准,然而,鼓励根据本标准达成协议的各方研究是否可使用这些文件的最新版本。凡是不注日期的引用文件,其最新版本适用于本标准。

GB/T 1540 纸和纸板吸水性的测定 可勃法

GB/T 2828.1 计数抽样检验程序 第1部分:按接收质量限(AQL)检索的逐批检验抽样计划

GB/T 4122.1 包装术语 第1部分:基础

GB/T 4857.3 包装 运输包装件基本试验 第3部分:静载荷堆码试验方法

GB/T 4857.5 包装 运输包装件 跌落试验方法

GB/T 17344 包装 包装容器 气密试验方法

联合国《关于危险货物运输的建议书 规章范本》(第15修订版)

《国际海运危险货物规则》(2006版)

3 术语和定义

GB/T 4122.1确立的以及下列术语和定义适用于本标准。

3.1

箱 box

由金属、木材、胶合板、再生木、纤维板、塑料或其他适当材料制做的完整矩形或多角形的容器。

3.2

圆桶(桶) drum

由金属、纤维板、塑料、胶合板或其他适当材料制成的两端为平面或凸面的圆柱形容器。

3.3

袋 bag

由纸张、塑料薄膜、纺织品、编织材料或其他适当材料制作的柔性容器。

3.4

罐 jerrican

横截面呈矩形或多角形的金属或塑料容器。

3.5

贮器 receptacle

用于装放和容纳物质或物品的封闭器具,包括封口装置。

3.6

容器 packaging

贮器和贮器为实现贮放作用所需要的其他部件或材料。

3.7

包装件 package

包装作业的完结产品,包括准备好供运输的容器和其内装物。

3.8

内容器 inner packaging

运输时需用外容器的容器。

3.9

内贮器 inner receptacle

需要有一个外容器才能起容器作用的容器。

3.10

外容器 outer packaging

复合或组合容器的外保护装置连同为容纳和保护内贮器或内容器所需要的吸收材料、衬垫和其他部件。

3.11

组合容器 combination packaging

为了运输目的而组合在一起的一组容器,由固定在一个外容器中的一个或多个内容器组成。

3.12

复合容器 composite packaging

由一个外容器和一个内贮器组成的容器,其构造使内贮器和外容器形成一个完整的容器。这种容器经装配后,便成为单一的完整装置,整个用于装料、贮存、运输和卸空。

3.13

集合包装 over pack

为了方便运输过程中的装卸和存放,将一个或多个包件装在一起以形成一个单元所用的包装物。

3.14

救助容器 salvage packaging

用于放置为了回收或处理损坏、有缺陷、渗漏或不符合规定的危险货物包装件,或者溢出或漏出的危险货物的特别容器。

3.15

封闭装置 closure

用于封住贮器开口的装置。

3.16

防撒漏的容器 sift proof packaging

所装的干物质,包括在运输中产生的细粒固体物质不向外撒漏的容器。

3.17

吸附性材料 absorbent material

特别能吸收和滞留液体的材料,内容器一旦发生破损、泄漏出来的液体能迅速被吸附滞留在该材料中。

3.18

不相容的 incompatible

描述危险货物,如果混合则易于引起危险热量或气体的放出或生成一种腐蚀性物质,或产生理化反应降低包装容器强度的现象。

3.19

牢固封口 securely closed

所装的干燥物质在正常搬运中不致漏出的封口。这是对任何封口的最低要求。

3.20

液密封口 water-tight

又称有效封口，是指不透液体的封口。

3.21

气密封口 hermetically sealed

不透蒸气的封口。

3.22

性能检验 performance inspection

模拟不同运输环境对容器进行的型式试验，以判定容器的构造和性能是否与设计型号一致及是否符合有关规定。

3.23

使用鉴定 use appraisal

容器盛装危险货物以后，对包装件进行鉴定，以判定容器使用是否符合有关规定。

3.24

联合国编号 UN number

由联合国危险货物运输专家委员会编制的4位阿拉伯数编号，用以识别一种物质或一类特定物质。

3.25

有限数量 limited quantities

又称限量，是指准许按照联合国《关于危险货物运输的建议书 规章范本》(第15修订版)和《国际海运危险货物规则》(2006版)第3.4章规定运输有关物质的每个内容器或物品所装的最大数量。

4 分类

4.1 危险货物分类

4.1.1 按危险货物具有的危险性或最主要的危险性分成9个类别。有些类别再分成项别。类别和项别的号码顺序并不是危险程度的顺序。

4.1.2 第1类：爆炸品

——1.1项：有整体爆炸危险的物质和物品；

——1.2项：有迸射危险但无整体爆炸危险的物质和物品；

——1.3项：有燃烧危险并有局部爆炸危险或局部迸射危险或这两种危险都有，但无整体爆炸危险的物质和物品；

——1.4项：不呈现重大危险的物质和物品；

——1.5项：有整体爆炸危险的非常不敏感物质；

——1.6项：无整体爆炸危险的极端不敏感物品。

4.1.3 第2类：气体

——2.1项：易燃气体；

——2.2项：非易燃无毒气体；

——2.3项：毒性气体。

4.1.4 第3类：易燃液体。

4.1.5 第4类：易燃固体；易于自燃的物质；遇水放出易燃气体的物质。

——4.1 项：易燃固体、自反应物质和固态退敏爆炸品；

——4.2 项：易于自燃的物质；

——4.3 项：遇水放出易燃气体的物质。

4.1.6 第 5 类：氧化性物质和有机过氧化物

——5.1 项：氧化性物质；

——5.2 项：有机过氧化物。

4.1.7 第 6 类：毒性物质和感染性物质

——6.1 项：毒性物质；

——6.2 项：感染性物质。

4.1.8 第 7 类：放射性物质。

4.1.9 第 8 类：腐蚀性物质。

4.1.10 第 9 类：杂类危险物质和物品。

4.2 危险货物包装分类

4.2.1 第 1 类、第 2 类、第 5 类的第 5.2 项、第 6 类的 6.2 项、第 7 类以及第 4 类的 4.1 项自反应物质以外的其他各类危险货物，按照他们具有的危险程度划分为三个包装类别：

Ⅰ类包装——显示高度危险性；

Ⅱ类包装——显示中等危险性；

Ⅲ类包装——显示轻度危险性。

注：通常Ⅰ类包装可盛装显示高度危险性、显示中等危险性和显示轻度危险性的危险货物，Ⅱ类包装可盛装显示中等危险性和显示轻度危险性的危险货物，Ⅲ类包装则只能盛装显示轻度危险性的危险货物。但有时应视具体盛装的危险货物特性而定，例如盛装液体物质应考虑其相对密度的不同。

4.2.2 在联合国《关于危险货物运输的建议书 规章范本》和《国际海运危险货物规则》的危险货物一览表中，列出了物质被划入的包装类别。

5 代码和标记

5.1 容器类型的代码

5.1.1 代码包括：

a) 阿拉伯数字，表示容器的种类，如桶、罐等，后接；

b) 大写拉丁字母，表示材料的性质，如钢、木等；

c) （必要时后接）阿拉伯数字，表示容器在其所属种类中的类别。

5.1.2 如果是复合容器，用两个大写拉丁字母依次写在代码的第二个位置中。第一个字母表示内贮器的材料，第二个字母表示外容器的材料。

5.1.3 如果是组合容器，只使用外容器的代码。

5.1.4 容器编码后面可加上字母“T”、“V”或“W”，字母“T”表示符合《国际海运危险货物规则》要求的救助容器；字母“V”表示符合 7.1.1.6 要求的特别容器；字母“W”表示容器类型虽与编码所表示的相同，而其制造的规格与附录 A 的规格不同，但根据《国际海运危险货物规则》的要求被认为是等效的。

5.1.5 下述数字用于表示容器的种类：

1——桶；

3——罐；

4——箱；

5——袋；

6——复合容器。

5.1.6 下述大写字母用于表示材料的种类：

A——钢(一切型号及表面处理的)；

B——铝；

C——天然木；

D——胶合板；

F——再生木；

G——纤维板；

H——塑料；

L——纺织品；

M——多层纸；

N——金属(钢或铝除外)；

P——玻璃、陶瓷或粗陶瓷。

5.1.7 各种常用包装容器的代码遵照附录A。

5.2 标记

5.2.1 标记用于表明带有该标记的容器已成功地通过第7章规定的试验，并符合附录A的要求，但标记并不一定能证明该容器可以用来盛装任何物质。

5.2.2 每一个容器应带有持久、易辨认、与容器相比位置合适、大小适当的明显标记。对于毛重超过30 kg的包装件，其标记和标记附件应贴在容器顶部或一侧，字母、数字和符号应不小于12 mm高。容量为30 L或30 kg或更少的容器上，其标记至少应为6 mm高。对于容量为5 L或5 kg或更少的容器，其标记的尺寸应大小合适。

标记应表示如下：

a) 联合国包装符号(UN)。本符号仅用于证明容器符合联合国《关于危险货物运输的建议书 规章范本》第6.1章和《国际海运危险货物规则》第6.1章的有关规定，不应用于其他目的。对于模压金属容器，符号可用大写字母“UN”表示。

b) 根据5.1表示容器种类的代码，例如3H1。

c) 一个由两部分组成的编号：

   1) 一个字母表示设计型号已成功地通过试验的包装类别：

      X 表示Ⅰ类包装；

      Y 表示Ⅱ类包装；

      Z 表示Ⅲ类包装。

   2) 相对密度(四舍五入至第一位小数)，表示已按此相对密度对不带内容器的准备装液体的容器设计型号进行过试验；若相对密度不超过1.2，这一部分可省略。对准备盛装固体或装入内容器的容器而言，以kg表示的最大总质量。

d) 使用字母“S”表示容器拟用于运输固体或内容器，或使用精确到最近的10 kPa(即四舍五入至10 kPa)表示的试验压力来表示容器(组合容器除外)所顺利通过的液压试验。

e) 容器制造年份的最后两位数字。型号为1H1，1H2，3H1和3H2的塑料容器还应适当地标出制造月份；这可与标记的其余部分分开，在容器的空白处标出，最好的方法是：

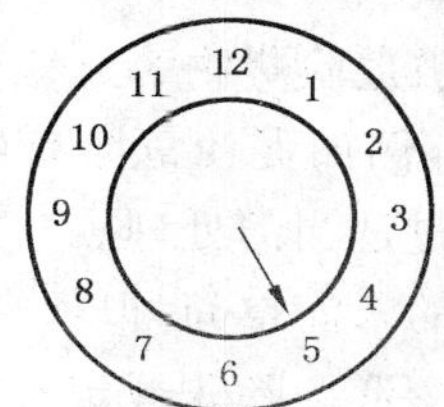

f) 标明生产国代号，中国的代号为大写英文字母 CN。

g) 容器制造厂的代号，该代号应体现该容器制造厂所在的行政区域，各区域代码参见附录 C。

h) 生产批次。

5.2.3 根据 5.2.2 对容器进行的标记示例参见附录 B。可单行或多行标示。

5.2.4 除了 5.2.2 中规定的耐久标记外，每一超过 100 L 的新金属桶，在其底部应有 5.2.2a) 至 e) 所述持久性标记，并至少表明桶身所用金属标称厚度(mm，精确到 0.1 mm)。如金属桶两个端部中有一个标称厚度小于桶身的标称厚度，那么顶端、桶身和底端的标称厚度应以永久性形式(例如压纹或印刷)在底部标明，例如“1.0-1.2-1.0”或“0.9-1.0-1.0”。

5.2.5 国家主管机关所批准的其他附加标记应保证 5.2.2 所要求的标记能正确识别。

5.2.6 改制的金属桶，如果没有改变容器型号和没有更换或拆掉组成结构部件，所要求的标记不必是永久性的(例如压纹)。每一其他改制的金属桶都应在顶端或侧面以永久性形式(例如压纹)标明 5.2.2a) 至 e) 中所述的标记。

5.2.7 用可不断重复使用的材料(例如不锈钢)制造的金属桶可以永久性形式(例如压纹)标明5.2.2f) 至 h) 中所述的标记。

5.2.8 作标记应按 5.2.2 所示的顺序进行；这些分段以及视情况 5.2.9a) 至 5.2.9c) 所要求的每一个标记组成部分应用斜线清楚地隔开，以便容易辨认。标注方法可参见附录 B。

5.2.9 容器修理后，应按下列顺序在容器上加以持久性的标记标明：

a) 进行修理的所在国；

b) 修理厂代号；

c) 修复年份；字母“R”；对按 7.2.2 通过了气密试验的每一个容器，另加字母“L”。

5.2.10 对于用联合国《关于危险货物运输的建议书 规章范本》和《国际海运危险货物规则》中第 1.2 章定义的“回收塑料”材料制造的容器应标有“REC”。

5.2.11 修理容器、救助容器的标记示例参见附录 B。

6 要求

6.1 一般要求

6.1.1 每一容器应按 5.2 标明持久性标记。对于有限数量(限量)运输的容器，其标记应符合联合国《关于危险货物运输的建议书 规章范本》(第 15 修订版)和《国际海运危险货物规则》(2006 版)第 3.4 章的规定。

6.1.2 水路运输危险货物容器应结构合理、防护性能好、符合联合国《关于危险货物运输的建议书 规章范本》和《国际海运危险货物规则》的规格规定。其设计模式、工艺、材质应适应水路运输危险货物的特性，适合积载，便于安全装卸和运输，能承受正常运输条件下的风险。

6.1.3 危险货物应装在质量良好的容器内，该容器应足够坚固，能承受得住运输过程中通常遇到的冲击和载荷，包括运输装置之间和运输装置与仓库之间的转载以及随后从托盘或集合包装上人工或机械的搬运。在准备运输时，容器的结构和封闭状况应能够在正常运输条件下防止由于震动及温度、湿度或压力变化(例如：由于纬度不同产生的)而引起的任何内装物的渗漏。在运输过程中不应有任何危险残余物粘附在容器外面。这些要求适用于新的、再次使用的、修整过的或改制的容器。

6.1.4 容器与危险货物直接接触的各个部位：

a) 不应受到危险货物的影响或强度被危险货物明显地减弱；

b) 不应在包装件内造成危险的效应，例如促使危险货物起反应或与危险货物起反应。必要时，这些部位应有适当的内涂层或经过适当的处理。

6.1.5 若容器内装的是液体，应留有足够的未满空间，以保证不会由于在运输过程中可能发生的温度变化造成的液体膨胀而使容器泄漏或永久变形。除非规定有具体要求，否则，液体不得在 55 ℃温度下装满容器。

6.1.6　内容器在外容器中的放置方式应做到在正常运输条件下，不会因内容器的破裂、戳穿或渗漏而使内装物进入外容器中。装运液体的内容器应封闭口朝上，并在包装件上标有明显的表示作业方向的标识。对于那些易于破裂或易被刺破的内容器，例如，用玻璃、陶瓷、粗陶瓷或某些塑料制成的内容器，应使用适当衬垫材料固定在外容器中。内装物的泄漏不应明显削弱衬垫材料或外容器的保护性能。

6.1.6.1　衬垫及吸收材料应是惰性的，并与内装物的性质相适应。

6.1.6.2　外容器材料的性能和厚度应保证运输过程中不会因摩擦而产生可能严重改变内装物的化学稳定性的热量。

6.1.7　危险货物同危险货物或其他货物相互之间发生危险反应并引起以下后果，则不应放置在同一个外容器或大型容器中：

a)　燃烧或放出大量的热；

b)　放出易燃、毒性或窒息性气体；

c)　产生腐蚀性物质；

d)　产生不稳定物质。

6.1.8　装有加湿或经稀释的物质的容器，其封闭装置应使液体（水、溶剂或减敏剂等）的百分率在运输过程中不会下降到规定的限度以下。

6.1.9　除非另有规定，否则盛装具有以下特性物质的包装件应满足气密封口的要求：

a)　产生易燃气体或蒸气；

b)　在干燥的情况下，可能有爆炸性；

c)　产生有毒性气体或蒸气；

d)　产生腐蚀性气体或蒸气；或

e)　可能与空气发生危险性反应。

6.1.10　装运液体的内容器应足以承受正常运输条件下可能产生的内压力。如果包装件中可能由于内装物释放气体（由于温度增加或其他原因）而产生压力时，可在容器上安装一个通气孔，但释放的气体不应因其毒性、易燃性和排放量而造成危险。对拟运输的容器，通气孔应设计成保证在正常的运输条件下防止液体的泄漏和外界物质的渗入。

6.1.11　所有新的、改制的、再次使用的容器应能通过第 7 章规定的试验。在装货和移交运输之前，应按照第 8 章对每个容器进行检查，确保无腐蚀，污染或其他破损。当容器显示出的强度与批准的设计型号比较有下降的迹象时，不应再使用，或应予以整修，使之能够通过设计型号试验。

6.1.12　液体应装入对正常运输条件下可能产生的内部压力具有适当承受力的容器。标有 5.2.2d）规定的液压试验压力的容器，仅能装载有下述蒸气压力的液体：

a)　在 55 ℃时，容器内的总表压（即装载物质的蒸气压加上空气或其他惰性气体的分压，减去 100 kPa）不超过标记试验压力的三分之二；或

b)　在 50 ℃时，小于标记试验压力加 100 kPa 之和的七分之四；或

c)　在 55 ℃时，小于标记试验压力加 100 kPa 之和的三分之二。

6.1.13　拟装液体的每个容器，应在下列情况下成功地通过适当的气密（密封性）试验，并且能够达到第 7 章所规定的适当试验水平：

a)　在第一次用于运输之前；

b)　任何容器在改制或整理之后，再次用于运输之前。

注：在进行这项试验时，容器不必装有自己的封闭装置。如试验结果不会受到影响，复合容器的内贮器可在不用外容器的情况下进行试验。组合容器的内容器不需要进行此项试验。

6.1.14　在运输过程中可能遇到的温度下会变成液体的固体所用的容器也应具备装载液态物质的能力。

6.1.15　用于装粉末或颗粒状物质的容器，应防撒漏或配备衬里。

6.1.16　除非另有规定，第1类货物、4.1项自反应物质和5.2项有机过氧化物所使用的容器，应符合中等危险类别Ⅱ类包装的规定。

6.1.17　对于损坏、有缺陷、渗漏或不符合规定的危险货物包装件，或者溢出或漏出的危险货物，可以装在救助容器中运输。

6.1.17.1　应采取适当措施，防止损坏或渗漏的包件在救助容器内过分移动。当救助容器装有液体时，应添加足够的惰性吸收材料以消除游离液体的出现。

6.1.17.2　救助容器不得用作从物质或材料产地向外运输的包装。

6.1.17.3　应采取适当措施，确保没有造成危险的压力升高。

6.2　第1类危险货物的特殊包装要求

6.2.1　供运输的所有爆炸性物质和物品应已按照联合国《关于危险货物运输的建议书　规章范本》和《国际海运危险货物规则》所规定的程序加以分类。

6.2.2　第1类危险货物的容器应符合6.1的一般规定。

6.2.3　第1类危险货物的所有容器的设计和制造应达到以下要求：

a）能够保护爆炸品，使它们在正常运输条件下，包括在可预见的温度、湿度和压力发生变化时，不会漏出，也不会增加无意引燃或引发的危险；

b）完整的包装件在正常运输条件下可以安全地搬动；

c）包件能够经受得住运输中可预见的堆叠加在它们之上的任何荷重，不会因此而增加爆炸品具有的危险性，容器的保护功能不会受到损害，容器变形的方式或程度不至于降低其强度或造成堆垛的不稳定。

6.2.4　第1类危险货物应按照《国际海运危险货物规则》的包装导则和规定进行包装。

6.2.5　容器应符合第7章的要求，并达到Ⅱ类包装试验要求，而且应遵守5.1.4和6.1.14的规定。可以使用符合Ⅰ类包装试验标准的金属容器以外的容器。为了避免不必要的限制，不得使用Ⅰ类包装的金属容器。

6.2.6　装液态爆炸品的容器的封闭装置应确保有双重防渗漏保护。

6.2.7　金属桶的封闭装置应包括适宜的垫圈；如果封闭装置包括螺纹，应防止爆炸性物质进入螺纹中。

6.2.8　可溶于水的物质的容器应是防水的。装运减敏或退敏物质的容器应封闭以防止浓度在运输过程中发生变化。

6.2.9　当包装件中包括在运输途中可能结冰的双层充水外壳这一装置时，应在水中加入足够的防冻剂以防结冰。不应使用由于其固有的易燃性而可能引起燃烧的防冻剂。

6.2.10　钉子、钩环和其他没有防护涂层的金属制造的封闭装置，不应穿入外容器内部，除非内容器能够防止爆炸品与金属接触。

6.2.11　内容器、连接件和衬垫材料以及爆炸性物质或物品在包装件内的放置方式应能使爆炸性物质或物品在正常运输条件下不会在外容器内散开。应防止物品的金属部件与金属容器接触。含有未用外壳封装的爆炸性物质的物品应互相隔开以防止摩擦和碰撞。可以使用衬垫、托盘、内容器或外容器中的隔板、模衬或贮器，达到这一目的。

6.2.12　制造容器的材料应与包装件所装的爆炸品相容，并且是该爆炸品不能透过的，以防爆炸品与容器材料之间的相互作用或渗漏造成爆炸品不能安全运输，或者造成危险项别或配装组的改变。

6.2.13　应防止爆炸性物质进入有接缝金属容器的凹处。

6.2.14　塑料容器不应容易产生或积累足够的静电，以致放电时可能造成包装件内的爆炸性物质或物品引爆、引燃或发生反应。

6.2.15　爆炸性物质不应装在由于热效应或其他效应引起的内部和外部压力差可能导致爆炸或造成包装件破裂的内容器或外容器。

6.2.16 如果松散的爆炸性物质或者无外壳或部分露出的爆炸性物质可能与金属容器(1A2、1B2、4A、4B 和金属贮器)的内表面接触时,金属容器应有内衬或涂层。

6.2.17 内容器、附件、衬垫材料以及爆炸性物质在包装件内应牢固放置,以保证在运输过程中,不会导致危险性移动。

6.3 有机过氧化物(5.2 项)和 4.1 项自反应物质的特殊包装要求

6.3.1 对于有机过氧化物,所有盛装贮器应为"有效封口"。如果包装件内可能因为释放气体而产生较大的内压,可以配备排气孔,但排放的气体不应造成危险,否则内装物的量应加以限制。任何排气装置的结构应使液体在包装件直立时不会漏出,并且应能防止杂质进入。如果有外容器,其设计应使它不会干扰排气装置的作用。

6.3.2 有机过氧化物和自反应物质的容器应符合第 7 章规定的Ⅱ类包装性能水平的要求,为了避免不必要的限制,不得使用Ⅰ类包装的金属容器。

6.3.3 有机过氧化物和自反应物质的包装方法应符合《国际海运危险货物规则》的有关要求。

6.4 各种容器的要求遵照附录 A。

7 性能检验

7.1 试验规定

7.1.1 试验的施行和频率

7.1.1.1 每一容器在投入使用之前,其设计型号应成功地通过试验。容器的设计型号是由设计、规格、材料、材料厚度、制造和包装方式界定的,但可以包括各种表面处理。设计型号也包括仅在设计高度上比设计型号稍小的容器。

7.1.1.2 对生产的容器样品,应按主管当局规定的时间间隔重复进行试验。

7.1.1.3 容器的设计、材料或制造方式发生变化时也应再次进行试验。

7.1.1.4 与试验过的型号仅在小的方面不同的容器,如内容器尺寸较小或净重较小,以及外部尺寸稍许减小的桶、袋、箱等容器,主管当局可允许进行有选择的试验。

7.1.1.5 如组合容器的外容器用不同类型的内容器成功地通过了试验,则这些不同类型的内容器也可以合装在此外容器中。此外,如能保持相同的性能水平,下列内容器的变化形式可不必对包装件再作试验并准予使用:

a) 可使用尺寸相同或较小的内容器,条件是:
——内容器的设计与试验过的内容器相似(例如形状为圆形、长方形等);
——内容器的制造材料(玻璃、塑料、金属等)承受冲击力和堆码力的能力等于或大于原先试验过的内容器;
——内容器有相同或较小的开口,封闭装置设计相似(如螺旋帽、摩擦盖等);
——用足够多的额外衬垫材料填补空隙,防止内容器明显移动;
——内容器在外容器中放置的方向与试验过的包装件相同。

b) 如果用足够的衬垫材料填补空隙处防止内容器明显移动,则可用较少的试验过的内容器或 7.1.1.5a)中所列的替代型号内容器。

7.1.1.6 在下列条件下,各种装载固体或液体的内容器或物品可以组装或运输,免除外容器试验:

a) 外容器在装有内装液体的易碎(如玻璃)内容器时,成功地通过按照 7.2.1 以Ⅰ类包装的跌落高度进行的试验;

b) 内容器质量的总和不得超过 7.1.1.6a)中的跌落试验中内容器各总质量的一半;

c) 各内容器之间以及内容器与容器外部之间的衬垫材料厚度,不应低于原先试验的容器的相应厚度;如在原先试验中仅使用一个内容器,各内容器之间的衬垫厚度不应少于原先试验中容器

外部和内容器之间的衬垫厚度。如使用较少或较小的内容器(与跌落试验所用的内容器相比),应使用足够的附加衬垫材料填补空隙;

d) 外容器在空载时应成功地通过7.2.4的堆码试验。相同包装件的总质量应根据7.1.1.6a)中的跌落试验所用的内容器的合计质量确定;

e) 装液体的内容器周围应完全裹上吸收材料,其数量足以吸收内容器所装的全部液体;

f) 如果外容器要用于盛装液体的内容器,但不是防渗漏的,或者要用于盛装固体的内容器,但不是防撒漏的,则应通过使用防渗漏内衬、塑料袋或其他等效容器。对于装液体的容器,7.1.1.6e)中要求的吸收材料应放在留住液体内装物的装置内;

g) 容器应按照第5章作标记,表示已通过组合容器的Ⅰ类包装性能试验。所标的以kg计的毛质量(毛重),应为外容器质量和7.1.1.6a)中所述的跌落试验所用的内容器质量的一半之和。这一包装件标记也应包括5.1.4中所述的字母"V"。

7.1.1.7 因安全原因需要有的内层处理或涂层,应在进行试验后仍保持其保护性能。

7.1.1.8 若试验结果的正确性不会受影响,可对一个试样进行几项试验。

7.1.1.9 救助容器应根据拟用于运输固体或内容器的Ⅱ类包装容器所适用的规定进行试验和作标记,以下情况除外:

a) 进行试验时所用的试验物质应是水,容器中所装的水不得少于其最大容量的98%。允许使用添加物,如铅粒袋,以达到所要求的总包装件质量,只要它们放的位置不会影响试验结果。或者,在进行跌落试验时,跌落高度可按照7.2.1.4b)予以改变;

b) 此外,容器应已成功地经受30 kPa的气密试验,并且这一试验的结果反映在7.2.5所要求的试验报告中;和

c) 容器应标有5.1.4所述的字母"T"。

7.1.2 容器的试验准备

7.1.2.1 对准备好供运输的容器,其中包括组合容器所使用的内容器,应进行试验。就内贮器或单贮器或容器而言,所装入的液体不应低于其最大容量的98%,所装入的固体不得低于其最大容量的95%。就组合容器而言,如内容器将装运液体和固体,则需对液体和固体内装物分别作试验。将装入容器运输的物质或物品,可以其他物质或物品代替,除非这样做会使试验结果成为无效。就固体而言,当使用另一种物质代替时,该物质必须与待运物质具有相同的物理特性(质量、颗粒大小等)。允许使用添加物,如铅粒包,以达到要求的包装件总质量,只要它们放的位置不会影响试验结果。

7.1.2.2 对装液体的容器进行跌落试验时,如使用其他物质代替,该物质应有与待运物质相似的相对密度和黏度。水也可以用于进行7.2.1.4条件下的液体跌落试验。

7.1.2.3 纸和纤维板容器应在控制温度和相对湿度的环境下至少放置24 h。有以下三种办法,应选择其一。温度23 ℃±2 ℃和相对湿度(50%±2%)(r.h.)是最好的环境。另外两种办法是:温度20 ℃±2 ℃和相对湿度(65%±2%)(r.h.)或温度27 ℃±2 ℃和相对湿度(65%±2%)(r.h.)。

注:平均值应在这些限值内,短期波动和测量局限可能会使个别相对湿度量度有±5%的变化,但不会对试验结果的复验性有重大影响。

7.1.2.4 首次使用塑料桶(罐)、塑料复合容器及有涂、镀层的容器,在试验前需直接装入拟运危险货物贮存六个月以上进行相容性试验。在贮存期之后,再对样品进行7.2.1、7.2.2、7.2.3和7.2.4所列的适用试验。如果所装的物质可能使塑料桶或罐产生应力裂纹或弱化,则必须在装满该物质、或另一种已知对该种塑料至少具有同样严重应力裂纹作用的物质的样品上面放置一个荷重,此荷重相当于在运输过程中可能堆放在样品上的相同数量包件的总质量。堆垛包括试验样品在内的最小高度是3 m。

7.1.3 检验项目

各种常用水运危险货物包装容器应检验项目遵照附录D。

7.2 试验

7.2.1 跌落试验

7.2.1.1 试验样品数量和跌落方向

每种设计型号试验样品数量和跌落方向见表1。

除了平面着地的跌落之外，重心应位于撞击点的垂直上方。在特定的跌落试验可能有不止一个方向的情况下，应采用最薄弱部位进行试验。

7.2.1.2 跌落试验样品的特殊准备

以下容器进行试验时，应将试验样品及其内装物的温度降至－18 ℃或更低：

a) 塑料桶；

b) 塑料罐；

c) 泡沫塑料箱以外的塑料箱；

d) 复合容器(塑料材料)；

e) 带有塑料内容器的组合容器，准备盛装固体或物品的塑料袋除外。

按这种方式准备的试验样品，可免除7.1.2.3中的预处理。试验液体应保持液态，必要时可添加防冻剂。

表1 试验样品数量和跌落方向

容　器	试验样品数量	跌落方向
钢桶 铝桶 除钢桶或铝桶之外的金属桶 钢罐 铝罐 胶合板桶 纤维板桶 塑料桶和塑料罐 圆柱形复合容器	6个 (每次跌落用3个)	第一次跌落(用3个样品)：容器应以凸边斜着撞击在冲击板上。如果容器没有凸边，则撞击在周边接缝上或一棱边上。 第二次跌落(用另外3个样品)：容器应以第一次跌落未试验过的最弱部位撞击在冲击板上，例如封闭装置，或者某些圆柱形桶，则撞在桶身的纵向焊缝上。
天然木箱 胶合板箱 再生木箱 纤维板箱 塑料箱 钢或铝箱	5个 (每次跌落用1个)	第一次跌落：底部平跌 第二次跌落：顶部平跌 第三次跌落：长侧面平跌 第四次跌落：短侧面平跌 第五次跌落：角跌落
袋-单层有缝边	3个 (每袋跌落3次)	第一次跌落：宽面平跌 第二次跌落：窄面平跌 第三次跌落：端部跌落
袋-单层无缝边，或多层	3个 (每袋跌落2次)	第一次跌落：宽面平跌 第二次跌落：端部跌落

7.2.1.3 试验设备

符合GB/T 4857.5中试验设备的要求。冷冻室(箱)：能满足7.2.1.2要求；温、湿度室(箱)：能满足7.1.2.3要求。

7.2.1.4 跌落高度

对于固体和液体，如果试验是用待运的固体或液体或用具有基本上相同的物理性质的另一物质进行，跌落高度见表2。

表 2 跌落高度

单位为米

Ⅰ类包装	Ⅱ类包装	Ⅲ类包装
1.8	1.2	0.8

对于液体，如果试验是用水进行：

a) 如果待运物质的相对密度不超过1.2，跌落高度见表2；

b) 如果待运物质的相对密度超过1.2，则跌落高度应根据拟运物质的相对密度(d)按表3计算(四舍五入至第一位小数)。

表 3 跌落高度与密度换算

单位为米

Ⅰ类包装	Ⅱ类包装	Ⅲ类包装
$d\times1.5$	$d\times1.0$	$d\times0.67$

7.2.1.5 通过试验的准则

a) 每一盛装液体的容器在内外压力达到平衡后，应无渗漏，有内涂(镀)层的容器，其内涂(镀)层还应完好无损。但是，对于组合容器的内容器、复合容器(玻璃、陶瓷或粗陶瓷)的内贮器，其压力可不达到平衡。

b) 盛装固体的容器进行跌落试验并以其上端面撞击冲击板，如果全部内装物仍留在内容器或内贮器(例如塑料袋)之中，即使封闭装置不再防撒漏，试验样品即通过试验。

c) 复合或组合容器或其外容器，不应出现可能影响运输安全的破损，也不应有内装物从内贮器或内容器中漏出。若有内涂(镀)层，其内涂(镀)层应完好无损。

d) 袋子的最外层或外容器，不应出现影响运输安全的破损。

e) 在撞击时封闭装置有少许排出物，但无进一步渗漏，仍认为容器合格。

f) 装第1类物质的容器不允许出现任何会使爆炸性物质或物品从外容器中撒漏破损。

7.2.2 气密(密封性)试验

7.2.2.1 试验样品数量

每种设计型号取3个试验样品。

7.2.2.2 试验前试验样品的特殊准备

将有通气孔的封闭装置以相似的无通气孔的封闭装置代替，或将通气孔堵死。

7.2.2.3 试验设备

按GB/T 17344的要求。

7.2.2.4 试验方法和试验压力

将容器包括其封闭装置箝制在水面下5 min，同时施加内部空气压力，箝制方法不应影响试验结果。施加的空气压力(表压)见表4。

表 4 气密试验压力

单位为千帕

Ⅰ类包装	Ⅱ类包装	Ⅲ类包装
不小于30	不小于20	不小于20

其他至少有同等效力的方法也可以使用。

7.2.2.5 通过试验的准则

所有试样应无泄漏。

7.2.3 液压(内压)试验

7.2.3.1 试验样品数量

每种设计型号取3个试验样品。

7.2.3.2 试验前容器的特殊准备

将有通气孔的封闭装置用相似的无通气孔的封闭装置代替，或将通气孔堵死。

7.2.3.3 试验设备

液压危险货物包装试验机或达到相同效果的其他试验设备。

7.2.3.4 试验方法和试验压力

a) 金属容器和复合容器（玻璃、陶瓷或粗陶瓷）包括其封闭装置，应经受 5 min 的试验压力。塑料容器和复合容器（塑料）包括其封闭装置，应经受 30 min 的试验压力。这一压力就是 5.2.2d）所要求标记的压力。支撑容器的方式不应使试验结果无效。试验压力应连续地、均匀地施加；在整个试验期间保持恒定。所施加的液压（表压），按下述任何一个方法确定：

——不小于在 55 ℃时测定的容器中的总表压（所装液体的蒸气压加空气或其他惰性气体的分压，减去 100 kPa）乘以安全系数 1.5 的值；此总表压是根据 6.1.5 规定的最大充灌度和 15 ℃的灌装温度确定的；

——不小于待运液体在 50 ℃时的蒸气压的 1.75 倍减去 100 kPa，但最小试验压力为 100 kPa；

——不小于待运液体在 55 ℃时的蒸气压的 1.5 倍减去 100 kPa，但最小试验压力为 100 kPa。

拟装Ⅰ类包装液体的容器最小试验压力为 250 kPa。

b) 在无法获得待运液体的蒸气压时，可按表 5 的压力进行试验。

表 5 液压试验压力

单位为千帕

Ⅰ类包装	Ⅱ类包装	Ⅲ类包装
不小于 250	不小于 100	不小于 100

7.2.3.5 通过试验的准则

所有试样应无泄漏。

7.2.4 堆码试验

7.2.4.1 试验样品数量

每种设计型号取 3 个试验样品。

7.2.4.2 试验设备

按 GB/T 4857.3 的要求。

7.2.4.3 试验方法和堆码载荷

在试验样品的顶部表面施加一载荷，此载荷重量相当于运输时可能堆码在它上面的同样数量包装件的总重量。如果试验样品内装的液体的相对密度与待运液体的不同，则该载荷应按后者计算。包括试验样品在内的堆码高度不小于 3 m。试验时间为 24 h，但拟装液体的塑料桶、罐和复合容器（6HH1 和 6HH2），应在不低于 40 ℃的温度下经受 28 d 的堆码试验。

堆码载荷（P）按式（1）计算：

$$P=\left(\frac{H-h}{h}\right)\times m \qquad \cdots\cdots(1)$$

式中：

P——加载的载荷，单位为千克（kg）；

H——堆码高度（不小于 3 m），单位为米（m）；

h——单个包装件高度，单位为米（m）；

m——单个包装件毛质量（毛重），单位为千克（kg）。

7.2.4.4 通过试验的准则

试验样品不得泄漏。对复合或组合容器而言，不允许有所装的物质从内贮器或内容器中漏出。试验样品不允许有可能影响运输安全的损坏，或者可能降低其强度或造成包装件堆码不稳定的变形。在进行判定之前，塑料容器应冷却至环境温度。

7.2.5 试验（检测）报告

试验报告内容包括：

a) 试验机构的名称和地址；

b) 申请人的姓名和地址（如适用）；

c) 试验报告的特别标志；

d) 试验报告签发日期；

e) 容器制造厂；

f) 容器设计型号说明（例如尺寸、材料、封闭装置、厚度等），包括制造方法（例如吹塑法），并且可附上图样和/或照片；

g) 最大容量；

h) 试验内装物的特性，例如液体的黏度和相对密度，固体的粒径；

i) 试验说明和结果；

j) 试验报告应由授权签字人签字，写明姓名和身份。

7.3 检验规则

7.3.1 生产厂应保证所生产的水路运输危险货物包装应符合本标准规定，并由有关检验部门按本标准检验。

7.3.2 有下列情况之一时，应进行性能检验：

——新产品投产或老产品转产时；

——正式生产后，如结构、材料、工艺有较大改变，可能影响产品性能时；

——在正常生产时，每半年一次；

——产品长期停产后，恢复生产时；

——国家质检部门提出进行性能检验。

7.3.3 性能检验周期为1个月、3个月、6个月三个档次。每种新设计型号检验周期为3个月，连续三个检验周期合格，检验周期可升一档，若发生一次不合格，检验周期降一档。

7.3.4 在性能检验周期内可进行抽查检验，抽查的次数按检验周期1个月、3个月、6个月三个档次分别为一次、两次、三次，每次抽查的样品不应多于2件。

7.3.5 包装容器有效期是自容器生产之日起计算不超过12个月。超过有效期的包装容器需再次进行性能检验，容器有效期自检验完毕日期起计算不超过6个月。

7.3.6 对于再次使用的、修理过的或改制的容器有效期自检验完毕日期起计算不超过6个月。

7.3.7 对于7.3.1至7.3.3规定的检验，应按本标准的要求对每个制造厂的每个设计型号的容器逐项进行检验。若有一个试样未通过其中一项试验，则判定该项目不合格，只要有一项不合格则判定该设计型号容器不合格。

7.3.8 对检验不合格的容器，其制造厂生产的该设计型号的容器不允许用于盛装水路运输危险货物，除非再次检验合格。再次提交检验时，其严格度不变。

8 使用鉴定

8.1 鉴定要求

8.1.1 一般要求

8.1.1.1 包装件的外观

包装件上包装标记应符合6.1.1的要求，并在包装件上加贴（或印刷）符合联合国《关于危险货物运输的建议书 规章范本》等国际规章要求的危险品标志和标签。包装件外表应清洁，不允许有残留物、污染或渗漏。

8.1.1.2 使用单位选用的容器应与水路运输危险货物的性质相适应，其性能应符合第6章和第7章的规定。

8.1.1.3 容器的包装类别应等于或高于盛装的危险货物要求的包装类别。

8.1.1.4 在下列情况时应提供危险货物的分类、定级危险特性检验报告：

a) 首次生产的或未列明的；

b) 首次运输或出口的；

c) 有必要时(如申报的内容物与实际的内容物不相符等)。

8.1.1.5 首次使用的塑料容器或内涂(镀)层容器应提供六个月以上化学相容性试验合格的报告。

8.1.1.6 危险货物包装件单件净质量(净重)不得超过联合国《关于危险货物运输的建议书 规章范本》和《国际海运危险货物规则》规定的质量。

8.1.1.7 一般情况下，液体危险货物灌装至容器容积的98%以下。对于膨胀系数较大的液体货物，应根据其膨胀系数确定容器的预留容积。固体危险货物盛装至容器容积的95%以下。

8.1.1.8 采用液体或惰性气体保护危险货物时，该液体或惰性气体应能有效保证危险货物的安全。

8.1.1.9 危险货物不得撒漏在容器外表或外容器和内贮器之间。

8.1.2 特殊要求

8.1.2.1 桶、罐类容器的要求

a) 闭口桶、罐的大、小封闭器螺盖应紧密配合，并配以适当的密封圈。螺盖拧紧程度应达到密封要求。

b) 开口桶、罐应配以适当的密封圈，无论采用何种形式封口，均应达到紧箍、密封要求。扳手箍还需用销子锁住扳手。

8.1.2.2 箱类包装的要求

a) 木箱、纤维板箱用钉紧固时，应钉实，不得突出钉帽，穿透包装的钉尖必须盘倒。打包带紧箍箱体。

b) 瓦楞纸箱应完好无损，封口应平整牢固。打包带紧箍箱体。

8.1.2.3 袋类包装的要求

a) 外容器用缝线封口时，无内衬袋的外容器袋口应折叠30 mm以上，缝线的开始和结束应有5针以上回针，其缝针密度应保证内容物不撒漏且不降低袋口强度。有内衬袋的外容器袋缝针密度应保证牢固无内容物撒漏。

b) 内容器袋封口时，不论采用绳扎、粘合或其他型式的封口，应保证内容物无撒漏。

c) 绳扎封口时，排出袋内气体、袋口用绳紧绕二道，扎紧打结，再将袋口朝下折转、用绳紧绕二道，扎紧打结。如果是双层袋，则应按此法分层扎紧。

d) 粘合封口时，排出袋内气体、粘合牢固，不允许有孔隙存在。如果是双层袋，则应分层粘合。

8.1.2.4 组合容器的要求

a) 符合6.1.6和7.1.1.6f)要求。

b) 内容器盛装液体时，封口需符合液密封口的规定；如需气密封口的，需符合气密封口的规定。

8.2 抽样

8.2.1 检验批

以相同原材料、相同结构和相同工艺生产的包装件为一检验批，最大批量为10 000件。

8.2.2 抽样规则

按GB/T 2828.1正常检查一次抽样一般检查水平Ⅱ进行抽样。

8.2.3 抽样数量

抽样数量见表6。

表 6 抽样数量

单位为件

批量范围	抽样数量
1～8	2
9～15	3
16～25	5
26～50	8
51～90	13
91～150	20
151～280	32
281～500	50
501～1 200	80
1 201～3 200	125
3 201～10 000	200

8.3 鉴定项目

8.3.1 检查水路运输危险货物容器是否符合 8.1.1.1、8.1.1.3 和 8.1.1.9 的要求。

8.3.2 检查所选用容器是否与水路运输危险货物的性质相适应;是否有容器的性能检验合格报告。

8.3.3 对于 8.1.1.4 提到的水路运输危险货物包装,检查是否具有由国家质检部门或国家质检部门认可的检测机构出具的危险品的分类、定级危险特性检验报告。

8.3.4 检查水路运输危险货物净重是否符合 8.1.1.6 的要求。

8.3.5 检查盛装液体或固体的水路运输危险货物容器盛装容积是否符合 8.1.1.7 的要求。

8.3.6 抽取保护危险货物的液体或惰性气体样品进行分析,按各类危险货物相应的标准检验保护性液体或惰性气体是否符合 8.1.1.8 要求。

8.3.7 检查容器的封口(包括组合容器的内容器封口)、吸附材料是否符合第 6 章的相关规定。

8.3.8 检查危险货物和与之接触的容器、吸附材料、防震和衬垫材料、绳、线等容器附加材料是否发生化学反应,影响其使用性能。

8.3.9 检查桶、罐类容器是否符合 8.1.2.1 的要求。

8.3.10 检查箱类容器是否符合 8.1.2.2 的要求。

8.3.11 检查袋类容器是否符合 8.1.2.3 的要求。

8.3.12 检查组合容器是否符合 8.1.2.4 的要求。

8.4 鉴定规则

8.4.1 危险货物包装的使用企业应保证所使用的水运危险货物包装符合本标准规定,并由有关检验部门按本标准进行鉴定。危险货物的用户有权按本标准的规定,对接收的危险货物包装件提出验收检验。

8.4.2 水运危险货物包装件应逐批鉴定,以订货量为一批,但最大批量不得超过 8.2.1 规定的最大批量。

8.4.3 使用鉴定报告的有效期应自危险货物灌装之日计算,盛装第 8 类危险物质及带有腐蚀性副危险性物质的包装件的使用鉴定报告有效期不超过 6 个月,其他危险货物的包装使用鉴定有效期不超过 1 年,但此有效期不能超过性能检验报告的有效期。

8.4.4 判定规则:若有一项不合格,则该批水运危险货物包装件不合格。上述各项经鉴定合格后,出具使用鉴定报告。

8.4.5 不合格批处理:经返工整理或剔除不合格的包装件后,再次提交检验,其严格度不变。

8.4.6 对检验不合格的包装件,不允许提交水路运输。除非再次检验合格。

附 录 A
（规范性附录）
各种常用的包装容器代码、类别、要求及最大容量和净重的有关要求

表 A.1 给出了各种常用的包装容器代码、类别、要求及最大容量和净重的有关要求。

表 A.1 各种常用的包装容器代码、类别、要求及最大容量和净重的有关要求

种 类	代码	类 别	要 求	最大容量 L	最大净质量 （净重） kg
钢桶	1A1 1A2	非活动盖 活动盖	a) 桶身和桶盖应根据钢桶的容量和用途，使用型号适宜和厚度足够的钢板制造。 b) 拟用于装 40 L 以上液体的钢桶，桶身接缝应焊接。拟用于装固体或者装 40 L 以下液体的钢桶，桶身接缝可用机械方法结合或焊接。 c) 桶的凸边应用机械方法接合，或焊接。也可以使用分开的加强环。 d) 容量超过 60 L 的钢桶桶身，通常应该至少有两个扩张式滚箍，或者至少两个分开的滚箍。如使用分开式滚箍，则应在桶身上固定紧，不应移位。滚箍不应点焊。 e) 非活动盖(1A1)钢桶桶身或桶盖上用于装入、倒空和通风的开口，其直径不应超过 7 cm。开口更大的钢桶将视为活动盖(1A2)钢桶。桶身和桶盖的开口封闭装置的设计和安装应做到在正常运输条件下始终是紧固和不漏的。封闭装置凸缘应用机械方法或焊接方法恰当接合。除非封闭装置本身是防漏的，否则应使用密封垫或其他密封件。 f) 活动盖钢桶的封闭装置的设计和安装，应做到在正常的运输条件下该装置始终是紧固的，钢桶始终是不漏的。所有活动盖都应使月垫圈或其他密封件。 g) 如果桶身、桶盖、封闭装置和连接件所用的材料本身与装运的物质是不相容的，应施加适当的内保护涂层或处理。在正常运输条件下，这些涂层或处理层应始终保持其保护性能。	450	400
铝桶	1B1 1B2	非活动盖 活动盖	a) 桶身和桶盖应由纯度至少 99% 的铝，或以铝为基础的合金制成。应根据铝桶的容量和用途，使用适当型号和足够厚度的材料。 b) 所有接缝应是焊接的。凸边如果有接缝的话，应另外加加强环。 c) 容量大于 60 L 的铝桶桶身，通常应至少装有两个扩张式滚箍，或者两个分开式滚箍。如装有分开式滚箍时，应安装得很牢固，不应移动。滚箍不应点焊。 d) 非活动盖(1B1)铝桶的桶身或桶盖上用于装入、倒空和通风的开口，其直径不应超过 7 cm。开口更大的铝桶将视为活动盖(1B2)铝桶。桶身和桶盖的开口封闭装置的设计和安装应做到在王常运输条件下，它们始终是紧固和不漏的。封闭装置凸缘应焊接恰当，使接缝不漏。除非封闭装置本身是防漏的，否则应使用垫圈或其他密封件。 e) 活动盖铝桶的封闭装置的设计和安装，应做到在正常运输条件下始终是紧固和不漏的。所有活动盖都应使用垫圈或其他密封件。	450	400

表 A.1（续）

种 类	代码	类 别	要 求	最大容量 L	最大净质量 （净重） kg
钢或铝以外的金属桶	1N1 1N2	非活动盖 活动盖	a）桶身和桶盖应由钢和铝以外的金属或金属合金制成。应根据桶的容量和用途，使用适当型号和足够厚度的材料。 b）凸边如果有接缝的话，应另外加加强环。所有接缝应是焊接的。 c）容量大于 60 L 的金属桶桶身，通常应至少装有两个扩张式滚箍，或者两个分开式滚箍。如装有分开式滚箍时，应安装得很牢固，不应移动。滚箍不应点焊。 d）非活动盖(1N1)金属桶的桶身或桶盖上用于装入、倒空和通风的开口，其直径不应超过 7 cm。开口更大的金属桶将视为活动盖(1N2)金属桶。桶身和桶盖的开口封闭装置的设计和安装应做到在正常运输条件下，它们始终是紧固和不漏的。封闭装置凸缘应焊接恰当，使接缝不漏。除非封闭装置本身是防漏的，否则应使用垫圈或其他密封件。 e）活动盖金属桶的封闭装置的设计和安装，应做到在正常运输条件下始终是紧固和不漏的。所有活动盖都应使用垫圈或其他密封件。	450	400
钢罐	3A1 3A2	非活动盖 活动盖	a）罐身和罐盖应用钢板、至少 99%纯的铝或铝合金制造。应根据罐的容量和用途，使用适当型号和足够厚度的材料。 b）钢罐的凸边应用机械方法接合或焊接。用于容装 40 L以上液体的钢罐罐身接缝应焊接。用于容装小于或等于 40 L 的钢罐罐身接缝应使用机械方法接合或焊接。对于铝罐，所有接缝应焊接。凸边如果有接缝的话，应另加一条加强环。 c）罐(3A1 和 3B1)的开口直径不应超过 7 cm。开口更大的罐将视为活动盖型号(3A2 和 3B2)。封闭装置的设计应做到在正常运输条件下始终是紧固和不漏的。除非封闭装置本身是防漏的，否则应使用密封垫或其他密封件。 d）如果罐身、盖、封闭装置和连接件等所用的材料本身与装运的物质是不相容的，应施加适当的内保护涂层或处理。在正常运输条件下，这些涂层或处理层应始终保持其保护性能。	60	120
铝罐	3B1 3B2	非活动盖 活动盖			
胶合板桶	1D		a）所用木料应彻底风干，达到商业要求的干燥程度，且没有任何有损于桶的使用效能的缺陷。若用胶合板以外的材料制造桶盖，其质量与胶合板应是相等同的。 b）桶身至少应用两层胶合板，桶盖至少应用三层胶合板制成。各层胶合板，应按交叉纹理用抗水粘合剂牢固地粘在一起。 c）桶身、桶盖及其连接部位应根据桶的容量和用途设计。 d）为防止所装物质撒漏，应使用牛皮纸或其他具有同等效能的材料作桶盖衬里。衬里应紧扣在桶盖上并延伸到整个桶盖周围外。	250	400

表 A.1(续)

种 类	代码	类 别	要 求	最大容量 L	最大净质量 (净重) kg
纤维板桶	1G		a) 桶身应由多层厚纸或纤维板牢固地胶合或层压在一起,可以有一层或多层由沥青、涂腊牛皮纸、金属薄片、塑料等构成的保护层。 b) 桶盖应由天然木、纤维板、金属、胶合板、塑料或其他适宜材料制成,可包括一层或多层由沥青、涂腊牛皮纸、金属薄片、塑料等构成的保护层。 c) 桶身、桶盖及其连接处的设计应与桶的容量和用途相适应。 d) 装配好的容器应由足够的防水性,在正常运输条件下不应出现剥层现象。	450	400
塑料桶和罐	1H1 1H2 3H1 3H2	桶,非活动盖 桶,活动盖 罐,非活动盖 罐,活动盖	a) 容器应使用适宜的塑料制造,其强度应与容器的容量和用途相适应。除了联合国《关于危险货物运输的建议书 规章范本》中第1章界定的回收塑料外,不应使用来自同一制造工序的生产剩料或重新磨合材料以外的用过材料。容器应对老化和由于所装物质或紫外线辐射引起的质量降低具有足够的抵抗能力。 b) 如果需要防紫外线辐射,应在材料内加入炭黑或其他合适的色素或抑制剂。这些添加剂应是与内装物相容的,并应在容器的整个使用期间保持其效能。当使用的炭黑、色素或抑制剂与制造试验过的设计型号所用的不同时,如炭黑含量(按质量)不超过2%,或色素含量(按质量)不超过3%,则可不再进行试验;紫外线辐射抑制剂的含量不限。 c) 除了防紫外线辐射的添加剂之外,可以在塑料成分中加入其他添加剂,如果这些添加剂对容器材料的化学和物理性质并无不良作用。在这种情况下,可免除再试验。 d) 容器各点的壁厚,应与其容量、用途以及各个点可能承受的压力相适应。 e) 对非活动盖的桶(1H1)和罐(3H1)而言,桶身(罐身)和桶盖(罐盖)上用于装入、倒空和通风的开口直径不应超过7 cm。开口更大的桶和罐将视为活动盖型号的桶和罐(1H2和3H2),桶(罐)身或桶(罐)盖上开口的封闭装置的设计和安装应做到在正常运输条件下始终是紧固和不漏的。除非封闭装置本身是防漏的,否则应使用垫圈或其密封件。 f) 设计和安装活动盖桶和罐的封闭装置,应做到在正常运输条件下该装置始终是紧固和不漏的。所有活动盖都应使用垫圈,除非桶或罐的设计是在活动盖夹得很紧时,桶或罐本身是防漏的。	450 450 60 60	400 400 120 120

表 A.1（续）

种　类	代码	类　别	要　　求	最大容量 L	最大净质量 （净重） kg
天然木箱	4C1 4C2	普通的箱壁 防撒漏	a）所用木材应彻底风干，达到商业要求的干燥程度，并且没有会实质上降低箱子任何部位强度的缺陷。所用材料的强度和制造方法，应与箱子的容量和用途相适应。顶部和底部可用防水的再生木，如高压板、刨花板或其他合适材料制成。 b）紧固件应耐得住正常运输条件下经受的振动。可能时应避免用横切面固定法。可能受力很大的接缝应用抱钉或环状钉或类似紧固件接合。 c）箱 4C2：箱的每一部分应是一块板，或与一块板等效。用下面方法中的一个接合起来的板可视与一块板等效：林德曼（Linderman）连接、舌槽接合、搭接或槽舌接合、或者在每一个接合处至少用两个波纹金属扣件的对头连接。		400
胶合板箱	4D		所用的胶合板至少应为 3 层。胶合板应由彻底风干的旋制、切成或锯制的层板制成，符合商业要求的干燥程度，没有会实质上降低箱子强度的缺陷。所用材料的强度和制造方法应与箱子的容量和用途相适应。所有邻接各层，应用防水粘合剂胶合。其他适宜材料也可与胶合板一起用于制造箱子。应由角柱或端部钉牢或固定住箱子，或用同样适宜的紧固装置装配箱子。		400
再生木箱	4F		a）箱壁应由防水的再生木制成，例如高压板、刨花板或其他适宜材料。所用材料的强度和制造方法应与箱子的容量和用途相适应。 b）箱子的其他部位可用其他适宜材料制成。 c）箱子应使用适当装置牢固地装配。		400
纤维板箱	4G		a）应使用与箱子的容量和用途相适应、坚固优质的实心或双面波纹纤维板（单层或多层）。外表面的抗水性应是：当使用可勃（Cobb）法确定吸水性时，在 30 min 的试验期内，质量增加值不大于 155 g/m^2（参见 GB/T 1540）。纤维板应有适当的弯曲强度。纤维板应在切割、压折时无裂缝，并应开槽以便装配时不会裂开、表面破裂或者不应有的弯曲。波纹纤维板的槽部，应牢固的胶合在面板上。 b）箱子的端部可以有一个木制框架，或全部是木材或其他适宜材料。可以用木板条或其他适宜材料加强。 c）箱体上的接合处，应用胶带粘贴、搭接并胶住，或搭接并用金属卡钉钉牢。搭接处应由适当长度的重叠。 d）用胶合或胶带粘贴方式进行封闭时，应使用防水胶合剂。 e）箱子的设计应与所装物品十分相配。		400

表 A.1(续)

种 类	代码	类 别	要 求	最大容量 L	最大净质量 (净重) kg
塑料箱	4H1 4H2	泡沫塑料箱 硬塑料箱	a) 应根据箱的容量和用途,用足够强度的适宜塑料制造箱子。箱子应对老化和由于所装物质或紫外线辐射引起的质量降低具有足够的抵抗力。 b) 泡沫塑料箱应包括由模制泡沫塑料制成的两个部分,一为箱底部分,有供放置内容器的模槽,另一为箱顶部分,它将盖在箱底上,并能彼此扣住。箱底和箱顶的设计应使内容器能刚刚好放入。内容器的封闭帽不得与箱顶的内面接触。 c) 发货时,泡沫塑料箱应用具有足够抗拉强度的自粘胶带封闭,以防箱子打开。这种自粘胶带应能耐受风吹雨淋日晒,其粘合剂与箱子的泡沫塑料是相容的。可以使用至少同样有效的其他封闭装置。 d) 硬塑料箱如果需要防护紫外线辐射,应在材料内添加炭黑或其他合适的色素或抑制剂。这些添加剂应是与内装物相容的,并在箱子的整个使用期限内保持效力。当使用的炭黑、色素或抑制剂与制造试验过的设计型号所使用的不同时,如炭黑含量(按质量)不超过 2%,或色素含量(按质量)不超过 3%,则可不再进行试验;紫外线辐射抑制剂的含量不限。 e) 防紫外线辐射以外的其他添加剂,如果对箱子材料的物理或化学性质不会产生有害影响,可加入塑料成分中。在这种情况下,可免予再试验。 f) 硬塑料箱的封闭装置应由具有足够强度的适当材料制成,其设计应使箱子不会意外打开。		60 400
钢或铝箱	4A 4B	钢箱 铝箱	a) 金属的强度和箱子的构造,应与箱子的容量和用途相适应。 b) 箱子应视需要用纤维板或毡片作内衬,或其他合适材料作的内衬或涂层。如果采用双层压折接合的金属衬,应采取措施防止内装物,特别是爆炸物,进入接缝的凹槽处。 c) 封闭装置可以是任何合适类型,在正常运输条件下应始终是紧固的。		400
纺织袋	5L1 5L2 5L3	无内衬或涂层 防撒漏 防水	a) 所用纺织品应是优质的。纺织品的强度和袋子的构造应与袋的容量和用途相适应。 b) 防撒漏袋 5L2:袋应能防止撒漏,例如,可采用下列方法: 1) 用抗水粘合剂,如沥青、将纸粘贴在袋的内表面上;或 2) 袋的内表面粘贴塑料薄膜;或 3) 纸或塑料做的一层或多层衬里。 c) 防水袋 5L3:袋应具有防水性能以防止潮气进入,例如,可采用下列方法: 1) 用防水纸(如涂腊牛皮纸、柏油纸或塑料涂层牛皮纸)做的分开的内衬里;或 2) 袋的内表面粘贴塑料薄膜;或 3) 塑料做的一层或多层内衬里。		50

表 A.1(续)

种　类	代码	类　别	要　　求	最大容量 L	最大净质量 (净重) kg
塑料 编织袋	5H1 5H2 5H3	无内衬或 涂层 防撒漏 防水	a) 袋子应使用适宜的弹性塑料袋或塑料单丝编织而成。材料的强度和袋的构造应与袋的容量和用途相适应。 b) 如果织品是平织的,袋子应用缝合或其他方法把袋底和一边缝合。如果是筒状织品,则袋应用缝合、编制或其他能达到同样强度的方法来闭合。 c) 防撒漏袋 5H2:袋应能防撒漏,例如可采用下列方法: 1) 袋的内表面粘贴纸或塑料薄膜;或 2) 用纸或塑料做的一层或多层分开的衬里。 d) 防水袋 5H3:袋应具有防水性能以防止潮气进入,例如,可采用下述方法: 1) 用防水纸(例如,涂腊牛皮纸,双面柏油牛皮纸或塑料涂层牛皮纸)做的分开的内衬里;或 2) 塑料薄膜粘贴在袋的内表面或外表面;或 3) 一层或多层塑料内衬。		50
塑料膜袋	5H4		袋应用适宜塑料制成。材料的强度和袋的构造应与袋的容量和用途相适应。接缝和闭合处应能承受在正常运输条件下可能产生的压力和冲击。		50
纸袋	5M1 5M2	多层 多层,防水	a) 袋应使用合适的牛皮纸或性能相同的纸制造,至少有三层,中间一层可以是用粘合剂贴在外层的网状布。纸的强度和袋的构造应与袋的容量和用途相适应。接缝和闭合处应防撒漏。 b) 袋 5M2:为防止进入潮气,应用下述方法使四层或四层以上的纸袋具有防水性:最外面两层中的一层作为防水层,或在最外面二层中间夹入一层用适当的保护性材料做的防水层。防水的三层纸袋,最外面一层应是防水层。当所装物质可能与潮气发生发应,或者是在潮湿条件下包装的,与内装物接触的一层应是防水层或隔水层,例如,双面柏油牛皮纸、塑料涂层牛皮纸、袋的内表面粘贴塑料薄膜、或一层或多层塑料内衬里。接缝和闭合处应是防水的。		50

表 A.1（续）

种　类	代码	类　别	要　　求	最大容量 L	最大净质量 （净重） kg
复合容器 （塑料材料）	6HA1	塑料贮器与外钢桶	a）内贮器： 1）塑料内贮器应适用附录 A 的有关要求。 2）塑料内贮器应完全合适地装在外容器内，外容器不应有可能擦伤塑料的凸出处。 b）外容器： 外容器的制造应符合附录 A 的有关要求。	250	400
	6HA2	塑料贮器与外钢板条箱或钢箱		60	75
	6HB1	塑料贮器与外铝桶		250	400
	6HB2	塑料贮器与外铝板箱或铝箱		60	75
	6HC	塑料贮器与外木板箱		60	75
	6HD1	塑料贮器与外胶合板桶		250	400
	6HD2	塑料贮器与外胶合板箱		60	75
	6HG1	塑料贮器与外纤维制桶		250	400
	6HG2	塑料贮器与外纤维制箱		60	75
	6HH1	塑料贮器与外塑料桶		250	400
	6HH2	塑料贮器与外硬塑料箱		60	75

表 A.1（续）

种 类	代码	类 别	要 求	最大容量 L	最大净质量 （净重） kg
复合容器（玻璃、陶瓷或粗陶瓷）	6PA1 6PA2 6PB1 6PB2 6PC 6PD1 6PD2 6PG1 6PG2 6PH1 6PH2	贮器与外钢桶 贮器与外钢板条箱或钢箱 贮器与外铝桶 贮器与外铝板条箱或铝箱 贮器与外木箱 贮器与外胶合板桶 贮器与外有盖柳条篮 贮器与外纤维质桶 贮器与外纤维板箱 贮器与外泡沫塑料容器 贮器与外硬塑料容器	a）内贮器： 1）贮器应具有适宜的外形（圆柱形或梨形），材料应是优质的，没有可损害其强度的缺陷。整个贮器应有足够的壁厚。 2）贮器的封闭装置应使用带螺纹的塑料封闭装置、磨砂玻璃塞或是至少具有等同效果的封闭装置。封闭装置可能与贮器所装物质接触的部位，与所装物质应不起作用。应小心地安装好封闭装置，以确保不漏，并且适当紧固以防在运输过程中松脱。如果是需要排气的封闭装置，则封闭装置应符合 6.1.10 的规定。 3）应使用衬垫和/或吸收性材料将贮器牢牢地紧固在外容器中。 b）外容器： 1）贮器与外钢桶 6PA1：外容器的制造应符合附录 A 的有关要求。不过这类容器所需要的活动盖可以是帽形。 2）贮器与外钢板条箱或钢箱 6PA2：外容器的制造应符合附录 A 的有关要求。如系圆柱形贮器，外容器在直立时应高于贮器及其封闭装置。如果梨形贮器外面的板条箱也是梨形，则外容器应装有保护盖（帽）。 3）贮器与外铝桶 6PB1：外容器的制造应符合附录 A 的有关要求。 4）贮器与外铝板条箱或铝箱 6PB2：外容器的制造应符合附录 A 的有关要求。 5）贮器与外木箱 6PC：外容器的制造应符合附录 A 的有关要求。 6）贮器与外胶合板桶 6PD1：外容器的制造应符合附录 A 的有关要求。 7）贮器与外有盖柳条篮 6PD2：有盖柳条篮应由优质材料制成，并装有保护盖（帽）以防伤及贮器。 8）贮器与外纤维质桶 6PG1：外容器的制造应符合附录 A 的有关要求。 9）贮器与外纤维板箱 6PG2：外容器的制造应符合附录 A 的有关要求。 10）贮器与外泡沫塑料或硬塑料容器（6PH1 或 6PH2）：这两种外容器的材料都应符合附录 A 的有关要求。硬塑料容器应由高密度聚乙烯或其他类似塑料制成。不过这类容器的活动盖可以是帽形。	60	75

注：对于复合容器，最大容量和最大净质量（净重）是针对内贮器而言。

附 录 B
（资料性附录）
新容器、修复容器和救助容器的标记示例

B.1 新容器的标记示例

B.1.1 盛装液体货物

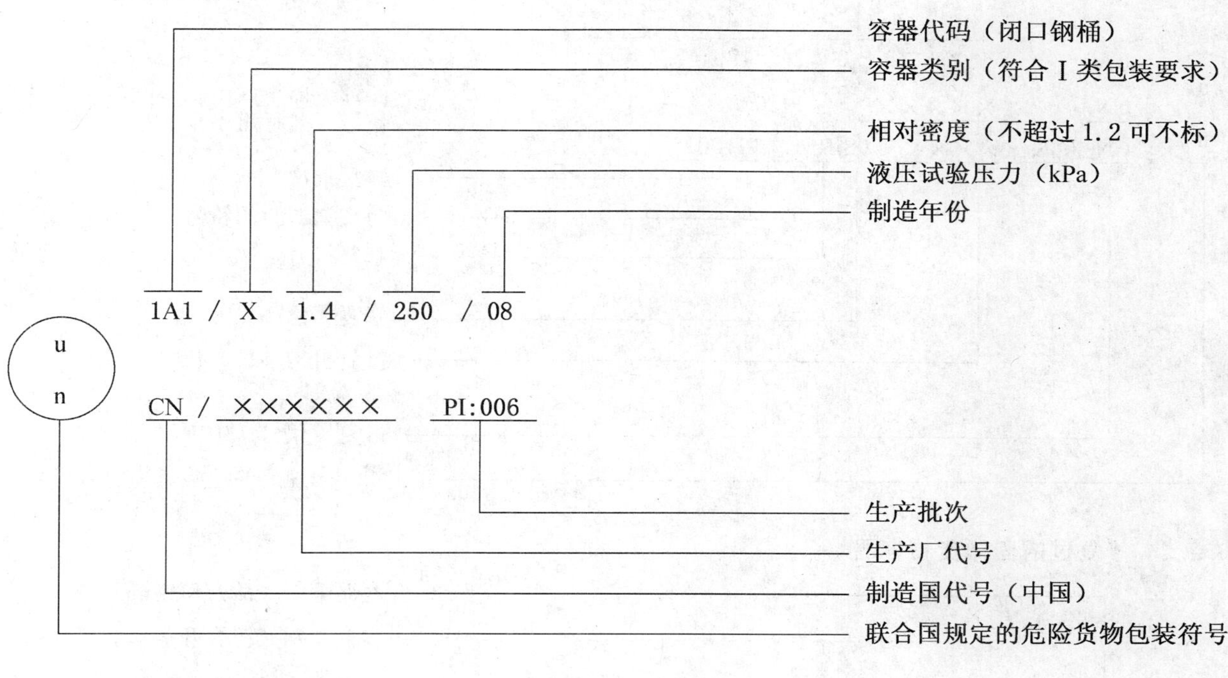

B.1.2 盛装固体物质

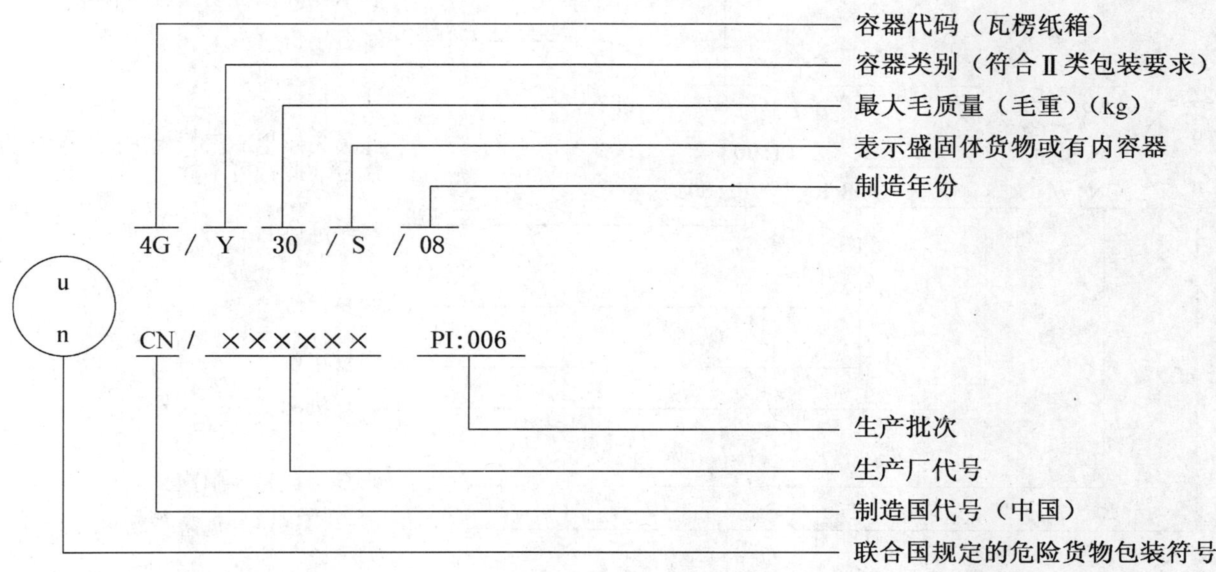

B.2 修复容器的标记示例

B.2.1 修复过的液体货物的容器（非塑料容器）

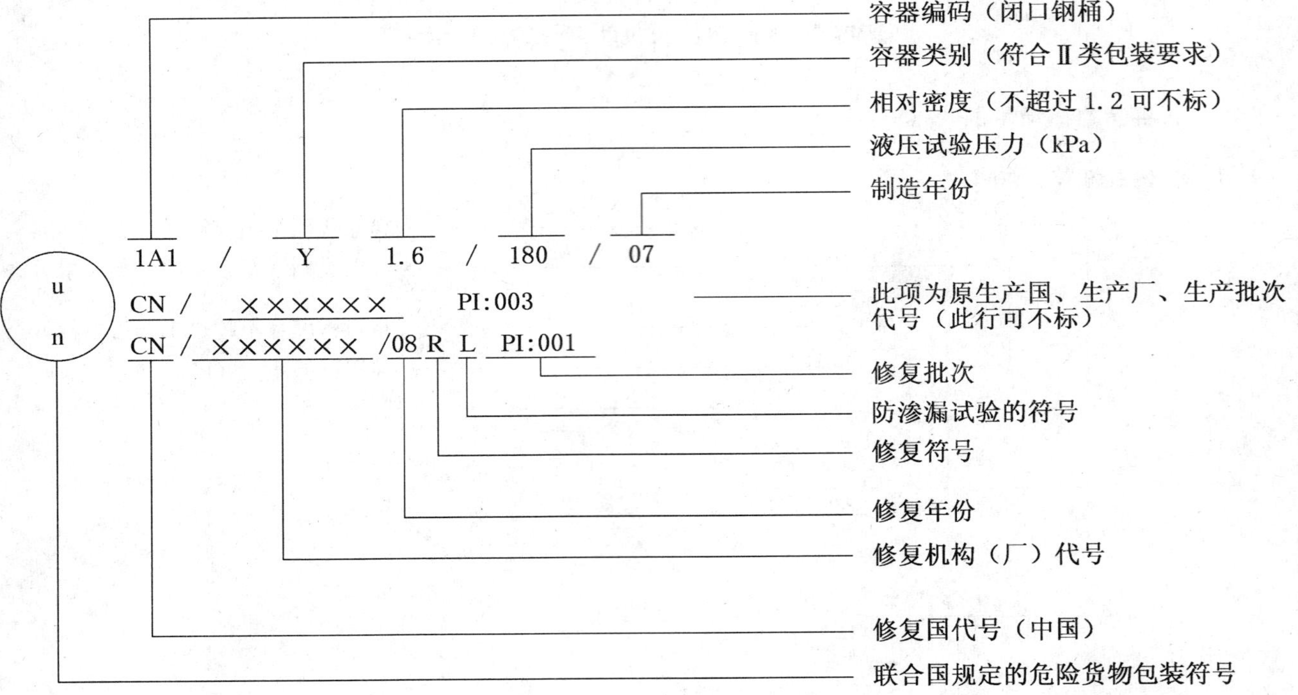

B.2.2 修复过的固体货物容器

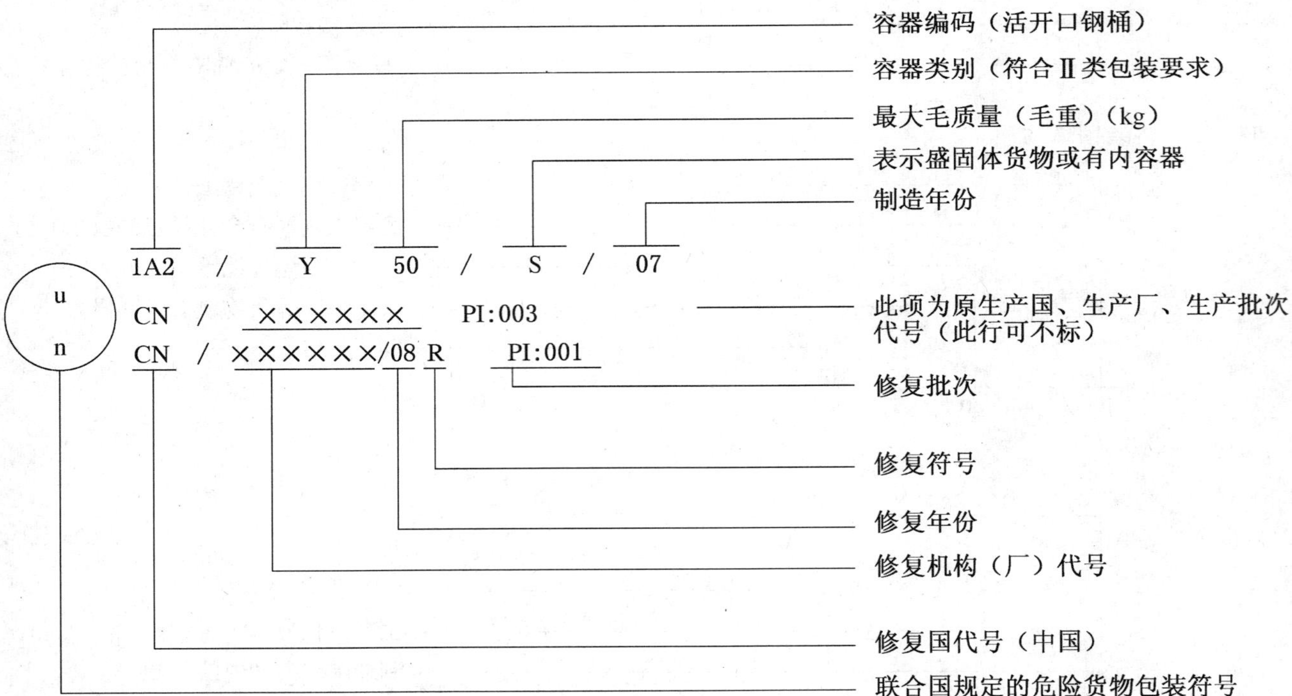

B.3 救助容器的标记示例

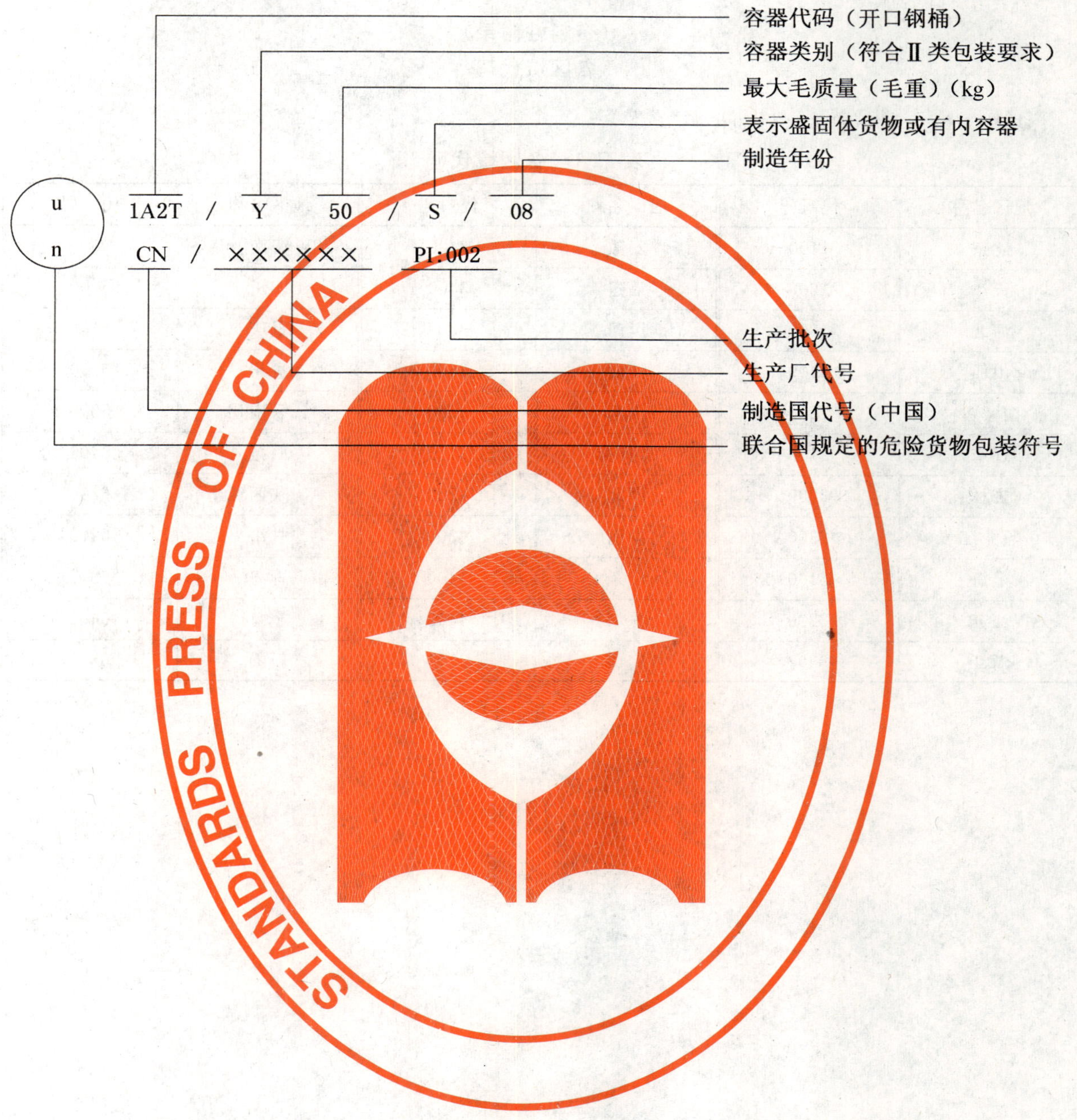

附　录　C
（资料性附录）
各区域代码

表 C.1 给出了全国各区域的代码。

表 C.1　各区域代码

地区名称	代　码	地区名称	代　码	地区名称	代　码
北京	1100	安徽	3400	海南	4600
天津	1200	福建	3500	四川	5100
河北	1300	厦门	3502	重庆	5102
山西	1400	江西	3600	贵州	5200
内蒙古	1500	山东	3700	云南	5300
辽宁	2100	河南	4100	西藏	5400
吉林	2200	湖北	4200	陕西	6100
黑龙江	2300	湖南	4300	甘肃	6200
上海	3100	广东	4400	青海	6300
江苏	3200	深圳	4403	宁夏	6400
浙江	3300	广西	4500	新疆	6500

附 录 D
（规范性附录）
各种常用水运危险货物包装容器应检验项目的要求

表 D.1 给出了各种常用水路运输危险货物包装容器应检验项目的要求。

表 D.1 检验项目表

种类	代码	类别	应检验项目			
			跌落	气密	液压	堆码
钢桶	1A1	非活动盖	+	+	+	+
	1A2	活动盖	+			+
铝桶	1B1	非活动盖	+	+	+	+
	1B2	活动盖	+			+
金属桶(不含钢和铝)	1N1	非活动盖	+	+	+	+
	1N2	活动盖	+			+
钢罐	3A1	非活动盖	+	+	+	+
	3A2	活动盖	+			+
铝罐	3B1	非活动盖	+	+	+	+
	3B2	活动盖	+			+
胶合板桶	1D		+			+
纤维板桶	1G		+			+
塑料桶和罐	1H1	桶,非活动盖	+	+	+	+
	1H2	桶,活动盖	+			+
	3H1	罐,非活动盖	+	+	+	+
	3H2	罐,活动盖	+			+
天然木箱	4C1	普通的	+			+
	4C2	箱壁防撒漏	+			+
胶合板箱	4D		+			+
再生木箱	4F		+			+
纤维箱	4G		+			+
塑料箱	4H1	发泡塑料箱	+			+
	4H2	密实塑料箱	+			+
钢或铝箱	4A	钢箱	+			+
	4B	铝箱	+			+
纺织袋	5L1	不带内衬或涂层	+			
	5L2	防撒漏	+			
	5L3	防水	+			
塑料编织袋	5H1	不带内衬或涂层	+			
	5H2	防撒漏	+			
	5H3	防水	+			
塑料膜袋	5H4		+			
纸袋	5M1	多层	+			
	5M2	多层,防水的	+			

表 D.1（续）

种　类	代码	类　别	应检验项目			
			跌落	气密	液压	堆码
复合容器（塑料材料）	6HA1	塑料贮器与外钢桶	+	+	+	+
	6HA2	塑料贮器与外钢板条箱或钢箱	+			+
	6HB1	塑料贮器与外铝桶	+	+	+	+
	6HB2	塑料贮器与外铝板箱或铝箱	+			+
		塑料贮器与外木板箱				
	6HC	塑料贮器与外胶合板桶	+			+
	6HD1	塑料贮器与外胶合板箱	+	+	+	+
	6HD2	塑料贮器与外纤维板桶	+			+
	6HG1	塑料贮器与外纤维板箱	+	+	+	+
	6HG2	塑料贮器与外塑料桶	+			+
	6HH1	塑料贮器与外硬塑料箱	+	+	+	+
	6HH2		+			+
复合容器（玻璃、陶瓷或粗陶瓷）	6PA1	贮器与外钢桶	+			
	6PA2	贮器与外钢板条箱或钢箱	+			
		贮器与外铝桶				
	6PB1	贮器与外铝板条箱或铝箱	+			
	6PB2	贮器与外木箱	+			
		贮器与外胶合板桶				
	6PC	贮器与外有盖柳条篮	+			
	6PD1	贮器与外纤维质桶	+			
	6PD2	贮器与外纤维板箱	+			
	6PG1	贮器与外泡沫塑料容器	+			
	6PG2	贮器与外硬塑料容器	+			
	6PH1		+			
	6PH2		+			

注 1：表中“+”号表示应检测项目。

注 2：凡用于盛装液体的容器，均应进行气密试验和液压试验。

ICS 31.240
K 05

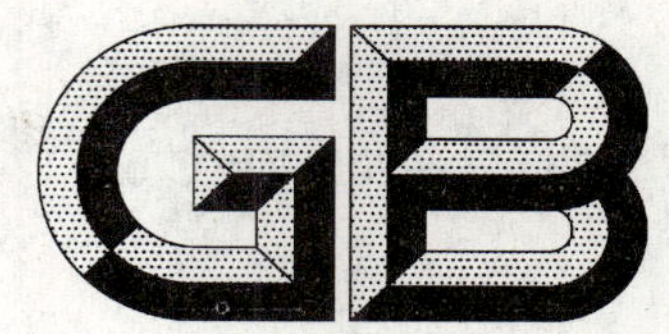

中华人民共和国国家标准

GB/T 19290.4—2009/IEC 60917-2-2:1994

发展中的电子设备构体机械结构模数序列 第2-2部分:分规范 25 mm设备构体的接口协调尺寸 详细规范 插箱、机箱、背板、面板和插件的尺寸

Modular order for the development of mechanical structures for electronic equipment practices—Part 2-2: Sectional specification—Interface co-ordination dimensions for the 25 mm equipment practice—Detail specification—Dimensions for subrack, chassis, backplanes, front panels and plug-in unit

(IEC 60917-2-2:1994,IDT)

2009-03-19 发布　　2009-12-01 实施

中华人民共和国国家质量监督检验检疫总局
中国国家标准化管理委员会　发布

前　　言

GB/T 19290《发展中的电子设备构体机械结构模数序列》分为如下5部分：

——第1部分：总规范；

——第2部分：分规范　25 mm设备构体的接口协调尺寸；

——第3部分：分规范　25 mm设备构体的接口协调尺寸　详细规范　机柜和机架的尺寸；

——第4部分：分规范　25 mm设备构体的接口协调尺寸　详细规范　插箱、机箱、背板、面板和插件的尺寸；

——第5部分：分规范　25 mm设备构体的接口协调尺寸　扩展的详细规范　插箱、机箱、背板、面板和插件的尺寸。

本部分为GB/T 19290的第4部分。

本部分等同采用IEC 60917-2-2:1994《发展中的电子设备构体机械结构模数序列　第2部分：分规范　25 mm设备构体的接口协调尺寸　第2篇：详细规范　插箱、机箱、背板、面板和插件的尺寸》。

本部分等同翻译IEC 60917-2-2:1994。

为了便于使用，本部分做了以下编辑性修改：

a) “本出版物”或“本篇”一词，均改为“本部分”；

b) 删除国际标准的前言；

c) 小数点“，”改为“.”；

d) 规范性引用文件以现行的有效版本为准；

e) 术语的定义以GB/T 19290.1为基础。

本部分由全国电工电子设备结构综合标准化技术委员会(SAC/TC 34)提出并归口。

本部分起草单位：四方电气(集团)有限公司、华为技术有限公司、国网电力科学研究院、国电南京自动化股份有限公司、中兴通讯股份有限公司、机械工业北京电工技术经济研究所。

本部分主要起草人：张开国、田蘅、张明灿、张实、张钰、吴蓓、王蔚、李剑侠。

发展中的电子设备构体机械结构模数序列 第2-2部分:分规范 25 mm 设备构体的接口协调尺寸 详细规范 插箱、机箱、背板、面板和插件的尺寸

1 范围

GB/T 19290 的本部分是部分或全部应用于所有电子领域的,按照 GB/T 19290.2 分规范设计的电子装置和系统的详细规范。

本部分的目的是对确保插箱、机箱、插件、背板和面板的机械互换性的尺寸进行规范。

在分规范 GB/T 19290.2 中,已经包括了基于 25 mm 的三维模数化的插箱系统的数值,以及插箱高度倍增的原则。

本部分中各表所列的尺寸,是基于 GB/T 19290.2 插箱系统的一个。然而,只要尺寸间的相互关系不变,即表1～表3给出的协调尺寸 H_S 与 H_{S0}…等、W_S 与 W_{S0}…等,以及 D_S 与 D_{S0}…等之间的尺寸差保持不变,本详细规范对该分规范包含的所有插箱系统都是有效的。

插箱尺寸与所确定的机柜和机架的安装尺寸相关,见 GB/T 19290.3。

面板尺寸与所确定的机柜和机架的安装尺寸相关,见 GB/T 19290.3。

插箱用来装入支撑电工电子元器件和机械零部件的插件。插件和插箱之间的电气连接取决于连接器的使用。

所有尺寸以毫米为单位,插图为第一角投影图。

2 规范性引用文件

下列文件中的条款通过 GB/T 19290 的本部分的引用而成为本部分的条款。凡是注日期的引用文件,其随后所有的修改单(不包括勘误的内容)或修订版均不适用于本部分,然而,鼓励根据本部分达成协议的各方研究是否可使用这些文件的最新版本。凡是不注日期的引用文件,其最新版本适用于本部分。

GB/T 19290.1—2003 发展中的电子设备构体机械结构模数序列 第1部分:总规范(IEC 60917-1:1998,IDT)

GB/T 19290.2—2003 发展中的电子设备构体机械结构模数序列 第2部分:分规范 25 mm 的设备构体的接口协调尺寸(IEC 60917-2:1992,IDT)

GB/T 19290.3—2008 发展中的电子设备构体机械结构模数序列 第2-1部分:分规范 25 mm 的设备构体的接口协调尺寸 机柜和机架的尺寸(IEC 60917-2-1:1993,IDT)

IEC 60249-2 印制电路和其他互联结构的基材 第2部分:覆金属箔或不覆金属箔的加固基材

IEC 61076-4-10X 电子设备用连接器 第4-10X部分:具有质量评估的印制板连接器(系列标准)

3 术语和定义

本部分采用下列术语及定义。

3.1

框口尺寸 aperture dimension

特定的协调尺寸,表示在结构件之间的可用空间[1)]。

3.2

协调尺寸 co-ordination dimension

用于协调机械接口的基准尺寸,它不是带公差的制造尺寸[2)]。

3.3

安装格距 mounting pitch (mp)

在给定空间内,布置元件或组件的格距。

3.3.1

机柜/机架和插箱的安装格距

mp_1=25 mm。

3.3.2

插箱和插件的安装格距

mp_2=5 mm。

3.3.3

插箱和插件的安装格距

mp_3=2.5 mm。

3.3.4

背板网格

mp_4=0.5 mm。

3.4

网格 grid

相等尺寸的理论的正交排列[1)](见 GB/T 19290.1—2003 的 5.1)。

3.5

n

连续排列的整数乘数 1,2,3, …[1)]。

3.6

基准面 reference plane

用来确定几何要素空间位置的理论平面[1)]。

4 设备配置

插箱、背板、插件、机柜/机架面板的配置示例见图 1。

---

1) 采用 GB/T 19290.1—2003 的定义。

2) GB/T 19290.1—2003 中的该定义有误,按照 IEC 60917-1 的原文重新定义。

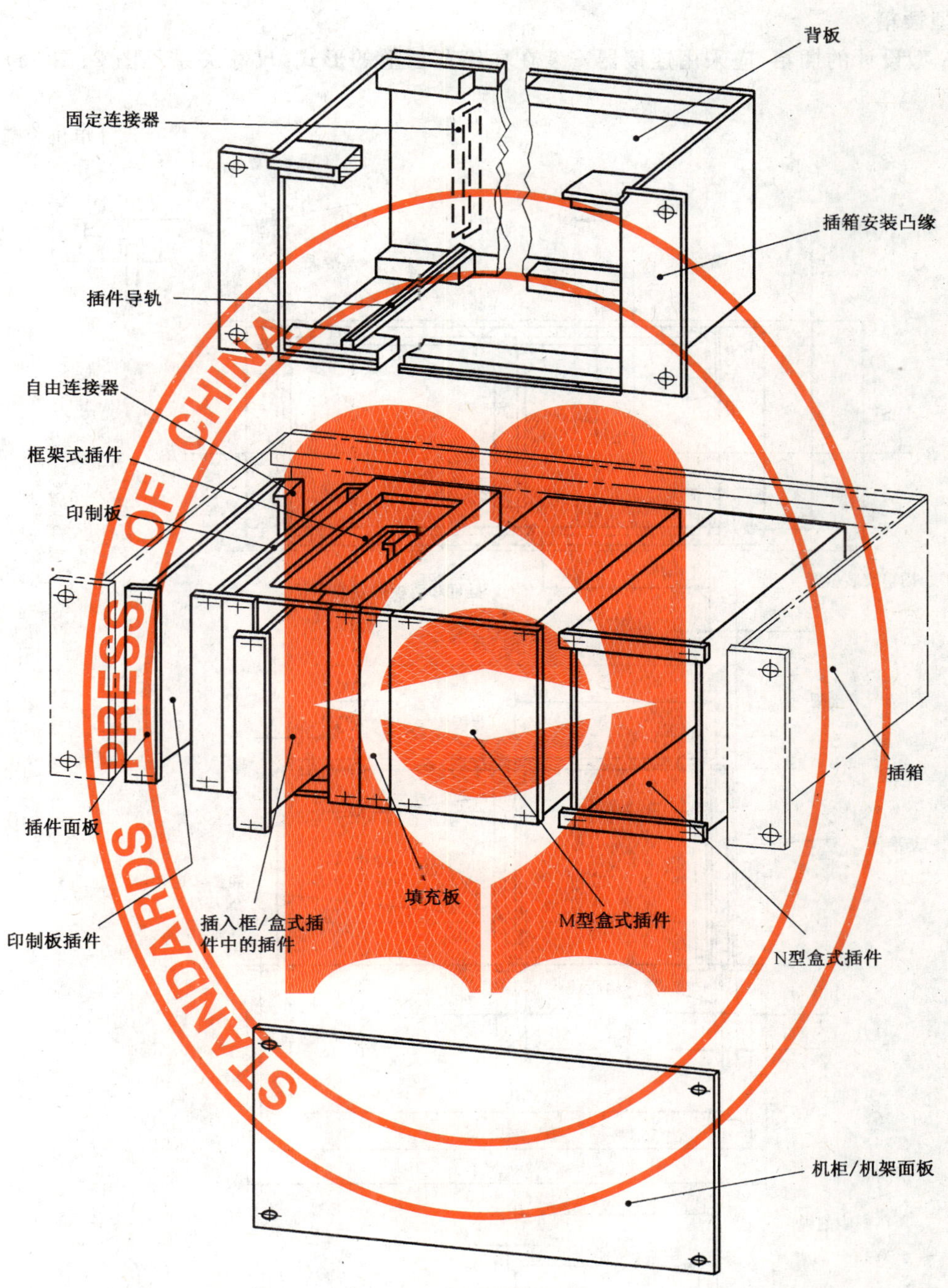

图 1 插箱、背板、插件和机柜/机架面板的示例

5 尺寸

插箱、机箱、背板、面板和插件的高度、宽度、深度尺寸，全部取自 GB/T 19290.2 的相关表。除必须使用的规定尺寸外，插箱、机箱、插件、背板和面板不需要与图示完全一致。对于未规定的尺寸及公差，制造厂可根据其要求选择。

5.1 插箱

本部分规定了使所有类型的插件均可互换的 3 种插箱，见图 1。

5.1.1 A 型插箱

按照 A 型设计的插箱，应采用连接器安装在插箱背板上的形式，尺寸关系见图 2、图 3a)、图 3b)和图 3c)。

尺寸单位为毫米

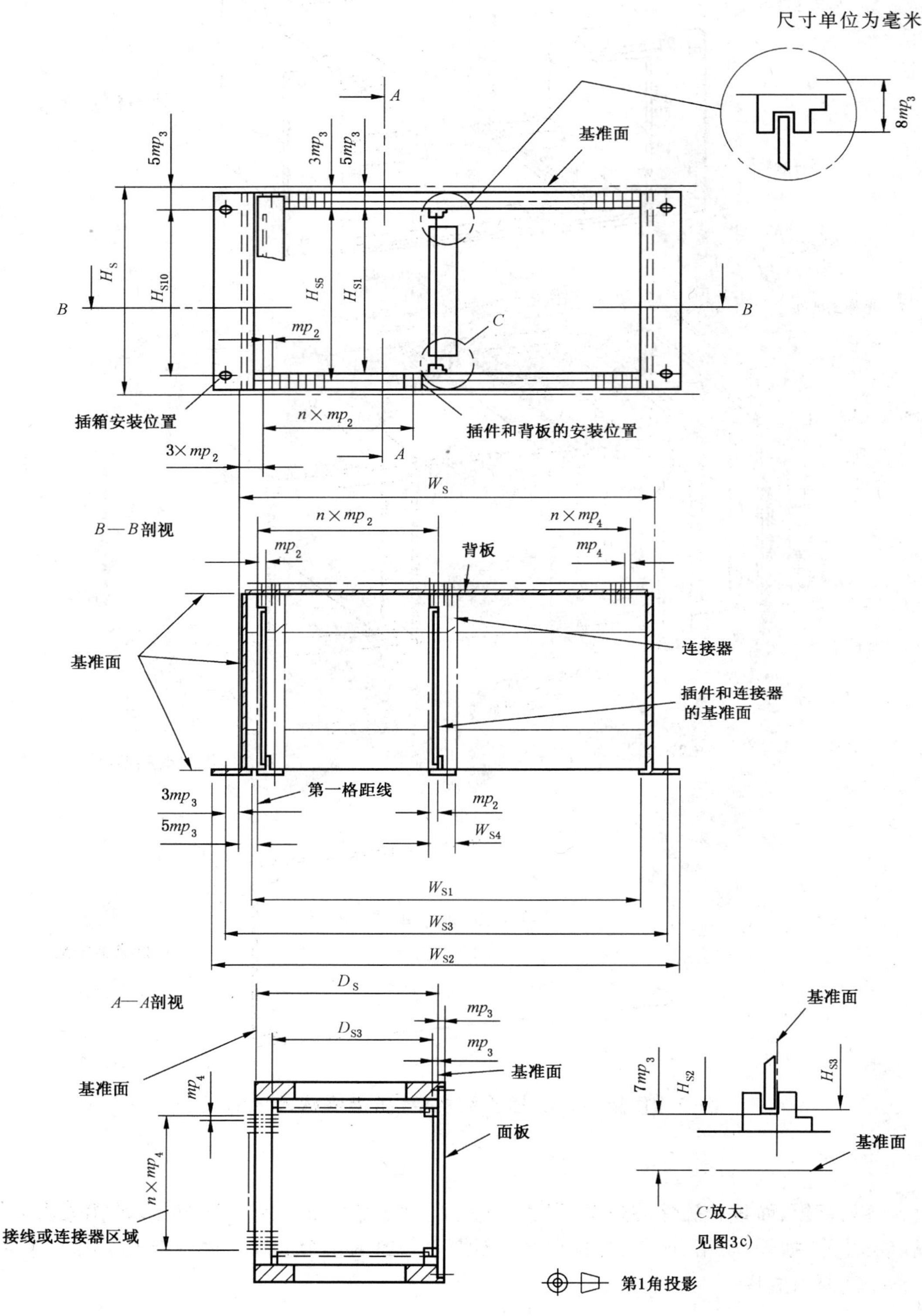

图 2　插箱和插件的尺寸关系

单位为毫米

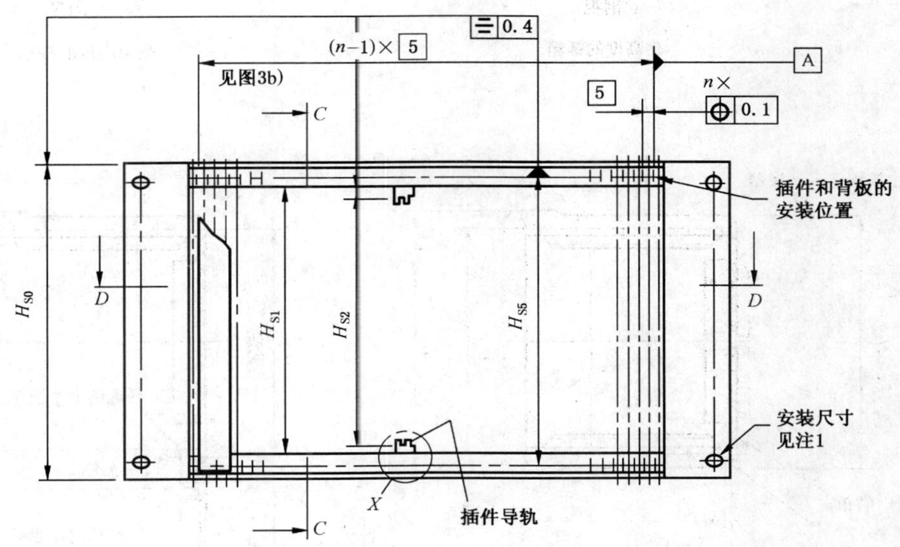

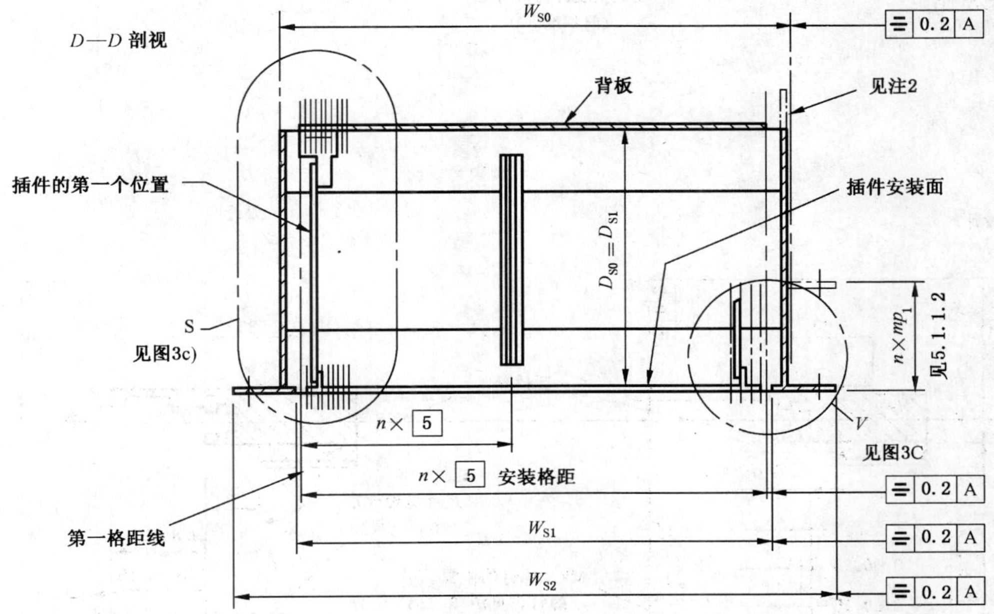

注 1：安装尺寸应符合面板安装尺寸，见 5.4。

注 2：侧板可按 n×25 mm 扩展。

图 3a） 安装插件、插件导轨和背板的插箱尺寸

单位为毫米

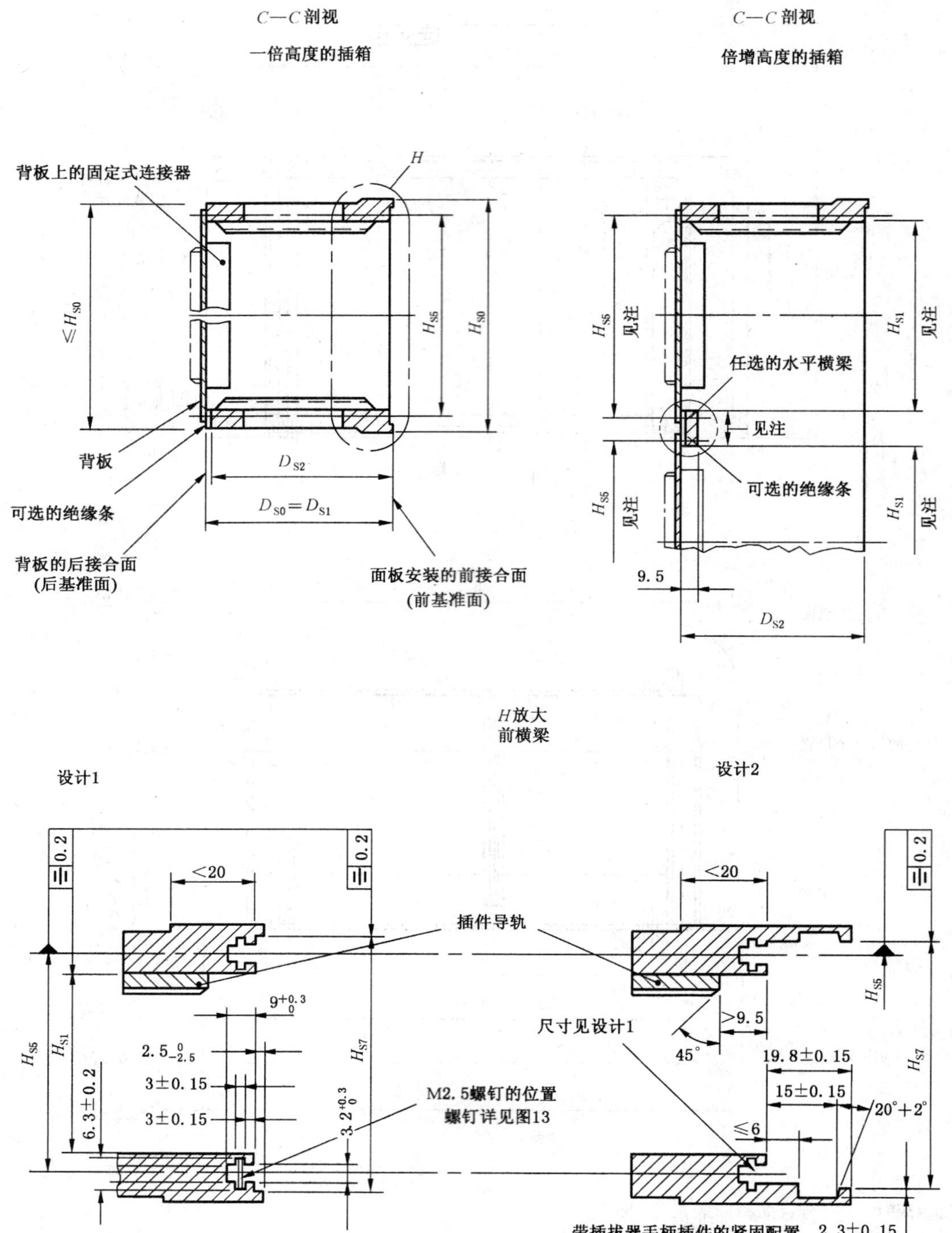

注：表1a)和1b)中一倍高度、双倍高度等的插箱尺寸，适用于在水平方向再分隔的插箱。再分隔的前、后插箱的横梁可任选。

图3b)　插箱及紧固配置的尺寸

单位为毫米

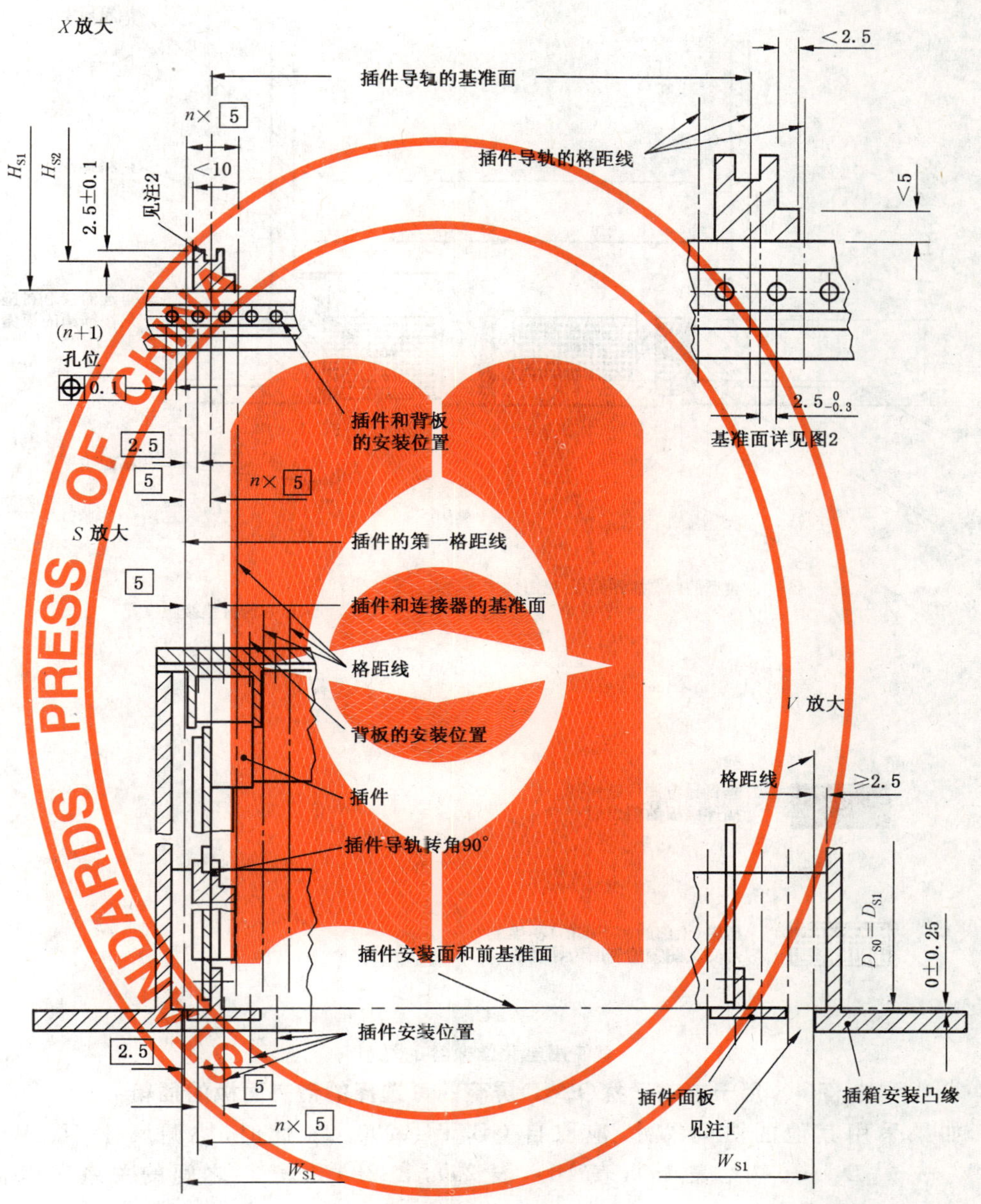

注1：插件和(或)插箱的空白处可以用填充板填充。

注2：插件导轨槽的宽度取决于印制板的厚度，见 IEC 60249-2。

图3c) 插件导轨及插件位置

图3 插箱和插件的配置

插箱的屏蔽结构见图 4。

单位为毫米

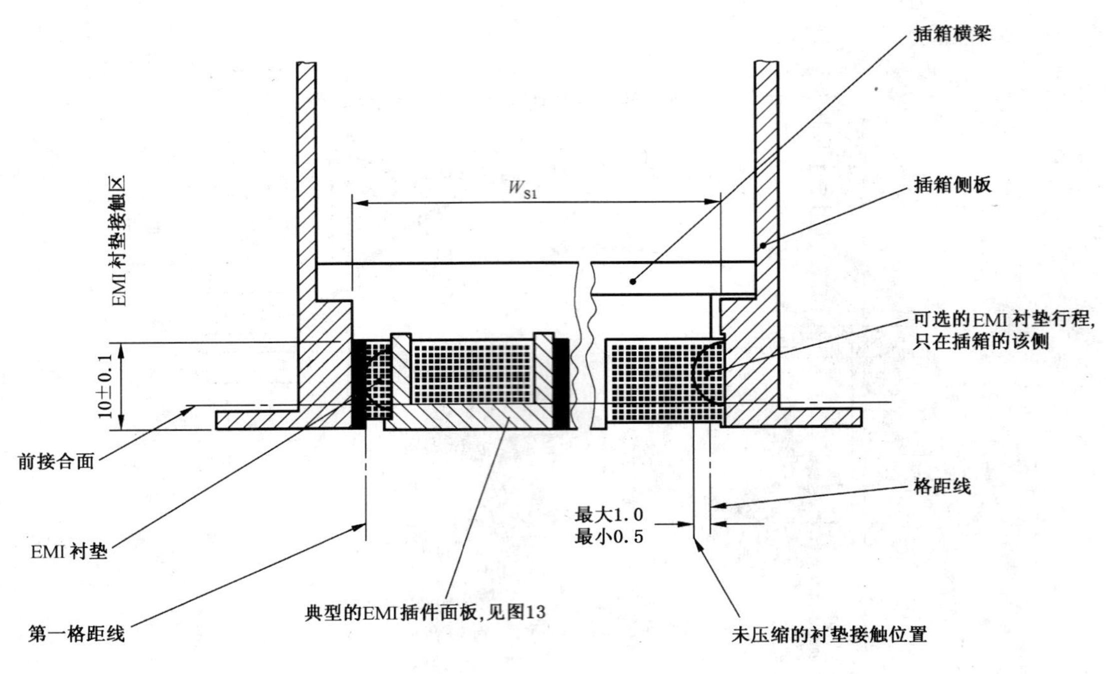

宜使用电化学兼容的材料

图 4 用于电磁干扰(EMI)屏蔽的可选择的带有面板的插箱

5.1.1.1 如果采用其他的协调尺寸，应取自 GB/T 19290.2。此时，协调尺寸 H_S、W_S 和 D_S 与 H_{S0}……，W_{S0}……，D_{S0}……(见表 1a)，表 1b)，表 2a)，表 2b)和表 3)之间的关系应保持不变，见 GB/T 19290.3—2008 的 4.4.4。

5.1.1.2 其他的或附加的安装凸缘位置，应采用 25 mm($n \times mp_1$)的格距。

5.1.2 B 型插箱

按 B 型设计的插箱，应采用固定连接器不安装在背板上的方式，见图 5。

详细尺寸见 A 型插箱。

单位为毫米

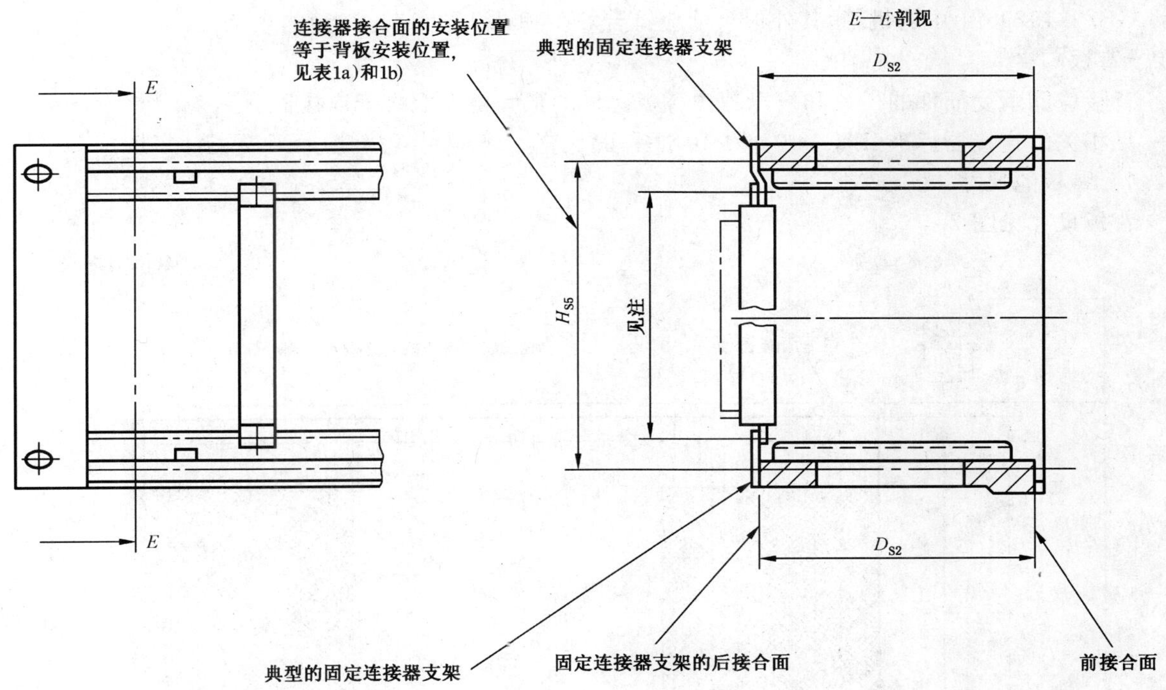

注:连接器尺寸见 IEC 61076-4-10X。

图 5　无背板的连接器安装尺寸

5.1.3　C 型插箱

C 型插箱应使用于不需要背板、连接器和插件导轨的情况。

C 型插箱主要用于 N 式盒型插件(见图 19)。

详细尺寸见 5.1.1 的 A 型插箱和图 6。

单位为毫米

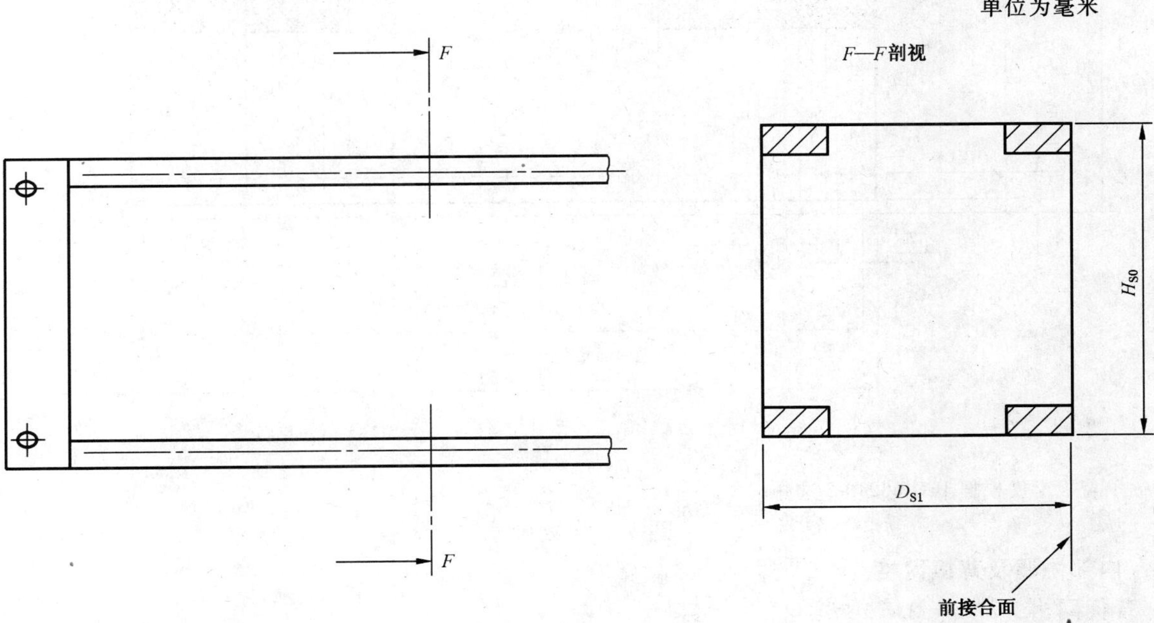

图 6　C 型插箱的尺寸

5.1.4 机箱

GB/T 19290.1 中的机箱，其外形尺寸应符合 5.1 和 5.4（见 5.1.1.1）的规定。

5.2 背板

背板应能承受插件的插入和拔出力。背板允许的最大挠度取决于连接器。

见相关的连接器标准（IEC 61076-4-10X 系列）。

5.2.1 背板的尺寸

背板尺寸见图 7。

单位为毫米

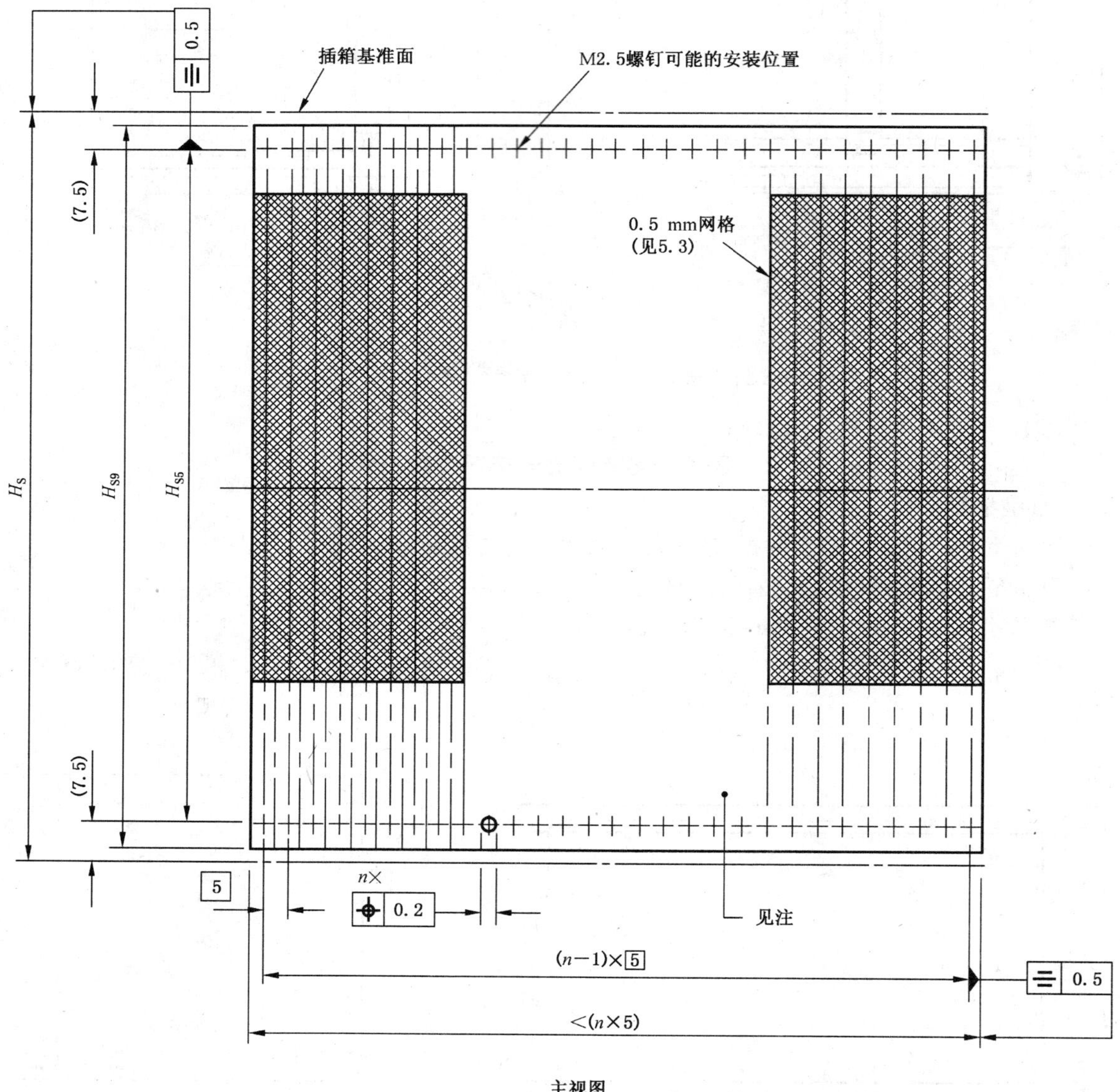

主视图

注：背板厚度根据 IEC 60249-2 选择。

图 7 背板尺寸

5.3 内部协调及背板网格

背板网格　$mp_4=0.5$ mm。

连接器用的 0.5 mm、1 mm、1.5 mm、2 mm、2.5 mm 端子网格应符合背板网格。

为了内部协调，插箱和插件的基准面应符合背板网格，见图 8。

单位为毫米

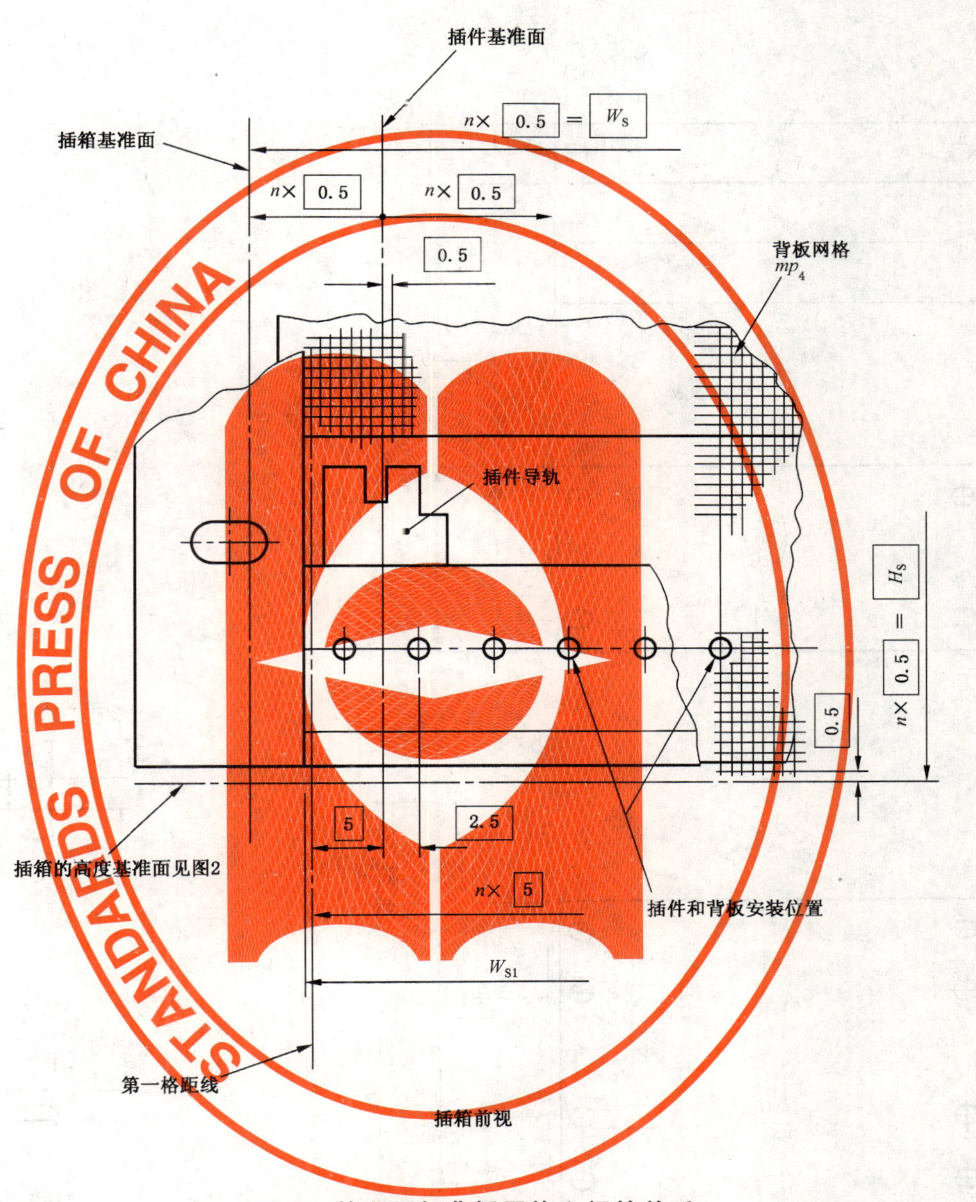

图 8 基准面与背板网格之间的关系

5.4 机柜或机架的面板以及用于插箱和机箱安装的尺寸

机柜或机柜面板、插箱和机箱的安装尺寸见图9。

单位为毫米

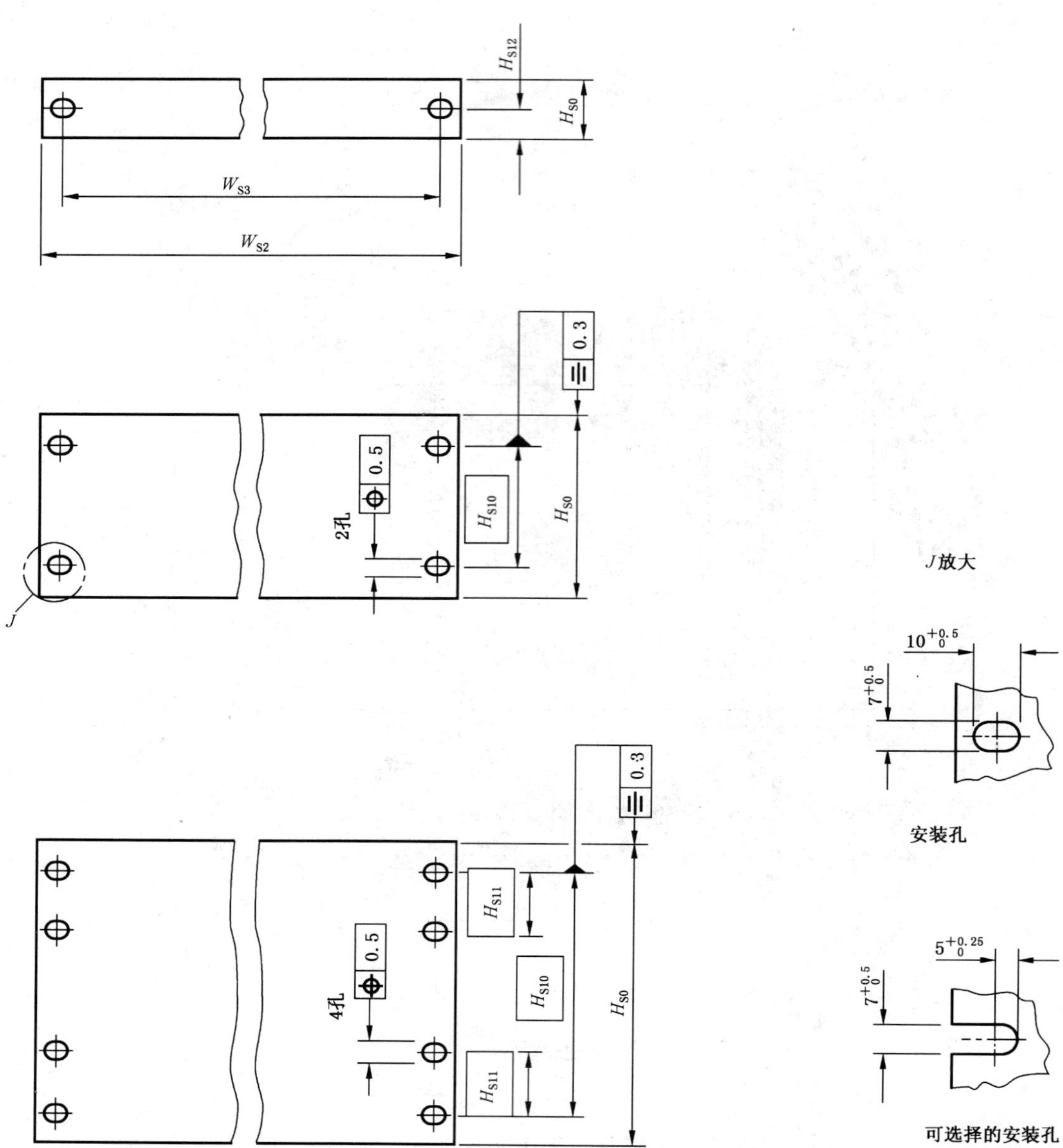

图9 机架或机柜面板、插箱和机箱的安装尺寸

机架或机柜面板、机箱和插箱凸缘的高度安装尺寸见图 10。

单位为毫米

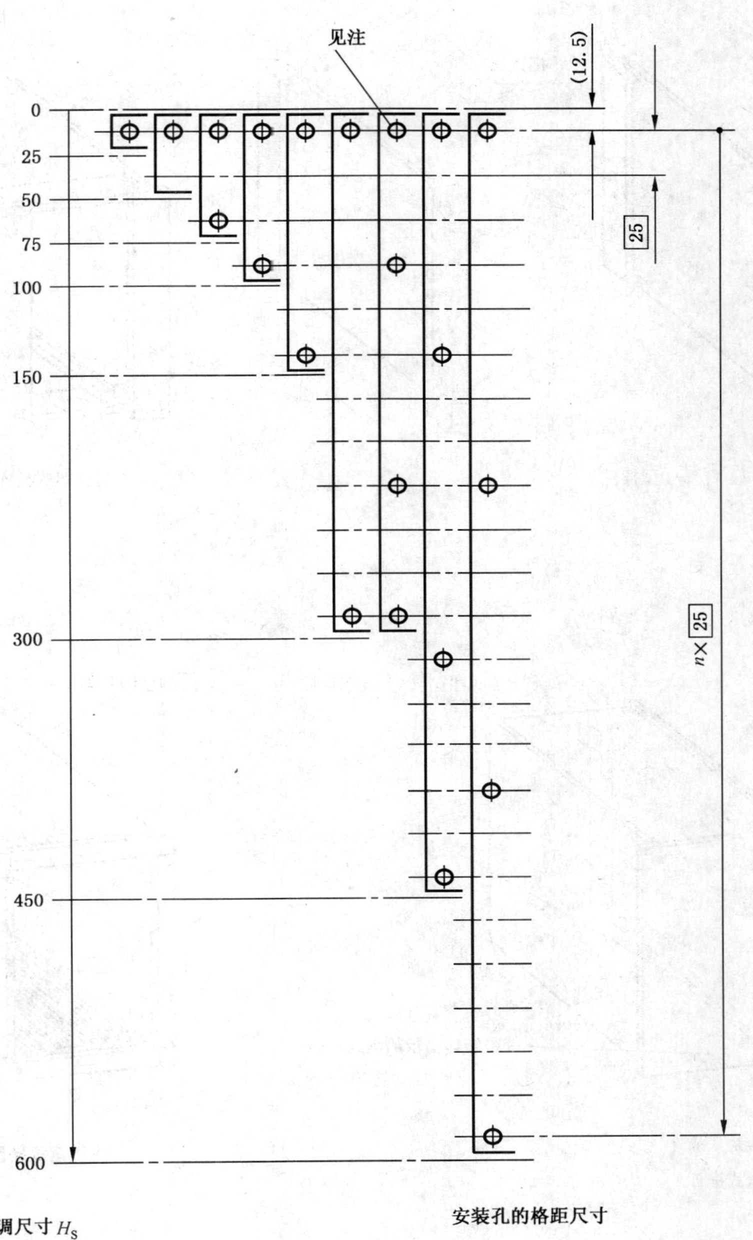

注：推荐的安装孔的位置和孔数。不同位置或在这些安装孔之外的安装孔，允许采用 25 mm 安装格距增加。

图 10 机架或机柜面板、机箱和插箱凸缘的高度安装尺寸

5.5 插件类型

插件类型见图 11。

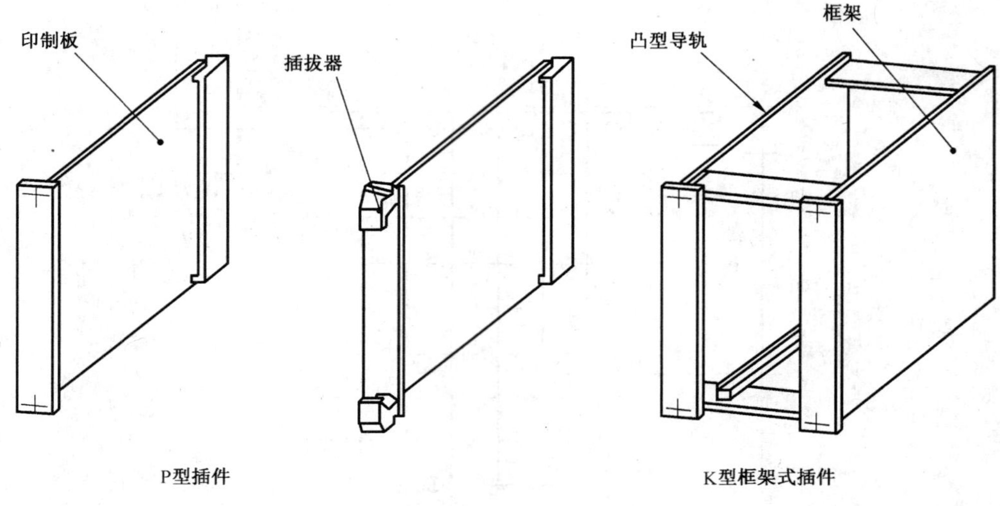

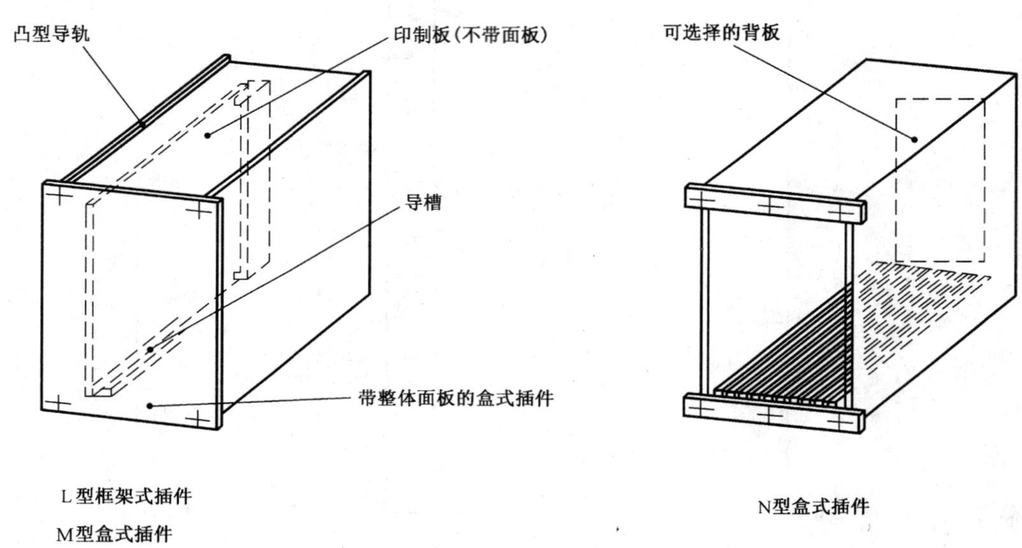

图 11　插件类型示例

5.5.1 P型插件

P型插件见图12,面板尺寸见5.5.1.1和表1a)和表1b)。

单位为毫米

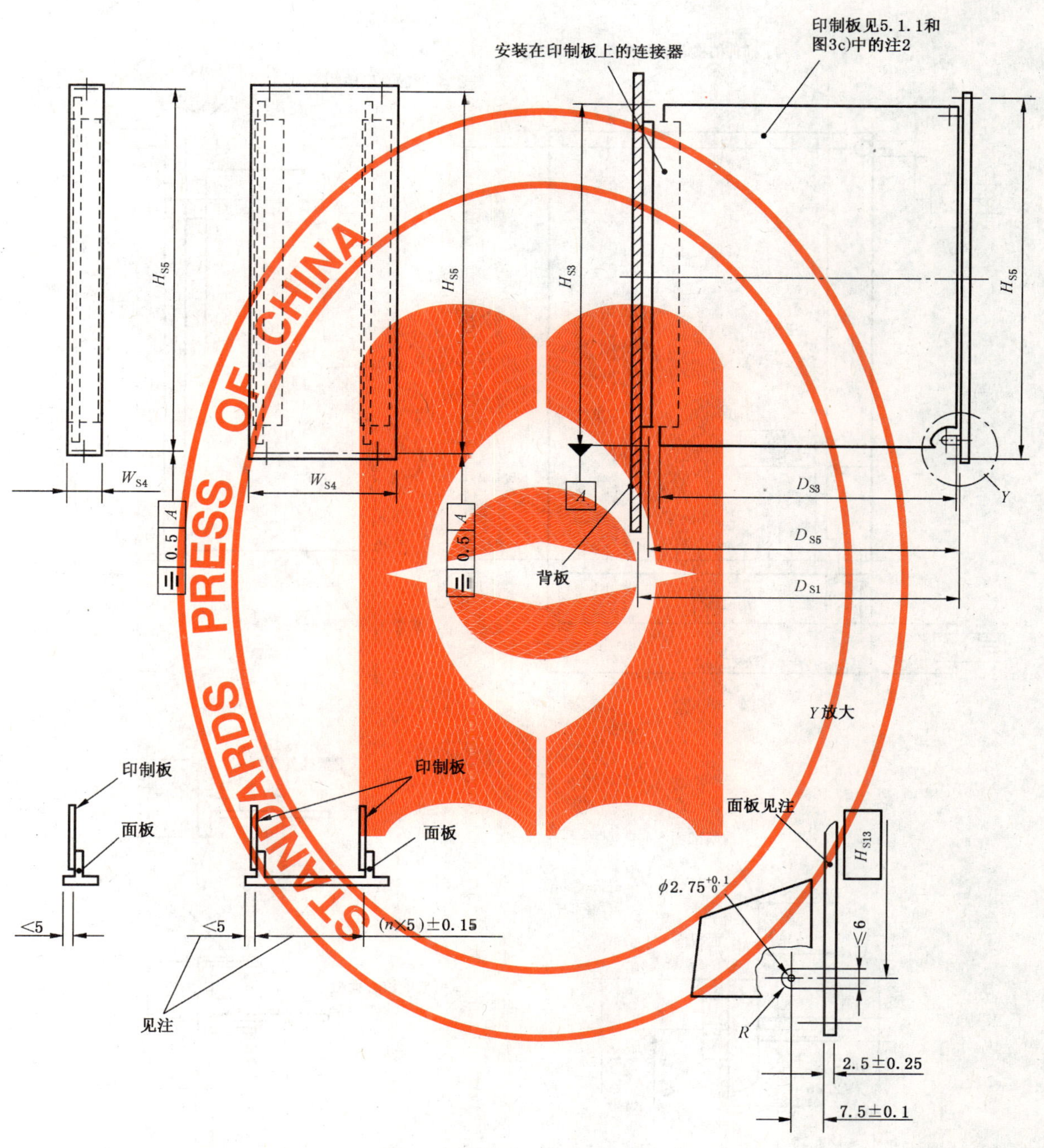

注：允许采用无面板的P型插件。

图12 P型插件尺寸

5.5.1.1 面板、填充板和插件的安装螺钉

插件面板及其安装螺钉见图 13,进一步的信息见 5.5.1。

单位为毫米

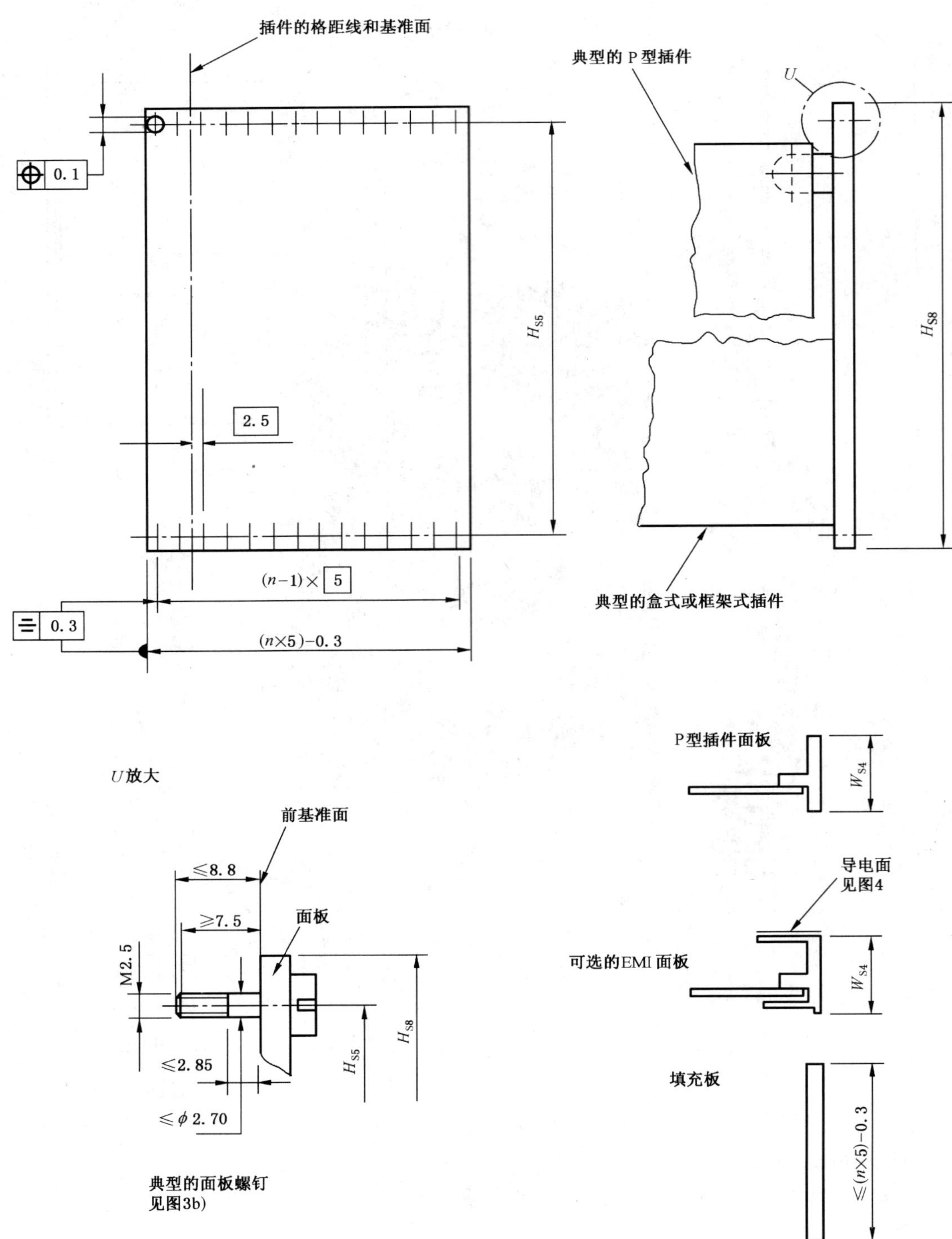

图 13 插件面板

5.5.1.2 插件的印制板

插件的印制板尺寸见图 14。

单位为毫米

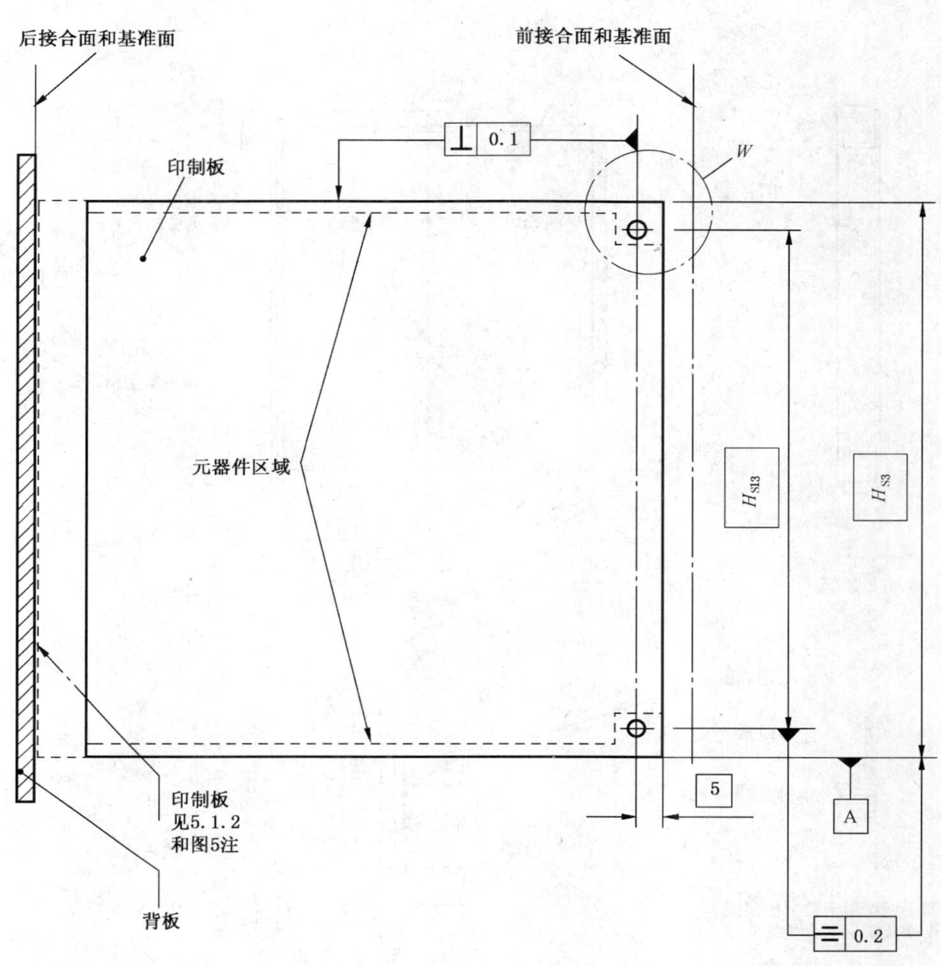

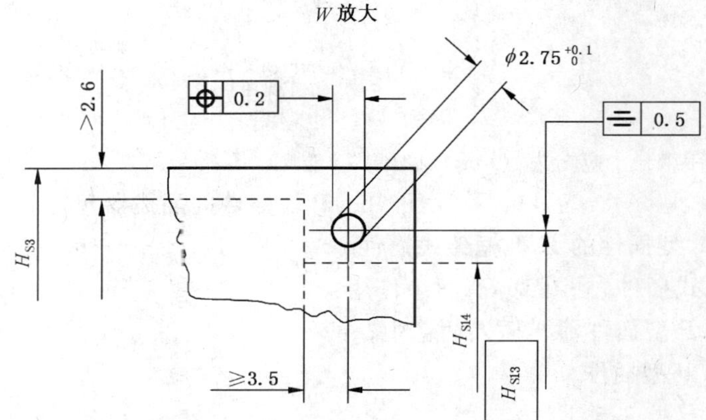

注：印制板的深度随连接器的尺寸变化，可达到背板。

图 14 印制板尺寸

5.5.2 带插拔器手柄的 P 型插件

插拔器只用于 A 型插箱的设计 2[见图 3b)和图 15]。

面板详细尺寸见 5.5.1。

单位为毫米

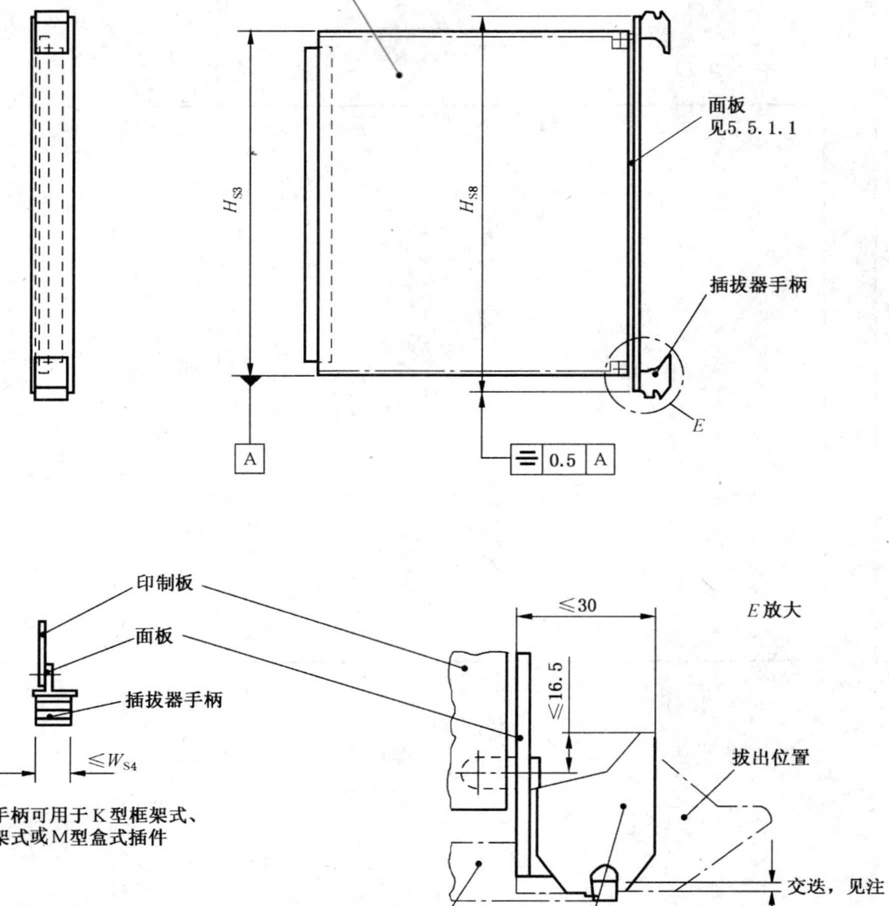

注：插拔器手柄最少应交迭 1 mm，以确保其功能。

图 15 P 型插件的插拔器尺寸

5.5.3 容纳 P 型插件的 K 型框架式插件

K 型框架式插件(见图 16)有两个作用：

a) 能像 P 型插件那样插入插箱中；

b) 容纳 P 型插件。

面板的细节见 5.5.1。

单位为毫米

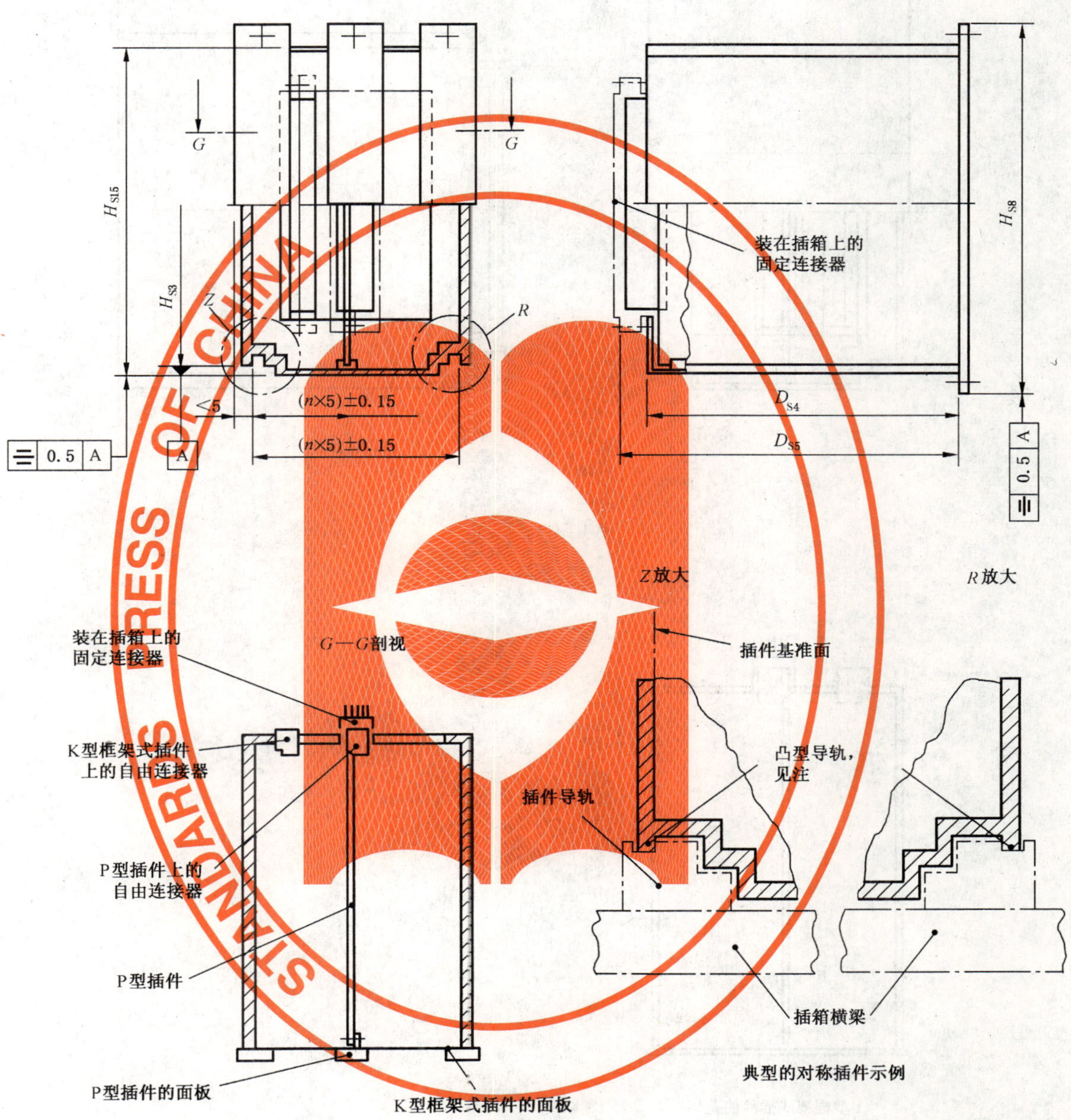

注：凸型导轨的厚度是基于印制板的厚度选定的。

图 16　K型框架式插件

5.5.4 容纳无面板的P型插件的具有面板的L型框架式插件

L型框架式插件见图17,详情见5.5.1和5.5.3。

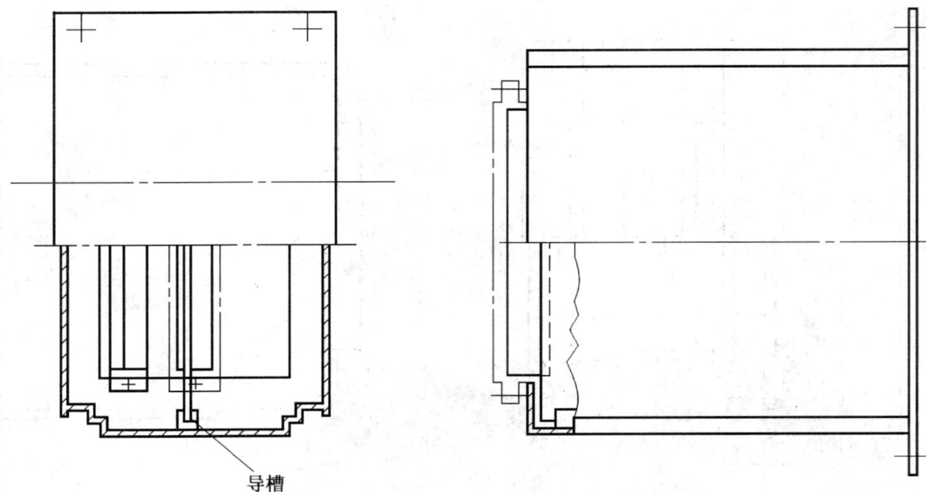

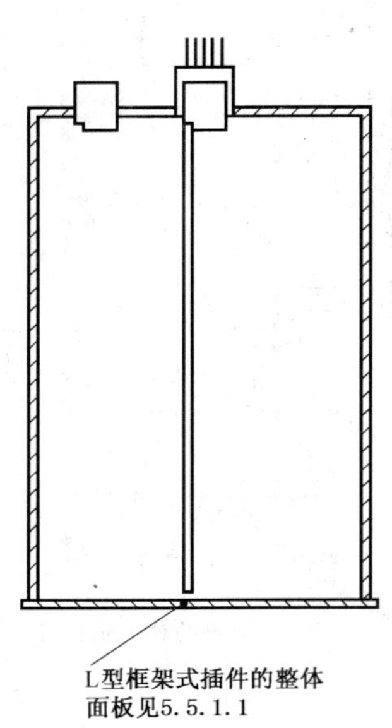

图17 L型框架式插件

5.5.5 带凸型导轨的M型盒式插件

在外观设计上,M 型盒式插件与 L 型框架式插件可以是相同的(见图 18)。

M 型盒式插件有两个作用:

a) 能像 P 型插件那样插入插箱中;

b) 容纳电气和机械元件,内部设计为独立的机械结构。

详情见 5.5.1 和 5.5.3。

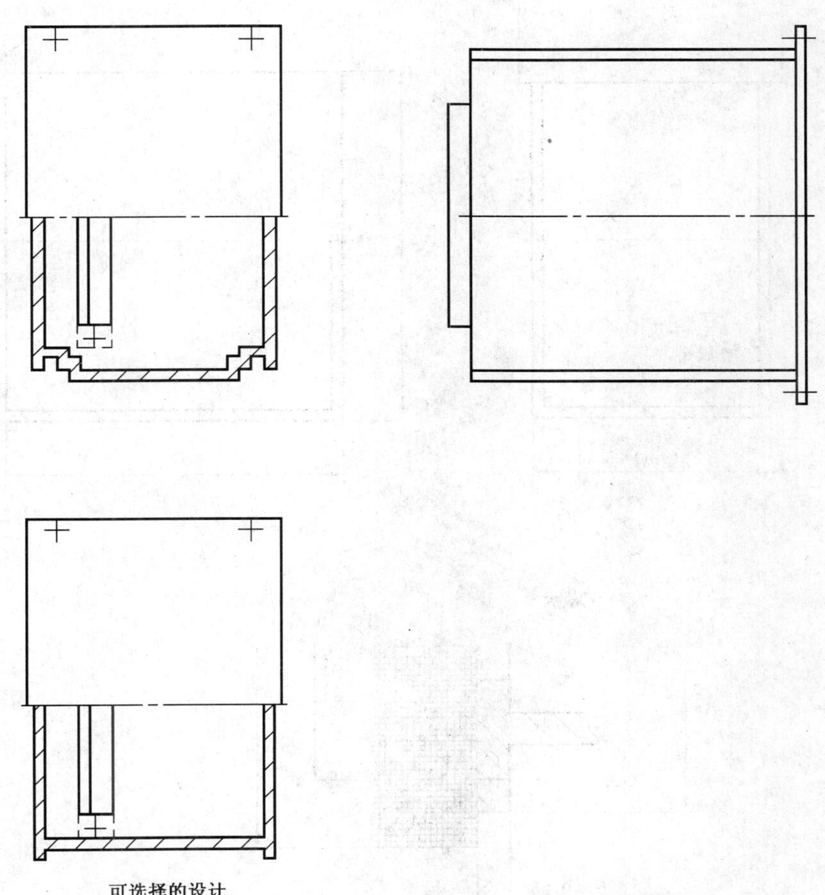

图 18 M 型盒式插件

5.5.6 无凸型导轨的N型盒式插件

在 N 型盒式插件中,沿其上、下边缘有一凸缘(见图 19),以便将 N 型盒式插件装入插箱中。其安装细节见 5.5.1.1。

N 型盒式插件可用于没有插件导轨的 A 型插箱的设计 1、B 型插箱的设计 1,但一般用于 C 型插箱。

单位为毫米

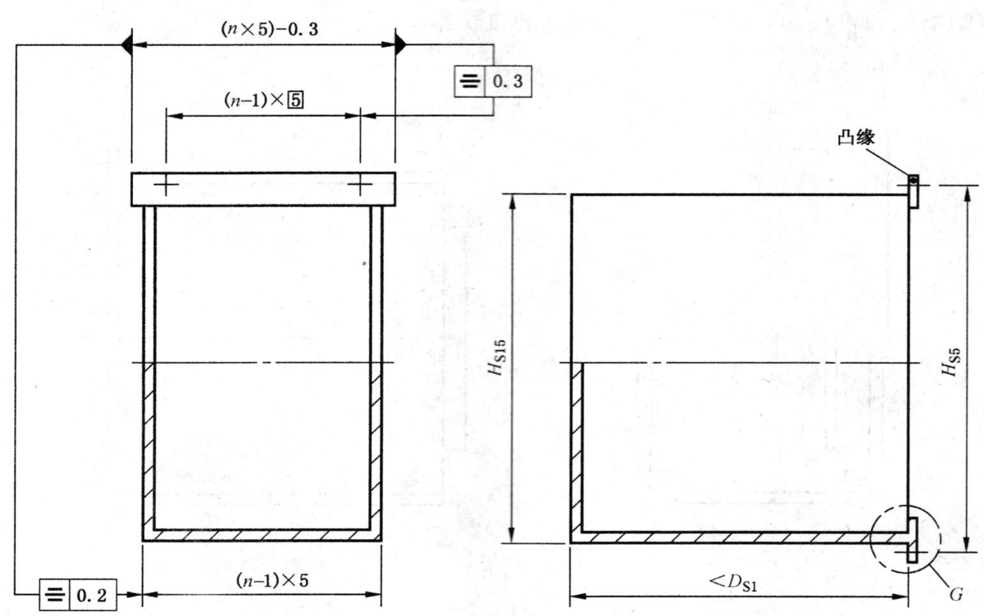

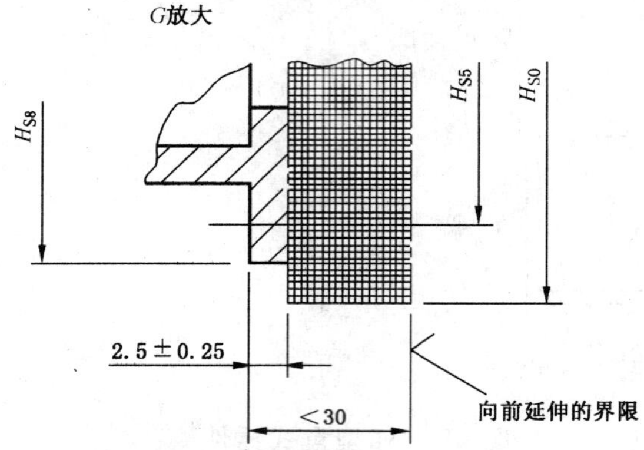

图 19 N型盒式插件

5.5.7 插件在插箱内的间隙

厚度为1.6 mm的印制板的典型示例见图20,显示的尺寸没有公差和印制板的偏差。本示例只作为指南,不作为本规范的构成部分。

单位为毫米

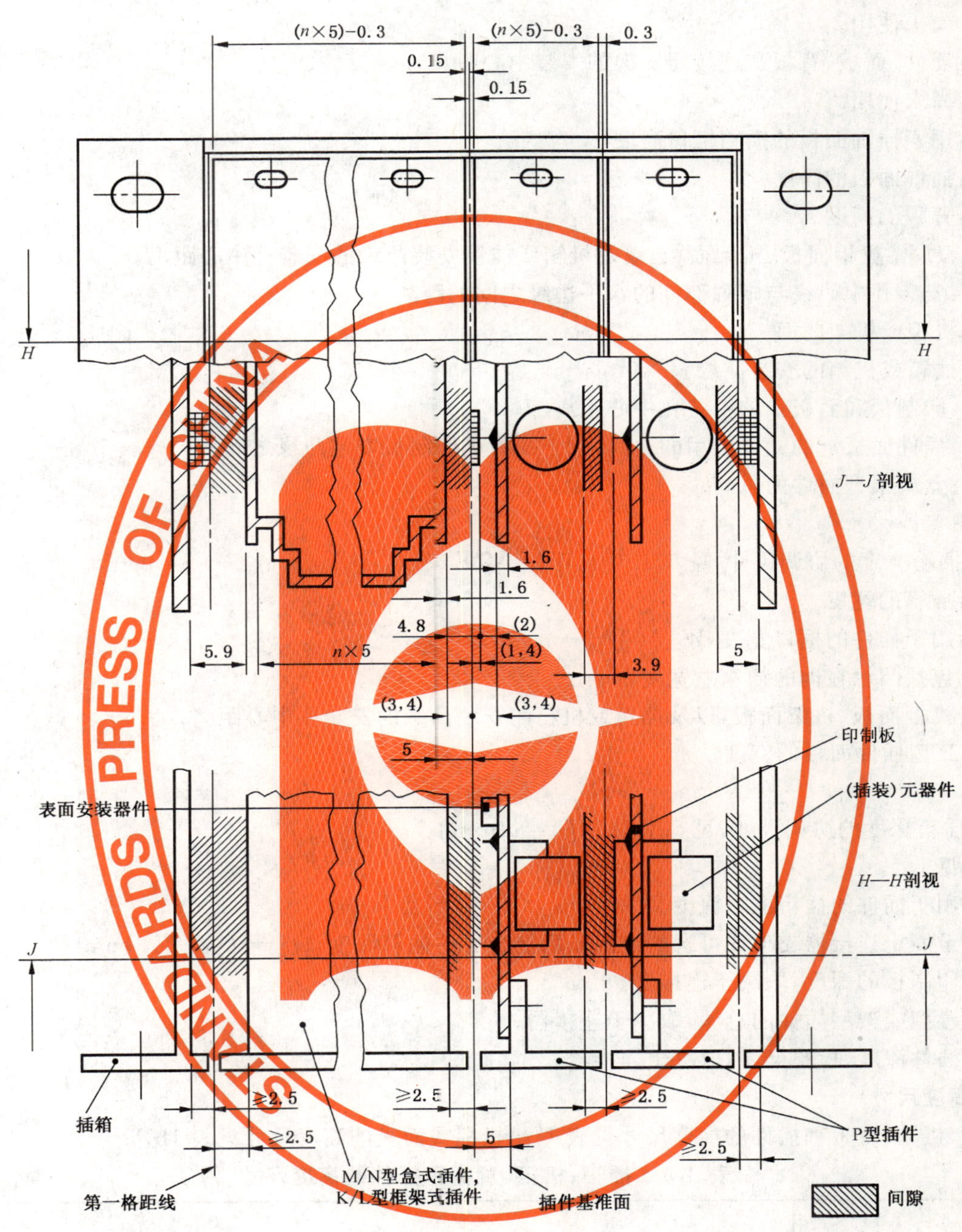

图 20　典型的插件布置

5.6　符号意义及尺寸表

5.6.1　符号

高度

H_S:插箱高度的协调尺寸,见 5.1.1.1,$H_S=n\times mp_1$。

H_{S0}:插箱高度或机柜(或机架)上面板的高度。

H_{S1}:用于插件的插箱框口高度,$H_{S1}=(n-1)\times mp_1$。

H_{S2}:用于插件的插箱导槽高度。

H_{S3}:用于框架式或盒式插件的印制板高度,以及凸型导轨高度。

H_{S4}:尚未使用。

H_{S5}:插件、面板、背板和连接器支架的安装中心距离。

H_{S6}:尚未使用。

H_{S7}:用于插件面板的插箱框口高度。

H_{S8}:插件面板的高度。

H_{S9}:背板的高度。

H_{S10}、H_{S11}:机柜面板、机架面板,以及机箱或插箱安装凸缘的安装孔中心距离。

H_{S12}:安装孔中心线与下列部件的水平边缘之间的距离:

——机柜或机架的面板;

——插箱或机箱的安装凸缘。

H_{S13}:印制板和面板上的安装孔中心距离。

H_{S14}:插件面板上的元件可用的空间,位于面板上印制板安装凸缘之间。

H_{S15}:盒或架型插件的总高。

宽度

W_S:插箱宽度的协调尺寸,见 5.1.1.1,$W_S = n \times mp_1$

W_{S0}:插箱的宽度。

W_{S1}:用于插件的框口宽度,$W_{S1} = W_{S1} - mp_1$

W_{S2}:包括凸缘在内的插箱总宽度。

W_{S3}:机柜面板、机架面板,以及插箱或机箱的安装凸缘的安装孔中心距离。

W_{S4}:P 型插件面板的宽度。

深度

D_S:插箱深度的协调尺寸,见 5.1.1.1,$D_S = n \times mp_1$。

D_{S0}:见 D_{S1}。

D_{S1}:用于插件的插箱框口深度。

D_{S2}:至固定连接器支架或可选的绝缘条后接合面的插箱深度,$D_{S2} = D_{S1} - 1.5$ mm。

D_{S3}:印制板的深度,取决于连接器。

D_{S4}:盒型或架型插件的总深,取决于连接器。

D_{S5}:插件深度,检验尺寸,取决于连接器。

5.6.2 高度尺寸

插箱、机箱、背板和插件的高度尺寸见表 1a),机柜或面板的高度尺寸见表 1b)。

表 1a) 插箱、机箱、背板和插件的高度尺寸

单位为毫米

H_S (见 5.1.1.1)	150	300	450	600
H_{S0} $\left({}^{0}_{-0.8}\right)$	149	299	449	599
H_{S1} ≥	125	275	425	575
H_{S2} $\left({}^{+0.6}_{0}\right)$	115.2	265.2	415.2	565.2
H_{S3} $\left({}^{0}_{-0.3}\right)$	115	265	415	565
H_{S5} (±0.35)	135	285	435	585
H_{S7} (±0.35)	142	292	442	592
H_{S8} ≥	141	291	441	591
H_{S9} (±0.5)	145	295	445	595
H_{S10} (见注)	125	275	425	575

表 1a)(续)

H_{S11} (见注)	—	—	125	200
H_{S13} (±0.1)	107	257	407	557
H_{S14} ≤	100	250	400	550
H_{S15} $\left(^{0}_{-0.5}\right)$	124.5	274.5	424.5	574.5
注:安装细节见 5.4 中图 9、图 10 和图 10 注。				

表 1b) 机柜或机架面板的高度尺寸 单位为毫米

H_S(见 5.1.1.1 和表 1a 注)	25	50	75	100	150	300	300	450	600
H_{S0} $\left(^{0}_{-0.8}\right)$	24	49	74	99	149	299	299	449	599
H_{S5} (±0.35)	—	—	—	—	135	285	—	435	585
H_{S10}	—	25	50	75	125	275	275	425	575
H_{S11}	—	—	—	—	—	—	75	125	200
H_{S12} $\left(^{0}_{-0.8}\right)$	12	12	—	—	—	—	—	—	—

5.6.3 宽度尺寸

插箱、机箱、机柜或机架面板的宽度尺寸见表 2a),插件面板的宽度尺寸见表 2b)。

表 2a) 插箱、机柜或机架面板和机箱的宽度尺寸 单位为毫米

W_S(见 5.1.1.1)	450	500	625
W_{S0} <	450	500	625
W_{S1} >	425	475	600
W_{S2} ≤	483	533	658
W_{S3} ±1.0	465	515	640

表 2b) 插件面板的宽度尺寸 单位为毫米

W_{S4} ≤	14.7	19.7	24.7	29.7	39.7	49.7	59.7	74.7	99.7

5.6.4 深度尺寸

插箱和机箱的深度尺寸见表 3。

表 3 插箱和机箱的深度尺寸 单位为毫米

D_S (见 5.1.1.1)	175	225	250	300
D_{S1} $^{+1}_{0}$	175.5	225.5	250.5	300.5
D_{S2} $^{+0.8}_{0}$	174	224	249	299
D_{S3}	取决于连接器[a]			
D_{S4}	取决于连接器[a]			
D_{S5}	取决于连接器[a]			
[a] 见图 5 注。				

ICS 31.240
K 05

中华人民共和国国家标准

GB/T 19290.5—2009/IEC 60917-2-3:2006

发展中的电子设备构体机械结构模数序列 第2-3部分:分规范 25 mm 设备构体的接口协调尺寸扩展的详细规范 插箱、机箱、背板、面板和插件的尺寸

Modular order for the development of mechanical structures for electronic equipment practices—Part 2-3:Sectional specification—Interface co-ordination dimensions for the 25 mm equipment practice—Extended detail specification—Dimensions for subracks, chassis, backplanes, front panels and plug-in units

(IEC 60917-2-3:2006,IDT)

2009-03-19 发布　　　　2009-12-01 实施

中华人民共和国国家质量监督检验检疫总局
中国国家标准化管理委员会 发布

前　言

GB/T 19290《发展中的电子设备构体机械结构模数序列》分为如下5部分：

——第1部分:总规范；

——第2部分:分规范　25 mm设备构体的接口协调尺寸；

——第3部分:分规范　25 mm设备构体的接口协调尺寸　详细规范　机柜和机架的尺寸；

——第4部分:分规范　25 mm设备构体的接口协调尺寸　详细规范　插箱、机箱、背板、面板和插件的尺寸；

——第5部分:分规范　25 mm设备构体的接口协调尺寸　扩展的详细规范　插箱、机箱、背板、面板和插件的尺寸。

本部分为GB/T 19290的第5部分。

本部分等同采用IEC 60917-2-3:2006《发展中的电子设备构体机械结构模数序列　第2部分:分规范　25 mm设备构体的接口协调尺寸　第3篇:扩展的详细规范　插箱、机箱、背板、面板和插件的尺寸》。

本部分等同翻译IEC 60917-2-3:2006。

为了便于使用,本部分做了以下编辑性修改：

a)　"本出版物"或"本篇"一词,均改为"本部分"；

b)　删除国际标准的前言；

c)　小数点","改为"."。

附录A为资料性附录。

本部分由全国电工电子设备结构综合标准化技术委员会(SAC/TC 34)提出并归口。

本部分起草单位:四方电气(集团)有限公司、华为技术有限公司、国网电力科学研究院、国电南京自动化股份有限公司、中兴通讯股份有限公司、机械工业北京电工技术经济研究所。

本部分主要起草人:张开国、田蘅、张明灿、张实、张钰、吴蓓、王蔚、李剑侠。

引　言

本部分中的 25 mm 设备构体标准的尺寸在 GB/T 19290 系列中规定。

由于信号速率不断增加以及对电子系统的高实用性的需求所带来的电子电路的巨大发展，已经对在 GB/T 19520.4 中规定的设备的结构部分产生了影响。

a) 对机壳系统的一般趋势的考虑

目前，对电信/IT 设备和相关应用的机壳系统的一般趋势是做如下考虑的：

——远程通信从传统的集中式网络形式向灵活的分布式网络转变，以借助于宽带/IP 和基于光纤网络的技术，实现处处存在的通信和处理环境；

——由于开放的市场对网络设备灵活配置的要求；

——可升级的和高性能的设备构体（机壳）系统用于新的网络设备的要求；

——另外，由于 IP 网络技术正在成为所有工业系统的通用接口之一，这样的设备构体（机壳）系统将广泛应用到一般的电子设备。

因此，提出了以下用于新式机壳系统的通用要求：

——来自开放市场的、基于标准但尺寸不同的网络/IT 设备宜装入同一机柜；

——设备的大量电线电缆/光纤光缆宜在机柜内布置（见图 1）；

——网络/IT 机柜将越来越多地设置在企业楼宇的普通办公室里，而不是在传统的电信中心的技术室里。

为了满足这些市场需求，有必要执行基于 GB/T 19520.4 的具有扩展特点的附加的规范尺寸。

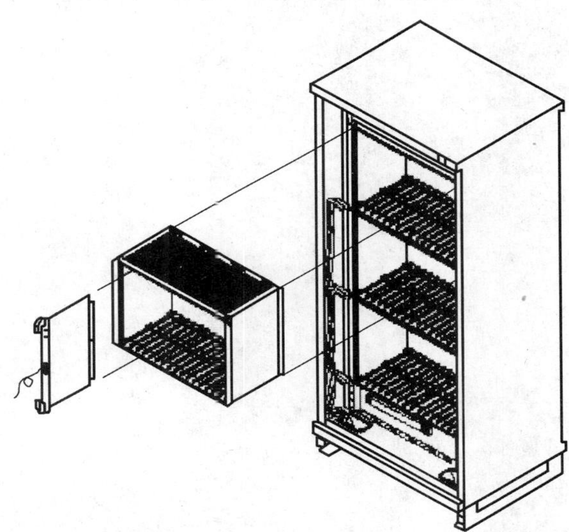

图 1　宽型机柜内大型插箱的典型实例，内部装入了大量的电线电缆/光纤电缆

b) 基于 GB/T 19520 系列的扩展连接器应用的成套组件的开发主题

由 25 mm 模数概念构成的现有的 GB/T 19520 系列，是基于 IEC 标准化了的公制连接器。然而，该系统组件使用了很多非标准化的增强型连接器，这些连接器对于实现系统的功能和达到性能等级要求是必需的（见图 2）。

注：IEC 分技术委员会 48D 第 2 工作组考虑了系统组件的动向，其中关键因素是电（光）信号接口和连接器，以及新型结构系统的一般趋势。从这些方面考虑，IEC 分技术委员会 48D 第 2 工作组近来制定了 IEC 60917-2-3，该标准在不久的将来可适用于高速率和其他系统应用的设备构体。

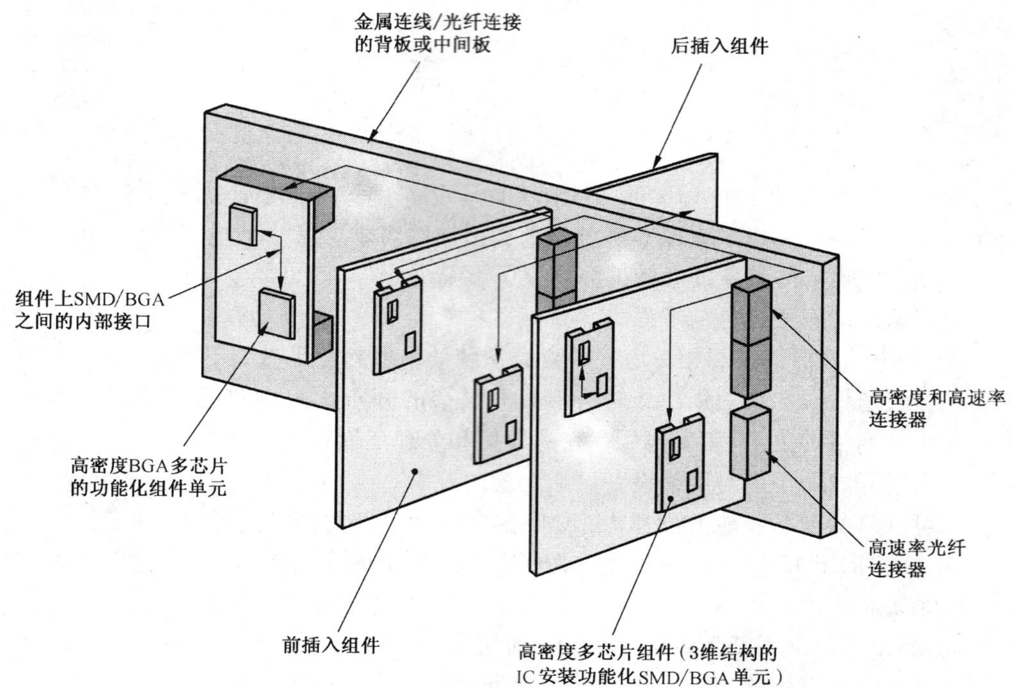

注:

SMD:表面安装器件(Surface Mount Device)

BGA:球栅阵列(Ball Grid Array)

图2 扩充的连接器应用的成套组件的开发主题,以及在未来的成套组件系统中经背板在功能化插入组件间互连的关键要素

发展中的电子设备构体机械结构模数序列　第2-3部分:分规范 25 mm设备构体的接口协调尺寸扩展的详细规范　插箱、机箱、背板、面板和插件的尺寸

1　范围

GB/T 19290的本部分规定了基于GB/T 19290.4的插箱及其插件的模数序列的附加尺寸。

典型的插箱包括一个框架,它的安装尺寸设计得可以装进符合GB/T 19290.3的机架或机柜。为符合前插件的安装尺寸,规定了插箱的框口尺寸。

GB/T 19290的本部分包括:

——插箱以及与插箱相关的带有插拔器手柄的插件的附加尺寸;

——电磁屏蔽措施的尺寸;

——插箱和插件的编码键系统的尺寸;

——前面板和插件的定位销尺寸;

——静电放电措施的尺寸;

——后安装插件的尺寸。

附件A中给出了与连接器有关的尺寸。

为了保证插件在插箱中的兼容性,规定了检验尺寸和由连接器确定的尺寸。

注:本部分中的图,无意于指导产品设计,仅应采用规定的那些尺寸。

2　规范性引用文件

下列文件中的条款通过GB/T 19290的本部分的引用而成为本部分的条款。凡是注日期的引用文件,其随后所有的修改单(不包括勘误的内容)或修订版均不适用于本部分,然而,鼓励根据本部分达成协议的各方研究是否可使用这些文件的最新版本。凡是不注日期的引用文件,其最新版本适用于本部分。

GB/T 19290.1—2003　发展中的电子设备构体机械结构模数序列　第1部分:总规范(IEC 60917-1:1998,IDT)

GB/T 19290.3—2009　发展中的电子设备构体机械结构模数序列　第2部分:分规范:25 mm设备构体的接口协调尺寸　第1篇:详细规范　机柜和机架的尺寸(IEC 60917-2-1:1993,IDT)

GB/T 19290.4—2009　发展中的电子设备构体机械结构模数序列　第2-2部分:分规范:25 mm设备构体的接口协调尺寸　详细规范　插箱、机箱、背板、面板和插件的尺寸(IEC 60917-2-2:1994,IDT)

IEC 61076-4-100:2001　电子设备用连接器　第4部分:有质量评定的印制板连接器　第100篇:具有2.5 mm模数网格的印制板和背板用两件式连接器的详细规范

IEC 61076-4-101:2001　电子设备用连接器　第4部分:有质量评定的印制板连接器　第101篇:符合IEC 60917的具有2.0 mm基本网格的印制板和背板用两件式连接器的详细规范

IEC 61076-4-104:1999　有质量评定的直流低频模拟及数字式高速数据处理设备用连接器　第4

部分:印制板连接器 第104篇:基本网格为2.0 mm、引出端为0.5 mm倍分网格的两件式连接器详细规范

3 术语和定义

GB/T 19290.1中确立的术语和定义适用于本部分。

4 布置概览

具有前插件和后插件的典型插箱见图3。

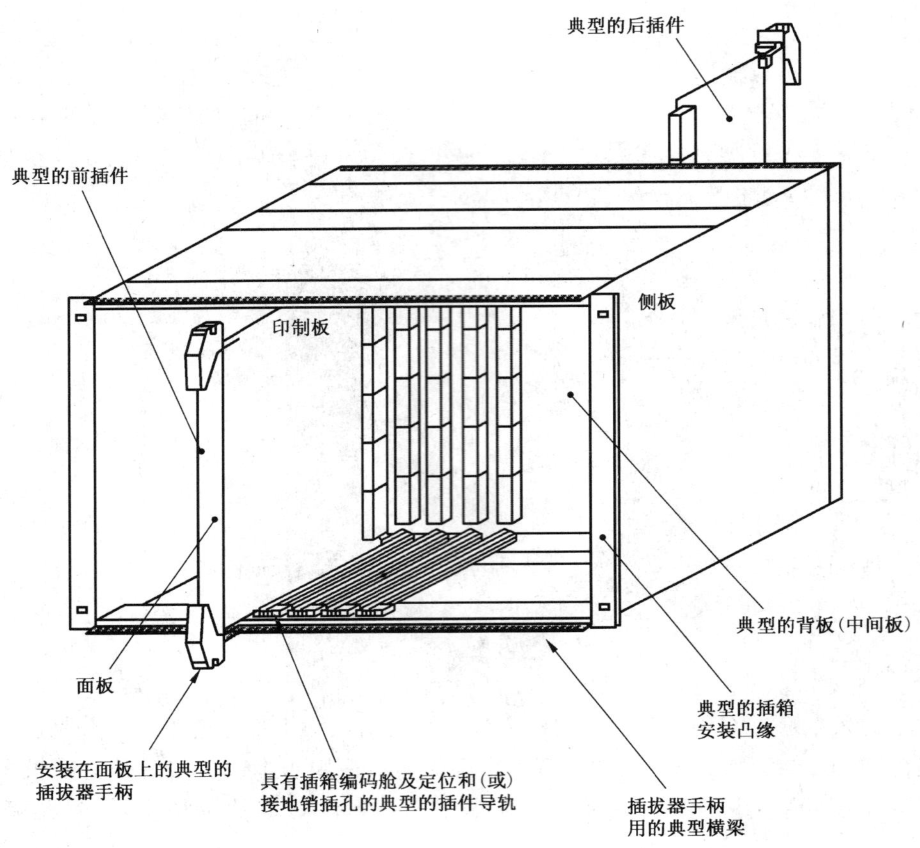

图3 布置概览

5 用于插件插拔器手柄的插箱接口尺寸

5.1 插箱接口尺寸

下述插箱接口尺寸只应与本部分第6章规定的增强型插拔器手柄一起应用。

插箱的基本尺寸符合GB/T 19290.4。本章仅规定插箱和具有插拔器手柄的插件的附加尺寸,见图4和图5。

单位为毫米

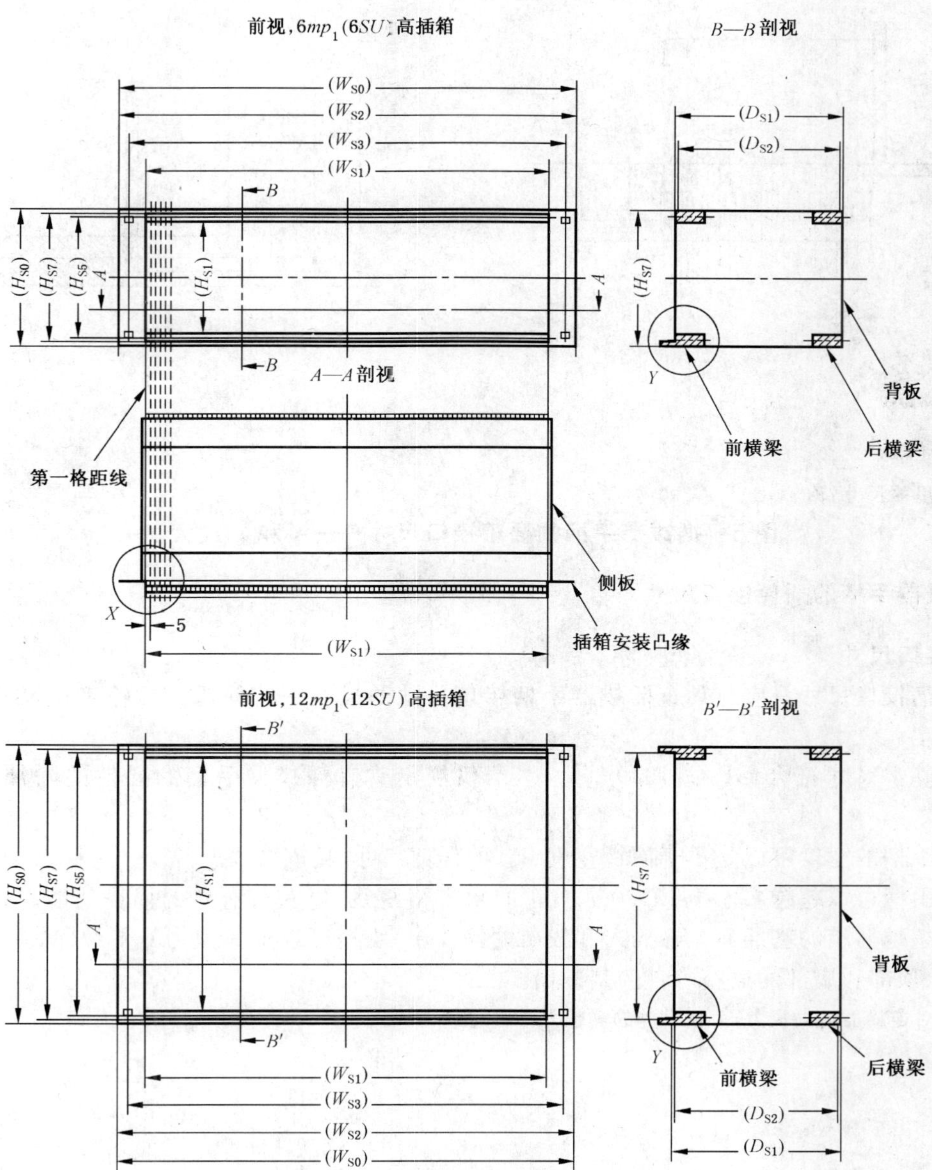

注：括号内的尺寸符合GB/T 19290.4(见表2)。

图4 插拔器手柄的插箱接口尺寸

单位为毫米

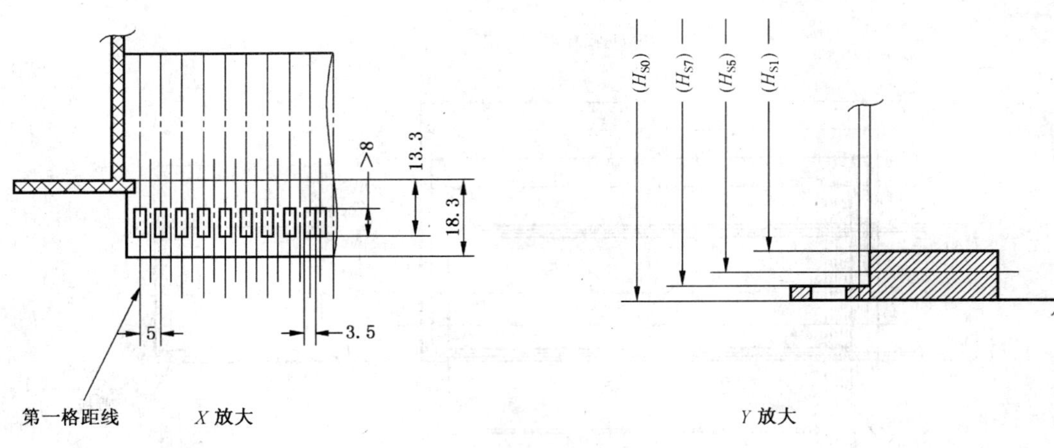

注：括号里的尺寸符合 GB/T 19290.4(见表 2)。

图 5　插拔器手柄的插箱接口尺寸——X 和 Y 放大图

6　用于插拔器手柄的插件接口尺寸

6.1　插件接口尺寸

下述手柄接口尺寸只应与具有插拔器手柄接口尺寸的插箱一起使用。插箱接口尺寸在本部分的第 5 章中规定。

插件的基本尺寸符合 GB/T 19290.4。本章仅规定具有插拔器手柄的插件的附加尺寸(见图 6 和图 7)。

插拔器手柄的宽度可以是小于面板宽度 W_{S1} 的任何尺寸，见表 2b)。

插拔器手柄可以超越 GB/T 19290.4 规定的水平格距线，以获得有效的插拔功能。处于锁闭位置的手柄不应超越插箱的基准面。在插入和拔出的操作中，手柄可以最大值为 0.5 mp_1(0.5 个 SU)超越位于两侧面、顶部和底部的插箱(高度)基准面。

注：考虑对连接器的插拔力，手柄设计的操作力不宜超过 100 N。

单位为毫米

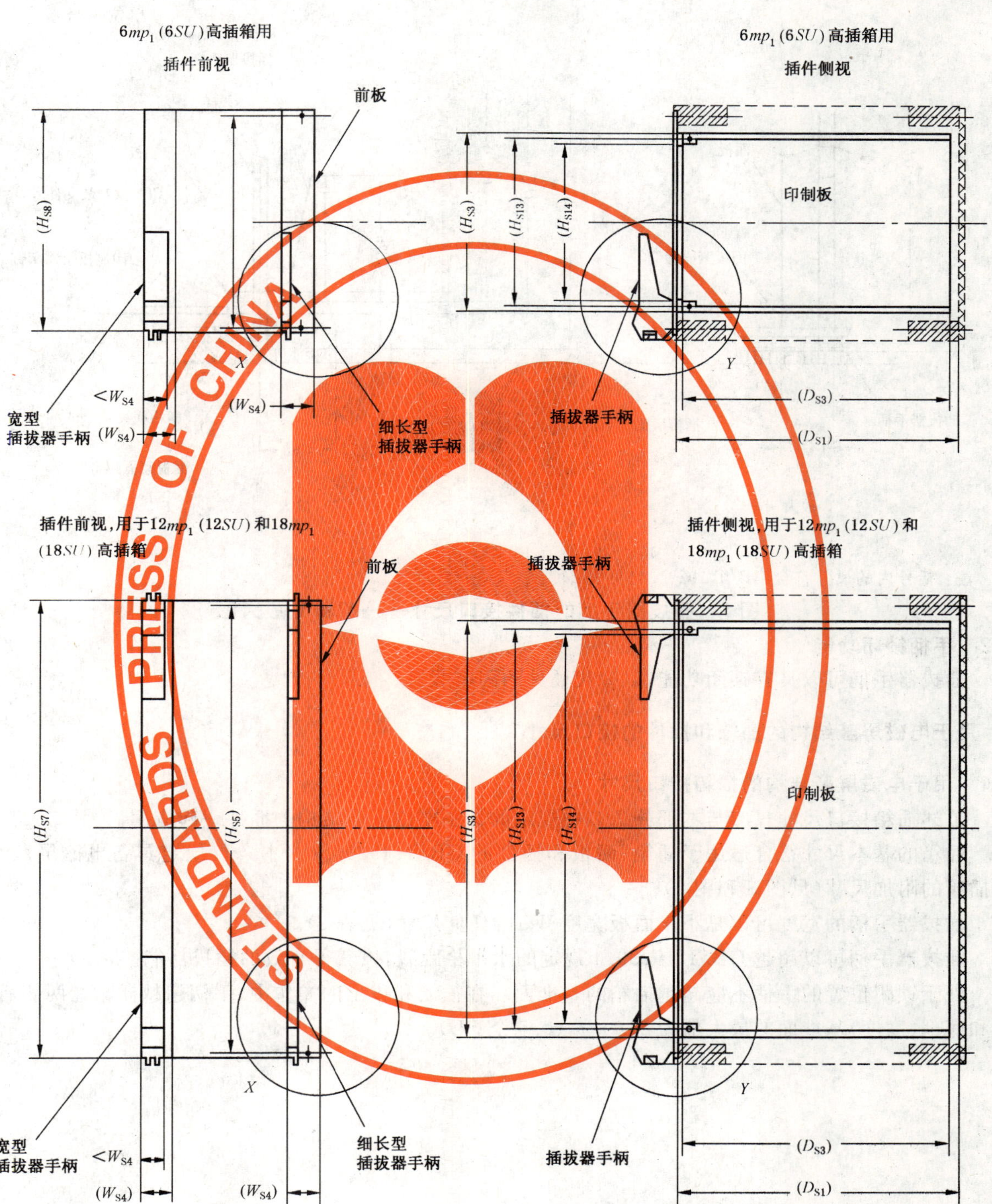

注:括号内的尺寸符合 GB/T 19290.4(见表 2)。

图 6 插拔器手柄的插件接口尺寸

单位为毫米

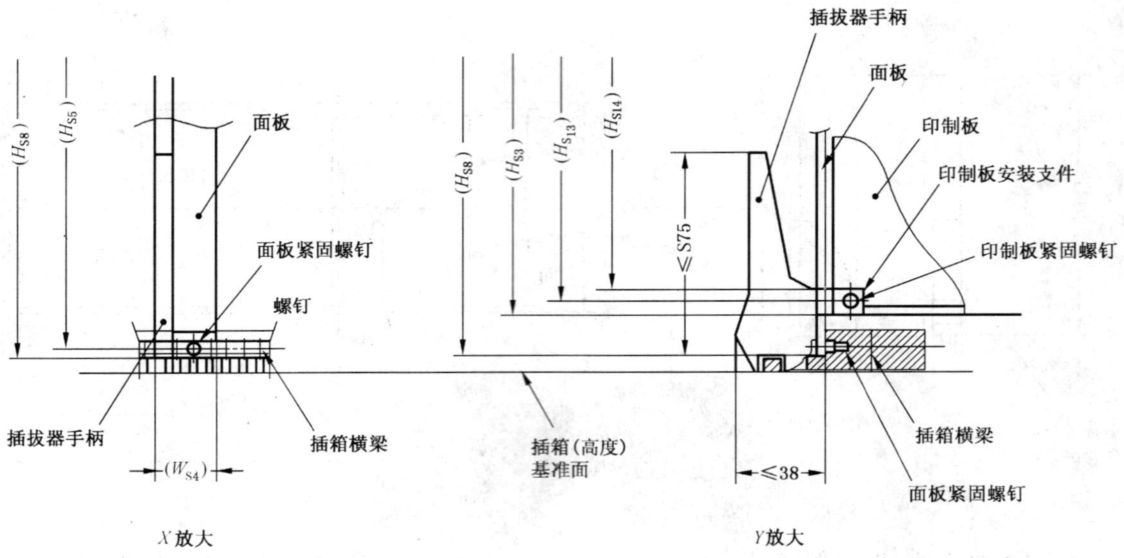

注：括号内的尺寸符合 GB/T 19290.4(见表 2)。

图 7 插拔器手柄的插件接口尺寸——X 和 Y 放大图

6.2 手柄锁闭功能

插拔器手柄可以具有锁闭功能，以替代插件的固定螺钉。

7 用于电磁屏蔽结构的插箱和插件的接口尺寸

7.1 用于电磁屏蔽结构的插箱接口尺寸

下述插箱接口尺寸只应与本部分 7.2 中规定的具备电磁屏蔽结构的插件一起应用。

插箱的基本尺寸符合适用于插箱、面板和插件的 GB/T 19290.4。本章仅规定具备电磁屏蔽结构的插箱的附加尺寸(见图 8 和图 9)。

插拔器手柄的宽度可以是小于面板宽度 W_{S4} 的任何尺寸(见表 2)。

插拔器手柄可以超越 GB/T 19290.4 规定的水平格距线，以获得有效的插拔功能。

处于锁闭位置的手柄不应超越插箱的基准面。在插入和拔出的操作中，手柄超越插箱在两侧面、顶部和底部(高度)基准面的最大值为 0.5 mp_1(0.5 个 SU)。

单位为毫米

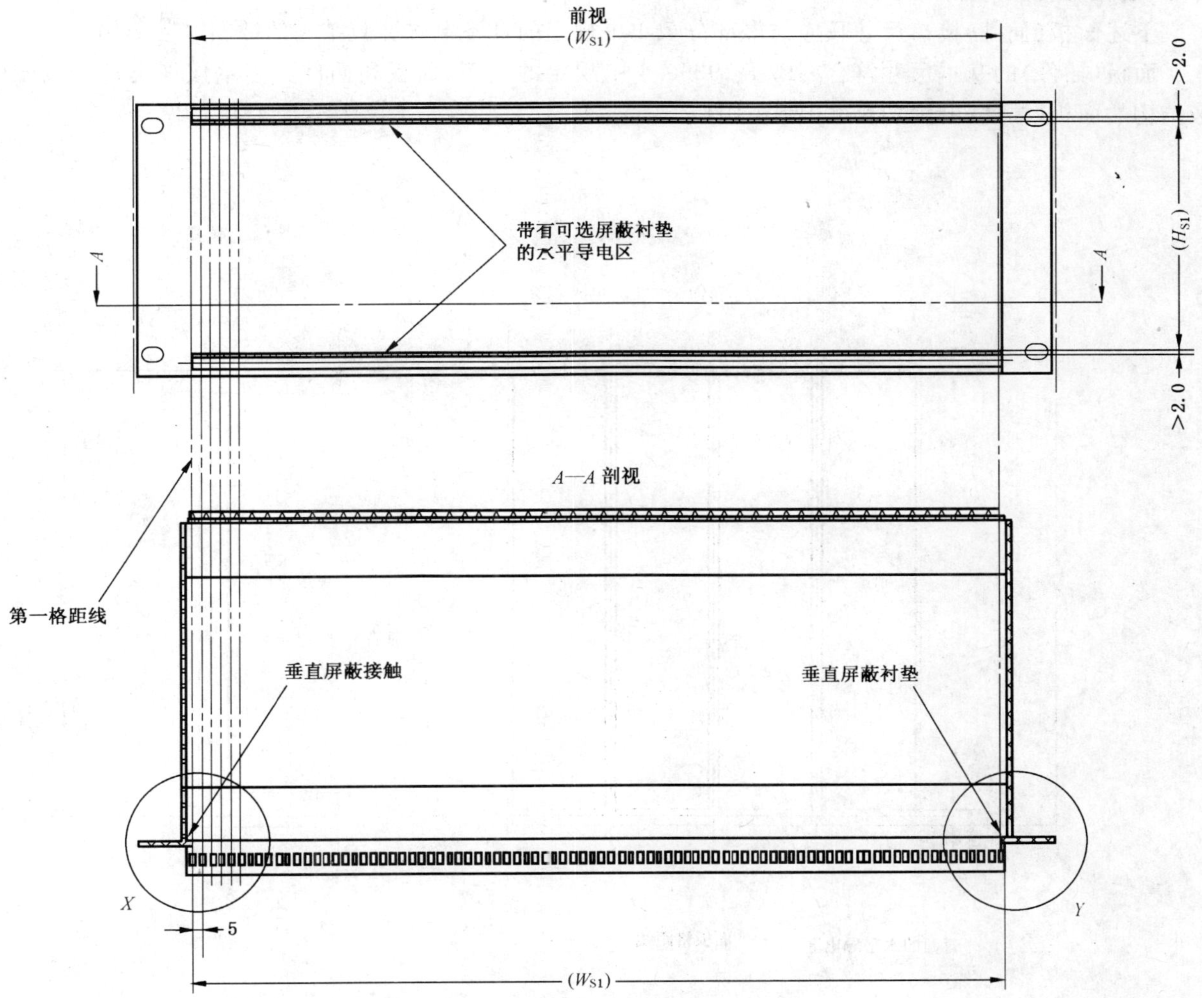

前视

(W_{S1})

>2.0

(H_{S1})

>2.0

带有可选屏蔽衬垫的水平导电区

A

A

A—A 剖视

第一格距线

垂直屏蔽接触

垂直屏蔽衬垫

X

Y

5

(W_{S1})

注：括号内的尺寸符合 GB/T 19290.4(见表 2)。

图 8　电磁屏蔽结构的插箱接口尺寸

单位为毫米

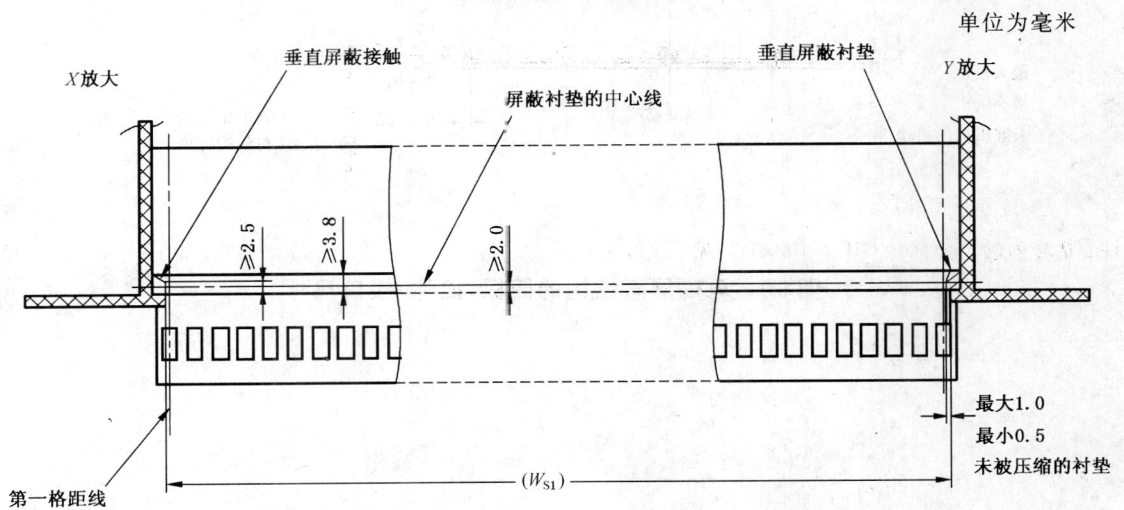

注 1：括号内的尺寸符合 GB/T 19290.4(见表 2)。

注 2：宜采用低电阻和能长期耐受腐蚀的材料作为屏蔽衬垫和屏蔽接触表面。

图 9　电磁屏蔽结构的插箱接口尺寸——*X* 和 *Y* 放大图

7.2 面板(插件)的接口尺寸

下述面板(插件)接口尺寸只应与本部分7.1中规定的具备电磁屏蔽结构的插箱一起应用。

面板(插件)的基本尺寸符合GB/T 19290.4中规定的插箱、面板和插件。本章仅规定具备电磁屏蔽结构的面板(插件)的附加尺寸(见图10)。

单位为毫米

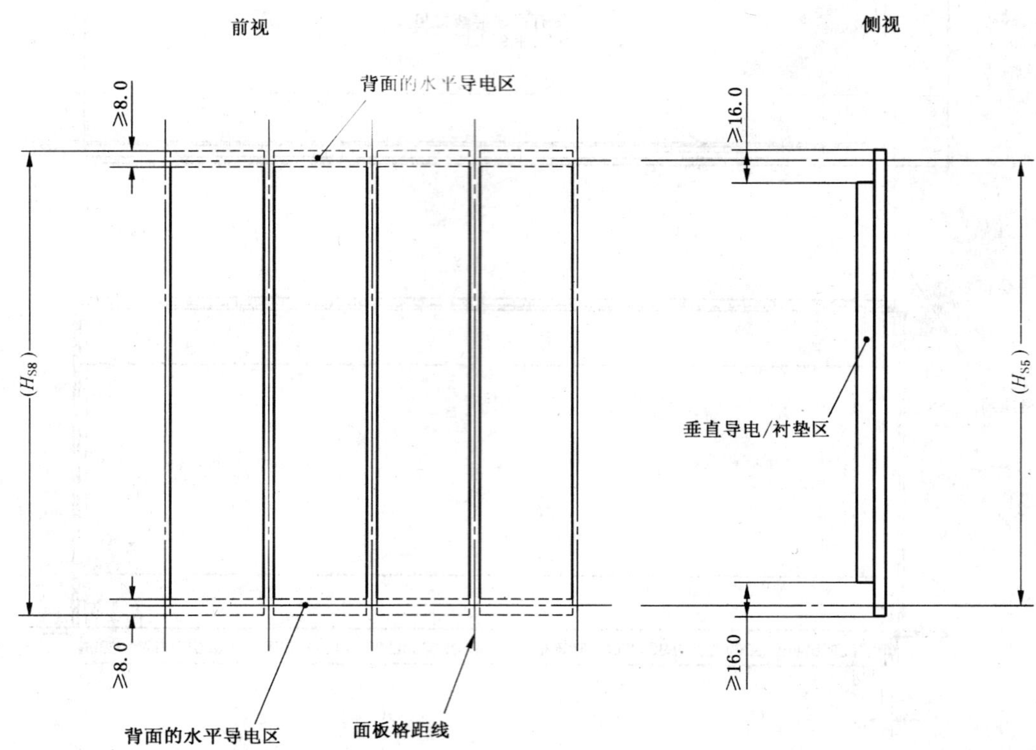

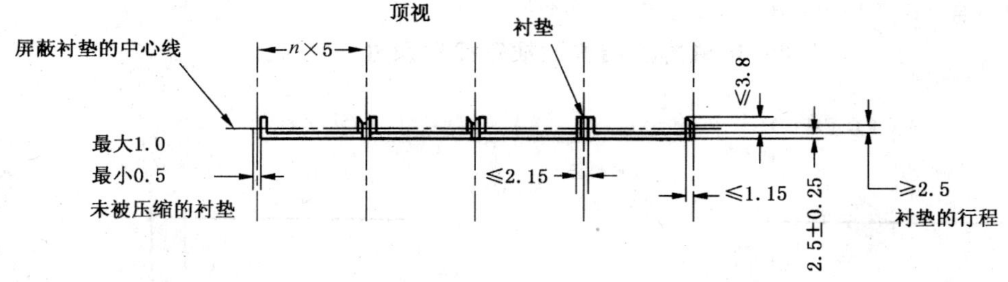

注：括号内的尺寸符合GB/T 19290.4(见表2)。

图10 电磁屏蔽结构的面板(插件)接口尺寸

8 插箱和插件的编码键系统

8.1 总则

插箱和插件可在插件上和安装插件的导轨上有编码键系统。本部分详细说明了用户可从插箱的前面和(或)后面,以及插件的背面对编码键系统进行编码。编码键可由用户设置、移开或改变(见图 11,图 12 和图 13)。

符合 GB/T 19290.4 和本部分的第 11 章的安装了导轨的插箱(没有编码特性),将承接符合本章的配有面板的插件(移开了编码键)。

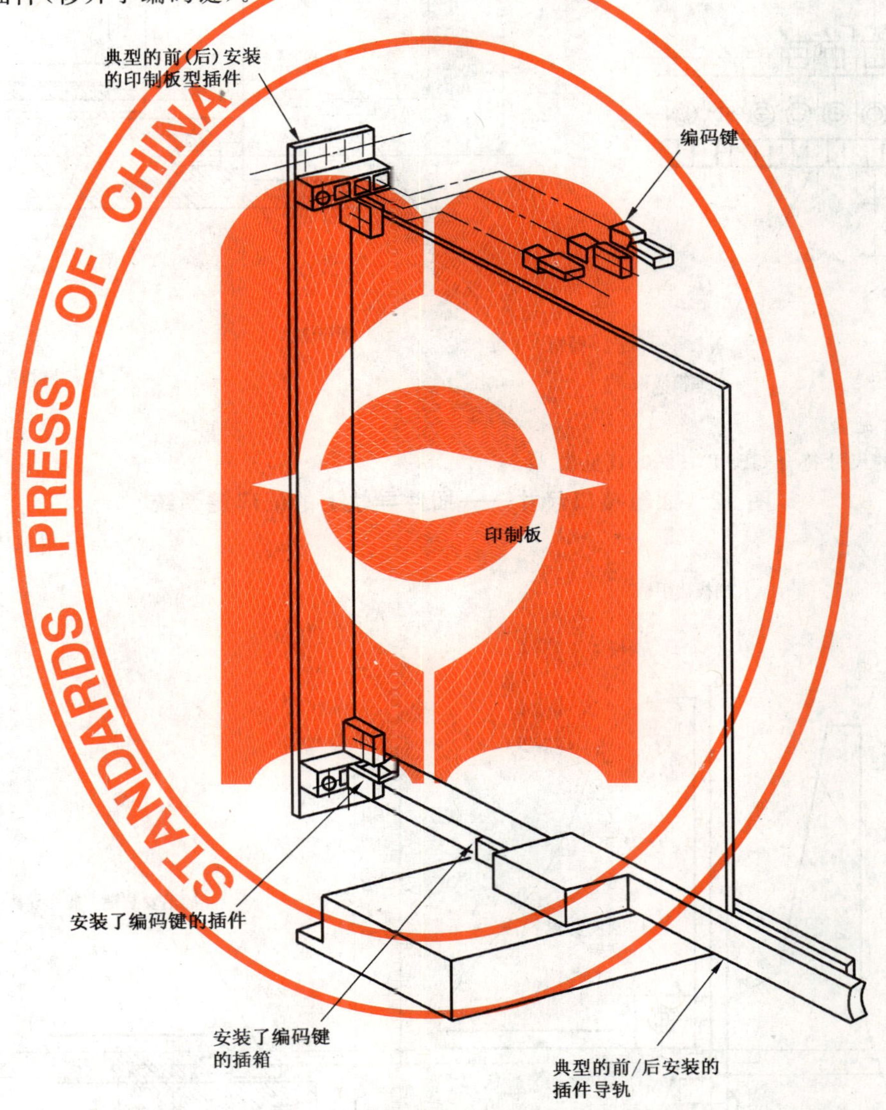

图 11 插件编码键系统的配置

8.2 插箱接口尺寸——插件导轨上的编码键系统

单位为毫米

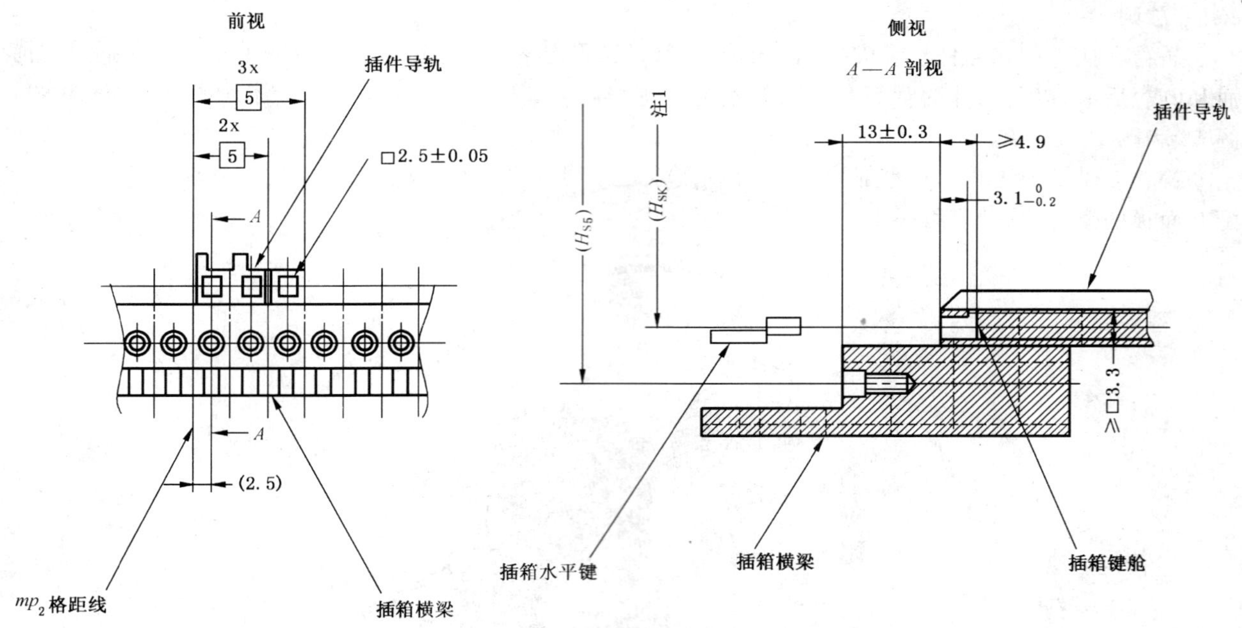

注 1：H_{SK}尺寸见表 1。

注 2：括号内的尺寸符合 GB/T 19290.4(见表 2)。

图 12　插箱接口尺寸——插件导轨上的编码键系统

单位为毫米

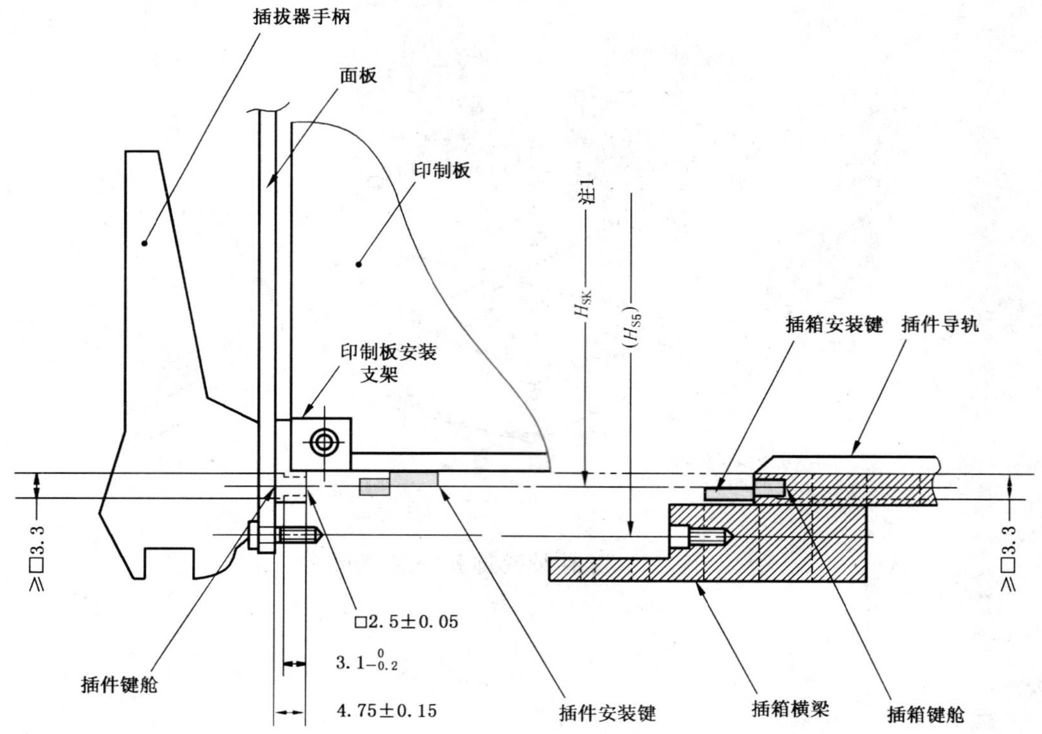

注 1：H_{SK}尺寸，见表 1。

注 2：括号内的尺寸符合 GB/T 19290.4(见表 2)。

图 13　插件接口尺寸——插件导轨上的编码键系统

8.3 编码键的尺寸——插件导轨上的编码键系统

编码键的尺寸将允许分别在插箱和插件的一个键舱内的四个位置的编码。编码键应具有自保持的快速装配功能(见图 14 和图 15)。

插箱和插件的键舱由 6 个字母来识别,即 A、B、C、D、E 和 F(见图 15)。对于 $6mp_1$($6SU$)高度的插箱及其插件提供了典型的在下部位置的键舱,该位置由三个字母 D、E 和 F 来识别。高度为 $12mp_1$($12SU$)和 $18mp_1$($18SU$)的插箱和插件,可以带有位于上部位置和下部位置的键舱,该位置由 6 个字母,即从 A 到 F 来识别。

单位为毫米

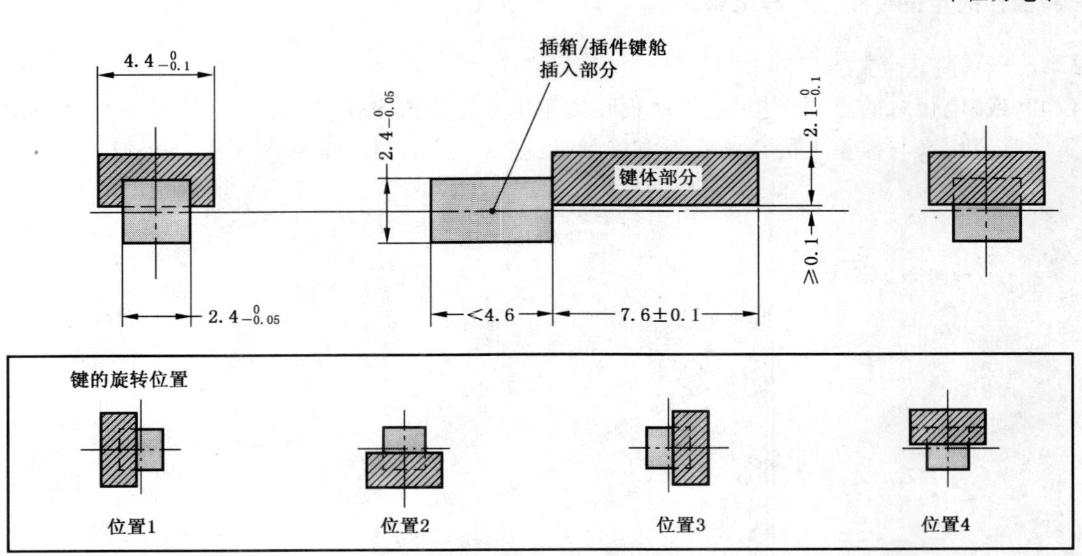

图 14 编码键的尺寸和编码键的旋转位置——插件导轨上的编码键系统

8.4 键的编码——插件导轨上的编码键系统(见图 15)

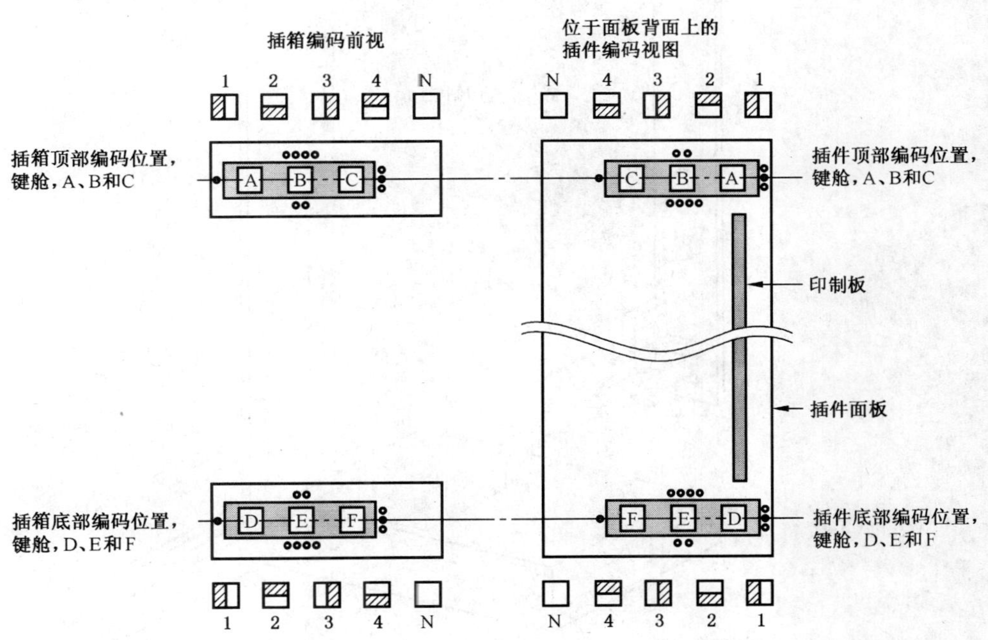

注 1:在插箱(或插件)的后面,字母 A、B 和 C 在底部,而 D、E 和 F 在顶部。后面上的字母顺序为镜像。

注 2:位置标记显示了键的旋转位置 1、2、3 和 4。"N"表示没有键的状态。

图 15 键的编码

8.5 编码键舱的检验尺寸

表1包含了正确的高度尺寸 H_{SK}，该尺寸将保证编码键插入时两个配合件的定位。

表1 插箱和插件编码键舱的检验尺寸

单位为毫米

SU	6	12	18
(H_S)	150	300	450
H_{SK} (±0.3)	121	271	421

9 面板和插件的定位销和(或)导电销

9.1 总则

定位和(或)电接触的重要作用是，为面板在插箱中所在位置定位(例如，电磁屏蔽衬垫的应用，见本部分第7章)，或用来与插箱上的插座实现电接触(见图16、图17、图18和图19)。

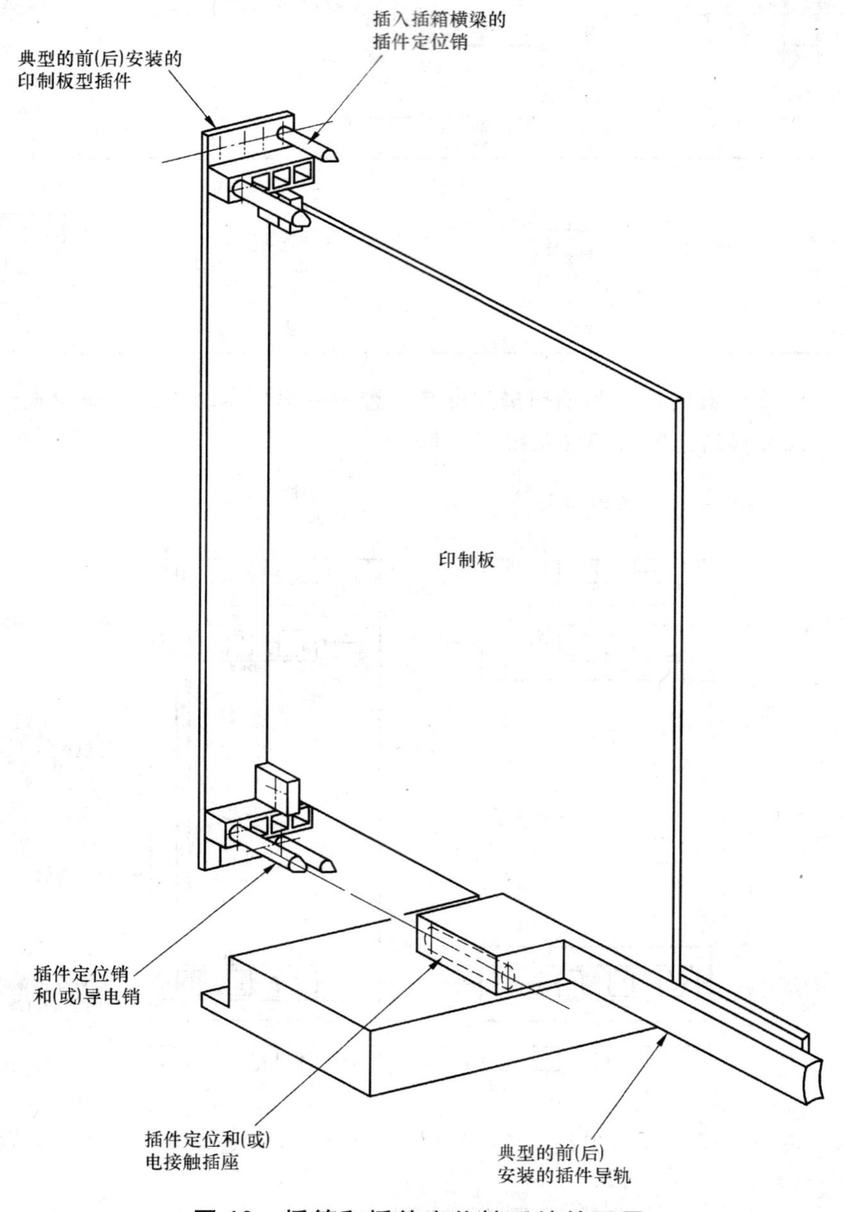

图16 插箱和插件定位销系统的配置

9.2 **插箱横梁上的定位销插孔和插座板**(见图 17 和图 18)

本定位系统应位于符合 GB/T 19290.4 和本部分第 11 章的插箱与插件之间的紧固配置区域。因此,在定位系统的应用中,插件可用符合 6.2 的带有锁闭功能的插拔器手柄代替螺钉的固定方式。

单位为毫米

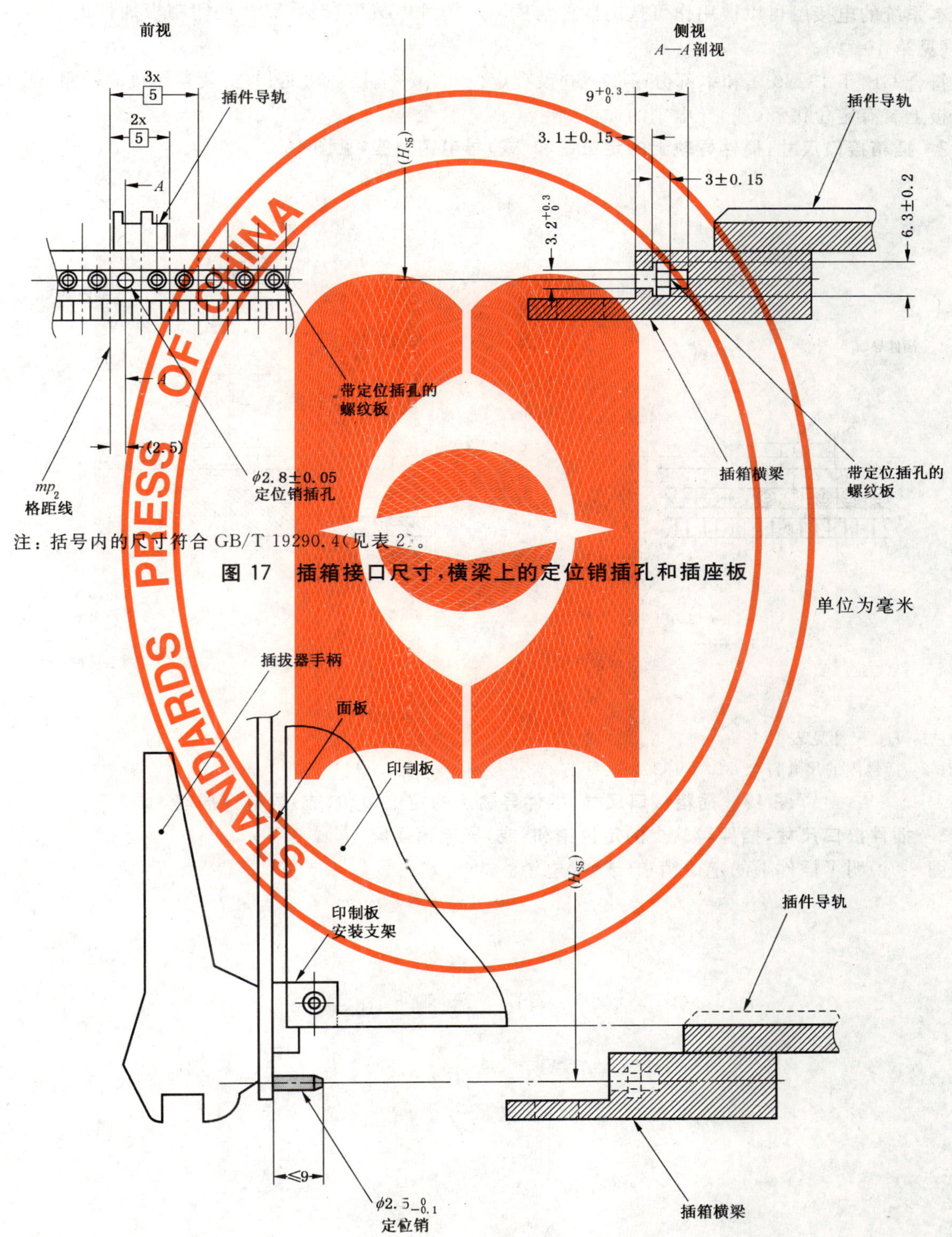

注:括号内的尺寸符合 GB/T 19290.4(见表 2)。

图 17 插箱接口尺寸,横梁上的定位销插孔和插座板

单位为毫米

注:括号内的尺寸符合 GB/T 19290.4(见表 2)。

图 18 插件接口尺寸,横梁上的定位销插孔和插座板

9.3 插件导轨上的定位销插孔和(或)导电销插座

9.3.1 总则

本定位和(或)电接触系统应位于插件导轨上编码键系统的旁边(见第8章)。

本系统的定位功能可以选用,以替代插箱横梁上的定位销插孔和插座板(见9.2)。

本系统的电接触可以被用作可选的插件与插箱之间静电放电接触,以替代印制板插件的静电放电接触(见第10章)。

符合GB/T 19280.4和本部分第11章[没有定位和(或)电接触功能]的安装有导轨的插箱,能承接在面板上装有定位销和(或)导电销的插件。

9.3.2 插箱接口尺寸,插件导轨上的定位销和(或)导电销插座(见图19)

单位为毫米

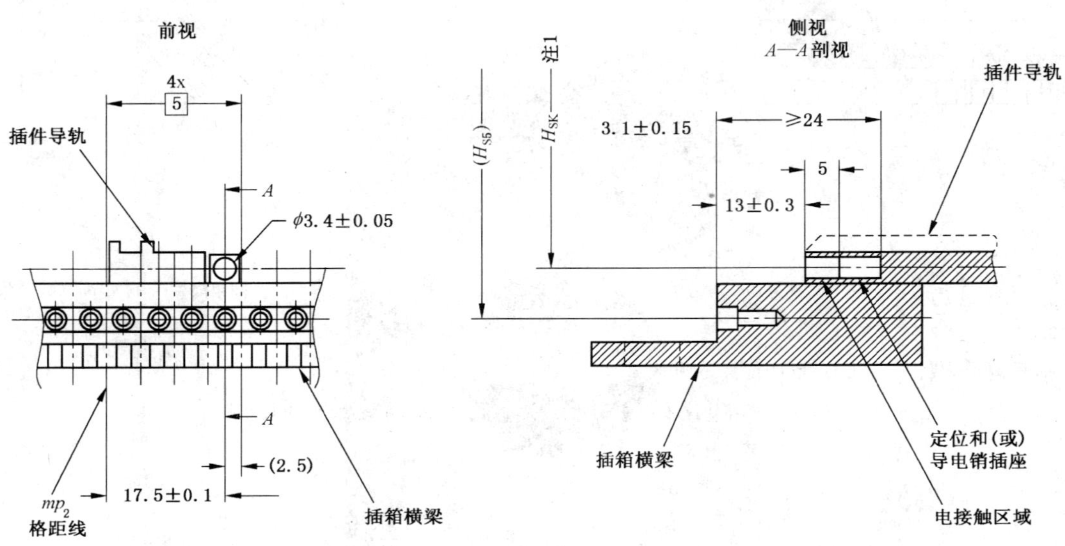

注1:H_{SK}尺寸见表1[1)]。

注2:括号内的尺寸符合GB/T 19290.4(见表2)。

图19 插箱接口尺寸,插件导轨上的定位销和(或)导电销插座

9.3.3 插件接口尺寸,插件导轨上的定位销和(或)导电销插座

图20说明了插件上的定位销和(或)导电销。

1) 表1中没有规定尺寸H_{SK}。

单位为毫米

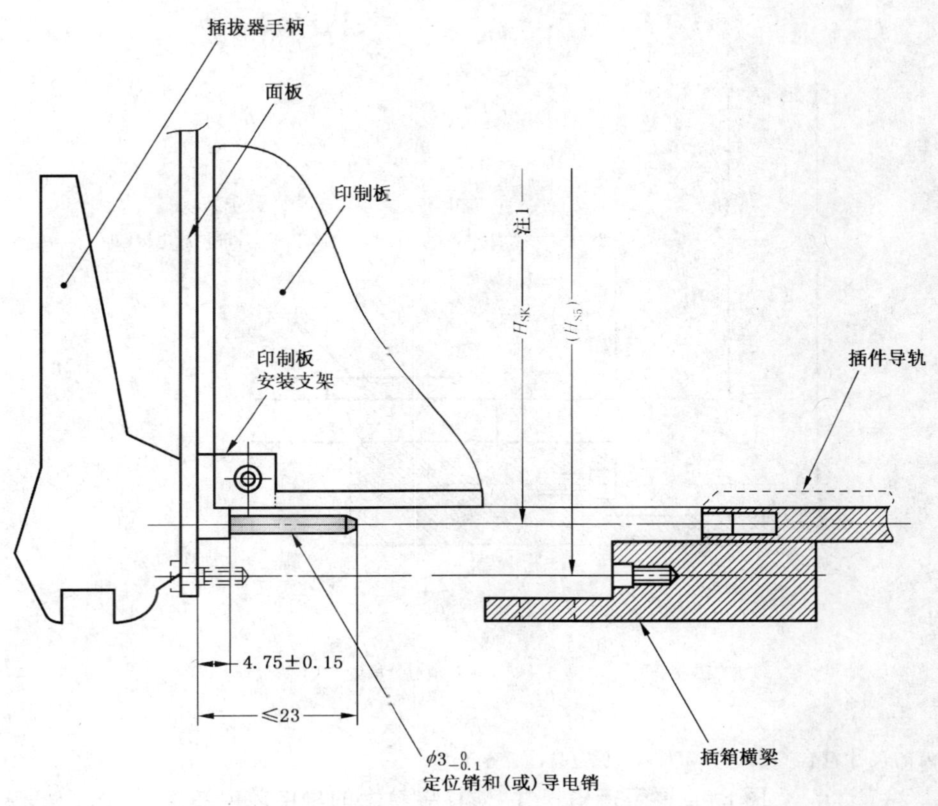

注 1：H_{SK}尺寸见表 1[1)]。

注 2：括号内的尺寸符合 GB/T 19290.4(见表 2)。

图 20　插件接口尺寸，插件导轨上的定位销和(或)导电销插座

9.3.4　导电销和插座的应用

使用导电销和插座的主要目的是用作对具有面板的插件的静电放电防护。

导电销和插座的电性能及其测试方法，宜由基于本部分插箱和插件系统用户的意图和应用来确定。

10　插件和插箱的静电放电结构

10.1　总则

本章规定了用于导轨和插件印制板上相应的导电带实现静电放电接触的接口尺寸。

10.2　静电放电结构的接口尺寸

静电放电接触应连接到插箱横梁和所确定的导轨内的弹簧承载区域(见图 21)。静电放电接触还应连接到插入的印制板的两侧。

单位为毫米

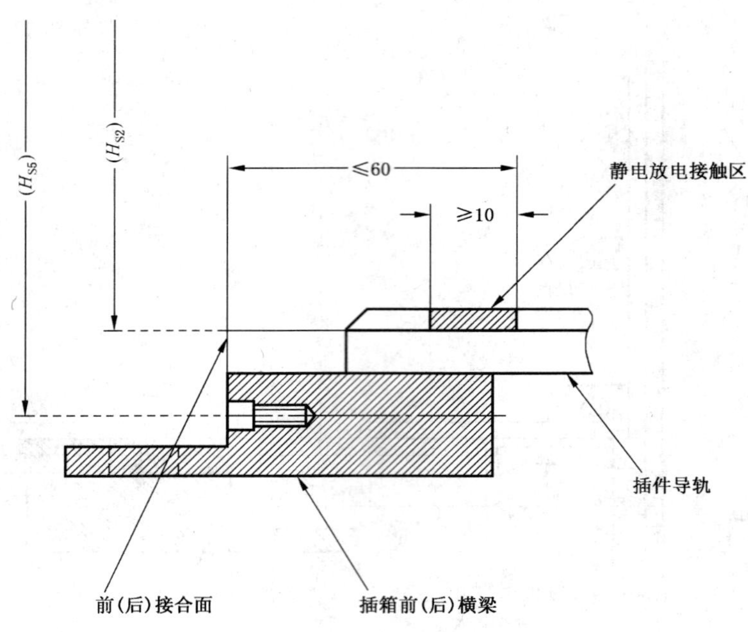

注：括号内的尺寸符合 GB/T 19290.4(见表 2)。

图 21　插箱接口尺寸，插件导轨上的静电放电结构

10.3　静电放电带的接口尺寸

两种型式的静电放电带用于插件的印制板。第一种是连续性的放电带，第二种是间断性的放电带(见图 22)。

连续性的放电带是使插件在插箱中处于完全插入位置时在导轨上仍保持静电放电接触的状态。间断性放电带是当插件在插入插箱的过程中完成印制板的静电放电之后，当插件在插箱中处于完全插入位置时解除与导轨的静电放电接触状态。

可以根据需要选用连续性的或间断性的静电放电带类型。

单位为毫米

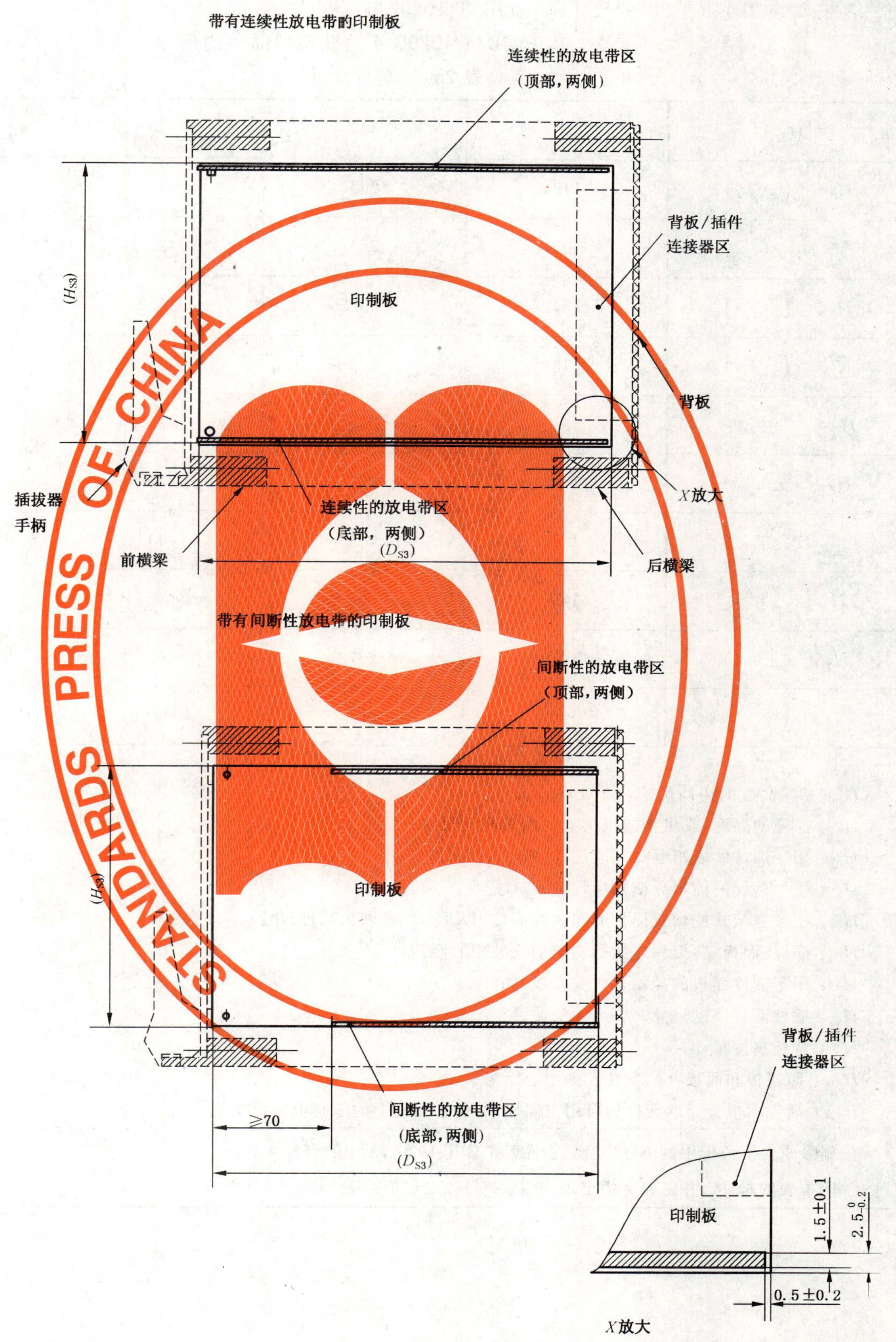

注：括号内的尺寸符合 GB/T 19290.4(见表 2)。

图 22 插件接口尺寸，插件板上的静电放电条带

10.4 基于 GB/T 19290.4 的插箱和插件的尺寸

表 2a)、表 2b)和表 2c)的尺寸符合 GB/T 19290.4。

表 2 基于 GB/T 19290.4 的插箱和插件的尺寸

表 2a) 高度尺寸

单位为毫米

H_S[a]	150	300	450	600
H_{S0}[a] $\left(\begin{smallmatrix}0\\-0.8\end{smallmatrix}\right)$	149	299	449	599
H_{S1}[a]>	125	275	425	575
H_{S2}[a] $\left(\begin{smallmatrix}+0.6\\0\end{smallmatrix}\right)$	115.2	265.2	415.2	565.2
H_{S3}[a] $\left(\begin{smallmatrix}0\\-0.3\end{smallmatrix}\right)$	115	265	415	565
H_{S5}[b] (±0.35)	135	285	435	585
H_{S7} (±0.35)	142	292	442	592
H_{S8}≤	141	291	441	591
H_{S9} (±0.5)	145	295	445	595
H_{S13} (±0.1)	107	257	407	557
H_{S14}[a]≤	100	250	400	550

注：
H_S：插箱高度的协调尺寸，$n \times mp_1$；
H_{S0}：插箱的高度，或机柜或机架上的面板高度尺寸；
H_{S1}：用于插件的插箱框口高度尺寸，$H_{S1}=(n-1)\times mp_1$；
H_{S2}：用于插件的插箱导槽高度尺寸；
H_{S3}：用于框架式或盒式插件的印制板高度，以及凸式导轨的高度尺寸；
H_{S5}：插件、面板、背板和连接器支架的安装中心距离；
H_{S7}：用于插件面板的插箱框口高度尺寸；
H_{S8}：插件面板高度尺寸；
H_{S9}：背板高度尺寸；
H_{S13}：印制板和面板上的安装孔的中心距离；
H_{S14}：插件面板背面的元件的可用空间尺寸，位于面板上的印制板安装支架之间。

a 删除原文下角标中的 B，以与图、表注及 GB/T 19290.4 中的符号一致。

b 同本表的脚注[a]，并将原文中出现的错误“$U\pm U0.35$”改为公差值“±0.35”。

表 2b) 宽度尺寸

单位为毫米

W_{S0}＜	450	500	625
W_{S1}＞	425	475	600
W_{S2}≤	483	533	658
W_{S3} (±1.0)	465	515	640
W_{S4}	$n\times5-0.3$		

注：
W_S：插箱宽度的协调尺寸，$W_S=n\times mp_1$；
W_{S0}：插箱宽度尺寸；
W_{S1}：用于插件的插箱框口宽度尺寸，$W_{S1}=W_S-mp_1$；
W_{S2}：包括凸缘的插箱总宽度尺寸；
W_{S3}：机柜面板、机架面板、插箱或机箱安装凸缘的安装孔中心距离；
W_{S4}：P 型插件面板宽度尺寸。

表 2c) 深度尺寸

单位为毫米

D_S[a]	175	225	250	300
D_{S1}[a] $\left(^{+1}_{0}\right)$	175.5	225.5	250.5	300.5
D_{S2}[a] $\left(^{+0.8}_{0}\right)$	174	224	249	299
D_{S3}[a] $\left(^{0}_{-0.3}\right)$	由连接器类型决定			
D_{S4}[a]	由连接器类型决定			
D_{S5}[a]	由连接器类型决定			

注：
D_S：插箱深度的协调尺寸，$D_S=n\times mp_1$；
D_{S1}：用于插件的插箱框口深度尺寸；
D_{S2}：插箱到固定连接器支架或可选的绝缘带的接合面的深度尺寸，$D_{S2}=D_{S1}-1.5$ mm；
D_{S3}：印制板的深度尺寸，随连接器而定；
D_{S4}：盒式或框架式插件的整体深度尺寸，由连接器类型决定；
D_{S5}：插件深度检验尺寸，由连接器类型决定。

[a] 删除原文下角标中的 B，以与图、表注及 GB/T 19290.4 中的符号一致。

11 后安装插件的插箱尺寸

本章规定了后安装插件印制板尺寸和用于插件面板的插箱背面附板的范围(见图 23)。

单位为毫米

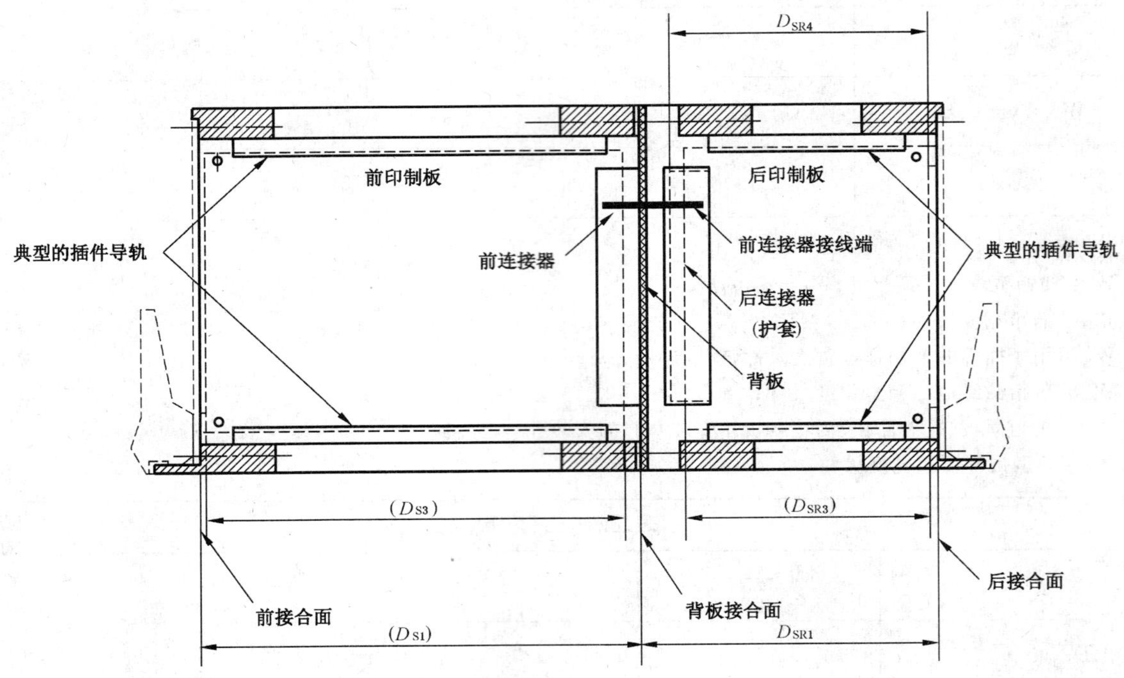

注 1:D_{SR1}=100,125,150 或 200。

注 2:基于连接器类型的后安装插件的印制板深度(D_{SR3},见表 3)。

注 3:括号内的尺寸符合 GB/T 19290.4(见表 2)。

图 23 后安装插件的插箱尺寸

表 3 后安装插件的插箱和印制板的尺寸

单位为毫米

	$D_{SR1}\pm0.5$	100	125	150	200
IEC 61076-4-101 连接器	D_{SR3} $\left(\begin{smallmatrix}0\\-0.3\end{smallmatrix}\right)$	78.48	103.48	128.48	178.48
	$D_{SR4}>$	90.4	115.4	140.4	190.4
IEC 61076-4-104 连接器,接线端长度 17.0±0.3	D_{SR3} $\left(\begin{smallmatrix}0\\-0.3\end{smallmatrix}\right)$	80.5	105.5	130.5	180.5
	$D_{SR4}>$	90.5	115.5	140.5	190.5

附 录 A
（资料性附录）
采用公制连接器的插箱、插件和背板的尺寸

本附录给出了采用 2.5 mm 和 2 mm 公制连接器的插箱、插件和背板的详细尺寸。

图 A.1 示出了在 6*SU* 的 175 mm 深度插箱中 IEC 61076-4-100 连接器的一种应用。

图 A.2 示出了在 6*SU* 的 175 mm 深度插箱中 IEC 61076-4-101 连接器的一种应用。

图 A.3 示出了在 6*SU* 的 175 mm 深度插箱中 IEC 61076-4-104 连接器的一种应用。

单位为毫米

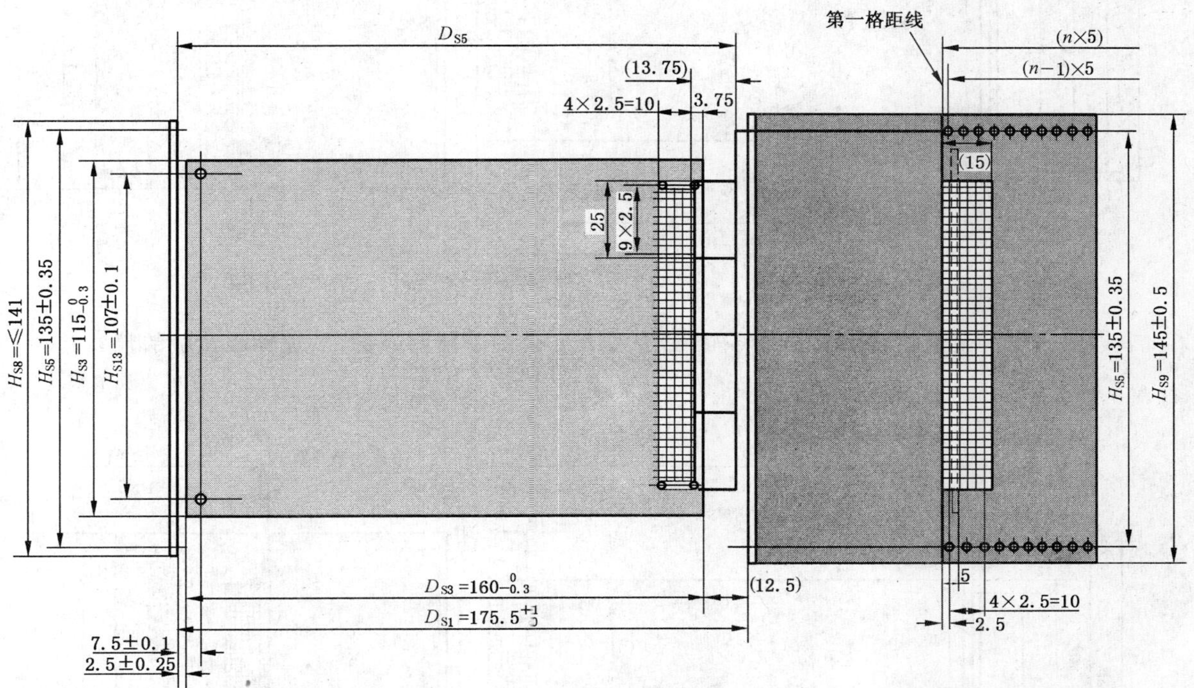

图 A.1 采用符合 IEC 61076-4-100 的 2.5 mm 公制连接器的插箱、插件和背板的尺寸

单位为毫米

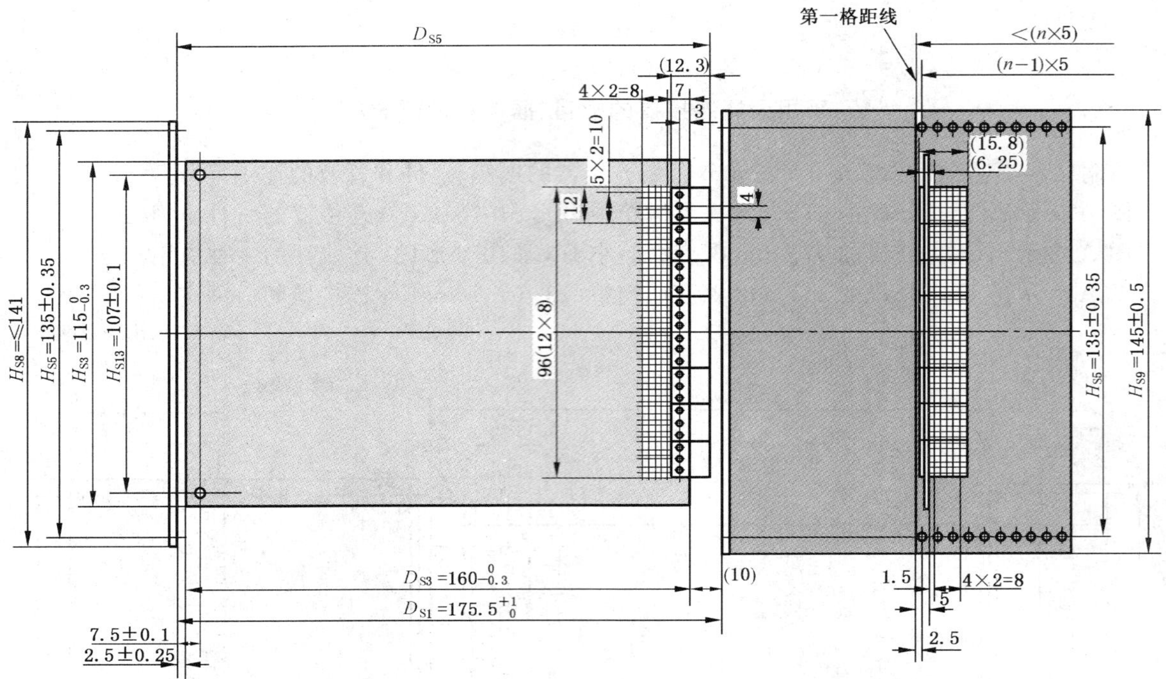

图 A.2 采用符合 IEC 61076-4-101 的 2 mm 公制连接器的插箱、插件和背板的尺寸

单位为毫米

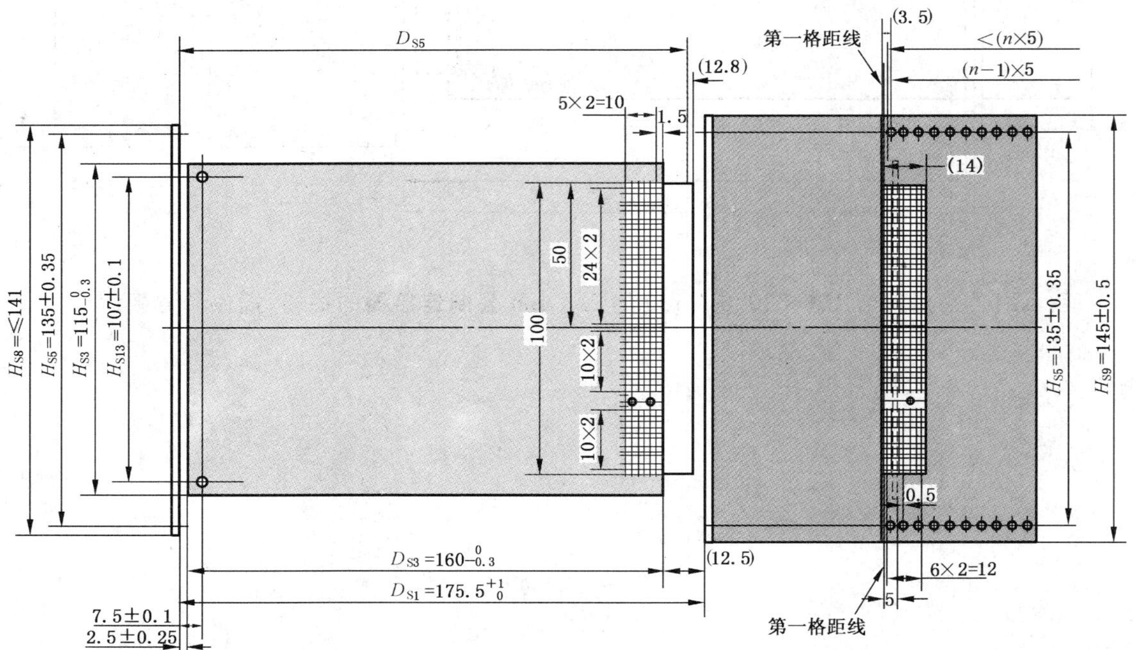

图 A.3 采用符合 IEC 61076-4-104 的 2 mm 公制连接器的插箱、插件和背板的尺寸

ICS 13.300;55.020
C 66

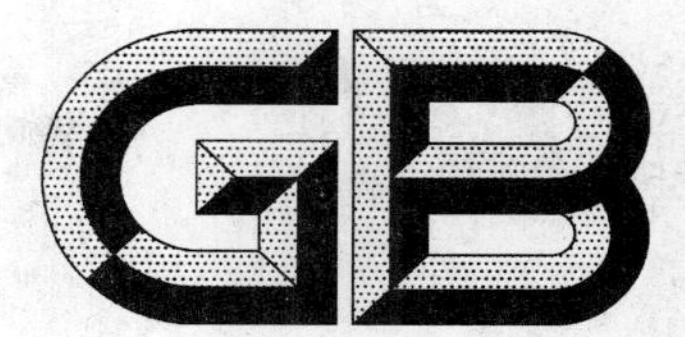

中华人民共和国国家标准

GB 19359—2009
代替 GB 19359.1—2003,GB 19359.2—2003,GB 19359.3—2003

铁路运输危险货物包装检验安全规范

Safety code for inspection of packaging of dangerous goods transported by railway

2009-06-21 发布 2010-05-01 实施

中华人民共和国国家质量监督检验检疫总局
中国国家标准化管理委员会 发布

前　　言

本标准第5章、第6章、第7章和第8章为强制的，其余条款为推荐性的。

本标准代替了GB 19359.1—2003《铁路运输危险货物包装检验安全规范　通则》、GB 19359.2—2003《铁路运输危险货物包装检验安全规范　性能检验》和GB 19359.3—2003《铁路运输危险货物包装检验安全规范　使用鉴定》等三个标准。

本标准与原标准相比，修改了部分技术内容，使标准有关包装的技术内容与联合国《关于危险货物运输的建议书　规章范本》(第15修订版)一致。

本标准的附录A和附录D为规范性附录，附录B和附录C为资料性附录。

本标准由全国危险化学品管理标准化技术委员会(SAC/TC 251)提出并归口。

本标准负责起草单位：安徽出入境检验检疫局。

本标准参加起草单位：北京出入境检验检疫局。

本标准主要起草人：温劲松、季汝武、卞学东、唐树田、姚剑、高锋、孙政、王伟。

本标准所代替标准的历次版本的发布情况为：

——GB 19359.1—2003；

——GB 19359.2—2003；

——GB 19359.3—2003。

铁路运输危险货物包装检验安全规范

1 范围

本标准规定了铁路运输危险货物包装(不包括军品)的分类、代码和标记、要求、性能检验和使用鉴定。

本标准适用于第4章中除第2类、第6类的6.2项和第7类以外的铁路运输危险货物包装的检验。

本标准不适用于压力贮器、净重大于400 kg的包装件、容积超过450 L的包装件。

2 规范性引用文件

下列文件中的条款通过本标准的引用而成为本标准的条款。凡是注日期的引用文件,其随后所有的修改单(不包括勘误的内容)或修订版均不适用于本标准,然而,鼓励根据本标准达成协议的各方研究是否可使用这些文件的最新版本。凡是不注日期的引用文件,其最新版本适用于本标准。

GB/T 325 包装容器 钢桶

GB/T 1540 纸和纸板吸水性的测定 可勃法

GB/T 2828.1 计数抽样检验程序 第1部分:按接收质量限(AQL)检索的逐批检验抽样计划

GB/T 4122.1 包装术语 第1部分:基础

GB/T 4857.3 包装 运输包装件基本试验 第3部分:静载荷堆码试验方法

GB/T 4857.5 包装 运输包装件 跌落试验方法

GB/T 17344 包装 包装容器 气密试验方法

联合国《关于危险货物运输的建议书 规章范本》(第15修订版)

国际铁路危险货物运输规则(2005版)

3 术语和定义

GB/T 4122.1确立的以及下列术语和定义适用于本标准。

3.1

箱 box

由金属、木材、胶合板、再生木、纤维板、塑料或其他适当材料制做的完整矩形或多角形的容器。

3.2

圆桶(桶) drum

由金属、纤维板、塑料、胶合板或其他适当材料制成的两端为平面或凸面的圆柱形容器。

3.3

袋 bag

由纸张、塑料薄膜、纺织品、编织材料或其他适当材料制作的柔性容器。

3.4

罐 jerrican

横截面呈矩形或多角形的金属或塑料容器。

3.5

贮器 receptacle

用于装放和容纳物质或物品的封闭器具,包括封口装置。

3.6

容器　packaging

贮器和贮器为实现贮放作用所需要的其他部件或材料。

3.7

包装件　package

包装作业的完结产品，包括准备好供运输的容器和其内装物。

3.8

内容器　inner packaging

运输时需用外容器的容器。

3.9

内贮器　inner receptacle

需要有一个外容器才能起容器作用的容器。

3.10

外容器　outer packaging

是复合或组合容器的外保护装置连同为容纳和保护内贮器或内容器所需要的吸收材料、衬垫和其他部件。

3.11

组合容器　combination packaging

为了运输目的而组合在一起的一组容器，由固定在一个外容器中的一个或多个内容器组成。

3.12

复合容器　composite packaging

由一个外容器和一个内贮器组成的容器，其构造使内贮器和外容器形成一个完整的容器。这种容器经装配后，便成为单一的完整装置，整个用于装料、贮存、运输和卸空。

3.13

集合(外)包装　over pack

为了方便运输过程中的装卸和存放，将一个或多个包件装在一起以形成一个单元所用的包装物。

3.14

救助容器　salvage packaging

用于放置为了回收或处理损坏、有缺陷、渗漏或不符合规定的危险货物包装件，或者溢出或漏出的危险货物的特别容器。

3.15

封闭装置　closure

用于封住贮器开口的装置。

3.16

防撒漏的容器　sift proof packaging

所装的干物质，包括在运输中产生的细粒固体物质不向外撒漏的容器。

3.17

吸附性材料　absorbent material

特别能吸收和滞留液体的材料，内容器一旦发生破损、泄漏出来的液体能迅速被吸附滞留在该材料中。

3.18

不相容　incompatible

描述危险货物，如果混合则易于引起危险热量或气体的放出或生成一种腐蚀性物质，或产生理化反应降低包装容器强度的现象。

3.19

牢固封口 securely closed

所装的干燥物质在正常搬运中不致漏出的封口。这是对任何封口的最低要求。

3.20

液密封口 water-tight

又称有效封口，是指不透液体的封口。

3.21

气密封口 hermetically sealed

不透蒸气的封口。

3.22

性能检验 performance inspection

模拟不同运输环境对容器进行的型式试验，以判定容器的构造和性能是否与设计型号一致及是否符合有关规定。

3.23

使用鉴定 use appraisal

容器盛装危险货物以后，对包装件进行鉴定，以判定容器使用是否符合有关规定。

3.24

联合国编号 UN number

由联合国危险货物运输专家委员会编制的4位阿拉伯数编号，用以识别一种物质或一类特定物质。

4 分类

4.1 危险货物分类

4.1.1 按危险货物具有的危险性或最主要的危险性分成9个类别。有些类别再分成项别。类别和项别的号码顺序并不是危险程度的顺序。

4.1.2 第1类：爆炸品

——1.1项：有整体爆炸危险的物质和物品；

——1.2项：有迸射危险但无整体爆炸危险的物质和物品；

——1.3项：有燃烧危险并有局部爆炸危险或局部迸射危险或这两种危险都有，但无整体爆炸危险的物质和物品；

——1.4项：不呈现重大危险的物质和物品；

——1.5项：有整体爆炸危险的非常不敏感物质；

——1.6项：无整体爆炸危险的极端不敏感物品。

4.1.3 第2类：气体

——2.1项：易燃气体；

——2.2项：非易燃无毒气体；

——2.3项：毒性气体。

4.1.4 第3类：易燃液体。

4.1.5 第4类：易燃固体；易于自燃的物质；遇水放出易燃气体的物质

——4.1项：易燃固体、自反应物质和固态退敏爆炸品；

——4.2项：易于自燃的物质；

——4.3项：遇水放出易燃气体的物质。

4.1.6 第5类：氧化性物质和有机过氧化物

——5.1项：氧化性物质；

——5.2项：有机过氧化物。

4.1.7 第6类：毒性物质和感染性物质

——6.1项：毒性物质；

——6.2项：感染性物质。

4.1.8 第7类：放射性物质。

4.1.9 第8类：腐蚀性物质。

4.1.10 第9类：杂类危险物质和物品。

4.2 危险货物包装分类

4.2.1 第1类、第2类、第5类的第5.2项、第6类的6.2项、第7类以及第4类的4.1项自反应物质以外的其他各类危险货物，按照他们具有的危险程度划分为三个包装类别：

Ⅰ类包装——显示高度危险性；

Ⅱ类包装——显示中等危险性；

Ⅲ类包装——显示轻度危险性。

注：通常Ⅰ类包装可盛装显示高度危险性、显示中等危险性和显示轻度危险性的危险货物，Ⅱ类包装可盛装显示中等危险性和显示轻度危险性的危险货物，Ⅲ类包装则只能盛装显示轻度危险性的危险货物。但有时应视具体盛装的危险货物特性而定，例如盛装液体物质应考虑其相对密度的不同。

4.2.2 在联合国《关于危险货物运输的建议书 规章范本》和《国际铁路危险货物运输规则》的危险货物一览表中，列出了物质被划入的包装类别。

5 代码和标记

5.1 容器类型的代码

5.1.1 代码包括：

a) 阿拉伯数字，表示容器的种类，如桶、罐等，后接；

b) 大写拉丁字母，表示材料的性质，如钢、木等；

c) (必要时后接)阿拉伯数字，表示容器在其所属种类中的类别。

5.1.2 如果是复合容器，用两个大写拉丁字母依次写在代码的第二个位置中。第一个字母表示内贮器的材料，第二个字母表示外容器的材料。

5.1.3 如果是组合容器，只使用外容器的代码。

5.1.4 容器编码后面可加上字母“T”、“V”或“W”，字母“T”表示符合联合国《国际铁路危险货物运输规则》要求的救助容器；字母“V”表示符合7.1.1.6要求的特别容器；字母“W”表示容器类型虽与编码所表示的相同，而其制造的规格与附录A的规格不同，但根据《国际铁路运输危险货物规则》的要求被认为是等效的。

5.1.5 下述数字用于表示容器的种类：

1——桶；

3——罐；

4——箱；

5——袋；

6——复合容器。

5.1.6 下述大写字母用于表示材料的种类：

A——钢(一切型号及表面处理的)；

B——铝；

C——天然木；

D——胶合板；
F——再生木；
G——纤维板；
H——塑料；
L——纺织品；
M——多层纸；
N——金属(钢或铝除外)；
P——玻璃、陶瓷或粗陶瓷。

5.1.7 各种常用包装容器的代码遵照附录A。

5.2 标记

5.2.1 标记用于表明带有该标记的容器已成功地通过第7章规定的试验，并符合附录A的要求，但标记并不一定能证明该容器可以用来盛装任何物质。

5.2.2 每一个容器应带有持久、易辨认、与容器相比位置合适、大小适当的明显标记。对于毛重超过30 kg的包装件，其标记和标记附件应贴在容器顶部或一侧，字母、数字和符号应不小于12 mm高。容量为30 L或30 kg或更少的容器上，其标记至少应为6 mm高。对于容量为5 L或5 kg或更少的容器，其标记的尺寸应大小合适。

标记应表示如下：

a) 联合国包装符号(UN)。本符号仅用于证明容器符合联合国《关于危险货物运输的建议书 规章范本》第6.1章和本标准第7章的有关规定，不应用于其他目的。对于压纹金属容器，符号可用大写字母"UN"表示。符合上述规定的容器，可以用符号"RID"代替(UN)或"UN"标记。

b) 根据5.1表示容器种类的代码，例如3H1。

c) 一个由两部分组成的编号：

1) 一个字母表示设计型号已成功地通过试验的包装类别：
X 表示Ⅰ类包装；
Y 表示Ⅱ类包装；
Z 表示Ⅲ类包装。

2) 相对密度(四舍五入至第一位小数)，表示已按此相对密度对不带内容器的准备装液体的容器设计型号进行过试验；若相对密度不超过1.2，这一部分可省略。对准备盛装固体或装入内容器的容器而言，以kg表示的最大总质量。

d) 或者用字母"S"表示容器拟用于运输固体或内容器，或者对拟装液体的容器(组合容器除外)而言，容器已证明能承受的液压试验压力，用kPa表示(即四舍五入至10 kPa)。

e) 容器制造年份的最后两位数字。型号为1H1，1H2，3H1和3H2的塑料容器还应适当地标出制造月份；这可与标记的其余部分分开，在容器的空白处标出，最好的方法是：

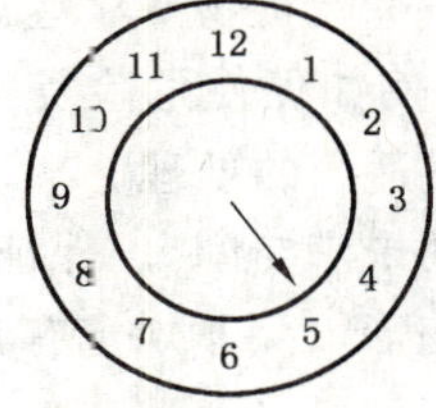

f) 标明生产国代号，中国的代号为大写英文字母CN。

g) 容器制造厂的代号，该代号应体现该容器制造厂所在的行政区域，各区域代码参见附录C。

h) 生产批次。

5.2.3 根据5.2.2对容器进行的标记示例参见附录B。可单行或多行标示。

5.2.4 除了5.2.2中规定的耐久标记外，每一超过100 L的新金属桶，在其底部应有5.2.2a)至e)所述持久性标记，并至少表明桶身所用金属标称厚度(mm，精确到0.1 mm)。如金属桶两个端部中有一个标称厚度小于桶身的标称厚度，那么顶端、桶身和底端的标称厚度应以永久性形式(例如压纹或印刷)在底部标明，例如“1.0-1.2-1.0”或“0.9-1.0-1.0”。

5.2.5 国家主管机关所批准的其他附加标记应保证5.2.2所要求的标记能正确识别。

5.2.6 改制的金属桶，如果没有改变容器型号和没有更换或拆掉组成结构部件，所要求的标记不必是永久性的(例如压纹)。每一其他改制的金属桶都应在顶端或侧面以永久性形式(例如压纹)标明5.2.2a)至e)中所述的标记。

5.2.7 用可不断重复使用的材料(例如不锈钢)制造的金属桶可以永久性形式(例如压纹)标明5.2.2f)至h)中所述的标记。

5.2.8 作标记应按5.2.2所示的顺序进行；这些分段以及视情况5.2.9 a)至5.2.9c)所要求的每一个标记组成部分应用斜线清楚地隔开，以便容易辨认。标注方法可参见附录B。

5.2.9 容器修理后，应按下列顺序在容器上加以持久性的标记标明：

a) 进行修理的所在国；

b) 修理厂代号；

c) 修复年份；字母“R”；对按7.2.2通过了气密试验的每一个容器，另加字母“L”。

5.2.10 对于用联合国《关于危险货物运输的建议书 规章范本》中第1.2章定义的“回收塑料”材料制造的容器应标有“REC”。

5.2.11 修理容器、救助容器的标记示例参见附录B。

5.2.12 不同材质的容器可参照附录B示例，在包装容器上印(压纹)标记。

6 要求

6.1 一般要求

6.1.1 每一容器上应按5.2标明持久性标记、标志。

6.1.2 铁路运输危险货物容器应结构合理、防护性能好、符合联合国《关于危险货物运输的建议书 规章范本》和《国际铁路运输危险货物规则》的规格规定。其设计模式、工艺、材质应适应铁路运输危险货物的特性，适合积载，便于安全装卸和运输，能承受正常运输条件下的风险。

6.1.3 危险货物应装在质量良好的容器内，该容器应足够坚固，能承受得住运输过程中通常遇到的冲击和载荷，包括运输装置之间和运输装置与仓库之间的转载以及搬离托盘或外包装供随后人工或机械操作。容器的结构和封闭状况应能够在正常运输条件下防止由于震动及温度、湿度或压力变化(例如海拔不同产生的)造成的任何内装物损失。在运输过程中不应有任何危险残余物粘附在容器外面。这些要求适用于新的、再次使用的、修整过的或改制的容器。

6.1.4 容器与危险货物直接接触的各个部位：

a) 不应受到危险货物的影响或强度被危险货物明显地减弱；

b) 不应在包装件内造成危险的效应，例如促使危险货物起反应或与危险货物起反应。必要时，这些部位应有适当的内涂层或经过适当的处理。

6.1.5 若容器内装的是液体，应留有足够的未满空间，以保证不会由于在运输过程中可能发生的温度变化造成的液体膨胀而使容器泄漏或永久变形。除非规定有具体要求，否则，液体不得在55 ℃温度下装满容器。

6.1.6 内容器在外容器中的放置方式，应做到在正常运输条件下，不会因内容器的破裂、戳穿或渗漏而使内装物进入外容器中。对于那些易于破裂或易被刺破的内容器，例如，用玻璃、陶瓷、粗陶瓷或某些塑料制成的内容器，应使用适当衬垫材料固定在外容器中。内装物的泄漏不应明显消弱衬垫材料或外容器的保护性能。

6.1.7 危险货物同危险货物或其他货物相互之间发生危险反应并引起以下后果，则不应放置在同一个外容器或大型容器中：

a) 燃烧或放出大量的热；

b) 放出易燃、毒性或窒息性气体；

c) 产生腐蚀性物质；

d) 产生不稳定物质。

6.1.8 装有潮湿或稀释物质的容器的其封闭装置应使液体(水、溶剂或减敏剂等)的百分率在运输过程中不会下降到规定的限度以下。

6.1.9 装运液体的内容器应足以承受正常运输条件下可能产生的内压力。如果包装件中可能由于内装物释放气体(由于温度增加或其他原因)而产生压力时，可在容器上安装一个通气孔，但释放的气体不应因其毒性、易燃性和排放量而造成危险。对拟运输的容器，通气孔应设计成保证在正常的运输条件下防止液体的泄漏和外界物质的渗入。

6.1.10 所有新的、改制的、再次使用的容器应能通过第7章规定的试验。在装货和移交运输之前，应按照第8章对每个容器进行检查，确保无腐蚀，污染或其他破损。当容器显示出的强度与批准的设计型号比较有下降的迹象时，不应再使用，或应予以整修，使之能够通过设计型号试验。

6.1.11 液体应装入对正常运输条件下可能产生的内部压力具有适当承受力的容器。标有5.2.2d)规定的液压试验压力的容器，仅能装载有下述蒸气压力的液体：

a) 在55 ℃时，容器内的总表压(即装载物质的蒸气压加上空气或其他惰性气体的分压，减去100 kPa)，不超过标记试验压力的三分之二；或

b) 在50 ℃时，小于标记试验压力加100 kPa之和的七分之四；或

c) 在55 ℃时，小于标记试验压力加100 kPa之和的三分之二。

6.1.12 拟装液体的每个容器，应在下列情况下成功地通过适当的气密(密封性)试验，并且能够达到第7章所规定的适当试验水平：

a) 在第一次用于运输之前；

b) 任何容器在改制或整理之后，再次用于运输之前。

在进行这项试验时，容器不必装有自己的封闭装置。如试验结果不会受到影响，复合容器的内贮器可在不用外容器的情况下进行试验。复合容器的内贮器可免于此项试验。

6.1.13 在运输过程中可能遇到的温度下会变成液体的固体所用的容器也应具备装载液态物质的能力。

6.1.14 用于装粉末或颗粒状物质的容器，应防筛漏或配备衬里。

6.1.15 除非另有规定，第1类货物、4.1项自反应物质和5.2项有机过氧化物所使用的容器，应符合中等危险类别Ⅱ类包装的规定。

6.1.16 对于损坏、有缺陷、渗漏或不符合规定的危险货物包装件，或者溢出或漏出的危险货物，可以装在救助容器中运输。

6.1.16.1 应采取适当措施，防止损坏或渗漏的包件在救助容器内过分移动。当救助容器装有液体时，应添加足够的惰性吸收材料以消除游离液体的出现。

6.1.16.2 救助容器不得用作从物质或材料产地向外运输的包装。

6.1.16.3 应采取适当措施，确保没有造成危险的压力升高。

6.2 第1类危险货物的特殊包装要求

6.2.1 供运输的所有爆炸性物质和物品应已按照联合国《关于危险货物运输的建议书 规章范本》和《国际铁路危险货物运输规则》所规定的程序加以分类。

6.2.2 第1类危险货物的容器应符合6.1的一般规定。

6.2.3 第1类危险货物的所有容器的设计和制造应达到以下要求：

a) 能够保护爆炸品，使它们在正常运输条件下，包括在可预见的温度、湿度和压力发生变化时，不会漏出，也不会增加无意引燃或引发的危险；
b) 完整的包装件在正常运输条件下可以安全地搬动；
c) 包件能够经受得住运输中可预见的堆叠加在它们之上的任何荷重，不会因此而增加爆炸品具有的危险性，容器的保护功能不会受到损害，容器变形的方式或程度不致于降低其强度或造成堆垛的不稳定。

6.2.4 第1类危险货物应按照《国际铁路危险货物运输规则》的规定包装。

6.2.5 容器应符合第7章的要求，并达到Ⅱ类包装试验要求，而且应遵守5.1.4和6.1.13的规定。可以使用符合Ⅰ类包装试验标准的金属容器以外的容器。为了避免不必要的限制，不得使用Ⅰ类包装的金属容器。

6.2.6 装液态爆炸品的容器的封闭装置应确保有双重防渗漏保护。

6.2.7 金属桶的封闭装置应包括适宜的垫圈；如果封闭装置包括螺纹，应防止爆炸性物质进入螺纹中。

6.2.8 可溶于水的物质的容器应是防水的。装运减敏或退敏物质的容器应封闭以防止浓度在运输过程中发生变化。

6.2.9 当包装件中包括在运输途中可能结冰的双层充水外壳这一装置时，应在水中加入足够的防冻剂以防结冰。不应使用由于其固有的易燃性而可能引起燃烧的防冻剂。

6.2.10 钉子、钩环和其他没有防护涂层的金属制造的封闭装置，不应穿入外容器内部，除非内容器能够防止爆炸品与金属接触。

6.2.11 内容器、连接件和衬垫材料以及爆炸性物质或物品在包装件内的放置方式应能使爆炸性物质或物品在正常运输条件下不会在外容器内散开。应防止物品的金属部件与金属容器接触。含有未用外壳封装的爆炸性物质的物品应互相隔开以防止摩擦和碰撞。可以使用衬垫、托盘、内容器或外容器中的隔板、模衬或贮器，达到这一目的。

6.2.12 制造容器的材料应与包装件所装的爆炸品相容，并且是该爆炸品不能透过的，以防爆炸品与容器材料之间的相互作用或渗漏造成爆炸品不能安全运输，或者造成危险项别或配装组的改变。

6.2.13 应防止爆炸性物质进入有接缝金属容器的凹处。

6.2.14 塑料容器不应容易产生或积累足够的静电，以致放电时可能造成包装件内的爆炸性物质或物品引爆、引燃或发生反应。

6.2.15 爆炸性物质不应装在由于热效应或其他效应引起的内部和外部压力差可能导致爆炸或造成包装件破裂的内容器或外容器。

6.2.16 如果松散的爆炸性物质或者无外壳或部分露出的爆炸性物质可能与金属容器(1A2、1B2、4A、4B和金属贮器)的内表面接触时，金属容器应有内衬或涂层。

6.2.17 内容器、附件、衬垫材料以及爆炸性物质在包装件内应牢固放置，以保证在运输过程中，不会导致危险性移动。

6.3 有机过氧化物(5.2项)和4.1项自反应物质的特殊包装要求

6.3.1 对于有机过氧化物，所有盛装贮器应为“有效封口”。如果包装件内可能因为释放气体而产生较大的内压，可以配备排气孔，但排放的气体不应造成危险，否则内装物的量应加以限制。任何排气装置的结构应使液体在包装件直立时不会漏出，并且应能防止杂质进入。如果有外容器，其设计应使它不会干扰排气装置的作用。

6.3.2 有机过氧化物和自反应物质的容器应符合第7章规定的Ⅱ类包装性能水平的要求，为了避免不必要的限制，不得使用Ⅰ类包装的金属容器。

6.3.3 有机过氧化物和自反应物质的包装方法应符合《国际铁路危险货物运输规则》的有关要求。

6.4 各种容器的要求遵照附录A。

7 性能检验

7.1 试验规定

7.1.1 试验的施行和频率

7.1.1.1 每一容器在投入使用之前，其设计型号应成功地通过试验。容器的设计型号是由设计、规格、材料、材料厚度、制造和包装方式界定的，但可以包括各种表面处理。设计型号也包括仅在设计高度上比设计型号稍小的容器。

7.1.1.2 对生产的容器样品，应按主管当局规定的时间间隔重复进行试验。

7.1.1.3 容器的设计、材料或制造方式发生变化时也应再次进行试验。

7.1.1.4 与试验过的型号仅在小的方面不同的容器，如内容器尺寸较小或净重较小，以及外部尺寸稍许减小的桶、袋、箱等容器，主管当局可允许进行有选择的试验。

7.1.1.5 如组合容器的外容器用不同类型的内容器成功地通过了试验，则这些不同类型的内容器也可以合装在此外容器中。此外，如能保持相同的性能水平，下列内容器的变化形式可不必对包装件再作试验并准予使用：

a) 可使用尺寸相同或较小的内容器，条件是：
——内容器的设计与试验过的内容器相似(例如形状为圆形、长方形等)；
——内容器的制造材料(玻璃、塑料、金属等)承受冲击力和堆码力的能力等于或大于原先试验过的内容器；
——内容器有相同或较小的开口，封闭装置设计相似(如螺旋帽、摩擦盖等)；
——用足够多的额外衬垫材料填补空隙，防止内容器明显移动；
——内容器在外容器中放置的方向与试验过的包装件相同。

b) 如果用足够的衬垫材料填补空隙处防止内容器明显移动，则可用较少的试验过的内容器或7.1.1.5a)中所列的替代型号内容器。

7.1.1.6 在下列条件下，各种装载固体或液体的内容器或物品可以组装或运输，免除外容器试验：

a) 外容器在装有内装液体的易碎(如玻璃)内容器时应成功地通过按照7.2.1以Ⅰ类包装的跌落高度进行的试验；

b) 内容器质量的总合不得超过7.1.1.6a)中的跌落试验中内容器各总质量的一半；

c) 各内容器之间以及内容器与容器外部之间的衬垫材料厚度，不应低于原先试验的容器的相应厚度；如在原先试验中仅使用一个内容器，各内容器之间的衬垫厚度不应少于原先试验中容器外部和内容器之间的衬垫厚度。如使用较少或较小的内容器(与跌落试验所用的内容器相比)，应使用足够的附加衬垫材料填补空隙；

d) 外容器在空载时应成功地通过7.2.4的堆码试验。相同包装件的总质量应根据7.1.1.6a)中的跌落试验所用的内容器的合计质量确定；

e) 装液体的内容器周围应完全裹上吸收材料，其数量足以吸收内容器所装的全部液体；

f) 如果外容器要用于盛装液体的内容器，但不是防渗漏的，或者要用于盛装固体的内容器，但不是防撒漏的，则应通过使用防渗漏内衬、塑料袋或其他等效容器。对于装液体的容器，7.1.1.6e)中要求的吸收材料应放在留住液体内装物的装置内；

g) 容器应按照第5章作标记，表示已通过组合容器的Ⅰ类包装性能试验。所标的以kg计的毛质量(毛重)，应为外容器质量和7.1.1.6a)中所述的跌落试验所用的内容器质量的一半之和。这一包装件标记也应包括5.1.4中所述的字母“V”。

7.1.1.7 因安全原因需要有的内层处理或涂层，应在进行试验后仍保持其保护性能。

7.1.1.8 若试验结果的正确性不会受影响，可对一个试样进行几项试验。

7.1.1.9 救助容器应根据拟用于运输固体或内容器的Ⅱ类包装容器所适用的规定进行试验和作标记，

以下情况除外：

a) 进行试验时所用的试验物质应是水，容器中所装的水不得少于其最大容量的98%。允许使用添加物，如铅粒袋，以达到所要求的总包装件质量，只要它们放的位置不会影响试验结果。或者，在进行跌落试验时，跌落高度可按照7.2.1.4b)予以改变；

b) 此外，容器应已成功地经受30 kPa的气密试验，并且这一试验的结果反映在7.2.5所要求的试验报告中；和

c) 容器应标有5.1.4所述的字母“T”。

7.1.2 容器的试验准备

7.1.2.1 对准备好供运输的容器，其中包括组合容器所使用的内容器，应进行试验。就内贮器或单贮器或容器而言，所装入的液体不应低于其最大容量的98%，所装入的固体不得低于其最大容量的95%。就组合容器而言，如内容器将装运液体和固体，则需对液体和固体内装物分别作试验。将装入容器运输的物质或物品，可以其他物质或物品代替，除非这样做会使试验结果成为无效。就固体而言，当使用另一种物质代替时，该物质必须与待运物质具有相同的物理特性(质量、颗粒大小等)。允许使用添加物，如铅粒包，以达到要求的包装件总质量，只要它们放的位置不会影响试验结果。

7.1.2.2 对装液体的容器进行跌落试验时，如使用其他物质代替，该物质应有与待运物质相似的相对密度和黏度。水也可以用于进行7.2.1.4条件下的液体跌落试验。

7.1.2.3 纸和纤维板容器应在控制温度和相对湿度的环境下至少放置24 h。有以下三种办法，应选择其一。温度23 ℃±2 ℃和相对湿度(50%±2%)(r. h.)是最好的环境。另外两种办法是：温度20 ℃±2 ℃和相对湿度(65%±2%)(r. h.)或温度27 ℃±2 ℃和相对湿度(65%±2%)(r. h.)。

注：平均值应在这些限值内，短期波动和测量局限可能会使个别相对湿度量度有±5%的变化，但不会对试验结果的复验性有重大影响。

7.1.2.4 首次使用塑料桶(罐)、塑料复合容器及有涂、镀层的容器，在试验前需直接装入拟运危险货物贮存六个月以上进行相容性试验。在贮存期之后，再对样品进行7.2.1、7.2.2、7.2.3和7.2.4所列的适用试验。如果所装的物质可能使塑料桶或罐产生应力裂纹或弱化，则必须在装满该物质、或另一种已知对该种塑料至少具有同样严重应力裂纹作用的物质的样品上面放置一个荷重，此荷重相当于在运输过程中可能堆放在样品上的相同数量包件的总质量。堆垛包括试验样品在内的最小高度是3 m。

7.1.3 检验项目

各种常用铁路运输危险货物包装容器应检验项目遵照附录D。

7.2 试验

7.2.1 跌落试验

7.2.1.1 试验样品数量和跌落方向

每种设计型号试验样品数量和跌落方向见表1。

除了平面着地的跌落之外，重心应位于撞击点的垂直上方。在特定的跌落试验可能有不止一个方向的情况下，应采用最薄弱部位进行试验。

7.2.1.2 跌落试验样品的特殊准备

以下容器进行试验时，应将试验样品及其内装物的温度降至－18 ℃或更低：

a) 塑料桶；

b) 塑料罐；

c) 泡沫塑料箱以外的塑料箱；

d) 复合容器(塑料材料)；

e) 带有塑料内容器的组合容器，准备盛装固体或物品的塑料袋除外。

按这种方式准备的试验样品，可免除7.1.2.3中的预处理。试验液体应保持液态，必要时可添加防冻剂。

表1 试验样品数量和跌落方向

容器	试验样品数量	跌落方向
钢桶 铝桶 除钢桶或铝桶之外的金属桶 钢罐 铝罐 胶合板桶 纤维板桶 塑料桶和塑料罐 圆柱形复合容器	6个 （每次跌落用3个）	第一次跌落（用3个样品）：容器应以凸边斜着撞击在冲击板上。如果容器没有凸边，则撞击在周边接缝上或一棱边上。 第二次跌落（用另外3个样品）：容器应以第一次跌落未试验过的最弱部位撞击在冲击板上，例如封闭装置，或者某些圆柱形桶，则撞在桶身的纵向焊缝上。
天然木箱 胶合板箱 再生木箱 纤维板箱 塑料箱 钢或铝箱	5个 （每次跌落用1个）	第一次跌落：底部平跌 第二次跌落：顶部平跌 第三次跌落：长侧面平跌 第四次跌落：短侧面平跌 第五次跌落：角跌落
袋-单层有缝边	3个 （每袋跌落3次）	第一次跌落：宽面平跌 第二次跌落：窄面平跌 第三次跌落：端部跌落
袋-单层无缝边，或多层	3个 （每袋跌落2次）	第一次跌落：宽面平跌 第二次跌落：端部跌落

7.2.1.3 试验设备

符合GB/T 4857.5中试验设备的要求。冷冻室（箱）：能满足7.2.1.2要求；温、湿度室（箱）：能满足7.1.2.3要求。

7.2.1.4 跌落高度

对于固体和液体，如果试验是用待运的固体或液体或用具有基本上相同的物理性质的另一物质进行，跌落高度见表2。

表2 跌落高度

单位为米

Ⅰ类包装	Ⅱ类包装	Ⅲ类包装
1.8	1.2	0.8

对于液体，如果试验是用水进行：

a) 如果待运物质的相对密度不超过1.2，跌落高度见表2；

b) 如果待运物质的相对密度超过1.2，则跌落高度应根据拟运物质的相对密度（d）按表3计算（四舍五入至第一位小数）。

表3 跌落高度与密度换算

单位为米

Ⅰ类包装	Ⅱ类包装	Ⅲ类包装
$d\times1.5$	$d\times1.0$	$d\times0.67$

7.2.1.5 通过试验的准则

a) 每一盛装液体的容器在内外压力达到平衡后，应无渗漏，有内涂（镀）层的容器，其内涂（镀）层还应完好无损。但是，对于组合容器的内容器、复合容器（玻璃、陶瓷或粗陶瓷）的内贮器，其压力可不达到平衡。

b) 盛装固体的容器进行跌落试验并以其上端面撞击冲击板，如果全部内装物仍留在内容器或内贮器（例如塑料袋）之中，即使封闭装置不再防筛漏，试验样品即通过试验。

c) 复合或组合容器或其外容器，不应出现可能影响运输安全的破损，也不应有内装物从内贮器或内容器中漏出。若有内涂（镀）层，其内涂（镀）层应完好无损。

d) 袋子的最外层或外容器，不应出现影响运输安全的破损。

e) 在撞击时封闭装置有少许排出物，但无进一步渗漏，仍认为容器合格。

f) 装第1类物质的容器不允许出现任何会使爆炸性物质或物品从外容器中撒漏破损。

7.2.2 气密（密封性）试验

7.2.2.1 试验样品数量

每种设计型号取3个试验样品。

7.2.2.2 试验前试验样品的特殊准备

将有通气孔的封闭装置以相似的无通气孔的封闭装置代替，或将通气孔堵死。

7.2.2.3 试验设备

按GB/T 17344的要求。

7.2.2.4 试验方法和试验压力

将容器包括其封闭装置箝制在水面下5 min，同时施加内部空气压力，箝制方法不应影响试验结果。施加的空气压力（表压）见表4。

表4 气密试验压力

单位为千帕

Ⅰ类包装	Ⅱ类包装	Ⅲ类包装
不小于30	不小于20	不小于20

其他至少有同等效力的方法也可以使用。

7.2.2.5 通过试验的准则

所有试样应无泄漏。

7.2.3 液压（内压）试验

7.2.3.1 试验样品数量

每种设计型号取3个试验样品。

7.2.3.2 试验前容器的特殊准备

将有通气孔的封闭装置用相似的无通气孔的封闭装置代替，或将通气孔堵死。

7.2.3.3 试验设备

液压危险货物包装试验机或达到相同效果的其他试验设备。

7.2.3.4 试验方法和试验压力

a) 金属容器和复合容器（玻璃、陶瓷或粗陶瓷）包括其封闭装置，应经受5 min的试验压力。塑料容器和复合容器（塑料）包括其封闭装置，应经受30 min的试验压力。这一压力就是5.2.2d)所要求标记的压力。支撑容器的方式不应使试验结果无效。试验压力应连续地、均匀地施加；在整个试验期间保持恒定。所施加的液压（表压），按下述任何一个方法确定：

——不小于在55 ℃时测定的容器中的总表压（所装液体的蒸气压加空气或其他惰性气体的分压，减去100 kPa）乘以安全系数1.5的值；此总表压是根据6.1.5规定的最大充灌度和15 ℃的灌装温度确定的；

——不小于待运液体在50 ℃时的蒸气压的1.75倍减去100 kPa，但最小试验压力为100 kPa；

——不小于待运液体在 55 ℃时的蒸气压的 1.5 倍减去 100 kPa,但最小试验压力为 100 kPa。拟装Ⅰ类包装液体的容器最小试验压力为 250 kPa。

b) 在无法获得待运液体的蒸气压时,可按表 5 的压力进行试验。

表 5 液压试验压力

单位为千帕

Ⅰ类包装	Ⅱ类包装	Ⅲ类包装
不小于 250	不小于 100	不小于 100

7.2.3.5 通过试验的准则

所有试样应无泄漏。

7.2.4 堆码试验

7.2.4.1 试验样品数量

每种设计型号取 3 个试验样品。

7.2.4.2 试验设备

按 GB/T 4857.3 的要求。

7.2.4.3 试验方法和堆码载荷

在试验样品的顶部表面施加一载荷,此载荷重量相当于运输时可能堆码在它上面的同样数量包装件的总重量。如果试验样品内装的液体的相对密度与待运液体的不同,则该载荷应按后者计算。包括试验样品在内的不小于 3 m。试验时间为 24 h,但拟装液体的塑料桶、罐和复合容器(6HH1 和 6HH2),应在不低于 40 ℃的温度下经受 28 d 的堆码试验。

堆码载荷(P)按式(1)计算:

$$P=\left(\frac{H-h}{h}\right)\times m \qquad (1)$$

式中:

P——加载的载荷,单位为千克(kg);

H——堆码高度(不小于 3 m),单位为米(m);

h——单个包装件高度,单位为米(m);

m——单个包装件毛质量(毛重),单位为千克(kg)。

7.2.4.4 通过试验的准则

试验样品不得泄漏。对复合或组合容器而言,不允许有所装的物质从内贮器或内容器中漏出。试验样品不允许有可能影响运输安全的损坏,或者可能降低其强度或造成包装件堆码不稳定的变形。在进行判定之前,塑料容器应冷却至环境温度。

7.2.5 试验(检测)报告

试验报告内容包括:

a) 试验机构的名称和地址;

b) 申请人的姓名和地址(如适用);

c) 试验报告的特别标志;

d) 试验报告签发日期;

e) 容器制造厂;

f) 容器设计型号说明(例如尺寸、材料、封闭装置、厚度等),包括制造方法(例如吹塑法),并且可附上图样和/或照片;

g) 最大容量;

h) 试验内装物的特性,例如液体的黏度和相对密度,固体的粒径;

i) 试验说明和结果;

j) 试验报告必须由授权签字人签字，写明姓名和身份。

7.3 检验规则

7.3.1 生产厂应保证所生产的水路运输危险货物包装应符合本标准规定，并由有关检验部门按本标准检验。

7.3.2 有下列情况之一时，应进行性能检验：

——新产品投产或老产品转产时；

——正式生产后，如结构、材料、工艺有较大改变，可能影响产品性能时；

——在正常生产时，每半年一次；

——产品长期停产后，恢复生产时；

——国家质检部门提出进行性能检验。

7.3.3 性能检验周期为1个月、3个月、6个月三个档次。每种新设计型号检验周期为3个月，连续三个检验周期合格，检验周期可升一档，若发生一次不合格，检验周期降一档。

7.3.4 在性能检验周期内可进行抽查检验，抽查的次数按检验周期1个月、3个月、6个月三个档次分别为一次、两次、三次，每次抽查的样品不应多于2件。

7.3.5 包装容器有效期是自容器生产之日起计算不超过12个月。超过有效期的包装容器需再次进行性能检验，容器有效期自检验完毕日期起计算不超过6个月。

7.3.6 对于再次使用的、修理过的或改制的容器有效期自检验完毕日期起计算不超过6个月。

7.3.7 对于7.3.1至7.3.3规定的检验，应按本标准的要求对每个制造厂的每个设计型号的容器逐项进行检验。若有一个试样未通过其中一项试验，则判定该项目不合格，只要有一项不合格则判定该设计型号容器不合格。

7.3.8 对检验不合格的容器，其制造厂生产的该设计型号的容器不允许用于盛装水路运输危险货物，除非再次检验合格。再次提交检验时，其严格度不变。

8 使用鉴定

8.1 鉴定要求

8.1.1 一般要求

8.1.1.1 包装件的外观

包装件上包装标记应符合6.1.1的要求，并在包装件上加贴(或印刷)符合联合国《关于危险货物运输的建议书 规章范本》等国际规章要求的危险品标志和标签。包装件外表应清洁，不允许有残留物、污染或渗漏。

8.1.1.2 使用单位选用的容器须与铁路运输危险货物的性质相适应，其性能应符合第6章和第7章的规定。

8.1.1.3 容器的包装类别应等于或高于盛装的危险货物要求的包装类别。

8.1.1.4 在下列情况时应提供危险货物的分类、定级危险特性检验报告：

a) 首次生产的或未列明的；

b) 首次运输或出口的；

c) 有必要时(如申报的内容物与实际的内容物不相符等)。

8.1.1.5 首次使用的塑料容器或内涂(镀)层容器应提供六个月以上化学相容性试验合格的报告。

8.1.1.6 危险货物包装件单件净质量(净重)不得超过联合国《关于危险货物运输的建议书 规章范本》和《国际铁路危险货物运输规则》规定的质量。

8.1.1.7 一般情况下，液体危险货物灌装至容器容积的98%以下。对于膨胀系数较大的液体货物，应根据其膨胀系数确定容器的预留容积。固体危险货物盛装至容器容积的95%以下。

8.1.1.8 采用液体或惰性气体保护危险货物时，该液体或惰性气体应能有效保证危险货物的安全。

8.1.1.9 危险货物不得撒漏在容器外表或外容器和内贮器之间。

8.1.2 特殊要求

8.1.2.1 桶、罐类容器的要求

a) 闭口桶、罐的大、小封闭器螺盖应紧密配合,并配以适当的密封圈。螺盖拧紧程度应达到密封要求。

b) 开口桶、罐应配以适当的密封圈,无论采用何种形式封口,均应达到紧箍、密封要求。扳手箍还需用销子锁住扳手。

8.1.2.2 箱类包装的要求

a) 木箱、纤维板箱用钉紧固时,应钉实,不得突出钉帽,穿透包装的钉尖必须盘倒。打包带紧箍箱体。

b) 瓦楞纸箱应完好无损,封口应平整牢固。打包带紧箍箱体。

8.1.2.3 袋类包装的要求

a) 外容器用缝线封口时,无内衬袋的外容器袋口应折叠 30 mm 以上,缝线的开始和结束应有 5 针以上回针,其缝针密度应保证内容物不撒漏且不降低袋口强度。有内衬袋的外容器袋缝针密度应保证牢固无内容物撒漏。

b) 内容器袋封口时,不论采用绳扎、粘合或其他型式的封口,应保证内容物无撒漏。

c) 绳扎封口时,排出袋内气体、袋口用绳紧绕二道,扎紧打结,再将袋口朝下折转、用绳紧绕二道,扎紧打结。如果是双层袋,则应按此法分层扎紧。

d) 粘合封口时,排出袋内气体、粘合牢固,不允许有孔隙存在。如果是双层袋,则应分层粘合。

8.1.2.4 组合容器的要求

a) 符合 6.1.6 和 7.1.1.6 f)要求。

b) 内容器盛装液体时,封口需符合液密封口的规定;如需气密封口的,需符合气密封口的规定。

8.2 抽样

8.2.1 检验批

以相同原材料、相同结构和相同工艺生产的包装件为一检验批,最大批量为 10 000 件。

8.2.2 抽样规则

按 GB/T 2828.1 正常检查一次抽样一般检查水平Ⅱ进行抽样。

8.2.3 抽样数量

抽样数量见表 6。

表 6 抽样数量

单位为件

批量范围	抽样数量
1～8	2
9～15	3
16～25	5
26～50	8
51～90	13
91～150	20
151～280	32
281～500	50

表 6（续）

单位为件

批量范围	抽样数量
501～1 200	80
1 201～3 200	125
3 201～10 000	200

8.3 鉴定项目

8.3.1 检查铁路运输危险货物容器是否符合 8.1.1.1、8.1.1.3 和 8.1.1.9 的要求。

8.3.2 检查所选用容器是否与铁路运输危险货物的性质相适应；是否有容器的性能检验合格报告。

8.3.3 对于 8.1.1.4 提到的铁路运输危险货物包装，检查是否具有由国家质检部门或国家质检部门认可的检测机构出具的危险品的分类、定级危险特性检验报告。

8.3.4 检查铁路运输危险货物净重是否符合 8.1.1.6 的要求。

8.3.5 检查盛装液体或固体的铁路运输危险货物容器盛装容积是否符合 8.1.1.7 的要求。

8.3.6 抽取保护危险货物的液体或惰性气体样品进行分析，按各类危险货物相应的标准检验保护性液体或惰性气体是否符合 8.1.1.8 要求。

8.3.7 检查容器的封口（包括组合容器的内容器封口）、吸附材料是否符合第 6 章的相关规定。

8.3.8 检查危险货物和与之接触的容器、吸附材料、防震和衬垫材料、绳、线等容器附加材料是否发生化学反应，影响其使用性能。

8.3.9 检查桶、罐类容器是否符合 8.1.2.1 的要求。

8.3.10 检查箱类容器是否符合 8.1.2.2 的要求。

8.3.11 检查袋类容器是否符合 8.1.2.3 的要求。

8.3.12 检查组合容器是否符合 8.1.2.4 的要求。

8.4 鉴定规则

8.4.1 危险货物包装的使用企业应保证所使用的铁路运输危险货物包装符合本标准规定，并由有关检验部门按本标准进行鉴定。危险货物的用户有权按本标准的规定，对接收的危险货物包装件提出验收检验。

8.4.2 铁路运输危险货物包装件应逐批鉴定，以订货量为一批，但最大批量不得超过 8.2.1 规定的最大批量。

8.4.3 使用鉴定报告的有效期应自危险货物灌装之日计算，盛装第 8 类危险物质及带有腐蚀性副危险性物质的包装件的使用鉴定报告有效期不超过 6 个月，其他危险货物的包装使用鉴定有效期不超过 1 年，但此有效期不能超过性能检验报告的有效期。

8.4.4 判定规则：若有一项不合格，则该批铁路运输危险货物包装件不合格。上述各项经鉴定合格后，出具使用鉴定报告（报告见附件 H）。

8.4.5 不合格批处理：经返工整理或剔除不合格的包装件后，再次提交检验，其严格度不变。

8.4.6 对检验不合格的包装件，不允许提交铁路运输。除非再次检验合格。

附　录　A
（规范性附录）
各种常用的包装容器代码、类别、要求及最大容量和净重的有关要求

表 A.1 给出了各种常用的包装容器代码、类别、要求及最大容量和净重的有关要求。

表 A.1　各种常用的包装容器代码、类别、要求及最大容量和净重的有关要求

种　类	代码	类　别	要　求	最大容量 L	最大净质量（净重）kg
钢桶	1A1 1A2	非活动盖 活动盖	a）桶身和桶盖应根据钢桶的容量和用途，使用型号适宜和厚度足够的钢板制造。 b）拟用于装 40 L 以上液体的钢桶，桶身接缝应焊接。拟用于装固体或者装 40 L 以下液体的钢桶，桶身接缝可用机械方法结合或焊接。 c）桶的凸边应用机械方法接合，或焊接。也可以使用分开的加强环。 d）容量超过 60 L 的钢桶桶身，通常应该至少有两个扩张式滚箍，或者至少两个分开的滚箍。如使用分开式滚箍，则应在桶身上固定紧，不应移位。滚箍不应点焊。 e）非活动盖（1A1）钢桶桶身或桶盖上用于装入、倒空和通风的开口，其直径不应超过 7 cm。开口更大的钢桶将视为活动盖（1A2）钢桶。桶身和桶盖的开口封闭装置的设计和安装应做到在正常运输条件下始终是紧固和不漏的。封闭装置凸缘应用机械方法或焊接方法恰当接合。除非封闭装置本身是防漏的，否则应使用密封垫或其他密封件。 f）活动盖钢桶的封闭装置的设计和安装，应做到在正常的运输条件下该装置始终是紧固的，钢桶始终是不漏的。所有活动盖都应使用垫圈或其他密封件。 g）如果桶身、桶盖、封闭装置和连接件所用的材料本身与装运的物质是不相容的，应施加适当的内保护涂层或处理。在正常运输条件下，这些涂层或处理层应始终保持其保护性能。	450	400
铝桶	1B1 1B2	非活动盖 活动盖	a）桶身和桶盖应由纯度至少 99%的铝，或以铝为基础的合金制成。应根据铝桶的容量和用途，使用适当型号和足够厚度的材料。 b）所有接缝应是焊接的。凸边如果有接缝的话，应另外加加强环。 c）容量大于 60 L 的铝桶桶身，通常应至少装有两个扩张式滚箍，或者两个分开式滚箍。如装有分开式滚箍时，应安装得很牢固，不应移动。滚箍不应点焊。 d）非活动盖（1B1）铝桶的桶身或桶盖上用于装入、倒空和通风的开口，其直径不应超过 7 cm。开口更大的铝桶将视为活动盖（1B2）铝桶。桶身和桶盖的开口封闭装置的设计和安装应做到在正常运输条件下，它们始终是紧固和不漏的。封闭装置凸缘应焊接恰当，使接缝不漏。除非封闭装置本身是防漏的，否则应使用垫圈或其他密封件。 e）活动盖铝桶的封闭装置的设计和安装，应做到在正常运输条件下始终是紧固和不漏的。所有活动盖都应使用垫圈或其他密封件。	450	400

表 A.1(续)

种　类	代码	类　别	要　　求	最大容量 L	最大净质量 (净重) kg
钢或铝以外的金属桶	1N1 1N2	非活动盖 活动盖	a) 桶身和桶盖应由钢和铝以外的金属或金属合金制成。应根据桶的容量和用途,使用适当型号和足够厚度的材料。 b) 凸边如果有接缝的话,应另外加加强环。所有接缝应是焊接的。 c) 容量大于 60 L 的金属桶桶身,通常应至少装有两个扩张式滚箍,或者两个分开式滚箍。如装有分开式滚箍时,应安装得很牢固,不应移动。滚箍不应点焊。 d) 非活动盖(1N1)金属桶的桶身或桶盖上用于装入、倒空和通风的开口,其直径不应超过 7 cm。开口更大的金属桶将视为活动盖(1N2)金属桶。桶身和桶盖的开口封闭装置的设计和安装应做到在正常运输条件下,它们始终是紧固和不漏的。封闭装置凸缘应焊接恰当,使接缝不漏。除非封闭装置本身是防漏的,否则应使用垫圈或其他密封件。 e) 活动盖金属桶的封闭装置的设计和安装,应做到在正常运输条件下始终是紧固和不漏的。所有活动盖都应使用垫圈或其他密封件。	450	400
钢罐	3A1 3A2	非活动盖 活动盖	a) 罐身和罐盖应用钢板、至少 99%纯的铝或铝合金制造。应根据罐的容量和用途,使用适当型号和足够厚度的材料。 b) 钢罐的凸边应用机械方法接合或焊接。用于容装 40 L以上液体的钢罐罐身接缝应焊接。用于容装小于或等于 40 L 的钢罐罐身接缝应使用机械方法接合或焊接。对于铝罐,所有接缝应焊接。凸边如果有接缝的话,应另加一条加强环。 c) 罐(3A1 和 3B1)的开口直径不应超过 7 cm。开口更大的罐将视为活动盖型号(3A2 和 3B2)。封闭装置的设计应做到在正常运输条件下始终是紧固和不漏的。除非封闭装置本身是防漏的,否则应使用密封垫或其他密封件。 d) 如果罐身、盖、封闭装置和连接件等所用的材料本身与装运的物质是不相容的,应施加适当的内保护涂层或处理。在正常运输条件下,这些涂层或处理层应始终保持其保护性能。	60	120
铝罐	3B1 3B2	非活动盖 活动盖			
胶合板桶	1D		a) 所用木料应彻底风干,达到商业要求的干燥程度,且没有任何有损于桶的使用效能的缺陷。若用胶合板以外的材料制造桶盖,其质量与胶合板应是相等同的。 b) 桶身至少应用两层胶合板,桶盖至少应用三层胶合板制成。各层胶合板,应按交叉纹理用抗水粘合剂牢固地粘在一起。 c) 桶身、桶盖及其连接部位应根据桶的容量和用途设计。 d) 为防止所装物质筛漏,应使用牛皮纸或其他具有同等效能的材料作桶盖衬里。衬里应紧扣在桶盖上并延伸到整个桶盖周围外。	250	400

表 A.1（续）

种　类	代码	类　别	要　　求	最大容量 L	最大净质量（净重） kg
纤维板桶	1G		a）桶身应由多层厚纸或纤维板牢固地胶合或层压在一起，可以有一层或多层由沥青、涂腊牛皮纸、金属薄片、塑料等构成的保护层。 b）桶盖应由天然木、纤维板、金属、胶合板、塑料或其他适宜材料制成，可包括一层或多层由沥青、涂腊牛皮纸、金属薄片、塑料等构或的保护层。 c）桶身、桶盖及其连接处的设计应与桶的容量和用途相适应。 d）装配好的容器应由足够的防水性，在正常运输条件下不应出现剥层现象。	450	400
塑料桶和罐	1H1 1H2 3H1 3H2	桶，非活动盖 桶，活动盖 罐，非活动盖 罐，活动盖	a）容器应使用适宜的塑料制造，其强度应与容器的容量和用途相适应。除了联合国《关于危险货物运输的建议书规章范本》中第1章界定的回收塑料外，不应使用来自同一制造工序的生产剩料或重新磨合材料以外的用过材料。容器应对老化和由于所装物质或紫外线辐射引起的质量降低具有足够的抵抗能力。 b）如果需要防紫外线辐射，应在材料内加入炭黑或其他合适的色素或抑制剂。这些添加剂应是与内装物相容的，并应在容器的整个使用期间保持其效能。当使用的炭黑、色素或抑制剂与制造试验过的设计型号所用的不同时，如炭黑含量(按质量)不超过2%。或色素含量(按质量)不超过3%，则可不再进行试验；紫外线辐射抑制剂的含量不限。 c）除了防紫外线辐射的添加剂之外，可以在塑料成分中加入其他添加剂，如果这些添加剂对容器材料的化学和物理性质并无不良作用。在这种情况下，可免除再试验。 d）容器各点的壁厚，应与其容量、用途以及各个点可能承受的压力相适应。 e）对非活动盖的桶(1H1)和罐(3H1)而言，桶身(罐身)和桶盖(罐盖)上用于装入、倒空和通风的开口直径不应超过7 cm。开口更大的桶和罐将视为活动盖型号的桶和罐(1H2和3H2)，桶(罐)身或桶(罐)盖上开口的封闭装置的设计和安装应做到在正常运输条件下始终是紧固和不漏的。除非封闭装置本身是防漏的，否则应使用垫圈或其密封件。 f）设计和安装活动盖桶和罐的封闭装置，应做到在正常运输条件下该装置始终是紧固和不漏的。所有活动盖都应使用垫圈，除非桶或罐的设计是在活动盖夹得很紧时，桶或罐本身是防漏的。	450 450 60 60	400 400 120 120

表 A.1（续）

种　类	代码	类　别	要　　求	最大容量 L	最大净质量 （净重） kg
天然木箱	4C1 4C2	普通的箱壁 防筛漏	a）所用木材应彻底风干，达到商业要求的干燥程度，并且没有会实质上降低箱子任何部位强度的缺陷。所用材料的强度和制造方法，应与箱子的容量和用途相适应。顶部和底部可用防水的再生木，如高压板、刨花板或其他合适材料制成。 b）紧固件应耐得住正常运输条件下经受的振动。可能时应避免用横切面固定法。可能受力很大的接缝应用抱钉或环状钉或类似紧固件接合。 c）箱 4C2：箱的每一部分应是一块板，或与一块板等效。用下面方法中的一个接合起来的板可视与一块板等效：林德曼（Linderman）连接、舌槽接合、搭接或槽舌接合、或者在每一个接合处至少用两个波纹金属扣件的对头连接。		400
胶合板箱	4D		所用的胶合板至少应为 3 层。胶合板应由彻底风干的旋制、切成或锯制的层板制成，符合商业要求的干燥程度，没有会实质上降低箱子强度的缺陷。所用材料的强度和制造方法应与箱子的容量和用途相适应。所有邻接各层，应用防水粘合剂胶合。其他适宜材料也可与胶合板一起用于制造箱子。应由角柱或端部钉牢或固定住箱子，或用同样适宜的紧固装置装配箱子。		400
再生木箱	4F		a）箱壁应由防水的再生木制成，例如高压板、刨花板或其他适宜材料。所用材料的强度和制造方法应与箱子的容量和用途相适应。 b）箱子的其他部位可用其他适宜材料制成。 c）箱子应使用适当装置牢固地装配。		400
纤维板箱	4G		a）应使用与箱子的容量和用途相适应、坚固优质的实心或双面波纹纤维板（单层或多层）。外表面的抗水性应是：当使用可勃（Cobb）法确定吸水性时，在 30 min 的试验期内，质量增加值不大于 155 g/m^2（参见 GB/T 1540）。纤维板应有适当的弯曲强度。纤维板应在切割、压折时无裂缝，并应开槽以便装配时不会裂开、表面破裂或者不应有的弯曲。波纹纤维板的槽部，应牢固的胶合在面板上。 b）箱子的端部可以有一个木制框架，或全部是木材或其他适宜材料。可以用木板条或其他适宜材料加强。 c）箱体上的接合处，应用胶带粘贴、搭接并胶住，或搭接并用金属卡钉钉牢。搭接处应由适当长度的重叠。 d）用胶合或胶带粘贴方式进行封闭时，应使用防水胶合剂。 e）箱子的设计应与所装物品十分相配。		400

表 A.1(续)

种　类	代码	类　别	要　求	最大容量 L	最大净质量 (净重) kg
塑料箱	4H1 4H2	泡沫塑料箱 硬塑料箱	a) 应根据箱的容量和用途,用足够强度的适宜塑料制造箱子。箱子应对老化和由于所装物质或紫外线辐射引起的质量降低具有足够的抵抗力。 b) 泡沫塑料箱应包括由模制泡沫塑料制成的两个部分,一为箱底部分,有供放置内容器的模槽,另一为箱顶部分,它将盖在箱底上,并能彼此扣住。箱底和箱顶的设计应使内容器能刚刚好放入。内容器的封闭帽不得与箱顶的内面接触。 c) 发货时,泡沫塑料箱应用具有足够抗拉强度的自粘胶带封闭,以防箱子打开。这种自粘胶带应能耐受风吹雨淋日晒,其粘合剂与箱子的泡沫塑料是相容的。可以使用至少同样有效的其他封闭装置。 d) 硬塑料箱如果需要防护紫外线辐射,应在材料内添加炭黑或其他合适的色素或抑制剂。这些添加剂应是与内装物相容的,并在箱子的整个使用期限内保持效力。当使用的炭黑、色素或抑制剂与制造试验过的设计型号所使用的不同时,如炭黑含量(按质量)不超过 2%,或色素含量(按质量)不超过 3%,则可不再进行试验;紫外线辐射抑制剂的含量不限。 e) 防紫外线辐射以外的其他添加剂,如果对箱子材料的物理或化学性质不会产生有害影响,可加入塑料成分中。在这种情况下,可免予再试验。 f) 硬塑料箱的封闭装置应由具有足够强度的适当材料制成,其设计应使箱子不会意外打开。		60 400
钢或铝箱	4A 4B	钢箱 铝箱	a) 金属的强度和箱子的构造,应与箱子的容量和用途相适应。 b) 箱子应视需要用纤维板或毡片作内衬,或其他合适材料作的内衬或涂层。如果采用双层压折接合的金属衬,应采取措施防止内装物,特别是爆炸物,进入接缝的凹槽处。 c) 封闭装置可以是任何合适类型,在正常运输条件下应始终是紧固的。		400
纺织袋	5L1 5L2 5L3	无内衬或涂层 防筛漏 防水	a) 所用纺织品应是优质的。纺织品的强度和袋子的构造应与袋的容量和用途相适应。 b) 防筛漏袋 5L2:袋应能防止筛漏,例如,可采用下列方法: 1) 用抗水粘合剂,如沥青、将纸粘贴在袋的内表面上;或 2) 袋的内表面粘贴塑料薄膜;或 3) 纸或塑料做的一层或多层衬里。 c) 防水袋 5L3:袋应具有防水性能以防止潮气进入,例如,可采用下列方法: 1) 用防水纸(如涂腊牛皮纸、柏油纸或塑料涂层牛皮纸)做的分开的内衬里;或 2) 袋的内表面粘贴塑料薄膜;或 3) 塑料做的一层或多层内衬里。		50

表 A.1（续）

种　类	代码	类　别	要　　求	最大容量 L	最大净质量（净重） kg
塑料编织袋	5H1 5H2 5H3	无内衬或涂层 防筛漏 防水	a) 袋子应使用适宜的弹性塑料袋或塑料单丝编织而成。材料的强度和袋的构造应与袋的容量和用途相适应。 b) 如果织品是平织的，袋子应用缝合或其他方法把袋底和一边缝合。如果是筒状织品，则袋应用缝合、编制或其他能达到同样强度的方法来闭合。 c) 防筛漏袋 5H2：袋应能防筛漏，例如可采用下列方法： 1) 袋的内表面粘贴纸或塑料薄膜；或 2) 用纸或塑料做的一层或多层分开的衬里。 d) 防水袋 5H3：袋应具有防水性能以防止潮气进入，例如，可采用下述方法： 1) 用防水纸(例如，涂腊牛皮纸，双面柏油牛皮纸或塑料涂层牛皮纸)做的分开的内衬里；或 2) 塑料薄膜粘贴在袋的内表面或外表面；或 3) 一层或多层塑料内衬。		50
塑料膜袋	5H4		袋应用适宜塑料制成。材料的强度和袋的构造应与袋的容量和用途相适应。接缝和闭合处应能承受在正常运输条件下可能产生的压力和冲击。		50
纸袋	5M1 5M2	多层 多层，防水	a) 袋应使用合适的牛皮纸或性能相同的纸制造，至少有三层，中间一层可以是用粘合剂贴在外层的网状布。纸的强度和袋的构造应与袋的容量和用途相适应。接缝和闭合处应防筛漏。 b) 袋 5M2：为防止进入潮气，应用下述方法使四层或四层以上的纸袋具有防水性：最外面两层中的一层作为防水层，或在最外面二层中间夹入一层用适当的保护性材料做的防水层。防水的三层纸袋，最外面一层应是防水层。当所装物质可能与潮气发生发应，或者是在潮湿条件下包装的，与内装物接触的一层应是防水层或隔水层，例如，双面柏油牛皮纸、塑料涂层牛皮纸、袋的内表面粘贴塑料薄膜、或一层或多层塑料内衬里。接缝和闭合处应是防水的。		50

表 A.1（续）

种　类	代码	类　别	要　　求	最大容量 L	最大净质量（净重） kg
复合容器（塑料材料）	6HA1	塑料贮器与外钢桶	a）内贮器： 1）塑料内贮器应适用附录 A 的有关要求。 2）塑料内贮器应完全合适地装在外容器内，外容器不应有可能擦伤塑料的凸出处。	250	400
	6HA2	塑料贮器与外钢板条箱或钢箱		60	75
	6HB1	塑料贮器与外铝桶	b）外容器： 外容器的制造应符合附录 A 的有关要求。	250	400
	6HB2	塑料贮器与外铝板箱或铝箱		60	75
	6HC	塑料贮器与外木板箱		60	75
	6HD1	塑料贮器与外胶合板桶		250	400
	6HD2	塑料贮器与外胶合板箱		60	75
	6HG1	塑料贮器与外纤维制桶		250	400
	6HG2	塑料贮器与外纤维制箱		60	75
	6HH1	塑料贮器与外塑料桶		250	400
	6HH2	塑料贮器与外硬塑料箱		60	75

表 A.1（续）

<table>
<tr><th>种 类</th><th>代码</th><th>类 别</th><th>要 求</th><th>最大容量
L</th><th>最大净质量
（净重）
kg</th></tr>
<tr><td rowspan="11">复合容器（玻璃、陶瓷或粗陶瓷）</td><td>6PA1</td><td>贮器与外钢桶</td><td rowspan="11">a）内贮器：
1）贮器应具有适宜的外形（圆柱形或梨形），材料应是优质的，没有可损害其强度的缺陷。整个贮器应有足够的壁厚。
2）贮器的封闭装置应使用带螺纹的塑料封闭装置、磨砂玻璃塞或是至少具有等同效果的封闭装置。封闭装置可能与贮器所装物质接触的部位，与所装物质应不起作用。应小心地安装好封闭装置，以确保不漏，并且适当紧固以防在运输过程中松脱。如果是需要排气的封闭装置，则封闭装置应符合 6.1.10 的规定。
3）应使用衬垫和/或吸收性材料将贮器牢牢地紧固在外容器中。
b）外容器：
1）贮器与外钢桶 6PA1：外容器的制造应符合附录 A 的有关要求。不过这类容器所需要的活动盖可以是帽形。
2）贮器与外钢板条箱或钢箱 6PA2：外容器的制造应符合附录 A 的有关要求。如系圆柱形贮器，外容器在直立时应高于贮器及其封闭装置。如果梨形贮器外面的板条箱也是梨形，则外容器应装有保护盖（帽）。
3）贮器与外铝桶 6PB1：外容器的制造应符合附录 A 的有关要求。
4）贮器与外铝板条箱或铝箱 6PB2：外容器的制造应符合附录 A 的有关要求。
5）贮器与外木箱 6PC：外容器的制造应符合附录 A 的有关要求。
6）贮器与外胶合板桶 6PD1：外容器的制造应符合附录 A 的有关要求。
7）贮器与外有盖柳条篮 6PD2：有盖柳条篮应由优质材料制成，并装有保护盖（帽）以防伤及贮器。
8）贮器与外纤维质桶 6PG1：外容器的制造应符合附录 A 的有关要求。
9）贮器与外纤维板箱 6PG2：外容器的制造应符合附录 A 的有关要求。
10）贮器与外泡沫塑料或硬塑料容器（6PH1 或 6PH2）：这两种外容器的材料都应符合附录 A 的有关要求。硬塑料容器应由高密度聚乙烯或其他类似塑料制成。不过这类容器的活动盖可以是帽形。</td><td rowspan="11">60</td><td rowspan="11">75</td></tr>
<tr><td>6PA2</td><td>贮器与外钢板条箱或钢箱</td></tr>
<tr><td>6PB1</td><td>贮器与外铝桶</td></tr>
<tr><td>6PB2</td><td>贮器与外铝板条箱或铝箱</td></tr>
<tr><td>6PC</td><td>贮器与外木箱</td></tr>
<tr><td>6PD1</td><td>贮器与外胶合板桶</td></tr>
<tr><td>6PD2</td><td>贮器与外有盖柳条篮</td></tr>
<tr><td>6PG1</td><td>贮器与外纤维质桶</td></tr>
<tr><td>6PG2</td><td>贮器与外纤维板箱</td></tr>
<tr><td>6PH1</td><td>贮器与外泡沫塑料容器</td></tr>
<tr><td>6PH2</td><td>贮器与外硬塑料容器</td></tr>
<tr><td colspan="6">注：对于复合容器，最大容量和最大净质量（净重）是针对内贮器而言。</td></tr>
</table>

附 录 B
（资料性附录）
新容器、修复容器和救助容器的标记示例

B.1 新容器的标记示例

B.1.1 盛装液体货物

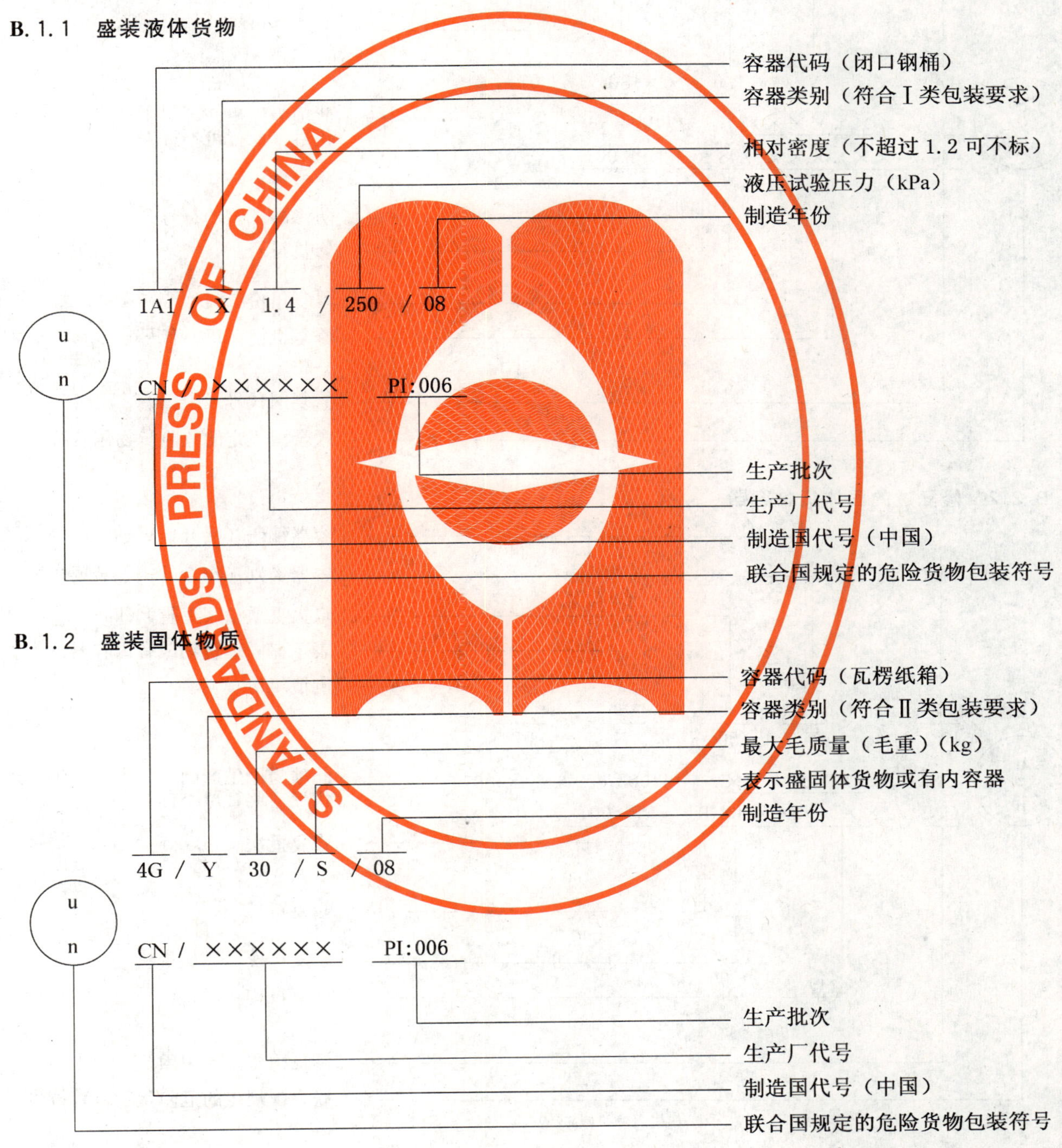

B.1.2 盛装固体物质

B.2 修复容器的标记示例

B.2.1 修复过的液体货物的容器(非塑料容器)

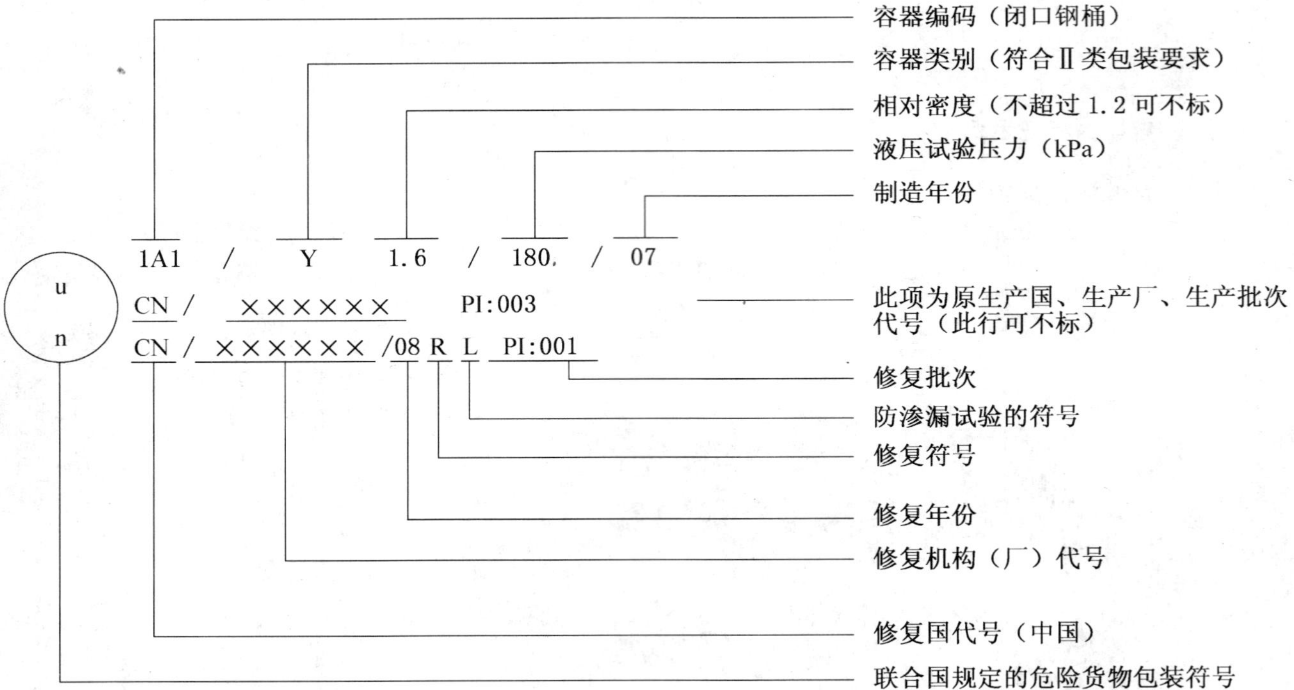

B.2.2 修复过的固体货物容器

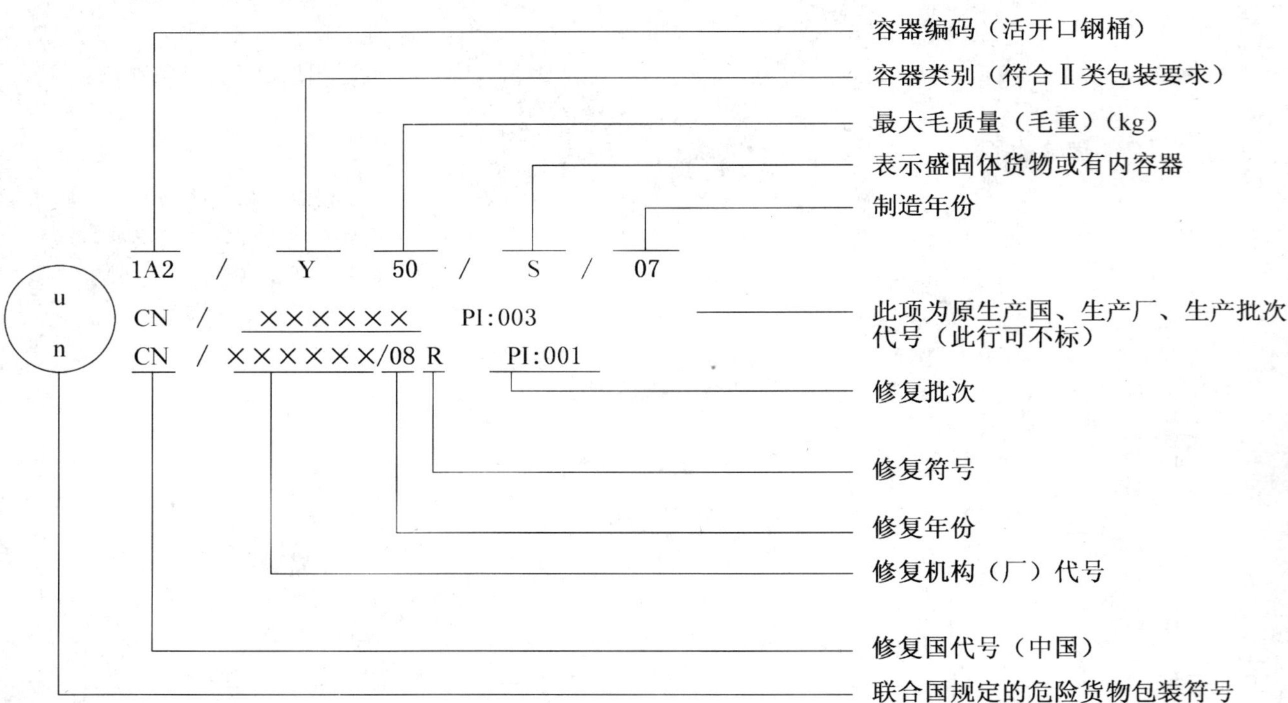

B.3 救助容器的标记示例

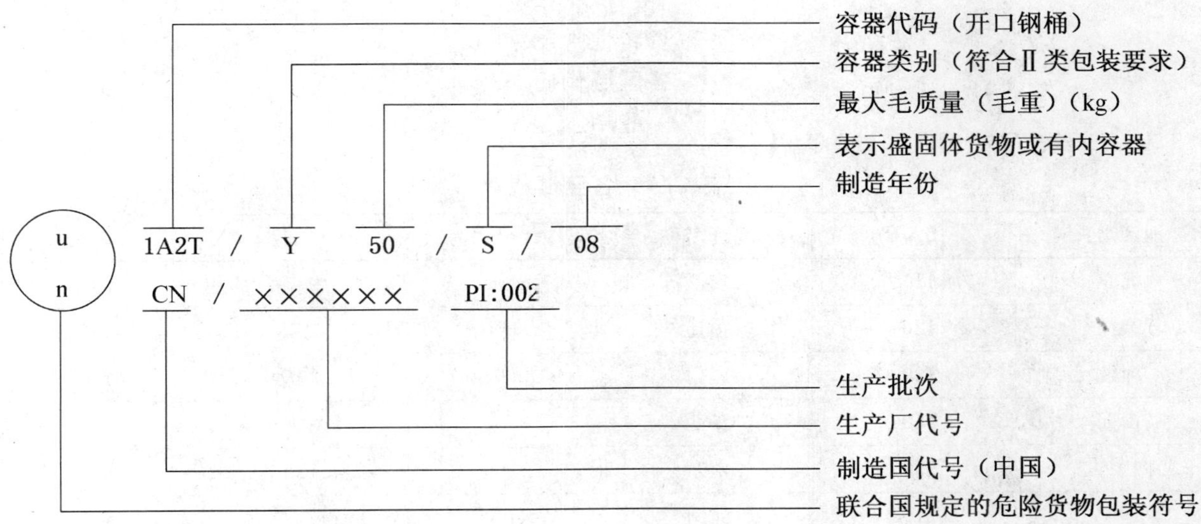

附 录 C
（资料性附录）
各区域代码

表 C.1 给出了全国各区域的代码。

表 C.1 各区域代码

地区名称	代 码	地区名称	代 码	地区名称	代 码
北京	1100	安徽	3400	海南	4600
天津	1200	福建	3500	四川	5100
河北	1300	厦门	3502	重庆	5102
山西	1400	江西	3600	贵州	5200
内蒙古	1500	山东	3700	云南	5300
辽宁	2100	河南	4100	西藏	5400
吉林	2200	湖北	4200	陕西	6100
黑龙江	2300	湖南	4300	甘肃	6200
上海	3100	广东	4400	青海	6300
江苏	3200	深圳	4403	宁夏	6400
浙江	3300	广西	4500	新疆	6500

附 录 D
（规范性附录）
各种常用铁路运输危险货物包装容器应检验项目

表 D.1 给出了各种常用铁路运输危险货物包装容器应检验项目的要求。

表 D.1 检验项目表

种 类	代码	类 别	应检验项目			
			跌落	气密	液压	堆码
钢桶	1A1 1A2	非活动盖 活动盖	+ +	+	+	+ +
铝桶	1B1 1B2	非活动盖 活动盖	+ +	+	+	+ +
金属桶（不含钢和铝）	1N1 1N2	非活动盖 活动盖	+ +	+	+	+ +
钢罐	3A1 3A2	非活动盖 活动盖	+ +	+	+	+ +
铝罐	3B1 3B2	非活动盖 活动盖	+ +	+	+	+ +
胶合板桶	1D		+			+
纤维板桶	1G		+			+
塑料桶和罐	1H1 1H2 3H1 3H2	桶，非活动盖 桶，活动盖 罐，非活动盖 罐，活动盖	+ + + +	+ +	+ +	+ + + +
天然木箱	4C1 4C2	普通的 箱壁防筛漏	+ +			+ +
胶合板箱	4D		+			+
再生木箱	4F		+			+
纤维箱	4G		+			+
塑料箱	4H1 4H2	发泡塑料箱 密实塑料箱	+ +			+ +
钢或铝箱	4A 4B	钢箱 铝箱	+ +			+ +
纺织袋	5L1 5L2 5L3	不带内衬或涂层 防筛漏 防水	+ + +			
塑料编织袋	5H1 5H2 5H3	不带内衬或涂层 防筛漏 防水	+ + +			
塑料膜袋	5H4		+			

表 D.1（续）

种　类	代码	类　别	应检验项目			
			跌落	气密	液压	堆码
纸袋	5M1	多层	+			
	5M2	多层，防水的	+			
复合容器（塑料材料）	6HA1	塑料贮器与外钢桶	+	+	+	+
	6HA2	塑料贮器与外钢板条箱或钢箱	+			+
	6HB1	塑料贮器与外铝桶	+	+	+	+
	6HB2	塑料贮器与外铝板箱或铝箱	+			+
		塑料贮器与外木板箱				
	6HC	塑料贮器与外胶合板桶	+			+
	6HD1	塑料贮器与外胶合板箱	+	+	+	+
	6HD2	塑料贮器与外纤维板桶	+			+
	6HG1	塑料贮器与外纤维板箱	+	+	+	+
	6HG2	塑料贮器与外塑料桶	+			+
	6HH1	塑料贮器与外硬塑料箱	+	+	+	+
	6HH2		+			+
复合容器（玻璃、陶瓷或粗陶瓷）	6PA1	贮器与外钢桶	+			
	6PA2	贮器与外钢板条箱或钢箱	+			
		贮器与外铝桶				
	6PB1	贮器与外铝板条箱或铝箱	+			
	6PB2	贮器与外木箱	+			
		贮器与外胶合板桶				
	6PC	贮器与外有盖柳条篮	+			
	6PD1	贮器与外纤维质桶	+			
	6PD2	贮器与外纤维板箱	+			
	6PG1	贮器与外泡沫塑料容器	+			
	6PG2	贮器与外硬塑料容器	+			
	6PH1		+			
	6PH2		+			

注 1：表中“+”号表示应检测项目。

注 2：凡用于盛装液体的容器，均应进行气密试验和液压试验。

ICS 79.060.01
B 70

中华人民共和国国家标准

GB/T 19367—2009
代替 GB/T 19367.1—2003,GB/T 19367.2—2003

人造板的尺寸测定

Wood-based panels—Determination of dimensions of panels

(ISO 9426:2003,MOD)

2009-05-12 发布 2009-11-01 实施

中华人民共和国国家质量监督检验检疫总局
中国国家标准化管理委员会 发布

前　言

本标准修改采用国际标准 ISO 9426:2003《人造板　板的尺寸的测定》(英文版)。

本标准在修改采用国际标准时，技术性差异用垂直单线标识在它们所涉及的条款页边空白处。本标准与 ISO 9426:2003 相比技术性差异如下：

——在 8.1 中增加：注 1：如供需双方有争议时，允许从板的中间锯开，然后按上述方法测量。注 2：如供需双方有争议时，允许用测头直径为 15.0 mm～20.0 mm 的测微仪进行测量。

——“8.5　平整度的测定”中：绳线改为金属线。

本标准是对 GB/T 19367.1—2003 和 GB/T 19367.2—2003 的整合修订。

本标准代替 GB/T 19367.1—2003《人造板　厚度、宽度和长度的测定》和 GB/T 19367.2—2003《人造板　垂直度和边缘直度的测定》。

本标准与 GB/T 19367.1—2003、GB/T 19367.2—2003 相比有如下区别：

——增加了平衡处理的内容；

——增加了平装度的测量内容。

本标准由国家林业局提出。

本标准由全国人造板标准化技术委员会归口。

本标准负责起草单位：中国林业科学研究院木材工业研究所。

本标准参加起草单位：上海市质量监督检验技术研究院、德华兔宝宝装饰新材股份有限公司、佛山市南海耀东华家具板材有限公司、广西丰林木业集团股份有限公司、江门市大平木业有限公司、佛山市正森木业有限公司、南京雷伯特翔事木业有限责任公司、圣象实业(深圳)有限公司、四川升达林业产业股份有限公司、山东新港企业集团有限公司。

本标准主要起草人：彭立民、曹忠荣、张莺红、孙朝坤、曾敏华、陈文渊、林永光、黄庆邦、雷金祥、高秋玲、向中华、魏孝东。

本标准所代替标准的历次版本发布情况为：

——GB/T 19367.1—2003；

——GB/T 19367.2—2003。

人造板的尺寸测定

1 范围

本标准规定了各种人造板的厚度、宽度、长度、垂直度、边缘直度及平整度的测量方法。

本标准适用于整张平面状的人造板。

2 规范性引用文件

下列文件中的条款通过本标准的引用而成为本标准的条款。凡是注日期的引用文件，其随后所有的修改单（不包括勘误的内容）或修订版均不适用于本标准，然而，鼓励根据本标准达成协议的各方研究是否可使用这些文件的最新版本。凡是不注日期的引用文件，其最新版本适用于本标准。

GB/T 17657 人造板及饰面人造板理化性能试验方法

3 原理

通过线性测量法测定整张板的厚度、长度和宽度。

通过测量板与机械角尺或直尺的偏差测定整张板的垂直度和边缘直度。

通过测量放置在穿过整个表面并对着被板边拉直的金属线测量板的表面偏差来测定平整度。

4 抽样

作为成品板的批量检测，应按各种人造板单项产品标准的相关规定进行抽样。

5 测量时板的含水率

通常情况下，板的尺寸应在与接收时相同状况下测量。

如必要，应按 GB/T 17657 的相应规定测定板的含水率。

6 平衡处理

必要时，板材应在相对湿度(65±5)%和温度(20±2)℃的空气中平衡到恒定质量。当连续两次间隔 24 h 称重结果不超过板的质量的 0.1%时，认为恒定质量已经达到。

对平整度的测量，允许重新使板材达到室温，且在测试前那个温度下的通风良好的室内平衡最少 48 h。

7 仪器

7.1 测微仪或类似测量仪器

厚度测量，用具有 6.0 mm～20.0 mm 测头直径的测微仪并平行被测面平缓施加 0.02 MPa～0.05 MPa 的压力。仪器分度值应精确到 0.05 mm。

选择的测头直径将取决于板材类型，原则上低密度板或表面不平的板应用较大测量直径进行测定。

7.2 钢卷尺

刻度间隔为 1 mm。

7.3 机械角尺

有两个长为(1 000±1)mm 的臂，用于测量板的相邻边与直角的角偏差，机械角尺应在 1 000 mm 的条件下精确到 0.2 mm(见图 1)。

单位为毫米

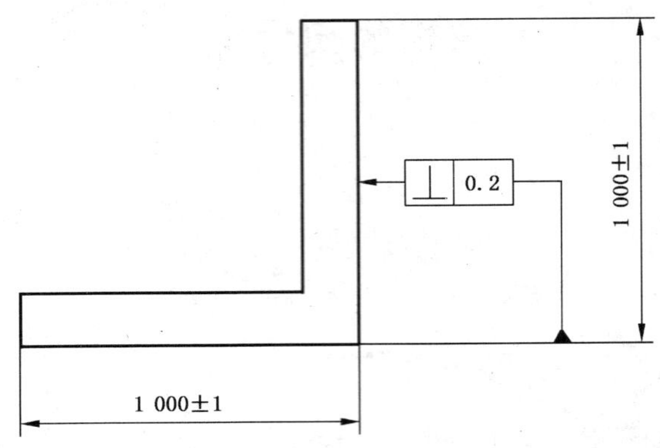

图 1　机械角尺的精度要求

7.4　直尺或金属线

长度至少相等于板的长度，或不变截面和易弯的且能足以伸直到保证长度的金属线(如钢丝等)，直径不大于 0.5 mm。

7.5　钢板尺、楔块、塞尺或卡尺

对偏差测量分度值应精确到 0.5 mm。

8　方法

8.1　厚度测定

距板边 24 mm 和 50 mm 之间测量厚度，测量点位于每个角及每个边的中间，即总共八个点(见图 2)，精确至厚度的 1%但不小于 0.1 mm。

对于测量厚度，应缓慢地将仪器测量表面接触板面。

注 1：如供需双方有争议时，允许从板的中间锯开，然后按上述方法测量。

注 2：如供需双方有争议时，允许用测头直径为 15.0 mm～20.0 mm 的测微仪进行测量。

单位为毫米

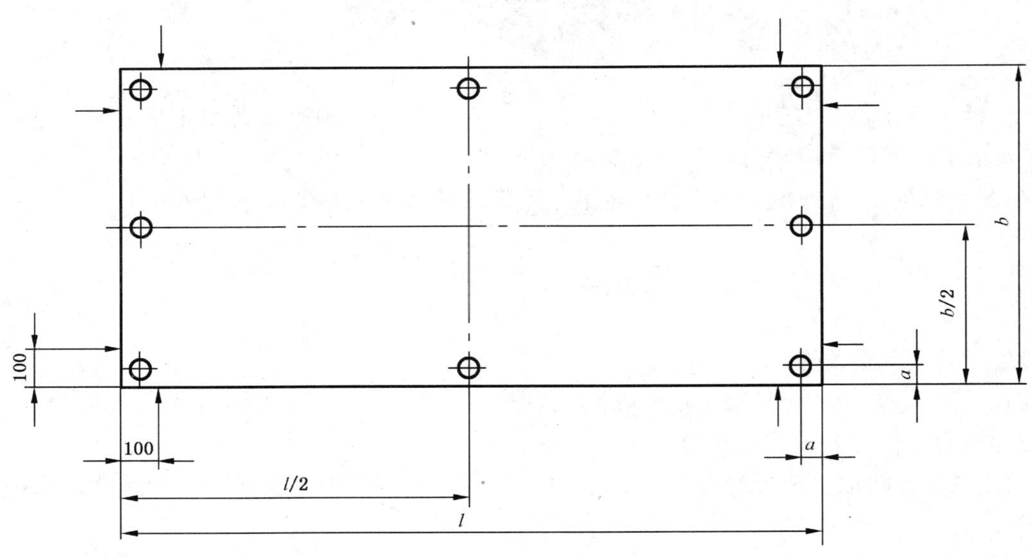

a——24～50；

b——宽度；

l——长度。

图 2　一张板的厚度测量点⊕，长度和宽度测量

8.2 长度和宽度的测定

沿着距板边 100 mm 且平行于板边的两条直线测量每张板的长度和宽度(见图 2),精确到 0.1%但不小于 1 mm。

8.3 垂直度的测定

把角尺(7.3)的一个边靠着板的一个边,测量板的垂直度(见图 3)。

单位为毫米

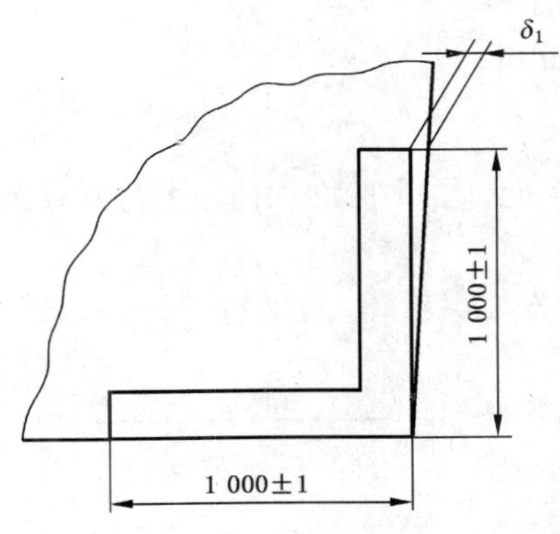

图 3 测量板垂直度的角尺的使用

在距板角(1 000±1)mm 处,通过由 7.5 中规定的一种测量仪器测量板边和角尺另一臂边间的间距 δ_1(见图 3)。

对其他每个角遵循相同的方法。

注:对工厂生产过程控制,如有效的相关数能证实的话,垂直度也可用板的两对角线长度的差测定,测量用钢卷尺。

8.4 边缘直度的测定

把直尺对着一个板边,或在板的两角放置金属线且拉直。

用一个在 7.5 中规定的测量仪器测量直尺(或拉直金属线)与板边之间最大偏差,结果应精确到0.5 mm。

对其他每个边遵循相同的方法。

8.5 平整度的测定

在无任何外力作用下把板放置在水平表面上,测量被测试板的整个表面与拉直金属线的间距,找出金属线与板的最大变形点的表面间距,用钢板尺测量,精确到 0.5 mm。

9 结果表示

9.1 厚度

对每张测试的板,计算各测量值的算术平均值并表示,精确到 0.1 mm。

9.2 长度和宽度

对每张测试的板,计算各测量值的算术平均值分别表示长度和宽度,精确到 1 mm。

9.3 垂直度

结果是角尺边和板边的偏差的最大测量值,用每米板边长度上毫米数表示,精确到 0.5 mm/m。

9.4 边缘直度

结果是测量偏差的较大值除以该边的长度,用毫米每米(mm/m)表示。板的宽度和长度分别表示。

9.5 平整度

记录 7.5 中仪器测得的测量值,精确到 0.5 mm,不管弓形是在宽度或长度方向测量。

注:如有关,不管它是凹面的或凸面的。

10 测试报告

测试报告应包含下列信息：

——测试实验室的名称和地址；

——按各种人造板单项产品标准相关规定的抽样报告；

——测试报告的日期；

——板的种类、幅面尺寸和厚度；

——有关的产品说明；

——如有关，表面处理状况；

——在各种可能发生的情况下，允许在本标准内使用的特殊仪器；

——用第 9 章表示测试结果；

——所有与本标准不一致的地方。

ICS 65.060.10
T 62

中华人民共和国国家标准

GB/T 19408.2—2009/ISO 6489-2:2002

农业车辆　挂车和牵引车的机械连接 第2部分:40号U型钩的连接

Agricultural vehicles—Mechanical connections between towed and towing vehicles—Part 2:Specifications for clevis coupling 40

(ISO 6489-2:2002,IDT)

2009-11-15 发布　　2010-05-01 实施

中华人民共和国国家质量监督检验检疫总局
中国国家标准化管理委员会　发布

前　言

GB/T 19408《农业车辆　挂车和牵引车的机械连接》分为五个部分：

——第1部分：牵引钩尺寸；

——第2部分：40号U型钩的连接；

——第3部分：拖拉机牵引杆；

——第4部分：楔形连接装置的尺寸；

——第5部分：球形连接。

本部分为GB/T 19408的第2部分。

本部分等同采用ISO 6489-2:2002《农业车辆　挂车和牵引车的机械连接　第2部分：40号U型钩的规范》(英文版)。

为便于使用，本部分做了下列编辑性修改：

——"本国际标准"一词改为"本部分"；

——用小数点"."代替作为小数点的逗号","；

——删除国际标准前言。

本部分由中国机械工业联合会提出。

本部分由全国拖拉机标准化技术委员会(SAC/TC 140)归口。

本部分起草单位：国家拖拉机质量监督检验中心。

本部分主要起草人：王风雨、陈振、陈嵩。

农业车辆　挂车和牵引车的机械连接 第2部分:40号U型钩的连接

1　范围

GB/T 19408的本部分给出了牵引架的技术要求,此牵引架连接于装配有ISO 5692-2和ISO 8755所定义的40号U型钩的农用牵引挂车、非平衡挂车和农具上。

农业车辆或挂车上A、B或C三种牵引形式中之一的安装形式由厂家或使用者自定。三种形式要具有互换性。

2　规范性引用文件

下列文件中的条款通过GB/T 19408的本部分的引用而成为本部分的条款。凡是注日期的引用文件,其随后所有的修改单(不包括勘误的内容)或修订版均不适用于本部分,然而,鼓励根据本部分达成协议的各方研究是否可使用这些文件的最新版本。凡是不注日期的引用文件,其最新版本适用于本部分。

GB/T 905　冷拉圆钢、方钢、六角钢尺寸、外形、重量及允许偏差(GB/T 905—1994,neq ISO 286-1:1988)

GB/T 1804—2000　一般公差　未注公差的线性和角度尺寸的公差(eqv ISO 2768-1:1989)

ISO 5692-2　农业车辆　牵引车的机械连接　第2部分:具有索具的40装配环

ISO 8755　商用道路车辆　40 mm牵引装置连接孔　互换性

3　术语和定义

下列术语和定义适用于本部分。

3.1

***D*值　*D* value**

作用于挂车上的载荷沿车辆纵向轴上的值。

4　尺寸

GB/T 19408的本部分没有给出的值都应恰当的选取。没有单独指出的尺寸误差要符合GB/T 1804—2000中C级的规定。极限和装配要符合GB/T 905的规定。

挂车配合的A、B和C形式的尺寸分别如图1、图2和图3所示。

单位为毫米

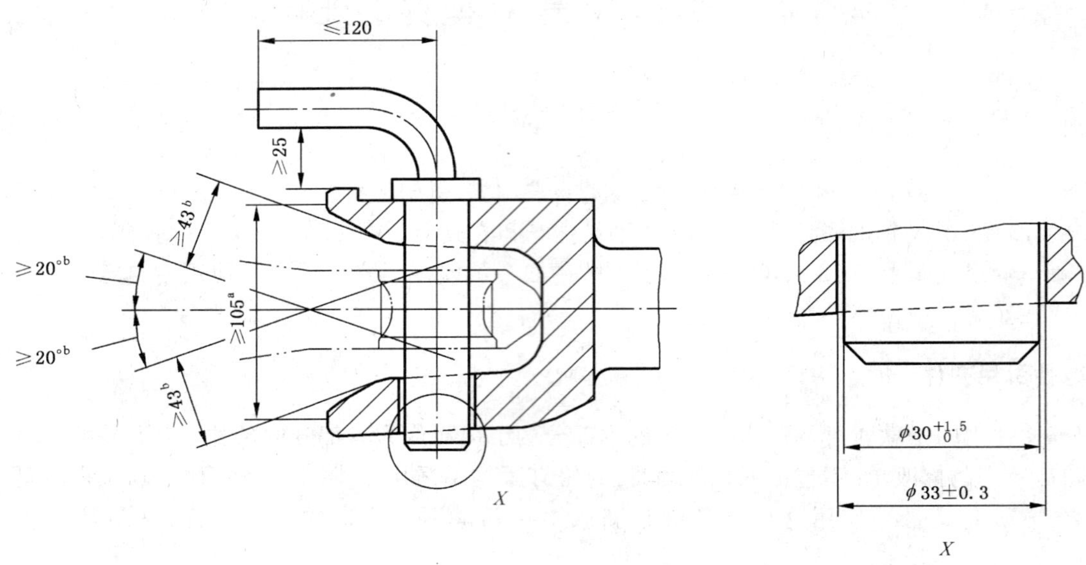

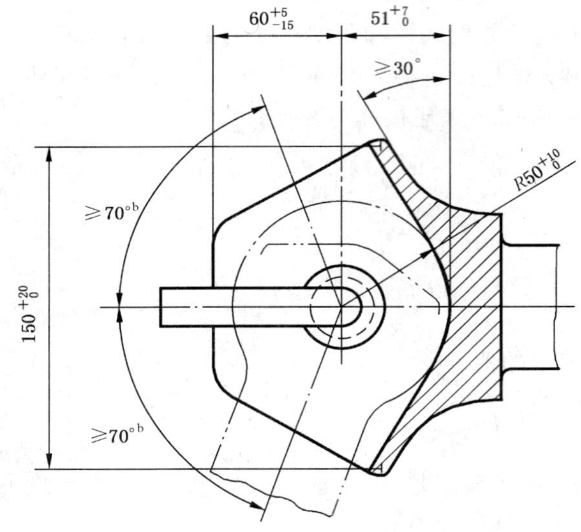

a 牵引架的高度应大于牵引架宽度的一半。

b 铰接角度值应与装配环一起测定。

图1　具有柱形销的非自动牵引装置A型

单位为毫米

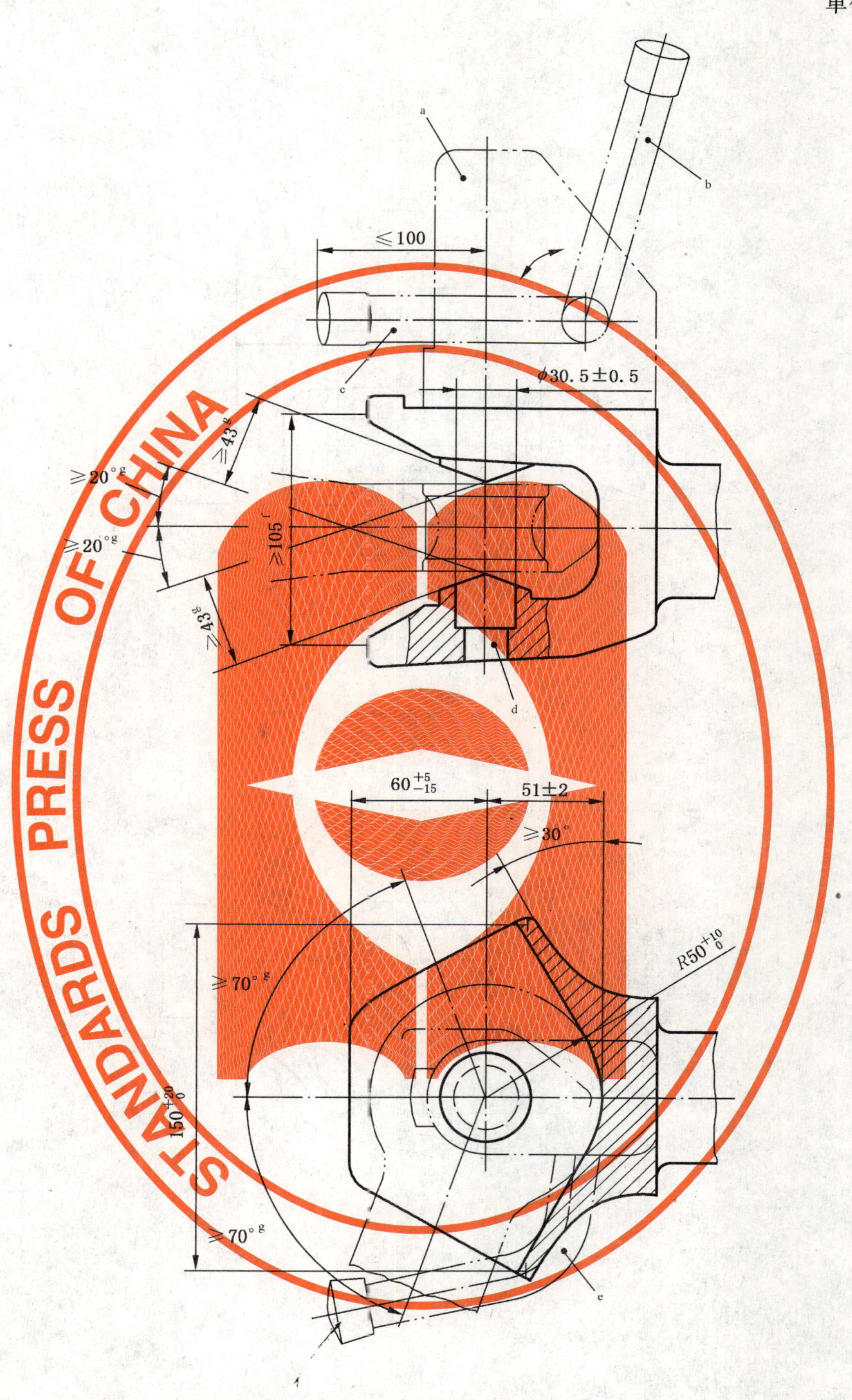

[a] 示例。

[b] 准备连接。

[c] 已连接。

[d] 设计有开口以防止灰尘聚集。

[e] 操作手柄，可设计在左面。

[f] 牵引架高度应大于牵引架宽度的一半。

[g] 铰接角度值应与装配环一起测定。

图2　具有柱形销的自动牵引装置B型

单位为毫米

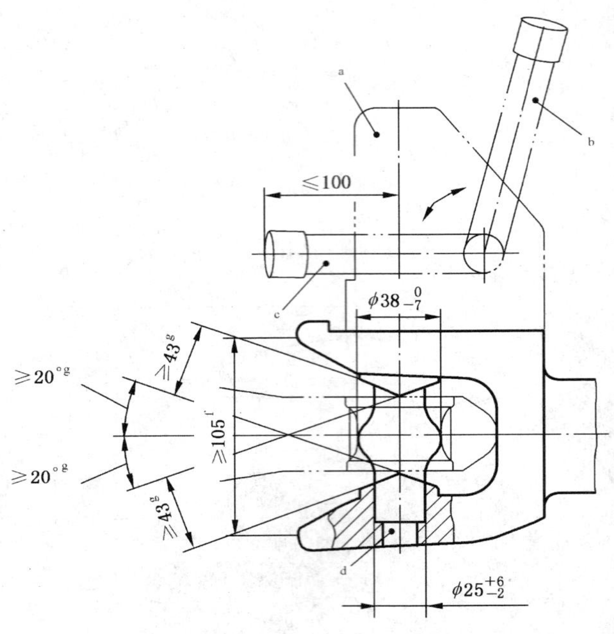

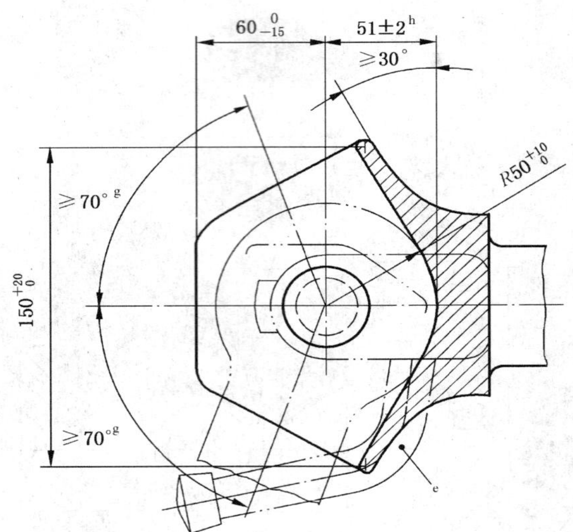

[a] 示例。

[b] 准备连接。

[c] 已连接。

[d] 设计有开口以防止灰尘聚集。

[e] 操作手柄,可设计在左面。

[f] 牵引架高度应大于牵引架宽度的一半。

[g] 铰接角度值应与装配环一起测定。

[h] −2 的下公差只有当销子最大直径(38_{-7}^{0}) mm 降低真实公差 2 倍后才许可:例如(51−1) mm=50 mm,[38−(2×1)]mm=36 mm;(51−2) mm=49 mm,[38−(2×2)]mm=34 mm。

图 3　具有纺锤形销的自动牵引装置 C 型

5　*D* 值的计算

在 R 值和 T 值已知的条件下,用公式(1)计算 D 值:

$$D = g\left(\frac{T \times R}{T + R}\right) \qquad \cdots\cdots(1)$$

式中：

D——作用于挂车上的载荷沿车辆纵向轴上的值，单位为千牛顿(kN)；

g——重力加速度，$g=9.81\ m/s^2$；

R——允许的牵引车质量，单位为吨(t)；

T——允许的车辆总质量，单位为吨(t)。

6 安装位置

销子安装配置如图4所示。对于高度可调的装配，要考虑到 h 值(见表1)。

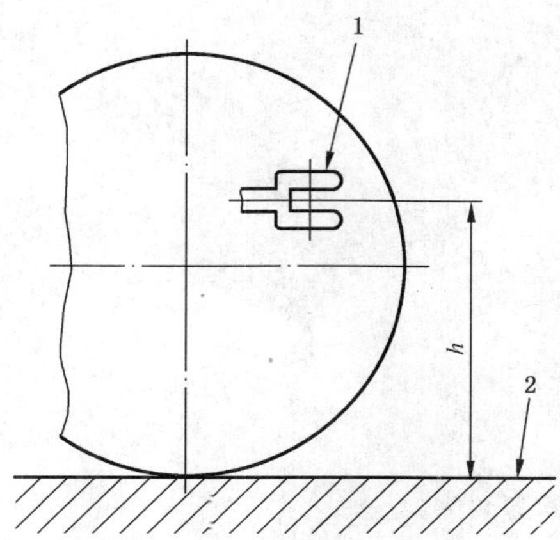

1——安装销子的U型钩；

2——路面。

注：h 值要符合表1的规定。

图4 安装位置

表1 安装高度值

农业车辆发动机功率/kW	安装高度 h/mm
≤55	825±75
>55	900^{+100}_{-80}

7 技术要求

7.1 垂直静载荷

最大允许垂直静载荷应等于20 kN载荷。

7.2 *D*值

挂车连接形式A型应设计成 $D\leqslant 90$ kN；挂车连接形式B型和C型应设计成 $D\leqslant 120$ kN。

7.3 安全距离 B型和C型

对于B型和C型的自动牵引装置在连接后，应清晰明显的标示出连接位置处相对于外部的安全空间。

8 标注

符合本部分的牵引装置的型号名称和厂家商标应永久的标识于连接设备上。

9 命名

示例：非自动牵引装置(A型)和圆柱-螺栓联结型：

螺栓联结 GB/T 19408.2—2009

ICS 65.060.10
T 62

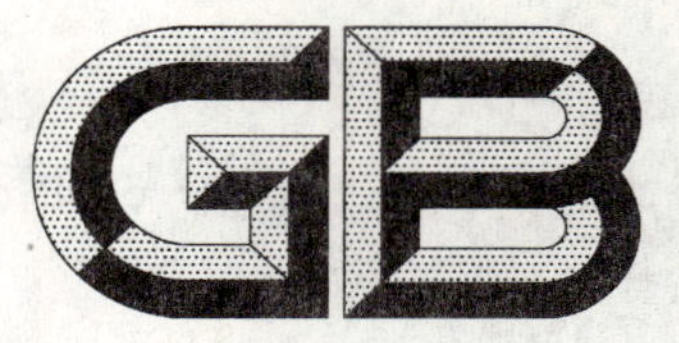

中华人民共和国国家标准

GB/T 19408.3—2009/ISO 6489-3:2004

农业车辆　挂车和牵引车的机械连接
第3部分：拖拉机牵引杆

Agricultural vehicles—Mechanical connections between towed and towing vehicles—Part 3: Tractor drawbar

(ISO 6489-3:2004, IDT)

2009-11-15 发布　　　　2010-05-01 实施

中华人民共和国国家质量监督检验检疫总局
中国国家标准化管理委员会　发布

前　　言

GB/T 19408《农业车辆　挂车和牵引车的机械连接》分为五个部分：

——第1部分：牵引钩尺寸；

——第2部分：40号U型钩的连接；

——第3部分：拖拉机牵引杆；

——第4部分：楔形连接装置的尺寸；

——第5部分：球形连接。

本部分为GB/T 19408的第3部分。

本部分等同采用ISO 6489-3:2004《农业车辆　挂车和牵引车的机械连接　第3部分：拖拉机牵引杆》(英文版)。

本部分等同翻译ISO 6489-3:2004。

为便于使用，本部分做了下列编辑性修改：

——"国际标准的本部分"一词改为"本部分"；

——用小数点"."代替作为小数点的逗号","；

——删除国际标准的本部分的前言。

本部分由中国机械工业联合会提出。

本部分由全国拖拉机标准化技术委员会(SAC/TC 140)归口。

本部分起草单位：国家拖拉机质量监督检验中心。

本部分主要起草人：王风雨、陈振、柳玲文。

农业车辆　挂车和牵引车的机械连接
第3部分:拖拉机牵引杆

1　范围

GB/T 19408 的本部分规定了安装于农业拖拉机后部 0、1、2、3、4 和 5 类牵引杆的尺寸要求和位置。

2　规范性引用文件

下列文件中的条款通过 GB/T 19408 的本部分的引用而成为本部分的条款。凡是注日期的引用文件,其随后所有的修改单(不包括勘误的内容)或修订版均不适用于本部分,然而,鼓励根据本部分达成协议的各方研究是否可使用这些文件的最新版本。凡是不注日期的引用文件,其最新版本适用于本部分。

GB/T 1592.1　农业拖拉机后置动力输出轴 1、2 和 3 型　第 1 部分:通用要求、安全要求、防护罩尺寸和空隙范围(GB/T 1592.1—2008,ISO 500-1:2004,IDT)

GB/T 3871.3　农业拖拉机　试验规程　第 3 部分:动力输出轴功率试验(GB/T 3871.3—2006,ISO 789-1:1990,MOD)

GB/T 17126.2　农业拖拉机和机械　动力输出万向节传动轴和动力输入连接装置　第 2 部分:动力输出万向节传动轴使用规范、各类联接装置用动力输出传动系和动力输入连接装置位置及间隙范围(GB/T 17126.2—2009,ISO 5673-2:2005,IDT)

GB/T 21405—2008　往复式内燃机　发动机功率的确定和测量方法　排气污染物排放试验的附加要求(ISO 14396:2002,IDT)

3　术语和定义

以下术语和定义适用于本部分。

3.1

拖拉机牵引杆　tractor drawbar

牵引杆　drawbar

安装于农业拖拉机后部用于连接农具的机械连接。

注:拖拉机牵引杆分通用非可调或可调。

3.1.1

通用非可调牵引杆　regular non-adjustable drawbar

无调整可能的固定牵引杆。

3.1.2

可调牵引杆　adjustable drawbar

可调、多种操作位置的牵引杆,可提供通用、短的和延伸牵引位置。

3.1.2.1

通用牵引杆位置　regular drawbar position

可调牵引杆的操作位置,对从牵引杆销孔到对于拖拉机 PTO 的末端提供正常尺寸。

3.1.2.2

短牵引杆位置　short drawbar position

可调牵引杆的操作位置,用于无 PTO 设备可承受大的垂直载荷的牵引杆。

3.1.2.3

延伸牵引杆位置　extended drawbar position

可调牵引杆的操作位置，用于特殊 PTO 驱动轴情况下使用正常牵引位置无法提供正常驱动轴连接。

3.2

PTO 驱动轴安全区　PTO drive shaft clearance plane

设想的平面，用来限制机械连接装置进入的最大可能极限。

3.3

牵引杆牵引点　drawbar hitch point

拖拉机牵引杆和农具末端的连接点。

4　技术要求

4.1　牵引杆

在安装特殊连接或连接具有牵引杆的农具(见图 3)时，可移开牵引杆。为了连接没达到GB/T 17126.2要求的农具的 PTO 驱动轴安全区的要求，也可移开牵引杆。

4.2　牵引杆牵引点

拖拉机上应对拖拉机牵引杆与农具的连接提供条件，牵引杆牵引点的位置应与拖拉机 PTO 的纵向中心线一致。

4.3　牵引杆类型

牵引杆类型见表 1。

表 1　牵引杆类型

单位为千瓦

牵引杆类型	发动机标定转速下 PTO 的功率[a]
0	≤28
1	≤48
2	≤115
3	≤185
4	≤300
5	≤500

[a] 对不符合 GB/T 3871.3 或 OECD 规则 2 规定的动力输出轴的功率，可使用 GB/T 21405—2008 规定的发动机功率的 86%。

4.4　牵引杆的位置和装配要求

牵引杆的位置和装配要求应符合图 1 和表 2、表 3 的规定。

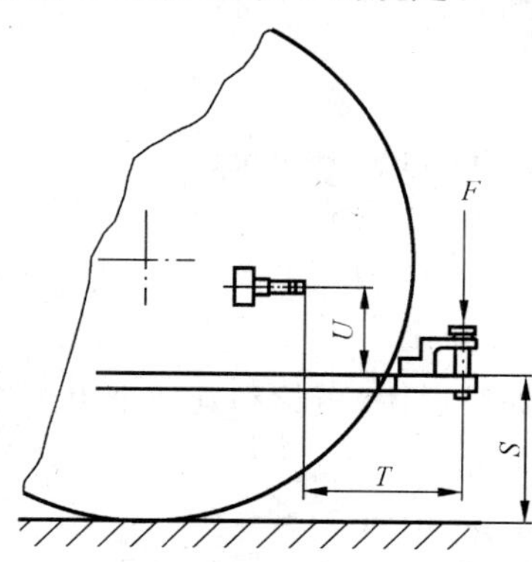

F——垂直载荷。

注：表 2 和表 3 解释了图中符号并给出尺寸值。

图 1　牵引杆的位置和装配

表 2　牵引杆位置尺寸 *S* 和 *U* 的值　　单位为毫米

尺寸	牵引杆类型					
	0	1	2	3	4	5
牵引杆高度[a] S	220～420	330～500	330～500	380～560	380～560	400～600
U_{min}^{b}	200	220	250	260	280	310

a　尺寸 S 应满足正常农业应用。当拖拉机设计应用于高安全空间时，例如工作于固定蔬菜作业或甘蔗田地时，S 可超过最大值。当拖拉机设计应用于低安全空间时，例如：割草作业或整理田地需要低重心时，S 可低于最小值。

b　此值应用于新设计的拖拉机。

表 3　牵引杆位置尺寸 *T* 值　　单位为毫米

PTO 类型[a]	$T\pm10$		
	短牵引杆位置	通用牵引杆位置	延伸牵引杆位置
1、2	250	400[b]	550
3	350	500	650

a　见 GB/T 1592.1 确定的 PTO 类型。

b　350 mm 位置可用于连接类型 1 的 PTO 的旧型农具。

4.5　牵引杆尺寸

牵引杆的尺寸应符合图 2 和表 4 的规定。

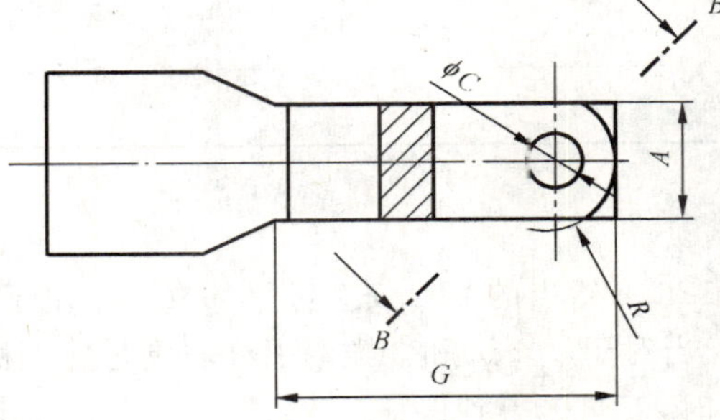

图 2　拖拉机牵引杆

表 4 拖拉机牵引杆尺寸

单位为毫米

尺 寸	牵引杆类型					
	0	1	2	3	4	5
牵引杆宽度 A^{a}_{max}	60	67	90	90	130	160
牵引杆厚度 B_{max}	20	36	52	57	64	80
销孔直径 $C^{+0.80}_{-0.25}$	20	33	33	41	52.5	72.5
销直径 $C1_{min}$	18	30	30	38	50	70
F_{max}	30	40	45	45	65	80
G^{b}_{min}	140	210	210	210	210	210
高度 H_{min}	50	70	70	90	90	100
开口深度 J_{min}	50	70	80	80	90	110
牵引杆和 U 型钩末端半径 R^{c}_{max}	35	40	55	55	80	95
W^{c}	20°	20°	20°	20°	15°	15°

[a] 牵引杆柄、限位设备或 U 型钩可超过宽度 *A*，但不得影响第 6 章规定的农具铰接角度。

[b] *G* 大于规定值但 *A*、*B* 值不能变。

[c] 图 2 显示的轮廓代表牵引杆和 U 型钩的最大轮廓。只要保证最大轮廓，半径 *R* 和角度 *W* 可与给定值不同。

5 牵引杆垂直载荷

农具施加于拖拉机牵引杆上的最大垂直静载荷，对于标准、短和延伸牵引杆应符合表 5 的规定。如果农具的结构在牵引杆上产生动态高垂直载荷，应降低静载荷以保证动载荷可控。当如表 5 所示的载荷施加于拖拉机牵引杆上时，为保持稳定需要正确的安排拖拉机配重。

表 5 牵引杆上的最大垂直载荷 *F*

单位为千牛顿

牵引杆类型	最大垂直静载荷 *F*		
	短牵引杆位置	通用牵引杆位置	延伸牵引杆位置
0	7	5	3.5
1	12	8	6
2	22	15	11
3	27	18	13
4	33	22	16
5	45	30	—

6 PTO 动力杆安全区

本部分给出的 PTO 安全区尺寸和 GB/T 17126.2 给出的 PIC 安全区尺寸共同给出了 PTO 动力杆和 U 型钩牵引杆之间的安全区(见图 3 和表 6)。当对于 0、1、2 和 3 类牵引杆农具与拖拉机之间的前后连接角度小于 20°，对于 4 和 5 类牵引杆小于 15°时，安全区得到保证。

在拖拉机和农具间提供合适的铰接，建议农具末端设计成在拖拉机和农具间倾斜±20°和左右翻滚±20°(对于 4 和 5 类牵引杆设计成翻滚倾斜±15°)。最大翻滚倾斜角没必要同时达到。

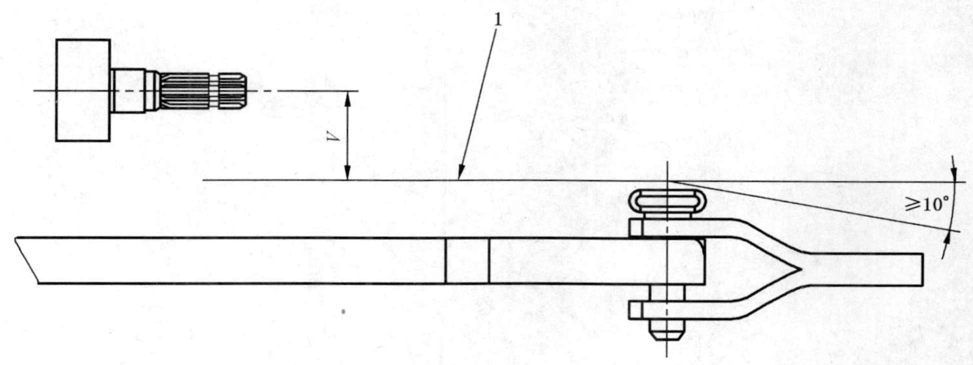

a）连接于 U 型钩的牵引杆

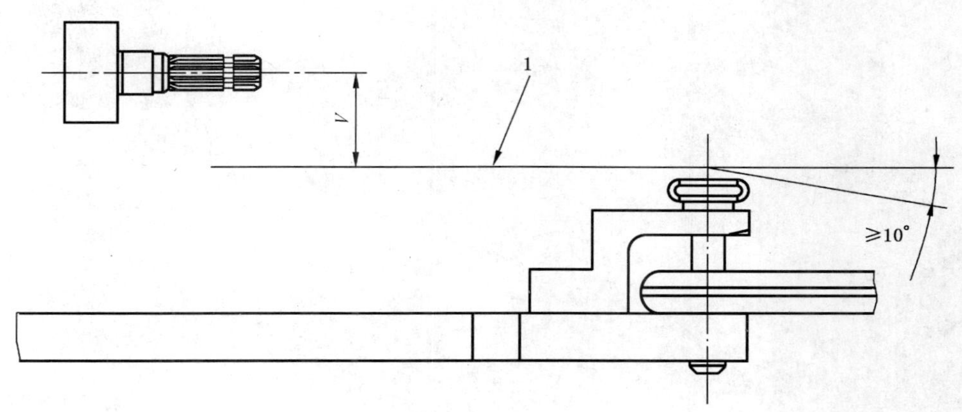

b）连接于牵引杆的牵引杆

V——PTO 动力杆安全区。

1——安全面。

注：PTO 动力杆安全区值见表 6。

图 3　PTO 动力杆安全区平面图

表 6　PTO 动力杆安全区平面图 PTO 动力杆安全区的值 V　　单位为毫米

尺　　寸	牵引杆类型					
	0	1	2	3	4	5
PTO 动力杆安全区，V（最小情况）	100	100	100	110	120	130

ICS 65.060.10
T 62

中华人民共和国国家标准

GB/T 19408.4—2009/ISO 6489-4:2004

农业车辆 挂车和牵引车的机械连接 第4部分:楔形连接装置的尺寸

Agricultural vehicles—Mechanical connections between towed and towing vehicles—Part 4:Dimensions of piton-type coupling

(ISO 6489-4:2004,IDT)

2009-11-15 发布 2010-05-01 实施

中华人民共和国国家质量监督检验检疫总局
中国国家标准化管理委员会 发布

前　言

GB/T 19408《农业车辆　挂车和牵引车的机械连接》分为五个部分：

——第1部分：牵引钩尺寸；

——第2部分：40号U型钩的连接；

——第3部分：拖拉机牵引杆；

——第4部分：楔形连接装置的尺寸；

——第5部分：球形连接。

本部分为GB/T 19408的第4部分。

本部分等同采用ISO 6489-4:2004《农业车辆　挂车和牵引车的机械连接　第4部分：楔形连接装置的尺寸》(英文版)。

本部分等同翻译ISO 6489-4:2004。

为便于使用，本部分做了下列编辑性修改：

——"国际标准的本部分"一词改为"本部分"；

——用小数点"."代替作为小数点的逗号","；

——删除国际标准前言。

本部分的附录A为资料性附录。

本部分由中国机械工业联合会提出。

本部分由全国拖拉机标准化技术委员会(SAC/TC 140)归口。

本部分起草单位：国家拖拉机质量监督检验中心。

本部分主要起草人：王风雨、陈振、陈嵩。

农业车辆　挂车和牵引车的机械连接
第4部分:楔形连接装置的尺寸

1　范围

GB/T 19408的本部分明确了用于连接安装符合ISO 5692-1连接环的农业挂车、非平衡挂车和农具的楔式连接装置的尺寸要求。适用于确保农业挂车机械连接的互换性。这只用于静态垂直载荷不超过30 kN的情况。

其他牵引车和挂车间的机械连接形式参照附录A。

2　规范性引用文件

下列文件中的条款通过GB/T 19408的本部分的引用而成为本部分的条款。凡是注日期的引用文件,其随后所有的修改单(不包括勘误的内容)或修订版均不适用于本部分,然而,鼓励根据本部分达成协议的各方研究是否可使用这些文件的最新版本。凡是不注日期的引用文件,其最新版本适用于本部分。

GB/T 1592(所有部分)　农业拖拉机后置动力输出轴1、2和3型(GB/T 1592—2008,ISO 500:2004,IDT)

ISO 5692-1　农业车辆　被牵引车的机械连接装置　第1部分:挂接环尺寸

3　术语和定义

下列术语和定义适用于本部分。

3.1

楔式连接装置　piton-type coupling device

由销子(见图1)安装部分和限位器组成的连接装置。

3.2

安装部分　mounting part

用于安装销子和安装于农用车辆或安装框架的限位器的部分。

3.3

限位器　keeper

用于防止连接点意外拖开。

4　尺寸

4.1　限位器位置和楔形连接设备尺寸应符合图1和图2的要求。限位器应限制在最大金属外廓内。

4.2　限位器任何部分都不应超过如图2所示的连接安全线以外。

4.3　生产厂商为楔形连接装置的设计和生产质量负责。销子的上部和限位器的距离不应超过10 mm(见图2),用于防止在最大设计载荷时连接点意外拖开。

4.4　按ISO 5692-1要求的偏角为60°。大型轮胎和窄轮距的挂车工作时限制在此角度。小型轮胎和/或宽轮距的挂车,转角可超出60°。当产生干涉时,在连接装置上或其附近或操作手册上应进行说明。

单位为毫米

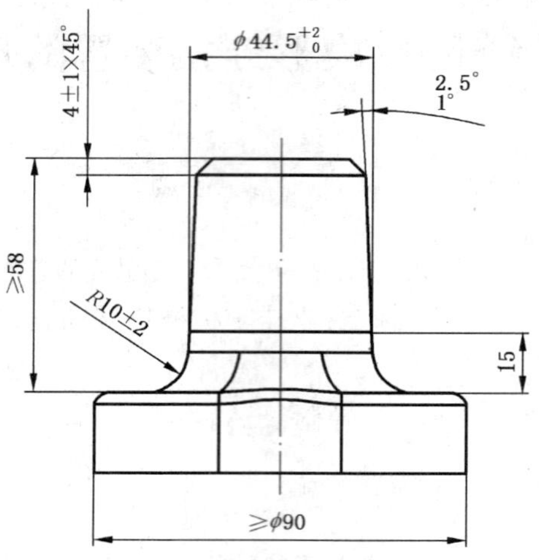

图1 销子尺寸

单位为毫米

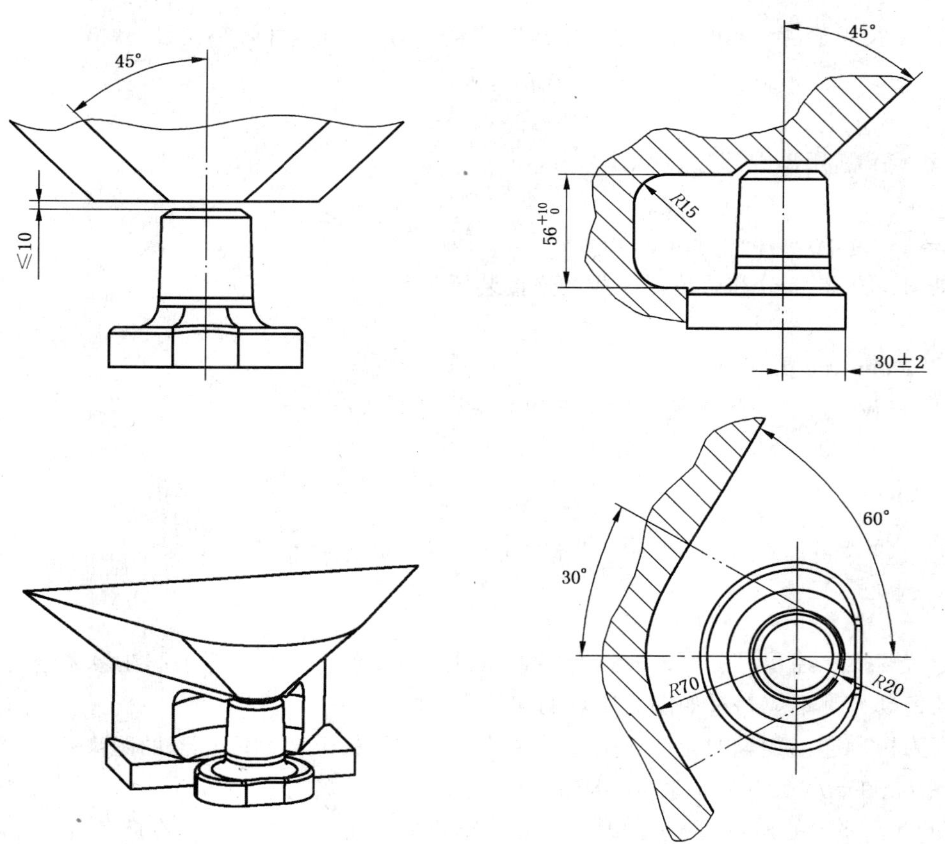

图2 限位器边界面的尺寸(最大尺寸情况)

5 位置

5.1 楔形连接装置的安装位置应符合图3的规定。

a 50 mm～60 mm。

图3 销子与PTO的关系

5.2 为了轨迹角度符合ISO 5692-1的规定，楔形连接装置的安装位置还应符合以下规定：

a) 楔形连接装置应安装于拖拉机纵向轴的平面内；

b) 销子安装应尽可能高，在楔形连接装置或其结构、限位器板等不进入GB/T 1592定义的PTO(动力输出轴)的安全区内。

附 录 A
(资料性附录)
牵引车和挂车间建议机械连接

牵引车	挂 车
ISO 6489-1:1991 钩子类型	ISO 5692:1979/ISO 5692-1[c] 牵引环(50 mm 孔中心,30 mm 环直径)
GB/T 19408.1—2003 钩子类型[a]	ISO 5692:1979/ISO 5692-1[c] 牵引环(50 mm 孔中心,30 mm 环直径)
	GB/T 20338—2006 牵引环(50 mm 孔中心,30 mm～41 mm 环直径)
GB/T 19408.2—2009 40 号 U 型钩类型	ISO 5692-2:2002 配合环(40 mm 球窝)
	ISO 8755:1986 40 mm 牵引杆连接[b]
	ISO 1102:1986 50 mm 牵引杆连接[b]
GB/T 19408.4—2009 楔类型	ISO 5692:1979/ISO 5692-1[c] 牵引环(50 mm 孔中心,30 mm 环直径)
GB/T 19408.5 球类型	GB/T 19408.5 (80 mm 球直径)

[a] 按最大尺寸生产的符合 GB/T 19408.1—2003 的牵引钩,连接于符合 ISO 5692-1 的牵引环会产生挂车和拖拉机之间的"不稳"连接和驾驶不舒服,连接的牵引环符合 GB/T 20338—2006 的小尺寸(环直径为 30 mm)。

[b] 主要用于卡车后面的挂车(公路上)。

[c] 即将出版(ISO 5692:1979 的修订版)。

注:GB/T 19408.1—2003 农业车辆 挂车和牵引车的机械连接 第 1 部分:牵引钩尺寸(ISO 6489-1:2001,IDT)

GB/T 19408.2—2009 农业车辆 挂车和牵引车的机械连接 第 2 部分:40 号 U 型钩的连接(ISO 6489-2:2002,IDT)

GB/T 19408.4—2009 农业车辆 挂车和牵引车的机械连接 第 4 部分:楔形连接装置的尺寸(ISO 6489-4:2004,IDT)

GB/T 19408.5 农业车辆 挂车和牵引车的机械连接 第 5 部分:球形连接(GB/T 19408.5—2009,ISO 24347:2005,IDT)

GB/T 20338—2006 农业车辆 被牵引车辆的机械联接装置 挂接环尺寸(ISO 20019:2001,IDT)

ICS 65.060.10
T 62

中华人民共和国国家标准

GB/T 19408.5—2009/ISO 24347:2005

农业车辆　挂车和牵引车的机械连接 第5部分:球形连接

Agricultural vehicles—Mechanical connections between towed and towing vehicles—Part 5: Dimensions of ball-type coupling device

[ISO 24347:2005, Agricultural vehicles—Mechanical connections between towed and towing vehicles—Dimensions of ball-type coupling device (80 mm), IDT]

2009-11-15 发布　　2010-05-01 实施

中华人民共和国国家质量监督检验检疫总局
中国国家标准化管理委员会　发布

前　言

GB/T 19408《农业车辆　挂车和牵引车的机械连接》分为五个部分：

——第1部分：牵引钩尺寸；

——第2部分：40号U型钩的连接；

——第3部分：拖拉机牵引杆；

——第4部分：楔形连接装置的尺寸；

——第5部分：球形连接。

本部分为GB/T 19408的第5部分。

本部分等同采用ISO 24347:2005《农业车辆　挂车和牵引车的机械连接　球形连接(80 mm)》(英文版)。

本部分等同翻译ISO 24347:2005。

为便于使用，本部分做了下列编辑性修改：

——"本国际标准"一词改为"本部分"；

——用小数点"."代替作为小数点的逗号"，"；

——删除国际标准前言。

本部分的附录A、附录B均为资料性附录。

本部分由中国机械工业联合会提出。

本部分由全国拖拉机标准化技术委员会(SAC/TC 140)归口。

本部分起草单位：国家拖拉机质量监督检验中心。

本部分主要起草人：王风雨、金锡平、陈振、尚项绳。

农业车辆 挂车和牵引车的机械连接
第5部分:球形连接

1 范围

GB/T 19408的本部分规定了名义直径80 mm的球形连接装置的尺寸和位置,凸形部分安装于农业牵引车辆上,凹形部分安装于被牵引车辆上。用于非平衡车辆间的机械连接,其下压垂直静载荷不应超过40 kN。

2 规范性引用文件

下列文件中的条款通过GB/T 19408的本部分的引用而成为本部分的条款。凡是注日期的引用文件,其随后所有的修改单(不包括勘误的内容)或修订版均不适用于本部分,然而,鼓励根据本部分达成协议的各方研究是否可使用这些文件的最新版本。凡是不注日期的引用文件,其最新版本适用于本部分。

GB/T 1592.1 农业拖拉机后置动力输出轴1、2和3型 第1部分:通用要求、安全要求、防护罩尺寸和空隙范围(GB/T 1592.1—2008,ISO 500-1:2004,IDT)

GB/T 1592.2 农业拖拉机后置动力输出轴1、2和3型 第2部分:窄轮距拖拉机防护罩尺寸和空隙范围(GB/T 1592.2—2008,ISO 500-2:2004,IDT)

GB/T 17126.2 农业拖拉机和机械 动力输出万向节传动轴和动力输入连接装置 第2部分:动力输出方向节传动轴使用规范、各类联接装置用动力输出传动系和动力输入连接装置位置及间隙范围(GB/T 17126.2—2009,ISO 5673-2:2005,IDT)

3 尺寸和标识

3.1 尺寸(见图1~图4)

3.1.1 球形连接装置的尺寸应符合图1和图2的规定。限位器应在最大金属轮廓范围内。

单位为毫米

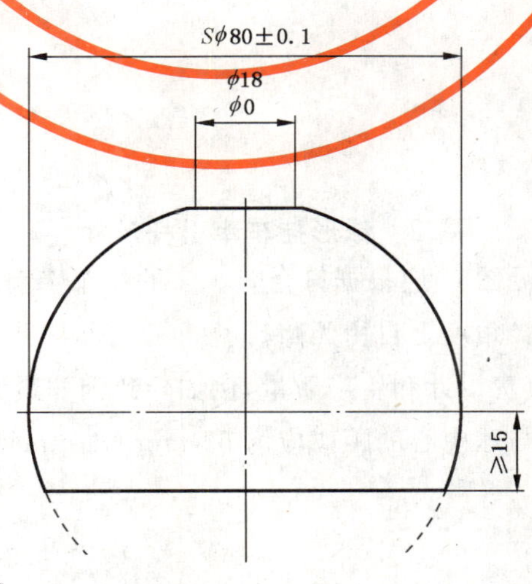

图1 球的尺寸

单位为毫米

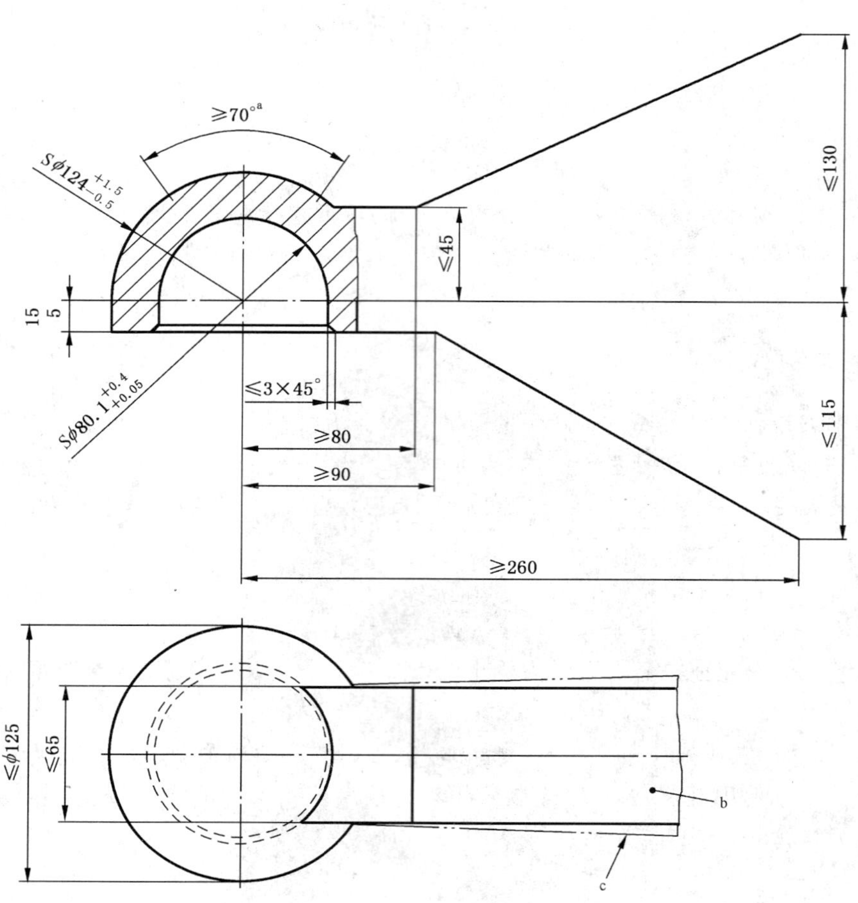

a 沿垂直中心线旋转70°的空间。

b 法兰和/或焊接板尺寸(参见附录A)。

c 可能的锻造草图。

图2 球形挂车牵引杆尺寸

3.1.2 限位器的最小安全空间(见图4)应根据符合3.1.4的挂车牵引杆的实际运动而定,挂车牵引杆的尺寸如图2所示。应在所有旋转角度上自由无障碍。

3.1.3 球形连接装置的生产商负责设计和生产质量,例如导致因非最大设计载荷问题引起的凹形部分从凸形部分脱开的问题。限位器与球中心的距离应为65 mm±1 mm(见图3)。

单位为毫米

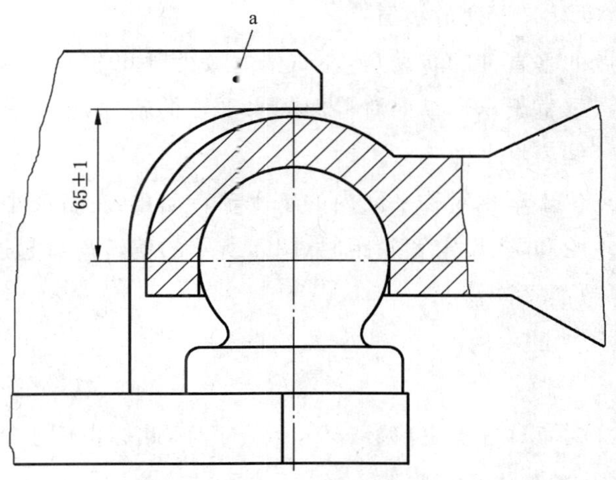

a 可选的限位器形状。

图 3　限位器的垂直位置

单位为毫米

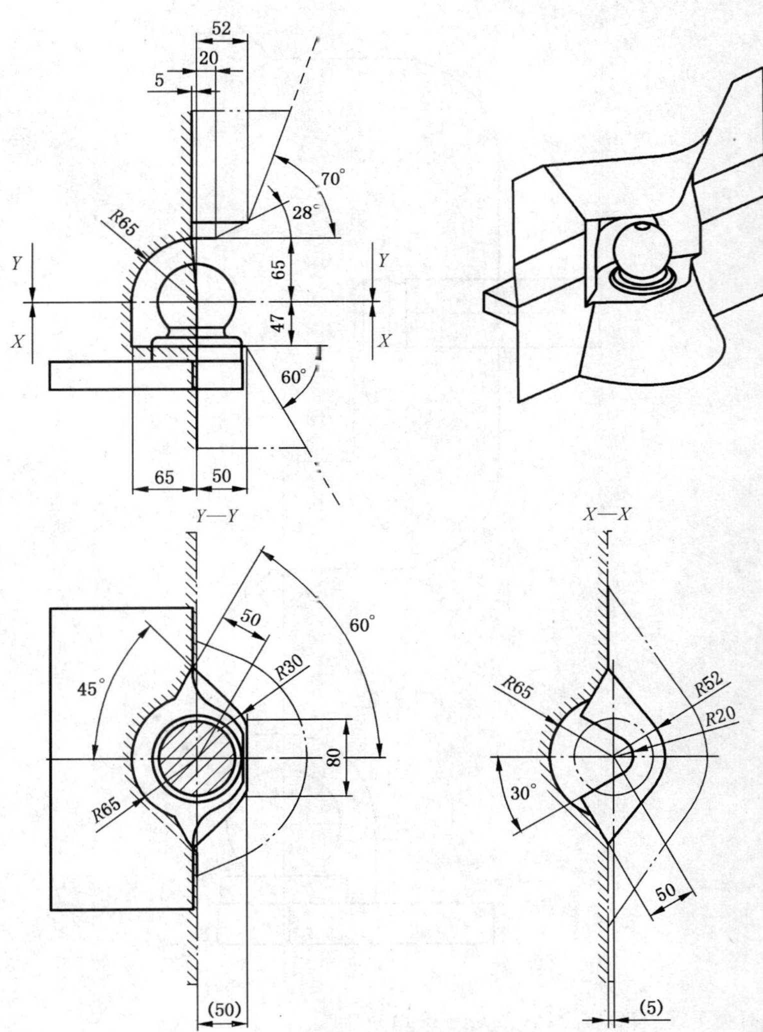

图 4　球形连接装置的最小安全空间

3.1.4 对于固定于拖拉机上的特定球形挂车牵引杆，牵引杆应能自由翻转，这样与通过牵引点和拖拉机对称平面的水平面所成角度具有下列最小值：

——偏转角：通过牵引点的垂直轴的转动角，左右两面最小值 60°。

——俯仰角：通过牵引点垂直于车辆纵向对称面的水平轴的转动，上下最小值 20°。由于前后轮胎尺寸，允许牵引车辆偏离水平面±3°。

——翻滚角：通过牵引点位于车辆对称平面内的水平轴转动角，左右最小值 20°。

3.1.5 当牵引车辆使用小轮胎和/或设定宽轮距时，图 4 所示的偏转角可超过±60°。拖拉机驾驶员手册应说明此种情况下可能导致的干涉情况。

3.1.6 附录 A 给出牵引杆尺寸的示例。

3.2 标识

球形连接装置应有永久的标识，标识上应有“80 mm”字样，此标识位于挂车牵引杆的上部或侧面。

4 位置

4.1 球形连接装置的位置应符合图 5 的要求。

单位为毫米

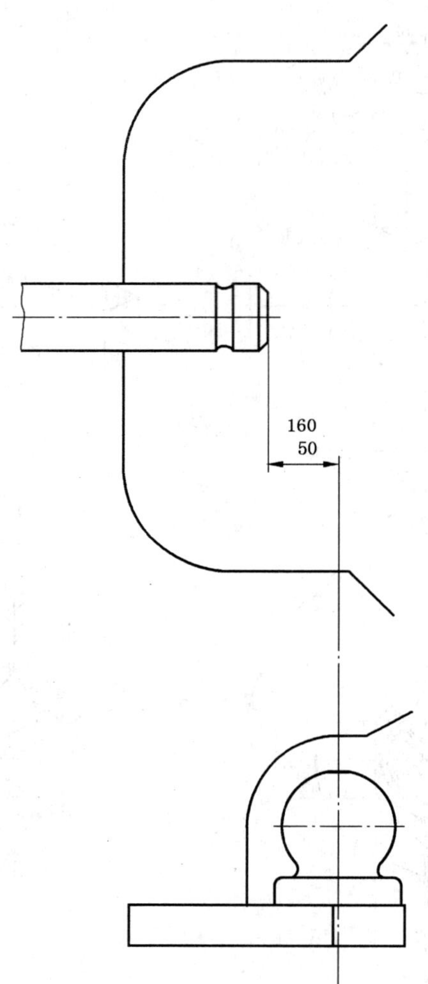

注：水平位置范围有时会干涉 PTO 安全区（参见图 B.1）

图 5 球形挂车牵引杆相对于 PTO 的位置

4.2 球形连接装置应安装于拖拉机纵向轴的平面上。

4.3 球的中心应位于如图 5 所示动力输出轴(PTO)末端后面一定距离,要保证球形连接设备或其结构、限位器板等不能进入 GB/T 1592.1 定义的安全空间,同时也不能进入 GB/T 1592.2 为 PTO 定义的安全空间和 GB/T 17126.2 为动力输出轴定义的安全空间。

4.4 一般要考虑附录 B 所列的几何条件。

附 录 A
（资料性附录）
挂车牵引杆结构和尺寸示例

A.1 挂车牵引杆结构和尺寸示例见图 A.1～图 A.4。

单位为毫米

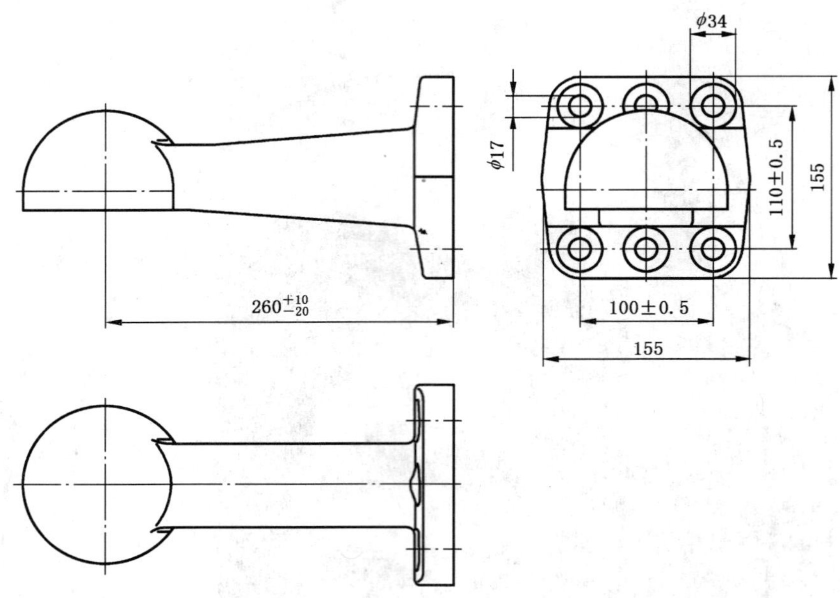

图 A.1 示例 1

单位为毫米

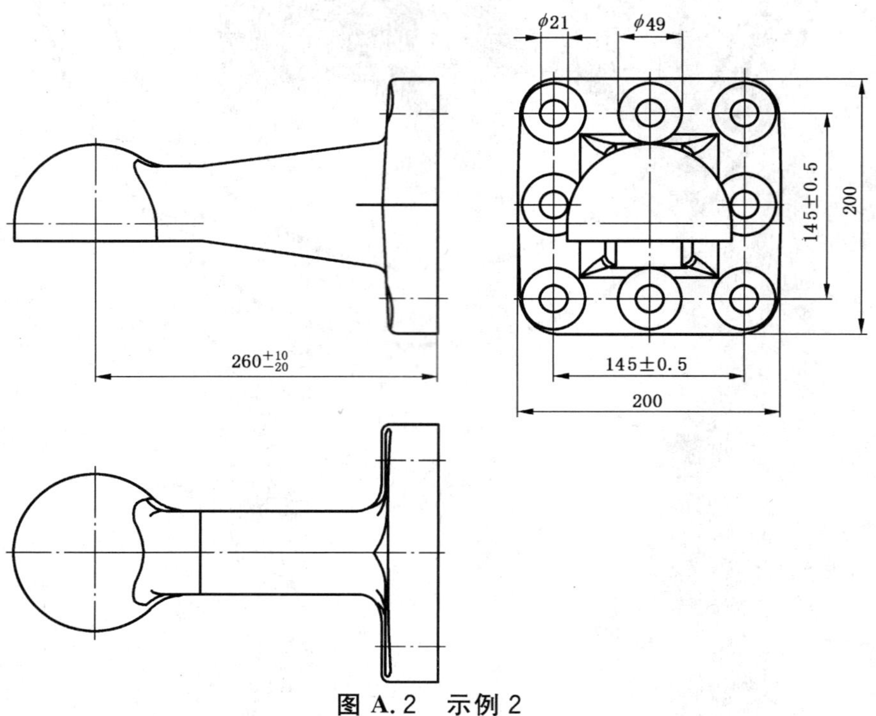

图 A.2 示例 2

单位为毫米

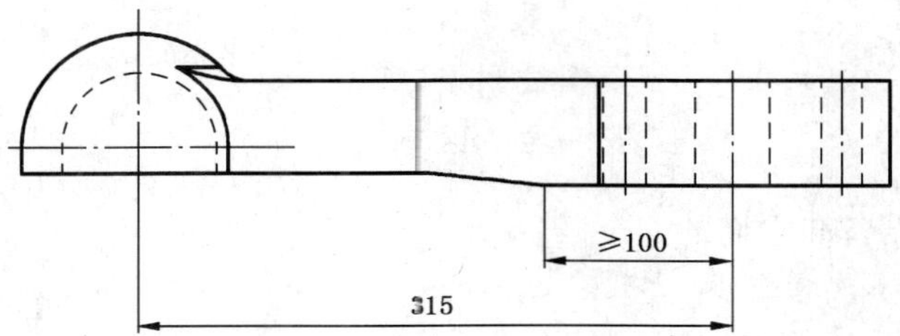

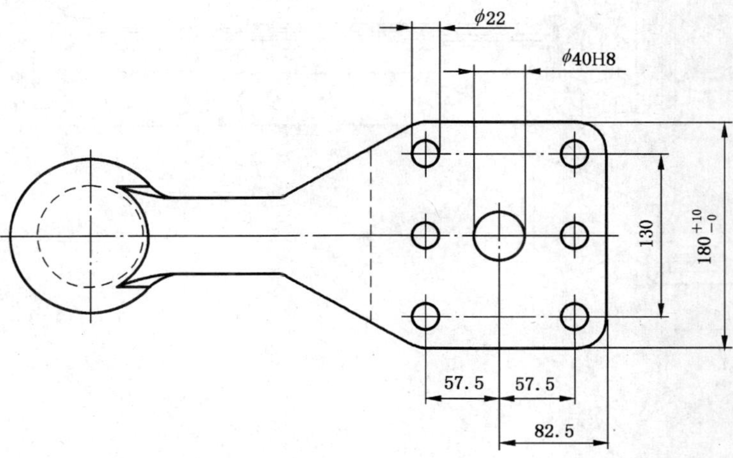

图 A.3　示例 3

单位为毫米

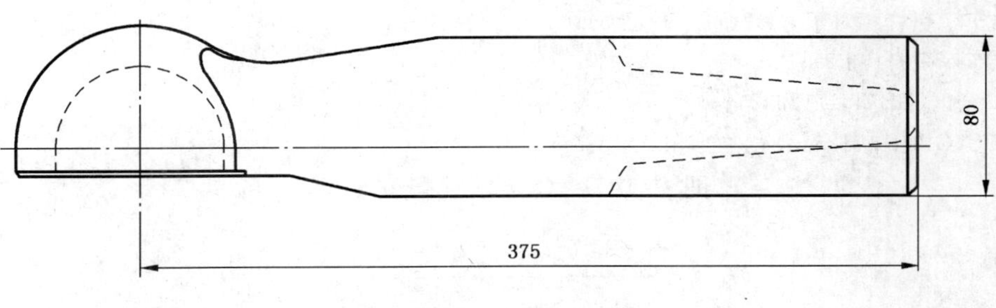

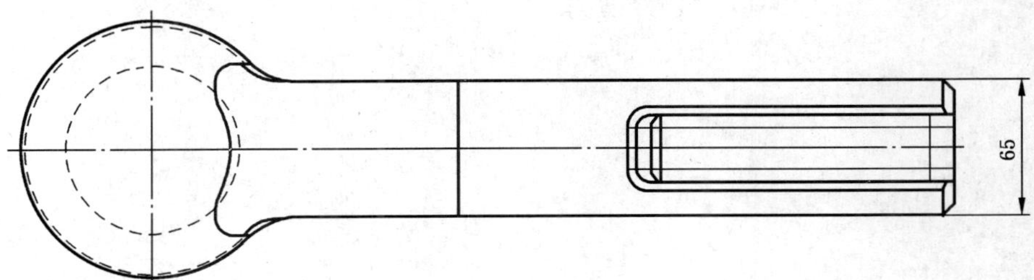

图 A.4　示例 4

附 录 B
（资料性附录）
安 全 区

B.1 图 B.1 显示 PTO、连接设备和它们的安全区（见 4.3）。

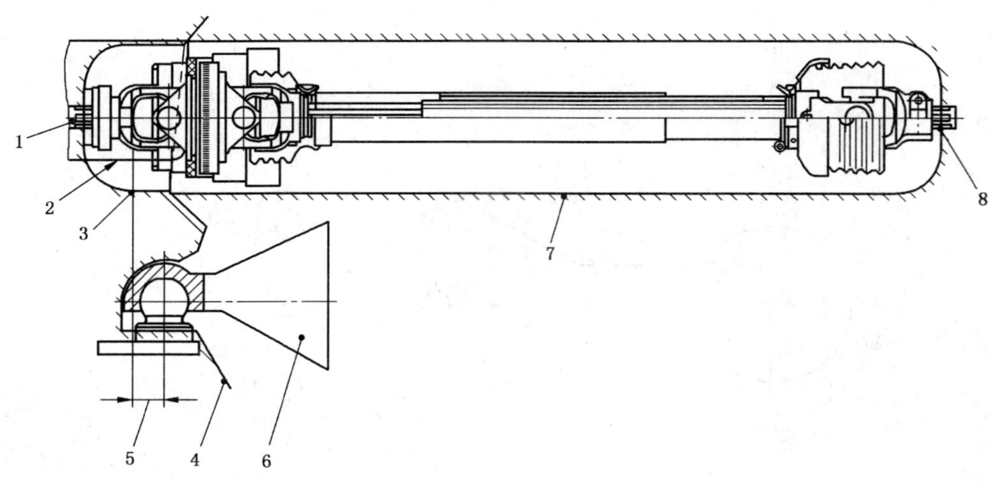

1——拖拉机动力输出轴 PTO(GB/T 1592.1,GB/T 1592.2)；
2——拖拉机主要护罩(GB/T 1592.1,GB/T 1592.2)；
3——PTO 安全区(GB/T 1592.1,GB/T 1592.2)；
4——球形连接装置最小安全区(图 4)；
5——球形挂车牵引杆相对于 PTO 的位置(图 5)；
6——球形挂车牵引杆(图 2)；
7——PTO 安全区(GB/T 17126.2)；
8——农具 PIC(GB/T 17126.2)。

图 B.1 PTO 连接设备安全区

ICS 13.300;55.020
C 66

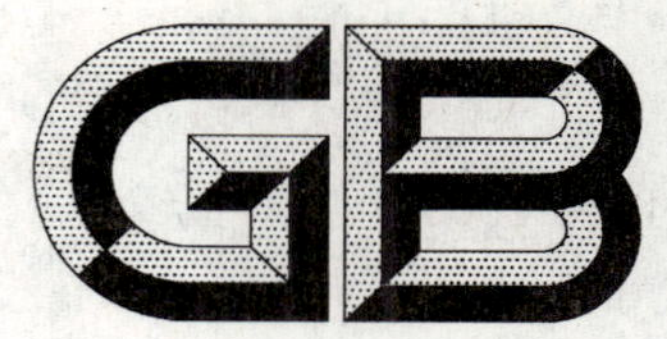

中华人民共和国国家标准

GB 19432—2009
代替 GB 19432.1—2004,GB 19432.2—2004,GB 19432.3—2004

危险货物大包装检验安全规范

Safety code for inspection of large packagings for dangerous goods

2009-06-21 发布 2010-05-01 实施

中华人民共和国国家质量监督检验检疫总局
中国国家标准化管理委员会 发布

前　言

本标准第4章、第5章、第6章、第7章和第8章为强制性的，其余为推荐性的。

本标准代替GB 19432.1—2004《危险货物大包装检验安全规范　通则》、GB 19432.2—2004《危险货物大包装检验安全规范　性能检验》GB 19432.3—2004《危险货物大包装检验安全规范　使用鉴定》。

本标准与上述三个标准的修改主要内容为：

——对部分技术内容做了修改，使标准有关包装的技术内容与联合国《关于危险货物运输的建议书　规章范本》(第15修订版)一致；

——在标准文本格式上按GB/T 1.1—2000做了编辑性修改。

本标准的附录A和附录B是资料性附录。

本标准由全国危险化学品管理标准化技术委员会(SAC/TC 251)提出并归口。

本标准负责起草单位：天津出入境检验检疫局。

本标准参加起草单位：湖南出入境检验检疫局。

本标准主要起草人：王利兵、李宁涛、冯智劼、吕刚、张园、周磊。

本标准所代替标准的历次版本发布情况为：

——GB 19432.1—2004；

——GB 19432.2—2004；

——GB 19432.3—2004。

危险货物大包装检验安全规范

1 范围

本标准规定了危险货物大包装的分类、要求、代码和标记、性能检验和使用鉴定。

本标准适用于危险货物大包装的检验和鉴定。

2 规范性引用文件

下列文件中的条款通过本标准的引用而成为本标准的条款。凡是注日期的引用文件，其随后所有的修改单(不包括勘误的内容)或修订版均不适用于本标准，然而，鼓励根据本标准达成协议的各方研究是否可使用这些文件的最新版本。凡是不注日期的引用文件，其最新版本适用于本标准。

GB/T 1540 纸和纸板吸水性的测定法 可勃法

GB/T 2679.7 纸板 戳穿强度的测定

GB/T 2828.1 计数抽样检验程序 第1部分：按接收质量限(AQL)检索的逐批检验抽样计划

GB/T 4122.1 包装术语 第1部分：基础

GB 19434.1 危险货物中型散装容器检验安全规范 通则

联合国《关于危险货物运输的建议书 规章范本》(第15修订版)

3 术语和定义

GB/T 4122.1 和 GB 19434.1 确立的以及下列术语和定义适用于本标准。

3.1

大包装 large packagings

由一个内装多个物品或内容器的外容器组成的容器，并且设计用机械方法装卸，其净重超过400 kg或容积超过450 L，但不超过3 m^3。

3.2

衬里 liner

另外放入容器(包括大包装和中型散装容器)但不构成其组成部分、包括其开口的封闭装置的管或袋。

3.3

最大许可总质量 maximum permissible gross mass

壳体及其辅助设备和结构装置的质量加上最大许可装载质量(适用于除柔性集装袋所有种类的大包装)。

4 分类

4.1 危险货物分类

4.1.1 按危险货物具有的危险性或最主要的危险性分成9个类别。有些类别再分成项别。类别和项别的号码顺序并不是危险程度的顺序。

4.1.2 第1类：爆炸品

——1.1项：有整体爆炸危险的物质和物品；

——1.2项：有迸射危险但无整体爆炸危险的物质和物品；

——1.3项：有燃烧危险并有局部爆炸危险或局部迸射危险或这两种危险都有，但无整体爆炸危险的物质和物品；

——1.4 项：不呈现重大危险的物质和物品；

——1.5 项：有整体爆炸危险的非常不敏感物质；

——1.6 项：无整体爆炸危险的极端不敏感物品。

4.1.3　第 2 类：气体

——2.1 项：易燃气体；

——2.2 项：非易燃无毒气体；

——2.3 项：毒性气体。

4.1.4　第 3 类：易燃液体

4.1.5　第 4 类：易燃固体；易于自燃的物质；遇水放出易燃气体的物质

——4.1 项：易燃固体、自反应物质；遇水放出易燃气体的物质；

——4.2 项：易于自燃的物质；

——4.3 项：遇水放出易燃气体的物质。

4.1.6　第 5 类：氧化性物质和有机过氧化物

——5.1 项：氧化性物质；

——5.2 项：有机过氧化物。

4.1.7　第 6 类：毒性物质和感染性物质

——6.1 项：毒性物质；

——6.2 项：感染性物质。

4.1.8　第 7 类：放射性物质。

4.1.9　第 8 类：腐蚀性物质。

4.1.10　第 9 类：杂项危险物质和物品。

4.2　危险货物包装分类

除第 1、2、7 类，第 5.2 项，第 6.2 项的危险货物外，其他各类危险货物的包装可按危险程度划分三种包装等级，即：

Ⅰ级包装——高度危险性；

Ⅱ级包装——中等危险性；

Ⅲ级包装——轻度危险性。

各类危险货物危险程度的划分可通过有关危险特性试验来确定。

4.3　大包装的分类

根据大包装结构和材质的不同可分为：

——金属大包装；

——木质大包装；

——柔性大包装；

——纤维板大包装；

——刚性塑料大包装。

5　代码与标记

5.1　大包装代码由二部分组成

5.1.1　第一部分：两位阿拉伯数字表示大包装的形式。见表 1。

表 1　大包装形式代码表

大包装类型	代　码
刚性大包装	50
柔性大包装	51

5.1.2 第二部分：一个或多个大写英文字母表示材质

——A 钢(所有类型及表面处理)；

——B 铝；

——C 天然木材；

——D 胶合板；

——F 再生木材；

——G 纤维板；

——H 塑料材料；

——L 编织物；

——M 多层纸；

——N 金属(除钢和铝之外)。

5.1.3 字母“W”可放在大型容器编码后面。字母“W”表示大型容器虽然是与编码所述者相同的型号，不过是按与 6.1.2 要求所规定者不同的规格制造的。

5.2 大包装基本标记

大包装应具备清晰、耐久的标记。其内容包括：

5.2.1 联合国包装符号 (u/n)

本符号用于证明大包装符合联合国《关于危险货物运输的建议书 规章范本》(第 15 修订版)的规定。对金属包装，可用模压大写字母“UN”表示。

5.2.2 应有 5.1 规定的大包装代码。

5.2.3 表示包装级别的字母：

——X 表示Ⅰ级包装；

——Y 表示Ⅱ级包装；

——Z 表示Ⅲ级包装。

5.2.4 制造月份和年份(最后两个数字)。

5.2.5 批准该标记的国家，中国的代号为大写英文字母 CN。

5.2.6 大包装的生产地和制造厂的代号，上述代号由有关国家主管机关确定，常见地区代码见附录 B。

5.2.7 有关国家主管机关确定的其他标记。

5.2.8 以千克(kg)表示的堆码试验负荷。对于设计上不能堆码的大包装，应写上数字“0”。

5.2.9 最大许可总质量，以千克(kg)表示。

5.2.10 大包装基本标记示例：见附录 A。

6 通用要求

6.1 一般技术要求

6.1.1 大包装应在外界环境影响下不会发生变形。

6.1.2 在正常运输条件下，包括振动的影响或温度、湿度或压力的变化，大包装的结构和封口应保证其内装物不会溢漏。

6.1.3 大包装及其封口材料应同所装物质相容，或具有保护内装物而不应发生下列情况：

a) 与内装物接触，使大包装在使用上具有危险性；

b) 与内装物发生反应或分解，或同大包装的制造材料发生反应形成有毒或危险性化合物。

6.1.4 衬垫材料和衬垫物不应受到大包装内装物的侵害。

6.1.5 大包装在设计上应能承受所装物质的压力及正常装卸运输的应力，不会发生内装物流失。需要堆码的大包装应符合堆码设计要求。大包装的提升和紧固装置应具有足够的强度，能承受正常装卸和运输条件而不会发生整体变形或断裂。这些装置应位置得当，不对大包装的任何部位造成过大的应力。

6.1.6 如果大包装由框架内装箱体组成，应满足下列结构要求：

a) 框架和箱体之间不应发生碰撞或摩擦而造成箱体损坏；
b) 箱体应自始至终位于框架内；
c) 如果箱体和框架的连结部分允许相对膨胀或运动，则大包装的各种设备应固定在合适位置，使各种设备不会因为这种相对运动而被损坏。

6.1.7 大包装的底部卸货阀应关闭紧固。整个卸货装置应保护得当，以免损坏。使用杠杆关闭装置的阀门应能防止任何意外开启。开、关位置应明显易辨认。装液体货物的大包装还应配备能封闭卸货口的辅助装置。

6.1.8 大包装在装货和交付运输前应进行认真检查以保证其没有任何腐蚀、污染及其他损坏，各附属设备的功能正常，凡有迹象表明大包装的强度已低于其设计类型的试验强度，该大包装应停止使用，或进行再处理使之能够承受该类型的试验强度。

6.1.9 当大包装装载液体时，液面上方应留有足够的空间，以保证货物的平均温度为 50 ℃时大包装的充灌度不超过其总容量的 98%。

6.1.10 以串联的方式使用两个或两个以上的关闭装置，应最先关闭距运输物质最近的那个关闭装置。

6.1.11 运输期间，大包装的外部不得粘附有任何危险的残留物。

6.1.12 未清洁的，曾装运过危险物质的空大包装也应按本标准的要求，除非已采取了足够的措施消除其危险性。

6.1.13 大包装用于装运闪点≤60 ℃的液体，或用于装运易发生粉尘爆炸的粉末时，应采取防静电措施。

6.1.14 当拟装运的固体物质在运输过程中的温度下可能液化时，大包装还应达到盛装液态物质的有关要求。

6.1.15 拟装有机过氧化物(第 5.2 项)的大包装的特殊要求。

6.1.16 有机过氧化物均应经过试验，并附有报告，证明使用大包装包装该物质是安全的。试验应包括：

a) 证明该有机过氧化物符合国际危规的有关分类原则；
b) 证明在运输中与该物质接触的材料和该物质的相容性；
c) 必要时，根据自行加速分解温度确定和控制应急温度。这些温度可能会低于联合国《关于危险货物运输的建议书　规章范本》(第 15 修订版)所注明的包装件温度；
d) 在必要情况下，设计应急减压装置，并制定为保证安全运输有机过氧化物所必须的特别要求。

6.1.17 拟装自反应物质(第 4.1 项)大包装的特殊要求：

a) 自反应物质应经过试验，并附有报告，说明使用大包装包装是安全的；
b) 需要考虑的应急情况还包括该物质能容易被诸如火花和火焰等外部火源所点燃，及过高的运输温度或污染会容易导致强烈的放热反应；
c) 为了防止金属大包装发生爆裂，应急减压装置在设计上应能在卷入火灾时(热负荷 110 kW/m^2)或在自行加速分解过程中，在不超过 1 h 的时间内释放出全部分解产物和蒸气。

6.2 各类大包装的具体要求

6.2.1 金属大包装的具体要求

6.2.1.1 大包装应当用已充分显示其可焊接性的适当韧性金属材料制造。焊接工艺要好，并能保证绝对安全。必要时，应考虑到低温性能。

6.2.1.2 应当注意避免由于不同的金属并列引起的电池效应造成的损坏。

6.2.2 软性材料大包装的具体要求

6.2.2.1 大包装应用适宜的材料制成。材料的强度和软体大包装的构造应与其容量和用途相适应。

6.2.2.2　所有用于制造51M型号软体大包装的材料，在完全浸泡于水中不少于24 h之后，其抗拉强度应能达到其在67%湿度或更低试验条件下该材料抗拉强度的85%。

6.2.2.3　接缝应采取缝合、热封、粘合或其他等效方法。所有缝合的接缝端都应加以紧闭。

6.2.2.4　软体大包装对由于紫外线辐射、气候条件或所装物质造成的老化及强度降低，应有足够的阻抗能力，从而使其适合其用途。

6.2.2.5　对必须防紫外线辐射的塑料软体大包装，应另外添加炭黑、其他合适颜料或抑制剂。这些添加剂应与所装物质相容，并在大包装整个使用期内保持有效。如果使用的炭黑、颜料或抑制剂与制造已通过试验的设计型号所使用的不同，而炭黑含量、颜料含量或抑制剂含量的改变不会对制造材料的物理性质产生有害影响，则可免予重新试验。

6.2.2.6　只要添加剂不损害大包装材料的物理及化学性质，就可把添加剂同该材料混合在一起，以增强其抗老化的能力，或起到其他作用。

6.2.2.7　满装时，高度与宽度的比例应不超过2：1。

6.2.3　对塑料大包装的具体要求

6.2.3.1　大包装应使用已知规格的适当塑料制造，要有与其容量和预定用途相适应的足够强度。材料应有充分的抗老化性能，并能抵抗由于所装物质或（如果有关的话）紫外线辐射造成的强度降低。应适当考虑低温性能。所装物质的任何渗透作用在正常运输条件下不应构成危险。

6.2.3.2　如需要防紫外线辐射，应添加炭黑或其他合适颜料或抑制剂。这些添加剂应与所装物质相容，并在大包装整个使用期内保持有效。如使用的炭黑、颜料或抑制剂与制造已通过试验的设计型号所使用的不同，而炭黑含量、颜料含量或抑制剂含量的改变对制造材料的物理性质不会产生不利影响，则可免予重新试验。

6.2.3.3　可将添加剂加入大包装材料，以增强抗老化性能，或充作其他用途，但这类物质不得对材料的物理或化学性质产生不利影响。

6.2.4　对纤维板大包装的具体要求

6.2.4.1　应使用与大包装的容量和预定用途相适应的优质坚固的实心或双面瓦楞纤维板（单层或多层）。外表面的抗水性能应达到：在用确定吸水度的可勃法进行30 min的试验中测定的质量增加不超过155 g/m^2——见GB/T 1540，纤维板应有适当的弯曲性能。纤维板在切割、压折时不应有裂痕，并应开槽，以便装配时不会破裂、表面断裂或不应有的弯曲。瓦楞纤维板的槽应牢固地粘在面层上。

6.2.4.2　包括顶板和底部在内的容器四壁，应有根据GB/T 2679.7测定的最低15 J的抗穿孔性能。

6.2.4.3　大包装的外容器接缝的制作应有适当的重叠，应用胶带粘贴、胶合、用金属卡钉缝合，或用其他至少具有同等效力的方式固定。如接缝是靠胶粘合或胶带粘贴实现的，应使用抗水粘合剂。金属卡钉应完全穿过所要钉住的所有件数，并应加以成形或保护，使任何内衬不致被卡钉磨损或刺破。

6.2.4.4　任何构成大包装组成部分的整体托盘底或任何可以拆卸的托盘，应宜于用机械方法装卸装至最大许可总质量的大包装。

6.2.4.5　托盘或整体托盘底的设计应避免大包装底部有在装卸时可能易于损坏的任何凸出部分。

6.2.4.6　容器应固定在任何可拆卸的托盘上，以确保在装卸和运输中的稳定性。在使用可拆卸的托盘时，托盘顶部表面应没有可能损坏大包装的尖凸出物。

6.2.4.7　可使用加强装置，如木材支架，以增强堆叠性能，但这种装置应装在衬里之外。

6.2.4.8　拟用于堆叠的大包装，支承面应能使载荷安全地分布。

6.2.5　对木质大包装的具体要求

6.2.5.1　所用材料的强度和制造的方法应与大包装的容量和用途相适应。

6.2.5.2　天然木材应彻底晾干并达到商业标准，不存在会使大包装任何部分实际上降低强度的缺陷。大包装的每个部件应由一件或相当于一件组成。部件可视为相当于一件，如果采用适当的胶合装配方法，如林德曼接合、舌榫接合、搭叠接合或槽舌接合，或每一接头至少有两个瓦垅金属卡钉的对抵接合，或采用至少有同等效力的其他方法。

6.2.5.3　胶合板大包装所用的胶合板至少应三层。应用彻底晾干的镟切片、切片或锯切片，干燥程度要达到商业标准，不存在会使大包装实际上降低其强度的缺陷。所有贴层应使用抗水粘合剂粘合。可用其他适当的材料连同胶合板一起制造大包装。

6.2.5.4　再生木大包装应使用抗水的再生木料制造，如硬质纤维板、碎料板或其他适当种类材料。

6.2.5.5　大包装应在角柱或端部牢牢地用钉子钉住或卡紧，或用同样适当的装置加以装配。

6.2.5.6　任何构成大包装组成部分的整体托盘底或任何可以拆卸的托盘应宜于用机械方法装卸装至最大许可总质量的大包装。

6.2.5.7　托盘或整体托盘底的设计应避免大包装底部有在装卸时可能易于损坏的任何凸出部分。

6.2.5.8　容器应固定在任何可拆卸的托盘上，以确保在装卸和运输中的稳定性。在使用可拆卸的托盘时，托盘顶部表面应没有可能损坏大包装的尖凸出物。

6.2.5.9　可使用加强装置，如木材支架，以增强堆叠性能，但这种装置应装在衬垫之外。拟用于堆叠的大包装，支承面应能使载荷安全地分布。

7　性能检验

7.1　性能要求

大包装的性能试验要求见表2。

表2　性能试验要求

性能试验项目	性能试验要求
底部提升试验	内装物无损失，大包装无任何危及运输安全的永久性变形
顶部提升试验	内装物无损失，大包装无任何危及运输安全的永久性变形
堆码试验	内装物无损失，大包装无任何危及运输安全的永久性变形
跌落试验	内装物无损失，大包装无任何危及运输安全的永久性变形； 跌落后如果有少量内装物从封口外渗出，只要无进一步渗漏，也应判为合格； 盛装第1类爆炸品的大包装不得有任何泄漏

7.2　试验

7.2.1　试验项目

大包装试验项目见表2。

7.2.2　样品数量

7.2.2.1　不同试验项目的样品数量见表3。

表3　试验项目和抽样数量　　单位为件

试验项目	抽样数量
底部提升试验	3
顶部提升试验	3
堆码试验	3
跌落试验	3

7.2.2.2　在不影响检验结果的情况下，允许减少抽样数量，一个样品同时进行多项试验。

7.2.3　试验准备

7.2.3.1　对准备供运输的大包装，包括所使用的内包装和物品，应进行试验，内包装装入的液体应不低于其最大容量的98%，装入的固体应不低于其最大容量的95%。如大包装的内包装将装运液体和固体，则需对液体或固体内装物分别作试验。将用大包装运输的内包装中的物质或物品，可以其他物质或物品代替，但这样做不得使试验结果成为无效。当使用其他内包装或物品时，它们应与所运内包装或物品具有相同的物理特性(质量等)。允许使用添加物，如铅粒包，以达到要求的包件总质量，但这样做不得影响试验结果。

7.2.3.2 塑料做的大包装和装有塑料内包装(用于装固体或物品的塑料袋除外)的大包装，在进行跌落试验时应将试验样品及其内装物的温度降至－18 ℃或更低。如果有关材料在低温下有足够的韧性和抗拉强度，可以不考虑进行这一预处理。按这种方式准备的试验样品，可以免除8.3.3中的预处理。试验液体应保持液态，必要时可添加防冻剂。

7.2.4 纤维板大包装应在控制温度和相对湿度的环境中放置至少24 h。有以下三种方案，可选择其一：最好的环境是温度23 ℃±2 ℃和相对湿度50%±2%。其他两种方案是：温度20 ℃±2 ℃和相对湿度65%±2%；或温度27 ℃±2 ℃和相对湿度65%±2%。

注：平均值应当在这些限度内。短期波动和测量限可能会使个别相对湿度量度有±5%的变化，但不会对试验结果的复验性有重大影响。

7.3 试验内容

7.3.1 底部提升试验

7.3.1.1 适用范围：装有底部提升装置的大包装。

7.3.1.2 试样准备：大包装应装载至其最大允许总质量的1.25倍，负荷应分布均匀。

7.3.1.3 试验方法：大包装由吊车提起和放下两次，叉斗位置居中，间隔为进入边长度的四分之三(进入点固定的除外)，叉斗应插入进入方向的四分之三。应从每一可能的进入方向重复试验。

7.3.2 顶部提升试验

7.3.2.1 适用范围：装有顶部提升装置的大包装。

7.3.2.2 试样准备：大包装应装载至其最大允许总质量的2倍。软体大包装应装到其最大许可总质量的6倍，载荷分布均匀。

7.3.2.3 试验方法：按设计的提升方式把大包装提升到离开地面，并在空中停留5 min。

7.3.3 堆码试验

7.3.3.1 适用范围：用于相互堆积存放的大包装。

7.3.3.2 试样准备：大包装应充灌至其最大允许总质量。

7.3.3.3 试验方法：将大包装的底部放在水平的硬地面上，然后施加分布均匀的叠加试验载荷，持续时间至少5 min，木质、纤维板和塑料材料大包装，持续时间为24 h。

7.3.3.4 试验负荷的计算：施加到大包装上的试验负荷应相当于运输中其上面堆码的相同大包装数目最大允许总质量之和的1.8倍。

7.3.4 跌落试验

7.3.4.1 适用范围：用于所有大包装。

7.3.4.2 试样准备：

a) 按照设计类型，用于装运固体的大包装应充灌至不低于其容量的95%，用于装运液体的中型散装容器应充灌至不低于其容量的98%。减压装置应确定在不工作的状态，或将减压装置拆下并将其开口堵塞。

b) 大包装应按本标准的规定进行装货。拟装货物可以用其他物质代替，但不得影响试验结果。如果是固体物质，当使用另一种物质代替时，该替代物质的物理性质(质量、颗粒大小等)应与待运物质相同。允许使用外加物如铅粒袋等，以便达到规定的包件总质量，只要外加物的放置方式不会使试验结果受到影响。

7.3.4.3 试验方法：大包装应跌落在坚硬、无弹性、光滑、平坦和水平的表面上，确保撞击点落在大包装底部被认为是最脆弱易损的部位。

7.3.4.4 跌落高度：见表4。

表4 跌落高度

单位为米

Ⅰ级包装	Ⅱ级包装	Ⅲ级包装
1.8	1.2	0.8

7.3.4.5 拟装液体的大包装跌落试验时，如使用另一种物质代替，这种物质的相对密度及黏度应与待运输物质相似，也可用水来进行跌落试验，其跌落高度如下：

a) 如待运物质的相对密度不超过1.2，跌落高度见表4；

b) 如待运物质的相对密度大于1.2，应根据待运物质的相对密度 d 计算(四舍五入取第一位小数)其跌落高度。见表5。

表5 跌落高度计算

单位为米

Ⅰ级包装	Ⅱ级包装	Ⅲ级包装
$d\times1.5$	$d\times1.0$	$d\times0.67$

7.4 检验规则

7.4.1 生产厂应保证所生产的大包装符合本标准规定，并由有关检验部门按本标准检验。用户有权按本标准的规定，对接收的产品提出验收检验。

7.4.2 检验项目：按7.1、7.3的要求逐项进行检验。

7.4.3 大包装有下列情况之一时，应进行性能检验：

——新产品投产或老产品转产时进行性能检验。

——正式生产后，如结构、材料、工艺有较大改变，可能影响产品性能时。如果大包装与其设计类型仅存在细微的差别，如外部尺寸稍微缩小等，可允许对此大包装采用选择性试验。

——在正常生产时，每半年一次。

——产品长期停产后，恢复生产时。

——出厂检验结果与上次性能检验结果有较大差异时。

——国家质量监督机构提出进行性能检验。

7.4.4 判定规则：

按本标准的要求逐项进行检验，若每项有一个样品不合格则判断该项不合格，若有一项不合格则评定该批产品不合格。

7.4.5 不合格批处理：

不合格批中的大包装经剔除后，再次提交检验，其严格度不变。

8 使用鉴定

8.1 使用鉴定要求

8.1.1 大包装的外观要求

8.1.1.1 大包装上铸印、印刷或粘贴的标记、标志和危险货物彩色标签应准确清晰，符合第6章有关规定要求。

8.1.1.2 大包装外表应清洁，不允许有残留物、污染或渗漏。

8.1.1.3 凡采用铅封的大包装应在危险货物运输现场查验后进行封识。

8.1.2 使用单位选用的大包装应与内装危险货物的性质相适应，其性能应符合第7章要求的规定。

8.1.3 大包装的包装等级应等于或高于盛装货物要求的包装级别。

8.1.4 在下列情况时应提供由国家质量监督检验检疫部门认可的检验机构出具的危险品分类、定级和危险特性检验报告：

——首次运输或生产的；

——首次出口的；

——国家质检部门认为有必要时。

8.1.5　大包装底部有卸货阀的，应具有关闭紧固特性，卸货装置始终完好，并能防止任何意外开启。

8.1.6　首次使用的塑料、带内(镀)层的大包装应提供6个月以上化学相容性试验合格的报告。

8.1.7　用于装运闭杯闪点≤60 ℃的液体，或用于装运易发生粉尘爆炸的粉末时，应采取相应的防静电措施。

8.1.8　一般液体危险货物灌装至大包装总容积的98%以下，膨胀系数较大的液体货物，应根据其膨胀系数确定容器的预留容积。固体危险货物盛装至大包装容积的95%以下，剩余空间按规定填充或者衬垫。

8.1.9　采用液体或惰性气体保护危险货物时，该液体或惰性气体应能有效保证危险货物的安全。

8.1.10　危险货物不得撒漏在大包装外表和内外包装之间。

8.1.11　危险货物和与之相接触的大包装不得发生任何影响容器强度及发生危险的化学反应。

8.1.12　吸附材料不得与所装危险货物发生有危险的化学反应，并确保内包装破裂时能完全吸附滞留全部危险货物。

8.1.13　防震及衬垫材料不得与所装危险货物发生化学反应，而降低其防震性能。应有足够的衬垫填充材料，防止内包装移动。

8.1.14　大包装的封闭器应紧密配合，并配以适当的密封圈，保证危险货物在运输过程中无泄漏。

8.1.15　木质大包装和纤维板大包装用钉紧固时，应钉实，不得突出钉帽，穿透容器的钉尖应盘倒，并加封盖，以防与内装物发生任何化学反应或物理变化。其封口应平整牢固。

8.1.16　大包装的袋类内包装封口要求：不论采用绳扎、粘合或其他型式的封口，应保证内容物无撒漏。

——绳扎封口：袋内应无气体、袋口用绳紧绕二道，扎紧打结，再将袋口朝下折转、用绳紧绕二道，扎紧打结。如果是双层袋应按此法分层扎紧。

——粘合封口：袋内应无气体、粘合牢固不允许有孔隙存在。如果是双层袋应分层粘合。

8.1.17　下列危险货物不允许使用大包装装运：

第2类、第7类和第6.2项中UN3291危险货物。

8.2　抽样

8.2.1　检验批

以相同原材料、相同结构和相同工艺生产的大包装为一检验批，最大批量为5 000件。

8.2.2　抽样规则

使用鉴定检验按GB/T 2828.1正常检查一次抽样一般检查水平Ⅱ进行抽样。

8.2.3　抽样数量

见表6。

表6　抽样数量

单位为件

批量范围	抽样数量
1～8	2
9～15	3
16～25	5
26～50	8
51～90	13
91～150	20

表 6（续）

单位为件

批量范围	抽样数量
151～280	32
281～500	50
501～1 200	80
1 201～3 200	125
3 201～5 000	200

8.3 鉴定

8.3.1 检查大包装是否符合 8.1.1、8.1.5、8.1.7 的要求。

8.3.2 按第 7 章检验合格的大包装是否与盛装危险货物的性质相适应；容器的包装等级是否等于或高于盛装危险货物的级别；是否有性能检验的合格报告。

8.3.3 对于 8.1.4、8.1.6 提到的危险货物大包装检查是否具有相应的证明和检验报告。

8.3.4 检查盛装液体或固体的大包装，其盛装容积是否符合 8.1.8 的要求。

8.3.5 提取保护危险货物的液体分析确定保护性液体是否有效保证危险货物的安全。

8.3.6 用微型气体测定仪检测惰性气体含量，确定惰性气体是否有效保证危险货物的安全。

8.3.7 检查危险货物和与之接触的容器、吸附材料、防震和衬垫材料，绳、线等容器附加材料是否发生化学反应，影响其使用性能。

8.3.8 检查封口和封闭器情况是否符合 8.1.14、8.1.15 和 8.1.16 的规定。

8.3.9 检查大包装盛装的危险货物种类是否符合 8.1.17 的规定。

8.4 检验规则

8.4.1 大包装的使用企业应保证所使用的容器符合本标准规定，并由有关检验部门按本标准鉴定。大包装的用户有权按本标准的规定，对接收的产品提出验收鉴定。

8.4.2 鉴定项目：按 8.1 和 8.3 的要求逐项进行鉴定。

8.4.3 大包装应以订货量为批，最大订货批量不超过 5 000 件，逐批鉴定。

8.4.4 判定规则：

按标准的要求逐项进行鉴定，若每项有一个大包装不合格则判断该项不合格，若有一项不合格则评定该批大包装不合格。

8.4.5 不合格批处理：

不合格批中的不合格大包装经剔除后，再次提交鉴定，其严格度不变。

附 录 A
（资料性附录）
大包装基本标记示例

附　录　B
（资料性附录）
各区域代码

表 B.1 给出了全国各区域的代码。

B.1　各区域代码

地区名称	代　码	地区名称	代　码	地区名称	代　码
北京	1100	安徽	3400	海南	4600
天津	1200	福建	3500	四川	5100
河北	1300	厦门	3502	重庆	5102
山西	1400	江西	3600	贵州	5200
内蒙古	1500	山东	3700	云南	5300
辽宁	2100	河南	4100	西藏	5400
吉林	2200	湖北	4200	陕西	6100
黑龙江	2300	湖南	4300	甘肃	6200
上海	3100	广东	4400	青海	6300
江苏	3200	深圳	4403	宁夏	6400
浙江	3300	广西	4500	新疆	6500

ICS 13.300;55.020
A 80

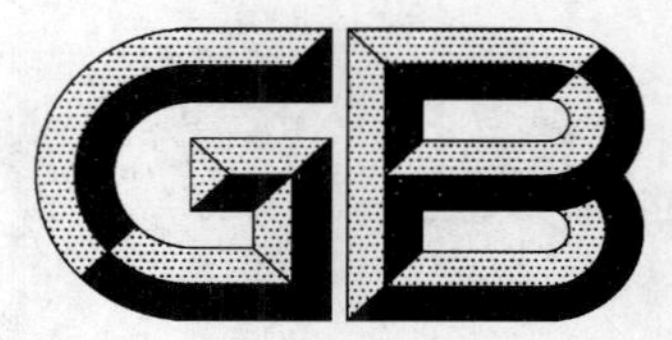

中华人民共和国国家标准

GB 19433—2009
代替 GB 19433.1—2004,GB 19433.2—2004,GB 19433.3—2004

空运危险货物包装检验安全规范

Safety code for inspection of packaging of dangerous goods transported by air

2009-06-21 发布 2010-05-01 实施

中华人民共和国国家质量监督检验检疫总局
中国国家标准化管理委员会 发布

前言

本标准的第5章、第6章、第7章和第8章为强制性的，其余为推荐性的。

本标准代替 GB 19433.1—2004《空运危险货物包装检验安全规范 通则》、GB 19433.2—2004《空运危险货物包装检验安全规范 性能检验》和 GB 19433.3—2004《空运危险货物包装检验安全规范 使用鉴定》。

本标准与上述标准的主要修改内容为：

——对部分技术内容做了修改，使其与联合国《关于危险货物运输的建议书 规章范本》(第15修订版)、国际民航组织(ICAO)《航空危险货物安全运输技术规则》(2007-2008版)和国际航空协会(IATA)颁布的《空运危险货物安全技术规范》(2008版)的有关技术内容完全一致；

——在标准文本格式上按 GB/T 1.1—2000 做了编辑性修改。

本标准的附录 A 和附录 B 是规范性附录。

本标准的附录 C 和附录 D 是资料性附录。

本标准由全国危险化学品管理标准化技术委员会(SAC/TC 251)提出并归口。

本标准负责起草单位：天津出入境检验检疫局。

本标准参加起草单位：湖南出入境检验检疫局。

本标准主要起草人：王利兵、李宁涛、冯智劼、吕刚、张园、周磊。

本标准所代替标准的历次版本发布情况为：

——GB 19433.1—2004；

——GB 19433.2—2004；

——GB 19433.3—2004。

空运危险货物包装检验安全规范

1 范围

本标准规定了除第4章分类中第2类、第6.2项、第7类以外的空运危险货物包装的分类、代码和标记、要求、性能检验、使用鉴定。

本标准适用于除第4章分类中第2类、第6.2项、第7类以外的空运危险货物包装的性能检验和使用鉴定。

本标准不适用于容积超过450 L、净重超过400 kg的空运危险货物包装的检验。

2 规范性引用文件

下列文件中的条款通过本标准的引用而成为本标准的条款。凡是注日期的引用文件,其随后所有的修改单(不包括勘误的内容)或修订版均不适用于本标准,然而,鼓励根据本标准达成协议的各方研究是否可使用这些文件的最新版本。凡是不注日期的引用文件,其最新版本适用于本标准。

GB 325 包装容器钢桶

GB/T 1540 纸和纸板吸水性的测定法 可勃法

GB/T 2828.1—2003 计数抽样检验程序 第1部分:按接收质量限(AQL)检索的逐批检验抽样计划

GB/T 4122.1 包装术语 第1部分:基础

GB/T 4857.3 包装 运输包装件基本试验 第3部分:静载荷堆码试验方法

GB/T 4857.5 包装 运输包装件 跌落试验方法

GB/T 17344 包装 包装容器 气密试验方法

国际民航组织《航空危险货物安全运输技术规则》

联合国《关于危险货物运输的建议书 规章范本》(第15修订版)

3 术语和定义

GB/T 4122.1确立的以及下列术语和定义适用于本标准。

3.1

箱 boxes

由金属、木材、胶合板、再生木、纤维板、塑料或其他适当材料制做的完整矩形或多角形的容器。只要不破坏或危及包装的完整性,准许包装上带有为了搬运操作或为了符合分类要求的小口(洞)。

3.2

桶 drum

由金属、纤维板、塑料、胶合板或其他适当材料制成的两端为平面或凸面的圆柱形容器。

3.3

袋 bag

由纸张、塑料薄膜、纺织品、编织材料或其他适当材料制作的柔性容器。

3.4

罐 jerrican

横截面呈矩形或多角形的金属或塑料容器。

3.5

容器 receptacle

一个或多个贮器，以及贮器为实现其贮放功能所需要的其他部件或材料。

3.6

内容器 inner receptacle

需要有一个外容器才能起容器作用的容器。

3.7

包装 packaging

容器和容器为实现贮放作用所需要的其他部件或材料。

3.8

外包装 outer packaging

复合或组合包装的外保护装置连同为容纳或保护内容器所需要的吸收材料、衬垫和其他部件。

3.9

内包装 inner packaging

运输时需用外包装的包装。

3.10

单体包装 single packaging

在使用中不需要使用任何内包装而具有盛装功能的包装。

3.11

组合包装 combination packaging

为了运输目的，有一个或多个包装，装在一个外包装内形成的包装组合。

3.12

集合包装 over packaging

一个发货人为了方便运输过程中的装卸和存放将一个或多个包件装在一起以形成一个单元所用的包装物。

3.13

复合包装 composite packaging

由一个外容器和一个内容器组成的包装，其构造使内容器和外容器形成一个完整的包装。这种包装经装配后，便成为单一的完整装置，整个用于装料、贮存、运输和卸空。

3.14

包装件 package

包装作业的完结产品，包括准备好供运输的容器和其内装物。

3.15

吸附性材料 absorbent material

特别能吸收和滞留液体的材料，内容器一旦发生破损、泄漏出来的液体能迅速被吸附滞留在该材料中。

3.16

不相容的 incompatible

描述危险货物，如果混合则易于引起危险热量或气体的放出或生成一种腐蚀性物质，或产生理化反应降低包装容器强度的现象。

3.17

性能检验 performance test

模拟不同运输环境对容器进行型式试验。

3.18

使用鉴定 use appraisal

对盛装危险货物后的包装容器进行鉴定。

3.19

联合国编号 UN number

由联合国危险货物运输专家委员会编制的4位阿拉伯数编号，用以识别一种物质或一类特定物质。

4 分类

4.1 危险货物分类

4.1.1 按危险货物具有的危险性或最主要的危险性分成9个类别。有些类别再分成项别。类别和项别的号码顺序并不是危险程度的顺序。

4.1.2 第1类：爆炸品

——1.1项：有整体爆炸危险的物质和物品；

——1.2项：有迸射危险但无整体爆炸危险的物质和物品；

——1.3项：有燃烧危险并有局部爆炸危险或局部迸射危险或这两种危险都有，但无整体爆炸危险的物质和物品；

——1.4项：不呈现重大危险的物质和物品；

——1.5项：有整体爆炸危险的非常不敏感物质；

——1.6项：无整体爆炸危险的极端不敏感物品。

4.1.3 第2类：气体

——2.1项：易燃气体；

——2.2项：非易燃无毒气体；

——2.3项：毒性气体。

4.1.4 第3类：易燃液体

4.1.5 第4类：易燃固体；易于自燃的物质；遇水放出易燃气体的物质

——4.1项：易燃固体、自反应物质和固态退敏爆炸品；

——4.2项：易于自燃的物质；

——4.3项：遇水放出易燃气体的物质。

4.1.6 第5类：氧化性物质和有机过氧化物

——5.1项：氧化性物质；

——5.2项：有机过氧化物。

4.1.7 第6类：毒性物质和感染性物质

——6.1项：毒性物质；

——6.2项：感染性物质。

4.1.8 第7类：放射性物质。

4.1.9 第8类：腐蚀性物质。

4.1.10 第9类：杂项危险物质和物品。

4.2 危险货物包装分类

除第1、2、7类，第5.2项，第6.2项的危险货物外，其他各类危险货物的包装可按危险程度划分三种包装等级，即：

Ⅰ级包装——高度危险性；

Ⅱ级包装——中等危险性；

Ⅲ级包装——轻度危险性。

各类危险货物危险程度的划分可通过有关危险特性试验来确定。

5 代码和标记

5.1 代码

5.1.1 包装代码用以表示外包装类型，由并列排布的几部分组成。第一部分为阿拉伯数字，表示包装种类；第二部分为大写拉丁字母，表示包装容器的制造材料；如有必要第三部分为阿拉伯数字，表示包装所属种类中的包装种类中的包装形式。

5.1.1.1 阿拉伯数字表明包装种类：

1——桶；

3——罐；

4——箱；

5——袋；

6——复合包装。

5.1.1.2 大写拉丁字母表示包装容器的制造材料。对复合包装，使用两个大写拉丁字母来表示包装制造材料，第一个字母表示内容器的材料，第二个字母表示外包装的材料。

A——钢(包括各类钢及经过表面处理的)；

B——铝；

C——天然木；

D——胶合板；

F——再生木(再制木)；

G——纤维板；

H——塑料；

L——纺织品。

5.1.1.3 阿拉伯数字用以表示包装所属种类中的包装形式。

各种常用包装容器的代码见附录 D。

5.1.2 对组合包装，仅使用表示外包装的代码。

5.1.3 包装容器代码后面可加上字母“T”、“V”或“W”，字母“T”表示符合国际民航组织(ICAO)《航空危险货物安全运输技术规则》要求的救助包装；字母“V”表示符合国际民航组织(ICAO)《航空危险货物安全运输技术规则》要求的特殊包装；字母“W”表示包装类型虽然与标记所表示的相同，但其制造的规格与附录 A 的规格不同，但根据国际民航组织(ICAO)《航空危险货物安全运输技术规则》的要求属等效包装。

5.1.4 使用下列代码表示内包装：

大写的拉丁字母“IP”表示内包装。随后是阿拉伯数字表示内包装类型。

5.2 标记

标记用于表明带有该标记的包装容器已通过第 7 章性能检验规定的试验，并符合附录 A 的要求。

5.2.1 每一个包装容器必须带有持久、易辨认以及与包装规格相比大小适当的明显标记，并包括如下内容。

5.2.1.1 联合国包装符号$\binom{u}{n}$。本符号仅用于证明包装容器符合联合国《关于危险货物运输的建议书规章范本》(第 15 修订版)及第 7 章的规定。对金属包装，可用模压大写字母“UN”表示。

5.2.1.2 根据 7.1 规定的包装代码；例 3H1。

5.2.1.3 由两部分组成的代码；例/X1.8/。

5.2.1.3.1 第一部分表示包装级别的字母：

X 表示Ⅰ级包装；

Y 表示Ⅱ级包装；

Z 表示Ⅲ级包装。

5.2.1.3.2 第二部分

a) 对盛装液体的单一包装：标明相对密度，四舍五入至第一位小数。若相对密度不超过1.2可省略。

b) 对准备盛装固体或带有内包装的包装：标明以千克(kg)表示的最大毛质量(毛重)。

5.2.1.4 在代码后面应标明：

a) 对盛装液体的单一包装：标明最高试验压力，单位为kPa，四舍五入至十位数；例/250/；

b) 对盛装固体或带有内包装的包装：使用字母"S"；例/S/。

5.2.1.5 标出包装制造年份的最后两位数。包装类型为1H1，1H2，3H1和3H2的塑料包装，还必须正确标出制造月份；可用以下图形标在包装的其他部位。

5.2.1.6 标明生产国代号：中国的代号为大写英文字母CN。

5.2.1.7 标明包装容器生产地和制造厂的代号和生产批次代号，上述代号由有关国家行政主管部门确定，各地区主要代码见附录C。

5.2.2 根据5.2.1规定对包装容器进行的标记示例见附录D。可单行或多行标示。

5.2.2.1 毛质量超过30 kg或体积超过30 L的包装，在其顶部或边上应有标记。标记字母、数字和符号的高度应大于12 mm。包装小于或等于30 kg或30 L时，标记字母大于或等于6 mm。5 kg或5 L以下的包装也应有适当大小的标记。

5.2.2.2 每一超过100 L的新钢桶，在其底部必须有5.2.1所述持久性标记。并有表示桶身最薄处金属厚度，用mm精确到0.1 mm并为持久性(例如模压)。金属桶材料的厚度应符合GB 325的要求。当金属桶端的材料厚度比桶身的薄，在桶底必须持久性标出桶顶/桶身/桶底材料厚度，例如"1.0-1.2-1.0"或"0.9-1.0-1.0"。

5.2.2.3 国家行政主管部门所批准的其他附加标记应保证5.2.1所要求的标记能正确识别。

5.2.3 包装标记示例见附录D。

6 通用要求

6.1 一般技术要求

6.1.1 每一包装上必须标明持久性标记、标志。

6.1.2 空运危险货物包装要结构合理、防护性能好、符合国际民航组织(ICAO)《航空危险货物安全运输技术规则》规格规定。其设计模式、工艺、材质应适应空运危险货物特性，适合积载，便于安全装卸和运输，能承受正常运输条件下的风险。

6.1.3 危险货物应装在质量良好的包装内，该包装结构和密封状况，能保证在正常的运输条件下，不会使所运的包装由于温度或压力的变化(例如由于海拔高度变化产生的)而引起任何渗漏。

6.1.4 与危险货物直接接触的包装容器(包括封闭器)不应同所装物质发生化学或其他反应，容器的材料不应含有与内装物易于产生危险的成分，以致产生有害的反应或明显削弱包装的性能。

6.1.5 包装容器及其封闭器必须能经受住正常运输条件下的振动及温度压力变化等产生的影响，封闭盖、封闭塞或其他摩擦型封闭器的封闭必须牢固、安全、有效，封闭器的设计应合理并便于检查。

6.1.6 盛装液体的包装容器应留有足够的膨胀余地，以保证在运输过程中，由于温度变化造成的液体膨胀不至于使容器破漏或产生变形。容器不得在55 ℃温度下满装。

6.1.7 盛装液体的包装容器(包括内包装)应能经受住95 kPa以上的压力差而不泄漏。如放在辅助包装(外包装)内,辅助包装需符合所述压力要求和其他有关规定,内包装可不受上述压力规定限制。

6.1.8 内包装应固定并安全衬垫,限制其在外包装中的移动。以防在正常的运输条件下破裂、渗漏,内包装为玻璃或陶瓷类包装,用Ⅰ类或Ⅱ类外包装盛装第3、4、8类及第5.1、6.1项的液体时,内包装外应有吸附衬垫材料。吸附衬垫材料不得与内包装中盛装的危险物发生危险性反应,内容物的渗漏也不得引起危险的化学反应或改变衬垫材料的保护特性。

6.1.9 外包装材料的性能和厚度应保证不会因运输过程中的摩擦生热而改变内容物的化学稳定性。

6.1.10 为了减少内装危险货物释放的气体造成的内压力,在包装容器上安装排气孔需经航空运输主管部门批准。

6.1.11 用组合包装盛装危险货物,内容器的封闭口不能倒置。在外包装应标有明显的表示作业方向的标识。

6.1.12 在同一包装内,不允许装有可能相互起化学反应并导致以下后果的其他货物,或其他危险货物不应和与其发生化学反应的危险货物放置在同一个外容器或大型容器中。

a) 燃烧/或释放出大量热能;

b) 释放出易燃、有毒或窒息性的气体;

c) 形成腐蚀性的物质;

d) 形成不稳定性物质。

6.1.13 盛装可能在运输过程因温度变化而变成液体的固体物质时,该包装应符合盛装液态物质的要求。

6.2 爆炸物品包装的特殊要求

6.2.1 第1类危险货物(爆炸品)使用的包装容器应达到Ⅱ级以上包装要求,并且符合6.1的要求。

6.2.2 钉子、U型钉和其他没有防护层的金属制造的封闭装置,不应穿入外容器内部。除非内容器能足以防止爆炸品于金属相接触。

6.2.3 内容器、附件、衬垫材料以及爆炸性物质在包装件内应牢固放置,以保证在运输过程中,不会导致危险性移动。

6.2.4 采用双层卷边钢质桶,应采取措施,防止爆炸性物质嵌在接缝隙内。

6.2.5 铝桶或钢桶的封闭装置,应有适宜的垫圈。如果封闭器装置有螺纹,应使爆炸性物质不可能嵌在螺纹内。

6.2.6 如果使用金属衬里的箱子装爆炸性的物质,不应使该项所装爆炸性物质落入到衬里与箱底或衬里与箱侧壁的隔缝中间。

6.2.7 电引爆装置必须防止电、磁辐射及偏离电流。装有发火或引发装置的爆炸品,应有效保护,防止正常运输条件下发生意外事故。

6.3 其他危险品包装的特殊要求

6.3.1 4.2项物质(易自燃固体)使用的包装应达到Ⅱ级以上包装要求,并符合6.1的要求,且不得使用金属容器包装。

6.3.2 盛装4.1项和5.2项危险货物使用的包装应达到Ⅱ级以上包装要求,并符合6.1的要求。不得使用带通气孔的包装。

6.3.3 具有爆炸性副危险性的自反应物质和有机过氧化物应在其包装上贴有副危险性标签。同时其包装还应符合国际民航组织(ICAO)《航空危险货物安全运输技术规则》的其他有关要求。

6.3.4 自反应物质和有机过氧化物的包装必须保证对所有与内容物相接触的材料不起化学反应,对内容物的特性无影响,当发生泄漏时,衬垫物不易燃烧,不会引起有机过氧化物的分解。

6.3.5 各种包装的特殊要求见附录B。

7 性能检验

7.1 要求

7.1.1 所有包装容器包括组合包装的内包装都应进行性能试验。

7.1.2 如果由于安全原因而需要对包装容器进行内部处理或涂层，这种处理或涂层即使在试验后应能保持其保护性能。

7.1.3 性能试验要求见表1。

表1 包装性能试验要求

性能试验项目	性能试验要求
跌落试验	a) 盛装液体的包装除组合包装的内包装以外，在跌落试验后首先应使包装内部压力和外部压力达到平衡。所有包装均应无渗漏，有内涂(镀)层的包装，其内涂(镀)层还应完好无损。 b) 盛装固体的包装经跌落试验后，即使封闭装置不再具有防筛漏能力，内包装或内容物应仍能保持完整无损、无撒漏。 c) 复合包装或组合包装的外包装，不得出现可能影响运输安全的任何损坏，也不得有内装物从内包装或内容器中漏出，内容器或内包装不得出现渗漏。若有内涂(镀)层，应完好无损。 d) 袋子的最外层或外部包装不得出现影响运输安全的任何损坏。 e) 跌落时可允许有少量内装物从封闭器中漏出，跌落后不得继续泄漏。 f) 第1类物质的包装在跌落过程中不允许出现任何泄漏
气密试验	无渗漏
液压试验	无渗漏
堆码试验	试验样品无泄漏。复合包装的内容器和组合包装的内包装也无泄漏。试验样品不出现可能对运输安全有不利影响的损坏，或者可能降低其强度或造成包装件堆码不稳定的变形。在进行评估前，塑料容器应冷却至环境温度

7.2 试验

7.2.1 试验项目

7.2.1.1 各种常见空运危险货物包装容器的性能试验项目见附录A。

7.2.1.2 每一用于盛装液体的包装容器应进行气密试验。如果组合包装的外包装能达到气密要求或它的衬垫吸附材料能完全吸附滞留内容物，不使它从外包装渗漏出来，则其内包装可免此项试验。

7.2.1.3 一个组合包装的外包装和不同类型的内包装经试验合格，该外包装也可以配用多种类似于这些不同类型的内包装。另外，下列各种内包装当在性能方面具有相同的效能时，不必进一步试验而允许使用。

7.2.1.3.1 内包装尺寸相同或小些时，符合下列条件可以使用：

——与试验过的内包装设计方面相似；

——内包装材质要相同或强度、厚度大于试验过的内包装类型；

——内包装的开口相同或小于原试验过的内包装，且封闭器的设计型式相似；

——足够的附加衬垫材料用于填充空间并防止内包装移动；

——内包装在包装里的定位方式与试验过的包装相同。

7.2.1.3.2 试验过的内包装数量减小，或按上述7.2.1.3.1表明的内包装的替换类型，并且有足够的附加衬垫材料用于填充空间并防止内包装移动时可以使用。

7.2.2 样品数量

7.2.2.1 不同试验项目的样品数量如下：

——跌落试验桶、罐类包装6个样品，箱类包装5个样品，袋类包装3个样品；

——气密试验3个样品；

——液压试验 3 个样品；

——堆码试验 3 个样品。

7.2.2.2 在不影响试验结果时，一个试验样品可以进行两项以上的试验。

7.2.3 试验样品的准备

7.2.3.1 内装物

7.2.3.1.1 样品所盛装的液体不得少于其容量的 98%。

7.2.3.1.2 样品所盛装的固体不得少于其容积的 95%。

7.2.3.1.3 样品的内装物可采用物理性能(质量、粒度等)与拟装物相同的物质来替代。允许使用添加物，例如铅粒袋等。

7.2.3.1.4 盛装液体包装的跌落试验如用代用品时，则该代用品的相对密度和黏度应与拟装运物质相似。也可以按 7.2.4.3.2 所要求的条件，用水进行液体物质的跌落试验。

7.2.3.2 样品预处理

7.2.3.2.1 纸或纤维板包装应在恒温恒湿大气环境中至少处理 24 h。可以从下列三组中选择一组。首先采用控制温度 23 ℃±2 ℃和湿度 50%±2%的大气条件，另外两组分别是控制温度 20 ℃±2 ℃和湿度 65%±2%、控制温度 27 ℃±2 ℃和湿度 65%±2%。

7.2.3.2.2 首次使用塑料桶(罐)、塑料复合桶(罐)及有涂镀层的容器，在试验前需直接装入拟运危险货物进行 6 个月以上的相容性试验。

7.2.3.3 对跌落试验样品的特殊准备

对塑料桶、塑料罐、泡沫聚乙烯箱以外的塑料箱、复合容器(塑料)及带有塑料袋以外的拟用于装固体或物品的塑料内容器的组合包装的试验，在试样和其盛装的物质的温度降至－18 ℃以下进行。试验的液体应保持液态，必要时可添加防冻剂。

7.2.3.4 气密试验、液压试验的样品准备

在包装容器的顶部钻孔，接上进水管及排气管，或接上进气管。对设有排气孔的封闭器，应换成不透气的封闭器或堵住排气孔。

7.2.4 跌落试验

7.2.4.1 试验设备

符合 GB/T 4857.5 中第 2 章试验设备的要求。

a) 冷冻室(箱)：能满足 7.2.3.3 要求；

b) 温、湿度室(箱)：能满足 7.2.3.2.1 要求。

7.2.4.2 试验方法

7.2.4.2.1 跌落试验方法见表 2。

表 2 跌落试验方法

包装容器	跌落方法
钢桶 铝桶 钢罐 纤维板桶 塑料桶和罐 桶状复合包装	第一组跌落(用 3 个试样跌在同一部位，如 5 或 6 或者其他薄弱部位)：应以倾斜的方式使包装的凸边撞击在目标上，重心垂线通过凸边撞击点。如包装无凸边，则应与圆周接缝或边缘撞击，移动顶盖桶须将桶倒置倾斜，锁紧装置通过中心垂线跌落。 第二组跌落(用另外 3 个试样跌在同一部位)：应使第一组跌落时没有试验到的最薄弱的包装部位撞击到目标上，例如封闭器或桶体纵向焊缝，罐的纵向合缝处等
天然木箱 胶合板箱 再生木板箱 纤维板箱、钢或铝箱 箱状复合包装 塑料箱	第一次跌落：以箱底平落 第二次跌落：以箱顶平落 第三次跌落：以一长侧面平落 第四次跌落：以一短侧面平落 第五次跌落：以一个角跌落

表 2（续）

包装容器	跌落方法
无缝边单层或多层袋	第一次跌落：以袋的宽面平面跌落 第二次跌落：以袋的端部跌落
有缝边单层或多层袋	第一次跌落：以袋的宽面平落 第二次跌落：以袋的狭面平落 第三次跌落：以袋的端部跌落
注 1：于非平面跌落，试样的重心（矢量）应垂直于撞击点。 注 2：某一指定方向跌落时试样可能不只一个面，应跌最薄弱的那面。 注 3：试验应在预处理相同的冷冻环境或温、湿度环境中进行。如果达不到相同条件，则应在试样离开预处理环境 5 min 内完成。	

7.2.4.2.2 跌落试验时的其他要求见 GB/T 4857.5。

7.2.4.3 跌落高度

7.2.4.3.1 对于固体或液体危险货物，如采用拟装危险货物，或采用具有基本相同物理性质的其他物质进行试验，其跌落高度见表 3。

表 3 跌落高度

单位为米

Ⅰ级包装	Ⅱ级包装	Ⅲ级包装
1.8	1.2	0.8

7.2.4.3.2 对于液体内装物，如用水来替代进行试验：

a) 如拟运输液体的相对密度小于或等于 1.2 时，其跌落高度见表 3。

b) 如果拟运输的物质相对密度大于 1.2，其跌落高度应根据拟运输物质的相对密度（d）按表 4 计算出，四舍五入至一位小数。

表 4 跌落高度与密度换算表

单位为米

Ⅰ级包装	Ⅱ级包装	Ⅲ级包装
$d\times1.5$	$d\times1.0$	$d\times0.67$

7.2.5 气密试验

所有拟盛装液体的包装均需做此项试验。如果组合包装的外包装能达到气密要求或它的衬垫吸附材料能完全吸附滞留内容物，不使它从外包装渗漏出来，则其内包装可免做此项试验。

7.2.5.1 试验设备和方法

按 GB/T 17344 的要求。

7.2.5.2 试验压力

试验压力见表 5。

表 5 试验压力（表压）

单位为千帕

Ⅰ级包装	Ⅱ级包装	Ⅲ级包装
30	20	20

7.2.6 液压试验

所有拟盛装液体的包装容器均需进行此项试验。如果组合包装的外包装能达到最低的规定要求，则内包装可免做本项试验。

7.2.6.1 试验设备

液压危险品包装试验机或达到相同效果的其他试验设备。

7.2.6.2 **试验压力(表压)**

按下列三种方法之一计算。

7.2.6.2.1 温度55 ℃时测出的包装件内总表压(即盛装物质气压加上空气或惰性气体气压减去100 kPa)乘上安全系数1.5。$p_T=(p_{M55}\times 1.5)$kPa,不低于95 kPa。

7.2.6.2.2 待运货物50 ℃时蒸气压的1.75倍,减去100 kPa。$p_T=(V_{P50}\times 1.75)-100$ kPa,不低于100 kPa。

7.2.6.2.3 待运货物55 ℃时蒸气压的1.5倍,减去100 kPa。$p_T=(V_{P55}\times 1.5)-100$ kPa,不低于100 kPa。

式中:

p_T——试验压力,单位为千帕(kPa);

p_{M55}——温度55 ℃时容器内测得的总表压;

V_{P50}——50 ℃时货物的蒸气压;

V_{P55}——55 ℃时货物的蒸气压。

7.2.6.2.4 其中拟装Ⅰ级液体危险货物的包装容器的试验压力为250 kPa。

7.2.6.3 **试验方法**

启动液压危险包装试验机,向内包装内连续均匀施以液压,同时打开排气阀,排除试验容器内残留气体,然后关闭排气阀。塑料、塑料复合包装包括它们的封闭器,应承受规定恒液压(表压)30 min,其他容器包括它们的封闭器,应承受规定恒液压(表压)5 min。

7.2.7 **堆码试验**

7.2.7.1 **试验设备**

按GB/T 4857.3的要求。

7.2.7.2 **试验方法**

拟装液体的塑料桶、塑料罐和复合包装6HH1和6HH2应在40 ℃的温度下进行28 d的堆码试验。其他包装容器的堆码时间为24 h。其他试验方法按GB/T 4857.3的要求。

7.2.7.3 **堆码载荷**

$$P=K\times\left(\frac{H-h}{h}\right)\times m$$

式中:

P——加载的负荷,单位为千克(kg);

K——劣变系数,K值为1;

H——堆码高度(不少于3 m),单位为米(m);

h——单个包装件高度,单位为米(m);

m——单个包装件毛质量(毛重),单位为千克(kg)。

7.3 **性能检验规则**

7.3.1 生产厂应保证所生产的空运危险货物包装应符合本标准规定,并由有关检验部门按本标准检验。用户有权按本标准的规定,对接收的产品提出验收检验。

7.3.2 检验项目:按7.2的要求逐项进行检验。

7.3.3 性能检验的条件

空运危险货物包装有下列情况之一时,应进行性能检验:

——新产品投产或老产品转产时;

——正式生产后,如结构、材料、工艺有较大改变,可能影响产品性能时;

——在正常生产时,每半年一次;

——产品长期停产后,恢复生产时;

——出厂检验结果与上次性能检验结果有较大差异时；

——国家质量监督机构提出进行性能检验。

7.3.4 判定规则：按标准的要求逐项进行检验，若每项有一个样品不合格则判断该项不合格，若有一项不合格则评定该批产品不合格。

7.3.5 不合格批处理：不合格批中的空运危险货物包装经剔除后，再次提交检验，其严格度不变。

8 使用鉴定

8.1 使用鉴定要求

8.1.1 一般要求

8.1.1.1 包装件的外观要求：包装件上铸印、印刷或粘贴的标记、标志和危险货物彩色标签应准确清晰，符合有关规定要求。包装件外表应清洁，不允许有残留物、污染或渗漏。凡采用铅封的包装件应在航空货运部门现场查验后进行封识。

8.1.1.2 使用单位选用的包装应与航空运输危险货物的性质相适应，其性能本标准的规定。

8.1.1.3 容器的包装等级应等于或高于盛装货物要求的包装级别。

8.1.1.4 在下列情况时应提供由国家质量监督检验检疫部门认可的检验机构出具的危险品分类、定级和危险特性检验报告：

a) 首次运输或生产的；

b) 首次出口的；

c) 国家质检部门认为有必要时。

8.1.1.5 磁性物体或可能有磁性物质，应提交磁场强度测试报告，其磁场强度大于 0.418 A/m 时应屏蔽。

8.1.1.6 首次使用的塑料包装容器或内涂、内镀层容器应提供 6 个月以上化学相容性试验合格的报告。

8.1.1.7 危险货物包装件单件净重不得超过国际民航组织(ICAO)《航空危险货物安全运输技术规则》规定的质量。

8.1.1.8 一般液体危险货物灌装至包装容器总容积的 98%以下，膨胀系数较大的液体货物，应根据其膨胀系数确定容器的预留容积。固体危险货物盛装至包装容积的 95%以下，剩余空间按规定填充或者衬垫。

8.1.1.9 采用液体或惰性气体保护危险货物时，该液体或惰性气体应能有效保证危险货物的安全。

8.1.1.10 危险货物不得撒漏在包装容器外表和内外包装之间。

8.1.1.11 危险货物和与之相接触的包装不得发生任何影响包装强度及发生危险的化学反应。

8.1.1.12 吸附材料不得与所装危险货物起有危险的化学反应，并确保内包装破裂时能完全吸附滞留全部危险货物，不致造成内容物从外包装容器渗漏出来。

8.1.1.13 防震及衬垫材料不得与所装危险货物起化学反应，而降低其防震性能。应有足够的衬垫填充材料，防止内包装移动。

8.1.2 特殊要求

8.1.2.1 桶罐类包装

8.1.2.1.1 闭口桶罐的大、小封闭器螺盖应紧密配合，并配以适当的密封圈。螺盖拧紧程度应达到密封要求。

8.1.2.1.2 开口桶罐应配以适当的密封圈，无论采用何种形式封口，均应达到紧箍、密封要求。扳手箍还需用销子锁住扳手。

8.1.2.2 箱类包装

8.1.2.2.1 木箱、纤维板箱用钉紧固时，应钉实，不得突出钉帽，穿透包装的钉尖必应盘倒，并加封盖，以防与内装物发生任何化学反应或物理变化。打包带紧箍箱体。

8.1.2.2.2　瓦楞纸箱应完好无损，封口应平整牢固，打包带紧箍箱体。

8.1.2.3　袋类包装

8.1.2.3.1　袋类外包装，需经国家行政主管部门批准方可用于盛装空运危险货物。

8.1.2.3.2　袋包装封口要求：

——外包装用缝线封口时，无内衬袋的外包装袋口应折叠 30 mm 以上，缝线的开始和结束应有 5 针以上回针，其缝针密度应保证内容物不撒漏且不降低袋口强度。有内衬袋的外包装袋缝针密度应保证牢固无内容物撒漏。

——内包装袋封口要求：不论采用绳扎、粘合或其他型式的封口，应保证内容物无撒漏。

——绳扎封口：袋内应无气体、袋口用绳紧绕二道，扎紧打结，再将袋口朝下折转、用绳紧绕二道，扎紧打结。如果是双层袋应按此法分层扎紧。

——粘合封口：袋内应无气体、粘合牢固不允许有孔隙存在。如果是双层袋应分层粘合。

8.1.2.4　组合包装

8.1.2.4.1　内包装容器盛装液体时，封口应符合液密封口的规定；如需气密封口的，需符合气密封口的规定。

8.1.2.4.2　盛装液体的易碎内包装（如玻璃等），其外包装应符合Ⅰ级包装。

8.1.2.4.3　吸附材料应符合 8.1.1.12 的要求。

8.1.2.4.4　衬垫材料应符合 8.1.1.13 的要求。

8.1.2.4.5　箱类外包装如是不防渗漏或不防水的，应使用防渗漏的内衬或内包装。

8.2　抽样

8.2.1　检验批

以相同原材料、相同结构和相同工艺生产的包装为一检验批，最大批量为 5 000 件。

8.2.2　抽样规则

按 GB/T 2828.1 正常检查一次抽样一般检查水平Ⅱ进行抽样。

8.2.3　抽样数量

见表 6。

表 6　抽样数量

单位为件

批量范围	抽样数量
1～8	2
9～15	3
16～25	5
26～50	8
51～90	13
91～150	20
151～280	32
281～500	50
501～1 200	80
1 201～3 200	125
3 201～5 000	200

8.3　鉴定

8.3.1　检查空运危险货物包装是否符合 8.1.1.1 和 8.1.1.9 的要求。

8.3.2 按标准中有关规定检查所选用包装是否与航空运输危险货物的性质相适应;容器的包装等级是否等于或高于盛装货物的级别;是否有性能检验的合格报告。

8.3.3 对于8.1.1.4、8.1.1.6提到的空运危险货物包装检查是否具有相应的证明和检验报告。

8.3.4 检查空运危险货物净重是否符合8.1.1.7的要求。

8.3.5 检查盛装液体或固体的空运危险货物包装,其盛装容积是否符合8.1.1.8的要求。

8.3.6 提取保护危险货物的液体分析确定保护性液体是否有效保证危险货物的安全。

8.3.7 用微型气体测定仪检测惰性气体含量,确定惰性气体是否有效保证危险货物的安全。

8.3.8 检查危险货物和与之接触的包装、吸附材料、防震和衬垫材料,绳、线等包装附加材料是否发生化学反应,影响其使用性能。

8.3.9 检查封口情况是否符合8.1.2.1.2、8.1.2.3.2的规定。

8.3.10 检查桶罐类包装是否符合8.1.2.1的要求。

8.3.11 检查箱类包装,是否符合8.1.2.2的要求。

8.3.12 检查组合包装的内包装封口是否符合8.1.2.4.1的要求。易碎内包装的外包装是否为Ⅰ类包装。吸附材料是否符合8.1.1.12的规定。

8.4 鉴定规则

8.4.1 危险货物包装的使用企业应保证所使用的空运危险货物包装符合本标准规定,并由有关检验部门按本标准鉴定。危险货物的用户有权按本标准的规定,对接收的产品提出验收鉴定。

8.4.2 鉴定项目:按8.1、8.3的要求逐项进行鉴定。

8.4.3 空运危险货物包装应以订货量为批,逐批鉴定。

8.4.4 判定规则:按标准的要求逐项进行鉴定,若每项有一个包装件不合格则判断该项不合格,若有一项不合格则评定该批包装件不合格。

8.4.5 不合格批处理:不合格批中的不合格空运危险货物包装件经剔除后,再次提交鉴定,其严格度不变。

附　录　A
（规范性附录）
常见空运危险货物包装容器的性能试验项目

表 A.1 给出了常见空运危险货物包装容器的性能试验项目。

表 A.1　性能试验项目

类别	代码	型别	应检验项目			
			跌落	气密	液压	堆码
钢桶	1A1	固定顶盖	+	+	+	+
	1A2	活动顶盖	+			+
铝桶	1B1	固定顶盖	+	+	+	+
	1B2	活动顶盖	+			+
钢罐	3A1	固定顶盖	+	+	+	+
	3A2	活动顶盖	+			+
胶合板桶	1D		+			+
纤维板桶	1G		+			+
塑料桶和罐	1H1	桶，固定顶盖	+	+	+	+
	1H2	罐，活动顶盖	+			+
	3H1	桶，固定顶盖	+	+	+	+
	3H2	罐，活动顶盖	+			+
天然木箱	4C1	普通的	+			+
	4C2	带防渗漏层	+			+
胶合板箱	4D		+			+
再生木板箱	4F		+			+
纤维箱	4G		+			+
塑料箱	4H1	发泡塑料箱	+			+
	4H2	密实塑料箱	+			+
钢或铝箱	4A1	钢箱	+			+
	4A2	带内衬或内涂层钢箱	+			+
	4B1	铝箱（不许使用）	+			+
	4B2	带内衬或内涂层铝箱（不许使用）	+			+
纺织袋	5L1	不带内衬或涂层	本标准不可使用			
	5L2	防渗漏	+			
	5L3	防水	+			
塑料编织袋	5H1	不带内衬或涂层	经主管机关批准才可使用			
	5H2	防渗漏	+			
	5H3	防水	+			
塑料膜袋	5H4		+			
纸袋	5M1	多层	本标准不可使用			
	5M2	多层，防水的	+			

表 A.1（续）

类　别	代　码	型　别	应检验项目			
			跌落	气密	液压	堆码
复合包装（塑料材料）	6HA1	外钢桶内塑料容器	+	+	+	+
	6HA2	外钢板条箱内塑料容器	+			+
	6HB1	外铝桶内塑料容器	+	+	+	+
	6HB2	外铝板箱内塑料容器	+			+
	6HC	外木板箱内塑料容器	+			+
	6HD1	外胶合板桶内塑料容器	+	+	+	+
	6HD2	外胶合板箱内塑料容器	+			+
	6HG1	外纤维板桶内塑料容器	+	+	+	+
	6HG2	外纤维板箱内塑料容器	+			+
	6HH1	外塑料桶内塑料容器	+	+	+	+
	6HH2	外塑料箱内塑料容器	+			+

注：表中“+”号表示应检测项目。

附　录　B
（规范性附录）
各种常用的包装容器代码、类型、要求及最大容量和净重

表 B.1 给出了各种常用的包装容器代码、类型、要求及最大容积和净重的有关要求。

表 B.1　要求

类别	代码	型别	要　　求	最大容量 L	最大净质量（净重） kg
钢桶	1A1 1A2	非活动顶盖 活动顶盖	a) 桶身和桶盖应根据钢桶的容量和用途，使用型号适宜和厚度足够的钢板制造。 b) 拟用于装 40 L 以上液体的钢桶，桶身接缝应焊接。拟用于装固体或者装 40 L 以下液体的钢桶，桶身接缝可用机械方法结合或焊接。 c) 桶的凸边应用机械方法接合，或焊接。也可以使用分开的加强环。 d) 容量超过 60 L 的钢桶桶身，通常应该至少有两个扩张式滚箍，或者至少两个分开的滚箍。如使用分开式滚箍，则应在桶身上固定紧，不得移位。滚箍不应点焊。 e) 非活动盖(1A1)钢桶桶身或桶盖上用于装入、倒空和通风的开口，其直径不得超过 7 cm。开口更大的钢桶将视为活动盖(1A2)钢桶。桶身和桶盖的开口封闭装置的设计和安装应做到在正常运输条件下始终是紧固和不漏的。封闭装置凸缘应用机械方法或焊接方法恰当接合。除非封闭装置本身是防漏的，否则应使用密封垫或其他密封件。 f) 活动盖刚桶的封闭装置的设计和安装，应做到在正常的运输条件下该装置始终是紧固的，钢桶始终是不漏的。所有活动盖都应使用垫圈或其他密封件。 g) 如果桶身、桶盖、封闭装置和连接件等所用的材料本身与装运的物质是不相容的，应施加适当的内保护涂层或处理。在正常运输条件下，这些涂层或处理层应始终保持其保护性能。	450	400
铝桶	1B1 1B2	非活动顶盖 活动顶盖	a) 桶身和桶盖应由纯度至少 99% 的铝或铝合金制成。应根据铝桶的容量和用途，使用适当型号和足够厚度的材料。 b) 所有接缝应是焊接的。凸边如果有接缝的话，应该另外加强环。 c) 容量大于 60 L 的铝桶桶身，通常至少装有两个扩张式滚箍，或者两个分开式滚箍。如装有分开式滚箍时，应安装的很牢固，不得移动。滚箍不应点焊。 d) 非活动盖(1B1)铝桶的桶身或桶盖上用于装入、倒空和通风的开口，其直径不得超过 7 cm。开口更大的铝桶将视为活动盖(1B2)铝桶。桶身和桶盖的开口封闭装置的设计和安装应做到在正常运输条件下，它们始终是紧固和不漏的。封闭装置凸缘应焊接恰当，使接缝不漏。除非封闭装置本身是防漏的，否则应使用垫圈或其他密封件。 e) 活动盖铝桶的封闭装置的设计和安装，应做到在正常运输条件下始终是紧固和不漏的。所有活动盖都应使用垫圈或其他密封件。	450	400

表 B.1（续）

类别	代码	型别	要求	最大容量 L	最大净质量（净重） kg
钢罐	3A1 3A2	非活动顶盖 活动顶盖	a) 罐身和罐盖应用钢板制造。应根据罐的容量和用途，使用适当型号和足够厚度的材料。 b) 钢罐的凸边应用机械方法接合或焊接。用于容装 40 L 以上液体的钢罐罐身接缝应焊接。用于容装小于或等于 40 L 的钢罐罐身接缝应使用机械方法接合或焊接。 c) 罐(3A1 和 3B1)的开口直径不得超过 7 cm。开口更大的罐将视为活动盖型号(3A2 和 3B2)。封闭装置的设计应做到在正常运输条件下始终是紧固和不漏的。除非封闭装置本身是防漏的，否则应使用密封垫或其他密封件。 d) 如果罐身、盖、封闭装置和连接件等所用的材料本身与装运的物质是不相容的，应施加适当的内保护涂层或处理。在正常运输条件下，这些涂层或处理层应始终保持其保护性能。	60	120
胶合板桶	1D		a) 所用木料应彻底风干，达到商业要求的干燥程度，其没有任何有损于桶的使用效能的缺陷。若用胶合板以外的材料制造桶盖，其质量与胶合板应是相等的。 b) 桶身至少应用两层胶合板，桶盖至少应用三层胶合板制成。各层胶合板，应按交叉纹理用抗水粘合剂牢固的粘在一起。 c) 桶身、桶盖及其连接部位应根据桶的容量和用途设计。 d) 为防止所装物质筛漏，应使用牛皮纸或其他具有同等效能的材料作桶盖衬里。衬里应紧扣在桶盖上并延伸到整个桶盖周围外。	250	400
纤维板桶	1G		a) 桶身应由多层厚纸或纤维板(无绉折)牢固的胶合或层压在一起，可以有一层或多层由沥青、涂腊牛皮纸、金属薄片、塑料等构成的保护层。 b) 桶盖应由天然木、纤维板、金属、胶合板、塑料或其他适宜材料制成，还可包括一层或多层由沥青、涂腊牛皮纸、金属薄片、塑料等构成的保护层。 c) 桶身、桶盖及其连接处的设计应与桶的容量和用途相适应。 d) 装配好的容器应由足够的防水性，在正常运输条件下不应出现剥层现象。	450	400
塑料桶和罐	1H1 1H2 3H1 3H2	桶，非活动顶盖 罐，活动顶盖 桶，非活动顶盖 罐，活动顶盖	a) 容器应使用适宜的塑料制造，其强度应与容器的容量和用途相适应。除了联合国《关于危险货物运输的建议书　规章范本》(第15修订版)中第1章界定的回收塑料外，不可使用生产剩料或来自同样生产过程重新磨合的材料以外的用过材料。容器应对老化和由于所装物质或紫外线辐射引起的质量降低具有足够的抗力。 b) 除非主管当局另有批准，容器允许运输危险物质的使用期应为从其制造日期算起不得超过5年，但由于所运物质的性质而规定更短的使用期者除外。用回收塑料制造的容器应在第7章规定的标记附近标上“REC”。 c) 如果需要防紫外线辐射，应在材料内加入炭黑或其他合适的色素或抑制剂。这些添加剂应是与内装物相容的，并应在容器的整个	450 450 60 60	400 400 120 120

表 B.1(续)

类别	代码	型别	要　求	最大容量 L	最大净质量(净重) kg
塑料桶和罐	1H1 1H2 3H1 3H2	桶,非活动顶盖 罐,活动顶盖 桶,非活动顶盖 罐,活动顶盖	使用期间保持其效能。当使用的炭黑、色素或抑制剂与制造试验过的设计型号所用的不同时,如炭黑按质量分数不超过2%。或色素含量(按质量)不超过3%,则不可再进行试验;紫外线辐射抑制剂的含量不限。 d) 除了防紫外线辐射的添加剂之外,可以在塑料成分中加入其他添加剂,如果这些添加剂对容器材料的化学和物理性质并无不良作用。在这种情况下,可免除再试验。 e) 容器各点的壁厚,应与其容量、用途以及各个点可能承受的压力相适应。 f) 对非活动盖的桶(1H1)和罐(3H1)而言,桶身(罐身)和桶盖(罐盖)上用于装入、倒空和通风的开口直径不得超过7 cm。开口更大的桶和罐将视为活动盖型号的桶和罐(1H2和3H2),桶(罐)身或桶(罐)盖上开口的封闭装置的设计和安装应做到在正常运输条件下始终是紧固和不漏的。除非封闭装置本身是防漏的,否则应使用垫圈或其他密封件。 g) 设计和安装活动盖桶和罐的封闭装置,应做到在正常运输条件下该装置始终是紧固和不漏的。所有活动盖都应使用垫圈,除非桶或罐的设计是在活动盖加的很紧时,桶或罐本身是防漏的。	450 450 60 60	400 400 120 120
天然木箱	4C1 4C2	普通的 带防渗漏层	a) 所用木材应彻底风干,达到商业要求的干燥程度,以及没有会实质上降低箱子任何部位强度的缺陷。所用材料的强度和制造方法,应与箱子的容量和用途相适应。顶部和底部可用防水的再生木,如高压板、刨花板或其他合适材料制成。 b) 紧固件应耐的住正常运输条件下经受的振动。可能时应避免用横切面固定法。可能受力很大的接缝应用抱钉或环状钉会类似紧固件接合。 c) 4C2箱的每一部分应是一块板,或与一块板等效。用下面方法中的一个接合起来的板可认为与一块板等效:林德曼(Linderman)连接、舌槽接合、搭接或槽舌接合、或者在每一个接合处至少用两个波纹金属扣件的对头连接。		400
胶合板箱	4D		所用的胶合板至少应为3层。胶合板应由彻底风干的旋制、切成或锯制的层板制成,它应符合商业要求的干燥程度,没有会实质上降低箱子强度的缺陷。所用材料的强度和制造方法应与箱子的容量和用途相适应。所有邻接各层,应用防水粘合剂胶合。其他适宜材料也可与胶合板一起用于制造箱子。应由角柱或端部钉牢或固定住箱子,或用同样适宜的紧固装置装配箱子。		400
再生木板箱	4F		a) 箱壁应由防水的再生木制成,例如高压板、刨花板或其他适宜材料。所用材料强度和制造方法应与箱子的容量和用途相适应。 b) 箱子的其他部分可用其他适宜材料制成。 c) 应使用适当装置牢固的装配箱子。		400

表 B.1（续）

类别	代码	型别	要　　求	最大容量 L	最大净质量（净重） kg
纤维板箱	4G		a) 应使用与箱子的容量和用途相适应、坚固优质的实心或双面波纹纤维板（单层或多层）。外表面的抗水性应是：当使用可勃(Cobb)法确定吸水性时，在 30 min 的试验期内，质量增加值不大于 155 g/m²——见 GB/T 1540。纤维板应有适当的纤维强度。纤维板应在切割、压折时无裂缝，并应开槽，以便装配是不会裂开、表面破裂或者不应有的弯曲。波纹纤维板的槽部，应牢固的胶合在面板上。 b) 箱子的端部可以有一个木制框架，或全部是木材或其他适宜材料。可以用木板条或其他适宜材料加强。 c) 箱体上的接合处，应用胶带粘贴、搭接并胶住，或搭接并用金属卡钉钉牢。搭接处应由适当长度的重叠。 d) 用胶合或胶带粘贴方式进行封闭时，应使用防水胶合剂。 e) 箱子的设计应与所装物品十分相配。		400
塑料箱	4H1 4H2	泡沫塑料箱 密实塑料箱	a) 应根据箱的容量和用途，用足够强度的适宜塑料制造箱子。箱子应对老化和由于所装物质或紫外线辐射引起的质量降低具有足够的抗力。 b) 发泡塑料箱应包括由模制泡沫塑料制成的两个部分，一为箱底部分，有可放入内容器的模槽，另一为箱顶部分，它将盖在箱底上，并能彼此扣住。箱底和箱顶的设计应使内容器能刚刚好放入。内容器的封闭帽不得与箱顶的内面接触。 c) 发货时，泡沫塑料箱应用具有足够抗拉强度的自粘胶带封闭，以防箱子打开。这种自胶粘带应能耐受风吹雨淋日晒，其粘合剂与箱子的泡沫塑料是相容的。也可使用至少同样有效的其他封闭装置。 d) 硬塑料箱如果需要防护紫外线辐射，应在材料内添加炭黑或其他合适的色素或抑制剂。这些添加剂应是与内装物相容的，并在箱子的整个使用期限内保持效力。当使用的炭黑、色素或抑制剂与制造试验过的设计型号所使用的不同时，如炭黑质量分数不超过 2%，或色素质量分数不超过 3%，则可不再进行试验；紫外线辐射抑制剂的含量不限。 e) 防紫外线辐射以外的其他添加剂，如果对箱子材料的物理或化学性质不会产生有害影响，可加入塑料成分中。在这种情况下，可免予再试验。 f) 硬塑料箱的封闭装置应具有足够强度的适当材料制成，其设计应使箱子不会意外打开。		60 400
钢或铝箱	4A1 4A2 4B1 4B2	钢箱 带内衬或内涂层钢箱 铝箱（不许使用） 带内衬或内涂层铝箱（不许使用）	a) 金属的强度和箱子的构造，应与箱子的容量和用途相适应。 b) 箱子应视需要用纤维板或毡片作内衬，或有合适材料作的内衬或涂层。如果采用双层压折接合的金属衬，应采取措施防止内装物，特别是爆炸物，进入到接缝的凹槽处。 c) 封闭装置可以是任何合适类型，在正常运输条件下应始终是紧固的。		400

表 B.1（续）

类别	代码	型别	要　　求	最大容量 L	最大净质量 （净重） kg
纺织袋	5L1	不带内衬或涂层	本标准规定不可使用		
	5L2 5L3	防渗漏 防水	a）所用纺织品应是优质的。纺织品的强度和袋子的构造应与袋的容量和用途相适应。 b）防渗漏袋 5L2：袋应能防止筛漏，例如，可采用下列方法： 1）用抗水粘合剂，如沥青、将纸粘贴在袋的内表面上；或 2）袋的内表面粘贴塑料薄膜；或 3）纸或塑料做的一层或多层衬里。 c）防水袋 5L3：袋应具有防水性能以防止潮气进入，例如，可采用下列方法： 1）用防水纸（如涂腊牛皮纸、柏油纸或塑料涂层牛皮纸）做的分开的内衬里；或 2）袋的内表面粘贴塑料薄膜；或 3）纸或塑料做的一层或多层衬里。		50
塑料编织袋	5H1	不带内衬或涂层	经主管机关批准才可使用		
	5H2 5H3	防渗漏 防水	a）袋子应使用适宜的弹性塑料袋或塑料单丝编织而成。材料的强度和袋的构造应与袋的容量和用途相适应。 b）如果织品是平织的，袋子应用缝合、编织或其他能达到同样强度的方法来闭合。 c）防渗漏袋 5H2：袋应能防筛漏，例如可采用下列方法： 1）袋的内表面粘贴纸或塑料薄膜； 2）用纸或塑料做的一层或多层分开的衬里。 d）防水袋 5H3：袋应具有防水性能以防止潮气进入，例如，可采用下述方法： 1）用防水纸（例如，涂腊牛皮纸，双面柏油牛皮纸或塑料涂层牛皮纸）做的分开的内衬里； 2）塑料薄膜粘贴在袋的内表面或外表面； 3）一层或多层塑料内衬。		50
塑料膜袋	5H4		袋应用适宜塑料制成。材料的强度和袋的构造应与袋的容量相适应。接缝和闭合处应能承受在正常运输条件下可能产生的压力和冲击。		50
袋	5M1	多层	本标准规定不可使用		
	5M2	多层，防水的	a）袋应使用合适的牛皮纸或性能相同的纸制造，至少有三层，中间一层可以是网格布和粘合剂在外层纸上。 b）袋 5M2：为防止进入潮气，可用下述方法使四层或四层以上的纸袋具有防水性：最外面两层中的一层作为防水层，或在最外面二层中间加入一层用适当的保护性材料作的防水层。防水的三层纸袋，最外面一层应是防水层。当所装物质可能与潮气发生反应，或者是在潮湿条件下包装的，与内装物接触的一层应是防水层或隔水层，例如，双面柏油牛皮纸、塑料涂层牛皮纸、袋的内表面粘贴塑料薄膜、或一层或多层塑料内衬里。接缝和闭合处应是防水的。		50

表 B.1(续)

类别	代码	型别	要　求	最大容量 L	最大净质量(净重) kg
复合包装(塑料材料)	6HA1	外钢桶内塑料容器	a) 贮器 塑料内贮器应适用本表塑料桶和罐 a)、d)、e)、f)、g)的要求。塑料内贮器应在外容器内配合紧贴,外容器不得有可能擦伤塑料的凸出处。 b) 外容器 塑料贮器与外钢或铝桶 6HA1 或 6HB1;外容器的构造应酌情适用钢桶或铝桶的有关要求。 c) 塑料贮器与外钢或铝板条箱或箱 6HA2 或 6HB2;外容器的构造应适用钢箱或铝箱的有关要求。 d) 塑料贮器与外木箱 6HC;外容器的构造应适用天然木箱的有关要求。 e) 塑料贮器与外胶合板桶 6HD1;外容器的构造应适用胶合板箱的有关要求。 f) 塑料贮器与外胶合板箱 6HD2;外容器的构造应适用胶合板箱的有关要求。 g) 塑料贮器与外纤维质桶 6HG1;外容器的构造应适用纤维板桶 1~4 的要求。 h) 塑料贮器与外纤维板箱 6HG2;外容器的构造应适用纤维板桶的有关要求。塑料贮器与外塑料 6HH1;外容器的构造应适用本表塑料桶和罐 a),c)~g)的要求。 i) 塑料贮器与外硬塑料箱(包括波纹塑料箱)6HH2;外容器的构造应适用本表塑料箱 a),d)~f)的要求。	250	400
	6HA2	外钢板条箱内塑料容器		60	75
	6HB1	外铝桶内塑料容器		250	400
	6HB2	外铝板箱内塑料容器		60	75
	6HC	外木板箱内塑料容器		60	75
	6HD1	外胶合板桶内塑料容器		250	400
	6HD	外胶合板箱内塑料容器		60	75
	6HG1	外纤维板桶内塑料容器		250	400
	6HG2	外纤维板箱内塑料容器		60	75
	6HH1	外塑料桶内塑料容器		250	400
	6HH2	外塑料箱内塑料容器		60	75

附　录　C
（资料性附录）
各区域代码

表 C.1 给出了全国各区域的代码。

C.1　各区域代码

地区名称	代码	地区名称	代码	地区名称	代码
北京	1100	安徽	3400	海南	4600
天津	1200	福建	3500	四川	5100
河北	1300	厦门	3502	重庆	5102
山西	1400	江西	3600	贵州	5200
内蒙古	1500	山东	3700	云南	5300
辽宁	2100	河南	4100	西藏	5400
吉林	2200	湖北	4200	陕西	6100
黑龙江	2300	湖南	4300	甘肃	6200
上海	3100	广东	4400	青海	6300
江苏	3200	深圳	4403	宁夏	6400
浙江	3300	广西	4500	新疆	6500

附 录 D
（资料性附录）
包装标记示例

D.1 盛装液体货物

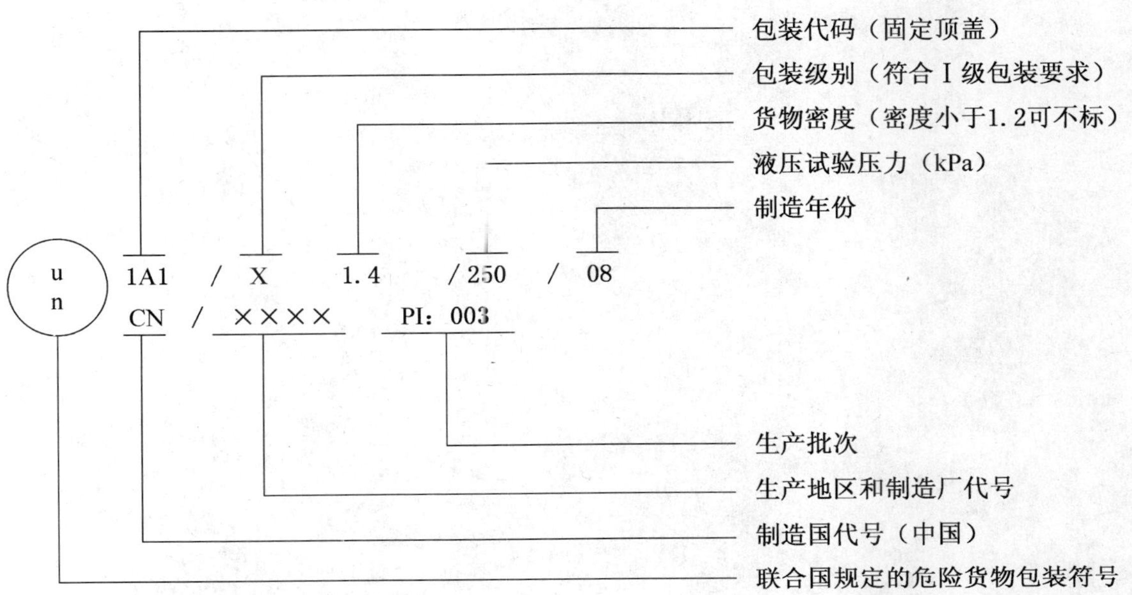

D.2 盛装固体货物

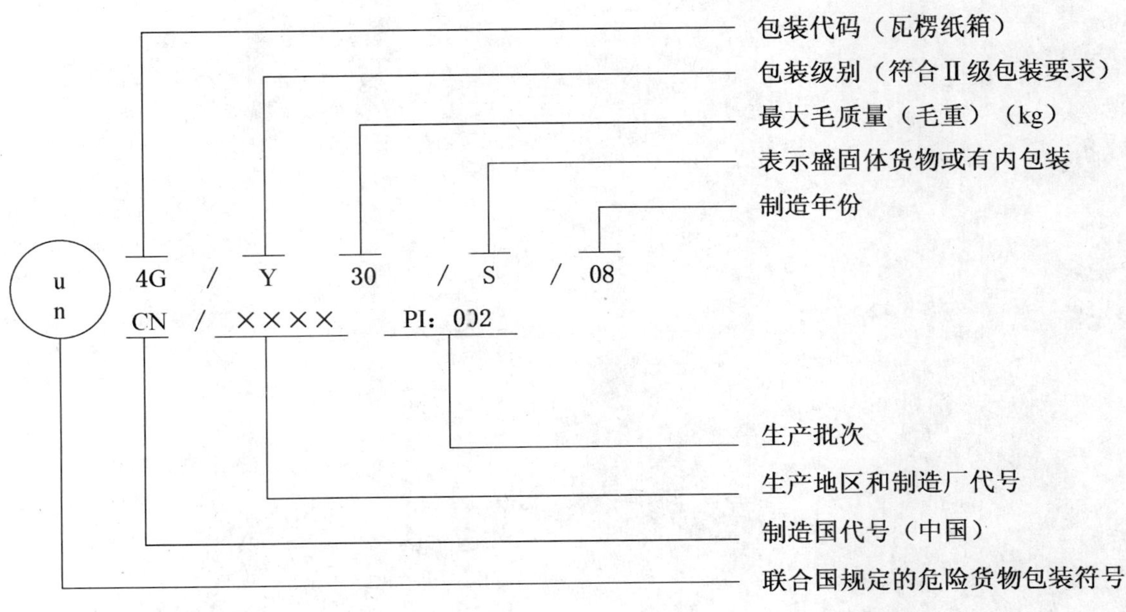

ICS 13.300;55.020
C 66

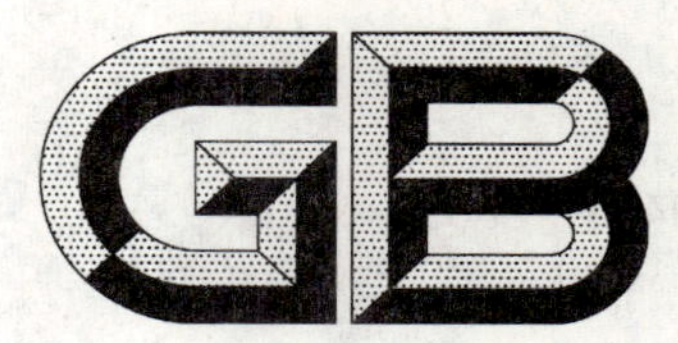

中华人民共和国国家标准

GB 19434—2009
代替 GB 19434.1—2004,GB 19434.2—2004

危险货物中型散装容器检验安全规范

Safety code for inspection of IBCs for dangerous goods

2009-06-21 发布　　2010-05-01 实施

中华人民共和国国家质量监督检验检疫总局
中国国家标准化管理委员会　发布

前　言

本标准第 4 章、第 5 章、第 6 章和第 7 章为强制性条款，其余为推荐性条款。

本标准代替 GB 19434.1—2004《危险货物中型散装容器检验安全规范　通则》、GB 19434.2—2004《危险货物中型散装容器检验安全规范　使用鉴定》。

本标准与上述标准的主要修改内容为：

——对部分技术内容做了修改，使标准有关包装的技术内容与联合国《关于危险货物运输的建议书　规章范本》(第 15 修订版)，其有关技术内容与上述规章完全一致；

——在标准文本格式上按 GB/T 1.1—2000 做了编辑性修改。

本标准的附录 A 和附录 B 是资料性附录。

本标准由全国危险化学品管理标准化技术委员会(SAC/TC 251)提出并归口。

本标准负责起草单位：天津出入境检验检疫局。

本标准参加起草单位：湖南出入境检验检疫局。

本标准主要起草人：王利兵、李宁涛、冯智劼、赵青、张园、周磊。

本标准所代替标准的历次版本发布情况为：

——GB 19434.1—2004；

——GB 19434.2—2004。

危险货物中型散装容器检验安全规范

1 范围

本标准规定了危险货物中型散装容器的分类、代码和标记、通用要求和使用鉴定。

本标准适用于危险货物中型散装容器的检验和鉴定。

2 规范性引用文件

下列文件中的条款通过本标准的引用而成为本标准的条款。凡是注日期的引用文件，其随后所有的修改单(不包括勘误的内容)或修订版均不适用于本标准，然而，鼓励根据本标准达成协议的各方研究是否可使用这些文件的最新版本。凡是不注日期的引用文件，其最新版本适用于本标准。

GB/T 2828.1—2003 计数抽样检验程序 第1部分：按接收质量限(AQL)检索的逐批检验抽样计划

GB/T 4122.1 包装术语 第1部分：基础

GB 19433—2009 空运危险货物包装检验安全规范

GB 19434.3—2004 危险货物木质中型散装容器检验安全规范 性能检验

GB 19434.4—2004 危险货物柔性中型散装容器检验安全规范 性能检验

GB 19434.5—2004 危险货物金属中型散装容器检验安全规范 性能检验

GB 19434.6—2004 危险货物复合中型散装容器检验安全规范 性能检验

GB 19434.7—2004 危险货物纤维板中型散装容器检验安全规范 性能检验

GB 19434.8—2004 危险货物刚性塑料中型散装容器检验安全规范 性能检验

联合国《关于危险货物运输的建议书 规章范本》(第15修订版)

3 术语和定义

GB/T 4122.1 和 GB 19433 确立的以及下列术语和定义适用于本标准。

3.1

中型散装容器(IBCs) intermediate bulk containers

也称中型散装货物集装箱，是指 GB 19433 规定范围以外的硬质或柔性可移动容器，这些容器：

a) 具有下列容量：

1) 装Ⅱ类包装和Ⅲ类包装的固体和液体时不大于 3.0 m^3(3 000L)；

2) Ⅰ类包装的固体如装在软性、硬塑料、复合、纤维板和木制中型散装容器时不大于1.5 m^3；

3) Ⅰ类包装的固体如装在金属中型散装容器时不大于 3.0 m^3；

b) 设计为机械装卸；

c) 能经受装卸和运输中产生的应力，该应力由试验确定。

3.2

箱体 body

容器本身，包括开口及其封闭装置，但不包括辅助设备。适用于除复合中型散装容器外的所有种类的中型散装容器。

3.3

装卸装置 handling device

固定在中型散装容器箱体上或由箱体材料延伸而形成的各种吊环、环圈、钩眼和框架。适用于柔性中型散装容器。

3.4

最大许可总质量　maximum permissible gross mass

壳体及其辅助设备和结构装置的质量加上最大许可装载质量(适用于除柔性集装袋所有种类的中型散装容器)。

3.5

塑料 plastics

当用于复合中型散装容器的内容器时,其也包括其他的聚合材料,例如橡胶等。

3.6

保护装置　protecting device

为防止撞击提供附加的保护,其保护形式有多层或双层壁结构或带有金属网格的外框架等(适用于金属中型散装容器)。

3.7

辅助设备　service equipment

指装运和卸货设备,包括减压、通气、安全、加热和隔热装置以及测量仪器。

3.8

结构装置　structural equipment

箱体的加强、固定、装卸、防护或稳定构件,包括带塑料内容器复合中形箱、纤维板和木质中型散装容器的基础托盘(适用于除柔性中型散装容器以外的中型散装容器)。

3.9

编织塑料　woven plastics

由条带或适宜塑料单丝材料制成的材料(适用于柔性中型散装容器)。

3.10

自行加速分解温度(SADT)　self-accelerating decomposition temperature

某种物质在用于运输的包装内发生自行加速反应的最低温度。

3.11

鉴定批　use appraisal lot

以相同原材料、相同结构和相同工艺生产的中型散装容器件为一鉴定批。

4　分类

4.1　危险货物分类

4.1.1　按危险货物具有的危险性或最主要的危险性分成9个类别。有些类别再分成项别。类别和项别的号码顺序并不是危险程度的顺序。

4.1.2　第1类:爆炸品

——1.1项:有整体爆炸危险的物质和物品;

——1.2项:有迸射危险但无整体爆炸危险的物质和物品;

——1.3项:有燃烧危险并有局部爆炸危险或局部迸射危险或这两种危险都有,但无整体爆炸危险的物质和物品;

——1.4项:不呈现重大危险的物质和物品;

——1.5项:有整体爆炸危险的非常不敏感物质;

——1.6项:无整体爆炸危险的极端不敏感物品。

4.1.3　第2类:气体

——2.1项:易燃气体;

——2.2 项:非易燃无毒气体;

——2.3 项:毒性气体。

4.1.4 第 3 类:易燃液体

4.1.5 第 4 类:易燃固体;易于自燃的物质;遇水放出易燃气体的物质

——4.1 项:易燃固体、自反应物质和固态退敏爆炸品;

——4.2 项:易于自燃的物质;

——4.3 项:遇水放出易燃气体的物质。

4.1.6 第 5 类:氧化性物质和有机过氧化物

——5.1 项:氧化性物质;

——5.2 项:有机过氧化物。

4.1.7 第 6 类:毒性物质和感染性物质

——6.1 项:毒性物质;

——6.2 项:感染性物质。

4.1.8 第 7 类:放射性物质。

4.1.9 第 8 类:腐蚀性物质。

4.1.10 第 9 类:杂项危险物质和物品。

4.2 危险货物包装分类

除第 1、2、7 类,第 5.2 项,第 6.2 项的危险货物外,其他各类危险货物的包装可按危险程度划分三种包装等级,即:

Ⅰ级包装——高度危险性;

Ⅱ级包装——中等危险性;

Ⅲ级包装——轻度危险性。

各类危险货物危险程度的划分可通过有关危险特性试验来确定。

4.3 中型散装容器的分类

根据中型散装容器结构和材质的不同可分为:

——金属中型散装容器;

——木质中型散装容器;

——柔性中型散装容器;

——纤维板中型散装容器;

——复合中型散装容器;

——刚性塑料中型散装容器。

5 代码与标记

5.1 代码

5.1.1 中型散装容器的代码由三部分组成。

5.1.1.1 第一部分:两位阿拉伯数字表示中型散装容器的形式。见表 1。

表 1 中型散装容器形式代码表

类型	固体卸货方式		液体
	依靠重力	使用大于 10 kPa 的压力	
刚 性	11	21	31
柔 性	13	—	—

5.1.1.2 第二部分:一个或多个大写英文字母表示材质。

A——钢(所有类型及表面处理);

B——铝;

C——天然木材;

D——胶合板;

F——再生木材;

G——纤维板;

H——塑料材料;

L——编织物;

M——多层纸;

N——金属(除钢和铝之外)。

5.1.1.3 第三部分:一位阿拉伯数字表示中型散装容器所属型式以内的类型。

5.1.1.4 对于复合中型散装容器,应在编码的第二部分依次标上两个大写英文字母。第一个字母表示中型散装容器的内容器的材料,第二个字母表示中型散装容器的外包装的材料。

5.1.2 常见中型散装容器的类型及代码,见附录A。

5.2 标记

5.2.1 基本标记

中型散装容器应具备清晰、耐久的标记。其内容包括:

5.2.1.1 联合国包装符号 (u/n)

本符号用于证明中型散装容器符合联合国《关于危险货物运输的建议书 规章范本》(第15修订版)的规定。对金属包装,可用模压大写字母"UN"表示。

5.2.1.2 第5章规定的中型散装容器代码。

5.2.1.3 表示包装级别的字母:

——X表示Ⅰ级包装;

——Y表示Ⅱ级包装;

——Z表示Ⅲ级包装。

5.2.1.4 制造月份和年份(最后两个数字)。

5.2.1.5 批准该标记的国家,中国的代号为大写英文字母CN。

5.2.1.6 中型散装容器的生产地和制造厂的代号,上述代号由有关国家主管机关确定。

5.2.1.7 有关国家主管机关确定的其他标记。

5.2.1.8 以千克(kg)表示的堆码试验负荷。对于设计上不能堆码的中型散装容器,应写上数字"0"。

5.2.1.9 最大许可总质量,对于柔性中型散装容器,应标明以千克(kg)表示的最大允许负荷。

5.2.1.10 中型散装容器基本标记示例:见附录B。

5.2.2 附加标记

5.2.2.1 中型散装容器应有5.2.1规定的标记,如有必要可增加附加标记,附加标记内容见表2。附加标记应牢固且易于检查。

表2 中型散装容器附加标记

附加标记	中型散装容器类型				
	金属	刚性塑料	复合	纤维板	木质
用升(L)表示容积,在20 ℃	+	+	+		
用千克(kg)表示质量(皮重)	+	+	+	+	+
用千帕(kPa)表示试验压力,如果适用时		+	+		

表 2（续）

附加标记	中型散装容器类型				
	金属	刚性塑料	复合	纤维板	木质
用千帕(kPa)表示最大装/卸货压力	+	+	+		
箱体材料及用毫米(mm)表示其最小厚度	+				
如果适用时，最后一次防渗漏试验日期	+	+	+		
最后一次检验时间(月和年)	+	+	+		
生产商序号	+				
注：“+”表示需要附加标记。					

5.2.2.2 除5.2.1的基本标记要求外，柔性中型散装容器可贴有表示起吊方式的图形。

5.2.2.3 复合中型散装容器的内容器还应具有包含下列信息的标记：

a) 生产商名称或符号，以及主管部门按5.2.1.7规定的中型散装容器的其他标记；

b) 按5.2.1.4规定的生产日期；

c) 按5.2.1.5规定的国家代号，中国为CN。

5.2.2.4 复合中型散装容器的外壳如是可拆卸的，每一可拆开部分应标出生产年月和生产商名称符号以及有关国家主管机关规定的其他标记。

6 通用要求

6.1 一般要求

6.1.1 中型散装容器应在外界环境影响下不会发生变形。

6.1.2 在正常运输条件下，包括振动的影响或温度、湿度或压力的变化，中型散装容器的结构和封口应保证其内装物不会溢漏。

6.1.3 中型散装容器及其封口材料应同所装物质相容，或具有保护内装物而不应发生下列情况：

a) 与内装物接触，使中型散装容器在使用上具有危险性；

b) 与内装物发生反应或分解，或同中型散装容器的制造材料发生反应形成有毒或危险性化合物。

6.1.4 衬垫材料和衬垫物不应受到中型散装容器内装物的侵害。

6.1.5 辅助设备应位置合理、保护得当，以防止在装卸运输中发生损坏而造成内装物溢漏。

6.1.6 中型散装容器及其附属设备、辅助设备和结构性设备在设计上必须能承受所装物质的压力及正常装卸运输的应力，不会发生内装物流失。需要堆码的中型散装容器应符合堆码设计要求。中型散装容器的提升和紧固装置应具有足够的强度，能承受正常装卸和运输条件而不会发生整体变形或断裂。这些装置应位置得当，不对中型散装容器的任何部位造成过大的应力。

6.1.7 如果中型散装容器由框架内装箱体组成，应满足下列结构要求：

a) 框架和箱体之间不应发生碰撞或摩擦而造成箱体损坏；

b) 箱体应自始至终位于框架内；

c) 如果箱体和框架的连结部分允许相对膨胀或运动，则中型散装容器的各种设备应固定在合适位置，使各种设备不会因为这种相对运动而被损坏。

6.1.8 中型散装容器的底部卸货阀应关闭紧固。整个卸货装置应保护得当以免损坏。使用杠杆关闭装置的阀门应能防止任何意外开启。开、关位置应明显易辨认。装液体货物的中型散装容器还应配备能封闭卸货口的辅助装置。

6.1.9 中型散装容器在装货和交付运输前应进行认真检查以保证其没有任何腐蚀、污染及其他损坏，各附属设备的功能正常，凡有迹象表明中型散装容器的强度已低于其设计类型的试验强度，该中型散装容器应停止使用，或进行再处理使之能够承受该类型的试验强度。

6.1.10 当中型散装容器装载液体时，液面上方应留有足够的空间，以保证货物的平均温度为50 ℃时中型散装容器的充灌度不超过其总容量的98%。

注：不同温度下的最大充灌度可按式(1)求出：

$$F = \frac{98\%}{1 + \alpha(50 - t_f)} \quad \cdots\cdots(1)$$

式中：

F——充灌度；

α——液体物质在温度为15 ℃至50 ℃时的体积膨胀平均系数；

t_f——在充灌时液体的平均温度。

对于35 ℃的最大温升，α可根据式(2)求出：

$$\alpha = \frac{d_{15} - d_{50}}{35 \times d_{50}} \quad \cdots\cdots(2)$$

式中：

d_{15}——液体在15 ℃时的相对密度；

d_{50}——液体在50 ℃时的相对密度。

6.1.11 以串联的方式使用两个或两个以上的关闭装置，应最先关闭距运输物质最近的那个关闭装置。

6.1.12 运输期间，中型散装容器的外部不得粘附有任何危险的残留物。

6.1.13 未清洁的，曾装运过危险物质的空中型散装容器也应按本标准的要求，除非已采取了足够的措施消除其危险性。

6.1.14 中型散装容器用于装闪点≤60 ℃的液体，或用于装运易发生粉尘爆炸的粉末时，应采取防静电措施。

6.1.15 当拟装运的固体物质在运输过程中的温度下可能液化时，中型散装容器还应达到盛装液态物质的有关要求。

6.2 特殊要求

6.2.1 拟装有机过氧化物(第5.2项)的中型散装容器的特殊要求

有机过氧化物均应经过试验，并附有报告，证明使用中型散装容器包装该物质是安全的。试验应包括：

a) 证明该有机过氧化物符合联合国《关于危险货物运输的建议书 规章范本》(第15修订版)的有关分类原则；

b) 证明在运输中与该物质接触的材料和该物质的相容性；

c) 必要时，根据自行加速分解温度确定和控制应急温度。这些温度可能会低于联合国《关于危险货物运输的建议书 规章范本》(第15修订版)所注明的包装件温度；

d) 在必要情况下，设计应急减压装置，并制定为保证安全运输有机过氧化物所必须的特别要求。

6.2.2 拟装自反应物质(第4.1项)中型散装容器的特殊要求

6.2.2.1 自反应物质应经过试验，并附有报告，说明使用中型散装容器包装是安全的。

6.2.2.2 需要考虑的应急情况还包括该物质能容易被诸如火花和火焰等外部火源所点燃，及过高的运输温度或污染会容易导致强烈的放热反应。

6.2.2.3 为了防止金属中型散装容器或具有完整金属外壳的复合中型散装容器发生爆裂，应急减压装置在设计上应能在卷入火灾时(热负荷110 kW/m^2)或在自行加速分解过程中，在不超过1 h的时间内释放出全部分解产物和蒸气。

6.2.2.4 自行加速分解温度低于55 ℃的自反应物质采用中型散装容器包装时，应按联合国《关于危险货物运输的建议书 规章范本》(第15修订版)的温度控制要求办理。

6.2.2.5 中型散装容器应采用封闭式的运输组件。

7 使用鉴定

7.1 使用鉴定要求

7.1.1 一般要求

7.1.1.1 中型散装容器的外观要求

7.1.1.1.1 中型散装容器上铸印、印刷或粘贴的标记、标志和危险货物彩色标签应准确清晰，符合第5章中有关规定要求。

7.1.1.1.2 中型散装容器外表应清洁，不允许有残留物、污染或渗漏。

7.1.1.1.3 凡采用铅封的中型散装容器应在危险货物运输现场查验后进行封识。

7.1.1.2 使用单位选用的中型散装容器应与内装危险货物的性质相适应，其性能应符合GB 19434.3～GB 19434.8中的规定。

7.1.1.3 中型散装容器的包装等级应等于或高于盛装货物要求的包装级别。

7.1.1.4 在下列情况时应提供由国家质量监督检验检疫部门认可的检验机构出具的危险品分类、定级和危险特性检验报告：

a） 首次运输或生产的；

b） 首次出口的；

c） 国家质检部门认为有必要时。

7.1.1.5 中型散装容器底部有卸货阀的，应具有关闭紧固特性，卸货装置始终完好，并能防止任何意外开启。

7.1.1.6 首次使用的塑料、带内(镀)层的中型散装容器应提供6个月以上化学相容性试验合格的报告。

7.1.1.7 用于装运闪点为≤60 ℃的液体，或用于装运易发生粉尘爆炸的粉末时，应采取相应的防静电措施。

7.1.1.8 一般液体危险货物灌装至中型散装容器总容积的98%以下，膨胀系数较大的液体货物，应根据其膨胀系数确定容器的预留容积。固体危险货物盛装至中型散装容器容积的95%以下，剩余空间按规定填充或者衬垫。

7.1.1.9 采用液体或惰性气体保护危险货物时，该液体或惰性气体应能有效保证危险货物的安全。

7.1.1.10 危险货物不得撒漏在中型散装容器外表和内外容器之间。

7.1.1.11 危险货物和与之相接触的中型散装容器不得发生任何影响容器强度及发生危险的化学反应。

7.1.1.12 吸附材料不得与所装危险货物发生有危险的化学反应，并确保内容器破裂时能完全吸附滞留全部危险货物。

7.1.1.13 防震及衬垫材料不得与所装危险货物发生化学反应，而降低其防震性能。应有足够的衬垫填充材料，防止内容器移动。

7.1.1.14 中型散装容器的封闭器应紧密配合，并配以适当的密封圈，保证危险货物在运输过程中无泄漏。

7.1.1.15 木质中型散装容器和纤维板中型散装容器用钉紧固时，应钉实，不得突出钉帽，穿透容器的钉尖应盘倒，并加封盖，以防与内装物发生任何化学反应或物理变化。其封口应平整牢固。

7.1.1.16 中型散装容器的袋类内容器封口要求：不论采用绳扎、粘合或其他型式的封口，应保证内容物无撒漏。

——绳扎封口：袋内应无气体、袋口用绳紧绕二道，扎紧打结，再将袋口朝下折转、用绳紧绕二道，扎紧打结。如果是双层袋应按此法分层扎紧。

——粘合封口：袋内应无气体、粘合牢固不允许有孔隙存在。如果是双层袋应分层粘合。

7.1.1.17 下列危险货物不允许使用中型散装容器装运：

a） 第2类、第6类和第7类危险货物；

b） 副危险性为第2类、第6类和第7类的危险货物；

c） 蒸气压力在50 ℃时超过110 kPa或55 ℃时超过130 kPa的液体危险货物。

7.1.2 特殊要求

7.1.2.1 金属中型散装容器的特殊要求

下列危险货物不允许使用金属中型散装容器装运：

a） 第1类(配装类1.1D和1.5D除外)和第5.2项(F型有机过氧化物除外)危险货物；

b） 包装等级为Ⅰ级的液体危险货物；

c） 第4.1项和4.2项中包装等级为Ⅰ级的危险货物；

d） 包装等级为Ⅰ级具有自行发热危险性的危险货物。

7.1.2.2 柔性中型散装容器的特殊要求

7.1.2.2.1 下列危险货物不允许使用柔性中型散装容器装运：

a） 第1.1项(配装类1.1D和1.5D除外)和第3类危险货物；

b） 包装等级为Ⅰ级的危险货物；

c） 熔点等于或低于45 ℃的固体危险货物；

d） 联合国《关于危险货物运输的建议书 规章范本》(第15修订版)规定不能使用袋装的危险货物；

e） 50 ℃时，蒸气压力超过10 kPa的固体危险货物。

7.1.2.2.2 采用绳扎、粘合或其他形式的封口必须无内容物撒漏。所用绳、线不应与所装危险货物起化学反应而降低其强度。

7.1.2.3 刚性塑料中型散装容器的特殊要求

7.1.2.3.1 下列危险货物不允许使用刚性塑料中型散装容器装运：

a） 第1类和闭杯闪点低于0 ℃的第3类危险货物；

b） 包装等级为Ⅰ级的危险货物；

c） 包装等级为Ⅰ级的第4类固体危险货物；

d） 包装等级为Ⅰ级具有自行发热危险性的危险货物；

e） 包装等级为Ⅰ级的第6.1项危险货物，并且具有易燃副危险性；

f） 包装等级为Ⅰ级的并具有催泪作用的固体危险货物。

7.1.2.3.2 刚性塑料中型散装容器包装危险货物时应具有防护装置。

7.1.2.4 复合中型散装容器的特殊要求

7.1.2.4.1 下列危险货物不允许使用复合中型散装容器装运：

a） 第1类(配装类1.1D和1.5D除外)、闭杯闪点低于0 ℃的第3类危险货物；

b） 包装等级为Ⅰ级的危险货物；

c） 包装等级为Ⅰ级的第4类固体危险货物；

d） 包装等级为Ⅰ级具有自行发热危险性的危险货物；

e） 包装等级为Ⅰ级的第6.1项危险货物，并且具有易燃副危险性；

f） 包装等级为Ⅰ级的并具有催泪作用的固体危险货物。

7.1.2.4.2 下列危险货物不允许使用31 HZ2型复合中型散装容器装运：

a） 第1类、第3类、第4类和第5类危险货物；

b） 第8类、第9类和第6.1项危险货物；

c） 包装等级Ⅰ级和Ⅱ级的液体危险货物。

7.1.2.5 纤维板中型散装容器的特殊要求

下列危险货物不允许使用纤维板中型散装容器装运：

a) 第1类、第3类和第5.2项(F型有机过氧化物除外)的危险货物；

b) 包装等级为Ⅰ级的危险货物；

c) 熔点等于或低于45 ℃的危险货物；

d) 50 ℃时蒸气压力超过10 kPa的危险货物。

7.1.2.6 木质中型散装容器的特殊要求

下列危险货物不允许使用木质中型散装容器装运：

a) 第1类、第3类和第5.2项危险货物；

b) 包装等级为Ⅰ级的危险货物；

c) 熔点等于或低于45 ℃的危险货物；

d) 50 ℃时蒸气压力超过10 kPa的危险货物；

e) 包装等级为Ⅰ级的第4类和第5.1项固体危险货物；

f) 包装等级为Ⅰ级具有自行发热危险性的危险货物；

g) 包装等级为Ⅰ级的并具有催泪作用的固体危险货物。

7.2 抽样

7.2.1 检验批

以相同原材料、相同结构和相同工艺生产的包装为一检验批，最大批量为5 000件。

7.2.2 抽样规则

按GB/T 2828.1正常检查一次抽样一般检查水平Ⅱ进行抽样。

7.2.3 抽样数量

见表3。

表3 抽样数量

单位为件

批量范围	抽样数量
1～8	2
9～15	3
16～25	5
26～50	8
51～90	13
91～150	20
151～280	32
281～500	50
501～1 200	80
1 201～3 200	125
3 201～5 000	200

7.3 鉴定

7.3.1 检查中型散装容器是否符合7.1.1.1、7.1.1.5和7.1.1.7的要求。

7.3.2 按GB 19434.3～GB 19434.8的有关规定检查所选用中型散装容器是否与盛装危险货物的性质相适应；容器的包装等级是否等于或高于盛装危险货物的级别；是否有性能检验的合格报告。

7.3.3 对于7.1.1.4、7.1.1.6提到的危险货物中型散装容器检查是否具有相应的证明和检验报告。

7.3.4 检查盛装液体或固体的中型散装容器，其盛装容积是否符合7.1.1.8的要求。

7.3.5 提取保护危险货物的液体分析确定保护性液体是否有效保证危险货物的安全。

7.3.6 用微型气体测定仪检测惰性气体含量,确定惰性气体是否有效保证危险货物的安全。

7.3.7 检查危险货物和与之接触的容器、吸附材料、防震和衬垫材料,绳、线等容器附加材料是否发生化学反应,影响其使用性能。

7.3.8 检查封口和封闭器情况是否符合 7.1.1.14、7.1.1.15 和 7.1.1.16 的规定。

7.3.9 检查中型散装容器盛装的危险货物种类是否符合 7.1.1.17 的规定。

7.3.10 检查金属中型散装容器盛装的危险货物是否符合 7.1.2.1 的规定。

7.3.11 检查柔性中型散装容器盛装的危险货物和封口是否符合 7.1.2.2 的规定。

7.3.12 检查刚性塑料中型散装容器盛装的危险货物及其防护装置是否符合 7.1.2.3 的规定。

7.3.13 检查复合中型散装容器盛装的危险货物是否符合 7.1.2.4 的规定。

7.3.14 检查纤维板中型散装容器盛装的危险货物是否符合 7.1.2.5 的规定。

7.3.15 检查木质中型散装容器盛装的危险货物是否符合 7.1.2.6 的规定。

7.4 鉴定规则

7.4.1 生产厂应保证所生产的中型散装容器应符合本标准规定,并由有关检验部门按本标准检验。用户有权按本标准的规定,对接收的产品提出验收检验。

7.4.2 使用企业应保证所使用的容器符合本标准规定,并由有关检验部门按本标准鉴定。中型散装容器的用户有权按本标准的规定,对接收的产品提出验收鉴定。

7.4.3 中型散装容器应以订货量为批,最大订货量不超过 5 000 件,逐批检验鉴定。

7.4.4 检验项目:按 7.1 和 7.2 的要求逐项进行检验。

7.4.5 判定规则:按标准的要求逐项进行鉴定,若每项有一个中型散装容器不合格则判断该项不合格,若有一项不合格则评定该批中型散装容器不合格。

7.4.6 不合格批处理:不合格批中的不合格中型散装容器经剔除后,再次提交鉴定,其严格度不变。

附 录 A
（资料性附录）
中型散装容器类型和代码

表 A.1 给出了各种常用中型散装容器类型和代码。

表 A.1 中型散装容器类型和代码表

材质	类型	代码
A. 钢	装固体，靠重力装货或卸货	11A
	装固体，靠压力装货或卸货	21A
	装液体	31A
B. 铝	装固体，靠重力装货或卸货	11B
	装固体，靠压力装货或卸货	21B
N. 金属（钢、铝除外）	装固体，靠重力装货或卸货	11N
	装固体，靠压力装货或卸货	21N
	装液体	31N
H. 塑料（柔性）	编织塑料，无涂层亦无衬里	13H1
	编织塑料，有涂层	13H2
	编织塑料，有衬里	13H3
	编织塑料，既有涂层又有衬里	13H4
	塑料薄膜	13H5
L. 纺织品	无涂层亦无衬里	13L1
	有涂层	13L2
	有衬里	13L3
	既有涂层又有衬里	13L4
M. 纸	多层纸	13M1
	多层纸防水	13M2
H. 刚性塑料	装固体，靠重力装卸货，装有结构装置	11H1
	装固体，靠重力装卸货，独立式的	11H2
	装固体，靠压力装卸货，装有结构装置	21H1
	装固体，靠压力装卸货，独立式的	21H2
	装固体，装有结构装置	31H1
	装液体，独立式的	31H2
HZ. 带有塑料内容器的复合中型散装容器[a]	带有硬塑料内容器的复合中型散装容器，用于装靠重力装卸的固体	11HZ1
	带有软塑料内容器的复合中型散装容器，用于装靠重力装卸的固体	11HZ2
	带有硬塑料内容器的复合中型散装容器，用于装靠加压装卸的固体	21HZ1
	带有软塑料内容器的复合中型散装容器，用于装靠加压装卸的固体	21HZ2
	带有硬塑料内容器的复合中型散装容器，用于装液体	31HZ1

表 A.1（续）

材质	类　　型	代码
G.纤维板	装固体，靠重力装货卸货	11G
C.天然木	装固体，靠重力装货卸货并带有内衬	11C
D.胶合板	装固体，靠重力装货卸货并带有内衬	11D
再生木	装固体，靠重力装货卸货并带有内衬	11F
[a] 代码中的字母Z应根据7.1.2由一个大写字母取代，以表示外壳所使用材料的性质。		

附 录 B
（资料性附录）
中型散装容器基本标记示例

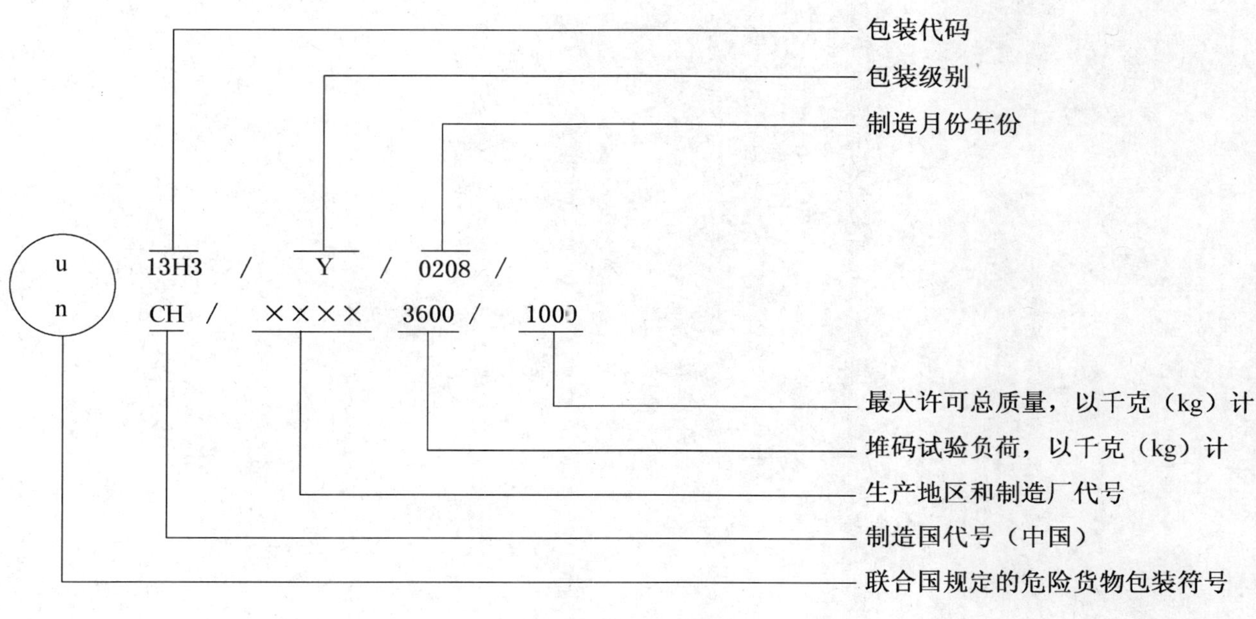

ICS 13.300
A 80

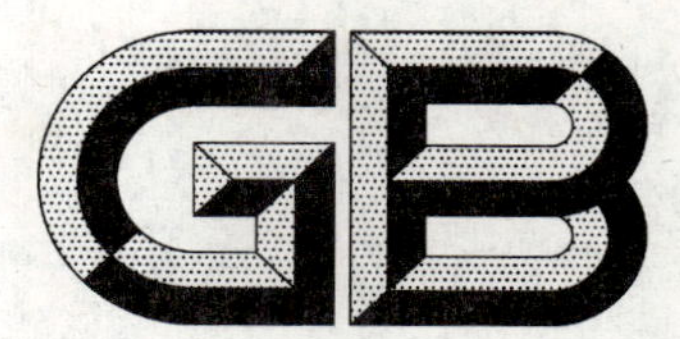

中华人民共和国国家标准

GB 19453—2009
代替 GB 19453.1—2004,GB 19453.2—2004

危险货物电石包装检验安全规范

Safety code for inspection of packaging of dangerous goods for calcium carbide

2009-06-21 发布　　2010-05-01 实施

中华人民共和国国家质量监督检验检疫总局
中国国家标准化管理委员会　发布

前言

本标准第4章、第5章为强制性的，其余为推荐性的。

本标准代替GB 19453.1—2004《危险货物电石包装检验安全规范 性能检验》、GB 19453.2—2004《危险货物电石包装检验安全规范 使用鉴定》。

本标准与上述两个标准的主要修改内容为：

——对部分技术内容做了修改，使标准有关包装的技术内容与联合国《关于危险货物运输的建议书 规章范本》(第15修订版)和国际海事组织(IMO)《国际海运危险货物规则》(2006版)完全一致；

——在标准文本格式上按GB/T 1.1—2000做了编辑性修改。

本标准的附录A为资料性附录。

本标准由全国危险化学品管理标准化技术委员会(SAC/TC 251)提出并归口。

本标准负责起草单位：天津出入境检验检疫局。

本标准参加起草单位：湖南出入境检验检疫局。

本标准主要起草人：王利兵、李宁涛、冯智劼、张勇、赵青、胡新功。

本标准所代替标准的历次版本发布情况为：

——GB 19453.1—2004；

——GB 19453.2—2004。

危险货物电石包装检验安全规范

1 范围

本标准规定了危险货物电石包装钢桶的性能检验和使用鉴定。

本标准适用于危险货物电石包装钢桶的检验和鉴定。

危险货物电石的其他包装的性能检验也可参照使用。

2 规范性引用文件

下列文件中的条款通过本标准的引用而成为本标准的条款。凡是注日期的引用文件，其随后所有的修改单(不包括勘误的内容)或修订版均不适用于本标准，然而，鼓励根据本标准达成协议的各方研究是否可使用这些文件的最新版本。凡是不注日期的引用文件，其最新版本适用于本标准。

GB/T 325—2000 包装容器 钢桶

GB/T 2828.1 计数抽样检验程序 第1部分：按接收质量限(AQL)检索的逐批检验抽样计划

GB/T 4857.3 包装 运输包装件基本试验 第3部分：静载荷堆码试验方法

GB/T 4857.5—1992 包装 运输包装件 跌落试验方法

GB/T 13040 包装术语 金属容器

GB/T 17344 包装 包装容器 气密试验方法

GB 19433 空运危险货物包装检验安全规范

3 术语和定义

GB/T 325、GB/T 13040 和 GB 19433 确立的术语和定义适用于本标准。

4 性能检验

4.1 要求

4.1.1 危险货物电石包装一般使用开口钢桶。

4.1.2 危险货物电石包装钢桶应符合如下要求。

4.1.2.1 桶身和桶盖应根据钢桶的容量和用途，使用型号适宜和厚度足够的钢板制造。

4.1.2.2 桶身接缝应焊接。

4.1.2.3 桶的凸边应用机械方法接合，或焊接。也可以使用分开的加强环。

4.1.2.4 容量超过 60 L 的钢桶桶身，通常应该至少有两个扩张式滚箍，或者至少两个分开的滚箍。如使用分开式滚箍，则应在桶身上固定紧，不得移位。滚箍不应点焊。

4.1.2.5 桶身和桶盖的开口封闭装置的设计和安装应做到在正常运输条件下保持牢固和内容物无泄漏。封闭装置凸缘应用机械方法或焊接方法恰当接合。除非封闭装置本身是防漏的，否则应使用密封垫或其他密封件。

4.1.2.6 如果桶身、桶盖、封闭装置和连接件等所用的材料本身与装运的物质是不相容的，应施加适当的内保护涂层或处理层。在正常运输条件下，这些涂层或处理层应始终保持其保护性能。

4.1.3 电石包装钢桶用油墨和涂料应附着力强，耐候性好，其漆膜附着力应达到 GB/T 325—2000 附录 A.2 规定的 2 级要求。

4.1.4 电石包装钢桶性能试验要求见表1。

表1

性能检验项目	要　　求
堆码试验	样品不破裂、不倒塌、无渗漏
跌落试验	样品跌落后，当内外压力达到平衡后不渗漏，具有内涂(镀)层的容器，其涂(镀)层不得有龟裂、剥落
气密试验	样品无渗漏

4.2 试验

4.2.1 试验项目

试验项目见表1。

4.2.2 样品数量

4.2.2.1 不同试验项目的样品数量见表2。

表2 试验项目和抽样数量　　单位为件

试验项目	抽样数量
堆码试验	3
跌落试验	6
气密试验	3

4.2.2.2 在不影响检验结果的情况下，允许减少抽样数量，一个样品同时进行多项试验。

4.2.3 试验样品的准备

4.2.3.1 内装物

样品所盛装的内装物不得少于其容量的95%。内装物可采用物理性能(如质量和粒度等)与拟装物相同的物质来替代。

4.2.3.2 气密试验样品准备

在包装容器的顶部钻孔，接上进水管及排气管，或接上进气管。对设有排气孔的封闭器，应换成不透气的封闭器或堵住排气孔。

4.2.3.3 结构尺寸及外观

用量具及目测方法检验。

4.2.4 跌落试验

4.2.4.1 试验设备

符合GB/T 4857.5—1992中第2章试验设备的要求。

4.2.4.2 试验方法

跌落试验方法按GB 19433中的要求进行。

4.2.4.3 跌落高度为1.2 m。

4.2.5 气密试验

4.2.5.1 试验设备和方法

按GB/T 17344的要求。

4.2.5.2 试验压力为20 kPa。

4.2.6 堆码试验

4.2.6.1 试验设备

按GB /T 4857.3的要求。

4.2.6.2 **试验方法**

包装容器的堆码时间为 24 h。其他试验方法按 GB/T 4857.3 的要求。

4.2.6.3 **堆码载荷**

$$P = K \times \left(\frac{H-h}{h}\right) \times m$$

式中：

P——加载的负荷，单位为千克(kg)；

K——劣变系数，K 值为 1；

H——堆码高度(不少于 3 m)；

h——单个包装件高度，单位为米(m)；

m——单个包装件毛质量(毛重)，单位为千克(kg)。

4.3 **检验规则**

4.3.1 生产厂应保证所生产的电石包装钢桶符合本标准规定，并由有关检验部门按本标准检验。用户有权按本标准的规定，对接收的产品提出验收检验。

4.3.2 检验项目：按 4.1、4.2 的要求逐项进行检验。

4.3.3 电石包装钢桶有下列情况之一时，应进行性能检验：

——新产品投产或老产品转产时；

——正式生产后，如结构、材料、工艺有较大改变，可能影响产品性能时；

——在正常生产时，每半年一次；

——产品长期停产后，恢复生产时；

——出厂检验结果与上次性能检验结果有较大差异时；

——国家质量监督机构提出进行性能检验。

4.3.4 判定规则：

按标准的要求逐项进行检验，若每项有一个样品不合格则判断该项不合格，若有一项不合格则评定该批产品不合格。

4.3.5 不合格批处理：

不合格批中的电石包装钢桶经剔除后，再次提交检验，其严格度不变。

5 使用鉴定

5.1 **要求**

5.1.1 外观要求

5.1.1.1 钢桶上铸印、印刷或粘贴的标记、标志和危险货物彩色标签应准确清晰，符合 GB 19433 有关规定要求，并且应明显标注“已充氮气”字样。

5.1.1.2 包装件外表应清洁，不允许有残留物、污染或渗漏。

5.1.1.3 凡采用铅封的包装件应在货运部门现场查验后进行封识。

5.1.2 使用单位选用的钢桶应与运输危险货物的性质相适应，其性能应符合第 4 章性能检验的规定。

5.1.3 钢桶的包装等级应等于或高于盛装货物要求的包装级别。

5.1.4 在下列情况时应提供由国家质量监督检验检疫部门认可的检验机构出具的危险品分类、定级和危险特性检验报告：

a) 首次运输或生产的；

b) 首次出口的；

c) 国家质检部门认为有必要时。

5.1.5　首次使用带内涂、内镀层的钢桶应提供6个月以上化学相容性试验合格的报告。

5.1.6　钢桶应配以适当的密封圈，无论采用何种形式封口，均应达到紧箍、密封要求。扳手箍还需用销子锁住扳手。

5.1.7　充氮要求

电石包装充氮方法应得当，一般可采用附录A的方法，也可采用其他等效方法。应使用含氮99.99%以上的纯氮气，当使用含氮99.9%的普通氮气时，应经过干燥处理，去除水分。

5.1.8　钢桶使用前后应在库内存放，保持干燥。

5.1.9　钢桶气密封口鉴定应无渗漏。

5.1.10　钢桶内乙炔含量(体积分数)不大于1%。

5.2　抽样

5.2.1　鉴定批

以相同原材料、相同结构和相同工艺生产的包装件为一鉴定批，最大批量为5 000件。

5.2.2　抽样规则

按GB/T 2828.1正常检查一次抽样一般检查水平Ⅱ进行抽样。

5.2.3　抽样数量

见表3。

表3　抽样数量

单位为件

批量范围	抽样数量
1～8	2
9～15	3
16～25	5
26～50	8
51～90	13
91～150	20
151～280	32
281～500	50
501～1 200	80
1 201～3 200	125
3 201～5 000	200

5.3　鉴定

5.3.1　检查电石包装钢桶外观是否符合5.1.1的要求。

5.3.2　按第4章有关规定检查所选用钢桶是否与内装物的性质相适应；钢桶的包装等级是否等于或高于盛装危险货物的级别；是否有性能检验的合格报告。

5.3.3　对于5.1.4和5.1.5提到的钢桶检查是否具有相应的证明和检验报告。

5.3.4　检查钢桶的封口和密封圈是否符合5.1.6的规定。

5.3.5　检查包装充氮是否符合5.1.7的要求。

5.3.6　鉴定包装件气密封口是否符合5.1.9的要求。

5.3.6.1　鉴定设备

a)　充氮装置；

b)　压力表；

c)　其他辅助器具。

5.3.6.2 鉴定步骤

打开包装桶盖的一个充氮孔装上通气嘴向桶内充入氮气，入口处压力保持在20 kPa，并在包装桶封口部位涂以肥皂液，观察是否渗漏。

5.3.7 鉴定包装件内乙炔含量是否符合5.1 10的要求。

5.3.7.1 鉴定设备：乙炔测定仪。

5.3.7.2 鉴定步骤：使用经标准乙炔气校正过的乙炔测定仪，打开充氮孔，将仪器的抽气管从充氮孔插入包装件内测定。

5.4 鉴定规则

5.4.1 电石包装钢桶的使用企业应保证所使用的电石包装钢桶符合本标准规定，并由有关检验部门按本标准鉴定。电石包装件的用户有权按本标准的规定，对接收的包装件提出验收鉴定。

5.4.2 鉴定项目：按5.1、5.2的要求逐项进行鉴定。

5.4.3 电石包装件应以订货量为批，最大订货量不超过5 000件，逐批鉴定。

5.4.4 判定规则：

按标准的要求逐项进行鉴定，若每项有一个包装件不合格则判断该项不合格，若有一项不合格则评定该批包装件不合格。

5.4.5 不合格批处理：

不合格批中的不合格电石包装件经剔除后，再次提交鉴定，其严格度不变。

附　录　A
（资料性附录）
电石包装的充氮方法

A.1　负压充氮法

使用三通阀连接包装件、真空泵及充氮管。首先关闭充氮管，开启真空泵抽出包装件内的气体，然后关闭真空泵，开启充氮管充氮至包装件内产生正压为止。

A.2　正压充氮法

在装电石时向包装件底部插入一根充氮管，开始充氮，从底部排除包装件内的混合气体，然后封闭开口，再从顶盖的充氮孔充氮。

ICS 13.300
A 80

中华人民共和国国家标准

GB 19454—2009

代替 GB 19454.1—2004,GB 19454.2—2004,GB 19454.3—2004

危险货物便携式罐体检验安全规范

Safety code for inspection of portable tanks for dangerous goods

2009-06-21 发布　　　　2010-05-01 实施

中华人民共和国国家质量监督检验检疫总局
中国国家标准化管理委员会　发布

前　言

本标准第5章、第6章、第7章和第8章为强制性的，其余为推荐性的。

本标准代替GB 19454.1—2004《危险货物便携式罐体检验安全规范　通则》、GB 19454.2—2004《危险货物便携式罐体检验安全规范　性能检验》、GB 19454.3—2004《危险货物便携式罐体检验安全规范　使用鉴定》。

本标准与上述三个标准的修改主要内容为：

——对部分技术内容做了修改，使标准有关包装的技术内容与联合国《关于危险货物运输的建议书　规章范本》(第15修订版)完全一致；

——在标准文本格式上按GB/T 1.1—2000做了编辑性修改。

本标准由全国危险化学品管理标准化技术委员会(SAC/TC 251)提出并归口。

本标准负责起草单位：天津出入境检验检疫局。

本标准参加起草单位：湖南出入境检验检疫局。

本标准主要起草人：王利兵、李宁涛、冯智劼、赵青、张园、张勇。

本标准所代替标准的历次版本发布情况为：

——GB 19454.1—2004；

——GB 19454.2—2004；

——GB 19454.3—2004。

危险货物便携式罐体检验安全规范

1 范围

本标准规定了危险货物便携式罐体的要求、标记、性能检验、使用鉴定。

本标准适用于装运第3类至第9类危险货物便携式罐体的检验。

2 规范性引用文件

下列文件中的条款通过本标准的引用而成为本标准的条款。凡是注日期的引用文件，其随后所有的修改单(不包括勘误的内容)或修订版均不适用于本标准，然而，鼓励根据本标准达成协议的各方研究是否可使用这些文件的最新版本。凡是不注日期的引用文件，其最新版本适用于本标准。

GB/T 2828.1 计数抽样检验程序 第1部分:按接收质量限(AQL)检索的逐批检验抽样计划

GB/T 4122.1 包装术语 第1部分:基础

GB 19434 危险货物中型散装容器检验安全规范

GB 19270 水路运输危险货物包装检验安全规范

ISO 1496-3 货运集装箱系列1.规范和试验 第3部分:液体和气体用罐装集装箱

ISO 4126-1 安全阀(Safety Valves)

联合国《关于危险货物运输的建议书 规章范本》(第15修订版)

3 术语和定义

GB/T 4122.1、GB 19434 和 GB 19270 确立的以及下列术语和定义适用于本标准。

3.1

便携式罐体 portable tanks

用以运输第3类至第9类物质的、容量大于450 L的多式联运罐体。便携式罐体的罐壳装有运输危险货物所必要的辅助设备和结构装置。

3.2

罐壳 shell

便携式罐体承装所运物质的部分(罐体本身)，包括开口及其封闭装置，但不包括辅助设备或外部结构装置。

3.3

辅助设备 service equipment

测量仪表以及装货、卸货、排气、安全、加热、冷却及隔热装置。

3.4

结构装置 structural equipment

罐壳外部的加固部件、紧固部件、防护部件和稳定部件。

3.5

最大允许工作压强 maximum allowable working pressure

不小于在工作状态下在罐壳顶部测量的下列两个压强中较大者：

a) 在装货或卸货时，罐壳内允许的最大有效表压；或

b) 罐壳的设计最大有效表压，数值不小于以下两项之和：

1) 物质在 65 ℃(如果是在高于 65 ℃下运输的高温物质，在装货、卸货或运输过程中的最高温度)时物质的绝对蒸气压减 100 kPa；

2) 罐体未装满空间内的空气和其他气体的分压(kPa)，这个分压是由未装满空间 65 ℃的最高温度和平均整体温度升高 t_r-t_f(t_f=装货温度，通常为 15 ℃；t_r=50 ℃，最高平均整体温度)引起的液体膨胀所决定。

3.6

设计压强　design pressure

公认的压力容器规则要求的计算中所用的压强值。设计压强不得小于下列压强中的最大者：

a) 在装货或卸货时，罐壳内允许的最大有效表压；或

b) 以下三项之和：

1) 物质在 65 ℃(如果是在高于 65 ℃下运输的高温物质，在装货、卸货或运输过程中的最高温度)时物质的绝对蒸气压减 100 kPa；

2) 罐体未装满空间内的空气和其他气体的分压(kPa)，这个分压是由未装满空间 65 ℃的最高温度和平均整体温度升高 t_r-t_f(t_f=装货温度，通常为 15 ℃；t_r=50 ℃，最高平均整体温度)引起的液体膨胀所决定；

3) 根据运行方向最大许可总质量的两倍乘以重力加速度、与运行方向垂直的水平方向最大许可总质量(运行方向不明确时，为最大许可总质量的两倍)乘以重力加速度、向上的垂直方向最大许可总质量乘以重力加速度、向下的垂直方向最大许可总质量的两倍(包括重力在内的总载荷)乘以重力加速度分别所指动态力确定的排出压强，但不小于 35 kPa；

c) 根据联合国《关于危险货物运输的建议书　规章范本》(第 15 修订版)第 4.2 章中适用便携式罐体规范规定的最低试验压强值的三分之二。

3.7

试验压强　test pressure

液压试验时罐壳顶部的最大表压，不小于设计压强的 1.5 倍。

3.8

防漏试验　leakproofness test

用气体对罐壳及其辅助设备施加不小于最大允许工作压强 25%的有效内压的试验。

3.9

最大许可总质量　maximum permissible gross mass

便携式罐体的皮质量(皮重)及允许装运的最大荷载之和。

3.10

鉴定批　use appraisal lot

以相同原材料、相同结构和相同工艺生产的便携式罐体件为一鉴定批，简称批。

4 危险货物分类

4.1 按危险货物具有的危险性或最主要的危险性分成 9 个类别。有些类别再分成项别。类别和项别的号码顺序并不是危险程度的顺序。

4.1.1 第 1 类：爆炸品

——1.1 项：有整体爆炸危险的物质和物品；

——1.2 项：有进射危险但无整体爆炸危验的物质和物品；

——1.3 项：有燃烧危险并有局部爆炸危验或局部进射危险或这两种危险都有，但无整体爆炸危险的物质和物品；

——1.4 项：不呈现重大危险的物质和物品；

——1.5 项：有整体爆炸危险的非常不敏感物质；

——1.6 项：无整体爆炸危险的极端不敏感物品。

4.1.2 第 2 类：气体

——2.1 项：易燃气体；

——2.2 项：非易燃无毒气体；

——2.3 项：毒性气体。

4.1.3 第 3 类：易燃液体

4.1.4 第 4 类：易燃固体；易于自燃的物质；遇水放出易燃气体的物质

——4.1 项：易燃固体、自反应物质和固态退敏爆炸品；

——4.2 项：易于自燃的物质；

——4.3 项：遇水放出易燃气体的物质。

4.1.5 第 5 类：氧化性物质和有机过氧化物

——5.1 项：氧化性物质；

——5.2 项：有机过氧化物。

4.1.6 第 6 类：毒性物质和感染性物质

——6.1 项：毒性物质；

——6.2 项：感染性物质。

4.1.7 第 7 类：放射性物质。

4.1.8 第 8 类：腐蚀性物质。

4.1.9 第 9 类：杂项危险物质和物品。

4.2 危险货物包装分类

除第 1、2、7 类，第 5.2 项，第 6.2 项的危险货物外，其他各类危险货物的包装可按危险程度划分三种包装等级，即：

Ⅰ级包装——高度危险性；

Ⅱ级包装——中等危险性；

Ⅲ级包装——轻度危险性。

各类危险货物危险程度的划分可通过有关危险特性试验来确定。

5 标记

5.1 每个便携式罐体应安装一块永久固定在便携式罐体上显眼和易于检查之处的防锈金属标牌。如因便携式罐体标牌安放位置的原因而无法将标牌永久固定在罐壳上，罐壳上至少应标明压力容器规则要求的资料。应用印戳或其他类似方法在标牌上至少标明下列内容：

制造国
U　　　　　　批准国　　　　　　　批准号码
N
制造厂商的名称或标记
出厂序列号码
批准设计的受权单位
所有人注册号码
制造年份
罐壳设计依据的压力容器规则
试验压强＿＿＿＿＿＿＿＿ kPa,表压
最大允许工作压强＿＿＿＿＿＿＿＿ kPa,表压
外部设计压强＿＿＿＿＿＿＿＿ kPa,表压
设计温度范围＿＿＿＿＿＿℃至＿＿＿＿＿＿℃
20 ℃时的水容量＿＿＿＿＿＿＿＿ L
20 ℃时每个分隔间的水容量＿＿＿＿＿＿＿＿ L
首次压力试验日期及检验员
加热/冷却系统最大允许工作压强＿＿＿＿ kPa,表压
罐壳材料和材料标准参考号
参考钢等效厚度＿＿＿＿＿＿ mm
衬里材料
最近一次定期试验日期和类型＿＿＿年＿＿＿月　试验压强＿＿＿＿＿ kPa,表压

注：标牌上应至少包括以上内容,如需要可适当增加其他内容。

5.2　下列资料应标记在便携式罐体上或标记在牢固地固定在便携式罐体上的金属标牌上：

生产企业名称
最大许可总质量＿＿＿＿＿ kg
卸载后(皮)质量＿＿＿＿＿ kg

5.3　如果便携罐体设计上允许在公海装卸,则应在明显的板面上标记文字“海运便携罐体”一词应写在标牌上。

5.4　降压装置的标记

5.4.1　每个降压装置均应有明显的永久性标记标明：

a)　调定的排放压强(kPa)或温度(℃)；
b)　弹簧装置:排放压强容限公差；
c)　易碎盘:对应于额定压强的参考温度；
d)　易熔塞:温度容限公差;以及
e)　以标准的 m^3/s 表示的装置额定流通能力。

实际情况允许时,也应标明以下资料：

f)　制造厂商名称和有关的产品目录号。

5.4.2　降压装置上标明的额定流通能力应按 ISO 4126-1 确定。

5.4.3　通向降压装置的通道,应该有足够大的尺寸,以便使需要排放的物质不受限制地通向安全装置。罐壳和降压装置之间不应装有断流阀,除非为维修保养或其他原因而装有双联降压装置,而且实际使用的降压装置的断流阀是锁定在开的位置,或者断流阀相互联锁,使得双联装置中至少有一个始终是在使

用中。通向排气或降压装置的开口部位不得有障碍物，以免限制或切断罐壳到该装置的流通。降压装置出口如使用排气孔或管道，应可把释放的蒸气或液体在降压装置受到最小反压力的条件下排到大气中。

6 通用要求

6.1 便携式罐体应有充分保护，以防运输过程中因横向和纵向冲击和倾覆而损坏罐壳和辅助设备。如罐壳和辅助设备结构能承受冲击或倾覆，则不需作这样的保护。

6.2 有些化学性质不稳定的物质，只能在采取必要措施防止在运输过程中发生危险的分解、变态或聚合反应时，方准运输。确保罐体不含任何可能促进这些反应的物质。

6.3 罐壳（不包括开口及其封闭装置）或隔热层外表面温度在运输中不应超过 70 ℃。

6.4 未经洗刷和放气的空便携式罐体应按照仍装有原先所装物质的要求办理。

6.5 可相互发生危险的反应并造成以下情况的物质不得装在罐壳相接的分隔单元内运输：

a) 燃烧和/或大量发热；

b) 散发出可燃、毒性或窒息性气体；

c) 形成腐蚀性物质；

d) 形成不稳定物质；

e) 发生危险的升压。

6.6 装载度

6.6.1 装货前，托运人应确保所用的是合适的便携式罐体，而且便携式罐体未装载在与罐壳材料、垫圈、辅助设备及任何防护衬料接触时可能与之发生危险的反应从而形成危险产物或明显减损这些材料强度的物质。

6.6.2 便携式罐体装载不应超过 6.8.3 至 6.8.9 规定的限度。6.8.3、6.8.4 或 6.8.8 对个别物质的适用性见联合国《关于危险货物运输的建议书　规章范本》（第 15 修订版）第 4 章中适用便携式罐体规范或特殊规定。

6.6.3 一般采用的最大装载度（%）按式（1）计算。

6.6.4 对于Ⅰ级和Ⅱ级包装的 6.1 项和第 8 类液体及在 65 ℃时绝对饱和蒸气压超过 175 kPa（1.75 bar）的液体，其最大装载度（%）按式（2）计算。

$$F_{\max}=\frac{97}{1+a(t_{r}-t_{f})} \quad \cdots\cdots(1)$$

$$F_{\max}=\frac{97}{1+a(t_{r}-t_{f})} \quad \cdots\cdots(2)$$

$$\alpha=\frac{d_{15}-d_{50}}{35d_{50}} \quad \cdots\cdots(3)$$

式中：

F——装载度；

t_r——装货过程平均温度；

t_f——运输过程最高整体平均温度；

d_{15}——液体在 15 ℃时的密度；

d_{50}——液体在 50 ℃时的密度。

注：式（1）与式（2）中，α 是液体在装货过程平均温度（t_f）与运输过程最高平均整体温度（t_r）（℃）之间的平均体积膨胀系数，α 可按式（3）计算。

6.6.5 最高平均整体温度（t_r）应取 50 ℃，但在温和气候条件下或极端气候条件下运输时，可取较低或要求取较高的温度值。

6.6.6 6.8.3 至 6.8.6 的规定不适用于装载在运输过程中保持温度高于 50 ℃（如使用加温装置）的物

质的便携式罐体、装有加温装置的便携式罐体应使用温度调节器,确保最大装载度在运输过程中的任何时候都不会大于其整个容积95%。

6.6.7 高温条件下运输的液体最大装载度(%)按式(4)计算:

$$F_{max} = 95 \frac{d_r}{d_f} \qquad \cdots\cdots (4)$$

式中:

d_f——液体在装货过程平均温度下的密度;

d_r——运输过程最高平均整体温度下的密度。

6.6.8 便携式罐体在下列情况不得运输:

a) 装载20 ℃或者对加热物质运输期间物质的最大温度时黏度低于2 680 mm^2/s的液体且装载度大于20%,但小于80%,除非便携式罐体的罐壳用隔板或调压板隔开,隔成若干容量不超过7 500 L的舱;

b) 罐壳外部或其辅助设备上粘附有残余的装载物质;

c) 渗漏或损坏到罐体的完整性或其起吊和紧固附件可能受到影响时。

6.6.9 便携式罐体的叉车插口在罐体装货时应关闭。但不适用于不需要配备叉车插口关闭装置的便携式罐体。

6.7 使用便携式罐体运输第3类物质的附加规定:

6.7.1 拟用于运输易燃液体的所有便携式罐体均应为密闭罐体,并装有降压装置。

6.7.2 仅拟用于陆运的便携式罐体,陆运的有关规章可能允许使用开口排气系统。

6.8 使用便携式罐体运输5.2项物质和4.1项自反应物质的附加规定:

6.8.1 下述规定适用于运输自加速分解温度为55 ℃或更高的F型有机过氧化物或F型自反应物的便携式罐体。如果这些规定同设计和制造要求中的规定相冲突,则以这些规定为准。

6.8.2 用便携式罐体运输自加速分解温度低于55 ℃的有机过氧化物或自反应物的额外规定,应由主管部门加以规定。

6.8.3 便携式罐体的设计应能承受至少0.4 MPa的试验压强。

6.8.4 便携式罐体应装有温度感测装置。

6.8.5 便携式罐体应装有安全降压装置和紧急降压装置,也可使用真空降压装置。安全降压装置起作用时的压力应根据物质的性质和便携式罐体的构造特征确定。罐壳上不允许使用易熔塞。安全降压装置应装有弹簧阀,以防止便携式罐体内大量积聚在50 ℃时产生的分解物和蒸气。降压阀的能力和开始泄气时的压力应根据联合国《关于危险货物运输的建议书 规章范本》(第15修订版)第4.2章中规定的试验结果确定。所确定的开始泄气时的压力不能使液体在便携式罐体倾覆时从阀门中流出。

6.8.6 紧急降压装置可以是弹簧式的或易碎式的或两者的组合,应能将罐体被火焰完全吞没不少于1 h内产生的分解物和蒸气全部排放掉,详见联合国《关于危险货物运输的建议书 规章范本》(第15修订版)4.2.1.13.8。紧急降压装置开始泄气时的压强值应高于联合国《关于危险货物运输的建议书 规章范本》(第15修订版)5.10.8的规定并根据联合国《关于危险货物运输的建议书 规章范本》(第15修订版)5.10.1所述的试验结果确定的数值。紧急降压装置尺寸的设计应能够确保便携式罐体内的最大压强决不超过罐体的试验压强。

6.8.7 对于隔热的罐体,在确定其紧急降压装置的能力和定位时应假设罐体表面积1%的隔热材料脱落。

6.8.8 真空降压装置和弹簧间应配有防火罩。应考虑到防火罩会减低降压能力。

6.8.9 阀门和外部管道等辅助设备的安排应保证它们在便携式罐体装货后不会有物质残留其中。

6.8.10 罐体可加以隔热,或采用遮阳罩保护。如果便携式罐体内物质的自加速分解温度在55 ℃或以下,或便携式罐体为铝结构,则罐体应完全隔热。罐体外表面应涂覆白色涂料或发亮金属。

6.8.11　在15 ℃时装载度不应超过90%。

6.8.12　标记应包含联合国编号、技术名称和核准的物质浓度。

6.8.13　在联合国《关于危险货物运输的建议书　规章范本》(第15修订版)中便携式罐体规范具体列明的有机过氧化物和自反应物可用便携式罐体运输。

6.9　使用便携式罐体运输第7类物质：

6.9.1　用于运输放射性物质的便携式罐体不得用于运输其他货物。

6.9.2　便携式罐体的装载度不应超过90%或经主管当局批准的任何其他数值。

6.10　运输第8类物质所用的便携式罐体的安全降压装置应定期检查，间隔期不得超过1年。

7　性能检验

7.1　要求

7.1.1　每个便携式罐体的罐壳和各项设备应在首次投入使用之前作检查和试验(首次检查和试验)，其后每隔5年作检查和试验(5年定期检查和试验)，并在5年定期检查和试验的中期点作中间定期检查和试验(2.5年定期检查和试验)。两年半检查和试验可在规定日期的3个月之内进行。当便携式罐体上可以看出有损坏、腐蚀、渗漏或其他表明可能影响其完整性的缺陷时，应进行例外检查和试验，可不考虑上次定期检查和试验的时间。

7.1.2　便携式罐体的首次检查和试验应包括设计特性检查，应考虑到拟装运的物质对便携式罐体及其配件作内部和外部检查以及压力试验。在便携式罐体投入使用之前，还应作防漏试验及所有辅助设备运转良好的试验。如果罐壳及其配件是分开做的压力试验，应在组装之后一起做防漏试验。

7.1.3　5年定期检查和试验应包括内部和外部检查，一般还包括液压试验。对于仅用于运输在运输过程中不会液化的毒性或腐蚀性物质以外的固态物质的罐体，液压试验可用在最大允许工作压强1.5倍的压力下进行的适当压力试验取代，但须得到主管部门批准。外包物、隔热物等只应拆除到可评价便携式罐体状况的程度。如果罐壳和设备是分开做的压力试验，应在组装之后一起作防漏试验。

7.1.4　两年半中间定期检查和试验至少应包括适当考虑到拟装运的物质对便携式罐体及其配件作内部和外部检查、防漏试验及所有辅助设备是否运转良好的试验。外包物、隔热物等只应拆除到可评价便携式罐体状况的程度。专用于装运一种物质的便携式罐体，主管部门或其授权单位可免除两年半内部检查或用主管部门的其他试验方法或检查程序取代。

7.1.5　便携式罐体在7.1.1要求的最近一次5年或两年半定期检查和试验有效期截止日之后不得装货和交运。但是，最近一次定期检查和试验有效期截止日之前装货的便携式罐体可在该截止日之后不超过3个月的时期内运输。另外，在以下情况下便携式罐体可在最近一次定期试验和检查有效期截止日之后运输：

a)　卸空之后清洗之前，以便在重新装货之前进行下一次要求的试验或检查；

b)　除非主管部门另作批准，在最近一次定期试验或检查有效期截止日之后不超过6个月的时期内，以便将危险货物送回作恰当处置或回收。运输单证中应提及这项免除。

7.1.6　当便携式罐体上可以看出有损坏或腐蚀部位或渗漏，或其他表明可能影响便携式罐体完整性的缺陷的状况时应作例外检查和试验。例外检查和试验的程度取决于便携式罐体的损坏或状况恶化程度。例外检查和试验至少应包括7.1.4规定的两年半检查和试验项目。

7.1.7　便携式罐体内部和外部检查应确保：

a)　对罐壳进行检查，查验有无剥蚀、腐蚀、刮伤、凹陷、变形、焊缝缺陷或任何其他可能造成便携式罐体不能安全运输的状况，包括渗漏；

b)　对管道、阀门、加热/冷却系统和垫圈进行检查，查验有无腐蚀部位、缺陷或任何其他可能造成便携式罐体不能安全装货、卸货或运输的状况，包括渗漏；

c)　出人孔盖紧固装置工作正常，出人孔盖或垫圈没有渗漏；

d) 法兰连接或管口盖板上的螺栓或螺帽失缺的补上，松动的重新上紧；

e) 所有紧急装置和阀门均无腐蚀、变形及任何可使之无法正常运作的损坏或缺陷。遥控关闭装置和自关闭断流阀应通过操作证明工作正常；

f) 如有衬里，按衬里制造厂商提供的标准加以检查；

g) 便携式罐体上应有的标记明晰易辨并符合适用要求；

h) 便携式罐体的框架、支承和起吊装置状况良好。

7.1.8 如检查和试验内容之一是压力试验，试验压强应是便携式罐体数据标牌上标明的数值。应在加压状态下检查便携式罐体的罐壳、管道或设备有无渗漏。

7.1.9 在罐壳上进行的一切切割、喷烧或焊接作业应经主管部门或其授权单位参照罐壳制造所依据的压力容器规则加以批准。作业完成后应按原试验压强作压力试验。

7.1.10 如发现任何不安全状况的迹象，便携式罐体在修好并通过再次试验之前不得重新使用。

7.1.11 便携式罐体的性能试验要求见表1。

表1 性能试验要求

性能试验项目	性能试验要求
撞击试验	内装物无损失，便携式罐体无任何危及运输安全的变形
压力试验	所有试样均无渗漏，便携式罐体无任何变形
防漏试验	所有试样均无渗漏
液压试验	所有试样均无渗漏，便携式罐体无任何变形

7.2 试验

7.2.1 试验项目

便携式罐体性能试验项目见表1。

7.2.2 试验内容

7.2.2.1 撞击试验

7.2.2.1.1 符合联合国《关于危险货物运输的建议书 规章范本》(第15修订版)定义的便携式罐体，每种设计应有一个原型样品作撞击试验。

7.2.2.1.2 试验设备及方法

应符合联合国《关于危险货物运输的建议书 规章范本》(第15修订版)的要求。

7.2.2.1.3 试验撞击力

原型便携式罐体应证明能在铁路运输的典型机械冲击持续时间内耐受不小于满载便携式罐体最大许可总重4倍(4 G)的撞击产生的力。

7.2.2.2 压力试验

7.2.2.2.1 试验设备

气密压力试验机或达到相同效果的其他试验设备。

7.2.2.2.2 试验压力

试验压力应是便携式罐体数据标牌上标明的数值。应在加压状态下检查便携式罐体的罐壳、管道或设备有无渗漏。

7.2.2.2.3 试验方法

启动气密压力试验机，向罐内连续均匀施以压力，罐体包括它们的封闭器，应承受规定恒压5 min。

7.2.2.3 防漏试验

7.2.2.3.1 试验设备

注水泵或达到相同效果的其他试验设备。

7.2.2.3.2 试验方法

启动注水泵，向罐内连续均匀加满水，检查便携式罐体的罐壳、管道或设备有无渗漏。

7.2.2.4 液压试验

7.2.2.4.1 试验设备

液压试验机或达到相同效果的其他试验设备。

7.2.2.4.2 试验压力

试验压力应是便携式罐体数据标牌上标明的数值。应在加压状态下检查便携式罐体的罐壳、管道或设备有无渗漏。

7.2.2.4.3 试验方法

启动液压试验机，向罐内连续均匀施以液压，同时打开排气阀，排除试验容器内残留气体，然后关闭排气阀。罐体包括它们的封闭器，应承受规定恒液压 5 min。

7.3 检验规则

7.3.1 生产厂应保证所生产的便携式罐体符合本标准规定，并由有关检验部门按本标准检验。用户有权按本标准的规定，对接收的产品提出验收检验。

7.3.2 检验项目：按 7.1、7.2 的要求逐项进行检验。

7.3.3 性能检验的条件

便携式罐体有下列情况之一时，应进行性能检验：

——首次投入使用之前；

——投入使用之前；

——两年半定期检查和试验；

——5 年定期检查和试验；

——例外检查和试验；

——正式生产后，如结构、材料、工艺有较大改变，可能影响产品性能时。如果便携式罐体与其设计类型仅存在细微的差别，如外部尺寸稍微缩小等，可允许对此便携式罐体采用选择性试验；

——产品长期停产后，恢复生产时；

——出厂检验结果与上次性能检验结果有较大差异时；

——国家质量监督机构提出进行性能检验。

7.3.4 判定规则

按标准的要求逐项进行检验，若每项有一个样品不合格则判断该项不合格，若有一项不合格则评定该批产品不合格。

8 使用鉴定

8.1 要求

8.1.1 一般要求

8.1.1.1 便携式罐体的外观要求：

a) 便携式罐体上铸印、印刷或粘贴的标记、标志和危险货物彩色标签应准确清晰，符合第 6 章的有关规定要求；

b) 便携式罐体外表应清洁，不允许有残留物、污染或渗漏。

8.1.1.2 使用单位选用的便携式罐体应与内装危险货物的性质相适应，其性能应符合第 7 章的规定。

8.1.1.3 在下列情况时应提供由国家质量监督检验检疫部门认可的检验机构出具的危险品分类、定级和危险特性检验报告：

a) 首次运输或生产的；

b) 首次出口的；

c) 国家质检部门认为有必要时。

8.1.1.4 用于装运闭口闪点≤60 ℃，或用于装运易发生粉尘爆炸的粉末时，应采取相应的防静电措施。

8.1.1.5 一般液体危险货物灌装至便携式罐体总容积的98%以下，膨胀系数较大的液体货物，应根据其膨胀系数确定容器的预留容积。固体危险货物盛装至便携式罐体容积的95%以下，剩余空间按规定填充或者衬垫。

8.1.1.6 采用液体或惰性气体保护危险货物时，该液体或惰性气体应能有效保证危险货物的安全。

8.1.1.7 危险货物和与之相接触的便携式罐体不得发生任何影响容器强度及发生危险的化学反应。

8.1.1.8 便携式罐体的封闭器应紧密配合，并配以适当的密封圈，保证危险货物在运输过程中无泄漏。

8.1.2 设计和制造要求

8.1.2.1 便携式罐体罐壳、配件和管道，应该用具有下列性质的材料制造：

a) 基本上不受待运物质侵蚀；

b) 被化学作用适当地钝化或中和；或

c) 有抗腐蚀材料直接粘在罐壳上，或者用与此相当的方法粘上衬里。

8.1.2.2 垫圈应该用不受待运物质腐蚀的材料制造。

8.1.2.3 罐壳有衬里时，衬里材料应基本上不受待运物质腐蚀。材料应是均匀的、无孔无洞的、有足够的弹性，具有与罐壳相容的热膨胀特性。每个罐壳、罐壳配件和管道的衬里应是连续的，并且要延伸到每个凸缘的周围表面。如外部配件焊接在罐体上，衬里要连续遍及该配件和外部凸缘的周围表面。

8.1.2.4 衬里的接头和接缝处应采取熔融或其他同等有效的方式将材料接合在一起。

8.1.2.5 应避免不同金属互相接触形成电池作用而造成金属的腐蚀。

8.1.2.6 便携式罐体及其任何装置、垫圈和附件的材料，不得对罐体内装物产生不利的影响。

8.1.2.7 便携式罐体应设计并有支承以便在运输期间提供牢固的支座，并且应有合适的起吊和系紧装置。

8.1.2.8 便携式罐体的设计至少应能经受得住内装物产生的内压以及正常装卸和运输中的静载荷、动载荷和热载荷，而不会使内装物漏损。设计应考虑到便携式罐体预计使用期内反复施加这些载荷造成的疲劳效应。

8.1.2.9 对于拟在海上使用的便携式罐体，应考虑到在海上装卸所施加的动应力。

8.1.2.10 拟装运符合第3类物质，包括在等于或高于其闪点条件下运输的高温物质的便携式罐体，所用的真空降压装置应能防止火焰直接穿入罐壳，若非如此，便携式罐体的罐壳应能经受得住火焰穿入罐壳引起的内部爆炸而不会发生渗漏。

8.1.2.11 便携式罐体用于运输符合第3类物质，包括在等于或高于其闪点条件下运输的高温物质时，应当能够作防静电接地。应采取措施防止发生危险的静电放电。

8.1.2.12 与拟装高温下运输的物质的罐壳直接接触的隔热层的点燃温度应比罐体的最高设计温度高至少50 ℃。

8.1.3 辅助设备

8.1.3.1 辅助设备的安装方式应使其在装卸和运输过程中不会被扳掉或损坏。如果框架和罐壳的连接允许组合件之间有相对运动，则设备的安装方式应允许有相对运动而不会损坏工作部件。外部卸货配件(管道插座、关闭装置)、内断流阀及其支座应加以保护，以防被外力(如：用剪切材)扳掉的危险。装货和卸货装置(包括法兰或螺纹塞)及任何防护帽应能防止被无意打开的情况。

8.1.3.2 便携式罐体装货或卸货用的所有罐壳开口都应安装手动断流阀，断流阀的位置应尽可能靠近罐壳。通向排气或安全降压装置的开口以外的其他开口应安装断流阀或另一合适关闭装置，其位置尽可能靠近罐壳。

8.1.3.3 便携式罐体一律应有尺寸合适的出入口或其他检查口以便作内部检查并有足够空间作内部保养和维修。分隔型便携式罐体的每一分隔间应有一个出入口或其他检查口。

8.1.3.4 外部配件应尽可能集中在一起。隔热便携式罐体顶部配件周围应有带适当排泄装置的溢漏收集槽。

8.1.3.5 便携式罐体的每一连接件应有标示功能的明显标志。

8.1.3.6 阀门和附件应使用可锻金属制造。

8.1.4 底开装置

有些物质不应使用带底开装置的便携式罐体运输。联合国《关于危险货物运输的建议书 规章范本》(第15修订版)内说明的适用便携式罐体规范写明不得有底开装置时，罐壳在装至其最大允许装载限度时的液面以下不得有开口。如要封闭一个已有的开口，应在罐壳内外各焊一块金属板。

8.1.5 降压装置

8.1.5.1 容积不小于1 900 L的每个便携式罐体或类似容积的每个罐体分隔间，应装备一个或多个弹簧降压阀，还可以另外有一个与弹簧降压装置并联的易碎盘或易熔塞，但联合国《关于危险货物运输的建议书 规章范本》(第15修订版)中6.7章禁止使用的除外。降压装置的能力应足以防止装货、卸货或内装物升温所致过压或真空状态造成罐壳破裂。

8.1.5.2 降压装置的设计应能防止异物进入、液体渗漏和形成任何危险的超压。

8.1.5.3 便携式罐体应装有经主管部门批准的降压装置。除非专用的便携式罐体装有经批准的、用与所装货物相容的材料制造的降压装置，否则降压装置应由弹簧降压装置和一个前置易碎盘构成。在易碎盘与所需降压装置串联安装时，二者之间的空间应装一个压力表或适当的信号显示器，用以检测可能引起降压系统失灵的易碎盘破裂、穿孔或泄漏。易碎盘应在标称压强比降压装置开始排气的压强高10%时破裂。

8.1.5.4 容积小于1 900 L的每个便携式罐体应装有降压装置，降压装置可以是符合8.1.7要求的易碎盘。如果不用弹簧降压装置，易碎盘应设定在标称压强等于试验压强时破裂。

8.1.5.5 配备加压卸货的罐壳，进气管道应安装适当的降压装置，将其设定在压强不高于罐壳最大允许工作压强时起作用，并应尽可能靠近罐壳安装一个断流阀。

8.1.6 易熔塞

易熔塞应在110 ℃至149 ℃之间的一个温度上起作用，条件是罐壳内在易熔塞熔化温度时的压强不大于试验压强。易熔塞应装在罐壳顶部，入口位置应在蒸气空间内，而且任何情况下不得被与外部热量隔绝。试验压强大于265 kPa的便携式罐体不得使用易熔塞。拟装运高温物质的便携式罐体上使用的易熔塞应设计在高于运输过程中遇到的最高温度的一个温度上起作用，并应符合主管部门或其授权单位的要求。

8.1.7 易碎盘

8.1.7.1 除8.1.5规定的情况外，在整个设计温度范围内易碎盘应设定在标称压强等于试验压强时破裂。使用易碎盘时，应特别注意8.1.3和8.1.5的要求。

8.1.7.2 易碎盘应对便携式罐体产生的真空压力适用。

8.1.8 降压装置的标记

8.1.8.1 每个降压装置均应有明显的永久性标记标明：

a) 调定的排放压强(kPa)或温度(℃)；

b) 弹簧装置：排放压强容限公差；

c) 易碎盘：对应于额定压强的参考温度；

d) 易熔塞：温度容限公差；

e) 以标准的 m^3/s 表示的装置额定流通能力；

f) 制造厂商名称和有关的产品目录号。

8.1.8.2 降压装置上标明的额定流通能力应按 ISO 4126-1 确定。

8.1.9 降压装置的通道

通向降压装置的通道，应该有足够大的尺寸，以便使需要排放的物质不受限制地通向安全装置。罐壳和降压装置之间不应装有断流阀，除非为维修保养或其他原因而装有双联降压装置，而且实际使用的降压装置的断流阀是锁定在开的位置，或者断流阀相互联锁，使得双联装置中至少有一个始终是在使用中。通向排气或降压装置的开口部位不得有障碍物，以免限制或切断罐壳到该装置的流通。降压装置出口如使用排气孔或管道，应可把释放的蒸气或液体在降压装置受到最小反压力的条件下排到大气中。

8.1.10 降压装置的位置

8.1.10.1 每个降压装置的入口均应位于罐壳顶部，尽可能接近罐壳纵向和横向中心的地方。所有降压装置的入口均应位于罐壳在最大装载条件下的蒸气空间并且降压装置的安装方式应能保证排出的蒸气不受限制地排放。对于易燃物质，排出的蒸气应导离罐壳，使之不会冲到罐壳上。允许使用能使蒸气流动方向偏转的保护装置，但不能降低所要求的降压装置能力。

8.1.10.2 应做出安排防止未经批准的人员接近降压装置，而且应对降压装置加以保护，以免在便携式罐体倾覆时造成损坏。

8.1.11 计量装置

与罐体内装物直接接触的液面指示器和计量表，不得使用玻璃或其他易碎材料制造。

8.1.12 支承、框架、起吊和系紧附件

8.1.12.1 便携式罐体应设计并造有支承结构，以便在运输期间提供牢固的底座。这方面的设计应考虑到规定的各种力和规定的安全系数。底垫、框架、支架或其他类似的装置均可使用。

8.1.12.2 由于便携式罐体的固定件(如支架、框架等)以及起吊和系紧附件等引起的综合应力，不应对罐壳的任何部分造成过分的应力。永久性的起吊和系紧附件应安装在所有便携式罐体上，最好安装在罐体的支承上，但可以固定在罐壳支承点的加强板上。

8.1.12.3 在设计支承和框架时，应考虑到环境的腐蚀作用。

8.1.12.4 叉车插口应是能关闭的。用于关闭叉车插口的装置应是框架上的永久性部件或永久性地附着在框架上。长度小于 3.65 m 的单分隔间便携式罐体可不用关闭型的叉车插口，条件是：

a) 罐壳包括所有配件均有妥善防护，免受叉刃撞击；并且

b) 两个插口中心点之间的距离至少等于便携式罐体最大长度的一半。

8.1.12.5 运输过程中无防护的便携式罐体，罐壳和辅助设备应有能避免因横向或纵向撞击或倾覆而损坏的保护措施。外部配件应有保护，以防罐壳内装物在便携式罐体受撞击或倾覆在这些配件上时释放。保护措施的例子包括：

a) 防止横向撞击的措施，可以是设在罐壳两侧中线上的纵向保护钢条；

b) 防止便携式罐体倾覆的措施，可以是固定在罐身上的加固环或钢条；

c) 防止后部撞击的措施，可以是防冲挡板或挡架；

d) 防止罐壳因撞击或倾覆损坏的措施，可以使用符合 ISO 1496-3 的框架。

8.2 抽样

8.2.1 检验批

以相同原材料、相同结构和相同工艺生产的便携式罐体为一检验批，最大批量为 5 000 件。

8.2.2 抽样规则

按 GB/T 2828.1 正常检查一次抽样一般检查水平Ⅱ进行抽样。

8.2.3 抽样数量

见表 2。

表 2 抽样数量

单位为件

批量范围	抽样数量
1～8	2
9～15	3
16～25	5
26～50	8
51～90	13
91～150	20
151～280	32
281～500	50
501～1 200	80
1 201～3 200	125
3 201～5 000	200

8.3 鉴定

8.3.1 检查便携式罐体是否符合 8.1.1.1、8.1.1.5 和 8.1.1.7 的要求。

8.3.2 按第 7 章有关规定检查所选用便携式罐体是否与盛装危险货物的性质相适应；容器的包装等级是否等于或高于盛装危险货物的级别；是否有性能检验的合格报告。

8.3.3 对于 8.1.1.4、8.1.1.6 提到的危险货物便携式罐体检查是否具有相应的证明和检验报告。

8.3.4 检查盛装液体或固体的便携式罐体，其盛装容积是否符合 8.1.1.8 的要求。

8.3.5 提取保护危险货物的液体分析确定保护性液体是否有效保证危险货物的安全。

8.3.6 用微型气体测定仪检测惰性气体含量，确定惰性气体是否有效保证危险货物的安全。

8.3.7 检查便携式罐体制造材料是否符合 8.1.2.1 至 8.1.2.6 的要求。

8.3.8 检查便携式罐体设计和制造是否符合 8.1.2.7 至 8.1.2.12 的要求。

8.3.9 检查便携式罐体辅助设备是否符合 8.1.3.1 至 8.1.3.6 的要求。

8.3.10 检查便携式罐体底开装置是否符合 8.1.4.1 的要求。

8.3.11 检查便携式罐体降压装置是否符合 8.1.5.1 至 8.1.5.7 的要求。

8.3.12 检查便携式罐体易熔塞是否符合 8.1.6.1 的要求。

8.3.13 检查便携式罐体易碎盘是否符合 8.1.7.1、8.1.7.2 的要求。

8.3.14 检查便携式罐体降压装置的标记是否符合 8.1.8.1 至 8.1.8.2 的要求。

8.3.15 检查便携式罐体降压装置的通道是否符合 8.1.9.1 的要求。

8.3.16 检查便携式罐体降压装置的位置的通道是否符合 8.1.10.1 的要求。

8.3.17 检查便携式罐体计量装置的位置的通道是否符合 8.1.11.1 的要求。

8.3.18 检查便携式罐体支承、框架、起吊和系紧附件的标记是否符合 8.1.12.1 至 8.1.12.5 的要求。

8.4 鉴定规则

8.4.1 便携式罐体的使用企业应保证所使月的便携式罐体符合本标准规定，并由有关检验部门按本标准鉴定。便携式罐体的用户有权按本标准的规定，对接收的产品提出验收鉴定。

8.4.2 抽样

按国家主管当局规定的抽样量进行抽样。

8.4.3 鉴定项目

按8.1、8.3的要求逐项进行鉴定。

8.4.4 判定规则

按标准的要求逐项进行鉴定,若每项有一个样品不合格则判断该项不合格,若有一项不合格则评定该批便携式罐体不合格。

8.4.5 不合格批处理

不合格批中的不合格便携式罐体经剔除后,再次提交鉴定,其严格度不变。

ICS 13.300
A 80

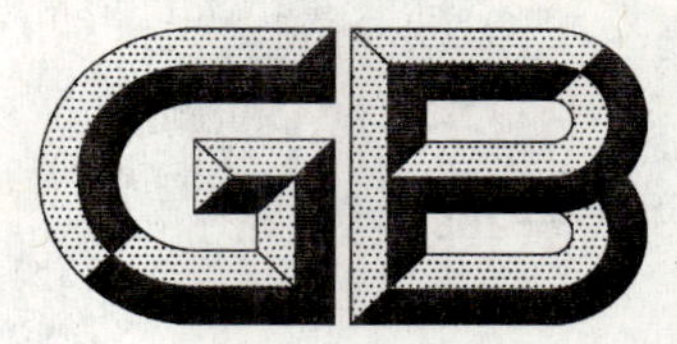

中华人民共和国国家标准

GB 19457—2009
代替 GB 19457.1—2004,GB 19457.2—2004

危险货物涂料包装检验安全规范

Safety code for inspection of packaging of dangerous goods for paint

2009-06-21 发布　　　　2010-05-01 实施

中华人民共和国国家质量监督检验检疫总局
中国国家标准化管理委员会　发布

前　言

本标准第4章、第5章为强制性的，其余为推荐性的。

本标准代替GB 19457.1—2004《危险货物涂料包装检验安全规范　性能检验》、GB 19457.2—2004《危险货物涂料包装检验安全规范　使用鉴定》。

本标准与上述标准的主要修改内容为：

——对部分技术内容做了修改，使标准有关包装的技术内容与联合国《关于危险货物运输的建议书规章范本》（第15修订版）和国际海事组织（IMO）《国际海运危险货物规则》（2006版）的技术内容完全一致；

——在标准文本格式上按GB/T 1.1—2000做了编辑性修改。

本标准由全国危险化学品管理标准化技术委员会（SAC/TC 251）提出并归口。

本标准负责起草单位：天津出入境检验检疫局。

本标准参加起草单位：湖南出入境检验检疫局。

本标准主要起草人：王利兵、李宁涛、冯智劼、赵青、张园、周磊。

本标准所代替标准的历次版本发布情况为：

——GB 19457.1—2004；

——GB 19457.2—2004。

危险货物涂料包装检验安全规范

1 范围

本标准规定了危险货物涂料包装的性能检验和使用鉴定。

本标准适用于危险货物涂料包装的检验和鉴定。

2 规范性引用文件

下列文件中的条款通过本标准的引用而成为本标准的条款。凡是注日期的引用文件，其随后所有的修改单(不包括勘误的内容)或修订版均不适用于本标准，然而，鼓励根据本标准达成协议的各方研究是否可使用这些文件的最新版本。凡是不注日期的引用文件，其最新版本适用于本标准。

GB/T 325—2000 包装容器 钢桶

GB/T 2828.1 计数抽样检验程序 第1部分：按接收质量限(AQL)检索的逐批检验抽样计划

GB/T 4857.3 包装 运输包装件基本试验 第3部分：静载荷堆码试验方法

GB/T 4857.5—1992 包装 运输包装件 跌落试验方法

GB/T 13040 包装术语 金属容器

GB/T 13252 包装容器 钢提桶

GB/T 17344 包装 包装容器 气密试验方法

GB 19432 危险货物大包装检验安全规范

GB 19433 空运危险货物包装检验安全规范

GB 19434 危险货物中型散装容器检验安全规范

GB 19434.5 危险货物金属中型散装容器性能检验安全规范

GB 19434.6 危险货物复合中型散装容器性能检验安全规范

GB 19434.8 危险货物刚性塑料中型散装容器性能检验安全规范

3 术语和定义

GB/T 325、GB 13040 和 GB 19433 确立的以及下列术语和定义适用于本标准。

3.1

钢提桶 steel pail

加有提手的金属包装桶，有开口和闭口两种。

3.2

黏稠性涂料 viscous paint

黏度在 23 ℃时超过 200 mm^2/s 的涂料。

4 性能检验

4.1 要求

4.1.1 涂料包装分为组合包装、单一包装(钢提桶除外)、中型散装容器、大包装和钢提桶。

4.1.2 涂料包装的组合包装、单一包装(钢提桶除外)的要求应符合 GB 19433 附录 A 的有关要求。

4.1.3 蒸气压在 50 ℃时小于或等于 110 kPa 或在 55 ℃时小于或等于 130 kPa 的涂料允许使用下列中型散装容器装运：

——金属(31A，31B 和 31N)(仅限于Ⅱ级或Ⅲ级包装)；

——刚性塑料(31H1 和 31H2)(仅限于Ⅱ级或Ⅲ级包装);

——复合(31HZ1)(仅限于Ⅱ级或Ⅲ级包装);

——复合(31HA2,31HB2,31HN2,31HD2 和 31HH2)(仅限于Ⅲ级包装)。

涂料包装中型散装容器应符合 GB 19434 和 GB 19434.5、GB 19434.6、GB 19434.8 中的有关要求。

4.1.4 涂料大包装应符合 GB 19432 的有关要求。

4.1.5 涂料包装钢提桶结构尺寸应符合 GB/T 13252 的规定。钢提桶内、外表面光滑、圆整、无锈蚀、卷边均匀,无皱纹、无毛刺、无铁舌。焊缝平整均匀,无熔瘤、焊渣。漆膜颜色均匀,无明显变色、流挂、起泡等缺陷。

4.1.6 涂料包装钢提桶用油墨和涂料应附着力强,耐候性好,其漆膜附着力应达到 GB/T 325—2000 附录 A2 规定的 2 级以上。

4.1.7 开口钢提桶一般不应用来装用液体涂料。但经本标准检验合格的开口钢提桶可盛装包装类Ⅲ级的黏稠性涂料。

4.1.8 性能要求

a) 组合包装、单一包装(钢提桶除外)、中型散装容器和大包装的性能要求应符合 GB 19433、GB 19434.5、GB 19434.6、GB 19434.8 和 GB 19432 的有关要求。

b) 钢提桶性能要求试验见表 1。

表 1 钢提桶性能要求

性能检验项目	要 求
堆码试验	所有被试验的包装件不破、不倒塌、无渗漏
跌落试验	包装件跌落后,当内外压力(采取戳孔或打开封闭器)达到平衡后不渗漏,具有内涂(镀)层的容器,其涂(镀)层不得有龟裂、剥落
气密试验	包装件无渗漏
液压试验	包装件无渗漏
提梁、提环强度试验	提梁、提环及桶体连接部位均无破损

4.1.9 在不影响涂料运输安全前提下允许采用其他等效包装。对于包装类为Ⅱ级和Ⅲ级的涂料包装容器,如每个金属或塑料容器所装的数量等于或小于 5 L 并且在下列条件下运输,可免除本标准的性能试验:

——装在托盘化货件、集装箱或成组装运设备中,例如个别容器放置或堆叠在托盘上并且用捆扎、收缩包装、拉伸包装或其他适当手段紧固。对于海运,托盘化货件、集装箱或成组装运设备应稳固地堆积在封闭的货物运输装置中并予以紧固;

——作为最大净重 40 kg 的组合容器的内容器。

4.2 试验

4.2.1 涂料组合包装、单一包装(钢提桶除外)按 GB 19433 的要求进行。

4.2.2 涂料包装中型散装容器按 GB 19434.5、GB 19434.6、GB 19434.8 中的要求进行。

4.2.3 涂料大包装按 GB 19432 中的要求进行。

4.2.4 涂料包装钢提桶的试验

4.2.4.1 试验项目见表 2。

4.2.4.2 样品数量:不同试验项目的样品数量见表 2,在不影响检验结果的情况下,允许减少抽样数量,一个样品同时进行多项试验。

表 2 试验项目和抽样数量

单位为件

试验项目	抽样数量
堆码试验	3
跌落试验	6
气密试验	3
液压试验	3
提梁、提环强度试验	3

4.2.4.3 试验样品的准备

4.2.4.3.1 内装物

样品所盛装的涂料不得少于其容量的98%。样品的内装物可采用物理性能与拟装物相同的物质来替代。跌落试验如用代用品时，则该代用品的相对密度和黏度应与拟装运物质相似。也可以按6.4.5.3b)所要求的条件，用水进行跌落试验。

4.2.4.3.2 气密试验、液压试验的样品准备

在包装容器的顶部钻孔，接上进水管及排气管，或接上进气管。对设有排气孔的封闭器，应换成不透气的封闭器或堵住排气孔。

4.2.4.4 结构尺寸及外观

用量具及目测方法检验。

4.2.4.5 跌落试验

4.2.4.5.1 试验设备

符合GB/T 4857.5—1992中第2章试验设备的要求。

4.2.4.5.2 试验方法

4.2.4.5.2.1 跌落试验方法按GB 19433中的要求进行。

4.2.4.5.2.2 盛装黏稠性涂料的开口钢提桶跌落部位按如下进行：

a) 第一次跌落3个试样都针对底部薄弱部位进行角跌落；

b) 第二次跌落3个试样都跌在底平面；

c) 跌落试验时的其他要求见GB/T 4857.5。

4.2.4.5.3 跌落高度

a) 如采用拟装涂料或采用具有基本相同物理性质的其他物质进行试验，其跌落高度见表3。

表 3 跌落高度

单位为米

Ⅰ级包装	Ⅱ级包装	Ⅲ级包装
1.8	1.2	0.8

b) 如用水来替代进行试验：

——如拟运输涂料的相对密度小于或等于1.2时其跌落高度见表3；

——如果拟运输的涂料相对密度大于1.2，其跌落高度应根据拟运输涂料的相对密度(d)按表4计算出，四舍五入至一位小数。

表 4 跌落高度与密度换算表

单位为米

Ⅰ级包装	Ⅱ级包装	Ⅲ级包装
$d\times1.5$	$d\times1.0$	$d\times0.67$

4.2.4.6 气密试验

4.2.4.6.1 试验设备和方法

按 GB/T 17344 的要求。

4.2.4.6.2 试验压力

试验压力见表 5。

表 5 试验压力(表压)

单位为千帕

Ⅰ级包装	Ⅱ级包装	Ⅲ级包装
30	20	20

4.2.4.7 液压试验

4.2.4.7.1 试验设备

液压危险品包装试验机或达到相同效果的其他试验设备。

4.2.4.7.2 试验压力(表压)

按下列三种方法之一计算：

a) 温度 55 ℃时测出的包装件内总表压(即盛装物质气压加上空气或惰性气体气压减去100 kPa)乘上安全系数 1.5。$p_T=(p_{M55}\times 1.5)$kPa,不低于 95 kPa。

b) 待运货物 50℃时蒸气压的 1.75 倍,减去 100 kPa。$p_T=(V_{P50}\times 1.75)-100$ kPa,不低于 100 kPa。

c) 待运货物 55℃时蒸气压的 1.5 倍,减去 100 kPa。$p_T=(V_{P55}\times 1.5)-100$ kPa,不低于 100 kPa。

其中：

p_T——试验压力,单位为千帕(kPa)；

p_{M55}——温度 55 ℃时容器内测得的总表压；

V_{P50}——50 ℃时货物的蒸气压；

V_{P55}——55 ℃时货物的蒸气压。

d) 其中拟装Ⅰ级液体危险货物的包装容器的试验压力为 250 kPa。

4.2.4.7.3 试验方法

启动液压危险包装试验机,向包装内连续均匀施以液压,同时打开排气阀,排除试验容器内残留气体,然后关闭排气阀。容器包括它们的封闭器,应承受规定恒液压(表压)5 min。

4.2.4.8 堆码试验

4.2.4.8.1 试验设备

按 GB/T 4857.3 的要求。

4.2.4.8.2 试验方法

包装容器的堆码时间为 24 h。其他试验方法按 GB/T 4857.3 的要求。

4.2.4.8.3 堆码载荷

$$P=K\times\left(\frac{H-h}{h}\right)\times m$$

式中：

P——加载的负荷,单位为千克(kg)；

K——劣变系数,K 值为 1；

H——堆码高度(不少于 3 m)；

h——单个包装件高度,单位为米(m)；

m——单个包装件毛质量(毛重),单位为千克(kg)。

4.2.4.9 提梁、提环强度试验

将提梁、提环用适当的方法固定,然后在桶身上沿垂直方向加负载 590 N,并保持 5 min。

4.3 检验规则

4.3.1 生产厂应保证所生产的涂料包装符合本标准规定，并由有关检验部门按本标准检验。用户有权按本标准的规定，对接收的产品提出验收检验。

4.3.2 检验项目：按 4.1、4.2 的要求逐项进行检验。

4.3.3 涂料包装有下列情况之一时，应进行性能检验：

——新产品投产或老产品转产时；

——正式生产后，如结构、材料、工艺有较大改变，可能影响产品性能时；

——在正常生产时，每半年一次；

——产品长期停产后，恢复生产时；

——出厂检验结果与上次性能检验结果有较大差异时；

——国家质量监督机构提出进行性能检验。

4.3.4 判定规则：按标准的要求逐项进行检验，若每项有一个样品不合格则判断该项不合格，若有一项不合格则评定该批产品不合格。

4.3.5 不合格批处理：不合格批中的涂料包装经剔除后，再次提交检验，其严格度不变。

5 使用鉴定

5.1 要求

5.1.1 一般要求

5.1.1.1 包装件的外观要求

5.1.1.1.1 包装件上铸印、印刷或粘帖的标记、标志和危险货物彩色标签应准确清晰，符合 GB 19433 有关规定要求。

5.1.1.1.2 包装件外表应清洁，不允许有残留物、污染或渗漏。

5.1.1.1.3 凡采用铅封的包装件应在货运部门现场查验后进行封识。

5.1.1.2 使用单位选用的包装应与运输危险货物的性质相适应，其性能应符合第 4 章的有关规定。

5.1.1.3 容器的包装等级应等于或高于盛装货物要求的包装级别。

5.1.1.4 在下列情况时应提供由国家质量监督检验检疫部门认可的检验机构出具的危险品分类、定级和危险特性检验报告：

a) 首次运输或生产的；

b) 首次出口的；

c) 国家质检部门认为有必要时。

5.1.1.5 首次使用的塑料包装容器或内涂、内镀层容器应提供 6 个月以上化学相容性试验合格的报告。

5.1.1.6 一般涂料危险货物灌装至包装容器总容积的 98%以下，膨胀系数较大的涂料，应根据其膨胀系数确定容器的预留容积。

5.1.1.7 涂料和与之相接触的包装不得发生任何影响包装强度及发生危险的化学反应。

5.1.1.8 吸附材料不得与所装涂料发生有危险的化学反应，并确保内包装破裂时能完全吸附滞留全部危险货物，不致造成内容物从外包装容器渗漏出来。

5.1.1.9 防震及衬垫材料不得与所装涂料起化学反应，而降低其防震性能。应有足够的衬垫填充材料，防止内包装移动。

5.1.2 特殊要求

5.1.2.1 桶类包装的要求

5.1.2.1.1 闭口桶罐的大、小封闭器螺盖应紧密配合，并配以适当的密封圈。螺盖拧紧程度应达到密封要求。

5.1.2.1.2 开口钢提桶一般不应用来装运涂料，但经本标准性能检验合格的允许装运黏稠性涂料，但应组成成组货物运输，即：

——开口钢提桶放置或堆码并采用捆扎、紧缩缠绕或其他合适方法紧固在像托盘之类的货板上；

——开口钢提桶放置在防护外包装内；

——开口钢提桶永久性固定和装在网格内。

5.1.2.1.3 开口钢提桶应配以适当的密封圈，无论采用何种形式封口，均应达到紧箍、密封要求。扳手箍还需用销子锁住扳手。

5.1.2.2 组合包装的要求

5.1.2.2.1 内包装封口应符合液密封口的规定；如需气密封口的，需符合气密封口的规定。

5.1.2.2.2 盛装液体的易碎内包装(如玻璃等)，其外包装应符合Ⅰ级包装。

5.1.2.2.3 吸附材料应符合5.1.1.8的要求。

5.1.2.2.4 衬垫材料应符合5.1.1.9的要求。

5.1.2.2.5 箱类外包装如是不防渗漏或不防水的，应使用防渗漏的内衬或内包装。

5.1.2.2.6 木箱、纤维板箱用钉紧固时，应钉实，不得突出钉帽，穿透包装的钉尖应盘倒，并加封盖，以防与内装物发生任何化学反应或物理变化，打包带紧箍箱体。

5.1.2.2.7 瓦楞纸箱应完好无损，封口应平整牢固，打包带紧箍箱体。

5.1.2.3 涂料包装中型散装容器应符合GB 19434的规定。

5.1.2.4 涂料大包装应符合GB 19432的规定。

5.2 抽样

5.2.1 鉴定批

以相同原材料、相同结构和相同工艺生产的包装件为一鉴定批，最大批量为5 000件。

5.2.2 抽样规则

按GB/T 2828.1正常检查一次抽样一般检查水平Ⅱ进行抽样。

5.2.3 抽样数量

见表6。

表6 抽样数量

单位为件

批量范围	抽样数量
1～8	2
9～15	3
16～25	5
26～50	8
51～90	13
91～150	20
151～280	32
281～500	50
501～1 200	80
1 201～3 200	125
3 201～5 000	200

5.3 鉴定

5.3.1 检查涂料包装是否符合5.1.1.1的要求。

5.3.2 按第4章的有关规定检查所选用包装是否与涂料的性质相适应；容器的包装等级是否等于或高

于盛装涂料的级别;是否有性能检验的合格报告。

5.3.3　对于5.1.1.4提到的涂料包装检查是否具有相应的证明和检验报告。

5.3.4　检查涂料和与之接触的包装、吸附材料、防震和衬垫材料,绳、线等包装附加材料是否发生化学反应,影响其使用性能。

5.3.5　检查闭口桶罐的封闭器和密封圈是否符合5.1.2.1.1的规定。

5.3.6　检查桶类包装的封口情况是否符合5.1.2.1.3的规定。

5.3.7　检查盛装黏稠性涂料的开口钢提桶是否符合5.1.2.1.2和5.1.2.1.3的规定。

5.3.8　检查桶类包装是否符合5.1.2.1的要求。

5.3.9　检查组合包装的内包装封口是否符合5.1.2.2.1的要求。易碎内包装的外包装是否为Ⅰ级包装。吸附材料是否符合5.1.1.8的规定。衬垫材料是否符合5.1.1.9的规定。

5.3.10　检查组合包装的外包装是否符合5.1.2.2.5、5.1.2.2.6和5.1.2.2.7的要求。

5.3.11　检查涂料包装中型散装容器是否符合5.1.2.3的规定。

5.3.12　检查涂料大包装是否符合5.1.2.4的规定。

5.4　检验规则

5.4.1　危险货物包装的使用企业应保证所使用的涂料包装符合本标准规定,并由有关检验部门按本标准鉴定。涂料包装件的用户有权按本标准的规定,对接收的涂料包装件提出验收鉴定。

5.4.2　鉴定项目:按5.1、5.3的要求逐项进行鉴定。

5.4.3　涂料包装件应以订货量为批,逐批鉴定。

5.4.4　判定规则:按标准的要求逐项进行鉴定,若每项有一个包装件不合格则判断该项不合格,若有一项不合格则评定该批包装件不合格。

5.4.5　不合格批处理:不合格批中的不合格涂料包装件经剔除后,再次提交鉴定,其严格度不变。

ICS 83.080.01
G 31

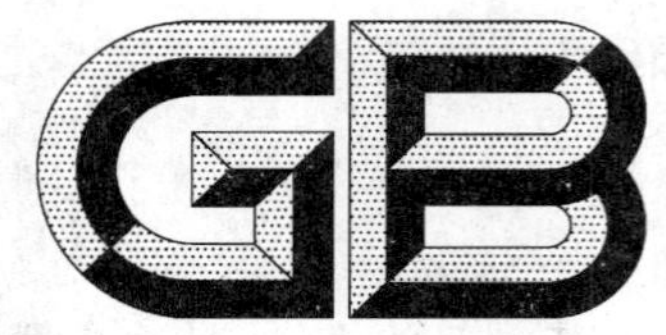

中华人民共和国国家标准

GB/T 19466.6—2009

塑料 差示扫描量热法(DSC) 第6部分:氧化诱导时间(等温OIT)和氧化诱导温度(动态OIT)的测定

Plastics—Differential scanning calorimetry(DSC)— Part 6:Determination of oxidation induction time(isothermal OIT)and oxidation induction temperature(dynamic OIT)

(ISO 11357-6:2008,MOD)

2009-06-15 发布　　　　2010-02-01 实施

中华人民共和国国家质量监督检验检疫总局
中国国家标准化管理委员会 发布

前　言

GB/T 19466《塑料　差示扫描量热法(DSC)》分为七个部分：

——第1部分：通则；

——第2部分：玻璃化转变温度的测定；

——第3部分：熔融和结晶温度及热焓的测定；

——第4部分：比热容的测定；

——第5部分：特征反应温度、反应时间、反应热及转化率的测定；

——第6部分：氧化诱导时间(等温OIT)和氧化诱导温度(动态OIT)的测定；

——第7部分：结晶动力学的测定。

本部分为GB/T 19466的第6部分。

本部分修改采用ISO 11357-6:2008《塑料　差示扫描量热法(DSC)　第6部分：氧化诱导时间(等温OIT)和氧化诱导温度(动态OIT)的测定》(英文版)。

本部分根据ISO 11357-6:2008重新起草。

本部分与ISO 11357-6:2008主要技术性差异如下：

——第11章为我国精密度数据，将ISO 11357-6:2008的精密度作为附录；

——对ISO 11357-6:2008引用的部分标准作了如下处理：

a) 对尚未转化为我国标准的《塑料　聚丁烯(PB)模塑和挤出材料　第2部分：试样制备和性能测试》标准，直接引用了ISO标准；

b) 对其他已转化为我国标准的，则引用了国家标准。

本部分的附录A为资料性附录。

本部分由中国石油和化学工业协会提出。

本部分由全国塑料标准化技术委员会塑料树脂通用方法和产品分会(SAC/TC 15/SC 4)归口。

本部分负责起草单位：中国石油天然气股份有限公司石油化工研究院大庆化工研究中心、中国石油化工股份有限公司北京燕山分公司树脂应用研究所、中国石油化工股份有限公司齐鲁分公司研究院。

本部分参加起草单位：中国石油天然气股份有限公司大庆石化分公司、中国科学院长春应用化学研究所、中蓝晨光化工研究院有限公司。

本部分主要起草人：张立军、李震环、侯斌、李艳红、陈宏愿、吴彦瑾、刘振海、王建东、王刚、王伟众、于宏伟。

本部分为首次发布。

引　言

GB/T 19466 的本部分所述的氧化诱导时间或氧化诱导温度测定仅提供了由所试材料来评价一定结构塑料混配物热稳定性的一种办法，但并非旨在提供有关抗氧剂浓度的信息。不同的抗氧剂，氧化诱导时间或氧化诱导温度可能不同。由于抗氧剂与配方中其他物质可能存在相互作用，即使抗氧剂的种类和浓度相同的材料氧化诱导时间或氧化诱导温度也会有所差异。

塑料　差示扫描量热法(DSC)
第6部分:氧化诱导时间(等温OIT)和氧化诱导温度(动态OIT)的测定

警告——本标准的使用者应熟知所采用的实验室规范。本标准不涉及与使用有关的所有安全问题的解决方法,如有,也仅与其使用有关。本标准的使用者有责任在使用前建立适当的保障人身安全的措施并确定这些规章制度的适用性。

1　范围

GB/T 19466的本部分规定了用差示扫描量热法(DSC)测定聚合材料氧化诱导时间(等温OIT)和氧化诱导温度(动态OIT)的试验方法。

本部分适用于充分稳定混配的聚烯烃材料(原料或最终制品)。本部分也适用于其他塑料。

2　规范性引用文件

下列文件中的条款通过GB/T 19466的本部分的引用而成为本部分的条款。凡是注日期的引用文件,其随后所有的修改单(不包括勘误的内容)或修订版均不适用于本部分,然而,鼓励根据本部分达成协议的各方研究是否可使用这些文件的最新版本。凡是不注日期的引用文件,其最新版本适用于本标准。

GB/T 1845.2—2006　塑料　聚乙烯(PE)模塑和挤出材料　第2部分:试样制备和性能测定(ISO 1872-2:1997,MOD)

GB/T 2035—2008　塑料术语及其定义(ISO 472:1999,IDT)

GB/T 2546.2—2003　塑料　聚丙烯(PP)模塑和挤出材料　第2部分:试样制备和性能测定(ISO 1873-2:1997,MOD)

GB/T 9352—2008　塑料　热塑性塑料材料试样的压塑(ISO 293:2004,IDT)

GB/T 17037.3—2003　塑料　热塑性塑料材料注塑试样的制备　第3部分:小方试片(ISO 294-3:2002, IDT)

GB/T 19466.1—2004　塑料　差示扫描量热法(DSC)　第1部分:通则(ISO 11357-1:1997,IDT)

ISO 8986-2:1995　塑料　聚丁烯(PB)模塑和挤出材料　第2部分:试样制备和性能测试

3　术语和定义

GB/T 2035—2008和GB/T 19466.1确立的以及下列术语和定义适用于本部分。

3.1

氧化诱导时间　oxidation induction time

等温OIT,isothermal OIT

稳定化材料耐氧化分解的一种相对度量。在常压、氧气或空气气氛及规定温度下,通过量热法测定材料出现氧化放热的时间。

注:以分(min)表示。

3.2

氧化诱导温度　oxidation induction temperature

动态OIT,dynamic OIT

稳定化材料耐氧化分解的一种相对度量。在常压、氧气或空气气氛中，以规定的速率升温，通过量热法测定材料出现氧化放热的温度。

注：以摄氏度(℃)表示。

4 原理

4.1 概述

在氧气或空气气氛中，在规定的温度下恒温或以恒定的速率升温时，测定试样中的抗氧化稳定体系抑制其氧化所需的时间或温度。氧化诱导时间或氧化诱导温度是评价被测材料稳定水平(或程度)的一种手段。试验温度越高氧化诱导时间越短；升温速率越快氧化诱导温度也越高。氧化诱导时间和氧化诱导温度还与试样承受氧化的表面积有关。应注意，在纯氧中测试会比普通大气环境下测得的氧化诱导时间短或氧化诱导温度低。

注：氧化诱导时间或氧化诱导温度能评价试样中抗氧剂的效果，但在解释数据时须注意，因为氧化反应动力学与温度和样品中添加剂的固有性质有关。例如经常用氧化诱导时间或氧化诱导温度对树脂的配方进行优选。某些抗氧剂尽管在最终制品的使用温度下性能优异，但由于抗氧剂的挥发或氧化反应活化能的差异，也可能导致较差的氧化诱导时间或氧化诱导温度测试结果。

4.2 氧化诱导时间(等温 OIT)

试样和参比物在惰性气氛(氮气)中以恒定的速率升温。达到规定温度时，切换成相同流速的氧气或空气。然后将试样保持在该恒定温度下，直到在热分析曲线上显示出氧化反应。等温 OIT 就是开始通氧气或空气到氧化反应开始的时间间隔。氧化的起始点是由试样放热的突增来表明的，可通过差示扫描量热仪(DSC)观察。按照 9.6.1 测定等温 OIT。

4.3 氧化诱导温度(动态 OIT)

试样和参比物在氧气或空气气氛中以恒定的速率升温，直到在热分析曲线上显示出氧化反应。动态 OIT 就是氧化反应开始时的温度。氧化的起始点是由试样放热的突增来表明的，可通过差示扫描量热仪(DSC)观察。按照 9.6.2 测定动态 OIT。

5 仪器和材料

5.1 概述

仪器和材料见 GB/T 19466.1—2004 第 5 章，以及下述 5.5 至 5.8(5.7 和 5.8 仅适用于氧化诱导时间测试)。

5.2 差示扫描量热仪(DSC)仪器

差示扫描量热仪(DSC)仪器的最高温度应至少能达到 500 ℃。对于氧化诱导时间的测试，应能在试验温度下、整个试验期间(通常为 60 min)，保持±0.3 ℃的恒温稳定性。

对于高精度测试，建议恒温稳定性为±0.1 ℃。

5.3 坩埚

将试样置于开口或加盖密封但上部通气的坩埚内。最好使用铝坩埚，通过有关方面商定后，也可使用其他材质的坩埚。

注：坩埚的材质能显著影响氧化诱导时间和氧化诱导温度的测试结果(即具有相关的催化作用)。容器的类型决定于被测材料的用途。通常，用于电线电缆工业的聚烯烃可用铜坩埚或铝坩埚，而用于地膜和防雾滴膜的聚烯烃仅使用铝坩埚。

5.4 流量计

流速测量装置用于校准气体流速，如带流量调节阀的转子流量计或皂膜流量计。质量流量计应用容积式测量装置进行校准。

5.5 氧气

99.5% 工业氧一等品(特别干燥)或更高纯度的氧气。

警告——使用高压气体应进行安全、妥当的处理。另外,氧气是极强的氧化剂,能加速燃烧。应将油脂远离正在使用或载氧的设备。

5.6 空气

干燥且无油脂的压缩空气。

5.7 氮气

99.99% 纯氮(特别干燥)或更高纯度的氮气。

5.8 气体选择转换器及调节器

氮气和氧气或空气之间的切换装置,用于测量氧化诱导时间时气体的切换。为使切换体积最小,气体切换点和仪器样品室之间的距离应尽量短,滞后时间不能超过 1 min。对于 50 mL/min 的气体流速,死体积不应超过 50 mL。

注:若滞后时间可知,则能获得更高的测试精度。测定滞后时间一种可行的方法是对一种在氧气中立即氧化的不稳定材料进行测试。用该测试所得的氧化诱导时间可对以后的等温 OIT 测定值进行修正。

6 试样

6.1 概述

试样见 GB/T 19466.1—2004 第 6 章。

试样厚度为(650±100)μm,要求厚度均匀、表面平行、平整、无毛刺、无斑点。

注:样品和试样的制备方法取决于材料及其加工历史、尺寸和使用条件,它们对测试结果与其意义的一致性是非常关键的。另外,试样的比表面积、样品不均匀、残余应力以及试样与坩锅接触不良都会显著影响试验精度。

若要进行横穿样品厚度方向的 OIT 测试,可能需要厚度远小于 650 μm 的试样。应在试验报告中注明。

6.2 模压片材的试样

为获得形状和厚度一致的试样,应按照 GB/T 9352—2008 或其他与聚烯烃制品相关的标准,如 GB/T 1845.2—2006、GB/T 2546.2—2003,以及 ISO 8986-2:1995 标准,将样品模压成厚度满足 6.1 要求的片材。也可从较厚的模压片材上切取适当厚度的试样。如果相关产品标准没有规定加热时间,在模压温度下最多加热 5 min。用打孔器从片材上冲出一直径略小于样品坩埚内径的圆片。从片材上冲取的试样圆片应足够小,平铺在坩埚内,不应叠加试样来增加质量。

注:试样质量随直径变化而变化。根据材料的密度不同,通常对于直径为 5.5 mm、从片材上切取的试样圆片,其质量应在(12～17)mg 之间。

6.3 注塑片材或熔体流动速率测定仪挤出料条的试样

从厚度满足 6.1 要求的注塑试样上取样。注塑样品时按照 GB/T 17037.3—2003 或其他与聚烯烃制品相关的标准,如 GB/T 1845.2—2006、GB/T 2546.2—2003 以及 ISO 8986-2:1995。最好用打孔器从片材上冲出一直径略小于样品坩埚内径的圆片。

也可从熔体流动速率测定仪挤出料条上切取试样。此时,应从垂直于料条长度方向上切取,并通过目测观察试样以确保其没有气泡。最好用切片机切取厚度为(650±100)μm 的试样。

6.4 制品部件的试样

按照相关标准从最终制品(如管材或管件)切取圆形片材,获得厚度为(650±100)μm 的试样。

建议采用下述步骤从较厚的最终制品上取样:用取芯钻快速直接穿透管壁以获得一个管壁的横断面,芯的直径刚好小于样品坩埚的内径。注意在切取过程中防止试样过热。最好使用切片机,从芯上切取规定厚度的试样圆片。若期望得到表面效应的特性,则从内、外表面切取试样,然后将原始表面朝上进行试验。若期望得到原材料本身的特性,应切去内、外表面,从中间部分切取试样。

7 试验条件和试样的状态调节

见 GB/T 19466.1—2004 第 7 章。

8 校准

8.1 氧化诱导时间(等温 OIT)

采用两点校准步骤。对聚烯烃可用铟和锡作为标准物质,因为两者的熔点涵盖了规定的分析温度范围(180 ℃～230 ℃)。若分析其他塑料,可能需要改变标准物质。按照 GB/T 19466.1—2004 第 8 章校准仪器。在氮气气氛中使用密封坩埚进行校准。

若校准程序中未提供升温速率的校正,则采用下列熔融步骤:

铟:以 10 ℃/min 从室温升至 145 ℃;再以 1 ℃/min 从 145 ℃升至 165 ℃。

锡:以 10 ℃/min 从室温升至 220 ℃;再以 1 ℃/min 从 220 ℃升至 240 ℃。

8.2 氧化诱导温度(动态 OIT)

应按照 GB/T 19466.1—2004 第 8 章所述步骤对仪器进行校准,所用吹扫气为氮气或空气。

9 操作步骤

9.1 仪器准备

见 GB/T 19466.1—2004 中 9.1。

9.2 试样放置

见 GB/T 19466.1—2004 中 9.2。

若试样是切自管材或管件内、外表面,应将其关注的表面朝上放入坩埚内。由于此时不测定热流,称量试样时可精确至±0.5 mg。将试样放到适当类型的坩埚内。必须加盖时,应将其刺破以使氧气或空气流至试样。除非坩埚是通气的,否则不能密封坩埚。

9.3 坩埚放置

见 GB/T 19466.1—2004 中 9.3。

9.4 氮气、空气和氧气流速设定

采用与校准仪器时相同的吹扫气流速。气体流速发生变化时需重新校准仪器。吹扫气流速通常是(50±5)mL/min。

9.5 灵敏度调整

调整仪器的灵敏度以使 DSC 曲线突变的纵坐标高度差至少是记录仪满量程的 50%以上。计算机控制的仪器无需此调整。

9.6 测量

9.6.1 氧化诱导时间(等温 OIT)

在室温下放置试样及参比样坩埚,开始升温之前,通氮气 5 min。

在氮气气氛中以 20 ℃/min 的速率从室温开始程序升温试样至试验温度。恒温试验温度的选取尽量是 10 ℃的倍数,而且每变化一次只改变 10 ℃。可按照参考标准的规定或有关方面商定采用其他的试验温度。当试样的 OIT 小于 10 min 时,应在较低温度下重新测试;当试样的 OIT 大于 60 min 时,也应在较高温度下重新测试。

达到设定温度后,停止程序升温并使试样在该温度下恒定 3 min。

打开记录仪。

恒定时间结束后,立即将气体切换为同氮气流速相同的氧气或空气。该氧气或空气切换点记为试验的零点。

继续恒温,直到放热显著变化点出现之后至少 2 min(见图 1)。也可按照产品技术指标要求或经有关方面商定的时间终止试验。

试验完毕,将气体转换器切回至氮气并将仪器冷却至室温。如需继续进行下一试验,应将仪器样品室冷却至 60 ℃以下。

每个样品的试验次数可由有关方面商定。建议重复测试两次，报告其算术平均值、低值和高值。

注：由于氧化诱导时间与温度和聚合物中的添加剂有复杂的关系。因此外推或比较不同温度下得到的数据是无效的，除非有试验结果能证实。

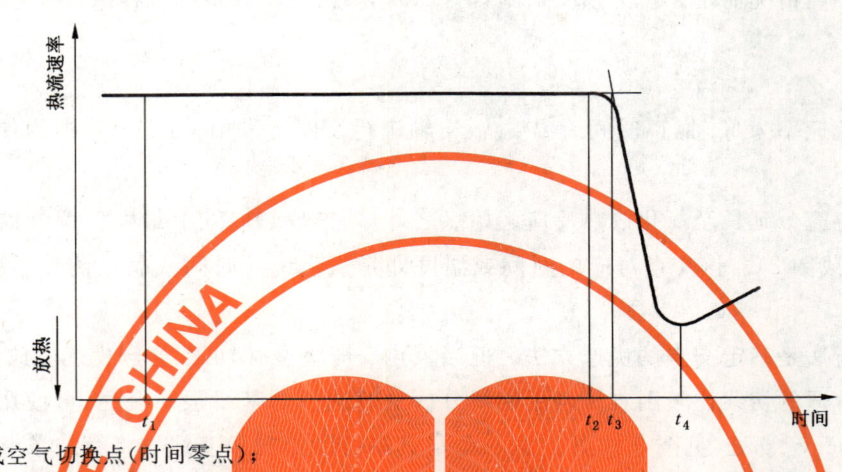

t_1——氧气或空气切换点(时间零点)；

t_2——氧化起始点；

t_3——切线法测的交点(氧化诱导时间)；

t_4——氧化出峰时间。

图 1　氧化诱导时间曲线示意图——切线分析方法

9.6.2　氧化诱导温度(动态 OIT)

开始升温之前，在室温下用测试用吹扫气(即氧气或空气)，将载有试样及参比样坩埚的仪器吹扫 5 min。

在氧气或空气气氛中从室温开始程序升温试样至放热显著变化点出现后至少 30 ℃(见图 2)。尽量采用 10 ℃/min 或 20 ℃/min 的升温速率。也可按照产品技术指标要求或经有关方面商定的温度终止试验。

试验完毕后，将仪器冷却至室温。如需继续进行下一个试验，应将仪器样品室冷却至 60 ℃以下。

每个样品的试验次数可由有关方面商定。建议重复测试两次，报告其算术平均值、低值和高值。

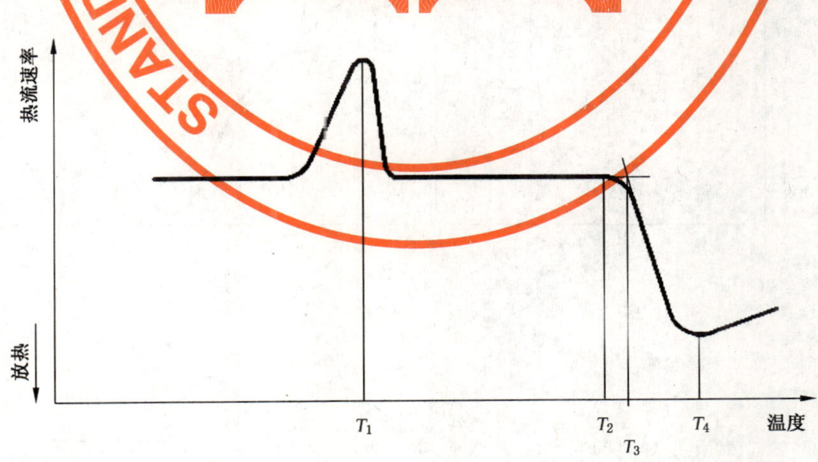

T_1——聚合物的熔融温度；

T_2——氧化起始点；

T_3——切线法测的交点(氧化诱导温度)；

T_4——氧化出峰温度。

图 2　氧化诱导温度曲线示意图——切线分析法

9.7 清洗

在空气或氧气中至少升温至500 ℃并保持5 min以清洗污染的DSC测量池，清洗频率可根据相关认可程序或结果偏离情况而定。作为预防措施，清洗频率应按照实验室的规程执行。

10 结果表示

将数据以热流速率为 Y 轴，以时间或温度为 X 轴进行绘图。采用手工分析时，为便于分析应尽量扩展X轴。

记录的基线应充分延长至氧化放热反应起始点之外，外推放热曲线上最大斜率处的切线与延长的基线相交（见图1或图2）。该交点对应的时间或温度即是氧化诱导时间或氧化诱导温度，保留三位有效数字。

上述切线分析法是确定交点的优选方法。但当氧化反应缓慢时，可能会产生逐步放热的峰，此时在放热曲线上选择合适的切线比较困难。若用切线分析法时选择的基线很不明显，可使用偏移法。在距离第一条基线0.05 W/g处（见图3或图4）画一条与其平行的第二条基线。将第二条基线与放热曲线的交点定义为氧化起始点。

有逐步放热峰的热分析曲线也可能是由于试样制备欠佳，如，试样厚度不均、不平或有毛刺、斑痕造成的。因此，在用偏移分析法对结果进行评价时，建议在确保试样满足第6章中需求后重复扫描，以确认有逐步放热峰的热分析曲线的存在。

经有关方面商定，也可采用其他处理手段或基线间距。

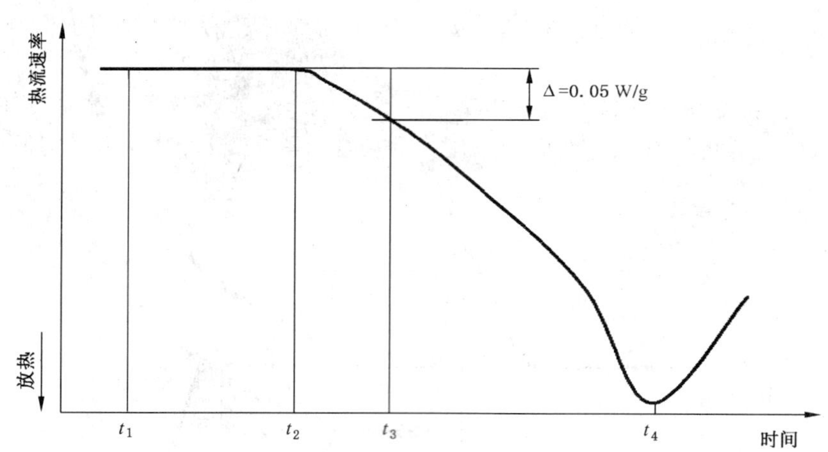

t_1——氧气或空气切换点（时间零点）；

t_2——氧化起始点；

t_3——偏移法测的交点（氧化诱导时间）；

t_4——氧化出峰时间。

图3 有逐步放热峰的氧化诱导时间曲线——偏移分析法

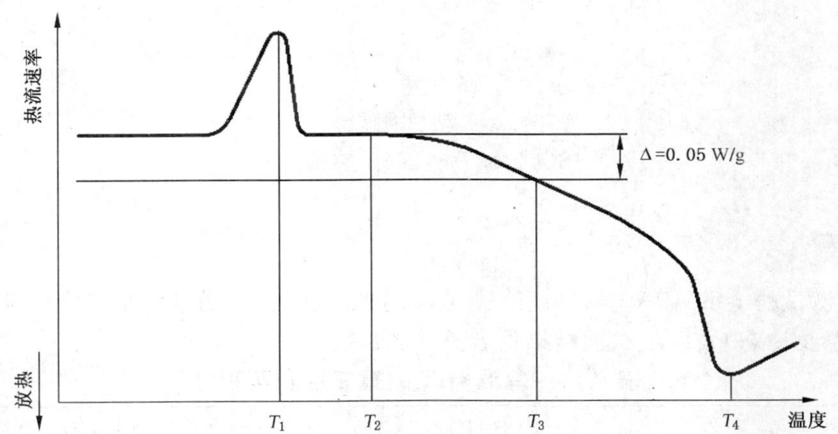

T_1——聚合物的熔融温度；

T_2——氧化起始点；

T_3——偏移法测的交点(氧化诱导温度)；

T_4——氧化出峰温度。

图 4 有逐步放热峰的氧化诱导温度曲线——偏移分析法

11 精密度

11.1 氧化诱导时间精密度

三种聚乙烯和三种聚丙烯样品精密度试验结果见表1。

表 1 聚乙烯和聚丙烯氧化诱导时间的精密度数据

量值	单位	PE-HD	PE-LD	PE-LLD	PP-H	PP-R	PP-B
等温 OIT	min	58.0	21.9	37.0	92.0	41.4	59.0
S_r(绝对)	min	3.3	2.8	1.1	3.2	1.4	3.0
S_r(相对)	%	5.7	12.8	3.0	3.5	3.4	5.1
S_R(绝对)	min	9.7	3.6	3.9	7.6	2.9	9.7
S_R(相对)	%	16.7	16.4	10.5	8.3	7.0	16.4
r	min	9.2	7.8	3.1	9.0	4.0	8.5
R	min	27.1	10.1	10.8	21.3	8.0	27.2

11.2 氧化诱导温度精密度

因未获得实验室间数据，氧化诱导温度试验方法的精密度尚不可知。待得到实验室间数据后，将在下次修订中增加有关精密度的内容。

注：ISO 的精密度参见附录 A。

12 试验报告

试验报告应包括 GB/T 19466.1—2004 第10章中要求的信息以及下列内容：

a) 样品及试样制备方法的详细描述；

b) 所用的吹扫气类型及流速；

c) 试验温度；

d) 所用的测量技术(切线法、偏移法或其他协定的方法)；

e) 氧化诱导时间(min)，或氧化诱导温度(℃)，均保留三位有效数字；

f) 升温程序(包括氧化诱导温度的升温速率)；

g) 任何与 GB/T 19466 本部分规定有差异的条件或材料的细节。

附 录 A
（资料性附录）
ISO 11357-6:2008 的精密度

A.1 精度及偏差

由瑞士材料测试协会 EMPA 于 1998 和 2000 年对四种不同 PE 在 14 和 16 个实验室间进行了循环测试，相应的等温及动态 OIT[1,2] 试验结果见表 A.1、表 A.2。

表 A.1 等温 OIT 的重复性和再现性

量值	单位	PE-HD 1	PE-LD 1	PE-HD 2	PE-HD 3
等温 OIT	min	3.4	18.9	36.9	62.4
S_r（绝对）	min	0.6	1.2	2.1	1.7
S_r（相对）	%	17.8	6.1	5.8	2.7
S_R（绝对）	min	2.1	2.0	6.5	9.5
S_R（相对）	%	62.1	10.8	17.6	15.3
r	min	1.7	3.2	5.9	4.8
R	min	6.0	5.7	18.2	26.6

S_r：重复性标准偏差。
S_R：再现性标准偏差。
r：重复性限——在重复性试验条件下（即：由同一个操作者、在同一天、用同一台设备对相同材料进行的两次测试结果进行比较）所得两次测试结果之绝对差至少有 95% 的可能性小于或等于该值。
R：再现性限——在再现性试验条件下（即：由不同的操作者、用不同的设备、在不同的实验室对相同材料进行的两次测试结果进行比较）所得两次测试结果之绝对差至少有 95% 的可能性小于或等于该值。

表 A.2 动态 OIT 的重复性和再现性

量值	单位	PE-HD 1	PE-LD 1	PE-HD 2	PE-HD 3
动态 OIT	℃	217	242	248	254
S_r（绝对）	℃	2.4	0.7	0.9	1.5
S_r（相对）	%	1.1	0.3	0.4	0.6
S_R（绝对）	℃	4.0	2.2	2.8	4.1
S_R（相对）	%	1.8	0.9	1.2	1.6
r	℃	6.7	1.9	2.5	4.2
R	℃	11.1	6.1	7.8	11.5

各符号的意义，见表 A.1。

参 考 文 献

[1] SCHMIDT, M., AFFOLTER, S. Interlaboratory tests on polymers by differential scanning calorimetry (DSC)—Determination and comparison of oxidation induction time (OIT) and oxidation induction temperature (OIT*), *Polymer testing*, 22 (2003).

[2] SCHMIDT, M., RITTER, A., AFFOLTER, S., Interlaboratory tests on polymers—Determination of oxidationinduction time and oxidation induction temperature by differential scanning calorimetry, Polimery, 49(2004), p. 333.

ICS 67.120.10
X 22

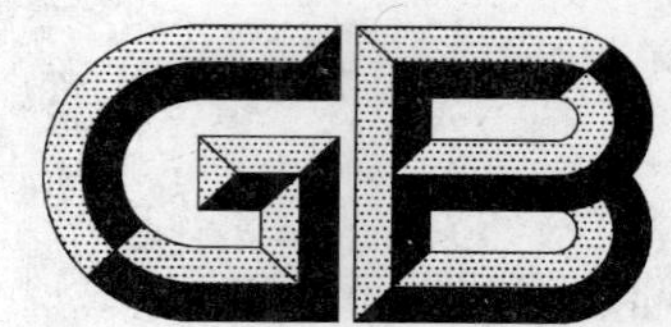

中华人民共和国国家标准

GB/T 19480—2009
代替 GB/T 19480—2004

肉与肉制品术语

Terms of meat and meat products

2009-04-27 发布 2009-10-01 实施

中华人民共和国国家质量监督检验检疫总局
中国国家标准化管理委员会 发布

前　言

本标准代替 GB/T 19480—2004《肉与肉制品术语》。

本标准与 GB/T 19480—2004 相比，主要修改如下：

——删去了板油、网油、脏器和畜禽屠宰加工和肉加工等方面的术语；

——增加了里脊肉、五花肉、骨头产品和调制肉制品、肉灌肠等产品和发酵、二次杀菌等肉制品加工的术语；

——对红肉、腊肉、中国火腿、培根、酱卤制品、天然肠衣等术语作了修改补充陈述；

——以肉所处的“状况”、“色泽”、“组成部分”和“加工部位”等划分，对有关词条进行编序。

本标准由全国肉禽蛋制品标准化技术委员会提出并归口。

本标准主要起草单位：中国商业联合会商业标准中心、双汇集团、雨润集团、中国肉类食品综合研究中心、中国肉类协会、烟台市喜旺食品有限公司。

本标准主要起草人：曹德胜、王玉芬、赵宁、陈松、赵榕、邓富江、徐世明、郭锡铎、彭建华、靳晓蕾、刘振宇。

肉与肉制品术语

1 范围

本标准规定了肉与肉制品加工中常用的术语与定义。

本标准适用于肉与肉制品的加工、贸易和管理。

2 肉

2.1 按肉所处温度状况的称谓

2.1.1

热鲜肉 hot meat

屠宰后未经人工冷却过程的肉。

2.1.2

鲜片猪肉 fresh demi-carcass pork

经过晾肉,但不经过人工冷却的片猪肉。

2.1.3

冷却肉 chilled meat

冷鲜肉

在低于 0 ℃环境下,将肉中心温度降低到(0 ℃～4 ℃),而不产生冰结晶的肉。

2.1.4

冷却片猪肉 chilled demi-carcass pork

片猪肉经过人工冷却,其后腿肌肉中心温度不高于 4 ℃,不低于 0 ℃的猪肉。

2.1.5

冷冻肉 frozen meat

在低于－23 ℃环境下,将肉中心温度降低到≤－15 ℃的肉。

2.1.6

冻片猪肉 frozen demi-carcass pork

片猪肉经过冻结,其后腿肌肉中心温度为≤－15 ℃的猪肉。

2.1.7

冻鸡 frozen chicken

经冷冻,使鸡胴体肉的中心温度达到≤－15 ℃的整鸡。

2.2 按肉的色泽的称谓

2.2.1

红肉 red meat

含有较多肌红蛋白,呈现红色的肉类,如猪、牛、羊等畜肉。

2.2.2

白肉 white meat

肌红蛋白含量较少的肉类,指鸡、鸭、鹅等禽肉。

2.3 按肉的组成部分的称谓

2.3.1

胴体 carcas

畜禽经宰杀、放血后除去毛、内脏、头、尾及四肢(腕及关节以下)后的躯体部分。

2.3.2

片猪肉 shipper style

猪屠宰后,将胴体沿正中脊椎骨劈(锯)开,分成两分体的猪肉。

2.3.3

犊牛肉 baby beef

生长期在6个月以内的牛肉。

2.3.3.1

犊牛白肉 white baby beef

以牛奶或缺铁性代乳料为饲料,将处于哺乳期犊牛养至6月龄,体重250 kg以下加以屠宰获得的肉色淡红的牛肉。

2.3.3.2

犊牛红肉 red baby beef

以代乳料与全价配合饲料为日粮,将处于哺乳期或断乳后犊牛养至性成熟前加以屠宰获得的肉色浅红的牛肉。

2.3.4

肥肉 fat

肥膘

胴体皮下脂肪及肌间脂肪。

2.3.5

剔骨肉 deboned meat

用人工或机械方法剔除骨头后的肉。

2.3.6

分割肉 cut meat

根据有关标准与要求,对胴体按不同部位,去皮、去骨分割成的肉块。

2.3.7

肩颈肉 boneless boston shoulder

颈背肌肉

从胴体的第五、六肋骨之间平行斩下的颈脊部位的肌肉(俗称1号肉或Ⅰ号肉)。

2.3.8

前腿肌肉 boneless picnic shoulder

从胴体的第五、六肋骨之间平行斩下经剔骨后的前腿部位的肌肉(俗称2号肉或Ⅱ号肉)。

2.3.9

大排肌肉 boneless loin

从胴体的脊椎骨下约4 cm～6 cm的肋骨处,平行斩下的脊背部位的肌肉(俗称3号肉或Ⅲ号肉)。

2.3.10

后腿肌肉 boneless leg

从胴体的腰椎与荐椎连接处斩下经剔骨后的后腿部位的肌肉(俗称4号肉或Ⅳ号肉)。

2.3.11

背膘 back fat

脊膘

猪脊背部皮下的脂肪。

2.3.12

软骨 gristle

动物体内有弹性和脆性的骨组织。

2.3.13

里脊肉 loin

指猪的深腰肌,带或不带根部。

2.3.14

五花肉 abdominal muscle

猪腹部和腹肋部位肥瘦相间的肉。

2.4 按肉的加工部位的称谓

2.4.1

牛四分体带骨肉 bone-in quarter

将牛胴体先沿脊椎中线纵向锯成两分体,再从第十一至第十二肋骨间将两分体横成四分体的牛肉。

2.4.2

牛后小腿肉 behind shank hind shank

牛展

从牛后膝关节至跟腱处割下的净肉,包括排肠肌、趾伸肌和趾伸屈肌。

2.4.3

臀部牛肉 gluteus rump

烩牛扒

沿半腱肌上端至髋骨结节处与脊椎平直割下的净肉,包括半腱肌和股二头肌。

2.4.4

牛膝圆肉 boneless beef knuckle

沿股四头肌与半腱肌连接间膜处割下的股四头肌净肉。

2.4.5

牛短腰肉 short loin

尾龙扒

沿半腹肌上端至髓骨结节处与脊椎平直割下的上部净肉,包括臀中肌、半腱肌和股二头肌。

2.4.6

牛小腹肉 triangle muscle

三角肉

割下膝圆肉露出的三角形净肉。

2.4.7

牛里脊肉 fillet tenderloin

牛柳

从腰内侧割下的带里脊头的完整净肉。

2.4.8

牛腰部肉 loin striploin

从第5～6腰椎处切断,沿腰背侧肌下端割下的净肉。

2.4.9

牛腹部肉 belly steak

牛腩

从前13肋骨断体处,沿股四头肌肉前缘割下的全部腹部净肉。

2.4.10

牛肋条肌 beef rib meat brisket

从肋提肌和肋间内外割下的净肉。

2.4.11

牛胸部肉 chest meat chuck

牛腩

从胸骨、软骨、剑骨和胸部内套条割下的净肉。

2.4.12

牛背部肉 meat of the back of the sirloin roast

沿脊背骨两侧下的净肉，包括颈背棘肌、半棘肌和背最长肌。

2.4.13

牛肩部肉 shoulder meat huckc

从肩胛骨两侧割下的净肉，包括岗上肌和岗下肌。

2.4.14

牛颈部肉 boneless beef crop

从颈骨两侧割下的净肉。

2.4.15

牛前小腿肉 fore shank

牛展

取自牛前腿肘关节至腕关节处割下的净肉，包括腕挠侧伸肌。

2.4.16

牛股内肉 boneless beef topside

针扒

沿缝匠肌前缘连接间膜处割下的净肉，包括股弯肌(股薄肌)、缝匠肌和半膜肌。

2.4.17

眼肌 eye muscle

牛脊椎左右两侧的两条长大的肌肉，即大排肌肉。

2.4.18

白条鸡 chicken carcass

经放血、去毛、净膛后的鸡胴体的总称。

2.4.19

鸡头肉 chuck chicken

位于头骨上的鸡肉，主要由咀嚼肌组成。

2.4.20

鸡颈肉 chuck chicken

位于颈椎周围的肉，由腹肌、颈二腹肌、颈半棘肌、横突间肌和颈腹侧长肌等组成。

2.4.21

鸡胸脯肉 chesk chicken

位于胸骨肉龙骨嵴两侧，由肩带肌组成。

2.4.22

鸡翅 wing chicken

由前肩骨上翅根、翅中和翅尖组成。

2.4.23

鸡大腿肉　leg chicken

位于臀股部，为后肢膝关节以上的肌肉。由臀股部肌组成。

2.5　其他

2.5.1

气味　odor

由嗅觉器官察觉到的令人愉快或不愉快的感觉。

2.5.2

风味　flavour

用味觉和嗅觉来评价食品品质，是味觉和嗅觉的综合感觉。

2.5.3

保水性　water holding capacity

肌肉受外力作用时，如加压、切碎、加热、冷冻、解冻、腌制等加工中保持原有的水分与添加水分的能力。

2.5.4

肉汁　meat juice

畜禽肉的细胞中含有的汁液。

2.5.5

肉质　meat quality

对肉的各组织成分的状况和品质特性的评价。

2.5.6

嫩度　tenderness

肉在咀嚼或切割时所需的剪切力。

2.5.7

肉的僵直　meat rigor mortis

畜禽屠宰后，由于肌肉中肌凝蛋白凝固、肌纤维硬化，所产生的肌肉僵硬挺直的过程。

2.5.8

肉的成熟　meat ageing

肌肉在内源性酶的作用下，糖元减少，乳酸增加，肉质变软多汁的过程。这种变化称为肉的成熟，也叫后熟。

2.5.9

肉的自溶　meat autolysin

肌肉在内源性酶的作用下，出现肌肉松弛、色泽发暗、变褐、弹性降低、气味和滋味变劣的现象。

2.5.10

肉的腐败　meat taint

肌肉中蛋白质和非蛋白质的含氮物质，被有害微生物分解，引起的肌肉组织的破坏和色泽变化，产生酸败气味，肉表面发粘的过程。

2.5.11

热收缩　heat shortening

肌肉在僵直的后期，肉温尚未完全散发时发生的收缩。

2.5.12

冷收缩　cold shortening

当肌肉温度降低到10 ℃以下,pH值下降到5.9～6.2之际,所发生的收缩。

2.5.13

冰点　freezing point

肉在冷冻过程中开始冻结的温度,肉的冰点一般在－1.2 ℃左右。

2.5.14

PSE肉　pale,soft and exudative muscle

受到应激反应的猪、牛、羊,屠宰后产生色泽苍白、灰白或粉红、质地松软和肉汁渗出的肉。

2.5.15

DFD肉　dark,firm and dry muscle

受到应激反应的猪、牛、羊,屠宰后产生的色暗、坚硬和发干的肉。

2.5.16

DCB肉　dark,cutting beef

在饥饿应激下屠宰的牛,得到的肌肉切面颜色呈灰暗的牛肉。

2.5.17

副产品　by-product

指头、蹄、尾及内脏等可食用部位。

2.5.18

骨头产品　bone

只带肉或略带肉的肋骨、脊骨和腿骨等。

3　肉制品

3.1　中式肉制品

3.1.1

腊肉　cured meat

以鲜肉为原料,配以各种调味料,经腌制、烘烤(或晾晒、风干、脱水)、烟熏(或不烟熏)等工艺加工而成的生肉制品。

3.1.2

咸肉　corned meat

以鲜肉为原料,经食盐和其他辅料腌制,加工而成的生肉制品。

3.1.3

中国火腿　chinese ham

带皮、骨、爪的鲜猪后腿,经腌制、洗晒或风干、发酵等工艺而制成的具有独特风味的生肉制品。

3.1.4

肉松　dried meat floss

以畜禽瘦肉为主要原料,经修整、切块、煮制、撇油、调味、收汤、炒松、搓松制成的肌肉纤维蓬松成絮状的熟肉制品。

3.1.5

肉干　dried meat dice

以畜禽瘦肉为原料,经修割、预煮、切丁(或片、条)、调味、复煮、收汤、干燥制成的熟肉制品。

3.1.6

肉脯 dried meat slice

以去除筋腱和肥膘的猪、牛等瘦肉为原料，经切片（或绞碎）、调味、腌制、摊筛、烘干、烤制等工艺制成的熟肉制品。

3.1.7

酱卤肉制品 stewed meat in seasoning

以鲜（冻）畜禽肉和可食副产品放在加有食盐、酱油（或不加）、香辛料的水中，经预煮、浸泡、烧煮、酱制（卤制）等工艺加工而成的酱卤系列肉制品。

3.1.8

糟肉制品 meat flavored with fermented rice

将畜禽肉用酒糟或陈年香糟代替酱汁或卤汁制成的肉制品。

3.1.9

熏烤肉制品 smoked meat products

以熏烤为主要加工方法生产的肉制品。

3.1.10

中式香肠 chinese sausage

腊肠

风干肠

以畜禽等肉为主要原料，经切碎或绞碎后按一定比例加入食盐、酒、白砂糖等辅料拌匀，腌渍后充填入肠衣中，经烘焙或晾晒或风干等工艺制成的生干肠制品。

3.1.11

生鲜香肠 fresh sausage product

原料肉经绞碎后加入辅料灌入肠衣中而成的生肉肠类制品。

3.1.12

生熏香肠 smoked and fresh sausage

原料肉，经绞碎（或斩拌）后加入辅料灌入肠衣中，再经烟熏处理的生肉肠类制品。

3.1.13

半干香肠 semi-dry sausage

绞碎的肉经微生物的发酵作用，在热处理和烟熏过程中除去部分水分的肠类肉制品。

3.1.14

干香肠 dry sausage

经过微生物的发酵作用，干燥除去20%～50%的水分的生肉肠类制品。

3.1.15

调制肉制品 prepare meat products

以畜禽鱼肉为主要原料，添加（或不添加）时令蔬菜和（或）辅料、食品添加剂，经滚揉（或不滚揉）、切制或绞制、混合搅拌（或不混合）、成型（或预热处理）、包装、冷却（或冻结）等工艺加工而成的系列风味生肉制品。

3.1.16

肉糕 meat cake

以畜禽肉为主要原料，经绞碎（或斩拌乳化）、调味、成型、熟制、烟熏（或不烟熏）等工艺制成的熟肉制品。

3.1.17

腌制肉　salted meat

以鲜(冻)畜禽肉(或带骨肉)、副产品为原料，配以食盐、调料、食品添加剂等辅料，经修整、注射(或不注射)、滚揉(或搅拌、斩拌)、腌制、切割(或成型)、包装、冷藏等工艺加工而成的生肉制品。

3.2　西式肉制品

3.2.1

熏煮火腿　cooked cured ham

以畜、禽肉为主要原料，经精选、切块、盐水注射(或盐水浸渍)腌制后，加入辅料，再经滚揉、充填(或不充填)、蒸煮、烟熏(或不烟熏)、冷却、包装等工艺制作的火腿类熟肉制品。

3.2.2

熏煮香肠　cooked cured sausage

以畜禽鱼肉为主要原料，经修整、腌制(或不腌制)、绞碎后，加入辅料，再经搅拌(或斩拌)、乳化(或不乳化)、充填(或不充填成型)、烘烤、蒸煮、烟熏(或不烟熏)、冷却等工艺制作的香肠类熟肉制品。

3.2.3

香肠制品　sausage product

畜禽鱼肉经绞切，腌制(或不腌制)，斩拌，乳化成肉馅、肉丁、肉糜或其他混合物，并添加调味料、香辛料、填充料，灌入肠衣(或成型)，再经烧烤、蒸煮、烟熏、发酵、干燥等工艺(或其中几个工艺)制成的熟肉制品。

3.2.4

血肠　blood sausage

用畜禽血或混同畜禽肉或舌、皮、脂肪为原料经相关工序后灌入肠衣，通过蒸煮或低温烟熏等工艺制成的肉制品。

3.2.5

发酵香肠　fermented sausage

将绞碎的猪肉(或牛肉)、动物脂肪、盐、糖、发酵剂和香辛料等混合后灌进肠衣，经过微生物发酵而制成的香肠制品。

3.2.6

培根　bacon

通常以猪的背肉、腹肉、颈肉或肩肉为原料，经注射、腌制、滚揉、成型(或不成型)、干燥、烟熏(或不烟熏)、烘烤等工艺制成的肉制品。

3.2.7

火腿　ham

以带骨或不带骨的、整块或绞碎的鲜(冻)畜禽肉为原料，经过注射(或不注射)、滚揉(搅拌)或腌制、灌入肠衣成型(或直接成型或模具成型)、蒸煮(或熏煮或发酵)而成的一类肉制品。

3.2.8

肉灌肠　pour sausage

以鲜(冻)畜、禽、鱼肉为主要原料，经调味、充填(或不充填)、成型等工艺制作的肉制品。包括中西式灌肠和无皮肠。

4 肉制品加工

4.1

腌制剂 curing agent

用食盐、香辛料和食品添加剂等成分组成用来提高肉的防腐、风味、肉质和发色性能的一种混合料。

4.2

腌制 cure

用食盐或以食盐为主并添加香辛料和食品添加剂等辅料对原料肉进行腌渍的过程。

4.3

干腌法 dry salt curing

用食盐或盐硝混合物涂擦肉表面，进行腌制肉的一种方法。

4.4

湿腌法 pickle curing

用食盐或盐硝混合物溶液进行腌制肉的方法。

4.5

注射腌制法 injection curing

先用盐水注射，然后再滚揉或放入盐水中腌制肉的方法。

4.6

绞肉 grind

将原料肉通过绞肉机进行破碎的过程。

4.7

切丁 dicing

把肉切成小方块。

4.8

斩拌 chopping

用斩拌机对肉(含各种辅料)进行细切和乳化的过程。

4.9

滚揉 tumbling

利用滚揉机将肉胚进行翻滚和揉搓，使加入的腌制剂、调味料等辅料迅速均匀地扩散到肌肉纤维组织的过程。

4.10

灌制 filling

将肉馅充入肠衣内的操作。

4.11

装模 molding

将腌制好的肉装入包装袋或容器中使之成型的操作。

4.12

打卡 clip

香肠或火腿充填后用打卡机对两端进行封口的过程。

4.13

炖 braise

将肉放入水用文火慢慢地煮，使肉熟烂的过程。

4.14

烘烤　roast

将肉或肉制品置于高于100 ℃烤箱或烟熏炉中烤制的过程。

4.15

油炸　fried

将肉或肉制品置于较高温度的油脂中，使其快速熟化的过程。

4.16

烧烤　roast

将肉或肉制品置于木炭或电加热装置中烤制的过程。

4.17

干燥　dry

肉制品在低于100 ℃条件下失去水分的过程。

4.18

卤制　stew in soy sauce

主料配以辅料煮的过程。

4.19

炒制　stir-fry

食品放在锅内，边加热边翻动的过程。

4.20

烘焙　bake over a slow fire

用微火使食品变熟的过程。

4.21

高温蒸煮　high evaporate

用高于121 ℃蒸汽的热力使食物变熟的过程。

4.22

骨肉分离　separate

将残存在骨头上的肉通过挤压或其他的方法，使肉和骨分离。

4.23

中心温度　core-temperature

系指肉制品在加工中，从其中心处所测得的温度。该温度是测试肉制品成熟程度的主要温度指标。

4.24

蒸煮损失　cooking loss

生肉加工成熟肉过程中因蒸煮使水分损失而发生的质量减少。

4.25

熏制　smoking

利用木材、木屑、茶叶、糖等材料不完全燃烧而产生的熏烟和热量使肉制品增添特有的熏烟风味的一种方法。

4.25.1

直接烟熏法　direct-smoking

在烟熏炉内，将木材燃烧直接发烟熏制。

4.25.2

间接烟熏法　indirect-smoking

利用单独的烟雾发生器发烟，将燃烧好的具有一定温度和湿度的熏烟引进烟熏室，对肉制品进行熏烤的方法。

4.25.3

冷熏法　cold smoking

温度在15 ℃～30 ℃条件下，进行长达4 h～20 h的烟熏方法。

4.25.4

液熏法　liquid-smoking

将木材干馏去掉有害成分，保留有效成分的烟收集起来进行浓缩，制成水溶性或油溶性的液体，将肉浸泡其中进行熏制的方法。

4.25.5

温熏法　warm-smoking

温度在30 ℃～50 ℃条件下的熏制方法。

4.25.6

热熏法　heat-smoking

温度在50 ℃～80 ℃条件下的熏制方法。

4.25.7

焙熏法　roast-smoking

温度在90 ℃～120 ℃条件下的熏烤方法。

4.25.8

电熏法　electrical smoking

应用静电进行烟熏的方法。

4.26

发酵　ferment

在微生物作用下对物质进行分解的过程。

4.27

二次杀菌　again disinfeet

在低于100 ℃水温条件下杀死有害菌的过程。

5　肉制品包装材料

5.1

天然肠衣　natural casings

采用健康牲畜的食道、胃、小肠、大肠和膀胱等器官，经过特殊加工，对保留的组织进行腌渍或干制的动物组织，是灌制香肠的衣膜。

5.1.1

盐渍肠衣　salted casings

专用盐腌制的天然肠衣。

5.1.2

干制肠衣　dried casings

腌制清洗后经晾干或烘干的天然肠衣。

5.2

人造肠衣　artificial casing

把动物皮、塑料、纤维、纸等加工成的片状或管状薄膜。

5.3

胶原蛋白肠衣　collagen casing

以猪、牛真皮层的胶原蛋白纤维为原料，在碱液中挤压成型制成的管状肠衣。

5.4

纤维肠衣　cellulose casing

用纤维挤压而成的肠衣。

5.5

塑料肠衣　plastic casing

用聚偏二氯乙烯(PVDC)，聚乙烯(PE)、聚丙烯(PP)等制成的肠衣。

5.6

玻璃纸肠衣　glassine casing

再生胶质纤维素薄膜制成的片状或筒状肠衣。

5.7

复合膜　compound film

由两种或两种以上的具有不同性能的物质结合在一起组成的材料。

5.8

保鲜膜　protect film

用聚乙烯(PE)、聚偏二氯乙烯(PVDC)等制成的具有保鲜、自粘性能的薄膜。

中 文 索 引

英 文 索 引

A

B

C

O

P

R

S

T

W

ICS 65.020.20
B 38

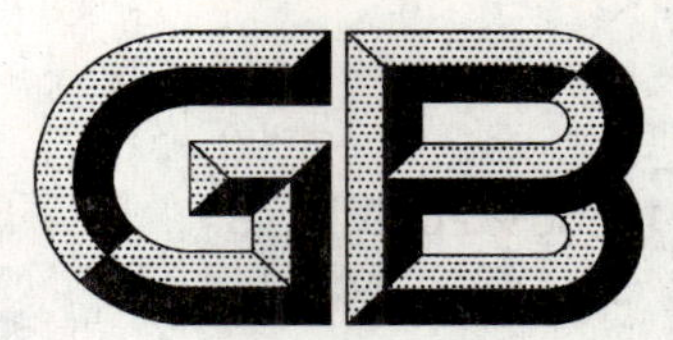

中华人民共和国国家标准

GB/T 19506—2009
代替 GB 19506—2004

地理标志产品　吉林长白山人参

Product of geographical indication—Jilin Changbaishan ginseng

2009-03-30 发布　　　　2009-10-01 实施

中华人民共和国国家质量监督检验检疫总局
中国国家标准化管理委员会　发布

前　言

本标准根据国家质量监督检验检疫总局令[2005]第78号《地理标志产品保护规定》及GB/T 17924《地理标志产品标准通用要求》制定。

本标准代替GB 19506—2004《原产地域产品　吉林长白山人参》。

本标准与GB 19506—2004相比主要变化如下：

——标准属性由强制性国家标准改为推荐性国家标准；

——根据国家质量监督检验检疫总局颁布的《地理标志产品保护规定》，将标准名称改为《地理标志产品　吉林长白山人参》；

——增加了术语和定义；

——完善了产品分类；

——增加了二氧化硫指标和铜的限量指标；

——依据GB 2763《食品中农药最大残留限量》，增加并完善了农药残留限量指标。

本标准的附录A、附录B为规范性附录。

本标准由全国原产地域产品标准化工作组提出并归口。

本标准负责起草单位：吉林省参茸办公室、吉林人参研究院、国家参茸产品质量监督检验中心。

本标准参加起草单位：吉林农业大学中药材学院、农业部参茸质检中心、吉林省卫生防疫站、吉林省药检所、吉林省商检局、中国农科院特产研究所、吉林省集安市新开河有限责任公司、吉林省抚松县人参研究所。

本标准主要起草人：冯家、曹志强、仲伟同、王秀全、李月茹、武伦鹏、杨文志、李青、秦桂莲、王明泰、王英平、李学军、侯玉兵。

本标准所代替标准的历次版本发布情况为：

——GB 19506—2004。

地理标志产品　吉林长白山人参

1　范围

本标准规定了吉林长白山人参的术语和定义、地理标志产品保护范围、产品分类、技术要求、试验方法、检验规则及标志、标签、包装、运输、贮存。

本标准适用于国家质量监督检验检疫行政主管部门根据《地理标志产品保护规定》批准保护的吉林长白山人参。

人参作为药用时应遵循《中华人民共和国药典》(最新版本)。

2　规范性引用文件

下列文件中的条款通过本标准的引用而成为本标准的条款。凡是注日期的引用文件,其随后所有的修改单(不包括勘误的内容)或修订版均不适用于本标准,然而,鼓励根据本标准达成协议的各方研究是否可使用这些文件的最新版本。凡是不注日期的引用文件,其最新版本适用于本标准。

GB/T 191　包装储运图示标志

GB 317　白砂糖

GB/T 2828.1　计数抽样检验程序　第1部分:按接收质量限(AQL)检索的逐批检验抽样计划

GB/T 5009.7　食品中还原糖的测定

GB/T 5009.11　食品中总砷及无机砷的测定

GB/T 5009.12　食品中铅的测定

GB/T 5009.13　食品中铜的测定

GB/T 5009.15　食品中镉的测定

GB/T 5009.17　食品中总汞及有机汞的测定

GB/T 5009.19　食品中六六六、滴滴涕残留量的测定

GB/T 5009.20　食品中有机磷农药残留量的测定

GB/T 5009.22　食品中黄曲霉毒素 B_1 的测定

GB/T 5009.29　食品中山梨酸、苯甲酸的测定

GB/T 5009.31　食品中对羟基苯甲酸酯类的测定

GB/T 5009.34　食品中亚硫酸盐的测定

GB/T 5009.36　粮食卫生标准的分析方法

GB/T 5009.103　植物性食品中甲胺磷和乙酰甲胺磷农药残留量的测定

GB/T 5009.104　植物性食品中氨基甲酸酯类农药残留量的测定

GB/T 5009.110　植物性食品中氯氰菊酯、氰戊菊酯和溴氰菊酯残留量的测定

GB/T 5009.136　植物性食品中五氯硝基苯残留量的测定

GB/T 5009.145　植物性食品中有机磷和氨基甲酸酯类农药多种残留的测定

GB 7718　预包装食品标签通则

GB/T 22531　野山参人工繁衍护育操作规程

中华人民共和国药典　2005年版　一部

中华人民共和国药典　2005年版　二部

3　术语和定义

下列术语和定义适用于本标准。

3.1

吉林长白山人参　changbaishan ginseng in of Jilin province

在地理标志产品保护范围内采挖或按本标准种植、采收的，采用传统工艺与现代先进技术相结合加工而成的，具有独特品质的五加科人参属植物人参（*Panax ginseng* C. A. Meyer.）的根、茎、叶、花、果实及加工产品。

3.2

芽苞　dormant bud

人参芦头上的越冬芽。

3.3

人参芦　rhizome of ginseng

人参主根上部的根茎。

3.3.1

圆芦　column rhizome

芦下部与主根相连的一段芦，呈圆柱状，其上有疙瘩状芦碗残痕。

3.3.2

堆花芦　duihua rhizome

圆芦上部的一段芦，芦碗密集，状如堆花。

3.3.3

马牙芦　rhizome in the shape of horse tooth

堆花芦上部的一段芦，芦碗较大，状如马牙。

3.3.4

二节芦　rhizome with two sections

同时具有圆芦和堆花芦或堆花芦和马牙芦的根茎。

3.3.5

三节芦　rhizome with three sections

同时具有圆芦、堆花芦、马牙芦的根茎。

3.3.6

缩脖芦　neck-shrinking rhizome

因生长条件限制，芦较短。

3.3.7

后憋芦　regenerated rhizome

原有芦损伤后的再生芦。

3.3.8

竹节芦　rhizome in the shape of bamboo joint

芦碗间距大，不紧密，形如竹节。

3.3.9

芦碗　node in the shape of bowl

每年地上茎枯萎后在芦上形成的碗状残痕。

3.4

人参艼　adventitious roots

生长于根茎上的不定根。

3.4.1

枣核艼　adventitious roots in the shape of jujube pit

两端细、中间粗，形如枣核的人参艼。

3.4.2

毛毛艼　hairy adventitious roots

较细的人参艼。

3.4.3

艼变　deformed adventitious roots

主根消失，艼继续生长代替主根，又称艼变参。

3.4.4

蒜瓣艼　adventitious roots in the shape of garlic clove

形如大蒜瓣的人参艼。

3.5

人参体　body

人参的主根。

3.5.1

灵体　spirited body

形如元宝形或菱角状，两条腿明显分开的体。

3.5.2

疙瘩体　lumpish body

主根粗短，形如疙瘩状。

3.5.3

顺体　slender body

主根顺长。

3.5.4

笨体　clumsy body

主根形状不灵活，腿有两条以上。

3.5.5

过梁体　body in the shape of ridge

主根分岔角度较大，形如山梁。

3.5.6

横体　horizontal body

主根横向生长。

3.6

纹　grains

主根上形成的纹理。

3.6.1

紧皮细纹　tight and fine grains

皮色细腻，肩部环纹清晰紧密。

3.6.2

跑纹　grains running down

肩部的环纹延伸到主体下部。

3.6.3

环纹　ring-like grains

一圈一圈的环状纹。

3.6.4

断纹　broken grains

环纹不连续。

3.6.5

浮纹　float grains

浮浅的人参纹。

3.6.6

粗纹　thick grains

粗糙的人参纹。

3.7

人参腿　legs

人参主体下部较粗的支根。

3.8

人参须根　fibrous roots of ginseng

生长在人参主根、支根和参艼上的须根。

3.8.1

皮条须　longer fibrous roots of ginseng

野山参腿上生长的细长、柔韧性强、有弹性、珍珠疙瘩明显的须根。

3.8.2

珍珠疙瘩　pearl nodule

须根上的瘤状凸起。

3.9

野山参　wild ginseng

自然生长于深山密林下的人参。

3.9.1

野生人参　wild ginseng

自然传播，生长于深山密林下的原生态人参。

3.9.2

野山参五形　five shapes

芦、艼、体、纹、须。

3.10

生晒野山参　dried wild ginseng

鲜野山参经过刷洗后烘干或晒干的产品。

3.11

移山参　transplanted ginseng

移栽在山林中具有部分野山参特征的人参。

3.11.1

野山参移栽　transplantation of wild ginseng

将幼小的野山参苗移植于林下自然生长，有野山参部分特征。

3.11.2

园趴　pahuo ginseng

园参幼苗移植于林下自然生长若干年后，有野山参部分特征。

3.11.3

池底 chidi ginseng

园参收获后遗留在参地中的人参生长若干年后，有野山参部分特征。

3.11.4

生晒移山参 dried transplanted ginseng

鲜移山参刷洗后烘干或晒干的产品。

3.12

园参 planted ginseng

人工栽培的人参（*Panax ginseng* C. A. Mey.）。

3.12.1

成品鲜参 matured fresh planted ginseng

采收期从土壤中采挖出来未经加工的四年生以上园参。

3.12.2

边条人参 biantiao ginseng

园参中具有三长（芦长、主根长、腿长）的人参，俗称“边条参”。

3.12.3

普通人参 ordinary ginseng

园参中主根较短，具有三多（支根、须根、不定根）的人参，俗称“普通参”。

3.12.4

红参 red ginseng

以鲜人参为原料，经过刷洗，蒸制、干燥的人参产品。

3.12.4.1

普通红参 ordinary red ginseng

红参中主根相对较短的一类产品。

3.12.4.2

边条红参 biantiao red ginseng

红参中具有三长（芦长、主根长、腿长）的一类产品。

3.12.4.3

全须红参 red ginseng with tassels

芦、体、须完整的红参。

3.12.4.4

模压红参 moulding red ginseng

以红参为原料，经过软化、单支或多支压制成形的产品。

3.12.4.5

切参 red ginseng cutting

边条红参切除芦头、支根，仅留部分主根，经过模压的产品。

3.12.4.6

红中尾 thick rootlets of red ginseng

较粗的红参支根及不定根。

3.12.4.7

红参艼 adventitious roots of red ginseng

按照红参工艺加工的人参艼。

3.12.4.8

红直须　longer straight rootlets of red ginseng

直径低于 2 mm 的红参支根，商品多捆成小把。

3.12.4.9

红混须　mixed rootlets of red ginseng

直径小于 2 mm 的红参须，未经过捋顺整理，不进行打捆。

3.12.4.10

红弯须　shorter bending rootlets of red ginseng

直径低于 2 mm，长度不超过 30 mm，呈条形弯曲状的红参须根。

3.12.4.11

红参片　slices of red ginseng

红参主根经过软化后切成的薄片。

3.12.4.12

粘连　adhesion

模压红参加工时参与参之间粘连在一起的现象。

3.12.4.13

生心　raw hard part inside red ginseng

红参内部具有的白色或黄色硬心。

3.12.4.14

质地　texture

红参坚实，断面角质样。

3.12.4.15

黄皮　yellow cuticle

红参表面出现的黄色表皮。

3.12.4.16

夹杂　inclusion besides main roots

模压红参配重时因重量不足而人为加入的支根、不定根、小红参或根茎。

3.12.5

生晒参　dried ginseng

以鲜人参为原料，刷洗除须后，晒干或烘干而成的人参产品。

3.12.5.1

全须生晒参　dried ginseng with tassels

芦、体、须完整的生晒参。

3.12.5.2

白混须　mixed rootlet of ginseng

用鲜人参支根和须根干燥而成的参须，参须呈长条形或弯曲状，长短不齐，未经过捋顺整理，不进行打捆。

3.12.5.3

白直须　longer straight rootlets of ginseng

用鲜人参支根和须根干燥而成的参须，参须呈条状，有光泽，一般经过捋顺整理捆成小把。

3.12.5.4

生晒参片　slices of dried ginseng

生晒参经过软化后切成的薄片。

3.12.5.5

白干参 dried ginseng without epidermis

以鲜人参为原料,刷洗除须去表皮后,晒干或烘干而成的人参产品。

3.12.5.6

白曲参 white bending ginseng

以鲜人参为原料,刷洗后除去毛须,晒干或烘干至半干时,用棉线将人参绑成曲状,继续干燥而成。

3.12.5.7

皮尾参 dried greyish-brown ginseng

以鲜人参为原料,刷洗后除去分支,晒干或烘干而成的人参产品,表面灰棕色,断面黄白色。

3.12.5.8

粉质 characteristics of powder

生晒参主根折断后可见到粉质状现象。

3.12.5.9

树脂道 resin ducts

生晒参横向切面的韧皮部可见到黄棕色点状或块状物。

3.12.6

糖参 sugared ginseng

以鲜人参为原料通过排针、顺针、浸糖、干燥等工艺加工制成的人参产品。

3.12.6.1

轻糖直须 sugared rootlets

鲜人参须经浸糖,干燥制成的产品。

3.12.6.2

皱纹 wrinkles

糖参表面出现的凹凸现象。

3.12.6.3

返糖 separating sugar out

糖参加工干燥后,表面析糖的现象。

3.12.6.4

浮糖 sugar remains

糖参表面残留糖浆的现象。

3.12.7

大力参(烫通参) boiled ginseng

以普通鲜人参为原料,水洗后除须,烫制,凉水漂凉,干燥的人参制品。

3.12.7.1

大力参片 boiled ginseng slices

大力参经软化切成薄片后,干燥而成的产品。

3.12.8

活性参(冻干参) freezing and dried ginseng

以鲜边条人参为原料,刮去表皮,采用真空低温冷冻(−25 ℃)干燥技术加工而成的产品。

3.12.8.1

活性参片 freezing and dried ginseng slices

以鲜人参为原料,切片后冷冻干燥的一类产品。

3.12.9

保鲜人参　fresh-keeping ginseng

以鲜人参为原料,洗刷后经过保鲜处理,能够较长时间贮藏的人参产品。

3.12.9.1

生物保鲜人参　fresh-keeping ginseng of living body

以鲜园参为原料,洗刷后经过保鲜处理,在规定贮藏时间和条件内,再次栽培能够生长的产品。

3.12.10

蜜制人参　honeyed ginseng

用蜂蜜做为辅料,经蜜制工艺加工而成的人参制品。

3.12.11

鲜人参蜜片　slices of honeyed fresh ginseng

鲜人参洗刷后,将主根切成薄片,采用热水轻烫或短时间蒸制,浸蜜,干燥加工制成的人参产品。

3.12.12

白心　parital raw inside

鲜人参蜜片加工过程中,人参片内部出现生心的现象。

3.13

人参整体长　total length of ginseng

人参产品的总长。

3.14

人参主根　main root of ginseng

人参根的主体,即根茎(芦头)以下到支根以上的主体部分。

3.15

人参气味　odour

人参特有的香气。

3.16

光泽度　lustre degree

人参表面上具有的柔润光泽程度。

3.17

红皮(水锈)　rusty substance in the cuticle

人参表皮呈现铁锈颜色的现象。

3.18

异物　xenenthesis

人参本身以外的物质,如金属、木条等。

3.19

疤痕　scar

人参根因病、虫、鼠害及机械损伤或人为损伤等原因留下的伤疤。

3.20

破肚　body cracking

人参生长或加工过程中参根开裂的现象。

3.21

跑浆　loss of sap

鲜人参主根变软的现象。

3.22

空心　hollow in the centre

人参内部具有的空隙。

3.23

虫蛀　damage from pest

人参遭虫蛀的现象。

3.24

霉变　mould generation

人参变软发霉的现象。

3.25

抽沟　shrinking groove

人参因跑浆,导致干货表面不平整的现象。

3.26

干浆　heavily shrivelled sugared ginseng

体质轻泡,瘪瘦的人参。

3.27

混货　ungraded ginseng

没有分等级的人参。

3.28

绑尾　wrappings of lateral roots and tassels

用白线将人参侧根和须根缠绕固定。

3.29

人参茎叶　stem and leaf of ginseng

人参茎和叶的统称。

3.30

人参花　flower of ginseng

人参的花序。

3.31

人参粉　powder of ginseng

人参根经粉碎制成粉末状的产品。

3.31.1

野山参粉　the powder of wild ginseng

粉碎至60目～100目的野山参粉末。

3.31.2

移山参粉　the powder of transplanted wild ginseng

粉碎至60目～100目的移山参粉末。

3.31.3

红参粉　powder of red ginseng

粉碎至60目～100目的红参粉末。

3.31.4

生晒参粉　powder of dried ginseng

粉碎至60目～100目的生晒参粉末。

3.32

人参果　fruit of ginseng

人参的果实。

4 地理标志产品保护范围

吉林长白山人参地理标志产品保护范围限于国家质量监督检疫行政主管部门根据《地理标志产品保护规定》批准的范围，即北纬 40°51′55″～44°30′02″，东经 125°16′57″～131°19′12″的吉林省长白山区的抚松县、靖宇县、长白县、临江市、江源县、集安市、通化县、辉南县、安图县、敦化市、汪清县、珲春市、蛟河市、桦甸市十四个县(市)，见附录 A。

5 产品分类

5.1 野山参

5.1.1 鲜野山参。

5.1.2 生晒野山参。

5.1.3 野山参粉。

5.2 移山参

5.2.1 鲜移山参。

5.2.2 生晒移山参。

5.2.3 移山参粉。

5.3 园参

5.3.1 参根类

5.3.1.1 红参类。

5.3.1.2 生晒参类。

5.3.1.3 白参类。

5.3.1.4 活性参(冻干参)类。

5.3.1.5 保鲜参类。

5.3.1.6 大力参类。

5.3.1.7 蜜制人参类。

5.3.1.8 糖参类。

5.3.2 人参茎叶。

5.3.3 人参花。

5.3.4 人参果。

6 技术要求

6.1 环境

6.1.1 地理

吉林长白山人参的地理标志产品保护范围为长白山山脉的吉林省区域，即北纬 40°51′55″～44°30′02″，东经 125°16′57″～131°19′12″的长白山森林地带，森林覆盖率 70%以上，海拔 400 m～1 100 m。

6.1.2 气候

中温带湿润、中寒带气候区，大陆性季风气候，≥10 ℃有效积温 1 300 ℃～2 400 ℃，年平均气温 1 ℃～7.5 ℃，1 月平均气温－11 ℃～－18 ℃，7 月～8 月平均气温 20 ℃～23.5 ℃，年降雨量 500 mm～1 300 mm(7 月～8 月降水量 400 mm)，无霜期 90 d～150 d。全年日照时数 2 300 h。

6.1.3 野山参繁衍护育生态条件

6.1.3.1 坡度与植被：坡度在 5°～40°的针阔混交林和阔叶林上界，有蒙古栎、槭、柞、紫椴、糠椴、红松等 10 余种乔木，间生胡枝子、榛柴等小灌木，形成高、中、低三层自然屏障，郁闭度 0.75～0.85 的林地。

6.1.3.2 土壤：野山参的繁衍应有林下原始的自然土壤层，腐殖质层达到 10 cm 以上的棕色森林土或山地灰化棕色森林土，具有较好的理化性状，有机质含量达到3%以上，容重小于0.8，pH值5.5～6.5。

6.1.4 园参种植条件

6.1.4.1 周边环境：远离居民区，距公路主干道或铁路50 m以外，运输方便、靠近水源、便于规范化生产管理的地块。

6.1.4.2 坡度与植被：坡度在5°～20°的阔叶林、针阔叶混交林的山地或刚刚开发的岗地、山地。农田周围应有防风林带。

6.1.4.3 土壤：有机质含量3%（农田为1.5%）以上的腐殖土。多选黄砂腐殖土和黑砂腐殖土、壤土和砂质壤土。土壤微酸性（pH值5.5～6.5）；土壤中的有害物质不得超过限量标准，即：五氯硝基苯0.3 mg/kg，六六六0.4 mg/kg，滴滴涕0.5 mg/kg，铅250 mg/kg，镉0.3 mg/kg，汞0.3 mg/kg，砷30 mg/kg，铜50 mg/kg，铬150 mg/kg，镍40 mg/kg，锌200 mg/kg。

6.1.4.4 空气：空气中的有害物质平均浓度不得超过限量标准，即：二氧化硫（SO_2）0.15 mg/m³，总悬浮颗粒物（TSP）0.12 mg/m³，可吸入颗粒物（PM10）0.05 mg/m³，二氧化氮（NO_2）0.12 mg/m³，一氧化碳（CO）10 mg/m³，臭氧（O_3）0.12 mg/m³，铅（Pb）1.0 mg/m³，苯并[*a*]芘（B[*a*]P）0.01 μg/m³，氟化物7 μg/（dm²·d）。

6.1.4.5 灌溉水：灌溉水中的有害物质不得超过限量标准，即：生化需氧量（BOD5）80 mg/L，化学需氧量（CODcr）150 mg/L，悬浮物100 mg/L，阴离子表面活性剂（LAS）5 mg/L，凯氏氮30 mg/L，总磷（以P计）10 mg/L，氯化物250 mg/L，硫化物1 mg/L，总砷0.1 mg/L，铬（六价）0.1 mg/L，总铅0.1 mg/L，总铜1 mg/L，总锌2 mg/L，总硒0.02 mg/L，氟化物2 mg/L，氰化物0.5 mg/L，石油类10 mg/L，挥发酚1 mg/L，苯2.5 mg/L，三氯乙醛0.5 mg/L，丙烯醛0.5 mg/L，硼2 mg/L。

6.2 种子

6.2.1 来源

为五加科人参属植物人参 *Panax ginseng* C. A. Meyer. 的种子。

6.2.2 种子质量

野山参繁衍护育优选野山参种子，也可采用人参农家品种“圆膀圆芦”、“草芦”、“线芦”为野山参种子。种子千粒重干籽为20 g以上，水籽40 g以上。种子纯度为99%以上；生命力为95%以上；饱满粒不低于95%，干种子含水量不高于14%，淡黄白色，无异味、病粒。

6.2.3 种子催芽

6.2.3.1 当年籽（水籽）：当年采收的种子于采收后至10月上旬前进行催芽，种子90%裂口，胚率达80%以上时可秋播，亦可进行冷藏，翌年春播。

6.2.3.2 干籽：上年采收的干籽于6月中旬前催芽，10月中旬90%裂口，胚率达80%以上时可秋播，亦可进行冷藏，翌年春播。

6.3 护育、栽培技术

6.3.1 野山参护育

按GB/T 22531的规定执行。

6.3.2 园参栽培

6.3.2.1 整地

在6月末前清理场地，顺山或斜山做床，刨好头遍地，栽参前（9月份）刨二遍地，做好土垄。

6.3.2.2 做床

春季播种或移栽，在播种或移栽前7 d～10 d做床；秋季要边做床边播种或移栽。

6.3.2.3 改土施肥

根据土壤理化性状结合做床测土施肥，以有机肥为主。

6.3.2.4 播种育苗

春播在4月中旬至5月初播种经过冬贮后的催芽籽，秋播在10月上旬至土壤封冻前播种裂口籽。

一般采用撒播、条播或点播。

6.3.2.5 **移栽**

普通参四年生一般直播，其他采用“三、三”制、“二、三”制或“三、二”制；边条参采用“二、二、二”制、“三、二、二”制或“三、三、三”制。春栽在4月中旬至4月下旬，秋栽在9月中旬至10月下旬。参苗的农药残留和重金属含量不得超过第7章中有害元素和有机氯农药残留的指标，并按照参根单株重量、根长对参苗进行分等移栽。边条参移栽前要整形下须，一般采用30°～40°斜栽或平栽。

6.3.2.6 **田间管理**

6.3.2.6.1 调光：一般用拱形透光棚遮荫；根据气候条件可采用3次～5次调光，根据参苗大小和季节，透光率控制在20%～50%。

6.3.2.6.2 追肥：结合松土和打药可进行根侧追肥和叶面追肥。

6.3.2.6.3 灌水：根据土壤墒情适时灌水，春季较旱的地块可待春雨后上膜，当年收获的人参进入8月份可撤膜放雨。

6.3.2.6.4 排涝：清理作业道和排水沟，及时排除出桃花水和雨水，防止雪水渗入参床；严防荫棚漏雨；畦内水分过大时，应勤松土，并撤去畦头和畦帮的土。

6.3.2.6.5 除草松土：整个生育期进行2次～3次松土。

6.3.2.6.6 摘蕾：不留种子的参地，在花柄长5 cm～6 cm时摘蕾。

6.3.2.6.7 扶苗葳参：将伸展到荫棚外面的人参植株扶向棚内。

6.3.2.6.8 上防寒物：秋栽或秋播的参地在栽(种)后立即加防寒物，其他参地在10月中下旬加防寒物。

6.3.2.6.9 下防寒物：早春参根下部2 cm土壤解冻时，撤除防寒物。

6.3.2.7 **灾害防治**

6.3.2.7.1 病害防治：根据预防为主，综合防治的原则，采用加强田间管理，搞好田间卫生等农业措施，施用生物制剂和高效低毒化学农药等措施，防治各种病害。

6.3.2.7.2 虫害防治：采用生物农药或高效低毒化学农药喷洒杀虫，或配成毒饵诱杀，或用黑光灯诱杀，也可人工捕杀。

6.3.2.7.3 鼠害防治：用高效低毒化学农药配成毒饵诱杀，或人工捕杀。

6.3.2.7.4 其他灾害防治：早春和晚秋要清除床面上的积雪，严禁雪水渗入床内造成烂参；新栽参地栽参后及时压好防寒物，其他参地在参根层出现结冻前压防寒物，预防冻害。

6.3.2.8 **良种繁育**

在四至五年生时，选择生育健壮的植株留种，并在一半以上小花开放时，将花序中央的小花蕾疏掉；果肉变软时一次性采收果实。

6.3.2.9 **鲜参采收**

在9月上旬至9月末进行，拆除参棚，割下地上茎叶，深刨起净。

6.4 **工艺流程**

6.4.1 **野山参**

6.4.1.1 **鲜野山参**

鲜野山参→保湿包装→低温保存。

6.4.1.2 **生晒野山参**

野山参→刷洗→干燥→包装。

6.4.1.3 **野山参粉**

生晒野山参→粉碎→包装。

6.4.2 **移山参**

6.4.2.1 **鲜移山参**

鲜移山参→保湿包装→低温保存。

6.4.2.2 **生晒移山参**

移山参→刷洗→干燥→包装。

6.4.2.3 **移山参粉**

生晒移山参→粉碎→包装。

6.4.3 **红参**

鲜园参→选参→刷洗→蒸制→干燥→分级分等→包装。

6.4.4 **模压红参**

选优质红参→修剪→配支→软化→压制→干燥→包装。

6.4.5 **红参片**

红参→软化→切片→干燥→包装。

6.4.6 **生晒参**

鲜园参→选参→刷洗→下须→干燥→分级分等→包装。

6.4.7 **生晒参片**

生晒参→软化→切片→干燥→包装。

6.4.8 **白参**

鲜园参→刷洗→刮去表皮→干燥→分级分等→包装。

6.4.9 **白曲参**

鲜园参→刷洗→下毛须→刮去表皮→一次干燥→绑缚定型→二次干燥→分级分等→包装。

6.4.10 **大力参**

鲜园参→刷洗→下须→晾晒→水烫→干燥→分级分等→包装。

6.4.11 **大力参片**

大力参→软化→切片→干燥→分级分等→包装。

6.4.12 **活性参**

鲜园参→刷洗→刮皮→排针→冷冻干燥→分级分等→包装。

6.4.13 **活性人参片**

鲜园参→刷洗→切片→冷冻干燥→分级分等→包装。

6.4.14 **生物保鲜人参**

鲜园参→刷洗→生物保鲜处理→分级分等→包装。

6.4.15 **保鲜人参**

鲜园参→刷洗→装袋→加保鲜剂处理→真空包装→分级分等→包装。

6.4.16 **蜜制人参类**

鲜园参→刷洗→烫制或蒸制→蜜制→添加辅料→真空包装→分级分等→包装。

6.4.17 **糖参类**

鲜园参→刷洗→烫制→排针→顺针→浸糖→晾晒→干燥→分级分等→包装。

6.4.18 **人参粉**

原料参→干燥→粉碎→包装。

6.4.19 **人参茎叶**

鲜人参茎叶→水洗→控水→扎把→干燥→包装。

6.4.20 **人参花**

鲜人参花→干燥→包装。

6.4.21 **人参果肉**

人参果实→揉搓→脱去种子→防腐保鲜处理→包装。

6.5 质量等级

6.5.1 野山参的规格等级

野山参规格等级应符合表 1～表 3 的规定。

表 1 野山参规格

鲜野山参		生晒野山参	
规格	重量/g	规格	重量/g
特级	≥60	特级	≥15
一级	45～60	一级	12～15
二级	35～45	二级	9～12
三级	25～35	三级	7～9
四级	18～25	四级	5～7
五级	12～18	五级	3～5
六级	5～12	六级	1.3～3
七级	<5	七级	<1.3

表 2 鲜野山参等级

项 目	特 等	一 等	二 等
芦	有三节芦，圆芦、堆花芦分明，个别有双芦和三芦以上。无疤痕、水锈，芽苞完整。	有三节芦或两节芦，芦碗较大，个别有双芦和三芦以上。无疤痕、水锈，芽苞完整。	有一节或两节芦，芦碗较大，芦头排列扭曲，有残缺、水锈、疤痕。
艼	枣核艼，艼大小不得超过主体40%，不跑浆，须长下伸，无伤疤、水锈。	枣核艼或毛毛艼，艼不得超过主体 50%，不跑浆，须长下伸，无疤痕，水锈。	有毛毛艼或艼变，艼大，有疤痕、水锈。
体	灵体、疙瘩体，黄褐色或淡黄白色，紧皮细腻，有光泽，腿分裆自然，无下粗，不跑浆，无疤痕、水锈。	顺体、过梁体，黄褐色或淡黄白色，紧皮细腻，有光泽，腿分裆自然，不跑浆。无疤痕、水锈。	顺体、笨体、横体，黄褐色或黄白色，皮较松，体小、艼变、有疤痕及水锈。
纹	主体上部的环纹细而深，紧皮细纹，不跑纹。	主体上部的环纹细而深，紧皮细纹，不跑纹。	主体上部的环纹不全，断纹或纹较少。
须	细而长，柔韧不脆，疏而不乱，珍珠点明显，无伤残。	细而长，柔韧不脆，有珍珠点，主须无伤残。	有长有短，柔韧不脆，有珍珠点，有残缺。

表 3 生晒野山参等级

项 目	特 等	一 等	二 等
芦	三节芦，圆芦、堆花芦分明，个别有双芦或三芦以上，无疤痕、水锈。	三节芦或两节芦，个别有双芦或三芦以上，芦碗较大，无疤痕、水锈。	二节芦、缩脖芦，芦碗较粗，芦头排列扭曲，有残缺、病疤、水锈。
艼	枣核艼，艼大小不得超过主体40%，不抽沟，须长下伸，色正有光泽，无疤痕、水锈。	枣核艼或毛毛艼，艼不得超过主体 50%，不抽沟，须长下伸，色正有光泽，无疤痕、水锈。	艼大或无艼，有残缺、病疤、水锈。
体	灵体、疙瘩体，色正有光泽，黄褐色或淡黄白色，不抽沟，腿分裆自然，无疤痕、水锈。	顺体、过梁体，色正有光泽，黄褐色或淡黄白色，腿分裆自然，不抽沟，无疤痕、水锈。	顺体、笨体、横体，黄褐色或淡黄白色，皮较松，抽沟，体小、艼变，有疤痕、水锈。

表 3（续）

项　目	特　等	一　等	二　等
纹	主体上部的环纹细而深，紧皮细纹，不跑纹。	主体上部的环纹细而深，紧皮细纹，不跑纹。	主体上部的环纹不全，断纹或环纹较少。
须	细而长，疏而不乱，柔韧不脆，有珍珠点，无伤残。	细而长，疏而不乱，柔韧不脆，有珍珠点，主须无伤残。	细而长，柔韧不脆，有珍珠点，有部分残缺及水锈。

野山参粉加工销售时，应符合表 3、表 58、表 59 的规定。

6.5.2　移山参的规格等级

移山参规格等级应符合表 4～表 6 的规定。

表 4　移山参规格

鲜移山参		生晒移山参	
规格	重量/g	规格	重量/g
一级	≥100	一级	≥25
二级	80～100	二级	20～25
三级	60～80	三级	15～20
四级	40～60	四级	10～15
五级	20～40	五级	5～10
六级	10～20	六级	2.5～5
七级	<10	七级	<2.5

表 5　鲜移山参等级

项目	一等品	二等品	三等品
芦	芦长，有两节或三节，芦碗较大。	芦长，多为竹节芦或缩脖芦。	有两节芦，多为竹节芦、芦碗较短。
艼	枣核艼、毛毛艼、艼不超过主体 40%，无疤痕水锈。	有枣核艼，毛毛艼，艼不超过主体 50%，无水锈。	艼大，或有伤残水锈。
体	灵体、短体，淡黄白色，有光泽，腿分裆自然，不跑浆，无疤痕、水锈。	顺体、过梁体、笨体，不跑浆，淡黄色、有光泽，无疤痕、水锈。	艼变或其余体有病疤、水锈。
纹	环纹粗细不等。	环纹粗而浅或断纹、跑纹。	纹残缺不全。
须	须长，柔韧性好。	须长，不清疏，柔韧性差。	主须不清疏，柔韧性差。

表 6　生晒移山参等级

项　目	一等品	二等品	三等品
芦	芦长，有两节芦或三节芦，芦碗较大，芽苞完整。	有两节芦或三节芦，多为竹节芦，芦碗较大，芽苞完整。	有两节芦，多为竹节芦、缩脖芦，芦碗较短。
艼	枣核艼、毛毛艼、艼不超过主体 40%，无疤痕水锈。	有枣核艼，毛毛艼，艼不超过主体 50%，无水锈。	艼变或没艼，有伤残、水锈。
体	灵体、短体，淡黄白色，有光泽，腿分裆自然，不跑浆，无疤痕、水锈。	顺体、过梁体、笨体，不跑浆，淡黄色、有光泽，无疤痕、水锈 。	艼变或其余体有病疤、水锈。

表 6（续）

项　目	一等品	二等品	三等品
纹	环纹细而不深。	环纹粗而浅或断纹、跑纹。	纹残缺不全。
须	须长，柔韧性好。	须长，不清疏，柔韧性差。	须不清疏，柔韧性差。

野山参粉加工销售时，应符合表 6、表 58、表 59 的规定。

6.5.3　鲜园参规格、等级

鲜园参分为鲜边条人参、鲜普通人参两种，规格等级应符合表 7、表 8 的规定。

表 7　鲜边条人参规格

等　级	支数/(支/500 g)	单支重/g	体长/cm
特等	<3	≥167	≥18
一等	≤4	≥125	≥17
二等	≤6	≥83	≥17
三等	≤9	≥55	≥16
四等	≤11	≥45	≥14
五等	≤14	≥35	≥12
六等	≤20	≥25	≥11
七等	≤40	≥12.5	≥10
八等	41～100	≥5	≥9
混等	—	—	—

注 1：鲜货的根呈长圆柱形，芦长，体长，腿长，有 2 个～3 个分支，芦须齐全，浆足丰满。无病疤、水锈、杂质、泥土，不腐烂。

注 2：艼帽不得超过 20%（超过 1 倍者降 2 等）。

注 3：缺须、少芦、断支、病疤严重、浆不足者均为八等。

表 8　鲜普通人参规格

等　级	支数/(支/500 g)	单支重/g
特等	≤5	100～150
一等	≤8	≥62.5
二等	≤12	≥41.5
三等	≤15	≥31.5
四等	≤20	≥25
五等	≤40	≥12.5
六等	≤100	≥5
混等	—	—

注 1：鲜货的根呈长圆柱形，有分支，须芦齐全，浆足丰满，无病疤、红锈、杂质、泥土。

注 2：特等，一、二等艼帽不得超过 20%（超过 1 倍者降 2 等）。

注 3：少芦、断支、病疤严重、浆不足者均为六等。

6.5.4　红参类规格等级

6.5.4.1　边条红参、普通红参、模压红参和全须红参加工品的规格等级要求应符合表 9～表 16 的规定。

表 9 边条红参规格

规　格	支数/(支/500 g)	单支重/g	主根长/cm
8 支	≤8	≥62.5	≥9
10 支	≤10	≥50.0	≥9
12 支	≤12	≥41.7	≥9
16 支	≤16	≥31.2	≥8
25 支	≤25	≥20.0	≥8
35 支	≤35	≥14.2	≥7
45 支	≤45	≥11.1	≥6
55 支	≤55	≥9.1	≥5.5
80 支	≤80	≥6.2	≥5
小货	>80	<6.2	≥5
原料红参	—	—	—

表 10 边条红参等级

<table>
<tr><th>项　目</th><th>一等品</th><th>二等品</th><th>三等品</th></tr>
<tr><td>主根</td><td colspan="3">芦长，主根长，腿长，呈长圆柱形</td></tr>
<tr><td rowspan="2">支根</td><td colspan="3">2 个～3 个分支</td></tr>
<tr><td>粗细均匀</td><td colspan="2">粗细较均匀</td></tr>
<tr><td rowspan="2">表面</td><td colspan="2">棕红色或淡棕色，有光泽</td><td>色泽不明快</td></tr>
<tr><td>无抽沟、无黄皮</td><td>轻度抽沟、稍有黄皮
（不超过 1/3）</td><td>有抽沟、有黄皮</td></tr>
<tr><td>质地</td><td colspan="3">坚实，角质样，无生心，无空心</td></tr>
<tr><td>气味</td><td colspan="3">气香，味甘、微苦</td></tr>
<tr><td>虫蛀、霉变</td><td colspan="3">无</td></tr>
<tr><td>破损、病疤</td><td>无</td><td>≤15%</td><td>>15%</td></tr>
<tr><td>杂质</td><td colspan="3">无</td></tr>
</table>

表 11 普通红参规格

规　格	支数/(支/500 g)	单支重/g	主根长/cm
8 支	≤8	≥62.5	>7
12 支	≤12	≥41.7	>7
15 支	≤15	≥33.3	>7
20 支	≤20	≥25.0	>7
32 支	≤32	≥15.6	>7
48 支	≤48	≥10.4	>7
64 支	≤64	≥7.8	>7
80 支	≤80	≥6.2	>7
小货	>80	<6.2	>7
原料红参	—	—	—

表 12 普通红参等级

项　目	一等品	二等品	三等品
主根	呈圆柱形		
支根	无		
表面	棕红色或淡棕色,有光泽		棕红色、色泽不明快
	无抽沟、无黄皮	略有抽沟、稍有黄皮(不超过主根的 1/3)	有抽沟、有黄皮
质地	坚实,角质样,无生心,无空心		
气味	气香,味甘、微苦		
虫蛀、霉变	无		
破损、病疤	无	≤15%	＞15%
杂质	无		

表 13 模压红参规格

规　格	支数/(支/600 g)	单支重/g	体长/cm
10 条	≤14	≥37	＞9
15 条	≤19	27～37	＞9
20 条	≤28	19～27	＞7
30 条	≤38	14～19	＞7
40 条	≤48	11～14	＞7
50 条	≤58	10～11	＞7
60 条	≤68	8～10	＞7
70 条	≤78	7～8	＞7
80 条	≤88	6～7	＞7
小支	89～108	≤6	＞7
大尾	240～260	≥2.3	3.5～7
中尾	260～280	2～2.3	2.0～3.5
切一	≤47	≥11	3.5～7
切二	48～66	7～10	3.5～7
注:模压红参规格除 600 g 外,还有 500 g、400 g、200 g、150 g、100 g、75 g、50 g、37.5 g、双支、单支等小包装,每一规格支数按 600 g 规格相应减少,大尾 30 g 包装。			

表 14 模压红参等级

项　目	一等品	二等品	三等品
疤痕	≤10%(主根)	≤20%	≤30%
破肚	无	≤10%	≤20%
粘连	无	无	≤30%
生心	无	无	无
夹杂	无	无	无
芦头	完整	完整	完整
空心	无	无	≤10%

表 15　全须红参规格

规　格		支数/(支/500 g)	单支重/g	体长/cm	支根
边条参	8 支	≤8	≥62.5	9	2 分支～3 分支
	10 支	≤10	≥50.0	9	
	12 支	≤12	≥41.7	9	
	16 支	≤16	≥31.2	8	
	25 支	≤25	≥20.0	8	
	35 支	≤35	≥14.2	7	
	45 支	≤45	≥11.1	6	
	55 支	≤55	≥9.1	5.5	
	80 支	≤80	≥6.2	5	
普通参	20 支	≤20	≥25		
	32 支	≤32	≥15.6		
	48 支	≤48	≥10.4		
	64 支	≤64	≥7.8		
	80 支	≤80	≥6.2		

表 16　全须红参等级

项　目	一等品	二等品	三等品
主根	呈圆柱形		
支根	芦须齐全	芦须较齐全	芦须残缺
表面	棕红色或淡棕色,有光泽		色泽较差
	无抽沟、无黄皮或有皮有肉	略有抽沟、轻度黄皮或有皮有肉	有抽沟、有黄皮
质地	断面角质样、坚实、无生心		坚实、有生心
气味	气香,味甘、微苦		
虫蛀、霉变	无		
破损、病疤	无	轻度	有
杂质	无		

6.5.4.2　其他人参加工品的规格等级要求应符合表 17～表 19 的规定。

表 17　其他红参加工品的规格等级要求

规　格	长　度	等　级　要　求
红中尾(包括红参丁)		干货,根须呈长条形,棕红色,有光泽,呈半透明,角质状,无虫蛀、霉变、碎参腿、杂质等,按外观是否有黄皮、病疤等可分为一、二等
红直须一级	≥13.3 cm	干货,根须呈长条形,粗细均匀,绑把。无夹杂,棕红色或橙红色,有光泽,呈半透明角质状,个别有极轻微水锈,无干浆、毛须、虫蛀、霉变、杂质
红直须二级	8.3 cm～13.3 cm	干货,根须呈长条形,粗细略均匀,绑把。无夹杂,棕红色或棕黄色,有光泽,呈半透明角质状,个别有轻微水锈,无干浆、毛须、虫蛀、霉变、杂质

表 17（续）

规 格	长 度	等 级 要 求
红混须	混货	干货，根须呈长条形或弯曲状。棕红色或橙红色，有光泽，半透明状。气香，味甘、微苦，参须长短不分，无碎末、虫蛀、霉变、杂质
红弯须	混货	干货，根须呈条形弯曲状。粗细不均。橙红色或棕黄色，有光泽，呈半透明状。不碎，气香，味苦。无碎末、杂质、虫蛀、霉变
干浆参	混货	干货，根呈圆柱形，体制轻泡，瘪瘦，或多抽沟。表面棕黄色或黄白色，味苦，无杂质、虫蛀、霉变

表 18 红参片规格

规 格	片厚/mm	直径/mm
一级	0.5～1.2	＞15
二级	0.5～1.2	＞12
三级	0.5～1.2	＞10

表 19 红参片等级

<table>
<tr><th>项 目</th><th>一等品</th><th>二等品</th><th>三等品</th></tr>
<tr><td rowspan="2">形状</td><td colspan="3">圆形或椭圆形，无生心、碎片</td></tr>
<tr><td>整齐，薄厚均匀</td><td>较整齐，薄厚略均匀</td><td>不整齐，薄厚不均匀</td></tr>
<tr><td rowspan="2">颜色</td><td colspan="2">红棕色或淡棕色，色泽光亮</td><td>红棕色或淡棕色，色泽较差</td></tr>
<tr><td>无黄皮</td><td>轻度黄皮</td><td>有黄皮</td></tr>
<tr><td>虫蛀、霉变</td><td colspan="3">无</td></tr>
<tr><td>杂质</td><td colspan="3">无</td></tr>
</table>

6.5.5 生晒参类规格等级要求

6.5.5.1 各类生晒参、生晒参片产品规格和等级要求应符合表 20～表 29 的要求。

表 20 全须边条生晒参规格

规 格	支数/(支/500 g)	单支重/g	主体长/cm
10 支	≤10	≥50.0	≥10
14 支	≤14	≥35.8	≥9
20 支	≤20	≥25.0	≥8
40 支	≤40	≥12.5	≥7
60 支	≤60	≥8.3	≥7
80 支	≤80	≥6.2	≥7
原料参	—	—	—

表 21 全须边条生晒参等级

项 目	一等品	二等品	三等品
主根	呈圆柱形		
支根	有明显支根 2 个～3 个，且粗细较均匀		分支 1 个～4 个，粗细不均
芦须	芦须齐全	芦须较齐全	芦须残缺
表面	白色或黄白色，无水锈，无熏硫，无抽沟，无黄皮	白色或较深，无熏硫，轻度水锈、抽沟，轻度黄皮	黄白色或较深，无熏硫，有水锈，有抽沟，有黄皮
断面	断面白色或淡黄白色，呈粉性，树脂道明显		
质地	坚实，无生心		
气味	气香，味甘、微苦		
熏硫	无		
虫蛀、霉变	无		
破损、病疤	无	轻度	有
杂质	无		

表 22 生晒边条参规格

规 格	支数/(支/500 g)	单支重/g	主体长/cm
20 支	≤20	≥25.0	≥8
40 支	≤40	≥12.5	≥7
60 支	≤60	≥8.3	≥7
80 支	≤80	≥6.2	≥7
100 支	≤100	≥5.0	—
120 支	≤120	≥4.2	—
原料参	—	—	—

表 23 生晒边条参等级

项 目	一等品	二等品	三等品
主根	呈圆柱形		
表面	白色或黄白色，无水锈，无熏硫，无抽沟，无黄皮	白色或较深，无熏硫，轻度水锈、抽沟，轻度黄皮	黄白色或较深，无熏硫，有水锈，有抽沟，有黄皮
断面	断面白色或淡黄白色，呈粉性，树脂道明显		
质地	坚实，无生心		
气味	气香，味甘、微苦		
熏硫	无		
虫蛀、霉变	无		
破损、病疤	无	轻度	有
杂质	无		

表 24　全须生晒参规格

规　格	支数/(支/500 g)	单支重/g
33 支	≤33	≥15
50 支	≤50	≥10
66 支	≤66	≥7.5
100 支	≤100	≥5
不分支	—	—

表 25　全须生晒参等级

项　目	一等品	二等品	三等品
主根	呈圆柱形		
支根	芦须齐全	芦须较齐全	芦须严重残缺
	不绑尾或轻绑尾,绑尾者不准夹小参或参须		
表面	白色或黄白色,无水锈,无熏硫,无抽沟,无黄皮	白色或较深,无熏硫,轻度水锈、抽沟、轻度黄皮	黄白色或较深,无熏硫,有水锈,有抽沟,有黄皮
质地	坚实,无生心		
气味	气香,味甘、微苦		
熏硫	无		
虫蛀、霉变	无		
破损、病疤	无	轻度	有
杂质	无		

表 26　生晒参规格

规　格	支数/(支/500 g)	单支重/g
60 支	≤60	≥8.3
80 支	≤80	≥6.2
100 支	≤100	≥5.0
130 支	≤130	≥3.8
小货	>130	<3.8

表 27　生晒参等级

项　目	一等品	二等品	三等品
主根	呈圆柱形		
表面	白色或黄白色,无熏硫,无抽沟	黄白色或较深,无熏硫,有轻度抽沟	黄白色或较深,无熏硫,有抽沟
质地	有粉性		
气味	气香,味甘、微苦		
虫蛀、霉变	无		
破损、病疤	无	轻度	有
杂质	无		

表 28　生晒参片规格

规　格	片厚/cm	直径/cm
一级	0.1～0.2	＞1.5
二级	0.1～0.2	＞1.2
三级	0.1～0.2	＞1.0

表 29　生晒参片等级

项　目	一等品	二等品	三等品
形状	圆形或椭圆形		
	整齐，薄厚均匀，无裂片，无碎片	较整齐，薄厚略均匀，无裂片，无碎片	不整齐，薄厚不均匀，有轻度碎片
颜色	黄白色		
虫蛀、霉变	无		
杂质	无		

6.5.5.2　白干参产品规格、等级要求应符合表 30～表 31 的规定。

表 30　白干参规格

规　格	支数/(支/500 g)	单支重/g
60 支	≤60	≥8.3
80 支	≤80	≥6.2
100 支	≤100	≥5
小货	＞100	＜5

表 31　白干参等级

项　目	一等	二等	三等
主根	呈圆柱形		
表面	色白，无熏硫，光滑，无抽沟	色白，无熏硫，较光滑，有轻度抽沟	白色或淡黄白色，无熏硫，不光滑，有抽沟
质地	坚实，有粉性，无空心		较坚实
气味	气香，味甘、微苦		
病疤、水锈	无	轻度	有
虫蛀、霉变	无		
杂质	无		

6.5.5.3　白曲参产品规格、等级要求应符合表 32～表 33 的规定。

表 32　白曲参规格

规　格	支数/(支/500 g)	单支重/g
60 支	≤60	≥8.3
80 支	≤80	≥6.2
100 支	≤100	≥5

表 33 白曲参等级

项　目	一　等	二　等	三　等
主根	呈绑制的弯曲形，带棉线		
表面	色白，光滑，无抽沟	色白，较光滑，有轻度抽沟	白色或淡黄白色，不光滑，有抽沟
质地	坚实，有粉性，无空心		较坚实
气、味	气香，味甘、微苦		
病疤、水锈	无	轻度	有
虫蛀、霉变	无		
杂质	无		

6.5.5.4 皮尾参产品规格和等级：该品种为混等，干货，根呈圆柱形，条状，无分枝，去净细须。表面灰棕色，断面黄白色。气香味苦。无杂质、虫蛀、霉变。

6.5.5.5 白混须产品规格和等级：该品种为混等，干货，根须呈长条形或弯曲状。表面、断面均为黄白色。气香、味苦。须条长短不分，其中直须占50%以上。无碎末、杂质、虫蛀、霉变。

6.5.5.6 白直须产品规格和等级应符合表34的规定。

表 34 白直须产品规格等级

项　目	一　等	二　等
长度/cm	≥13.3	<13.3，≥8.3
外观、颜色、味	干货，根须呈条状，有光泽；表面、断面均为黄白色；气香味苦	
整齐度	参条大小均匀	参条大小不均匀
水锈、表皮	无水锈、破皮	
杂质、虫蛀、霉变	无杂质、虫蛀、霉变	

6.5.6 大力参类规格等级

6.5.6.1 大力参(烫通参)规格等级应符合表35～表36的规定。

表 35 大力参(烫通参)规格

规　格	支数/(支/500 g)	单支重/g
25 支	≤25	≥20.0
35 支	≤35	≥14.2
45 支	≤45	≥11.1
55 支	≤55	≥9.0

表 36 大力参(烫通参)等级

项　目	一等品	二等品	三等品
主根	呈圆柱形		
表面	白色，无抽沟	白色，淡黄白色，略有抽沟	淡黄白色，有抽沟
断面	光滑，角质状，棕红色或淡棕色，无生心		
气味	气香，味甘、微苦		
虫蛀、霉变	无		
破损、病疤	无	轻度	有
杂质	无		

6.5.6.2 大力参片(烫通参片)规格等级要求应符合表37～表38的规定。

表37 大力参片(烫通参片)规格

规 格	片厚/cm	直径(最窄部分)/cm
一级	0.12～0.15	>1.2
二级	0.12～0.17	>1.2
三级	0.12～0.20	>1.2

表38 大力参片(烫通参片)等级

项 目	一等品	二等品	三等品
形状	椭圆形或长椭圆形		
形状	整齐,薄厚均匀,无裂片,无碎片	较整齐,薄厚略均匀,无裂片,无碎片	不整齐,薄厚不均匀,有轻度碎片
颜色	片边缘白色或淡黄白色,心部棕红色或淡棕色		
虫蛀、霉变	无		
杂质	无		

6.5.7 活性参类加工产品规格等级

6.5.7.1 活性参加工产品规格等级要求应符合表39～表40的规定。

表39 活性参(冻干参)规格

规 格	单支重/g	体长/cm
一级	≥40.0	≥10
二级	≥35.00	≥10
三级	≥30.00	≥8
四级	≥25.00	≥8
五级	≥20.00	≥7.5
六级	≥15.00	≥7.5

表40 活性参(冻干参)等级

项 目	一等品	二等品
芦头	完整	完整
主根	呈长圆柱形	
支根	有分支,大的支根无断裂	大的支根有轻度断裂
表面	白色或淡黄白色,无抽沟	白色或黄白色,有抽沟
须条	完整	
断面	白色,粉性,细腻,蜂窝状	
质地	质轻、酥脆	
气味	气香,味甘、微苦	
虫蛀、霉变	无	
破损、疤痕	无	有
杂质	无	

6.5.7.2 活性参片加工产品规格等级应符合表41～表42的规定。

表41 活性参片(冻干参片)规格

规格	单片重/g	直径/cm
一级	≥0.5	≥2.5
二级	≥0.3	≥2.0
三级	≥0.1	≥1.5

表42 活性参片(冻干参片)等级

项目	一等品	二等品
表面	白色或淡黄白色,无抽沟	白色或黄白色,有抽沟
断面	白色,粉性,细腻,蜂窝状	
质地	质轻、酥脆	
气味	气香,味甘、微苦	
虫蛀、霉变	无	
破损、疤痕	无	有断边
杂质	无	

6.5.8 保鲜参类加工产品规格等级

6.5.8.1 生物保鲜人参加工规格等级应符合表43～表47的规定。

表43 生物保鲜边条人参规格

规格	支数/(支/500 g)	单支重/g	体长/cm
特级	<3	>167	≥18
一级	≤4	≥125	≥17
二级	≤6	≥83	≥17
三级	≤9	≥55	≥16
四级	≤11	≥45	≥14

表44 生物保鲜普通人参规格

规格	单支重/g	主根长/cm
特级	>140	≥7
一级	121～140	≥7
二级	101～120	≥7
三级	81～100	≥7
四级	61～80	≥7
五级	41～60	≥7

表 45 生物保鲜野山参规格

级　别	重量/g
特级	≥60
一级	45～60
二级	35～45
三级	25～35
四级	18～25
五级	12～18
六级	5～12
七级	<5

表 46 生物保鲜移山参规格

级　别	单支重/g
一级	≥100
二级	80～100
三级	60～80
四级	40～60
五级	20～40
六级	10～20
七级	<10

表 47 生物保鲜人参等级

项　目	一　等　品	二　等　品
芦头全	有完整的芦头，鲜人参芦头上不得有残茎	
潜伏芽	潜伏芽完好	
表皮	没有损伤	
主根	呈长圆柱形，没有损伤	
直根	呈长圆柱形，没有损伤	
须根	齐全	较齐全
表面	黄白色，无熏硫	
病疤、水锈	无	轻度有
杂质	无	

6.5.8.2　保鲜人参加工规格等级应符合表 48～表 50 的规定。

表 48 药剂保鲜边条人参规格

规　格	单支重/g	体长/cm
特级	≥167	≥18
一级	≥125	≥17
二级	≥83	≥17
三级	≥55	≥16

表 49 保鲜人参规格

规　格	单支重/g	主根长/cm
特级	≥160	≥7
一级	140～160	≥7
二级	120～140	≥7
三级	100～120	≥7
四级	80～100	≥7
五级	60～80	≥7
六级	40～60	≥7

表 50 保鲜人参等级

项　目	一等品	二等品	三等品
产品状态	保鲜品		
芦头全	有完整的芦头，鲜人参芦头上不得有残茎		
主根	呈圆柱形		
支根	齐全	较齐全	有损伤
表面	黄白色，无熏硫		
病疤、水锈	无	轻度有	有
杂质	无		

6.5.9 蜜制人参类

6.5.9.1 蜜制人参产品的规格等级应符合表 51～表 52 的规定。

表 51 蜜制人参规格

规格	支数/支	重量/(g/盒)
单支	1	30;40;50;60;80;100
双支	2	60;80;100;160;200
四支	4	400

表 52 蜜制人参等级

项　　目	一　　等	二　　等
主体长度/cm	≥15	10～15
外观	根呈长圆柱形，体软，芦、须齐全	根呈长圆柱形，体软，芦、须不全
颜色	红棕色	
主根、支根	体充实、支条均匀	少有干瘪，支条均匀
表面	不返糖、无浮糖、无破损	
气味、杂质、虫蛀、霉变	味甜、微苦，无杂质、虫蛀、霉变	

6.5.9.2 鲜人参蜜片加工产品的规格等级应符合表 53～表 54 的规定。

表 53 鲜人参蜜片产品规格

规　格	重量/(g/袋)	直径/cm	片厚/mm
特级	5 或 10	≥2.0	1.0～1.2
一级	5 或 10	1.0～2.0	1.0～1.5

表 54 鲜人参蜜片产品等级

项　　目	一　　等	二　　等
外观	圆片或椭圆片，外观光亮，边缘整齐	圆片或椭圆片，外观光亮，边缘不整齐
颜色	黄白色或红棕色片，半透明片	
片厚、生心	参片薄厚均匀，没有生心	参片薄厚不均匀，有生心
表面	表面没有积蜜，不粘手	
气味、杂质、虫蛀、霉变	味甘、微苦，无杂质、虫蛀、霉变	
注：加工蜜制人参、人参蜜片所用的蜂蜜质量应符合《中华人民共和国药典　2005 年版　一部》的规定。		

6.5.10　糖参类加工产品规格等级

6.5.10.1　白糖参加工产品的规格等级应符合表 55 的要求。

表 55　白糖参产品规格等级

项　　目	一　　等	二　　等
主体长度(cm)	≥8	≥5
外观	根呈长圆柱形，芦齐全	根呈长圆柱形，芦不全
颜色	表面白色	表面黄白色
主体、支根、断面	体充实、支根均匀、断面白色	粗细不匀，断面白色
表面	不返糖，无浮糖，无损芦	
气味、杂质、虫蛀、霉变	味甜、微苦，无杂质、虫蛀、霉变	
注：加工白糖参所用的糖质量应符合 GB 317 的规定		

6.5.10.2　轻糖直须加工产品的规格等级应符合表 56 的规定。

表 56　轻糖直须加工产品规格等级

项　目	一　等	二　等
长度/cm	≥13.3	≤13.3
外观	干货，根须呈长条形	
颜色	黄白色半透明	
主体、质地	粗条均匀、质充实	条不均匀，质充实
表面	不返糖，无皱纹，无干浆	不返糖，有皱纹，有干浆
气味、杂质、虫蛀、霉变	味甘、微苦，无杂质、虫蛀、霉变	

6.5.11　其他人参加工品的规格等级

其他人参加工品的规格等级应符合表 57 的规定。

表 57　其他人参加工品的规格等级要求

产　　品	等 级 要 求
人参茎叶	通常扎成小把，成束状或扇状，长 12 cm～35 cm，掌状复叶有长柄和残存参茎，残存参茎长不得超过 10 cm。暗绿色，参叶完整或部分破碎。气清香，味甘、微苦。无霉变、虫蛀、杂质。
人参花	通常具有完整伞形花序，残存花梗不得超过 5 cm，暗绿色，花序完整或部分小花脱落，易碎。气清香，味极苦，无霉变、虫蛀、杂质。
人参果	鲜果肾形，红色，无青粒、瘪粒、霉烂。脱出参籽后，果肉及果汁淡红色，经乙醇保鲜处理。

6.6 理化指标

应符合表58的规定。

表58 理化指标

项 目	水分/%	总灰分/%	酸不溶灰分/%	R_{b1}、R_e、R_{g1}薄层鉴别	人参皂苷 R_{b1}/%	人参皂苷(R_e+R_{g1})/%	人参总皂苷/%	还原糖/%
生晒野山参	≤12.00	≤4.00	≤0.90	应符合《中华人民共和国药典 2005年版 一部》的规定	≥0.60	≥0.40	≥4.40	—
生晒移山参	≤12.00	≤4.00	≤0.90		≥0.40	≥0.30	≥3.50	—
鲜园参	—	—	—		≥0.20	≥0.30	≥2.50	—
红参	≤12.00	≤5.00	≤0.50		≥0.20	≥0.25	≥2.50	—
生晒参	≤12.00	≤5.00	≤0.50		≥0.20	≥0.30	≥2.50	—
大力参	≤12.00	≤5.00	≤0.50		≥0.20	≥0.25	≥2.50	—
活性参	≤12.00	≤5.00	≤0.50		≥0.20	≥0.25	≥2.50	—
保鲜参	—	≤5.00	≤0.50		≥0.20	≥0.25	≥2.50	—
糖参	≤12.00	≤5.00	≤0.50		—	—	≥0.50	≥8.00
蜜制人参 人参蜜片	20.00～35.00	≤5.00	≤0.50		—	—	≥0.80	≥8.00
人参茎叶	≤12.00	≤5.00	≤0.50		≥0.50	≥0.75	≥6.50	—
人参花	≤12.00	≤5.00	≤0.50		≥0.50	≥0.75	≥8.00	—
人参果	—	≤5.00	≤0.50		≥0.30	≥0.45	≥4.00	—
注：上述指标均以干燥品计算。								

6.7 卫生指标

应符合表59的规定。

表59 卫生指标

<table>
<tr><th colspan="3">项 目</th><th>生晒野山参、生晒移山参</th><th>红参、生晒参、大力参、活性参、糖参</th><th>保鲜参</th><th>蜜制人参、蜜片</th><th>鲜人参</th><th>人参茎叶、人参花、人参果</th></tr>
<tr><td colspan="3">微生物(只满足于密封类产品)/(个/g)</td><td colspan="4">菌落总数<10 000，
霉菌总数<100，
致病性大肠杆菌不得检出</td><td>—</td><td>—</td></tr>
<tr><td colspan="3">黄曲霉毒素 B_1/(mg/kg) ≤</td><td colspan="6">0.005[a]</td></tr>
<tr><td rowspan="6">农药最大残留限量</td><td rowspan="6">有机氯农药残留/(mg/kg) ≤</td><td>六六六(4种异构体总量)</td><td>0.10</td><td>0.10</td><td>0.10</td><td>0.10</td><td>0.10</td><td>0.10</td></tr>
<tr><td>滴滴涕(4种异构体总量)</td><td>0.10</td><td>0.10</td><td>0.10</td><td>0.10</td><td>0.10</td><td>0.10</td></tr>
<tr><td>五氯硝基苯</td><td>0.10</td><td>0.10</td><td>0.10</td><td>0.10</td><td>0.10</td><td>0.10</td></tr>
<tr><td>七氯</td><td>0.02</td><td>0.02</td><td>0.02</td><td>0.02</td><td>0.02</td><td>0.02</td></tr>
<tr><td>艾氏剂+狄氏剂</td><td>0.02</td><td>0.02</td><td>0.02</td><td>0.02</td><td>0.02</td><td>0.02</td></tr>
<tr><td>氯氰菊酯</td><td>0.20</td><td>0.20</td><td>0.20</td><td>0.20</td><td>0.20</td><td>0.20</td></tr>
</table>

表 59（续）

项　　目			生晒野山参、生晒移山参	红参、生晒参、大力参、活性参、糖参	保鲜参	蜜制人参、蜜片	鲜人参	人参茎叶、人参花、人参果
农药最大残留限量	有机磷农药残留/(mg/kg) ≤	马拉硫磷	0.50	0.50	0.50	0.50	0.50	0.50
		对硫磷	0.05	0.05	0.05	0.05	0.05	0.05
		久效磷	0.02	0.02	0.02	0.02	0.02	0.02
		乐果	0.05	0.05	0.05	0.05	0.05	0.05
		甲胺磷[a]	0.05	0.05	0.05	0.05	0.05	0.05
		克百威	0.10	0.10	0.10	0.10	0.10	0.10
		毒死蜱	0.50	0.50	0.50	0.50	0.50	0.50
二氧化硫/(g/kg) ≤		二氧化硫(SO_2)	0.05	0.05	0.05	0.05	0.05	0.05
有害元素/(mg/kg) ≤		砷(As)	2.00	2.00	2.00	2.00	2.00	2.00
		铅(Pb)	0.50	0.50	0.50	0.50	0.50	0.50
		镉(Cd)	0.50	0.50	0.50	0.50	0.50	0.50
		汞(Hg)	0.10	0.10	0.10	0.10	0.10	0.10
		铜(Cu)	20.0	20.0	20.0	20.0	20.0	20.0
防腐剂残留/(g/kg) ≤		苯甲酸钠	—	—	0.50	0.50	—	—
		山梨酸钾	—	—	0.50	0.50	—	—
		尼伯金乙酯	—	—	0.10	0.10	—	—
注：上述指标均以干燥品计算。								
[a] 检验方法的最低检出限。								

7 试验方法

7.1 试样的抽取和制备

各品种人参试样的抽样方法按《中华人民共和国药典　2005 年版　一部》附录规定方法执行。抽样后，取 1/3 量样品用于外观规格等级鉴定，1/3 量样品粉碎过 80 目筛(180 μm±7.6 μm)，先称取用于水分测定的样品后，其余置 80 ℃烘干，置于硅胶干燥器中保存供理化指标和卫生指标检测（鲜园参、保鲜人参、蜜制人参先置 80 ℃干燥箱烘干后再粉碎），另 1/3 量保存 3 个月作副样。

7.2 规格等级

7.2.1 园参规格等级

7.2.1.1 长度

随机取人参样品 10 支，用标准米尺分别测量，求其平均值。

7.2.1.2 重量

随机取人参样品，用感量为 0.1 g 的天平称量，求其平均值。

7.2.1.3 水锈

随机取人参样品，检查水锈红皮数量。

7.2.1.4 芦头

随机抽取人参样品，检查芦头的完整性。

7.2.1.5 **潜伏芽**

随机抽取生物保鲜人参,检查每支生物保鲜参潜伏芽的完整性。

7.2.1.6 **表皮和支、须根**

随机抽取生物保鲜人参,检查每支生物保鲜人参的表皮和支、须根是否完好。

7.2.1.7 **破肚**

检查破肚数量。

7.2.1.8 **生心**

将压块红参掰开,折断检查不得有生心。

7.2.1.9 **空心**

将参块掰开,检查空心。

7.2.1.10 **黄皮**

检查黄皮数量。

7.2.1.11 **病疤**

随机取人参样品 10 支,检查病疤数量。

7.2.1.12 **干浆**

检查干浆数量。

7.2.1.13 **芦头、主根、支根、表面、断面、质地、气味**

按不同产品的规格等级检验。

7.2.1.14 **虫蛀、霉变、破损、病疤、杂质**

按不同产品规格等级检验。

7.2.2 **野山参和移山参规格等级**

7.2.2.1 外观质量、规格的检验用目测和天平称量(0.01 g)测定。

7.2.2.2 粘接的鉴别:用放大镜检查野山参、移山参的芦、艼、支根及须根等部位。

7.2.2.3 体内异物的检验:可用金属探测设备进行检测。

7.3 **理化指标检测**

7.3.1 **水分含量**

按《中华人民共和国药典 2005 年版 一部》附录Ⅸ H 水分测定法中“烘干法”的规定执行。

7.3.2 **总灰分及酸不溶性灰分**

取样约 3 g,其他按《中华人民共和国药典 2005 年版 一部》附录Ⅸ K 灰分测定方法的规定执行。

7.3.3 **人参皂苷 R_{b1}、R_e、R_{g1} 的鉴别**

按《中华人民共和国药典 2005 年版 一部》人参鉴别项下(2)方法鉴别。

7.3.4 **人参皂苷 R_{b1}、R_e+R_{g1} 含量**

按《中华人民共和国药典 2005 年版 一部》人参项下含量测定方法附录Ⅵ D 测定。

7.3.5 **人参总皂苷含量**

人参总皂苷含量测定方法见附录 B。

7.3.6 **还原糖含量**

按 GB/T 5009.7 的规定执行。

7.4 **卫生指标检测**

7.4.1 **微生物限量指标**

按《中华人民共和国药典 2005 年版 一部》附录ⅩⅢ C 微生物限量检查方法执行。

7.4.2 **黄曲霉毒素 B_1**

按 GB/T 5009.22 的规定执行。

7.4.3 有机氯农药残留

7.4.3.1 六六六、滴滴涕

按 GB/T 5009.19 的规定执行。

7.4.3.2 五氯硝基苯

按 GB/T 5009.136 的规定执行。

7.4.3.3 七氯、艾氏剂和狄氏剂

按 GB/T 5009.36 的规定执行。

7.4.3.4 氯氰菊酯

按 GB/T 5009.110 的规定执行。

7.4.4 有机磷农药残留

7.4.4.1 马拉硫磷、对硫磷、久效磷、乐果

按 GB/T 5009.20 的规定执行。

7.4.4.2 甲胺磷

按 GB/T 5009.103 的规定执行。

7.4.4.3 克百威

按 GB/T 5009.104 的规定执行。

7.4.4.4 毒死蜱

按 GB/T 5009.145 的规定执行。

7.4.5 二氧化硫

按 GB/T 5009.34 的规定执行。

7.4.6 有害元素

7.4.6.1 砷

按 GB/T 5009.11 的规定执行。

7.4.6.2 铅

按 GB/T 5009.12 的规定执行。

7.4.6.3 铬

按 GB/T 5009.15 的规定执行。

7.4.6.4 汞

按 GB/T 5009.17 的规定执行。

7.4.6.5 铜

按 GB/T 5009.13 的规定执行。

7.4.7 残留防腐剂

7.4.7.1 苯甲酸(盐)

按 GB/T 5009.29 的规定执行。

7.4.7.2 山梨酸(盐)

按 GB/T 5009.29 的规定执行。

7.4.7.3 尼伯金乙酯

按 GB/T 5009.31 的规定执行。

8 检验规则

8.1 组批

野山参和移山参每支为一批,园参同一时期、同一产地、同一方法生产加工的产品为一批。

8.2 抽样

8.2.1 园参的抽样和数量

按 GB/T 2828.1 的规定进行。抽样应涵盖面广，代表性强，随机性强。

8.2.2 野山参、移山参的抽样和数量

按支检验。作为原料用野山参、移山参进行理化指标和卫生指标检验时，应随机抽样，样品不得少于 10 g。

8.3 出厂(交售)检验

野山参、移山参出厂(交售)前，应由专业检验部门按规定逐支进行外观、规格、等级检验，符合要求的应逐支拍照片，出具检验报告和检验证书。检验报告和检验证书至少应有 2 人签字，其中一名应是授权签字人，检验报告应经授权签字人签字同时加盖检验单位检验专用章，并上网备查。园参按照批次进行外观、规格、等级检验，并出具检验报告，检验合格方可出厂(交售)。

8.4 型式检验

8.4.1 园参产品型式检验包括外观、规格、等级及理化指标、卫生指标检验。在下列情况之一时应进行型式检验：

a) 产品定型鉴定时；

b) 原材料或更改工艺设计影响产品质量时；

c) 正常生产一年时；

d) 停产一年后，恢复生产时；

e) 国家质量监督部门提出要求时。

8.4.2 野山参、移山参产品型式检验主要为外观真伪检验，特殊情况时进行理化指标和卫生指标检验。在下列情况之一时应进行型式检验：

a) 买卖双方发生质量争议时，可要求质量鉴定部门进行外观鉴定。外观鉴定如不能满足需要时，可要求质量鉴定部门进行理化指标和卫生指标检验。

b) 原料用的野山参、移山参，应符合表 58 和表 59 的规定。

8.5 判定规则

8.5.1 在样品中凡有下列情况之一者即判定该批产品不合格：

a) 外观指标不符合本标准规格等级规定的；

b) 理化指标任一项不符合规定的(理化指标可复检)；

c) 卫生指标中任一项指标不符合规定的；

d) 标签不符合 GB 7718 规定的；

e) 野山参、移山参外观指标、卫生指标中有一项不合格时。

8.5.2 对检验不合格批次，应对留样进行复检或在同批产品中加倍抽取样品，对不合格项目进行复验，以复验结果为准。细菌和霉菌检测指标不能复检。

9 标志、标签和包装

9.1 标志

包装贮运图示标志按 GB/T 191 规定执行。

9.2 标签

除按 GB 7718 规定执行外，还应标注原料产地，地理标志产品专用标志。

9.3 包装

9.3.1 固定。每支野山参、移山参应固定在台板上或散装；生物保鲜人参应采用棉线将鲜人参固定在衬板上；保鲜人参应以负压或棉线将鲜人参固定在衬板上或塑料袋内。

9.3.2 包装应采用防潮、无毒、无异味的材料，包装材料应符合相关卫生要求。每支野山参、移山参应采用防潮、无毒、无异味的木盒或精制纸盒包装，鉴定证书放在盒内。外包装采用瓦楞纸箱。

9.3.3 保鲜人参的内包装用尼龙聚乙烯复合膜袋抽真空密封，或用聚乙烯复合膜袋内加 30 mL～60 mL 保鲜剂密封。

10 运输、贮存

10.1 运输

运输的交通工具应清洁、卫生、无异味；运输时应防雨、防潮、防曝晒，小心轻放；严禁与有毒、易污染物品混装、混运，生物保鲜人参应采用冷藏车运输。

10.2 贮存

10.2.1 成品人参(野山参、移山参、红参、生晒参、糖参、大力参、蜜制人参、活性参)应贮存在清洁卫生、阴凉干燥(温度不超过 20 ℃、相对湿度不高于 65%)、通风、防潮、防虫蛀、无异味的库房中，定期检查成品参的贮存情况；成品野山参、移山参的鲜参应使用保鲜专柜。

10.2.2 鲜人参应贮存于地下仓库内，相对湿度 70%以上，温度 5 ℃～10 ℃。定期检查鲜人参的贮存情况，及时倒垛。加工红参的鲜人参贮存时间最多不得超过 7 d，加工生晒参的鲜人参不得超过 10 d。

10.2.3 生物保鲜人参应在保鲜库房内贮存，库房内温度 0 ℃～4 ℃，相对湿度 70%以上，定期检查保鲜参的贮存情况。

附 录 A
（规范性附录）
吉林长白山人参地理标志产品保护范围图

吉林长白山人参地理标志产品保护范围见图 A.1。

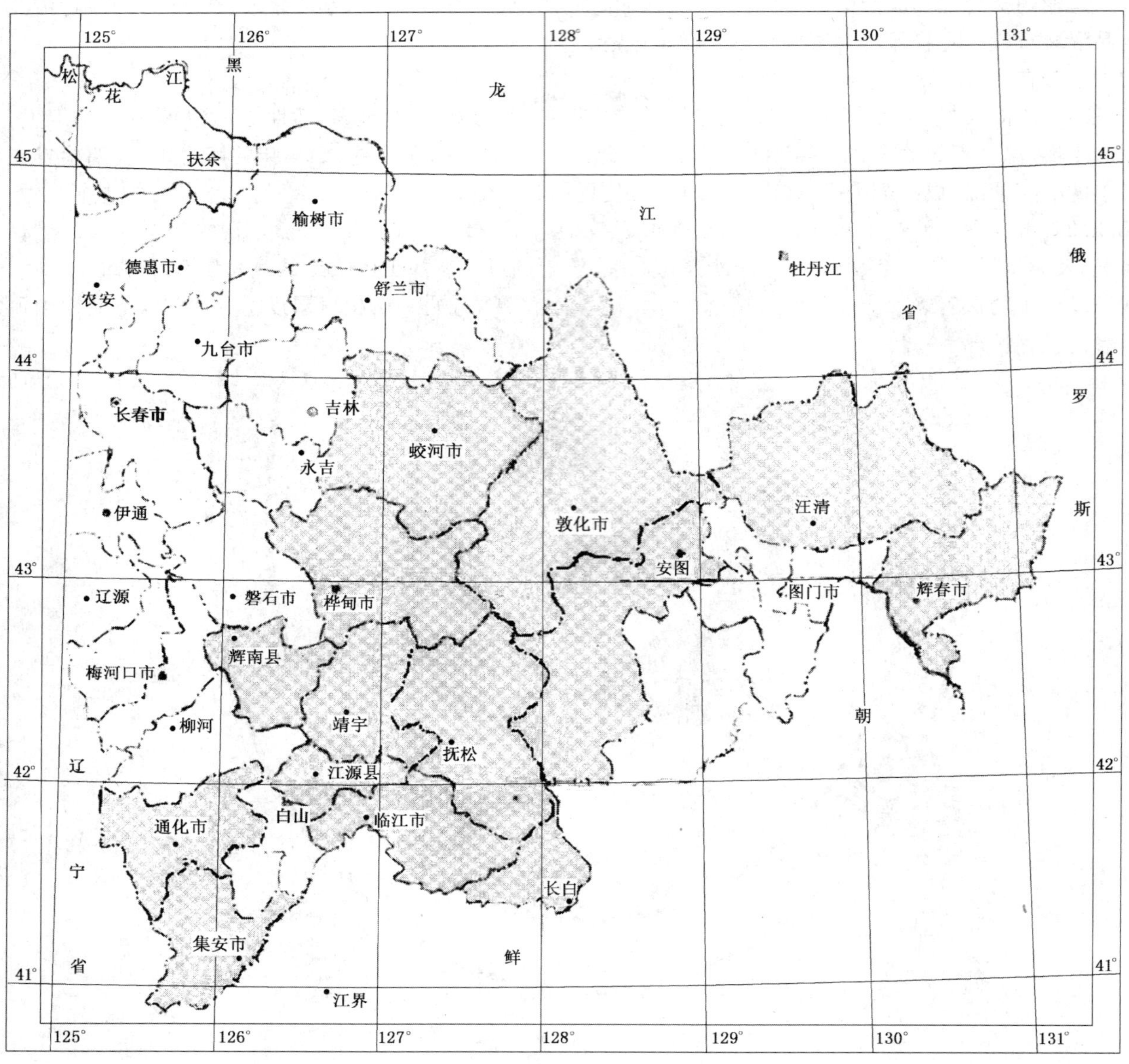

图 A.1 吉林长白山人参地理标志产品保护范围图

附 录 B
（规范性附录）
人参总皂苷含量的测定方法

B.1 原理

因人参皂苷在正丁醇中分配系数较大，故用乙醚脱脂后，用水饱和正丁醇超声萃取纯化皂苷，人参皂苷可以与硫酸-香草醛显色，在 544 nm 有最大吸收峰，在一定浓度下符合朗伯-比尔定律。

B.2 仪器

B.2.1 紫外-可见分光光度计。

B.2.2 索氏提取器。

B.3 试剂

B.3.1 乙醚、甲醇、硫酸、正丁醇、无水乙醇、香草醛均为分析纯。

B.3.2 人参皂苷 R_e 对照品：由中国药品生物制品检定所提供。

B.3.3 8%香草醛乙醇试液：取香草醛 0.8 g，加无水乙醇至 10 mL，溶解，摇匀，即得（配制溶液一周内可以使用）。

B.3.4 72%硫酸溶液：取硫酸 72 mL，缓缓注入适量水中，冷却至室温，加水稀释至 100 mL，摇匀，即得。

B.3.5 对照品溶液的制备：精密称取人参皂苷 R_e 对照品 10 mg，置 10 mL 量瓶中，加甲醇适量使溶解并稀释至刻度，摇匀，即得。

B.4 分析步骤

B.4.1 供试品溶液的制备

取供试品约 1 g，精密称定，用中性滤纸包好，置索式提取器中，加入乙醚，微沸回流提取 1 h，弃去乙醚液，供试品药包挥干乙醚溶剂，再置另一索式提取器中加入甲醇浸泡过夜，次日再加入适量甲醇开始微沸回流提取，回流 6 次，以人参皂苷提尽为准（定性鉴别阴性）。合并甲醇提取液，回收甲醇，少量甲醇提取液置蒸发皿中，水浴蒸干。用蒸馏水溶解提取物，加水 30 mL～40 mL 置分液漏斗中用水饱和的正丁醇 30 mL 进行萃取，共 4 次。取上层液蒸干，加甲醇溶解后，转移至 10 mL 量瓶中，用甲醇稀释至刻度，摇匀，即得。

B.4.2 标准曲线的制作

精密吸取人参皂苷 R_e 对照品 10 μL、20 μL、30 μL、40 μL、60 μL、80 μL、100 μL 置磨口带塞试管中，水浴挥干甲醇（水浴温度不超过 90 ℃）。测试方法：分别加入 8%香草醛无水乙醇试液 0.5 mL，72%硫酸试液 5 mL，充分振摇混匀后置 60 ℃恒温水浴上加热 10 min，立即用冰水冷却 10 min，摇匀。以试剂作空白，照分光光度法于 544 nm 波长处分别测定吸收度，绘制浓度吸收曲线，做回归方程（回归方程参考《中华人民共和国药典　2005 版　二部》附录Ⅺ规定的方法），计算供试品质量。

B.4.3 测定

精密吸取供试品溶液 20 μL～40 μL 置具塞刻度试管中，蒸干甲醇后，参照标准曲线制作项下的测试方法测定吸收度。

B.4.4 分析结果计算

以质量分数表示的人参中人参总皂苷含量按式(B.1)计算：

$$X = \frac{\frac{[CONC]}{V_2} \times V_1}{m} \times 100 \qquad \text{(B.1)}$$

式中：

X——人参总皂苷含量，%；

[CONC]——通过回归方程计算出的供试品质量，单位为微克（μg）；

V_1——定容体积，单位为毫升（mL）；

V_2——取样体积，单位为微升（μL）；

m——供试品称样量，单位为毫克（mg）。